Klaus Corcilius

Streben und Bewegen

Quellen und Studien zur Philosophie

Herausgegeben von
Jens Halfwassen, Dominik Perler,
Michael Quante

Band 79

Walter de Gruyter · Berlin · New York

Streben und Bewegen

Aristoteles' Theorie der animalischen Ortsbewegung

von

Klaus Corcilius

Walter de Gruyter · Berlin · New York

Gedruckt mit Hilfe der Geschwister Boehringer Ingelheim Stiftung
für Geisteswissenschaften in Ingelheim am Rhein

♾ Gedruckt auf säurefreiem Papier,
das die US-ANSI-Norm über Haltbarkeit erfüllt.

ISBN 978-3-11-019454-8
ISSN 0344-8142

Bibliografische Information der Deutschen Nationalbibliothek

Die Deutsche Nationalbibliothek verzeichnet diese Publikation in der Deutschen
Nationalbibliografie; detaillierte bibliografische Daten sind im Internet
über http://dnb.d-nb.de abrufbar.

Printed in Germany
Einbandgestaltung: Christopher Schneider, Berlin
Druck und buchbinderische Verarbeitung: Hubert & Co., Göttingen

Für Ania, Olga, Viktor und Robert

Vorwort

Dass die bloße Einsicht, etwas sei *gut*, hinreicht, uns zu entsprechendem Handeln zu bewegen, scheint eine optimistische, wenn nicht gar naive Annahme über die Bedingungen menschlicher Motivation. Aristoteles gilt als einer ihrer philosophischen Kronzeugen. Inwieweit ist es gerechtfertigt, ihm diese Annahme zuzusprechen? Das vorliegende Buch kommt zu dem Ergebnis, dass sie ihm zu Recht zugesprochen wird, allerdings ohne deswegen optimistische oder gar naive Annahmen über menschliche Motivation zu beinhalten. Aristoteles nimmt an, dass es eine genuin rationale Strebung nach Gutem gibt (was optimistisch genug ist), in seiner Ethik sagt er, Menschen sollen sich in ihrem Handeln daran ausrichten, was gut ist, und er meint sogar, dass sie es deswegen sollen, *weil* es gut ist: Und in diesem Sinne, in dem Menschen Lebewesen sind, die die Fähigkeit haben, ihr Verhalten rational zu gestalten, wird Aristoteles' Kronzeugenrolle hier bestätigt. Was *nicht* bestätigt wird, ist ein wörtliches Verständnis der Annahme, demzufolge ‚zu entsprechendem Handeln bewegen' heißt, die Vernunft sei motivational autonom und die Erklärung rationalen Verhaltens deswegen kein Problem. Ein Ergebnis dieser Arbeit wird es sein, dass Aristoteles' Motivationstheorie sich durch die Tatsache rationaler Motivation vor eine erhebliche Herausforderung gestellt sieht. Seine Ansichten über die Natur auf der einen und über die Vernunft auf der anderen Seite machen es ihm nicht leicht, die Gehalte unseres Denkens in den kausalen Weltverlauf einzubringen: Die Natur besteht im Wesentlichen in bewegten Körpern, Vernunft dagegen ist weder bewegt noch körperlich. Das gilt auch für das menschliche Denken. Aristoteles hält es für unfähig, Bewegung zu verursachen. Weil es dazu nicht fähig ist, schließt er es aus der naturphilosophischen Erklärung der Ortsbewegung von Lebewesen ausdrücklich aus.[1] Das bedeutet allerdings nicht, dass er die Herausforderung, von der ich gerade gesprochen habe, nicht meistert: Aristoteles hat eine naturphilosophische Erklärung für die Beteiligung des Denkens an unseren unserem Verhalten. Diese Erklärung trägt jedoch nicht die Züge einer optimistischen oder gar naiven Sicht in Bezug auf rationale Motivation. In ihr spielen neben im engeren Sinne kausalen Hypothesen, die die Unfähigkeit des Denkens, uns in Bewegung zu setzen, überbrücken sollen, so heikle Prozesse wie Affektkonditionierung, Gewöhnung und Erziehung eine wichtige Rolle. Aus der Perspektive der Aristotelischen Naturphilosophie ist also das, was an den herangewachsenen und wohlerzogenen Menschen

1 PA 641a32-b10.

mit Recht als moralische Forderung herangetragen wird, Resultat eines komplizierten Vorgangs der Anpassung und Regulierung von Bewegungen und Verhalten. Es handelt sich allerdings um einen Vorgang, zu dem wir und unsere Körper von Natur veranlagt sind. Die Frage der Beteiligung des Denkens an unserem Verhalten ist aber nur eine unter vielen Fragen im Zusammenhang der Aristotelischen Theorie der Motivation. M.E. handelt es sich dabei nicht um die wichtigste Frage. Was mir auch wichtig zu sein scheint, ist, dass diese Theorie und hier besonders der Teil, der sich mit der Strebung befasst, eine generelle, nicht normative Theorie des wertenden Bezugs bietet, in denen Menschen und Tiere zu den Gegenständen ihrer Umwelt stehen. Wenn das vorliegende Buch dazu beiträgt, diese Theorie sichtbar zu machen, wäre sein Zweck erfüllt.

Bei der vorliegenden Studie handelt es sich um die leicht veränderte und erweiterte Fassung meiner Dissertation, die ich im Sommersemester 2005 an der philosophischen Fakultät der Humboldt-Universität zu Berlin eingereicht habe.

Ich möchte allen herzlich danken, die mir dabei geholfen haben und/oder ohne die dieses Buch nicht entstanden wäre. Allen voran danke ich meiner Frau und unseren Kindern, die mich während der langen Zeit der Fertigstellung ertragen und nach Kräften unterstützt haben. Ihnen sei dieses Buch gewidmet.

Ohne die Geduld, die kontinuierliche Hilfe und den Rat meines Doktorvaters Christof Rapp wäre diese Arbeit und manches andere nicht zustande gekommen. Ihm sei hiermit für alles gedankt, was er für mich getan hat. Dominik Perler, Christof Rapp und Thomas Schmidt danke für detaillierte Gutachten, Ermunterung und Kritik. Beiden, Christof Rapp und Dominik Perler, sei besonderer Dank für Studien- und Arbeitsbedingungen in Berlin, wie ich sie mir besser nicht hätte wünschen können.

Dem Cusanuswerk danke ich für langjährige, nicht nur finanzielle Unterstützung.

Auf dem langen Weg zu diesem Buch waren mir viele Personen in unterschiedlicher Weise behilflich. Besonders danken möchte ich: Meinen Eltern Carsten und Ignez Ramcke, Philipp Brüllmann, Stephan Herzberg, Lutz Koch, Marko Malink, Brendan O'Byrne, Christian Pfeiffer, Vasilis Politis, Albert Ramcke, Daniel Richter, Tim Wagner, Karin Weißenbacher.

Inhalt

Abkürzungen

(Folgende Abkürzungen für Werke des Aristoteles werden benutzt)

Cat.	*Categoriae*
Anal. pr.	*Analytica posteriora*
APo.	*Analytica posteriora*
Top.	*Topica*
Phys.	*Physica*
DC	*De caelo*
GC	*De generatione et corruptione*
Meteor.	*Meteorologica*
DA	*De anima*
PN	*Parva naturalia*
DS	*De sensu et sensibilibus*
De mem.	*De memoria et reminiscentia*
De somn.	*De somno et vigilia*
De insomn.	*De insomniis*
HA	*Historia animalium*
PA	*De partibus animaium*
MA	*De motu animalium*
IA	*De incessu animalium*
GA	*De generatione animalium*
Metaph.	*Metaphysica*
EN	*Ethica Nicomachea*
EE	*Ethica Eudemia*
MM	*Magna Moralia*
Pol.	*Politica*
Rhet.	*Ars rhetorica*

Die Titel anderer Werke des Aristoteles werden nicht abgekürzt. Die Übersetzungen, soweit nicht anders verzeichnet, sind meine eigenen.

Einleitung

Absicht der Arbeit

Diese Arbeit verfolgt das Ziel einer zusammenhängenden Interpretation der Aristotelischen Motivationstheorie. In Anbetracht der Forschungsmeinungen zum Thema ist dies nicht unbedingt selbstverständlich. Vielleicht bedarf es sogar einer Rechtfertigung: Gegen eine *zusammenhängende* Interpretation der Aristotelischen Motivationstheorie scheint zunächst zu sprechen, dass es keinen einheitlichen Traktat gibt, in dem Aristoteles dieses Thema behandelt. Die längeren zusammenhängenden Passagen in seinem Werk, die ausdrücklich der Motivationstheorie gewidmet sind, sind auf zwei verschiedene Schriften verteilt. Dies ist zum einen die Schrift über die Seele (*De anima*) Buch drei, Kapitel 9-11, und zum anderen die Schrift über die Bewegung der Lebewesen (*De motu animalium*). Der Zusammenhang zwischen den Schriften wird in der Forschung unterschiedlich beurteilt. Es finden sich Vertreter sowohl für die Sicht, dass es sich um zwei unabhängig voneinander entstandene, inkompatible Erklärungsversuche handelt, als auch dafür, dass der eine Erklärungsversuch (*De motu animalium*) eine verbesserte Fortentwicklung des anderen (*De anima*) darstellt. Hinsichtlich der internen Kohärenz der Schriften besteht ebenfalls keine Einigkeit: Gelingt es Aristoteles, sich zu einer *Theorie* der Motivation vorzuarbeiten oder scheitert er dabei? Die unterschiedlichen Beurteilungen zeigen, dass die Absicht, Aristoteles' Theorie der animalischen Ortsbewegung in ihrem Zusammenhang zu interpretieren, aufgrund der Quellen- und Forschungslage von vorneherein an bestimmte Thesen geknüpft ist. Sie lassen sich vielleicht am kürzesten so zusammenfassen: Aristoteles *hat* eine Theorie der Motivation, er hat *eine* Theorie der Motivation, und er präsentiert diese Theorie in zwei systematisch aufeinander aufbauenden Traktaten. Wenn ich recht sehe, ist die mit diesen Thesen verbundene Position in neuerer Zeit bisher *so* noch nicht formuliert und zusammenhängend dargestellt worden. Dies soll im Folgenden geschehen.

Eine Theorie der animalischen Ortsbewegung

Das aus heutiger Perspektive vielleicht herausragende Merkmal der Aristotelischen Motivationstheorie ist, dass sie sich nicht auf die Erklärung menschlicher Motivation beschränkt. Offenbar hält Aristoteles die Gemeinsamkeiten zwischen tierischer und menschlicher Motivation für ähnlich genug, um sie mithilfe einer einzigen, *gemeinsamen* Theorie zu erklären.[1] Es handelt sich um eine gemeinsame Theorie der Ortsbewegung für Lebewesen. Im Folgenden nenne ich sie *Theorie der animalischen Ortsbewegung*, wobei ‚animalisch' im Sinne von ‚alle Lebewesen unter dem Mond', inklusive Menschen, zu verstehen ist. Diese Theorie macht ein Teilgebiet der Aristotelischen Naturphilosophie aus und gibt eine für seine Maßstäbe wissenschaftliche Antwort auf die Frage, aus welchen Ursachen Lebewesen sich dem Orte nach fortbewegen. ‚Ortsbewegung' meint dabei typischerweise solche Tätigkeiten wie Laufen, Schwimmen, Fliegen und Kriechen, wie sie von nicht-stationären Lebewesen ausgeübt werden. Mit diesem weitgefassten Explanandum unterscheidet sich der Aristotelische Ansatz sowohl von vorhergehenden als auch von den meisten späteren philosophischen Motivationstheorien. Letztere haben ihr Augenmerk (im Unterschied zu manchen empirischen Handlungstheorien z.B. in der Biologie) in der Regel nur auf den Fall *menschlichen* Handelns gerichtet. Aus Sicht der Theorie der animalischen Ortsbewegung handelt es sich dabei jedoch um einen speziellen Anwendungsfall, nämlich den Fall der Motivation unter Beteiligung von Vernunft. Einen dergestalt fundamentalen Unterschied zwischen tierischem *Verhalten* und menschlichem *Handeln*, dass sich eine gemeinsame theoretische Behandlung ihrer motivationalen Grundlagen verbietet, hat Aristoteles nicht angenommen. Dies mag zum einen daran liegen, dass er intentionale Zustände wie ‚Wahrnehmen' und ‚Streben' bruchlos in die kausale Erklärung integrieren kann. Die Grenze zwischen dem, was man ‚erklärende ' und ‚verstehende' Erklärung von Handlungen nennt, würde er deswegen vielleicht an anderen Stelle ziehen als heutzutage üblich. Zum anderen gehört die Ortsbewegung der Lebewesen für Aristoteles zu den Phänomenen der natürlichen, d.h. der bewegten Welt. Als solche ist es der Naturphilosoph, der für ihre Erklärung zuständig ist. Interpreten, die sich speziell für menschliche Motivationstheorie interessieren, haben die weitgefasste Ausrichtung des Aristotelischen Ansatzes häufig beklagt. Sie führt auch in der Tat zu interpretatorischen Schwierigkeiten. Der Umstand, dass Aristoteles weite Teile dessen, was heute Bestandteil spezifisch menschlicher Motivationstheorien ist, *in einem Zuge* mit tierischer Motivation abhandelt, führt u.a. zu dem Problem, dass bei manchen seiner Aussagen nicht hinreichend klar wird, ob sie sich auf Lebewesen im Allgemeinen oder nur auf Menschen beziehen. Eine zweite Quelle für Schwierigkeiten entspringt weniger aus den Texten selbst, als aus dem *Umgang* mit ihnen: Es ist immer noch verbreitet, nicht klar zwischen Aristoteles' normativen Aussagen und ihren motivationstheoretischen

1 Vgl. DA 432a15ff; MA 698a1-7.

Grundlagen zu unterscheiden. Dies führt teilweise dazu, dass Textstellen, in denen ethische Fragestellungen verhandelt werden, als Belegstellen für handlungstheoretische Deutungen verwendet werden. Dabei legen sich die Interpreten häufig keine Rechenschaft über das Verhältnis von Handlungstheorie zur Theorie der animalischen Ortsbewegung ab. Angesichts der Tatsache, dass Aristoteles zwar von sich sagt, eine Theorie der animalischen Ortsbewegung zu haben, Ähnliches für eine Theorie der menschlichen Handlung jedoch nirgends behauptet, ist dies erstaunlich. Da er menschliche und tierische Motivation gemeinsam behandelt, wäre eine Klärung genau dieses Verhältnisses aber erforderlich: Aristoteles hat in seinen ethischen Schriften vieles zu spezifisch menschlichem Handeln zu sagen.[2] Es wäre jedoch voreilig, diese Aussagen im Sinne einer *Handlungstheorie* zu deuten, ohne vorher ihr Verhältnis zu den naturphilosophischen Grundlagen zu klären. Für den Interpreten ergibt sich daraus eine Konsequenz, von der ich mich bei der Zielsetzung und Anlage dieser Arbeit habe leiten lassen: Da sich nach Aristoteles' Auffassung die Explananda der Theorie menschlicher und tierischer Motivation überschneiden, ist es methodisch ratsam, zuerst ein zusammenhängendes Bild der gemeinsamen Theorie der animalischen Ortsbewegung zu gewinnen. Aristoteles' eigener Anspruch, eine für Tiere und Menschen gemeinsame Theorie vorzulegen, sollte beim Wort genommen werden. M.E. lässt sich nur auf diese Weise der geeignete Hintergrund für spezifisch handlungstheoretische und weiterführende ethische Fragestellungen schaffen. Eine solche Interpretation der Aristotelischen Theorie der animalischen Ortsbewegung soll hier vorgelegt werden. Dabei versteht sie sich nur als ein Anfang, der eine *Grundhypothese* für eine noch zu führende, differenziertere philosophische Auswertung der relevanten Texte bereitstellen will. Auch tritt diese Arbeit keineswegs mit dem Anspruch auf, das letzte Wort zum Thema zu sprechen. Es geht darum, überhaupt einmal eine kohärente Interpretation der Aristotelischen Motivationstheorie zur Diskussion zu stellen. Da eine solche Interpretation der Theorie der animalischen Ortsbewegung bisher nicht vorliegt, scheint mir dies eine sinnvolle Sache. Damit verbunden ist die Hoffnung, dass die allgemeine animalische Bewegungstheorie als zusammenhängendes Projekt des Aristoteles sichtbar wird. Nicht zuletzt sollten sich auch Grenzen der Vergleichbarkeit mit themenverwandten modernen Theorien abzeichnen.

---

2 Vor allem in EN III 1-8, VI und EE II 6ff.

Thematische Eingrenzung

Aus diesem Vorhaben ergeben sich einige Besonderheiten dieser Arbeit: Hier soll eine Interpretation von Aristoteles' Antwort auf die theoretische Frage vorgelegt werden, aus welchen Ursachen Lebewesen von Ort zu Ort wechseln. Die Untersuchung bewegt sich daher weitgehend im Fahrwasser der Fragestellung, wie sie von Aristoteles selbst gestellt wird. Dieser ‚immanente' Bezug bringt es mit sich, dass manche der typischerweise zum Kreis handlungstheoretischer Fragestellungen gehörenden Themen hier entweder gar nicht oder nur am Rande behandelt werden. Zur ersteren Gruppe zählen auch solche Fragen, die in der modernen Diskussion einen prominenten Raum einnehmen. Zu nennen sind hier vor allem die Fragen der Ontologie von Handlungen, die Theorie der moralischen Verantwortung und der kausale Determinismus.[3] Im Rahmen dieser Arbeit wird kein Raum sein, darauf einzugehen: Aus der Perspektive der Theorie der animalischen Ortsbewegung handelt es sich um weiterführende Fragen, die Aristoteles in diesem Zusammenhang nicht diskutiert. Auch würde jede dieser Fragen jeweils für sich eine eigene Abhandlung rechtfertigen. In gewisser Weise stellt die Frage der moralischen Verantwortung eine Ausnahme dar. Wie wir sehen werden, nimmt Aristoteles in seiner Theorie der animalischen Ortsbewegung einige grundsätzliche Weichenstellungen dazu vor. Sie werden hier an geeigneter Stelle zur Sprache kommen, aber auch nur insoweit die allgemeine Motivationstheorie davon betroffen ist. Anders verhält es sich mit der Frage vernünftiger Motivation. Da Aristoteles mit dem Anspruch auftritt, eine allgemeine und für alle Lebewesen gültige Theorie der Ortsbewegung zu erstellen, ist hier auch der Ort, die Problematik der motivationalen Rolle der Vernunft zu behandeln.[4]

---

3 Zur Ontologie von Handlungen bei Aristoteles, vgl. Charles (1984) (1986), die Rezensionen von Charles (1984) in Irwin (1986) und Wedin (1986), Heinamann (1987), Natali (2002), S. 131-157, und Buddensiek (2008), auch für weitere Literatur. Zur moralischen Verantwortung bei Aristoteles, vgl. Sauvé Meyer (1993), die Rezension von Tuozzo (1997); Liske (2008). Sauvé-Meyer wiederholt ihre These und verbindet sie mit der Zuschreibung eines Kompatibilismus an Aristoteles in Sauvé-Meyer (1999). Zum kausalen Determinismus bei Aristoteles, vgl. Sorabji (1980). Für einen Überblick zur diesbezüglichen Diskussion, vgl. Jedan (2000), der gleichfalls zum Resultat kommt, Aristoteles sei Kompatibilist gewesen. Für ein elaboriertes Argument gegen diese Sicht, vgl. Weidemann (2008).

4 Die Frage der motivationalen Rolle der Vernunft wird häufig – und zwar gerade auch in der Aristoteles-Interpretation – in Begriffen von Hume'schen und nicht-Hume'schen Positionen verhandelt. In dieser Arbeit werde ich dieses Vokabular vermeiden: Weder ist die Motivationslehre Humes auf die ihr in der Rezeption meist zugesprochene griffige Form im Sinne einer vollständigen inhaltlichen

Ich möchte jedoch darauf aufmerksam machen, dass es nicht die Aufgabe einer solchen Theorie sein kann, alle Fragen zu beantworten, die mit rationaler Motivation im Zusammenhang stehen. Es kann nur um die *naturphilosophischen Aspekte* der Beteiligung von Vernunft am Zustandekommen von Handlungen gehen. Eine Bescheidung auf naturphilosophische Zusammenhänge ist vor allem mit Blick auf solche Fragen angezeigt, die für Aristoteles in das Gebiet der Ethik gehören. Es ist bekannt, dass die Motivationstheorie in mehrerer Hinsicht eine wichtige Rolle in seiner Ethik spielt. Sie tut dies aber immer nur als ein fachfremdes Spezialwissen, das nur soweit in die Belange der Ethik Eingang findet, wie es für diese Disziplin erforderlich ist.[5] Von ihr in dieser Hinsicht mehr zu erwarten als die *naturphilosophischen Grundlagen* einer methodisch von ihr unabhängigen ethischen Diskussion, wäre daher zu viel verlangt. Diese Grundlagen dürfen allerdings erwartet werden.

Zweiteiligkeit der Arbeit aufgrund der Quellenlage

Im überlieferten Corpus der Aristotelischen Schriften verfügen wir über zwei Abhandlungen, die sich ausdrücklich mit der allgemein animalischen Bewegungslehre befassen. Dies sind *De anima* (DA) III 9-11 und die kleine Schrift *De motu animalium* (MA). Beide Texte werde ich hier in großen Teilen ausführlich besprechen und interpretieren. Die These, die ich bezüglich dieser beiden Texte hier vertrete, ist, dass sie systematisch aufeinander aufbauen und zusammengenommen Aristoteles' vollständige Theorie der animalischen Ortsbewegung enthalten: DA diskutiert das *Prinzip* der animalischen Ortsbewegung und liefert damit den theoretischen Rahmen der Theorie, MA besorgt die Erklärung der Bewegung selbst. Allerdings basieren die beiden Textstücke auch auf Voraussetzungen, die in ihnen nicht diskutiert werden. Damit meine ich vor allem den Aristotelischen Begriff der Strebung. Die Strebung (*orexis*) ist ein, wenn nicht *der* zentrale Faktor in der Theorie der animalischen Ortsbewegung. Hier ist die Quellenlage allerdings weitaus weniger

---

Abhängigkeit der Vernunft von ‚passions' zu reduzieren (vgl. hierzu Perler 2001b), noch scheint es für die Darstellung der Aristotelischen Theorie der animalischen Ortsbewegung hilfreich, von vorne herein eine solche Entweder-Oder-Frage an sie heranzutragen. Wenn eine direkte Vergleichbarkeit gegeben wäre (was m.E. nicht der Fall ist), so würde es sich bei Aristoteles nicht um ein Entweder-Oder, sondern höchstens um ein Sowohl-Als-Auch handeln.

5 Dies gilt für die Theorie der Seele, mit der die Motivationslehre eng zusammenhängt, insgesamt, vgl. EN 1102a23ff; speziell für die Motivationslehre, vgl. EN 1147a24ff.

erfreulich. Bis auf eine sehr knappe und dunkel formulierte Definition der arationalen Strebung in DA III 7 (431a8-14) ist uns eine ausführliche, systematische Behandlung nicht überliefert. Die wenigen Stellen, die sich dazu finden, sind über das Werk verstreut. Um daher eine Interpretation des Aristotelischen Strebebegriffs zu geben, wie es eine vollständige Interpretation der Aristotelischen Motivationstheorie erfordert, läßt es sich nicht vermeiden, von den wenigen Äußerungen, die wir besitzen, auf die ihnen zugrunde liegende Theorie zu schließen. Dies betrifft neben der erwähnten Definition der arationalen Strebung in DA 431a8-14 auch die fehlenden Informationen zu den beiden Strebearten ‚Mut' (*thymos*) und ‚Wunsch' (*boulêsis*). Den Strebebegriff trotz der Knappheit der Quellen zu deuten, ist Aufgabe des ersten Teils der Arbeit. Das unvermeidbare Element von ‚Spekulation', das dem ersten Teil anhaftet, findet jedoch dadurch einen Ausgleich, dass der zweite Teil der Arbeit *nicht* auf den Ergebnissen des ersten Teils aufbaut. Teil II ist eine von den Ergebnissen des ersten Teils völlig unabhängige Interpretation der relevanten Texte. Aus dieser Zweiteilung der Arbeit soll sich ein gewisser Kontrolleffekt ergeben: es wird so möglich, die Thesen des ersten Teils mit den Resultaten der zusammenhängenden Textinterpretation in Teil II abzugleichen.[6] Mir ist klar, dass die interpretatorischen Thesen in Teil I des Buches in manchen Teilen nicht über den Status begründeter Vermutungen hinausgehen. Wenn ich mich trotz der spärlichen Quellenlage und den daraus resultierenden Unsicherheiten an die Öffentlichkeit wage, so liegt dies daran, dass mir eine Interpretation des Aristotelischen Strebebegriffes wünschenswert, möglich und auch lohnend scheint. Jeder, der es besser kann, ist herzlich eingeladen, dies zu tun.

Kurzer Forschungsüberblick

In der Literatur ist die Aristotelische Theorie der animalischen Ortsbewegung kaum als einheitliche Theorie interpretiert worden. Bis zu einem gewissen Grad stellen die jüngeren Arbeiten von Jean-Louis Labarrière und Pierre-Marie Morel eine Ausnahme von dieser Regel dar. Ich werde gleich auf sie zu sprechen kommen. Die Gründe für das weitgehende Desinteresse an dem Aristotelischen Projekt einer umfassenden Motivationslehre sind verschiedener Art. Ein Faktor war sicherlich, dass die Erklärung von Ortsbewegungen als eine Erklärung

6 Da der zweite Teil der Arbeit die Interpretation zusammenhängender Textstücke enthält, wird der griechische Originaltext nicht mit abgedruckt. Er kann leicht in einer der einschlägigen Ausgaben nachgesehen werden.

spezifischer Naturprozesse in ein Gebiet führt, auf dem wir heute mit guten Gründen weiter zu sein glauben. Hinzu kam aber auch eine gewisse Geringschätzung für die Weise, in der Aristoteles das Thema philosophisch handhabt. In DA III 9-11 und MA schien Aristoteles vielen Auslegern in allzu naiver Weise von seelischen ‚Prozessen' zu sprechen. Es stieß auf, dass er diese seelischen Prozesse dann auch noch in einen effizient-kausalen Zusammenhang mit physikalisch beschreibbaren Bewegungen setzt, so als könnte die Seele in den kausalen Weltlauf eingreifen. Bei einer bestimmten Auffassung von ‚seelischen Prozessen' und Aristoteles' anatomischem und physiologischem Kenntnisstand, der für heutige Begriffe teils grotesk anmutet, wundert es also nicht, dass seine Theorie nicht auf ernst zu nehmendes philosophisches Interesse stieß.[7] Milo moniert im engeren Sinne philosophische Mängel bei der Behandlung des Themas. Er hat 1966 den Versuch unternommen, die spezifisch menschliche Motivationslehre des Aristoteles darzustellen. Er wirft ihm vor, empirische Aussagen nicht gehörig von der Begriffsanalyse getrennt zu haben und deswegen zu einer schlicht ungenügenden Theorie gekommen zu sein.[8] Gleich eine ganze Reihe von philosophischen Fehlern dieser Art und eine zugleich nur rohe und vage durchgeführte Theorie konstatiert Hamlyn in seiner vielgelesenen *De anima* – Übersetzung von 1968:

> Aristotle's account of animal and human movement is vitiated by a failure to make a proper distinction between action or behaviour and the bodily movement which a physiologist might be concerned with. In consequence, for a great deal of the time he appears to be looking for the causes of movement, without making clear whether this is an action or mere bodily movement. At other times he seems to be

7 Besonders deutliche Worte findet A.W. Müller: „Aristoteles geht es in seinen Aussagen hierüber (zur *prohairesis*, KC) nicht um den Aufweis eines psychophysiologischen Mechanismus der Verursachung von Körperbewegungen durch seelische Prozesse einer bestimmten Art. Oder besser: Soweit es ihm um so etwas geht, dürfte seine Auffassung weder vom Standpunkte der Philosophie noch von dem der Psychologie oder Physiologie aus besonderes Interesse verdienen." In einer Anmerkung dazu (Anm.2) benennt Müller die Stellen, auf die er sich mit seiner Annahme bezieht: „Wie vermutlich im Zusammenhang von MA 6-8 oder auch in EN VII 5, 1147a24-b3. Vgl. auch die Bezeichnung der *prohairesis* als *‚praxeôs ... archê....hothen hê kinêsis‘* in VI 2, 1139a31f.“ (Müller, 1982, S. 297).

8 Vgl. Milo (1966), S. 14: "Today we are aware of the distinction between a philosophical investigation of the relationships that obtain between concepts and an empirical investigation of matters of fact. Aristotle does not seem to have been aware of this distinction, or at least not to have realized its importance. For example he seems to be pointing out logical connections between the concept of ‚desire', ‚pleasant', and ‚good', and at the same time appears to be affirming the empirical hypothesis of psychological hedonism.“

> looking for the factors which will be necessary in any proper account of behaviour, and to be asking what psychological faculties are presupposed. But he also runs the two kinds of account together on occasion, so that the faculties in question appear to function as agencies of some kind. It is in general, however, the causal account that is uppermost in Aristotle's mind, and there is no doubt that his thinking on the matter is relatively crude. This is particularly so when it comes to establishing the connection between the psychological factors and the bodily mechanism. He thinks it is sufficient to say at the end of the section beginning 433b13 that it must be investigated 'among the functions common to body and soul'; he is regrettably vague about the whole matter.[9]

Diese verheerenden Eindrücke und das daraus resultierende Desinteresse haben sich im Zuge der funktionalistischen Neudeutung der Aristotelischen Seelenlehre und der dadurch erneuerten Diskussion des Hylemorphismus zerstreut. Die Aristotelische Philosophie des Geistes erfreut sich seitdem eines regen, genuin philosophisch motivierten Interesses. Dies hat jedoch nicht zu einer Gesamtinterpretation seiner Motivationslehre geführt.[10] Von den Schriften, die sich speziell der Interpretation von *De motu animalium* widmen, würde man zwar eine solche zusammenhängende Darstellung erwarten. Erstaunlicherweise findet sie sich dort aber auch nicht. Dies hängt wiederum mit den spezifischen Interpretationen zusammen, die die Autoren in Bezug auf den Gehalt dieser Theorie vertreten haben. Dies betrifft vor allem Martha Nussbaum und ihre 1978 veröffentlichte Ausgabe und Kommentar zu *De motu animalium*.[11] Ihre Arbeit ist für die Erschließung und philosophische Neuwürdigung dieser Schrift epochemachend gewesen. Es ist ihr darin gelungen, *De motu* mit einem Schlage aus der philosophischen Versenkung zu holen und auf inspirierende Weise mit den Fragestellungen kontemporärer Handlungstheorien zu verknüpfen. Den Versuch, die Theorie der animalischen Ortsbewegung in ihrer Gesamtheit darzustellen, unternimmt sie dort jedoch nicht. Dies ist kein Zufall, sondern ergibt sich folgerichtig aus Nussbaums Einschätzung des Zusammenhangs von DA III 9-11 und MA, den sie in ihrer Ausgabe von 1978 leider so gut wie gar nicht

9 Hamlyn (1993), S. 153, vgl. auch S. 151: „Aristotle's account of the motivation of behaviour is on the whole fairly simple-minded."

10 Vgl. den Sammelband zu *De anima* von Nussbaum/Rorty (1992), Wedin (1988), Perler (1996), Everson (1997). Zum spärlichen Interesse, das dabei der Diskussion von Aristoteles' umfassender Theorie der animalischen Ortsbewegung zuteil wurde, zeugt es, dass der 1993 von Christopher Shields verfasste angehängte Forschungsüberblick zur Neuausgabe von Hamlyns *De anima* – Übersetzung keinen Verweis auf die Thematik enthält.

11 Nussbaum (1985), verbesserte Paperbackausgabe ihres Kommentars von 1978.

diskutiert. In einem späteren Aufsatz[12] holt sie dies nach, stellt dort allerdings keinen positiven Zusammenhang fest. Sie argumentiert, bei DA III 9-11 handele es sich um einen inkonsistenten Versuch, die Phänomene der Ortsbewegung zu erklären, der in MA eine verbesserte Neuversion erfahre. Für Nussbaum ergeben sich die theoretischen Mängel in DA hauptsächlich aus dem Umstand, dass Aristoteles dort einige für philosophische Handlungstheorien charakteristische Fragen nicht ausdrücklich angeht: weder werde geklärt, wie Kognition und Strebung miteinander interagieren, noch erfolge eine Klärung der Relation von psychologischer und physiologischer Erklärung, noch werde der Gegenstandsbereich der Theorie der animalischen Ortsbewegung definiert.[13] In MA sieht sie diese Fragen dagegen alle beantwortet. Es ist insgesamt eine Tendenz von Nussbaums Interpretation, starke Parallelen der Aristotelischen Theorie zu einigen zentralen Fragestellungen, Begriffen und Erklärungsmodellen moderner philosophischer Handlungstheorien zu ziehen. Damit hat sie einerseits eine anhaltende Diskussion der Aristotelischen Motivationstheorie angestoßen. Andererseits scheint genau dies sie davon abgehalten zu haben, die Grundlagen aus Aristoteles' naturwissenschaftlichen Schriften und speziell den Zusammenhang mit *De anima* III 9-11 systematisch in Betracht zu ziehen. Allerdings ist ihre Arbeit trotz vieler Kritik im Detail bis heute keineswegs überholt. Nussbaum identifiziert wichtige Fragen und Probleme der Theorie, und sie bietet Lösungen an, die bis heute, trotz der Kritik, ohne Ersatz sind. Dazu gehört auch, dass sie Ansätze einer philosophischen Interpretation des Aristotelischen Strebebegriffs vorgelegt hat.[14]

Eine ähnliche These hinsichtlich des Zusammenhangs von DA und MA, die eigentlich eine Diskontinuitätsthese ist, vertritt Jutta Kollesch in ihrer kommentierten Übersetzung der Berliner Akademie-Ausgabe.[15] Im Gegensatz zu Nussbaum, der sie sich sonst meistens anschließt, führt sich die von Kollesch festgestellte inhaltliche Diskrepanz beider Schriften nicht auf einen im Wesentlichen gleichen Erklärungsbereich beider Abhandlungen, sondern gerade auf deren Unterschiedlichkeit zurück: Während es in DA, einer Untersuchung über die Seele, nicht um die körperliche Komponente der Strebung gehe, sei in MA der ‚abstrakte'

12 Nussbaum (1983).

13 Nussbaum (1983), S. 135f. Für Argumente dagegen, vgl. unten, S. 248, Anm. 14

14 Nussbaum (1983). Ihre Bemerkungen gehen jedoch nicht sehr weit über eine semantische Untersuchung zum Ausdruck ‚*orexis*' hinaus (S. 130ff.). Ich werde mich in dieser Arbeit häufig in kritischer Weise mit Nussbaums' Thesen auseinandersetzen. Dies tut meiner Bewunderung für ihre Leistungen jedoch in keiner Weise Abbruch.

15 Kollesch (1985), S. 58f.

Strebebegriff aus DA zugunsten der, wie sie meint, das materielle Substrat der Strebung ausmachenden ‚angeborenen Luft' (*symphyton pneuma*) vernachlässigt worden. Daraus resultiere eine Erklärung des Bewegungsmechanismus als eines rein körperlichen Vorgangs. Diese Erklärung lasse eine besonders empfindliche explanatorische Lücke zurück, da Aristoteles nichts darüber mitteile, „auf welche Weise die Seele dem Pneuma Bewegungsimpulse vermittelt".[16]

Eine unübersehbare Fülle von Literatur gibt es zur Frage der spezifisch menschlichen Motivation. Im Zusammenhang dieser Arbeit sind vielleicht die Versuche von Cooper, Irwin, Kenny, Mele und vor allem von David Charles hervorzuheben.[17] Diese Arbeiten bemühen sich, mit der Naturphilosophie des Aristoteles zusammenstimmende Deutungen der Aristotelischen Handlungstheorie vorzulegen. Bei diesen Autoren findet sich jedoch keine explizite Auseinandersetzung mit den allgemein animalischen bewegungstheoretischen Grundlagen. So deutet Charles in seiner anspruchsvollen und tiefsinningen Studie zur Aristotelischen Handlungstheorie von 1984 die Strebung als das ‚Akzeptieren einer Proposition'.[18] Er baut seine gesamte Interpretation der Handlungstheorie und insbesondere auch seine Deutung des so genannten ‚praktischen Syllogismus' darauf auf. Dieser stark auf das menschliche Handeln konzentrierte Ansatz ergibt sich leicht aus der Zielsetzung seines Buches, das sich ebenso sehr als Beitrag zur kontemporären handlungstheoretischen Debatte wie als Aristoteles-Interpretation versteht.[19] Die gemeinsame Theorie der animalischen Ortsbewegung gerät dabei jedoch nicht in den Blick. Ähnliches gilt für Kenny und Mele und so gut wie alle handlungstheoretisch motivierten Ausleger des Aristoteles seit Anscombe.[20] Durch ihre auf menschliches Handeln konzentrierten Deutungen werden die Wege zu einer gemeinsamen und nicht anthropomorphen Kausalerklärung tierischer Ortsbewegungen abgeschnitten. Eine Ausnahme ist John Cooper, dessen Deutung des

16 Kollesch (1985), S. 59. Es scheint klar, dass Kolleschs Diagnose nicht auf einer hylemorphistischen Deutung von DA und MA basiert.

17 Cooper (1975), Kenny (1979), Mele (1981), (1984b), Charles (1984).

18 So Charles (1984), S. 84ff.: "[...] the object of desire must be a proposition. That is, desire is represented as a mode of accepting the conclusion which reason has asserted to be true (e.g. ϕ is good)". Charles hält seine Interpretation der Strebung als Akzeptieren (acceptance) einer Proposition für ein "key concept" der gesamten Aristotelischen Handlungstheorie (1984, S. 196).

19 Vgl. die Rezension von Wedin (1986).

20 Charles' Studie unterscheidet sich von diesen Interpreten allerdings insofern, als sie Aristoteles' Gesamtwerk systematisch berücksichtigt. Die vorliegende Arbeit wird sich daher in allen ihren Teilen mit seinen Positionen auseinandersetzen.

‚praktischen Syllogismus' auf eine direkte Anwendbarkeit auf die Erklärung auch tierischer Motivation besteht.[21]

Anhaltende Diskussion hat die animalische Ortsbewegung in jüngerer Zeit im Kontext der Interpretation des achten Buches der Aristotelischen *Physik* erfahren. Es ging dort um die Frage, in welchem Sinne Aristoteles den Lebewesen den Status von Selbstbewegern zuspricht.[22] Die Interpreten sehen sich dort vor folgendes Problem gestellt: Aristoteles scheint zwar einerseits wie selbstverständlich davon auszugehen, dass es sich bei den Lebewesen um Selbstbeweger handelt, andererseits scheint er ihnen aber die *kausale* Autonomie für ihre Körperbewegungen abzusprechen. Dies führte zu einer Vielzahl verschiedener Lösungsversuche. Diese beschränken sich hauptsächlich auf Fragen der spezifischen Kausalität animalischer Ortsbewegungen, ohne umfassende Deutungen der Theorie. Die meisten Vorschläge gehen in die Richtung einer (auf unterschiedliche Weise) als intentional gefassten Kausalität im Gegensatz zu ihren notwendigen Realisierungsbedingungen effizient-kausaler Art.[23] Die in dieser Diskussion verhandelte Frage, welche Art von Verursachung Aristoteles für die Ortsbewegung der Lebewesen angenommen hat, ist für die vorliegende Arbeit von unmittelbarem Interesse. Sie kann hier jedoch aus Gründen des Platzes und der Darstellung nicht in direkter Auseinandersetzung mit der genannten Diskussion behandelt werden.[24]

Ein Aufsatz von Jennifer Whiting greift die hier relevante Frage nach dem für die Ortsbewegung zuständigen Seelenvermögen auf.[25] Ihre These besagt im Kern, dass das Wahrnehmungsvermögen einen einheitlichen Komplex aus einer Reihe unterschiedlicher Vermögen bildet. Dieser teilt sich in einen internen, repräsentationalen und einen externen, verhaltensmäßigen Aspekt auf. Diesen Komplex nennt sie ‚locomotive part

---

21 Ähnlich auch Etheridge (1968). Für eine Übersicht über die modernen Deutungen des Aristotelischen 'praktischen Syllogismus' in der zweiten Hälfte des letzten Jahrhunderts, vgl. Corcilius (2008c).

22 Ph. 252b17-28; 253a3-21; 259a20-b20; vgl. Solmsen (1971), Furley (1978), Nussbaum (1985), Gill/Lennox (1994), Graham (1999), Morrison (2004), Labarrière (2004b), S. 159-173.

23 Für einen konzisen Überblick über die verschiedenen Lösungsversuche samt trefflicher Kritik daran, vgl. den Aufsatz von Berryman (2002). Siehe auch den Überblick bei Strobach (2008), S. 69-72.

24 Die Diskussion orientiert sich dabei an einer Reihe von Fragen, die Aristoteles selber in diesem Kontext nicht stellt (die eines kausalen Determinismus, der Intentionalität und der Autonomie, vgl. Labarrière 2004b, S. 172f.), und die gewiss jede für sich eine eigenständige Behandlung verdienen würde. Zudem sollte ihre Behandlung im Kontext einer Interpretation der relevanten Stellen in *Physik* VIII erfolgen, die hier aus Platzgründen nicht vorgenommen werden kann.

25 Whiting (2002).

of the soul'. Whiting betont die funktionale Einheitlichkeit dieser mit dem Wahrnehmungsvermögen im Zusammenhang stehenden Vermögen (zu dem sie auch die praktische Vernunft zählt) gegenüber ihrer konzeptionellen Verschiedenheit. Die für die vorliegende Arbeit zentrale Frage, in welcher Weise das bewegende Vermögen zur Seele insgesamt steht und welches die Prinzipien für die Einteilung der Seele sind, diskutiert sie nur kurz.[26] Whiting thematisiert aber die Frage nach der Interaktion der verschiedenen Subfakultäten, die mit der Wahrnehmung im Zusammenhang stehen, und sie geht dabei ausdrücklich auch von der Einheitlichkeit und Kompatibilität der beiden Abhandlungen zur Ortsbewegung in DA III 9-11 und MA aus.[27] In dieser Hinsicht weist ihr Ansatz eine grundsätzliche Ähnlichkeit mit der vorliegenden Untersuchung auf.

Hendrik Lorenz' Buch zur Erklärung der arationalen Motivation bei Platon und Aristoteles ist thematisch, was seinen Aristoteles-Teil anbelangt, direkt einschlägig: Sein Beitrag konzentriert sich stark auf die Rolle der Vorstellung (*phantasia*) in der Erklärung nicht-rationaler Motivation. Wenn die Rolle der Vorstellung hier auch als weniger grundlegend eingestuft wird als Lorenz dies zu tun scheint, ist seine Analyse der Funktionsweise nicht-rationaler Assoziationsmechanismen und ihrer Rolle in der Erklärung animalischer Ortsbewegug (Kapitel 11 und 12) doch mit den hier zu vertretenen Positionen kompatibel. Lorenz macht insgesamt sehr klar, dass Aristoteles die Mittel hatte, sowohl komplexes tierisches als auch subrationales menschliches Verhalten ohne Zuhilfenahme von Rationalität zu erklären. Dabei versteht er es, spezifische Unterschiede zwischen rationaler und nicht-rationaler Motivation bei Aristoteles deutlich zutage treten zu lassen (Kapitel 13).[28]

Besondere Aufmerksamkeit hat die Thematik der animalischen Ortsbewegung in jüngster Zeit durch die französischsprachige Forschung

---

26 Mit Ergebnissen, die von denen der vorliegenden Arbeit abweichen: In ihrem Modell kann ein Seelenteil mehrere Fähigkeiten (capacities) unter sich fassen, vgl. Whiting (2002), S. 152f. (ebenso, unter Berufung auf Whiting, Gregoric, 2007, S. 19ff. sowie 53, Anm. 5). In der hier vertretenen Sicht fasst ein Seelenteil nicht eine Mehrzahl von Fähigkeiten unter sich, weil ein Seelenteil eine *basale* Fähigkeit ist, auf die sich aber verschiedene Fähigkeiten des *beseelten Körpers* zurückführen, vgl. unten Teil I, Abschnitt 1.

27 Withing (2002), S. 168.

28 Merkwürdig ist, dass Lorenz die Theorie der animalischen Ortsbewegung als solche nicht wirklich thematisiert. Vielleicht erklärt sich dies durch die historisierende Anlage seines Buches, das u.a. darauf abzielt, die Kontinuitäten zwischen Platon und Aristoteles herauszuarbeiten.

erfahren. Von den zahlreichen Arbeiten, die dazu erschienen sind,[29] sind hier hauptsächlich die Studien von Jean-Louis Labarrière und Pierre-Marie Morel einschlägig. Beide ähneln dem vorliegenden Ansatz darin, dass sie die Theorie der animalischen Ortsbewegung im weiteren Kontext der Aristotelischen Naturphilosophie zu deuten bemüht sind. In einem Aufsatz befasst sich Morel[30] mit der Stellung von MA innerhalb des groß angelegten Projektes von DA, den *Parva naturalia* und den zoologischen Schriften. Dabei ist für das hiesige Vorhaben von besonderem Interesse, dass er den *Parva naturalia* und MA aufeinander aufbauende physiologische Erklärungsbereiche zuweist. Diese decken sich mit unterschiedlichen Phasen eines kontinuierlichen Bewegungsablaufs, der vom Herzen des Lebewesens seinen Ausgang nimmt und von dort aus in die Extremitäten verläuft.[31] Labarrière hat in seinem 2004 erschienenen Buch aus zoologischer Perspektive die bis dahin ausführlichste und auch sachkundigste Behandlung von Fragen der Aristotelischen Theorie animalischer Ortsbewegung vorgelegt. Er betont darin die Gemeinsamkeiten menschlicher und tierischer Motivation.[32] Die Untersuchung besteht im Wesentlichen aus einer locker an der Abfolge der einschlägigen Texte aus DA III 9-11 und MA orientierten Interpretation. Sie wägt vorsichtig verschiedene Lesarten ab und kommt in vielen Einzelfragen zu ähnlichen Ergebnissen wie die vorliegende Arbeit. Dies gilt vor allem für Labarrières Deutung des so genannten ‚praktischen Syllogismus'. Aus der Perspektive der Theorie der allgemeinen animalischen Ortsbewegung deutet er ihn folgerichtig als Figur, die der kausalen Bewegungserklärung und nicht, wie üblicherweise angenommen, der Illustration von Deliberationsvorgängen dient.[33] Die jüngste Arbeit Morels zum Thema (2007) beschäftigt sich gleichfalls ausführlich mit Fragen der Aristotelischen Motivationstheorie und diskutiert ihr Verhältnis zum spezifisch menschlichen Handeln. Abgesehen von einer Reihe von Detailfragen unterscheiden sich die beiden Arbeiten von dem vorliegenden Werk hauptsächlich in zwei Punkten: 1. sie enthalten keine umfassende

---

29 Vgl. die Sammelbände Corps et Âme. Sur le De anima d'Aristote, herausgegeben von G. Romeyer Dherbey (1996) und Aristote et le mouvement des animaux, herausgegeben von A. Laks und M. Rashed (2004). Außerdem die Bände Dialogue XXIX, No. 1 (1990) sowie Les Études philosophiques 1997/1, herausgegeben von J.L. Labarrière, die eine Reihe Aufsätze speziell zu DA III 9-11 und zur Problematik des Vorstellungsvermögens (*phantasia*) enthalten.

30 Vgl. Morel (2002) und (2004).

31 Morel (2002), S.75ff.

32 Vgl. Labarrière (2004b). Die erste Hälfte des Buches ist der Interpretation der Aristotelischen Texte zu Kommunikation und Sozialverhalten der Tiere gewidmet.

33 Labarrière (2004b), S. 195-214.

Interpretation der Strebung, und 2. sie betonen nicht die Einheitlichkeit der Theorie der animalischen Ortsbewegung *als solche*.

Insgesamt lässt sich konstatieren, dass in jüngster Zeit Bewegung in die Forschung zur animalischen Bewegungslehre bei Aristoteles gekommen ist. Eine umfassende Behandlung, die sowohl die seelentheoretische als auch die im engeren Sinne physiologische Seite einer einheitlichen Interpretation unterwirft, steht noch aus.

Plan und Hauptergebnisse der Arbeit

Diese Arbeit hat zwei Hauptteile. Teil I besteht in einer ausführlichen Interpretation des Aristotelischen Strebebegriffs (Teil I: „Theorie der Strebung"). Er gliedert sich in fünf Abschnitte: In einem ersten Schritt diskutiere ich die Einordnung des Strebevermögens in den Gesamtzusammenhang des Projektes von *De anima*. Das Resultat ist, dass es sich für Aristoteles bei der Strebung nicht um Vermögen der Seele selbst, sondern um eine für Körper und Seele gemeinsame Leistung handelt (Abschnitt 1). Bevor es zur Definition der Strebung kommt, werden noch einige Kriterien erwähnt, die Aristoteles in anderen Schriften, vor allem in der *Topik* und den *Analytica posteriora*, für die Definition von Strebungen geltend macht: Strebungen gehören in die Kategorie der Relativa und werden deswegen über ihre Relata definiert. Für die Definition der Strebearten heißt dies, dass sie nicht über Einzelgegenstände, sondern allgemeine Zwecke definiert werden müssen (Abschnitt 2). Es folgt die Behandlung des Strebevermögens. Den Anfang macht die Definition in DA 431a8-14. Das Ergebnis ist dies: 1. Aristoteles definiert arationale Lust (Lust/Leid-Empfindungen) als relationale Zustände der im denkbar weitesten Sinne körperlichen Verfassung von Lebewesen zu den von ihnen gemachten Wahrnehmungen. Da er arationale Lust und Leid gemeinsam definiert, bestimmt er deren Gegenstände als solche Dinge, die für das Lebewesen entweder gut oder schlecht sein können. Es folgt eine Argumentation, in der ich zu zeigen versuche, dass für Aristoteles dasjenige, was für ein Lebewesen gut oder schlecht sein kann, durch seinen körperlich-emotionalen Zustand in Relation zu seinem ‚natürlichen' Zustand bestimmt wird: Je nachdem, in welcher Verfassung es sich befindet, wird es andere konkrete Gegenstände als Güter erstreben bzw. als Übel vermeiden. ‚Gut' ist das, was geeignet ist, seine körperliche Verfassung in Übereinstimmung mit seinem natürlichen Zustand zu versetzen, schlecht, was die Übereinstimmung stört. Dabei ist wichtig, dass der Begriff der Natur sich nicht auf die artspezifische Natur beschränkt, sondern auch erworbene Dispositionen und Präferenzen beinhaltet. 2.

Aristoteles definiert arationale Strebungen als Bewegungen, die sich in unmittelbarer Konsequenz aus Lust/Leid-Empfindungen ergeben. Ihre motorische Wirkung führt sich auf die Natur der Lebewesen als eine Bewegungsursache zurück. Lust/Leid-Empfindungen und Strebungen sind notwendige kausale Antezedentien für jede Art von animalischer Ortsbewegung. Damit legt sich Aristoteles jedoch nur auf einen *motivationalen* (kausalen), nicht aber auf einen *psychologischen Hedonismus* fest (Abschnitt 3). Daran schließt sich die Diskussion der drei Arten der Strebung in der Folge ‚Begierde‘ (*epithymia*), ‚Mut‘ (*thymos*) und Wunsch (*boulêsis*) an. Ich argumentiere, dass Aristoteles mit den drei Strebearten alle verschiedenen Bereiche subjektiver Gütererfahrung abdecken will. Die Einteilung entspricht vage der traditionellen Dreiteilung der Güter in körperliche, äußere und seelische Güter. Ein zusätzliches Unterscheidungskriterium ist der kognitive Mindestaufwand, den die Repräsentation des die Strebung auslösenden Gehaltes erfordert: Für die Begierde, deren Korrelat die Lust ist, ist dies die einfache Wahrnehmung wahrnehmbarer Eigenschaften. Der Mut richtet sich auf Anerkennung durch andere und (nur dadurch vermittelt) auch auf unbelebte Sachen. Für die Repräsentation dieser Gehalte erfordert es komplexe Wahrnehmungen und nicht mehr nur einfache wahrnehmbare Eigenschaften. Für den rationalen Wunsch, der sich auf Güter als solche richtet, braucht es Vernunft. Da sich die Definition der arationalen Strebungen in DA 431a8-14 weder auf die aus der Betätigung der rationalen Natur hervorgehende Lust, noch auf die aus ihr resultierende Strebung bezieht, wird der Wunsch relativ ausführlich behandelt. Aristoteles versteht den Wunsch als genuin rationale Strebung nach Gegenständen, die nicht mal gut und mal schlecht, sondern immer gut sind. Seine Gegenstände stehen in keiner besonderen Relation zur körperlich-emotionalen Befindlichkeit des Lebewesens. Aristoteles nimmt mit dem Wunsch eine strebensmäßige Attitüde zu Gegenständen an, die nicht uns oder unsere Relation zu ihnen, sondern deren intrinsischen Eigenschaften betreffen. Die rationale Strebung ist die unmittelbare Konsequenz aus der Lust am Denken dieser Gegenstände. Die Lust entsteht aufgrund der Betätigung der eigenen (rationalen) Natur. So wie es für Aristoteles für diese Lust keinen konträr entgegengesetzen Leidzustand gibt, so gibt es für ihn auch keine diesbezügliche negative rationale Strebung. In Bezug auf die Frage der motivationalen Relevanz des Wunsches komme ich zu folgenden Hauptresultaten: Die genuin auf rationale Gehalte gerichtete Strebung ist für Aristoteles motivational so gut wie irrelevant. Die Bewegungsrelevanz rationaler Gehalte erklärt sich im Sinne eines motivationalen (kausalen) Hedonismus durch eine partielle (extensionale) Identität der Gegenstände rationaler Strebungen mit den Gegenständen der beiden arationalen Strebungen. Nur solche doppelten

Belegungen können zu Ortsbewegungen durch rationale Gehalte führen. Aristoteles erwähnt gleich eine ganze Reihe verschiedener Weisen, in der diese Doppelbelegung von rationalen Gehalten mit den kausal für die Ortsbewegung erforderlichen Lust/Leid-Empfindungen zustande kommen kann (Abschnitt 4). Der letzte Abschnitt des ersten Teils (Abschnitt 5) besteht in einer Untersuchung der Rolle, die die Vorstellung (*phantasia*) in der Theorie der animalischen Ortsbewegung spielt. Dies betrifft ihre Rolle sowohl bei der ‚Herstellung' der die Strebearten auslösenden Gehalte als auch bei der Erklärung der Bewegung der Lebewesen im engeren Sinne: Aristoteles kann mithilfe der Vorstellung sowohl die zeitliche Diskontinuität zwischen Wahrnehmungsaffizierung und der durch sie bewirkten Ortsbewegung erklären (kausale Stellvertreterrolle), als er im Zusammenhang rationaler Motivation auch die semantische Unabhängigkeit repräsentierter Gehalte von ihren perzeptiven Ursprüngen erklären kann. Die Fähigkeit des menschlichen Körpers, aus mehreren Vorstellungsgehalten einen einzigen Gehalt zu machen, bildet dafür die Grundlage.

Im zweiten Teil der Arbeit (Teil II) erfolgt eine zusammenhängende Interpretation der für die Ortsbewegung relevanten Haupttexte DA III 9-11 und MA 6-11. Das Ergebnis ist, dass Aristoteles eine einheitliche Theorie der animalischen Ortsbewegung hat, die er arbeitsteilig durchführt: DA konzentriert sich auf die Frage nach den Prinzipien (Seelenteilen), mit deren Hilfe Vorkommnisse von Ortsbewegungen wissenschaftlich erklärt werden sollen. MA hingegen liefert die Theorie für die konkrete Erklärung von Vorkommnissen animalischer Ortsbewegungen (Abschnitt 1). DA III 9-11 ist ein durch seine ‚dialektische' Ordnung einheitlicher, in sich abgeschlossener Traktat. In ihm ermittelt Aristoteles die Prinzipien und stellt das Erklärungsmodell vor: Das Modell ist nicht eine Erklärung mithilfe eines für die Ortsbewegung verantwortlichen Seelenteils, sondern das einer kausalen Theorie der Ortsbewegung: Kein einzelnes Seelenvermögen ist der Beweger der Lebewesen. Ein Beweger lässt sich in der Terminologie der Seelenvermögen entweder gar nicht oder nur der Art nach angeben, nämlich als ‚Strebung, insofern sie zum Streben fähig ist.' In dem kausalen Erklärungsmodell liegt das initiierende Moment der Bewegung dann vor, wenn eine Affizierung durch einen Wahrnehmungsgegenstand oder eines seiner Äquivalente zu einer Strebung führt. Es müssen daher immer beide, sowohl ein kognitiver Gehalt als auch eine auf ihn gerichtete Strebung vorliegen, damit Bewegung erfolgen kann. Wichtig ist, dass es sich dabei nicht um eine Kooperation zweier Seelenteile, sondern um den Ausgangspunkt einer aus mehreren Phasen bestehenden akteursinternen Prozesskette handelt, die dann zur Bewegung des ganzen Lebewesens führen kann. Es folgt die Einordnung dieses Erklärungsmodells in die allgemeine Bewegungslehre der *Physik* und ein Verweis auf die weitere Behandlung des Themas in MA. Dann präsentiert Aristoteles die Erklärungsmodelle für die übrigen Hauptprobleme der animalischen Bewegungstheorie. Dazu gehören Konflikte zwischen verschiedenen Strebungen und die Möglichkeit der Bewegungsrelevanz rationaler Gehalte. Aristoteles erklärt diese Phänomene unter Zuhilfenahme seines Vorstellungsbegriffs gleichfalls kausal (Abschnitt 2). MA 6-10 (Abschnitt 3) baut auf den Ergebnissen von DA III 9-11 auf. Nach einer ausführlichen Diskussion des bewegungsrelevanten Zweckbegriffs wendet sich Aristoteles systematisch der Beantwortung zweier Fragen zu: (a) Welches ist der Ausgangspunkt für Episoden animalischer Ortsbewegung? Und: (b) Auf welche Weise bewegt die Seele den Körper? Die erste Frage beantwortet Aristoteles mithilfe des sogenannten ‚praktischen Syllogismus'. Er versucht damit, eine Art Bewegungsgesetz zu erstellen, das die hinreichenden Bedingungen für das Stattfinden von Ortsbewegungen aller dazu fähigen Lebewesen nennt. Da Aristoteles aber eine allgemeine Theorie der animalischen Ortsbewegung hat, gibt er an dieser Stelle auch eine kausale Erklärung für die Möglichkeit des Stattfindens von Deliberationsprozessen im Rahmen der Bewegungsgenese. Dies wird erklärt durch die zeitweilige Suspension des spontanen und unreflektierten Bewegungsablaufs, so dass das Denken sich in den Prozess einschalten kann (Intervention). MA knüpft insgesamt an genau der Stelle in der Genese von Ortsbewegungen an, wo DA aufgehört hatte, nämlich nach der Phase der Konstitution von Strebungen. Dann folgt mit der Antwort auf (b) die weitere Erklärung der Bewegungsgenese von (a). Aristoteles beschreibt einen automatischen Prozess, der von den mit Lust/Leid-Empfindungen und Strebungen einhergehenden thermischen Veränderungen ausgeht, über Veränderungen der Aggregatzustände in den relevanten Körperteilen bis hin zu den Expansions- und Kontraktionsbewegungen der sogenannten ‚angeborenen Luft' (*symphton pneuma*) reicht, durch die schließlich das ganze Lebewesen in Bewegung gesetzt wird. Die Diskussion der Rolle des *symphton pneuma* in der Theorie ergibt, dass es sich dabei nicht um ein direktes materielles Substrat des Strebevermögens handelt. Seine Rolle besteht vielmehr darin, innerhalb der Bewegungsgenese den Übergang von qualitativen Veränderungen (thermischer Art) in mechanischen Stoß und Zug zu leisten. Als letztes (Abschnitt 4) wird MA 11 interpretiert, wo Aristoteles das Explanandum seiner Theorie gegenüber nicht- und unwillkürlichen Bewegungen abgrenzt. Entscheidend für das Vorliegen einer willkürlichen Bewegung ist in MA 11 die kausale Bedingung, unter genau den Umständen verursacht worden zu sein, die in DA als Ausgangspunkt des gesamten Bewegungsprozesses identifiziert wurden.

Wie dieses Buch zu lesen ist

Dieses Buch gliedert sich, wie gesagt, in zwei Teile: Die Interpretation des Aristotelischen Strebebegriffs in Teil I und die fortlaufende Interpretation der für die Theorie der animalischen Ortsbewegung einschlägigen Texte DA III 9-11 und MA 6-11 in Teil II. Da die in den beiden Teilen enthaltenen Argumentationen voneinander unabhängig sind, hat die Zweiteilung der Arbeit auch *methodischen* Charakter. Es steht dem Leser daher frei zu wählen, ob er mit der Lektüre von Teil I oder Teil II beginnt. Denjenigen, die weniger Sympathien für rekonstruktive Interpretationen haben, würde ich raten, mit Teil II zu beginnen.

Teil I: Theorie der Strebung

1. Seelenteile und Strebefähigkeit in *De anima*

§ 1

Aristoteles diskutiert die Strebung (*orexis*), genauer: die Fähigkeit zur Strebung (*to orektikon*) in seiner Schrift über die Seele (*De anima*). Da die Strebefähigkeit dort aber nur an verstreuten Stellen diskutiert wird, wird es erforderlich sein, etwas zu Struktur und Aufbau der Schrift zu sagen. Für den Argumentationsgang von *De anima* ist der Begriff des Vermögens oder auch ‚Teils' der Seele von zentraler Bedeutung. Was aber ist ein ‚Teil' oder ‚Vermögen' der Seele für Aristoteles? Was leistet der Begriff in Struktur und Aufbau von *De anima*? Und: Welches Verhältnis besteht zwischen ‚Teilen' der Seele und der Strebefähigkeit? Ist die Strebefähigkeit ein Seelenteil? Diesen Fragen möchte ich hier nachgehen. Für die erste Frage möchte ich – anders als üblich – von den ontologischen Interessen, die typischerweise bei der Beschäftigung mit Seelenteilen die Hauptrolle spielen, absehen. Statt die Frage der Einheit der Seele und des Verhältnisses der Seelenteile zueinander zu untersuchen, möchte ich mich darauf konzentrieren, was Aristoteles im Aufbau von *De anima* mit den Teilen der Seele *macht*. Meine Fragen in diesem Kapitel sind also verhältnismäßig einfach. Sie lassen sich großenteils durch einfaches Beobachten beantworten: Was für eine Rolle spielen die ‚Teile der Seele' im Argumentationsgang von *De anima* (Teil 1)? In welchem Zusammenhang steht die Strebefähigkeit zu den Teilen der Seele (Teil 2)?

Das Ergebnis wird uns instand setzen, Aristoteles verstreute Äußerungen zur Strebefähigkeit und Strebung vor dem Hintergrund seiner eigenen Fragestellung in zu verstehen. Im Wesentlichen kommt heraus, dass der Begriff des Seelenteils den Gedankengang von *De anima* methodisch bis in die Einzelheiten hinein strukturiert: *De anima* ist eine Schrift, die hauptsächlich darin besteht, sich von gegebenen Phänomenen zu den Definitionen der verschiedenen Seelenteile vorzuarbeiten. Aristoteles' Vorgehen bietet dabei ein Bild von hoher methodischer Transparenz, Uniformität und vor allem methodologischer Reflektiertheit: Er sagt, *was* er vorhat, er sagt, *wie* und *aus welchen Gründen* er sein Vorhaben auf diese Weise zu realisieren gedenkt, und er *hält* er sich an seine Ankündigungen. Vor diesem Hintergrund werden die *Abweichungen* besonders erklärungsbedürftig: Wenn *De anima* im Wesentlichen in einer methodisch uniformen Suche nach der Definition der verschiedenen Seelenteile besteht, warum ist dies nicht bei allen seelischen Leistungen der Fall? Warum werden einige seelische Leistungen in ganz anderer Weise behandelt? Im zweiten Teil des Kapitels werde ich mich mit einer dieser Abweichungen befassen, nämlich mit Aristoteles' Verfahren bei der Ermittlung des für die Ortsbewegung der Lebewesen zuständigen Teils der Seele. Das Ergebnis wird sein, dass die Unterschiede im Verfahren ihr *fundamentum in re* haben: Aristoteles sieht weder das für die Ortsbewegung zuständige Vermögen noch die Strebefähigkeit als ‚Teile' oder Vermögen der *Seele* an. Er hält sie vielmehr für Vermögen des *beseelten Körpers*, nicht aber für Teile der Seele *selbst*. Ein weiteres Ergebnis dieses Kapitels ist es daher, dass Aristoteles zwischen Vermögen oder ‚Teilen' der *Seele selbst* und Vermögen *beseelter Körper* unterscheidet und dass diese Unterscheidung für das Verständnis von Seelenteilen, und damit auch für den Aufbau von *De anima*, grundlegend ist.

Aus der beschränkten Zielsetzung dieses Kapitels ergibt sich, dass ich den Gedankengang von *De anima* hier nur soweit beschreiben werde, wie dies für das grundsätzliche Verständnis des Begriffs des Seelenteils und seines Verhältnisses zur Strebung erforderlich ist. Es geht also nur um die grobe Linie des Arguments von *De anima*. Das heißt, dass hier vieles, was eine ausführlichere Behandlung verdient hätte, entweder übergangen oder nur relativ summarisch behandelt werden wird.

Teil 1

§ 2

Ich beginne mit einigen Allgemeinplätzen. Fast ganz am Anfang von *De anima* kündigt Aristoteles an, herausfinden zu wollen, welches „die Natur, Substanz und die Eigenschaften" der Seele sind.[1] Schon vorher hat er den Ausdruck ‚Seele' in der Bedeutung eines *Prinzips* der Lebewesen eingeführt, bzw., wie es später heißt, als das „Prinzip des lebenden Körpers".[2] Aristoteles befindet sich hier am Anfang der Schrift in etwa folgender Situation: Er kennt die Phänomene, die mit lebendigen Körpern im Zusammenhang stehen und sucht nach der Definition des für die Erklärung dieser Phänomene zuständigen Prinzips. Er weiß bereits, *dass* es ein solches Prinzip gibt und dass es ‚Seele' heißt. Die am Anfang der Schrift gestellte Frage, was die Seele ist (*ti estin*, 402a11ff.), fragt also, was das ‚Seele' genannte Prinzip lebendiger Körper ist. Hieraus ergeben sich einige weitere Situationsbestimmungen:

1 DA 402a7f. ἐπιζητοῦμεν δὲ θεωρῆσαι καὶ γνῶναι τήν τε φύσιν αὐτῆς καὶ τὴν οὐσίαν, εἶθ' ὅσα συμβέβηκε περὶ αὐτήν·

2 DA 402a6-8: ἔστι (sc. ἡ ψυχὴ) γὰρ οἷον ἀρχὴ τῶν ζῴων. "Denn sie (die Seele) ist wie ein Prinzip für die Lebewesen." DA 415b8: ἔστι δὲ ἡ ψυχὴ τοῦ ζῶντος σώματος αἰτία καὶ ἀρχή. "Die Seele ist Ursache und Prinzip des lebenden Körpers."

(i) Wenn es der Vorsatz der Schrift ist, *herauszufinden*, was die Seele bzw. was das Prinzip der Erklärung der mit Lebendigem in Verbindung stehenden Phänomene ist, versteht sich, dass noch unbekannt ist, *was* die Seele ist, denn genau dies ist es, was Aristoteles erst herausfinden will. Wenn er daher Gebrauch von dem Ausdruck ‚Seele' macht, bevor die Frage nach ihrem *ti estin* beantwortet ist, bezeichnet er damit aller Wahrscheinlichkeit nach einen *Platzhalter* für die noch zu findende Antwort auf die Frage.[3]

(ii) Die Erklärungen und Beweise der Wissenschaft, deren Prinzipien *De anima* finden soll, beziehen sich auf die Phänomene belebter Körper. Der Kenntnis dieser Phänomene muss daher umgekehrt (in irgendeiner Weise) eine Kontrollfunktion für die zu findenden Prinzipien zukommen. So heißt es in DA I 1:

> **T 1** Denn wenn wir die Eigenschaften, so wie sie sich unserer Wahrnehmung präsentieren, erklären können, entweder alle oder die meisten, dann werden wir auch in der Position sein, am besten Behauptungen über die Substanz (der Seele) aufzustellen; denn das Prinzip allen Beweises ist das Was-es-ist, so dass alle Definitionen, aus denen sich kein Erkennen der Eigenschaften (sc. so wie sie sich uns in der Wahrnehmung präsentieren) ergibt, und die es nicht wenigstens erleichtern, Vermutungen über sie anzustellen, offenbar alle dialektisch dahingesagt und leer sind. (DA 402b22-403a2)[4]

Es muss verifiziert werden, ob das Prinzip, dessen Definition *De anima* finden will, in dieser Definition tatsächlich die erwünschte Erklärungsleistung für die Phänomene erbringt. Wissen können wir dies erst dann, wenn wir die Probe machen, den umgekehrten Weg eingeschlagen und mit Aus-

---

3 Wie wenig Aristoteles sich mit der Verwendung des Begriffs ‚Seele' hier inhaltlich festlegt, zeigt sich daran, dass er in DA II 1 diskutiert, in welche Kategorie die Seele gehört und er dann noch dafür *argumentiert*, dass sie in die Kategorie der Substanz gehört. ‚Substanz' (*ousia*) meint ganz am Anfang der Schrift daher vermutlich auch nicht mehr als den *Platzhalter* für den Inhalt der noch zu findenden Antwort auf die Frage nach dem Was-es-ist der Seele.

4 ἐπειδὰν γὰρ ἔχωμεν ἀποδιδόναι κατὰ τὴν φαντασίαν περὶ τῶν συμβεβηκότων, ἢ πάντων ἢ τῶν πλείστων, τότε καὶ περὶ τῆς οὐσίας ἕξομεν λέγειν κάλλιστα. πάσης γὰρ ἀποδείξεως ἀρχὴ τὸ τί ἐστιν, ὥστε καθ' ὅσους τῶν ὁρισμῶν μὴ συμβαίνει τὰ συμβεβηκότα γνωρίζειν, ἀλλὰ μηδ' εἰκάσαι περὶ αὐτῶν εὐμαρές, δῆλον ὅτι διαλεκτικῶς εἴρηνται καὶ κενῶς ἅπαντες. Vgl. noch deutlicher MA 698a11-14: δεῖ δὲ τοῦτο μὴ μόνον τῷ λόγῳ λαβεῖν, ἀλλὰ καὶ ἐπὶ τῶν καθ' ἕκαστα καὶ τῶν αἰσθητῶν, δι' ἅπερ καὶ τοὺς καθόλου ζητοῦμεν λόγους, καὶ ἐφ' ὧν ἐφαρμόττειν οἰόμεθα δεῖν αὐτούς („Man soll dies aber nicht nur dem Begriff nach erfassen, sondern auch bei den Einzel-, d.h. den wahrnehmbaren Dingen; ihretwegen suchen wir ja nach den allgemeinen Erklärungen, und wir glauben, dass sie mit ihnen zusammenpassen müssen.")

gang von den Hypothesen über die Definition die Phänomene wissenschaftlich bewiesen haben. Die in *De anima* zu findende Definition des Prinzips muss sich in der Anwendung auf die konkreten Phänomene beseelter Körper also erst noch *bewähren*.

(iii) Eine vielleicht weniger banale Konsequenz ist, dass wir in *De anima* so etwas wie eine *Theorie* der konkreten seelischen Leistungen beseelter Körper noch nicht erwarten sollten, wenn ‚Theorie' soviel heißt, wie entweder die Tätigkeiten beseelter Körper wissenschaftlich zu erklären oder generelle Explikationsmuster für seelische Tätigkeiten zu geben wie sie in der Natur tatsächlich vorkommen. Warum? Zunächst, weil solche Tätigkeiten zu den Phänomenen gehören, deren besonderen Prinzipien Aristoteles in *De anima* ja erst finden will. Wenn er solche Erklärungen hier schon geben würde, würde er mehr tun, als er sich am Anfang der Schrift vorgenommen hat: *De anima* kündigt an, die Definition für die Prinzipien der Erklärung der Phänomene beseelter Körper zu finden; es kündigt *nicht* an, diese Prinzipien schon im Rahmen der Wissenschaft von den konkreten Leistungen beseelter Körper zum Einsatz zu bringen. Methodisch betrachtet, handelt sich um zwei unterschiedliche Vorhaben.[5]

(iv) Dies führt zu einer weiteren Unterscheidung. Aristoteles kündigt am Anfang von *De anima* an, das *Was-es-ist* der Seele herausfinden zu wollen (*ti estin*, 402a7f.). Damit möchte er die definitorischen Eigenschaften der Seele bestimmen. Für Aristoteles sind die definitorischen Eigenschaften von etwas immer Eigenschaften dieser Sache *selbst*. Wenn er in *De anima* ankündigt, das Was-es-ist der Seele ermitteln zu wollen, heißt das daher, dass er etwas über die *Seele selbst* herausfinden möchte. Die wissenschaftliche Erklärung von seelischen Leistungen, so wie sie in der Natur vorkommen, Wahrnehmungsvorgänge, Denkepisoden, Erinnerungen usw. betreffen dagegen nicht, bzw. nicht ausschließlich, die Seele selbst, sondern die Eigenschaften und Leistungen *beseelter* Körper. Es sind Erklärungen von seelischen *Prozessen* wie sie sich in der Natur in beseelten Körpern ereignen. Sie involvieren mehr als nur die definitorischen Eigenschaften der Seele. Es sind keine Aussagen über der Seele *selbst*.[6]

---

5 Vermutlich auch methodologisch: Der Weg zur Definition der Prinzipien sollte nicht entlang derselben Schritte verlaufen wie der Weg von den Prinzipien zur Erklärung der Phänomene, auch nicht in umgekehrter Beweisrichtung. Andernfalls wäre eine für die Verifikation erforderliche Unabhängigkeit beider Verfahren mehr gegeben.

6 Zwar hindert nichts, dass in *De anima* solche Erklärungen gelegentlich vorkommen – die Definition des Zornes in I 1 (403a25ff.) wäre ein Beispiel dafür –, aber wenn dies der Fall ist, macht die Ausgangssituation der Schrift es wahrscheinlich, dass es sich dabei nicht um die Hauptsache, sondern um (vielleicht durchaus er-

Bei der Unterscheidung von ‚Seele selbst' und ‚beseelter Körper' handelt es sich um eine, wenn nicht sogar *die* methodisch zentrale Unterscheidung für Aristoteles' so genannten psychologischen Schriften. Sie strukturiert die ganze Wissenschaft von den beseelten Körpern: *De anima* kommt darin die Rolle zu, die Seele selbst zu definieren, während andere Schriften auf den Ergebnissen von *De anima* aufbauen und auf die Erklärung der Phänomene beseelter Körper anwenden. Belege dafür finden sich vor allem in den wechselseitigen Verweisen in *De anima* und den sogenannten *Parva naturalia* sowie *De motu animalium*. So verweist *De anima* ausdrücklich auf die Untersuchungen, die die für Körper und Seele gemeinsamen Leistungen behandeln, als auf eine *andere* Schrift.[7] Die Eingangspassage von *De sensu* (DS 436a1-11) macht hingegen klar, dass sie auf den Ergebnissen der Untersuchung zur Seele *selbst* aufbaut, um daran anschließend die für Körper und Seele *gemeinsamen* Leistungen zu behandeln. Ganz ähnlich liegt der Fall in *De motu animalium*.[8] Dies zeigt, dass eine grundsätzlich

---

wünschte) *Nebeneffekte* handelt, die nicht im Zentrum der eigentlichen Aufgabe stehen, die Prinzipien der Erklärung konkreter seelischer Phänomene zu finden.

7 DA 433b19f.: διὸ ἐν τοῖς κοινοῖς σώματος καὶ ψυχῆς ἔργοις θεωρητέον περὶ αὐτοῦ. Gemeint ist MA 698a14-b7, 702a21-b11. Eine ähnlich die Behandlung der Seele selbst gegenüber dem Unbeseelten und den Leistungen beseelter Körper abgrenzende Passage findet sich in MA 700b4-11.

8 Hier einige zusätzliche Belege:
(ii) 'Επεὶ δὲ περὶ ψυχῆς καθ' αὑτὴν διώρισται πρότερον καὶ περὶ τῶν δυνάμεων ἑκάστης κατὰ μόριον αὐτῆς, ἐχόμενόν ἐστι ποιήσασθαι τὴν ἐπίσκεψιν περὶ τῶν ζῴων καὶ τῶν ζωὴν ἐχόντων ἁπάντων, τίνες εἰσὶν ἴδιαι καὶ τίνες κοιναὶ πράξεις αὐτῶν. τὰ μὲν οὖν εἰρημένα περὶ ψυχῆς ὑποκείσθω, περὶ δὲ τῶν λοιπῶν λέγωμεν, καὶ πρῶτον περὶ τῶν πρώτων. φαίνεται δὲ τὰ μέγιστα, καὶ τὰ κοινὰ καὶ τὰ ἴδια τῶν ζῴων, κοινὰ τῆς τε ψυχῆς ὄντα καὶ τοῦ σώματος, οἷον αἴσθησις καὶ μνήμη καὶ θυμὸς καὶ ἐπιθυμία καὶ ὅλως ὄρεξις, καὶ πρὸς τούτοις ἡδονὴ καὶ λύπη· καὶ γὰρ ταῦτα σχεδὸν ὑπάρχει πᾶσι τοῖς ζῴοις. „Da über die Seele selbst vorher gehandelt worden ist und zwar der Reihe nach über jedes einzelne ihrer Vermögen, schließt sich die Betrachtung über die Lebewesen und alles, was Leben hat, an, nämlich welches ihre eigentümlichen und welches ihre gemeinsamen Tätigkeiten sind. Das, was über die Seele gesagt wurde, sei hier also zugrunde gelegt; über das Übrige aber wollen wir sprechen und zwar zuerst über das, was zuerst kommt. Unabhängig davon, ob sie den Lebewesen gemeinsam oder eigentümlich sind, sind dies in der Hauptsache offenbar solche (Tätigkeiten), die sowohl der Seele als auch dem Körper gemeinsam sind, nämlich Wahrnehmung, Erinnerung, *thymos*, Begierde und überhaupt Strebung; außerdem Lust und Leid, denn auch diese kommen so gut wie allen Lebewesen zu." (Sens. 436a1-11).
(iii) Περὶ μὲν οὖν τῆς δυνάμεως ἣν ἔχει τῶν αἰσθήσεων ἑκάστη, πρότερον εἴρηται, τοῦ δὲ σώματος ἐν οἷς ἐγγίγνεσθαι πέφυκεν αἰσθητηρίοις, ἔνιοι μὲν (…). "Über das Vermögen, welches jede einzelne der Wahrnehmungsarten hat, ist vorher gesprochen worden, aber über den Körper, in dem die Wahrnehmungsorgane von Natur vorkommen, haben manche (…)" (Sens. 437a18-20).

arbeitsteilig organisierte Aufgabenverteilung zwischen *De anima* einerseits und den *Parva naturalia* und *De Motu* andererseits besteht. Ihre genaue Gestalt mag in den Details schwer festzustellen sein, die gegenseitigen Verweise machen aber klar, dass *De anima* der *Prinzipienfindung* im Sinne der Definition der Prinzipien dient (*ti estin*), während *De Motu* und die *Parva naturalia*, als Schriften zu den für Körper und Seele gemeinsamen Leistungen, in der einen oder anderen Weise *Gebrauch* von diesen Prinzipien machen und selber nicht mehr danach fragen, was die Seele selbst ist.

Für jetzt möchte ich festhalten: Es gibt eine Arbeitsteilung zwischen *De anima* und den Werken zu den für Körper und Seele gemeinsamen Leistungen. Sie lässt sich beschreiben als Prinzipien*findung* im Sinne der Ermittlung der Definition des die relevanten Phänomene letztlich erklärenden Prinzips einerseits und als *Anwendung* dieser Prinzipien in der Erklärung der Phänomene andererseits. Dies macht es wahrscheinlich, dass *De anima* nicht schon selber die Erklärung der mit beseelten Körpern im Zusammenhang stehenden Phänomene leistet, sondern dies Aufgabe eben derjenigen Werke ist, die sich ausdrücklich mit der Erklärung der für Körper und Seele gemeinsamen Leistungen befassen. Ferner: Die Arbeitsteilung zwischen *De anima* einerseits, den *Parva naturalia* und *De motu animalium* andererseits führt sich zurück auf die Unterscheidung zwischen ‚Seele selbst' (= den definitorischen Eigenschaften der Seele) und den Eigenschaften und Leistungen von Körpern, die Seelen haben.

Die „Seele selbst"

Bevor ich zur Durchführung des in DA I 1 angekündigten Programms zur Ermittlung des Was-es-ist der Seele selbst komme, möchte ich noch etwas zur Unterscheidung zwischen ‚Seele selbst' und ‚Körper und Seele gemeinsamen Leistungen' sagen. Auf den ersten Blick mag nämlich einiges daran kontraintuitiv scheinen: Zum einen scheint es, dass die Unterscheidung einem der Kerngedanken der Aristotelischen philosophischen Seelenlehre zuwiderläuft: Aristoteles' Begriff der ‚Seele' wird im hylemorphistischen Verständnis als Prinzip verstanden, dessen Pointe gerade darin

---

(iv) Περὶ μὲν οὖν ψυχῆς, εἴτε κινεῖται εἴτε μή, καὶ εἰ κινεῖται, πῶς κινεῖται, πρότερον εἴρηται ἐν τοῖς διωρισμένοις περὶ αὐτῆς. „Über die Seele, ob sie bewegt wird oder nicht, und wenn sie bewegt wird, auf welche Weise sie bewegt wird, ist vorher in der ihr gewidmeten Abhandlung gesagt worden." (MA 700b4-6).

Zum Zusammenhang der Projekte von *De anima* und den sog. *Parva naturalia*, siehe Jaeger (1913), 31ff., King (2001) 34ff., wo sich auch eine vollständige Liste der wechselseitigen Verweise von DA auf die PN sowie umgekehrt findet (152, Anm. 15). Siehe auch Morel (2006) und Johansen (2006).

besteht, *nicht* vom Körper ablösbar zu sein. So etwas wie eine ‚Seele selbst' sollte es im hylemorphistischen Verständnis, in dem die Seele stets nur Seele eines Körpers ist, also besser gar nicht geben. Zum anderen scheinen Passagen wie u.a. DA II 6-12 genau solche Erklärungen von Phänomenen wie z.B. Wahrnehmungsvorgängen zu geben, wie es sie laut der Unterscheidung von ‚Seele selbst' und für ‚Körper und Seele gemeinsame Leistungen' nicht geben dürfte. Angesichts dieser Evidenz scheint es unplausibel, *De anima* solche auf Episoden von seelischen Leistungen – d.h. auf Leistungen, die Körper und Seele gemeinsam sind – bezogenen Erklärungen abzusprechen.

Beide Einwände gegen die Unterscheidung zwischen ‚Seele selbst' und den für ‚Körper und Seele gemeinsamen Leistungen' beruhen m.E. auf richtigen Beobachtungen, ziehen daraus jedoch die falschen Konsequenzen: *Hylemorphismus*. Der Einwand, dass es so etwas wie die ‚Seele selbst' im Hylemorphismus nicht geben sollte, bezieht sich auf die Unterscheidung zwischen Körper und Seele im individuellen Lebewesen und auf die Frage, ob die körperlose Seele Subjekt von Tätigkeiten sein kann. Bei der Unterscheidung zwischen ‚Seele selbst' und ‚Körper und Seele gemeinsamen Leistungen' geht es aber nicht um das Verhältnis von Körper und Seele im individuellen Lebewesen. Es geht vielmehr darum, welche Eigenschaften in die *Definition* der Seele eingehen und welche nicht in die Definition eingehen, weil es sich bei ihnen nicht um Eigenschaften der Seele selbst, sondern um solche Eigenschaften handelt, die nur an beseelten Körpern vorkommen. Der Einwand verkennt daher die *methodische* Natur der Unterscheidung. Bei der Unterscheidung geht es darum, die Definition des *Prinzips* für die im Aristotelischen Rahmen wissenschaftliche Erklärung seelischer Phänomene von diesen Phänomenen zu sondern: Die Entitäten, von denen solche Erklärungen ihren Ausgang nehmen, sind keine inkorporierten Seelen und auch keine hylemorphen Komposita, sondern die Definitionen von Gattungen (APo. I 7, 75a36ff). Es handelt sich um *abstrakte*, *explanatorische* Entitäten, in Bezug auf die es verfehlt wäre, danach zu fragen, in welchem Verhältnis sie zu ihrem Körper stehen. Als explanatorische Ausgangspunkte wissenschaftlicher Erklärungen haben solche Definitionen keine Körper, auch dann nicht, wenn (so wie bei Aristoteles) die Seele essentiell zu einem Körper gehört. Es gilt zwar für jede Seele, dass sie *per definitionem* zu einem Körper gehört, das bedeutet aber nicht, dass ihre Definition und per se Eigenschaften einen Körper haben. Mir scheint es für das Verständnis der Aristotelischen Seelenlehre wichtig, diese beiden Hinsichten, in der von der Seele der Rede ist, nicht miteinander zu verwechseln. Vieles von dem, was in *De anima* über die Seele gesagt wird, bezieht sich auf das Prinzip für die wissenschaftliche Erklärung belebter Körper und damit auf eine zu Erklärungszwecken vorgenommene Abstraktion. Es liegt eine Verwechslung vor, falls man in diesen Aussagen nach Aufklärung über das Seele/Körper–Verhältnis im Individuum sucht. Hierfür eignen sich die Schriften, in denen Aristoteles die für Körper und Seele gemeinsamen Leistungen untersucht, schon besser, weil er sich darin nicht mit dem abstrakten Seelenprinzip, sondern mit der Definition und Erklärung von Vorkommnissen seelischer Leistungen in beseelten Körpern beschäftigt. Es ist daher nicht erstaunlich, wenn wir bei diesen Gelegenheiten Informationen über das Verhältnis von Körper und Seele im Individuum erhalten, von denen in *De anima* entweder gar nicht oder nur andeutungsweise die Rede ist.[9]

Erklärung von Phänomenen in De anima. Es ist richtig, dass *De anima* über weite Passagen über Vorkommnisse von seelischen Leistungen zu sprechen scheint. Die ausführlichen Besprechungen der Wahrnehmungsgegenstände in den verschiedenen Wahrnehmungsgattungen sowie die Schilderung der kausalen Geschichte von Wahrnehmungsvorgängen in DA II 7-11 sind nur ein Beispiel dafür. Es ist allerdings die Frage, ob es sich hierbei um die nach *Aristotelischen* Maßstäben wissenschaftliche Erklärung der Phänomene handelt. Es gibt eine Reihe von Indizien dafür, dass dies nicht der Fall ist. Einige davon werde ich unten im Text besprechen. Das hauptsächliche Argument gegen die Annahme, dass Aristoteles an diesen Stellen schon die wissenschaftliche Erklärung der Phänomene geben will, ist aber, dass der Charakter der Ausführung in *De anima*, und zwar insbesondere auch in DA II 5-12, Aristoteles' von ihm selbst angekündigter Methodik zur Ermittlung der Definition von Seelenteilen voll und ganz entspricht. Es ist daher nicht nur so, dass Aristoteles in *De anima* ankündigt, die Phänomene seelischer Leistungen anderswo – nicht in *De anima* – zu erklären (DA 433b19f., vgl. oben Anm. 7), sondern sein tatsächliches Vorgehen in dieser Schrift entspricht auch ziemlich genau seiner Ankündigung, nicht die Phänomene zu erklären, sondern das Prinzip ihrer Erklärung zu definieren. Wir haben keinen Grund, Aristoteles' eigenen Ankündigungen zu misstrauen.[10]

---

9 Damit meine ich z.B. das Körper/Seele–Verhältnis und auch das für die Erklärung der Ortsbewegung grundlegende Modell von der Seele als Angelpunkt auf das Lebewesen eingehender und von ihm ausgehender Bewegungen. Das Modell findet sich schon bei Platon (zumindest für die passive Seite, Phlb.33 D ff., Tim. 43 B ff.) Aristoteles scheint es aber zu keinem Zeitpunkt seiner Karriere aufgegeben zu haben (vgl. Ph.244b11f., DS 436b1-8, MA 703b26-36, implizit in MA 703a28-b2), auch nicht in *De anima*, obwohl es sich dort nur an einer Stelle findet, und zwar noch vor der systematischen Definitionssuche ab Buch II (DA 408b13-18). Siehe hierzu unten S. 112ff. u. S. 362ff.

10 An einigen Stellen in *De anima* geht Aristoteles allerdings über das bloße Finden der Definition hinaus. Dies geschieht jedoch typischerweise erst dann, wenn er eines der seelischen Teilprinzipien definiert hat, vgl. dazu unten S. 54, Anm. 52.

§ 3

Ich komme jetzt zur Durchführung des Programms, das Aristoteles in *De anima* I 1 angekündigt hat und das darin besteht, die Definition für das Prinzip seelischer Leistungen zu finden. Hierbei kommt der Unterscheidung zwischen der ‚Seele selbst' und ‚Eigenschaften und Leistungen beseelter Körper' m.E. bereits ganz am Anfang eine strukturierende Rolle zu. Nämlich anlässlich der Diskussion der Ansichten seiner Vorgänger. Aristoteles scheint nämlich die Vermengung genau dieser beiden Aspekte für die hauptsächliche Quelle der fehlerhaften Bestimmungen der Seele durch seine Vorgänger zu halten:

> **T 2** Zu Anfang der Untersuchung nehmen wir uns vor, was ihr hauptsächlich von Natur aus zuzukommen scheint: Das *Beseelte* scheint sich vom Unbeseelten also hauptsächlich durch zweierlei zu unterscheiden, durch Bewegung und durch das Wahrnehmen. Aber von den älteren (Philosophen) sind im Wesentlichen diese beiden Positionen bezüglich der *Seele* auf uns gekommen. Einige behaupten nämlich, die Seele sei hauptsächlich und primär das Bewegende. Da sie aber glaubten, dass das, was nicht selbst bewegt ist, nicht anderes bewegen kann, nahmen sie an, die Seele sei eines von den bewegten Dingen.[11]

Aristoteles liefert hier eine Erklärung für das Zustandekommen der Seelentheorien seiner Vorgänger. Er führt ihre Theorien bei allen ihren Verschiedenheiten auf den *einen* gemeinsamen Fehler zurück, die besonderen Leistungen, die wir an *beseelten* Körpern beobachten können, direkt auf die *Seele* selbst übertragen zu haben. Bei der ins Auge fallenden Beweglichkeit mancher beseelter Körper wird dies besonders deutlich: Aristoteles sagt, seine Vorgänger hätten sich dadurch teilweise veranlasst gesehen, diese Eigenschaft in direkter Weise auf die *Seele* zu übertragen, so dass sie auch die *Seele* in etwas Bewegtem haben bestehen lassen. Etwas anders verhält es sich bei der zweiten hervorstechenden Leistung beseelter Körper, der Fähigkeit zur Wahrnehmung (hier wohl im weiten Sinne von Kognition überhaupt gemeint). Hier unterscheiden sich die Theorien der Vorgänger erheblich, Aristoteles scheint es jedoch für eine Gemeinsamkeit dieser Theorien gehalten zu haben, dass sie die Elemente, d.i. die basalen Bestandteile der wahrgenommenen Gegenstände, als Konstituenten auch der

---

11 DA 403b24-31: ἀρχὴ δὲ τῆς ζητήσεως προθέσθαι τὰ μάλιστα δοκοῦνθ' ὑπάρχειν αὐτῇ κατὰ φύσιν. τὸ ἔμψυχον δὴ τοῦ ἀψύχου δυσὶ μάλιστα διαφέρειν δοκεῖ, κινήσει τε καὶ τῷ αἰσθάνεσθαι. παρειλήφαμεν δὲ καὶ παρὰ τῶν προγενεστέρων σχεδὸν δύο ταῦτα περὶ ψυχῆς· φασὶ γὰρ ἔνιοι καὶ μάλιστα καὶ πρώτως ψυχὴν εἶναι τὸ κινοῦν, οἰηθέντες δὲ τὸ μὴ κινούμενον αὐτὸ μὴ ἐνδέχεσθαι κινεῖν ἕτερον, τῶν κινουμένων τι τὴν ψυχὴν ὑπέλαβον εἶναι.

seelischen Fähigkeit zur Wahrnehmung angesehen haben, und zwar unabhängig davon, ob es sich bei diesen Elementen um körperliche oder als unkörperlich konzipierte Elemente handelt (DA 404b8-405b10[12]). Der eine *grundsätzliche* Fehler, auf den sich die Theorien der Mehrzahl seiner Vorgänger zurückführen lassen (wie es scheint, ist nur die Harmonietheorie der Seele ausgenommen, 407b27-408a28[13]), besteht nach Aristoteles' Auffassung also darin, dass sie die Seele nach dem Modell *beseelter* Gegenstände konzipiert haben. Abgesehen von den spezifischen, theorieimmanenten unerwünschten Konsequenzen,[14] scheinen solche Ansätze für ihn vor allem deswegen fehlerhaft zu sein, weil sie nicht in Betracht ziehen, was Aristoteles gleich am Anfang von *De anima* bereits dadurch in Betracht gezogen hat, dass er der Seele in Bezug auf die Phänomene der Lebewesen die Stelle des erklärenden *Prinzips* zugesprochen hat:[15] Eine Theorie der Seele

12 Deswegen landet Platon in einer Gruppe mit den Korpuskulartheoretikern. Häufig stellt man die Definition der Seele in DA II 1 als eine Art bewusst gewählten Mittelweg dar, den Aristoteles zwischen reduktivem Materialismus einerseits und Platonischem Dualismus andererseits wählt. Was oben gesagt ist, ist damit nicht inkompatibel. Es spricht aber *dagegen*, dass (i) Aristoteles Platon und Demokrit zusammen in eine Gruppe stellt, weil beide die Wahrnehmung durch Elemente der Dinge (egal ob körperlich oder nicht) erklären wollten und (ii) der Platonische Seelenbegriff mit seinem Bewegt-Sein kein in dem Sinne metaphysikalischer Seelenbegriff zu sein scheint, wie es der moderne Begriff ‚platonischer Dualismus' nahelegt, vgl. dazu Menn (2002), 83-85, 103.

13 Für diese Theorie ergeben sich Probleme mit der für Aristoteles zentralen Funktion der Seele als *Ursache*.

14 Die *theorieimmanenten* Gründe, weswegen die am Modell beseelter Gegenstände orientierten Theorien der Vorgänger nicht funktionieren (selbstwidersprüchlich sind) und vor allem die Phänomene belebter Körper nicht erklären können, gibt Aristoteles ab Kapitel 3 von Buch I. Grob betrachtet: 405b31-407b11 führt die Schwierigkeiten für die Auffassung der Seele als Bewegtes an, in 407b12-26 kritisiert Aristoteles die mangelnden Diskussionen des Seele/Körper-Verhältnisses und die Vernachlässigung der Phänomene beseelter Körper durch seine Vorgänger, in 407b27-408a30 kritisiert er die statische Auffassung der Seele als eine Proportion (Harmonie) der Teile des Körpers. In 408a30-409b18 geht es noch einmal um die Frage, ob die Seele bewegt ist, in 409b19-411a26 dann schließlich um die Erklärung der Wahrnehmungs- und Denkfunktionen durch die Seele als aus Elementen bestehend (körperlich und unkörperlich). Der Rest von Buch I wirft die Schwierigkeiten auf, die mit der Annahme von Seelenteilen verbunden sind. Hierzu unten mehr.

15 Die Frage, ob es überhaupt Seele gibt, stellt Aristoteles in *De anima* nicht. Wenn man aber in Betracht zieht, dass Seele für ihn die *Prinzip*-Stelle in der Erklärung der mit lebendigen Körpern im Zusammenhang stehenden Phänomene einnimmt, reduziert sich diese Frage auf die Frage, ob es ein Prinzip für die Erklärung dieser Phänomene gibt. *Diese* Frage, nämlich ob es Prinzipien der Naturerkenntnis gibt, diskutiert Aristoteles allerdings (im ersten Buch seiner *Physik*).

sollte die Leistungen beseelter Gegenstände *erklären*; sie sollte nicht weitere Explananda zu den Phänomenen hinzufügen.

Mit der berühmten, auf die weiteste Extension des Begriffes der Seele abzielenden Bestimmung am Beginn des zweiten Buches versucht Aristoteles m.E. die Lehren aus den Fehlern seiner Vorgänger zu ziehen.[16] Dass die Seele οὐσία κατὰ τὸν λόγον eines werkzeughaften, potentiell lebendigen Körpers ist, ist ein – für die Zuhörer vielleicht gewöhnungsbedürftiges – Resultat dieser Betrachtung.[17] Für *unsere* Zwecke lässt es sich sehr gut als eine einfache Anwendung der Unterscheidung von Eigenschaften der ‚Seele selbst' und denen beseelter Körper auf die methodische Situation in *De anima* verstehen: Wenn man davon ausgeht, dass die Seele das Prinzip der Erklärung der mit den Tätigkeiten beseelter körperlicher Substanzen im Zusammenhang stehenden Phänomene ist und dass es sich bei ihr nicht selbst wieder um etwas Beseeltes handeln soll, dann ist es fast trivial zu sagen, dass die Seele Substanz im Sinne der Erklärung für diese Substanzen und deren Tätigkeiten ist. (Man braucht als zusätzliche Annahme eigentlich nur die Regel, dass die Prinzipien von Substanzen ihrerseits auch wieder Substanzen sein müssen). Soweit handelt es sich um nicht viel mehr als eine fast banal grundsätzliche Bestimmung dessen, wonach in *De anima* gesucht wird: nicht nach einem weiteren beseelten Ding, wie es nach Meinung des Aristoteles seine Vorgänger getan haben, sondern nach dem *Prinzip* beseelter Dinge.

Damit reflektiert Aristoteles, wie ich meine, auf *metatheoretischem* Niveau Bedingungen, die für Theorien beseelter Körper generell gelten. Resultat dieser Reflexion ist, dass der Begriff der Seele zunächst einmal durch eine Stelle in einem *explanatorischen* Zusammenhang bestimmt wird:[18] Unabhängig davon, welche Theorie der Seele man vertritt: Der Begriff der Seele sollte in der Lage sein, die Phänomene belebter Körper als ihr Prinzip zu *erklären*. Die Vorschläge seiner Vorgänger sind diesem

---

16 *koinotatos logos*. Die Definition ist nicht voraussetzungslos. Sie scheint vieles aus der Aristotelischen Physik und Metaphysik vorauszusetzen. Ich kann hier nicht darauf eingehen.

17 Mit den zahlreichen Beispielen in der anschließenden Passage (412b10-413a10) scheint Aristoteles seine Zuhörer regelrecht auf die von ihm vorgeschlagene grundsätzliche Auffassung der Seele einzuschwören. Hätte er einen konventionellen Seelenbegriff, wäre diese Übung sicherlich nicht erforderlich.

18 Dass es Aristoteles ernst mit der Prinzipienfunktion der Seele ist, zeigt sich an Argumentationen wie z.B. in 411b6-14, wo er bei der Diskussion der Frage, wie bei der Annahme verschiedener Seelenteile deren Einheit zu erklären ist, nicht zögert, den Begriff der Seele für das diese Teile vereinheitlichende Prinzip zu reservieren, und dies selbst für den Fall, dass sich dieses Prinzip von den angenommenen Seelenteilen unterscheiden sollte.

Kriterium nach Aristoteles' Ansicht nicht gerecht geworden. Sie haben nicht verstanden, dass Theorien, die die Seele nach dem Modell beseelter Gegenstände konzipieren, Gefahr laufen, die zentrale Aufgabe einer Seelentheorie aus dem Auge zu verlieren.

Erst danach beginnt Aristoteles im Rahmen einer *eigenen* Theorie mit der Suche nach dem konkreten Gehalt dieses Prinzips.[19] Dies beginnt mit den übrigen Ausführungen in *De anima* II 1. Es geht darin zunächst nur darum, den *Umfang* des Explanandums dieses noch zu definierenden Prinzips zu bestimmen. Die gesuchte Definition ist dieser Bestimmung zufolge das Prinzip für alle diejenigen körperlichen Substanzen, die über Leben verfügen. Das Kriterium, welches eine Substanz als lebendig ausweist, ist ein minimales: Leben hat alles das, was die Minimalbedingung erfüllt, sich durch sich selbst zu ernähren, zu wachsen und zu schwinden. Damit ist nun in einem ganz weiten und aus Aristotelischer Perspektive noch völlig unkompromittierenden Sinn gesagt, was Seele ist, nämlich erklärendes Prinzip aller körperlichen Substanzen, die sich (mindestens) durch sich selbst nähren, wachsen und schwinden. Etwas Spezifisches über das *ti estin* der Seele ist damit noch nicht gesagt. *Was* für ein Prinzip die Seele ist, muss noch gefunden werden. Die sogenannte Definition in DA II 1 leistet in keiner Weise die *Erklärung* der Tätigkeiten beseelter Körper, auch nicht der Ernährung. Es ist, wie Aristoteles sagt, eine Bestimmung nur dem Umriss nach (*typôi*, *hypogegraphthô*, 413a9f.). Statt selbst Erklärung zu sein, besagt sie nur, dass es sich bei der Seele um das erklärende Prinzip seelischer Phänomene handelt und dass alles das, was mindestens in der Lage ist, sich durch sich selbst zu nähren, zu wachsen und zu schwinden, sich auf dieses Prinzip zurückführen lassen muss.

Für die dann einsetzende Untersuchung, *was* das *ti esti* dieses Prinzips ist, macht Aristoteles einen neuen Anfang. Er begründet dies damit, dass die definitorische Bestimmung nicht nur das ‚dass' (ὅτι), sondern auch die Ursache (αἰτίαν) enthalten und deutlich machen soll (413a11ff.). Es ist wahrscheinlich, dass er hiermit auf die inhaltliche Unzulänglichkeit seiner gerade von ihm selbst gegebenen umrisshaften Bestimmung der Seele anspielt.[20] Falls dies zutrifft, würde er hier etwa Folgendes sagen, „Seele, laut ihrer weitesten Bestimmung, ist das erklärende Prinzip für die Phänomene belebter Körper, d.h. für alle die Körper, die sich mindestens durch

---

19 Häufig meint man, DA II 1 würde das *genus* der Seele bestimmen. Unabhängig davon, ob dies zutrifft oder nicht, scheinen dort jedenfalls auch Kriterien für Theorien beseelter Körper formuliert zu werden.

20 Vgl. die Kritik an gemeinsamen abstrakten Definitionen in 414b25-28: Den allgemeinen und noch unspezifischen Logos der Seele zu geben, ist nur dann lächerlich, wenn man meint, sich dadurch der Bestimmung der spezifischen Seelenleistungen entheben zu können.

sich selber ernähren können. Wir wollen aber nicht nur wissen, *dass* Seele die prinzipielle Erklärung für diese Körper leistet, sondern wir wollen auch wissen, *wodurch* sie dies tut. Und hierfür brauchen wir konkreteres Wissen von den Leistungen belebter Körper."

§ 4

Wie geht Aristoteles jetzt vor? Er beginnt, indem er die *Phänomene* belebter Körper in vier Gruppen sortiert (DA 413a20-25): Das *Beseelte* ist vom Unbeseelten dadurch unterschieden, dass es belebt ist, und ,lebendig' nennen wir etwas immer dann, wenn es eine von den folgenden vier Grundtätigkeiten ausüben kann:

(i) Denken (νοῦς)
(ii) Sinneswahrnehmung (αἴσθησις)
(iii) Ortsbewegung und Stillstand (κίνησις καὶ στάσις ἡ κατὰ τόπον), und
(iv) Ernährung, Wachstum und Schwinden (κίνησις ἡ κατὰ τροφὴν καὶ φθίσις τε καὶ αὔξησις ,vegetative Funktionen')

Dies ist eine Sortierung aller mit belebten Körpern im Zusammenhang stehenden Phänomene in vier Grundtätigkeiten. Was jetzt passiert, ist nichts weiter, als dass Aristoteles diese Tätigkeiten mit den Ergebnissen der gemeinsamsten Bestimmung der Seele aus Buch II Kapitel 1 *verbindet*: Er sagt (DA 413b11-13), dass die Seele das Prinzip (ἀρχή) für die genannten Tätigkeiten ist und dass sie durch diese eingeteilt ist (ὥρισται), nämlich als

(i') Ernährungsfähigkeit (θρεπτικῷ)
(ii') Fähigkeit zur Sinneswahrnehmung (αἰσθητικῷ)
(iii') Denkfähigkeit (διανοητικῷ)
(iv') Ortsbewegung (κινήσει).

Es handelt sich in veränderter Reihenfolge um die gleiche Liste wie oben, mit dem Unterschied, dass durch Hinzufügung der ικος-Endung die *Fähigkeit* zur Ausübung der genannten Tätigkeiten betont wird. Eine Ausnahme ist die Ortsbewegung. Hierzu gleich mehr. Wenn nun die Seele das Prinzip der genannten Tätigkeiten ist, dann ist es in irgendeiner noch nicht geklärten Weise *durch die Seele*, dass diese Tätigkeiten ausgeübt werden. Die Hinzufügung der ικος-Endung trägt diesem Umstand Rechnung. Was immer die Seele ist: Wenn sie das Prinzip ist, durch das wir leben (ᾧ ζῶμεν,

414a4), dann muss es möglich sein, mit Ausgang von ihrem Begriff diese vier basalen Tätigkeitstypen zu erklären. Damit ist für das Weitere umrissen, welche grundsätzlichen Tätigkeitstypen die Seele als Prinzip erklären können muss und auch in welcher Reihenfolge dies geschehen wird (Aristoteles wird sich im Rest der Schrift an die Reihenfolge halten). *Keineswegs* aber ist damit schon etwas über die Seele selbst gesagt, was über die an dieser Stelle relativ harmlose Behauptung hinausginge, dass sie das Prinzip für die genannten Tätigkeitstypen ist:

> **T 3** Ob aber jede einzelne von diesen (Fähigkeiten aus obiger Liste) Seele ist oder Seelenteil, und wenn Teil, ob so, dass er nur begrifflich oder auch dem Ort nach abtrennbar ist, ist bei einigen von ihnen nicht schwer zu sehen, bei manchen hat es aber Schwierigkeiten.[21]

Aristoteles sieht hier ausdrücklich davon ab, diese vier Fähigkeiten mit genuinen Fähigkeiten der *Seele*, d.h. mit den Teilprinzipien der Erklärung der Phänomene belebter Körper, zu identifizieren. Ausdrücklich sagt er, dass es immer noch offen ist, ob es sich dabei um Teile der Seele oder überhaupt um Seele handelt. Der Grund dafür ist, wie wir gesehen haben, dass dies für Aristoteles nur das *Resultat* und nicht der Ausgangspunkt der Suche nach ihrem *ti estin* sein kann. Was bis jetzt geschehen ist, ist nur die Identifizierung von vier Tätigkeitsfeldern als spezifische Explananda der zu findenden Prinzipien. Abgesehen von den metatheoretischen Bestimmungen aus II 1, ist die Frage, was die Seele ist, also immer noch offen. Der Ausdruck ‚Seele' fungiert hier, wie oben vermutet wurde, als *Platzhalter* für die noch zu findende Antwort. Die Verwendung der ικος-Endung im Zusammenhang mit seelischen Leistungen erlaubt für sich betrachtet also noch keine Rückschlüsse darauf, ob es sich bei der damit bezeichneten Fähigkeit um eine genuine Fähigkeit der *Seele* handelt oder nicht.[22]

Aristoteles wird im Folgenden jeden einzelnen dieser Tätigkeitsbereiche, und zwar in der angegebenen Reihenfolge, durchgehen und dort jeweils nach dem *ti estin* forschen. Die *ti estin* Frage der Seele wird hier also

---

21 DA 413b13-16: πότερον δὲ τούτων ἕκαστόν ἐστι ψυχὴ ἢ μόριον ψυχῆς, καὶ εἰ μόριον, πότερον οὕτως ὥστ᾽ εἶναι χωριστὸν λόγῳ μόνον ἢ καὶ τόπῳ, περὶ μὲν τινῶν τούτων οὐ χαλεπὸν ἰδεῖν, ἔνια δὲ ἀπορίαν ἔχει.

22 Diese Beobachtung ist wichtig, da die *ikos*-Endung gelegentlich als Indiz für Seelenvermögen betrachtet wird. Die *ikos*-Endung ist bei Aristoteles aber nur ein Zeichen dafür, dass ein Vermögen vorliegt. Generell werden Vermögen *funktional* individuiert, d.h. allein durch die mit ihnen korrespondierenden Tätigkeiten. Beseelte Körper z.B. haben auf diese Weise alle möglichen Vermögen, die ihnen *als* beseelte Körper zukommen. Dagegen ist ein *seelisches* Vermögen für Aristoteles die *prinzipielle Ursache* dafür, dass beseelte Körper ihre Vermögen haben.

nicht gelöst, sondern auf spezifische Tätigkeiten deligiert. Entsprechend sollte man erwarten, dass dann, wenn die Prinzipien für diese Tätigkeiten gefunden sind, auch das *ti estin* der Seele insgesamt feststeht. Der folgende Text bestätigt die Erwartung:

> **T 4** Dass also die Diskussion von jeder einzelnen von diesen (Fähigkeiten) die angemessenste auch über Seele ist, ist klar. Es ist aber notwendig, dass derjenige, der hierüber Betrachtungen anstellen will, von jeder einzelnen von ihnen erfasst, was sie ist, und dann auf diese Weise bei den sich daran anschließenden (Fähigkeiten) und den übrigen weiterforscht.[23]

Auch hier wäre es voreilig anzunehmen, dass Aristoteles sich auf die Existenz von vier Teilen der *Seele* im Sinne von ‚der Seele selbst' festlegt:[24] Dass die Antwort auf die *ti estin* – Frage für jede dieser Fähigkeiten äquivalent ist mit der angemessensten Diskussion der Seele insgesamt, bedeutet nicht, dass es sich bei allen vier auch um Fähigkeiten der *Seele* selbst handelt. Es wäre auch denkbar, dass in manchen Fällen die Definition von Fähigkeiten auch ohne die Annahme eigens dafür zuständiger Seelenteile erfolgen kann. Wichtig ist, *dass* diese vier Tätigkeitstypen auf ihre Prinzipien zurückgeführt werden. Wie *viele* Seelenteile dabei herauskommen, ist noch offen.

§ 5

Nun zum nächsten Schritt: Wie gelangt Aristoteles zur Definition der spezifischen Teilprinzipien und damit zur Antwort auf die Frage nach dem *ti estin* der Seele?

> **T 5** Wenn es aber nötig ist anzugeben, was jede einzelne davon ist, wie: was die Denkfähigkeit oder was die Wahrnehmungsfähigkeit oder die Ernährungsfähigkeit ist, so ist vorher noch anzugeben, was das Denken und was das Wahrnehmen ist. Denn die Aktivitäten sind der Erklärung nach früher als die Vermögen. Wenn dies aber so ist, die Gegenstände jedoch für noch früher angesehen werden müssen, so

---

23 DA 415a12-16: ὅτι μὲν οὖν ὁ περὶ τούτων ἑκάστου λόγος, οὗτος οἰκειότατος καὶ περὶ ψυχῆς, δῆλον. Ἀναγκαῖον δὲ τὸν μέλλοντα περὶ τούτων σκέψιν ποιεῖσθαι λαβεῖν ἕκαστον αὐτῶν <u>τί ἐστιν</u>, εἶθ' οὕτως περὶ τῶν ἐχομένων καὶ περὶ τῶν ἄλλων ἐπιζητεῖν. Vgl. auch schon vorher in DA 414b32f.

24 So auch Hicks, 304, zu DA II 1 generell: „It is important, however, to remember that we are more concerned in this chapter to determine how much we include under the term soul, than to establish a given theory of the soul".

> sollte man bei diesen aus demselben Grund *vorher* die Bestimmungen vornehmen, wie: Nahrung, Wahrnehmungsgegenstand und Denkgegenstand.[25]

Aristoteles macht hier methodisch eine bestimmte Abfolge geltend:[26] Um herauszufinden, welche Fähigkeiten als Prinzipien für die spezifischen Tätigkeiten beseelter Körper angenommen werden müssen, muss man sich von der Bestimmung der Gegenstände, die diese Tätigkeiten betreffen (den *antikeimena*), zur Bestimmung der Tätigkeiten selbst und von diesen schließlich zur Definition der entsprechenden Seelenfähigkeit rückwärts vorarbeiten.[27] Bei diesem rückläufigen Verfahren handelt es sich um das Standardverfahren, das *De anima* in der Regel bei der Ermittlung von Seelenvermögen anwendet, d.h. beim vegetativen Vermögen und bei den verschiedenen Wahrnehmungsarten. Bei der Vernunft scheint es methodisch zumindest der Ausgangspunkt zu sein, von dem aus Aristoteles sich zu einer Definition vorarbeitet (allerdings so, dass er an die Grenzen dieses Modells kommt). Dafür kann ich hier aber nicht argumentieren.[28] Im Fol-

---

25 DA 415a16-22: εἰ δὲ χρὴ λέγειν τί ἕκαστον αὐτῶν, οἷον τί τὸ νοητικὸν ἢ τὸ αἰσθητικὸν ἢ τὸ θρεπτικόν, πρότερον ἔτι λεκτέον τί τὸ νοεῖν καὶ τί τὸ αἰσθάνεσθαι· πρότεραι γάρ εἰσι τῶν δυνάμεων αἱ ἐνέργειαι καὶ αἱ πράξεις κατὰ τὸν λόγον. εἰ δ' οὕτως, τούτων δ' ἔτι πρότερα τὰ ἀντικείμενα δεῖ τεθεωρηκέναι, περὶ ἐκείνων πρῶτον ἂν δέοι διορίσαι διὰ τὴν αὐτὴν αἰτίαν, οἷον περὶ τροφῆς καὶ αἰσθητοῦ καὶ νοητοῦ. N.B.: Es fehlt die Fähigkeit zur Ortsbewegung.

26 Vgl. auch PA 641a33-b10.

27 Es leuchtet ein, dass man Seelenfähigkeiten nicht anders erkennbar machen kann als über eine Analyse dessen, was durch sie bewirkt wird. Ähnlich formuliert dies auch schon Platon, Resp. 477C-D (vgl. auch Phaidr. 270c9ff., wo Platon sich für die Bestimmung von Vermögen übrigens methodisch auf Hippokrates beruft). T 5 kann daher auch ohne Kenntnisse von Aristoteles' metaphysischer Argumentation für die Priorität der ἐνέργεια gegenüber der δύναμις verstanden werden.

28 DA III 4 beginnt mit der Ankündigung, unabhängig von der Frage nach seiner Abgetrenntheit die Frage nach dem spezifischen Unterschied (m.a.W. seines ti estin) des für das Denken zuständigen Teils der Seele zu beantworten (Περὶ δὲ τοῦ μορίου τοῦ τῆς ψυχῆς ᾧ γινώσκει τε ἡ ψυχὴ καὶ φρονεῖ, εἴτε χωριστοῦ ὄντος εἴτε μὴ χωριστοῦ κατὰ μέγεθος ἀλλὰ κατὰ λόγον, σκεπτέον τίν' ἔχει διαφοράν, DA 429a10-13). Und bei der Durchführung dieses Programms steht, so wie in T 5 methodisch gefordert, die Behandlung des Gegenstandes (DA 429b10-22) vor der Bestimmung des Vermögens (429b22ff.). Gegeben, was in T 5 methodisch über die Ermittlung von Seelenteilen gesagt wurde, fällt jedoch auf, dass Aristoteles entgegen den dortigen Forderungen nicht gleich mit der Bestimmung des Gegenstandes des Denkens beginnt, sondern vorher noch eine Diskussion der Frage, auf welche Weise sich Denkvorgänge ereignen, dazwischenschaltet (429a13-b9, eingeleitet durch καὶ πῶς ποτὲ γίνεται τὸ νοεῖν in a13). Allerdings hatte er dies mit der Wahrnehmung in DA II 5 genauso gemacht. Man kann sich nun fragen, ob dies eine Verletzung der methodischen Regel aus T 5 darstellt oder ob es sich vielleicht nicht aus einer im Vergleich zum vegetativen Vermögen veränderten Sachlage er-

genden beschränke ich mich darauf, einige charakteristische Merkmale dieses rückläufigen Verfahrens nur für die vegetativen und die Wahrnehmungsleistungen zu nennen.

Generell gibt es bei diesem Verfahren die Gefahr eines Zirkels. Der Zirkel besteht darin, die zu bestimmenden Vermögen mit Hilfe von Gegenständen zu definieren, die ihrerseits schon durch die Aktivität der Seele bestimmt sind. Ein Beispiel wäre die Bestimmung des Hörens als ‚Fähigkeit Töne wahrzunehmen', während gleichzeitig der Ton bestimmt ist als, ‚das, was fähig ist, gehört zu werden'.

Aristoteles geht deswegen nicht von den Gegenständen als den fertigen Produkten seelischer Tätigkeit, sondern von deren äußeren, noch potentiellen Gegenständen aus, um sich dann zur Definition des seelischen Vermögens vorzuarbeiten. Beim *vegetativen* Vermögen ist der Gegenstand also nicht die fertig verdaute Nahrung, sondern die dem beseelten Körper noch äußerliche Nahrung.[29]

---

klären lässt: Wahrnehmung ist zwar eine Fähigkeit der Seele, die eine Tätigkeit, das Wahrnehmen, erklären soll, doch das Wahrnehmen stellt sich dem Beobachter zunächst einmal als ein passives Affiziert-Werden durch einen externen Gegenstand dar (DA II 5). Hier macht es also Sinn, eine Argumentation voranzuschicken, die zeigt, weshalb es sich beim Wahrnehmen, ebenso wie bei den vegetativen Funktionen, um eine Tätigkeit handelt (zusätzlich dazu, dass es für die Bestimmung des Gegenstandes wichtig ist zu wissen, auf welche Weise sich die entsprechenden Vorgänge ereignen, gerade bei der Bestimmung des Gegenstandes der Wahrnehmung ist die kausale Analyse der Wahrnehmung entscheidend; vgl. die übernächste Anm.). Beim Denken ist dies wohl nicht anders, zumal da Aristoteles der Ansicht war, es gebe kein dafür zuständiges körperliches Organ. Vor diesem Hintergrund erscheint die Antwort auf die Frage, wie sich das Denken ereignet, als *Voraussetzung* für die Ermittlung des zuständigen Vermögens. Demnach würde Aristoteles dadurch, dass er die Frage nach der Weise des Entstehens des Denkens stellt, nichts anderes tun, als seiner Methodik aus T 5 zu entsprechen. An Aristoteles' Antwort (in 429a13-b9) ist übrigens interessant, dass er vor einer physikalisch verwertbaren, auf die Erklärung von Denkepisoden anwendbaren Erklärung zurückschreckt und sich darauf beschränkt, Folgerungen aus der Hypothese zu ziehen, Denken ereigne sich *so wie* das Wahrnehmen in der Weise eines Affiziert-Werdens durch den Gegenstand. Dies scheint ihm für die folgende Bestimmung des für das Denken zuständigen Seelenteils zu genügen (dafür, dass er eine physische Erklärung von Denkvorgängen gehabt haben muss, spricht in eindrucksvoller Weise die Stellensammlung bei Van der Ejick 1997; zur kausalen Erklärung von Denkepisoden bei Aristoteles, vgl. Corcilius, 2009).

29 Sie wird zunächst beschrieben als etwas, das dem Sich-Nährenden auf solche Weise entgegengesetzt ist, dass es aus ihm werden, und zwar der Quantität nach aus ihm werden (d.i. wachsen) kann. Später wird dann der Begriff der Nahrung zweigeteilt: Vor und nach der Verdauung. Die dazwischenliegende Assimilation der Nahrung wird dann durch die Seele erklärt. Damit ist die gesuchte Tätigkeit identifiziert. Eine Erklärung des Vorgangs der Assimilation der Nahrung findet in DA nicht statt.

Ähnlich bei den verschiedenen Arten der *Wahrnehmung*. Hier sind die Gegenstände nicht die aktual wahrgenommenen Qualitäten, sondern die äußeren Gegenstände. Sie sind definiert über ihre Wirkung, das Medium so in Bewegung zu setzen, dass dabei am Ende die Aktualität des gesuchten Vermögens herauskommt. Aristoteles zeigt für jede Wahrnehmungsart, wie die Bewegung durch das Medium in die Sinnesorgane gelangt. Dabei scheint nicht immer klar zu sein, was das Medium ist, wo das relevante Organ seinen Sitz hat, von welcher Beschaffenheit das Organ ist, wie sich die Sinnesempfindungen voneinander abgrenzen usw. Dies ist von Fall zu Fall verschieden und wirkt sich dann jeweils entsprechend auf die Diskussion aus. Dadurch, dass dies nicht immer klar ist, gerät die Diskussion der verschiedenen Sinneswahrnehmungen z.T. recht lang. Im Grunde, so meine ich wenigstens, verfolgt Aristoteles aber bei allen Wahrnehmungsarten dieselbe durch T 5 vorgegebene Strategie, die Entstehung von Wahrnehmungen vom äußeren Wahrnehmungsgegenstand bis in das äußere Wahrnehmungsorgan nachzuzeichnen.[30]

---

30 *Farbe* z.B., der spezifische Gegenstand des Sehsinns, ist definiert als das, was fähig ist, das aktual durchsichtige in Bewegung zu versetzen (DA 419a9-11). Auf die Bewegung selbst sowie auf die wahrnehmbaren Farbqualitäten geht *De anima* nicht näher ein.

Der Gegenstand des *Gehörsinns* ist definiert als das, was einen Ton erzeugt und dies wiederum ist das, was eine einheitliche Luftmasse so bewegen kann, dass die Bewegung in den Gehörapparat gelangt (DA 420a3f.). Die Behandlung des Gehörsinns in *De anima* stellt insofern vielleicht eine Ausnahme dar, dass Aristoteles dort (von 420a26 bis b4) nicht nur auf Grundunterscheidungen des Hörbaren eingeht (hoch und tief), sondern auch etwas über den Zusammenhang der kausalen Einwirkung des Mediums auf das Sinnesorgan und der resultierenden Hörempfindung sagt. So sagt er, dass der hohe Ton sich durch eine starke, aber zeitlich kurz andauernde Bewegung des Organs ergibt und der tiefe Ton umgekehrt durch eine langandauernde, aber schwache Bewegung. Allerdings scheinen mir diese Ausführungen keinen systematischen Ort in der Bestimmung der Seelenvermögen einzunehmen. Wie es scheint, will Aristoteles damit nur erklären, aus welchen Gründen wir ‚hoch' (gr. ‚spitz' ὀξὺ) und ‚tief'(gr. ‚schwer' βαρὺ) metaphorisch aus unseren Bezeichnungen für haptische Gegenstände entlehnen (vgl. 420a29f.).

Der *Geruchssinn* ist für Aristoteles im Vergleich zu den Tieren bei den Menschen nur schwach ausgebildet. Er spricht deswegen recht lange über grundsätzliche Fragen, die mit dieser Wahrnehmungsart im Zusammenhang stehen, behilft sich mit Analogien zum Geschmackssinn und beschränkt sich darauf festzustellen, dass auch das Riechen durch ein Medium stattfindet. Eine nähere Beschreibung, auf welche Weise das Geruchsobjekt das Medium in Bewegung setzt, fehlt in *De anima*. Wir dürfen aber wohl annehmen, dass sich von selbst versteht, dass auch der Gegenstand des Riechens ein solcher ist, der sein Medium in die entsprechende Bewegung versetzt.

Beim *Geschmackssinn* liegen die Dinge relativ einfach. Mehr noch als beim Ton sagt Aristoteles hier etwas zu den verschiedenen Sinnesqualitäten (422b10-14) –

Dieses Eingehen auf die kausale Geschichte und die darin involvierten Organe scheint übrigens eine Besonderheit bei der Behandlung des Wahrnehmungsvermögens zu sein. Der Grund dafür ist vermutlich, dass Wahrnehmung im Gegensatz zu den vegetativen Funktionen (vgl. 416a34-b2) ein passives Affiziert-Werden involviert, nämlich genau den Transfer der wahrnehmbaren Bewegung in die peripheren Wahrnehmungsorgane, den Aristoteles in *De anima* beschreibt. Beim vegetativen Vermögen kommt er daher ohne die Schilderung der kausalen Genese aus. Allerdings, und dies scheint von Bedeutung zu sein, handelt es sich bei den Ausflügen in die kausale Geschichte keineswegs um *vollständige* Erklärungen: Die gesamte weitere Prozessierung der im äußeren Sinnesorgan eingegangenen Bewegung im Körperinneren wird in *De anima* im Zusammenhang der Definition des Wahrnehmungsvermögens nicht thematisiert. Die Schilderung der kausalen Genese von Sinneswahrnehmungen scheint in *De anima* also kein Selbstzweck zu sein. Wie mir scheint, will Aristoteles damit zunächst einmal feststellen, welche Wahrnehmungsarten es gibt und wie sie sich voneinander unterscheiden; viel scheint ihm auch darauf anzukommen, sein kausales Modell der Wahrnehmung (Affizierung des Mediums durch den Gegenstand und Affizierung des äußeren Sinnesorgans durch das Medium)

---

wahrscheinlich kommt es ihm aber auch hier nur darauf an, die Arten des Geschmacks, anders als Platon durch mechanische Prinzipien (Tim. 65Cff.) auf einer Skala konträr entgegengesetzter Qualitäten zu situieren –, um dann ganz knapp zu definieren: „Daher ist die Geschmacksfähigkeit dem Vermögen nach von der Art (wie die genannten Qualitäten der aktualen Sinnesqualitäten) und „der Gegenstand des Geschmacks ist das, was dessen Wirklichkeit hervorbringt." (422b15f.).

Beim *Tastsinn* liegen die Dinge dagegen erheblich komplizierter: Hier ist weder klar, ob überhaupt eine gemeinsame Fähigkeit zuständig ist, noch welches Organ dafür in Frage kommt. Dies veranlasst Aristoteles zu teilweise komplizierten Argumentationen. Im Kontext der Ermittlung des für die Tastempfindung zuständigen Vermögens, handelt es sich dabei jedoch um *Voraussetzungen* dafür, das in T 5 vorgegebene Verfahren in Anwendung zu bringen; es handelt sich nicht selber um die Bestimmung des Vermögens. Diese hält sich ganz im Rahmen der von T 5 vorgegebenen Linie, zuerst den Gegenstand und dann die entsprechende Tätigkeit zu bestimmen (423b27-424a2), bevor dann in DA II 12 für alle Wahrnehmungsarten gemeinsam das zugrunde liegende Seelenvermögen definiert wird. Wirklich kompliziert wird es beim Tastsinn dadurch, dass diese Wahrnehmungsart es dem methodischen Ansatz von T 5 dadurch schwer macht, dass bei ihr die kausale Erklärung des Zustandekommens des Formtransfers weitgehend identisch mit dem Formtransfer selbst ist. Dies liegt daran, dass es sich bei den Unterschieden, die der Tastsinn wahrnimmt, nicht um Informationen handelt, die sich *an* den aus Elementarkörpern zusammengesetzten Medien finden, sondern um die Unterschiede der Elementarkörper selbst. Hier dürfte Aristoteles also am meisten Mühe haben, den oben beschriebenen Zirkel zu vermeiden und eine Bestimmung des Wahrnehmungsgegenstandes durch das Resultat des Wahrnehmungsvorgangs zu bestimmen.

für *alle* Wahrnehmungsarten zu etablieren. Denn erst wenn dies geschehen ist, kann er das für alle Wahrnehmungsarten zuständige Vermögen in *einer* Definition gemeinsam behandeln.[31]

De anima ist insgesamt bei der Suche nach der Definition des Prinzips für Ernährung und Wahrnehmung nicht an einer vollständigen oder gar wissenschaftlichen Erklärung der damit im Zusammenhang stehenden Prozesse interessiert, so wie oben bereits vermutet wurde. Bei der Diskussion des vegetativen Vermögens etwa werden zwar ganz kurz das Kochen und die dafür erforderliche Wärme erwähnt, es wird aber gleichzeitig darauf verwiesen, dass an *anderer* Stelle darüber zu handeln ist (416b30f.[32]). Und bei der *Wahrnehmungs*tätigkeit schildert Aristoteles die Prozesse, die zu ihrer Betätigung führen, wie gesagt, unter Auslassung ihrer körperinternen Phase. Für eine Erklärung der Phänomene seelischer Leistungen wäre aber gerade diese körperinterne Phase besonders interessant und wichtig. Offenbar reicht ihm aber die Schilderung der kausalen Genese nur bis zur Affizierung des *äußeren* Sinnesorgans, um das seelische Vermögen der Wahrnehmung zu definieren.

Dazu passt, dass *De anima* auch an den einzelnen wahrnehmbaren Qualitäten sowie an ihrer Definition nicht sonderlich interessiert scheint.[33] Zwar haben wir gesehen, dass sich dies u.a. auf die Vermeidung eines explanatorischen Zirkels bei der Bestimmung der Vermögen zurückführen lässt, wenn es aber um die Erklärung von Phänomenen seelischer Leistungen ginge, so müsste doch wenigstens am *Ende*, d.h. nachdem die entsprechenden Vermögen definiert worden sind, eine Erklärung auch der wahrnehmbaren Qualitäten stehen. Eine solche Erklärung findet sich in *De anima* jedoch nicht. Aristoteles beschränkt sich auf die allgemeine Formel, der

---

31 In diesem Zusammenhang ist wichtig, dass die Definition des Wahrnehmungsvermögens in DA II 12 stark von dem in DA II 5-11 etablierten *kausalen* Modell der Wahrnehmung abhängt.

32 Zur Stelle 416b28-30 und zur dort von Aristoteles benutzten Argumentationsweise, vgl. unten Anm. 39. Zu dem in b30 gegebenen Verweis, vgl. zur *auxêsis*, vgl. GC I 5, 322a3ff; zur *pepsis* Meteor. 379b18-380a10. Zur angeblich verlorengegangenen Schrift *peri trophês*, vgl. Ross und Siwek ad loc.

33 Es gibt Ausnahmen (Gehör, Tasten), die aber, wie gesagt (Anm. 30), auch keine systematischen Behandlungen der Sinnesobjekte sind, sondern Voraussetzungen dafür, den Plan aus T 5 umzusetzen. Bis auf die bereits erwähnte Ausnahme des Gehörs (420a26-b4), versucht Aristoteles auch nicht systematisch *Korrelationen* zwischen der kausalen Affizierung der äußeren Sinnesorgane und den durch sie bewirkten wahrnehmbaren Qualitäten festzustellen. Damit, dass dies z.T. schon in *De anima* geschehen ist, könnte im Zusammenhang stehen, dass Aristoteles in *De sensu* das Gehör nicht eigens behandelt; vgl. *De sensu* 440b.27f. Worauf es hier ankommt, ist, dass diese Ausführlichkeit für die Definition des Seelenvermögens ‚Gehör' keine besondere Rolle spielt.

zufolge der Wahrnehmungsgegenstand das passive Vermögen *so* macht wie er selbst schon ist. Ein Eingehen auf die spezifischen Sinnesqualitäten will er damit offenbar bewusst vermeiden.

Aristoteles' eigene Beschreibung von dem, was er in *De anima* bei der Bestimmung des Wahrnehmungsvermögens getan hat, bestätigt dieses Bild:

> **T 6** Über die Wahrnehmungsgegenstände, soweit sie sich auf ein einzelnes Sinnesorgan beziehen, ich meine über Farbe, Ton, Geruch, Geschmack und Tastempfindung, ist im allgemeinen in der Abhandlung über die Seele gesprochen worden, nämlich was deren Leistung ist und was ihr Tätig-Sein in Bezug auf jedes einzelne von den Sinnesorganen ist.[34]

Laut dieser Passage aus *De sensu* hat *De anima* eine allgemeine Bestimmung derjenigen Gegenstände sinnlicher Wahrnehmung gegeben, die sich auf die einzelnen Wahrnehmungs*organe* beziehen. Diese Bestimmung enthält keine Definition dessen, *was* diese Gegenstände sind, sondern sagt nur, was sie *machen* (*ergon autôn*[35]) bzw. was sie in den einzelnen, d.i. äußeren, Sinnesorganen bewirken. Wenn dies eine zutreffende Beschreibung ist, ging es in *De anima* also nur insofern um die Gegenstände der Wahrnehmung, als sie die kausale Vorgeschichte der eigentlichen, aktualen Wahrnehmungen betreffen und auch dies, wie gesagt, nur partiell (ohne die körperinterne Phase). Für die meisten Wahrnehmungsarten erfolgt die Definition ihrer spezifischen Qualitäten (d.i. der aktualen Farben, Töne, Geschmäcker usw.) erst in *De sensu.*[36]

Wie immer er im Einzelfall davon abweichen mag, ich denke, Aristoteles *hält* sich an sein Vorhaben aus Text 5, sich rückwärts von den Gegenständen seelischer Tätigkeiten bis zur Definition der Seelenteile vorzuarbeiten. Dabei geht er, wenn überhaupt, nur so weit auf die kausale Geschichte der Tätigkeiten ein, wie er es für die Definition des jeweiligen Vermögens braucht. Bei der Wahrnehmung verfolgt er die kausale Geschichte nur bis zur Affizierung der peripheren Sinnesorgane. Die akteursinterne Phase der kausalen Geschichte findet dabei keine Berücksichtigung, ohne dass deswegen gesagt werden könnte, Aristoteles habe angenommen, dass es keine akteursinterne kausale Geschichte oder gar

---

34 *De sensu* 439a6-9: Περὶ δὲ τῶν αἰσθητῶν τῶν καθ' ἕκαστον αἰσθητήριον, οἷον λέγω χρώματος καὶ ψόφου καὶ ὀσμῆς καὶ χυμοῦ καὶ ἁφῆς, καθόλου μὲν εἴρηται ἐν τοῖς περὶ ψυχῆς, τί τὸ ἔργον αὐτῶν καὶ τί τὸ ἐνεργεῖν καθ' ἕκαστον τῶν αἰσθητηρίων.

35 Vgl. *De sensu* 445b7f.

36 DS 439a10ff., für die Ausnahmen Gehör, teilw. Tastsinn, vgl. Anm. 30.

keine materiale Realisierung des Wahrnehmungsvorgangs *gibt.*[37] Auf das Nähere seines Verfahrens, ob, und wie es seiner Aufgabe, die Teilprinzipien der Seele definieren zu helfen, gerecht wird, kann ich hier nicht eingehen. Für jetzt ist vor allem wichtig, *dass* es sich bei dem rückläufigen Verfahren um das Standardverfahren zur Ermittlung von Seelenteilen in *De anima* handelt. Ferner ist wichtig, dass Aristoteles dieses Verfahren *erfolgreich* anwendet, d.h. am Ende der Untersuchung kommt für jeden Bereich jeweils die Definition einer Vermögens bzw. eines Teiles der Seele dabei heraus.[38]

---

37 Ich hoffe hier Argumente vorgebracht zu haben, die zeigen, dass Aristoteles in *De anima* schon aus methodischen Gründen nicht an einer *vollständigen* Erklärung von Episoden seelischer Leistungen interessiert ist. Für die Bestimmung des der Wahrnehmung zugrundeliegenden Prinzips reicht ihm die Rückverfolgung der kausalen Geschichte vom Gegenstand bis zu den peripheren Sinnesorganen. Dies berechtigt aber nicht zu der Annahme, dass Aristoteles nichts zur akteursinternen kausalen Geschichte von Wahrnehmungsepisoden zu sagen gehabt hätte (in *De motu animalium* z.B. nehmen solche Erklärungen, wenn sie auch knapp sind, einen wichtigen Platz ein, vgl. MA 701b2ff. Für die *Parva naturalia* gilt dies auch, was die Wahrnehmung betrifft, besonders für *De sensu*, jedoch anscheinend in weniger systematischer Weise als in *De motu*). Dass die körperinterne Phase von Wahrnehmungsvorgängen in *De anima* nicht eigens besprochen wird, berechtigt m.E. daher nicht zu dem Schluss, den Burnyeat und andere daraus ziehen, nämlich dass Aristoteles eine *Theorie* der Wahrnehmung habe, die dezidiert prozessuale Erklärungen des eigentlichen Wahrnehmungsvorgangs ablehnt (vgl. Burnyeat, z.B. 2002, 28: „(…) that the textual absence of any underlying material realization for perceiving supports (…) that Aristotelian perception involves no material process.“).

38 Vegetatives Vermögen: ὥσθ’ ἡ μὲν τοιαύτη τῆς ψυχῆς ἀρχὴ δύναμίς ἐστιν οἵα σώζειν τὸ ἔχον αὐτὴν ᾗ τοιοῦτον usw. (416b17-25), Wahrnehmungsvermögen: τὸ δεκτικὸν τῶν αἰσθητῶν εἰδῶν; τό γε αἰσθητικῷ εἶναι οὐδ’ ἡ αἴσθησις μέγεθός ἐστιν, ἀλλὰ λόγος τις καὶ δύναμις ἐκείνου (424a17-28). Beim Vernunftvermögen liegen die Dinge komplizierter, zumal da bei seiner Ermittlung der von der Ermittlung des Wahrnehmungsvermögens entlehnte Rahmen gesprengt wird (vgl. Anm. 28). Ich werde hier nicht darauf eingehen. So viel scheint aber klar, dass Aristoteles es als Vermögen ansieht, intelligible Formen ‚aufzunehmen‘. Was macht Aristoteles mit diesen Ergebnissen? Wie verwertet er die Definition der seelischen Teilprinzipien im Zusammenhang der wissenschaftlichen Erklärung der Phänomene? Hier bieten sich m.E. zwei Modelle an:

(i) Sicher ist, dass Aristoteles von Seelenvermögen im Zusammenhang der wissenschaftlichen Erklärung für das Vorhandensein von Eigenschaften bei Lebewesen Gebrauch macht. Seelenteile nehmen in diesen Erklärungen die Rolle unvermittelter Zwecke für hypothetisch notwendige Argumentationsketten ein. Ein bekanntes Beispiel dafür ist *De generatione animalium* II 1, wo die Seele eine wichtige Rolle in der teleologischen Erklärung der Existenz von Geschlechterunterschieden spielt. Im *corpus* finden sich solche Beispiele vielfach, unter anderem auch in *De anima* selbst. Ich meine damit die nur kurz angedeutete hypothetisch-notwendige Argumentation, die Aristoteles direkt im Anschluss an die Definition des vegetativen

Ich fasse zusammen. Insgesamt ergibt sich für Aristoteles‘ Vorgehen in *De anima* ein Bild großer methodologischer Reflektiertheit und einer daraus resultierenden methodischen Transparenz. Die Kritik an den Vorgängern veranlasst Aristoteles dazu, sich in DA II 1 generell darüber zu äußern, was seiner Ansicht nach unter Seele sinnvollerweise verstanden werden kann. Seiner Darstellung aus DA I zufolge haben sein Vorgänger, grob gesagt, nicht gehörig zwischen beseelten Körpern und der Seele selbst unterschieden. Aristoteles insistiert auf diesem Unterschied und behauptet, dass die Seele selbst, im Gegensatz zum beseelten Körper, das erklärende Prinzip beseelter Körper ist. Erst dann beginnt er mit der Ausarbeitung seiner *eigenen* Theorie der Seele auf der Grundlage dieser Unterscheidung. D.h., Aristoteles will in *De anima* nur die Seele *selbst* definieren. Er tut dies, indem er die mit beseelten Körpern im Zusammenhang stehenden Phänomene in vier Hauptgruppen sortiert und für jede dieser Gruppen separat (und in derselben Reihenfolge: vegetatives Vermögen, Wahrnehmung, Vernunft und Ortsbewegung) nach dem dafür zuständigen Vermögen fragt. Bei jedem dieser Vermögen scheint er davon auszugehen, dass es sich dabei um ein Teilprinzip für die Erklärung der Phänomene beseelter Körper handelt. Beim vegetativen Vermögen, Wahrnehmung und Vernunft befolgt Aristoteles seine methodische Regel aus T 5, der zufolge man sich bei der Bestimmung von Vermögen von deren Gegenständen zu deren Tätigkeiten und von dort aus zur Bestimmung der Vermögen selbst rückwärts vorzuarbeiten hat. Im Zuge dieses Verfahrens kommt es zwar zur Diskussion von Teilen der kausalen Genese von Wahrnehmungen, Aristoteles ist jedoch offenbar nicht an einer vollständigen Erklärung der kausalen Genese gelegen. Ebenso vermeidet er eine Klärung des Verhältnisses, in dem die Wahrnehmungsqualitäten zu ihrer kausalen Geschichte stehen; es geht ihm lediglich um den Nachvollzug der Genese von Wahrnehmungen soweit die Außenwelt und die peripheren Sinnesorgane davon betrof-

---

Vermögens in DA 416b28f. vorbringt und vor allem auch die Argumentationsketten, die sich in Kapitel 12 und 13 des dritten Buches finden. In ihnen wird mit Hilfe hypothetisch notwendiger Argumentation von Seelenfunktionen auf die körperlichen Eigenschaften der mit diesen Funktionen ausgestatteten Lebewesen geschlossen (der Vorschlag von Hutchison 1987, die Kapitel DA III 12 und 13 zwischen DA II 4 und 5 zu setzen, scheint mir deswegen unangebracht).

(ii) Ein weiteres Modell ist die Anwendung der Definitionen im Rahmen der physiologischen Erklärung von Vorkommnissen seelischer Leistungen im Rahmen einer Wissenschaft der für Körper und Seele gemeinsamen Leistungen, so wie sie sich in den *Parva naturalia* finden. Hier dienen die Definitionen der Seelenvermögen als nicht weiter diskutierte Grundlage der Definition von Vermögen beseelter Körper und einer auf Vorkommnisse anwendbaren Erklärung von für Körper und Seele gemeinsame Leistungen.

fen sind.[39] Dies reicht ihm, um damit die Teilprinzipien für die Erklärung seelischer Tätigkeiten zu definieren. Aristoteles betrachtet sein Verfahren zur Ermittlung von Seelenteilen offenbar als erfolgreich: Für die ersten drei der genannten vier Hauptgruppen (d.i. vegetatives Vermögen, Wahrnehmung und Vernunft) steht am Ende des Verfahrens tatsächlich die Definition eines Vermögens der Seele. Ich komme nun zum zweiten Abschnitt.

Teil 2

§ 6

Wenn Aristoteles bei der Ermittlung von Seelenteilen tatsächlich so, oder so ähnlich, vorgeht wie hier beschrieben, muss es erstaunen, dass er bei dem letzten der vier Vermögen dem Vermögen zur Ortsbewegung in DA III 9 bis 11 alles anders zu machen scheint. Besonders vier Verfahrensunterschiede fallen ins Auge:

(i) Anstatt sich, so wie in T 5 gefordert, vom Gegenstand zur Tätigkeit und von dort zur Definition des Vermögens rückwärts vorzuarbeiten, veranstaltet Aristoteles in *De anima* III 9 eine Art negatives Auswahlverfahren, bei dem so gut wie alle vorher besprochenen Fakultäten und Subfakultäten als mögliche Kandidaten für das gesuchte Vermögen durchgenommen werden. Außerdem endet das Auswahlverfahren aporetisch, d.h. für jede dieser Fakultäten kommt heraus, dass es sich bei ihr *nicht* um die gesuchte Fähigkeit handelt. Mit den Kapiteln 10 und 11 folgt dann die schwer nachzuvollziehende Lösung der Aporie. Aber auch hier hält sich Aristoteles nicht an die methodischen Forderungen aus Text 5, sondern arbeitet weiterhin mit Fähigkeiten, die er bereits vorher im Buch definiert hatte.

(ii) Eine Definition des *Gegenstandes* der Ortsbewegung, selbst in dem minimalen Sinne wie bei der kausalen Bestimmung der Wahrnehmungsgegenstände, fehlt. Es gibt kein *kinêton* in dem Sinne eines dem *kinêtikon kata topon* entgegengesetzten Relats.

(iii) Am Ende steht nicht wie sonst die Definition einer Fähigkeit, sondern die Angabe eines variablen Komplexes von bereits *vorher* erwähnten

39 Ähnlich beim Denken. Aristoteles teilt uns nicht mit, in welchem genauen Zusammenhang *phantasmata*-Sequenzen als kausale und repräsentationale Antezedenzien zu Denkepisoden stehen, sondern bescheidet sich damit anzugeben, dass Denken „nicht ohne" *phantasia* stattfinden kann (DA 403a9; 427b15; 431a17, b2; 432a8-10).

Fakultäten und Subfakultäten, nämlich der Strebefähigkeit (*orexis*) zusammen mit entweder Vernunft oder *phantasia*.

(iv) Anders als beim Standardverfahren liefert die Schlusspassage von Kapitel 10 die Skizze einer offenbar direkt auf die Erklärung von *Phänomenen* animalischer Ortsbewegung anwendbaren Erklärung, nämlich ein Analysemodell für Bewegungs*prozesse* so wie sie in der Natur vorkommen (DA 433b13-27).[40]

Die Frage ist nun: Warum unterscheiden sich Aristoteles' Vorgehen und Resultate hier so drastisch von denen seiner sonstigen Arbeitsweise und den in T 5 aufgestellten methodischen Forderungen zur Ermittlung von Seelenteilen? Warum wählt er ausgerechnet für das letzte noch übrige seelische Teilprinzip eine völlig neue Methode? Mit dem Verzeichnen dieser Unterschiede allein wäre die Andersartigkeit des Verfahrens von *De anima* III 9-11 aber noch nicht hinreichend beschrieben. Es ist nämlich nicht nur so, dass Aristoteles in DA III 9-11 sozusagen regional eine neue Methode zur Anwendung bringt: Er stellt darüber hinaus auch eine für sein bisheriges Vorgehen zentrale Annahme in Frage. Er fragt, auf welche Weise die Rede von Seelenteilen zu verstehen ist. Er fragt sogar, wie viele Seelenteile man annehmen soll (432a22ff.). In Anbetracht der Tatsache, dass seine gesamte vorherige Behandlung der Seele systematisch auf dem Begriff des Seelenteils aufbaut, sollte uns diese Frage auf das Äußerste erstaunen. Wenn irgendetwas an den bisherigen Ausführungen dran ist, dann *dürften* diese Fragen für Aristoteles zu diesem Zeitpunkt keine Fragen mehr sein: In Buch III, Kapitel 9, steht er so gut wie am Ende seiner Untersuchung zur Seele, und bis auf die Fähigkeit zur Ortsbewegung sind alle Fakultäten und Subfakultäten, genau wie der Fahrplan aus Text 5 es angekündigt hatte, erfolgreich abgehandelt worden. Wenn man die Fähigkeit zur Ortsbewegung weglässt (hier *können* wir ja noch nicht wissen, ob es sich um einen Seelenteil handelt), sollte Aristoteles also eigentlich schon wissen, wie viele Seelenteile es gibt. Auch sollte man meinen, seine Ausführungen zur Prinzipienfunktion der Seele und die – hier absichtlich nicht diskutierte – Argumentation in Buch II, Kapitel 2 und 3,[41] böten ein durchaus belastbares Modell für das Verständnis davon, in welcher Weise von Seelenteilen und von deren Verhältnis zueinander gesprochen werden kann. Sollte Aristoteles in *De anima* also doch kein methodisch so transparentes und methodologisch reflektiertes Vorgehen an den Tag legen, wie hier behauptet?

40 Derselbe Typ von Erklärung der in DA 433b13-27 gegeben wird, findet sich interessanterweise auch in der für die Leistungen von Körper und Seele gemeinsamen Schrift *De motu animalium*.

41 413b11-414a3 und 414a29-415a11.

Sollte er in DA III 9 vielmehr sogar Zweifel an seiner bis dahin von ihm selbst praktizierten Methode anmelden?

Im Folgenden werde ich argumentieren, dass Aristoteles in DA III 9 weder die Frage danach, wie viele Teile der Seele es gibt, noch die Frage, auf welche Weise von Seelenteilen gesprochen werden sollte, im Ernst als problematisch betrachtet: Vielmehr wirft er diese Fragen hier nur *deswegen* auf, um die methodische Überlegenheit seiner Theorie der Seele gegenüber denen seiner unmittelbaren (platonischen) Vorgänger herauszustellen.

Um dies zu zeigen, wird es erforderlich sein, ein wenig auf die Kritik an diesen Vorgängern einzugehen. Bevor ich dazu komme, möchte ich generell anmerken, dass Aristoteles' Kritik an seinen Vorgängern in DA III 9 vor allem bemüht ist, deren *methodische* Unzulänglichkeit bei der Einteilung der Seele in Teile herauszustellen. Aristoteles kritisiert also nicht die Behauptung der *Existenz* mancher der von den Platonikern angenommenen Seelenteile, sondern die *Kriterien*, die sie dazu brachten, diese Seelenteile anzunehmen. Aristoteles tut dies, so möchte ich zeigen, im Bewusstsein, selber über die *besseren* Kriterien zu verfügen und dies in seiner eigenen Seelenlehre auch bereits erfolgreich demonstriert zu haben.

§ 7

Nun zur Kritik. Sie findet sich in DA 432a22-b7. Aristoteles wirft dort, wie gesagt, folgende Schwierigkeit auf: Wie soll man von Seelenteilen sprechen und von wie vielen? Er sagt, dass wenn man die Kriterien der Platoniker zugrundelegt, auf gewisse Weise unendlich viele Seelenteile dabei herauskommen und nicht nur die, die sie annehmen. Die Struktur seines Arguments ist die einer *reductio*: Er geht hypothetisch von der Gültigkeit der platonischen Kriterien für das Vorhandensein von Seelenteilen aus und zeigt, dass es bei ihrer Anwendung nicht nur zu den von ihnen behaupteten, sondern zu einer absurd großen Zahl von Seelenteilen kommen muss. Daraus schließt er dann auf die Inadäquatheit der Kriterien:

> **T 7** Es ergibt sich aber sofort die Schwierigkeit, in welchem Sinne von Seelenteilen gesprochen werden soll und von wie vielen. Auf gewisse Weise scheinen es nämlich unendlich viele zu sein und nicht nur die, welche manche behaupten, wenn sie den zur Überlegung Fähigen, den Muthaften und den Begehrenden unterscheiden, andere dagegen den Vernünftigen und den Unvernünftigen. Denn gemäß der Unterschiede, mit denen sie (die Seelenteile) voneinander trennen, stellt sich heraus, dass es auch andere Teile gibt, die sich mehr voneinander unterscheiden als diese und über die gerade gesprochen worden ist, (nämlich) die Ernährungsfähigkeit, die sowohl Pflanzen zukommt als auch allen Lebewesen, und die Wahrnehmungsfähigkeit, die man ohne Weiteres doch wohl weder als unvernünftig noch als

vernünftig ansetzt. Ferner die Vorstellungsfähigkeit, welche sich zwar dem Sein nach von allen unterscheidet, bei der es jedoch große Schwierigkeiten bereitet, mit welchem von diesen sie identisch und von welchen sie verschieden ist, wenn man abgetrennte Teile der Seele ansetzen will. Und außerdem die Strebefähigkeit, die doch wohl dem Begriff als auch dem Vermögen nach von allen verschieden zu sein scheint.[42]

Die Liste der Fähigkeiten, die sich noch mehr voneinander unterscheiden als die drei bzw. zwei Seelenteile der Platoniker, enthält neben den von Aristoteles selbst als Vermögen der Seele anerkannten Fähigkeiten (Ernährung und Wahrnehmung) auch die *phantasia*. So wie von den anderen Fähigkeiten behauptet er auch von der *phantasia*, dass sie auf der Grundlage der platonischen Seelenteilungskriterien als eigener Seelenteil anzusehen wäre, dass aber schon die Frage, von welchem der übrigen Teile sie sich unterscheiden bzw. mit welchem sie identisch sein soll, „große Schwierigkeiten bereitet".[43] Welches sind diese Kriterien? Aristoteles nennt uns im Text zwei. Ich meine die Formulierung λόγῳ καὶ δυνάμει ἕτερον in 432b3f. Er sagt, für die Platoniker sei es für die Annahme eines Seelenteils hinreichend, wenn sich eine bestimmte Leistung definitorisch (also λόγῳ) und der Wirkung nach (so verstehe ich δυνάμει, vgl. Resp. 477 C-D[44]) von anderen Leistungen unterscheidet. Das *phantastikon* scheint ein unklarer Fall zu sein. Dann kommt das *orektikon*. Hier heißt es nun

42 DA 432a22-b4: ἔχει δὲ ἀπορίαν εὐθὺς πῶς τε δεῖ μόρια λέγειν τῆς ψυχῆς καὶ πόσα. τρόπον γάρ τινα ἄπειρα φαίνεται, καὶ οὐ μόνον ἅ τινες λέγουσι διορίζοντες, λογιστικὸν καὶ θυμικὸν καὶ ἐπιθυμητικόν, οἱ δὲ τὸ λόγον ἔχον καὶ τὸ ἄλογον· κατὰ γὰρ τὰς διαφορὰς δι' ἃς ταῦτα χωρίζουσι, καὶ ἄλλα φαίνεται μόρια μείζω διάστασιν ἔχοντα τούτων περὶ ὧν καὶ νῦν εἴρηται, τό τε θρεπτικόν, ὃ καὶ τοῖς φυτοῖς ὑπάρχει καὶ πᾶσι τοῖς ζῴοις, καὶ τὸ αἰσθητικόν, ὃ οὔτε ὡς ἄλογον οὔτε ὡς λόγον ἔχον θείη ἄν τις ῥᾳδίως· ἔτι δὲ τὸ φανταστικόν, ὃ τῷ μὲν εἶναι πάντων ἕτερον, τίνι δὲ τούτων ταὐτὸν ἢ ἕτερον ἔχει πολλὴν ἀπορίαν, εἴ τις θήσει κεχωρισμένα μόρια τῆς ψυχῆς· πρὸς δὲ τούτοις τὸ ὀρεκτικόν, ὃ καὶ λόγῳ καὶ δυνάμει ἕτερον ἂν δόξειεν εἶναι πάντων.

43 Ich denke, Aristoteles bezieht dies nicht nur auf die von den Platonikern angenommenen Seelenteile, sondern er glaubt, dass dann, wenn die *phantasia* ein eigenständiger Seelenteil ist, es auch für seine eigene Einteilung sehr schwierig, d.h. unmöglich, wäre anzugeben, mit welchem Teil sie identisch und von welchem sie verschieden ist. So wie Aristoteles die *phantasia* definiert, ist es eine Fähigkeit, die stets zusammen mit Wahrnehmung oder Wahrnehmung und Vernunft auftritt, aber über keine eigenständige Tätigkeit verfügt. Wie also herausbekommen, mit welchen dieser Vermögen sie identisch und von welchem sie verschieden ist?

44 Speziell 477c9f. In der Literatur wird häufig die Ansicht vertreten, schon das Prinzip des ausgeschlossenen Widerspruchs in Resp. 436 sei für die Teilung der Seele hinreichend. Wenn dem so ist, handelt es sich in der Tat um ein sehr abstraktes Prinzip. Siehe aber Phaidros 270 ff.

ausdrücklich, es sei *logôi* und *dynamei* von allen bisher genannten Fähigkeiten verschieden.

Dazu bemerkt Aristoteles:

> **T 8** Und es ist auch unsinnig, dieses (das *orektikon*) auseinanderzureißen. Denn im überlegenden Teil gibt es den Willen, im unvernünftigen Begierde und Mut. Wenn die Seele aber dreiteilig ist, dann wird in jedem Teil ein Streben sein. (Übersetzung: Willy Theiler).[45]

Das Argument scheint nicht weiter kompliziert: Gegeben die platonischen Kriterien, müssen die Platoniker das *orektikon* als Seelenteil annehmen. Da sie aber außerdem die Drei- bzw. Zweiteilung der Seele lehren und jeder der separaten Teile über sein *eigenes* Streben verfügt, ergibt sich, dass auch jede dieser drei Strebungen ein separat existierender Seelenteil sein muss.

Ich möchte das Argument hier nicht weiter diskutieren. Was ich diskutieren möchte, ist eine der stillschweigenden Voraussetzungen dieses Arguments. In der Übersetzung von Theiler, von dem sich in dieser Hinsicht die anderen modernen Übersetzungen nicht unterscheiden, ist nämlich das, was hier absurd ist, das Auseinanderreißen des *Strebevermögens*. Dies setzt voraus, *dass* es sich bei dem *orektikon* um ein Vermögen der Seele handelt. So sagt, stellvertretend für viele, David Ross in seiner Paraphrase der Stelle: „Such views (gemeint sind die Ansichten der Platoniker) involve, as he (Aristoteles) points out, a failure to recognize that the faculty of desire is a single main faculty." Das Problem, das sich für die hier vorgeschlagene Interpretation von Aristoteles' Vorgehen in DA daraus ergab, dass DA III 9-11 sich bei der Ermittlung des bewegenden Vermögens nicht an seine eigene Methode hält, scheint sich hier also noch zuzuspitzen: Jetzt scheint es nicht mehr nur so, dass Aristoteles für eines unter vier Seelenvermögen eine andere Vorgehensweise wählt und außerdem Zweifel an seinem bisherigen Vorgehen äußert; vielmehr führt er mit dem *orektikon* gleich einen ganzen *Seelenteil* ein, der in seinem Plan aus T 5 nicht einmal erwähnt wurde. Wenn die Voraussetzung also stimmt und das *orektikon* ein eigener Seelenteil ist, ist nicht zu sehen, wie die hier vertretene These der methodischen Einheitlichkeit von *De anima* zu halten ist.

M.E. ist die Voraussetzung, die die Interpreten in T 8 machen, aber eine *falsche* Voraussetzung. Bisher ist in der ganzen Schrift nämlich kein einziges Argument dafür vorgebracht worden, dass es sich beim *orektikon*

---

45 καὶ ἄτοπον δὴ τὸ τοῦτο διασπᾶν· ἔν τε τῷ λογιστικῷ γὰρ ἡ βούλησις γίνεται, καὶ ἐν τῷ ἀλόγῳ ἡ ἐπιθυμία καὶ ὁ θυμός· εἰ δὲ τρία ἡ ψυχή, ἐν ἑκάστῳ ἔσται ὄρεξις. (DA 432b4-7)

um einen Teil der *Seele* handelt. Im Gegenteil. Wir haben Grund anzunehmen, dass Aristoteles in der Zwischenzeit in DA III 7 (siehe hierzu gleich unten) eine Definition der Strebefähigkeit vorgelegt hat, die mit dem Gedanken der Strebefähigkeit als eines eigenständigen Teils der Seele unvereinbar ist. Und auch in dem, was folgt, wird sich Aristoteles, wie bereits gesehen, nicht an seine methodischen Vorschriften zur Ermittlung von Seelenteilen halten: In Kapitel 10 spricht er zwar von der *orexis* als dem für die Ortsbewegung der Lebewesen verantwortlichen Seelenvermögen (433a31-b1 ὅτι μὲν οὖν ἡ τοιαύτη δύναμις κινεῖ τῆς ψυχῆς, ἡ καλουμένη ὄρεξις, φανερόν), aber nur um sofort danach die Rede von Seelenteilen erneut zu problematisieren. Und direkt im Anschluss sagt er, dass *gleichzeitig* mehrere, einander entgegengesetzte Strebungen auftreten können (nämlich dann, wenn Vernunft und Begierde einander entgegengesetzt sind, 433b5ff.). Dies scheint nun mit der Annahme des *orektikon* als eines Seelenteils, d.i. als eines definitorischen Prinzips, unverträglich: Es ist schwer vorzustellen, wie ein Aristotelisches Prinzip sich selbst entgegengesetzt sein sollte. In Reaktion darauf wird Aristoteles seine erste, noch unvorsichtige Behauptung, der zufolge die *orexis* die für die Bewegung der Lebewesen zuständige Fähigkeit der Seele ist (433a31-b1), dahingehend revidieren, dass das *orektikon* nur noch der *Art* nach, nämlich *insofern* es zur Strebung fähig ist, das gesuchte Vermögen ist:

> **T 9** Deswegen dürfte das Bewegende der *Art* nach wohl eines sein, nämlich die Strebefähigkeit, insofern sie zum Streben fähig ist – das erste von allen ist aber der Gegenstand der Strebung, denn dieser bewegt, ohne bewegt zu werden, dadurch, dass er gedacht oder vorgestellt wird –, der *Zahl* nach sind es aber mehrere Beweger.[46]

Strebungen, so Aristoteles, können sowohl mit Bezug auf gedachte als auch in Bezug auf vorgestellte Gehalte vorkommen. Es gibt daher auch für Aristoteles Strebungen über die Grenzen von Seelenvermögen hinweg. Dies ist auch der Grund, weswegen er die Strebefähigkeit als nur der *Art nach* bewegendes Vermögen bezeichnet. M.E. impliziert auch diese Formulierung, dass es sich bei dem *orektikon* nicht um ein genuines Vermögen der Seele handelt. Denn es ist ebenfalls schwer vorzustellen, wie ein Aristotelisches seelisches Vermögen (ein definitorisches Prinzip) in einem Lebewesen der *Art* nach und nicht numerisch eines sein sollte (i). Wenn Aristoteles der Annahme wäre, das *orektikon* sei ein genuines Vermögen

46 DA 433b10-13: εἴδει μὲν ἓν ἂν εἴη τὸ κινοῦν, τὸ ὀρεκτικόν, ᾗ ὀρεκτικόν — πρῶτον δὲ πάντων τὸ ὀρεκτόν· τοῦτο γὰρ κινεῖ οὐ κινούμενον, τῷ νοηθῆναι ἢ φαντασθῆναι — ἀριθμῷ δὲ πλείω τὰ κινοῦντα.

der Seele, ergäbe sich zudem für ihn genau dasselbe Problem, das er den Platonikern in T 7 zum Vorwurf macht: Auch er müsste dann für die von ihm angenommenen Seelenteile jeweils eigene Strebevermögen annehmen (ii).
Es sprechen aber auch noch weitere Gründe gegen die Annahme des *orektikon* als eines eigenen Seelenteils:

(iii) Aristoteles bezeichnet die *orexis* wiederholt, nicht nur in *De anima*, als ‚bewegten Beweger' (*kinoun kai kinoumenon*, vgl. DA 433b15; MA 700b35f; 703a4f., an letzterer Stelle sogar direkt nachdem er das bewegende Prinzip der Seele als unbewegt bezeichnet hat). Von der *Seele* bestreitet Aristoteles aber sowohl in *De anima* als auch woanders immer wieder, dass sie bewegbar ist.[47]

(iv) In DA 431a12-14 *identifiziert* er die Flieh- und Verfolgungsfähigkeit, d.h. die arationale Strebung, ausdrücklich mit dem seelischen Vermögen der Wahrnehmungsfähigkeit (καὶ ἡ φυγὴ δὲ καὶ ἡ ὄρεξις ταὐτό, ἡ κατ' ἐνέργειαν, καὶ οὐχ ἕτερον τὸ ὀρεκτικὸν καὶ τὸ φευκτικόν, οὔτ' ἀλλήλων οὔτε τοῦ αἰσθητικοῦ· ἀλλὰ τὸ εἶναι ἄλλο). Dies deutet darauf hin, dass die Strebefähigkeit gerade kein eigener Teil der Seele ist, sondern etwas, das sich durch oder in Konsequenz aus dem Besitz des Wahrnehmungsvermögens erklärt.

Zusammengenommen heißt dies, dass Aristoteles die Strebefähigkeit nicht als einen genuinen Teil der *Seele* angesehen haben kann. Ich schlage daher vor, den Satz in T 8 folgendermaßen zu übersetzen:

T 10 Und es ist in der Tat abwegig, dieses (d.i. das *orektikon*) *abzutrennen*. Denn in der Vernunftfähigkeit entsteht das Wünschen, und im unvernünftigen Teil die Begierde und der *thymos*; wenn die Seele aber aus drei Teilen besteht, wird es in jedem einzelnen eine Strebung geben.

Der Unterschied zu den bisherigen Interpretationen ist, διασπᾶν nicht mit ‘auseinanderreißen’, sondern mit ‘abtrennen’ zu übersetzen.[48] Wir erhalten

47 (Pseudo-) Simplikios 302.36ff., Michael v. Ephesos, 114.18-20 und viele andere seitdem sind der Meinung, dass Aristoteles nicht im wörtlichen Sinn meint, dass die Strebung bewegt werde. Grund dafür ist vermutlich die Überzeugung, dass die Strebung als Teil der Seele nicht bewegt sein kann. Sie schlagen daher vor, die Rede von Bewegung hier nicht wörtlich, sondern nur im Sinne eines Übergangs vom potentiellen in den energetischen Zustand zu verstehen. Dies kann das Problem aber nicht lösen: Aristoteles nennt die *orexis* bzw. das *orektikon* an mindestens *drei* Stellen einen bewegten Beweger. Für weitere Gründe, vgl. unten S. 112.

48 Dies scheint sprachlich wenigstens gut möglich. So verwendet Aristoteles διασπᾶν zusammen ἀπὸ in diesem Sinn in Rhet. 1386a10 διασπᾶσθαι ἀπὸ φίλων: „Von Freunden getrennt werden“. Bei Platon sogar ohne ἀπὸ, vgl. Lgg. 669d6f: καὶ ἔτι διασπῶσιν οἱ ποιηταὶ ῥυθμὸν μὲν καὶ σχήματα μέλους χωρίς. In der Annahme,

dann folgendes, auf dem vorigen Satz in 432b3f. aufbauendes Argument: Wenn man die Kriterien der Platoniker zugrundelegt (432a26f.: „Denn gemäß der Unterschiede, mit denen sie [die Seelenteile] voneinander trennen…“), muss man neben den bereits genannten Teilen (*pros de toutois*) die abgetrennte Existenz auch des *orektikon* akzeptieren, weil es sich *logôi* und *dynamei* von den anderen Fähigkeiten unterscheidet. Dies scheint mir, ganz ähnlich wie bei der oben genannten *phantasia*, bereits die erste absurde *Folge* aus der Anwendung der platonischen Kriterien zu sein. Das heißt, für *Aristoteles* ist das *orektikon* gerade *nicht* abgetrennt von den anderen seelischen Tätigkeiten, mit denen es zusammen vorkommt. Genau dies ist es, was die konventionelle Interpretation des Satzes bestreitet. Darauf aufbauend (siehe das δὴ in 432b4) wird eine *weitere* absurde Konsequenz gezogen: Weil in dem *logistikon* die *boulêsis* und in dem *alogon epithymia* und *thymos* als Strebungen vorkommen (γίνεται), würden - wenn die platonischen Teilungskriterien gelten, die Strebefähigkeit selbstständiger Seelenteil ist und die Seele aus drei Teilen besteht - insgesamt sogar *drei* verschiedene Strebefähigkeiten herauskommen.

Was bedeutet dies für die Fähigkeit zur Ortsbewegung? Die Nicht-Selbstständigkeit der Strebung als Teil der Seele impliziert m.E., dass auch das *kinêtikon kata topon* kein genuiner Teil der *Seele* ist. Aristoteles gibt in DA III 10 und 11 seine Antwort auf die Frage nach dem für die Ortsbewegung der Lebewesen zuständigen Prinzip nicht wie sonst üblich in Form einer Definition einer zuvor noch undefinierten Fähigkeit, sondern in Form eines variablen *Komplexes* bereits bekannter Fähigkeiten, nämlich Vorstellung oder Vernunft zusammen mit dem *orektikon*. Wenn aber das *orektikon* kein eigener Seelenteil ist und deswegen, wie es oben heißt, auch nicht von den kognitiven Leistungen, mit denen es stets im Verein auftritt, *abzutrennen* ist, dann kann auch das *kinêtikon kata topon* kein eigener Seelenteil sein.

Wenn das *kinêtikon kata topon* und das *orektikon* zwar Vermögen,[49] aber keine Vermögen der *Seele selbst* sind, bleibt zu vermuten, dass sie Vermögen von *belebten Körpern* sind. Zu streben und sich fortzubewegen

---

dass die von mir vorgeschlagene Übersetzung sprachlich nicht anstößig ist, bestärkt mich Simplikios (bzw. Pseudo-Simplikios Priscian Lydus), der, ganz ohne Bemerkungen zum sprachlichen Ausdruck zu machen, den Satz genauso versteht wie hier vorgeschlagen (291.5f.: ἄτοπον οὖν καλῶς ἀποφαίνεται (sc Aristoteles) τὸ διασπᾶν τὸ ὀρεκτικὸν <u>ἀπὸ</u> τῶν ἄλλων). Für eine sprachliche Erklärung von διασπᾶν in dieser Bedeutung, vgl. Hicks ad loc. Ich danke Tim Wagner und Oliver Primavesi für Vorschläge, den von mir intendierten Sinn des Satzes ohne die unkonventionelle Übersetzung von διασπᾶν beizubehalten.

49 Dass die *ikos*-Endung kein hinreichendes Indiz für das Vorliegen eines Teils der Seele ist, haben wir oben auf Seite 34 gesehen.

sind demnach Tätigkeiten von Lebewesen, die über das seelische Vermögen der Wahrnehmung verfügen. Für die wissenschaftliche Erklärung dieser Tätigkeiten meint Aristoteles offenbar, ohne eigens für diese Leistungen verantwortliche *seelische* Prinzipien auszukommen.

§ 8

Aus der hier gewählten methodischen Perspektive auf die Frage, was ein Seelenteil für Aristoteles ist, ergibt sich Folgendes: Seelenteile sind Teilannahmen aus der Summe der Annahmen, die wir als basale Voraussetzung (Prinzipien) annehmen müssen, wenn wir die Grundtätigkeiten belebter Körper wissenschaftlich erklären wollen. ‚Teil' heißt in diesem Sinne, Teilprinzip des erklärenden generischen *Gesamtprinzips* lebendiger Körper zu sein. Diese *Teilprinzipien*, und nur sie, sind Eigenschaften der Seele selbst, so dass die Seele selbst insgesamt nichts weiter ist als die Summe dieser Teilprinzipien.[50] Dies bedeutet u.a., dass nicht alle Vermögen, die beseelte Körper haben, *insofern* sie beseelt sind, deswegen auch Eigenschaften der Seele *selbst* sind. Beispiele für solche Vermögen, die nur beseelte Körper haben, insofern sie beseelt sind, die aber selber keine Teile der Seele darstellen, sind: die Fähigkeit zur Strebung, die Fähigkeit zur Ortsbewegung und noch eine Reihe weiterer Vermögen, wie sie z.T. in den *Parva naturalia* diskutiert werden. Ein besonders relevantes Beispiel für diese Art von Vermögen beseelter Lebewesen, das zudem in methodischer Hinsicht viele Parallelen mit der Diskussion des Vermögens der Ortsbewegung in DA III 9-11 aufweist,[51] scheint mir die *phantasia* zu sein. Aristoteles' Diskussion der *phantasia* in DA III 3 fällt methodisch gleichfalls ganz anders aus als die Diskussion der genuinen Seelenteile. Es ist interessant, die zahlreichen Parallelen zur Behandlung der Ortsbewegung in DA III 9-11 zu beobachten: Auch bei der Diskussion der *phantasia* arbeitet Aristoteles mit bereits bekannten Fähigkeiten, die er in einer Art Auswahlverfahren durchnimmt. Das Ende des Verfahrens ist gleichfalls aporetisch, d.h. keiner der genannten Kandidaten stellt sich als das gesuchte Vermögen heraus.

---

50 Die Frage nach der Einheit der verschiedenen Seelenteile stellt sich so dar als Frage nach der Einheit der Teile der Definition für das Prinzip lebendiger Körper. Die Teile der Definition hylemorpher Komposita sind für Aristoteles aber weder isomorph mit deren materiellen Teilen, noch genießen sie in dem Sinne Priorität gegenüber der Definition, dass diese sich aus ihren Teilen so *zusammensetzen* ließe, wie sich ein hylemorphes Kompositum aus seinen materiellen Teilen zusammensetzt (vgl. Metaph. Z 10 und 11 und H 6). Eine Diskussion dieser Fragen geht jedoch über die Fragestellung dieser Arbeit hinaus.

51 Die Ähnlichkeit beider Verfahrensweisen ist lange beobachtet, vgl. Hicks ad loc.

Das Resultat von III 3 ist dann, dass *phantasia* nicht eine genuine Fähigkeit der *Seele*, sondern eine Tätigkeit (eine Bewegung) beseelter Körper ist, die bei den Lebewesen, die die entsprechenden körperlichen Voraussetzungen mitbringen, in der *kausalen Folge* von Wahrnehmungsleistungen auftreten (DA 428b10ff.). Auch im Falle der *phantasia* reduziert Aristoteles also eine Tätigkeit beseelter Körper nicht auf ein eigens dafür zuständiges *Prinzip*, sondern versucht es als eine körperliche Folgeerscheinung der Tätigkeit einer anderen, genuinen Seelenfähigkeit zu erweisen (der Wahrnehmung). Das vom Standard abweichende Verfahren bei der Ermittlung der Definition der *phantasia* hat daher ebenfalls seinen Grund in der Sache.

§ 9

Ich denke, dass Aristoteles die Frage danach, wie und von wie vielen Seelenteilen man sprechen soll, in *De anima*, Buch III, Kapitel 9 nicht deswegen aufwirft, weil er darin zu diesem Zeitpunkt selber noch ein Problem sieht. Er tut es vielmehr, um zu zeigen, wie leistungsfähig seine (in den Grundzügen bereits vollständige) Theorie der Seele ist: Sie ist so leistungsfähig, dass sie sogar die animalische Ortbewegung – laut DA 403b25-27 immerhin eines der bedeutendsten Phänomene belebter Körper – ohne Annahme einer eigens dafür zuständigen Fähigkeit der *Seele* erklären kann. Vermutlich hält Aristoteles es zum Zeitpunkt seiner ‚Lösung' der Frage in *De anima* III 9 bereits für klar, dass weder die *phantasia* noch die *orexis* und die Fähigkeit zur Ortsbewegung genuine Fähigkeiten der *Seele* sind, sondern, wie gesagt, solche Tätigkeiten beseelter Körper, die sich ohne die Annahme eines eigens für sie zuständigen Prinzips der *Seele* erklären lassen.

Der unterschiedliche Status, den Vermögen wie Strebung und *phantasia* einerseits und genuine Vermögen der Seele andererseits bei Aristoteles haben, zeigt sich auch daran, dass er weder der *phantasia* noch dem *orektikon* in der Erklärung von Eigenschaften beseelter Körper die Stelle eines unvermittelten *Zweckes* zuzuteilen scheint. Bei den genuinen Seelenteilen Seelenteilen ist das anders. Hier argumentiert Aristoteles gelegentlich, das und das sei notwendig, *damit* es das vegetative Vermögen oder Wahrnehmung geben kann (DA II 4, 416b28-31, III 12, 434b9ff.). Gegeben die Parallele mit der *phantasia*, ist der Grund dafür wahrscheinlich der, dass beide, *orexis* und *phantaia* nicht Prinzipien *für*, sondern *selbst* Vorkommnisse von Tätigkeiten beseelter Körper (d.h. Prozesse) sind. Und Aristoteles bezeichnet ja in der Tat beide als *kinêsis*. Ein Unterschied zwischen *phantasia* und *animalischer Ortsbewegung* wäre, dass erstere sich in der kausalen Folge nur von *Wahrnehmungsleistungen* ereignet, während die

Ortsbewegung die Tätigkeiten einer ganzen Reihe verschiedener Vermögen und Körperteile involvieren kann. Dies betrifft aber schon die positive Erklärung der Ortsbewegung, mit der ich mich in den folgenden Kapiteln beschäftigen werde.

Ein letzter Einwand: Man könnte fragen, warum Aristoteles die Ortsbewegung und auch die *orexis* überhaupt in *De anima* behandelt, wo es dort doch um die Seele selbst und nicht um die für Körper und Seele gemeinsamen Leistungen gehen soll. Folgende Antwort drängt sich auf. Wenn es sich bei ihnen auch um Vermögen beseelter Körper handelt, so ist die Diskussion von *phantasia*, *orektikon* und Ortsbewegung in *De anima* dennoch wichtig, weil sie 1. traditionell als Eigenschaften der Seele betrachtet wurden und sich 2. mit ihrer Hilfe viele andere Phänomene beseelter Körper erklären lassen. Für die Bedürfnisse einer Theorie beseelter Körper, um die es Aristoteles in *De anima* letztendlich geht, macht es daher guten Sinn, sie in der den Prinzipien dieser Wissenschaft gewidmeten Schrift zu behandeln.[52]

Generell scheint für Aristoteles zu gelten, dass für unterschiedliche Dinge unterschiedliche Prinzipien (DA 402a21f.), aber auch unterschiedliche Verfahren für die Ermittlung dieser Prinzipien in Anschlag zu bringen sind (402a16-19). Nicht-standardmäßige Verfahren bei der Ermittlung von Prinzipien, so wie es mit der *phantasia* und der Fähigkeit zur Ortsbewegung der Fall ist, deuten daher darauf, dass es sich dabei nicht in demselben Sinne um Prinzipien handelt wie in den übrigen Fällen. Eine weitere methodische Maxime des Aristoteles ist, dass die Prinzipien eines Forschungsgebiets diesem Gebiet eigentümlich (*idiai*) sein müssen. Dass die Platoniker mit ihren abstrakten, oder gar nur dialektischen Kriterien (nämlich *logôi* und *dynamei* verschieden zu sein) nicht zu den eigentümlichen Prinzipien seelischer Leistungen vorgedrungen sind, ist m.E. der Kern des Vorwurfs, den Aristoteles ihnen am Anfang von *De anima* III 9 macht. Zum Zeitpunkt dieser Kritik, so meine ich, ist er selbst, was die methodi-

---

52 Zumal da, wie wir später sehen werden, die Ableitung der Strebung von den Funktionen der genuinen Teile der Seele bei Aristoteles alles andere als trivial ist (vgl. z.B. DA 431a8-14). Solche Überlegungen, die sich auf die Erstellung einer funktionstüchtigen *Theorie* beseelter Gegenstände richtet (anstatt nur die Teile der Seele selbst zu untersuchen), sind vermutlich auch für eine Reihe anderer thematischer Abhandlungen in *De anima* verantwortlich (neben III 3 z.B. noch III 6 und 7 vielleicht noch Teile von III 2). In diesen Passagen werden, grob gesagt, kausale Folgen aus der Betätigung der Seelenvermögen diskutiert und Erklärungsmodelle für wichtige Phänomene und komplexer seelische Leistungen gegeben. Insofern geht *De anima* über das selbstgesetzte Ziel hinaus, nur das Prinzip der Lebewesen zu definieren, und deutet bereits an, auf welche Weise die definierten Prinzipien in der Erklärung der konkreten Tätigkeiten beseelter Körper eingehen.

schen Fragen für die Ermittlung der Prinzipien der Phänomene beseelter Körper angeht, aber nicht mehr unsicher. Und auch nicht in Bezug auf die Frage, wie und von wie vielen Seelenteilen man sprechen soll. Im Gegenteil: Wahrscheinlicher ist, dass er zu diesem Zeitpunkt meint, bereits im Besitz der wahren Prinzipien zu sein.

2. Kategorie der Strebung und Bedingungen für ihre Definition

Im vorigen Kapitel haben wir gesehen, dass Aristoteles in *De anima* die Fähigkeit zur Strebung nicht als einen selbstständigen Teil der Seele, sondern aller Wahrscheinlichkeit nach als eine der für Körper und Seele gemeinsamen Leistungen ansieht. Bevor ich im nächsten Kapitel zur Diskussion derjenigen Texte in *De anima* komme, die sich explizit mit der Strebefähigkeit befassen, möchte ich noch einige allgemeine Bedingungen für die Definition von *Strebungen* diskutieren. Es handelt sich um Bedingungen, die Aristoteles außerhalb von *De anima* geltend macht. Sie betreffen sowohl die allgemeine Definition der Strebung als auch die Definition ihrer Arten. Die entsprechenden Texte finden sich vor allem in der *Topik* und den *Analytica posteriora*. Obwohl diese Texte nicht die psychische *Fähigkeit zur*, sondern die Strebung selbst betreffen, können sie behilflich sein, die sehr knappen Ausführungen in *De anima* besser zu verstehen: Strebungen sind schließlich das, was im Rahmen der Seelenlehre durch die Fähigkeit zur Strebung erklärt werden soll. Der Umstand, dass es sich bei den hier zurate gezogenen Texten um Texte handelt, die einer anderen, vielleicht früheren Schaffensphase als *De anima* entstammen, ist dabei m.E. solange unproblematisch, wie die Texte uns keinen Anhaltspunkt dafür geben, an ihrer Kompatibilität mit *De anima* zu zweifeln. Dies scheint mir in Bezug auf die Strebung in den hier zu diskutierenden Passagen der *Topik* und *Analytica posteriora* der Fall zu sein.

Aus den Texten ergibt sich, dass Aristoteles Strebungen ontologisch der Kategorie der *Relativa* zuteilt. Als solche sind sowohl die Strebung als auch die Arten der Strebung über ihre Relata zu definieren (§ 1). Die die Arten der Strebung definierenden Relata bestehen für Aristoteles nicht in konkreten Gegenständen und auch nicht in Arten von konkreten Gegenständen, sondern in ‚äußersten Zwecken', d.h. in abstrakten Typen von Zwecken. Dabei führt sich die Abstraktheit der definierenden Streberelata auf wissenschaftlich-explanatorische Kriterien zurück, denen Aristoteles mit seinen Definitionen genügen will. Die Relata der Strebearten enthalten keine Aussagen über die mentalen Repräsentationen der Lebewesen, die die Strebungen empfinden oder haben (§ 2). Aristoteles hat nicht die Zweiteilung der Strebung in rationale und arationale, sondern die Dreiteilung in die Arten ‚Begierde', ‚*thymos*' und ‚rationale Strebung' als die wissenschaftliche Einteilung der Strebung angesehen. Ein wichtiges Merkmal der Dreiteilung ist, dass diese exhaustiv ist, d.h. es gibt keine Strebung, die nicht entweder Begierde, *thymos* oder rationale Strebung ist (§ 3).

§ 1 Definition durch das Relatum

Im sechsten Buch der *Topik*, bei der Diskussion derjenigen Topoi, die mit der Definition zusammenhängen, bespricht Aristoteles u.a. auch die Strebung. Ich teile den Text in zwei Abschnitte:

> **T 1 (i)** Wenn aber das Definierte relativ ist, und zwar entweder an sich oder der Gattung nach, muss man prüfen, ob versäumt wurde, in der Definition zu sagen, relativ zu was es ausgesagt wird, und zwar entweder an sich oder der Gattung nach. Zum Beispiel, wenn das Wissen als 'unumstößliche Annahme' definiert wurde, oder die rationale Strebung als 'Strebung ohne Leid'. Denn die Substanz eines jeden Relativums ist relativ zu etwas anderem, da das Sein für jedes von den Relativa genau damit identisch war, sich auf gewisse Weise zu etwas zu verhalten. Man müsste also sagen, Wissen sei 'Annahme dessen, was Gegenstand des Wissens ist', und rationale Strebung sei 'Strebung nach einem Gut'. Ähnlich verhält es sich auch, wenn die Schreibkunst als 'Kenntnis der Buchstaben' definiert wurde; in der Definition hätte man nämlich entweder angeben müssen, relativ zu was es (das Definiendum) selbst, oder relativ zu was seine Gattung ausgesagt wird. (Top. 146a36-b9)

Neben dem Umstand, dass die rationale Strebung sich auf Gutes richtet, wird hier ein zentrales Merkmal der Strebung herausgestellt: Strebungen fallen unter die Kategorie der *Relativa* (*pros ti*). Relativa haben ihr Sein dadurch, dass sie sich auf die eine oder andere Weise zu etwas anderem verhalten (vgl. Cat. 7). Daraus folgt, dass Strebungen – so wie alle Relativa – über ihre Relata definiert werden müssen. Nun zum zweiten Abschnitt:

> **(ii)** Oder (es liegt ein Fehler in der Definition vor) wenn etwas, das relativ zu etwas gesagt wurde, nicht relativ zu seinem *Zweck* angegeben worden ist. Der Zweck ist bei jeder Sache das Beste bzw. das, weswegen das andere ist. Man soll also das Beste bzw. das Äußerste angeben, z.B. dass die Begierde sich nicht auf Lustvolles, sondern auf die Lust bezieht, denn ihretwegen wählen wir auch das Lustvolle. (Top. 146ab9-12, Übersetzung nach Rapp/Wagner).[1]

---

1 (i) Εὰν δ' ᾖ πρός τι τὸ ὁριζόμενον ἢ καθ' αὑτὸ ἢ κατὰ τὸ γένος, σκοπεῖν εἰ μὴ εἴρηται ἐν τῷ ὁρισμῷ πρὸς ὃ λέγεται ἢ αὐτὸ ἢ κατὰ τὸ γένος, οἷον εἰ τὴν ἐπιστήμην ὡρίσατο ὑπόληψιν ἀμετάπειστον, ἢ τὴν βούλησιν ὄρεξιν ἄλυπον· παντὸς γὰρ τοῦ πρός τι ἡ οὐσία πρὸς ἕτερον, ἐπειδὴ ταὐτὸν ἦν ἑκάστῳ τῶν πρός τι τὸ εἶναι ὅπερ τὸ πρός τί πως ἔχειν. ἔδει οὖν τὴν ἐπιστήμην εἰπεῖν ὑπόληψιν ἐπιστητοῦ καὶ τὴν βούλησιν ὄρεξιν ἀγαθοῦ. ὁμοίως δὲ καὶ εἰ τὴν γραμματικὴν ὡρίσατο ἐπιστήμην γραμμάτων· ἔδει γὰρ ἢ πρὸς ὃ αὐτὸ λέγεται, ἢ πρὸς ὃ τὸ γένος, ἐν τῷ ὁρισμῷ ἀποδίδοσθαι. (ii) ἢ εἰ πρός τι εἰρημένον μὴ πρὸς τὸ τέλος ἀποδέδοται· τέλος δ' ἐν ἑκάστῳ τὸ βέλτιστον ἢ οὗ χάριν τἆλλα. ῥητέον δὴ ἢ τὸ βέλτιστον ἢ τὸ ἔσχατον, οἷον τὴν ἐπιθυμίαν οὐχ ἡδέος ἀλλ' ἡδονῆς· ταύτης γὰρ

Im Falle von Strebungen besteht das definierende Relatum im jeweiligen *Zweck* der Strebung. Dieser Zweck soll ein ‚Äußerstes' (*eschaton*) sein, um dessentwillen das Andere besteht. Warum ‚Äußerstes'? Wenn wir uns das Beispiel anschauen, besteht das Äußerste im Fall der Begierde in dem Abstraktum ‚Lust' (*hêdonê*). Es besteht nicht in einem lustvollen Gegenstand und auch nicht der Menge aller lustvollen Gegenstände. Der Text schließt mit dem Relatum ‚Lustvolles' (*hêdeos*) konkrete Gegenstände als mögliches Relatum der Begierde sogar ausdrücklich aus. Die Begründung dafür lautet, dass wir auch noch Lustvolles, d.h. lustvolle Gegenstände, *wegen* der Lust wählen (146b12). Damit möchte Aristoteles offenbar dem Sachverhalt Rechnung tragen, dass nicht der Charakter der konkreten Gegenstände, die wir erstreben, darüber bestimmt, um welche Strebung es sich handelt, sondern der Zweck mit dem, oder die Beschreibung, unter der wir konkrete Gegenstände erstreben. Wenn Strebungen aber nicht über die konkret erstrebten Gegenstände definiert werden, dann werden sie auch nicht über Gruppen oder Arten dieser Gegenstände definiert. So ist z.B. die Definition der Begierde als Strebung nach den relativ allgemeinen Gegenständen ‚Essen', ‚Trinken' und ‚Sex' deswegen ungeeignet, weil wir 1. Essen, Trinken und Sex auch aus anderen Motiven erstreben können und 2. auch andere als nur ess-/trinkbare und sexuelle Gegenstände begehren können. Wenn Aristoteles daher sagt, dass Strebungen als Relativa über ihre Zwecke definiert werden müssen, dann meint er nicht konkrete Gegenstände und auch nicht allgemeine Typen konkreter Gegenstände, sondern solche Zwecke, bei denen es nicht mehr möglich ist, dass sie um einer anderen Sache willen erstrebt werden.[2] Dann handelt es sich aber nicht mehr um konkrete Gegenstände, sondern um abstrakte Zwecke. Mit der Forderung, die Relata der Strebearten in Form von abstrakten Zwecken anzugeben, reagiert Aristoteles also auf den Umstand, dass konkrete Gegenstände aus den verschiedensten Gründen erstrebt werden können und dass es immer möglich ist, sie nicht um ihrer selbst, sondern um eines anderen willen zu erstreben. Wichtig scheint hier vor allem, dass seiner Ansicht nach bei der Angabe solch *höchster* Zwecke die Möglichkeit, dass sie noch um einer anderen Sache willen erstrebt werden, nicht mehr gegeben

---

χάριν καὶ τὸ ἡδὺ αἱρούμεθα. Zur Übersetzung speziell von (ii), vgl. Brunschwigs' Kommentar zum Text (2007), S. 239f.,

2 In der Literatur wird dies häufig nicht berücksichtigt. Es finden sich nicht selten Beschreibungen, die die Gegenstände der Aristotelischen Strebearten in Form konkreter Gegenstände angeben. Genau dies will Aristoteles im obigen Text aber ausschließen.

ist.[3] Wenn man auf die Frage ‚warum erstrebst Du das?' antwortet ‚der Lust wegen', scheint es nicht mehr sinnvoll, die Frage noch einmal zu stellen. Wenn man nämlich die Lust noch um einer anderen Sache willen wählen würde, würde man nicht mehr die *Lust*, sondern höchstens einen lustvollen Gegenstand um einer anderen Sache willen wählen. Die Topik scheint also deswegen die Angabe des äußersten und allgemeinen Zweckes der Strebearten zu fordern, um so einen explanatorischen Regress zu vermeiden.

§ 2

Eine Stelle aus Aristoteles' methodologischem Werk *Analytica Posteriora* bestätigt diesen Eindruck. Dort heißt es, die Frage danach, warum jemand etwas getan hat, sei erst dann wissenschaftlich beantwortet, wenn man in einer Kette von Angaben konkreter Zwecke auf einen höchsten Zweck (*eschaton*, 85b29f.) gekommen ist, von dem *nicht* wieder gesagt werden kann, er wurde um eines anderen willen gewählt (APo. II 24, 85b27-35):

> Ferner, bis zu demjenigen Punkt untersuchen wir das Warum, und dann glauben wir zu wissen, wenn dieses nicht deshalb, weil etwas anderes der Fall ist, entweder geschieht oder der Fall ist; denn das äußerste ist bereits auf diese Weise Ziel und Grenze, wie etwa: weswegen kam er? Um das Geld in Empfang zu nehmen, und dies um zurückzugeben, was er schuldete, und dies um nicht Unrecht zu tun; und so fortfahrend, wenn er nicht mehr aufgrund eines anderen oder wegen eines anderen, sagen wir, dass er aufgrund dieser Sache als eines Zieles gekommen ist, und dass es der Fall ist und geschieht – und dass wir dann im höchsten Grade wissen, warum er kam. (APo 85b27 – 35, Übersetzung: Detel, leicht verändert)[4]

Im unmittelbaren Anschluss (85b35-86a2) behauptet Aristoteles dasselbe nicht nur für die Final-, sondern für alle Ursachen und sagt dann (86a2f.) für *alle* derartigen äußersten Ursachen, sie seien *allgemein* (*katholou*). Dies gilt dann also auch für die Finalursache.

---

3 Vgl. in diesem Sinne oben den Text in 146b10: τέλος δ' ἐν ἑκάστῳ τὸ βέλτιστον ἢ οὗ χάριν τἆλλα. „Bei jeder Sache ist das der Zweck, um dessentwillen das Übrige besteht."

4 Ἔτι μέχρι τούτου ζητοῦμεν τὸ διὰ τί, καὶ τότε οἰόμεθα εἰδέναι, ὅταν μὴ ᾖ ὅτι τι ἄλλο τοῦτο ἢ γινόμενον ἢ ὄν· τέλος γὰρ καὶ πέρας τὸ ἔσχατον ἤδη οὕτως ἐστίν. οἷον τίνος ἕνεκα ἦλθεν; ὅπως λάβῃ τἀργύριον, τοῦτο δ' ὅπως ἀποδῷ ὃ ὤφειλε, τοῦτο δ' ὅπως μὴ ἀδικήσῃ· καὶ οὕτως ἰόντες, ὅταν μηκέτι δι' ἄλλο μηδ' ἄλλου ἕνεκα, διὰ τοῦτο ὡς τέλος φαμὲν ἐλθεῖν καὶ εἶναι καὶ γίνεσθαι, καὶ τότε εἰδέναι μάλιστα διὰ τί ἦλθεν.

Dies zeigt, dass Aristoteles sich mit seinen definitionstheoretischen Überlegungen in der *Topik* an genau solchen theoretisch-explanatorischen Kriterien ausrichtet, wie er sie auch in den *Analytica posteriora* formuliert. Mit der Forderung der Angabe des äußersten, allgemeinen Relats soll also offenbar ein Schlusspunkt (bzw. Ausgangspunkt) in einem *Begründungszusammenhang* gegeben werden. Wenn wir dies auf die *Topik* anwenden, lässt sich für unser Beispiel folgende, an explanatorischer Kraft aufsteigende Hierarchie von Strebungen und korrespondierenden Zwecken erstellen. Sie kann vielleicht dabei helfen, zu veranschaulichen, in welcher Weise sich Aristoteles das Verhältnis von individuellen Strebungen zu ihren übergeordneten Arten und Gattungen vorgestellt hat:

	Relat		*Strebung*
(a)	dieses Getränk hier	→	dieser Durst auf dieses Getränk hier
(b)	Getränk	→	Durst
(c)	Lust	→	Begierde

Wichtig an dieser Stufenfolge ist, dass die verschiedenen Grade der Allgemeinheit nicht mit Art/Gattungs-Verhältnissen unter den Relata, sondern mit Hierarchisierungen von *Zwecken* korrespondieren. Dies wird im Folgenden, speziell bei der Diskussion der Strebearten noch wichtig werden. Die zentrale Bedeutung des äußersten Zwecks als Definiens der Strebearten wird daran ersichtlich, dass erst (c) (a) und (b) zu Formen von ‚Durst' und damit zu Begierden macht: Erst wenn klar ist, dass ein Getränk *aus* Lust und nicht aus irgendeinem anderen Zweck erstrebt wird, ist klar, um welche Art von Strebung es sich bei einer Strebung nach einem Getränk handelt.[5] Dabei ist davon auszugehen, dass bei Lebewesen, die mit weniger kognitiven Ressourcen ausgestattet sind, die Möglichkeit, dass z.B.

5 Die naheliegende Frage, ob es für Aristoteles noch eine übergeordnete Strebeart (d) gibt, ist nicht ganz leicht zu beantworten: Aristoteles teilt die Strebung in drei Arten, so dass man leicht geneigt sein könnte zu denken, dass der Begriff ‚Strebung' die Gattung dieser Arten bezeichnet. Als Relat dieser allgemeinen Strebung könnte man dann ‚das Gute' oder ‚subjektiven Zweck' ansehen. Und es gibt auch eine Reihe von Stellen bei Aristoteles, die etwas in der Art nahelegen. Aus den hier besprochenen Texten ist aber klar, dass er Lust und die Relata der anderen Strebearten als *äußerste* Zwecke ansieht. Von daher würde eine solche allgemeine Strebung aus wissenschaftlicher Perspektive der Erklärung durch Erklärungsniveau (c) nichts mehr hinzufügen. Davon abgesehen ist klar, dass Aristoteles einen den drei Strebearten übergeordneten *Begriff* der Strebung hat. Es ist aber wichtig zu sehen, dass er das Verhältnis zwischen allgemeinen und einzelnen Strebungen eben gerade nicht nach dem Modell natürlicher Art/Gattungs-Verhältnisse, sondern als Zweckhierarchie konzipiert.

etwas Trinkbares nicht aus Durst, sondern aus einem anderen Grund erstrebt wird, relativ gering, wenn nicht gar ausgeschlossen ist. Bei Tieren wird die konkrete Beschaffenheit eines von ihnen erstrebten Gegenstandes daher in der Regel wohl Aufschluss über die Art der Strebung gewähren, mit der sie diesen Gegenstand erstreben. Bei Menschen hingegen ergibt sich, was ich im Folgenden als ‚freie Assoziierbarkeit' der Strebearten mit konkreten Gegenständen bezeichnen werde.

Aus den Kriterien, die Aristoteles in der *Topik* geltend macht, ergibt sich aber noch ein weiteres Merkmal für die Definition der Strebung: Da Aristoteles wissenschaftlich-explanatorischen Kriterien genügen will, kommt es ihm bei der Definition nicht darauf an, Behauptungen über den psychologischen Zustand der Lebewesen aufzustellen, die Strebungen haben oder empfinden. Die Angabe des äußersten Zweckes als Relat der Strebung beinhaltet keine Behauptung über den Kenntnisstand strebender Lebewesen. Aristoteles sagt nicht, dass alle Tiere und Menschen, die Begierden empfinden, deswegen irgendwie wissen müssen, worin der äußerste Zweck ihres Strebens besteht. Täte er dies, würde er mit seiner Definition eine psychologische Behauptung über die Repräsentationen strebender Lebewesen aufstellen. Darum scheint es Aristoteles bei der Angabe des Zweckes für die Definition der Arten von Strebungen jedoch nicht zu gehen. Es geht ihm vielmehr um die Angabe des Grundes, aus dem Lebewesen Gegenstände tatsächlich erstreben. Wenn sich nun Lebewesen, um streben zu können, den äußersten Zweck nicht klar machen müssen, aber nur der äußerste Zweck darüber entscheidet, um welche Art von Strebung es sich im Einzelfall handelt, dann kann eine Kenntnis des Zwecks auch auf den Stufen (a) und (b) für die Lebewesen nicht notwendige Bedingung für das Empfinden der Strebung sein. Die Texte besagen, dass etwas zu erstreben heißt, in einer gewissen Relation zu einem Gegenstand zu stehen. Aristoteles bestimmt diese Relation als Zweckrelation. Er sagt nicht, dass den strebenden Lebewesen diese Relation in irgendeiner Weise *bewusst* sein muss. Dafür, dass ein Lebewesen z.B. Durst empfindet, ist nach Aristoteles nicht mehr kognitiver Aufwand erforderlich, als dass es in irgendeiner Weise etwas Trinkbares repräsentiert. Das Lebewesen muss dafür nicht *wissen*, dass dieses Trinkbare ihm Lust bereiten wird. Zwar behauptet Aristoteles, dass konkrete Gegenstände nur dann Gegenstände von Strebungen sind, wenn sie dem Lebewesen *qua* dieser Relationen z.B. lustvolle Gegenstände sind. Das heißt jedoch nicht, dass für das Vorliegen dieser Relation ein Bewusstsein von dieser *Relation* erforderlich ist. Im Gegenteil: Das subjektive Wissen, das Akteure von ihren eigenen Strebezwecken haben, kann sogar im Widerspruch zum wahren Charakter ihrer Strebungen stehen. Wir wissen aus anderen Texten, dass Aristoteles der Meinung war, Akteure könnten glauben, sie erstrebten einen konkreten Gegenstand aus ganz anderen Gründen, obwohl sie ihn in Wahrheit aus Lust begehren, – etwas in der Art scheint er bei seiner Analyse willensschwach akratischer Handlungen in EN VII im Sinn gehabt zu haben. Der subjektive Wissensstand über den Zweck des eigenen Strebens hat daher für ihn aller Wahrscheinlichkeit nach keine Bedeutung für die Bestimmung des Strebezustandes; wichtig scheint vor allem, dass sich die strebenden Lebewesen in der geeigneten Relation zum Gegenstand befinden. Es ist klar, dass auf der Ebene von Vorkommnissen von Strebungen ein konkreter Gegenstand, um erstrebt werden zu können, auch irgendwie wahrgenommen oder repräsentiert werden muss. Der Gegenstand muss jedoch nicht – und dies ist es, worauf es hier ankommt, – *als* Zweck repräsentiert werden. Im Folgenden, speziell bei der Diskussion der Strebearten und der *phantasia*, werde ich darauf zurückkommen.

§ 3 Aristoteles teilt die Strebung in drei Arten

Aristoteles unterteilt Strebungen gelegentlich in zwei und gelegentlich in drei Arten. Die Zweiteilung teilt in rationale und nicht-rationale, die Dreiteilung in Begierde (*epithymia*), den nur schwer übersetzbaren *thymos* (hier ‚Mut‘[6]) und die rationale Strebung (*boulêsis*). Wie es scheint, hat die Zweiteilung Wurzeln bei Platon und der Akademie. Dies zeigt sich unter anderem an ihrer dihairetischen, auf einem kontradiktorischen Gegensatz basierenden Struktur. Es ist jedoch ziemlich klar, dass Aristoteles die Zweiteilung nicht für die *wissenschaftliche* Einteilung der Strebung gehalten hat. Die Gründe, die er dafür hat, die Drei- gegenüber der Zweiteilung zu bevorzugen, nennt er nicht ausdrücklich. Es ließe sich aus seinen Einwänden gegen die Dichotomie als wissenschaftliches Verfahren zur Einteilung natürlicher Arten aber vielleicht auch eine Kritik der dichotomischen Zweiteilung der Strebung herleiten (PA I 2,3 präsentiert ein ganzes Arsenal an Einwänden.) Im Folgenden werde ich von der *Dreiteilung* der Strebung in Begierde (*epithymia*), Mut (*thymos*) und Wunsch (*boulêsis*) als der von Aristoteles als *wissenschaftlich* anerkannten Einteilung ausgehen. Allerdings ist wichtig, bei Aristoteles noch einen weiteren Gebrauch des Ausdrucks ‚nicht-rationale Strebungen' von der dichotomischen Zweiteilung zu unterscheiden. Aristoteles verwendet diesen Ausdruck nämlich manchmal auch als *Sammelbezeichnung* für die beiden arationalen Arten der Strebung ‚Begierde' (*epithymia*) und *thymos*. *Dieser* Gebrauch der Zweiteilung ist unproblematisch, da er die wissenschaftliche Dreiteilung der Strebung zur Grundlage hat.

---

6 Zur Übersetzung, vgl. unten folgende Seite Anm. 8.

Mit der Dreiteilung intendiert Aristoteles eine *exhaustive* Einteilung der Strebung. Dies wird an solchen Stellen, in denen er in argumentativen Zusammenhängen *Gebrauch* von der Dreiteilung macht, besonders deutlich. Ein Beispiel für diese Art Argumentation ist EE 1225b24-36:[7] Wenn etwas, z.B. die Entscheidung, weder eine rationale Strebung noch *thymos* oder Begierde ist, dann handelt es sich überhaupt nicht um eine Strebung. Man kann daher davon ausgehen, dass es für Aristoteles keine Strebung gibt, die *nicht* unter eine der drei Arten fällt, d.h. *jede* Strebung ist für ihn entweder rationale Strebung oder *thymos* oder Begierde.[8]

Ich fasse zusammen: Laut der definitionstheoretischen Kriterien aus der *Topik* gehören Strebungen in die Kategorie der Relativa. Als solche sind sie über ihre Relata zu definieren. Aristoteles erhebt dort die methodische Forderung, bei der Definition der Arten der Strebung deren äußersten Zwecke als Relata anzugeben. Dies sind für ihn abstrakte Zwecke und nicht konkrete Gegenstände und auch nicht Arten oder Gattungen konkreter Gegenstände. Konkrete Gegenstände sind vor allem bei Menschen frei mit den verschiedenen Arten der Strebung assoziierbar. Aristoteles will mit der Angabe äußerster Zwecke wissenschaftlich-explanatorischen Kriterien genügen. Er macht mit seinen Definitionen der Strebearten keine Aussagen über die mentalen Repräsentationen strebender Lebewesen. D.h., laut der *Topik* müssen Lebewesen, um Strebungen empfinden zu können, keine Repräsentation des Zwecks ihrer Strebung *als* Zweck haben. Aristoteles

7 Vgl. EE 1225b25f. ἢ γὰρ βούλησις ἂν εἴη ἢ ἐπιθυμία ἢ θυμός· οὐθεὶς γὰρ ὀρέγεται μηθὲν πεπονθὼς τούτων.

8 Übersetzungen sollten daher versuchen, ebenfalls den Bereich möglicher Strebungen abzudecken. Bei einer Übersetzung von *epithymia* mit z.B. ‚Begierde', *boulêsis* mit ‚Wunsch' und *thymos* mit ‚kompetitiver Strebung' ist dies jedoch nicht der Fall. Es gibt nämlich Strebungen, die weder Begierden noch Wünsche und gleichwohl nicht *kompetitiv* sind. Und auch Aristoteles kennt solche Strebungen. Ein Beispiel ist die Vielzahl reziproker, auch Strebezustände umfassender Relationen zwischen Lebewesen, die Aristoteles unter dem Titel ‚Freundschaft' (*philia*) diskutiert. Von der Freundschaft heißt es in der *Politik*, sie sei eine Disposition, die durch den *thymos* ermöglicht wird (Pol. 1327b40-1328a5: vgl. Pol 1327b40f.: ὁ θυμός ἐστιν ὁ ποιῶν τὸ φιλητικόν· αὕτη γάρ ἐστιν ἡ τῆς ψυχῆς δύναμις ᾗ φιλοῦμεν.). Es ist daher nicht korrekt zu sagen, beim *thymos* handele es sich immer um eine kompetitive Strebung. Vielmehr scheint der *thymos* ambivalent zu sein, d.h. nicht nur kompetitive, sondern auch positiv auf andere Individuen bezogene Strebungen zu umfassen. Ähnlich bei der ‚Furcht' (*phobos*). Hier lässt Aristoteles gleichfalls den *thymos* als zugrundeliegende Strebung zuständig sein (Top. 126a8f.). Wenn dies richtig ist, ist der *thymos* vielleicht sogar nicht einmal notwendig immer auf *andere* Individuen bezogen, wie es die Übersetzung mit ‚kompetitive Strebung' nahelegt.

hat die Dreiteilung der Strebung in Begierde, *thymos* und rationale Strebung als die wissenschaftlich verbindliche Einteilung angesehen.[9]

9 Die Dreiteilung der Strebung durch Aristoteles wird meines Wissens nur bezweifelt von Tuozzo, (1994), S. 355, der argumentiert, dass es sich beim *thymos* nicht um eine fundamentale Art der Strebung handele und dass dessen motivationale Kraft sich in Wahrheit auf die beiden anderen Strebearten, *epithymia* und *boulêsis*, zurückführe.

3. Der allgemeine Strebebegriff

Strebung (*orexis*) ist, wie wir gesehen haben, bei Aristoteles der generische Begriff für die drei Arten ‚Begierde' (*epithymia*)', ‚Mut' (*thymos*) und ‚Wunsch' (*boulêsis*). Wie aus zahlreichen seiner Äußerungen hervorgeht, setzt er die Strebung in sehr enge Beziehung zu dem Wahrnehmungsvermögen. Wie sich diese Beziehung im Einzelnen gestaltet, ist nicht ohne Weiteres klar. Wie es scheint, besteht eine Abhängigkeit der Strebung vom Wahrnehmungsvermögen. Diese Abhängigkeit erlaubt es Aristoteles, bei Lebewesen von dem Vorhandensein des einen Vermögens auf das Vorhandensein des anderen zu schließen. Dies geht aus einem Argument hervor, das Aristoteles in *De anima* vorbringt, um zu zeigen, dass manche Vermögen allen und andere Vermögen nur einigen Lebewesen zukommen (DA 414a29ff.):

> Wenn aber die Wahrnehmungsfähigkeit (einer körperlichen Substanz zukommt), dann auch die Strebefähigkeit; denn Strebung (besteht in) Begierde, Gemütsbewegung und Wunsch und alle Lebewesen haben zumindest eine von den Wahrnehmungen, (nämlich) den Tastsinn. Wem aber die Wahrnehmungsfähigkeit zukommt, dem kommt sowohl Lust als auch Schmerz und sowohl der Gegenstand der Lust als auch der Gegenstand des Schmerzes zu, wem aber dieses (zukommt), dem kommt auch die Begierde zu, denn diese ist die Strebung nach dem Lustvollen. (DA 414b1-6[1])

Das Argument lässt sich wie folgt wiedergeben:

(a) Der Besitz der Wahrnehmungsfähigkeit impliziert den der Strebefähigkeit.
(b) Strebung teilt sich in die Arten Begierde, Mut und Wunsch.
(c) Jedes Lebewesen ist im Besitz mindestens des Tastsinns.[2]
(d) Der Besitz der Wahrnehmungsfähigkeit impliziert die Fähigkeit zu Lust/Leid-Empfindungen.

---

1 εἰ δὲ τὸ αἰσθητικόν, καὶ τὸ ὀρεκτικόν· ὄρεξις μὲν γὰρ ἐπιθυμία καὶ θυμὸς καὶ βούλησις, τὰ δὲ ζῷα πάντ' ἔχουσι μίαν γε τῶν αἰσθήσεων, τὴν ἁφήν· ᾧ δ' αἴσθησις ὑπάρχει, τούτῳ ἡδονή τε καὶ λύπη καὶ τὸ ἡδύ τε καὶ λυπηρόν, οἷς δὲ ταῦτα, καὶ ἐπιθυμία· τοῦ γὰρ ἡδέος ὄρεξις αὕτη.

2 Lebewesen sind durch den Besitz des Wahrnehmungsvermögens definiert; vgl. etwa De Somno 454b25. Für weitere Stellen, vgl. Ind. Bonitz, Ind. Arist. s.v. *aisthêsis*, 19b42ff; und *zôion*, 311a44ff.

(e) Der Besitz der Fähigkeit zu Lust/Leid-Empfindungen impliziert die Fähigkeit zum Besitz von Gegenständen, die Lust/Leid-Empfindungen bereiten.
(f) Die Fähigkeit zum Besitz von Gegenständen, die Lust/Leid-Empfindungen bereiten, impliziert die Fähigkeit, Begierden zu empfinden.

Aristoteles möchte hier, wie gesagt, zeigen, dass manche basalen Vermögen *allen* Lebewesen zukommen. Dabei nimmt (a) offenbar das Ergebnis des Arguments vorweg. Die Konklusion in (f) zeigt, dass (a) zumindest für die Begierde zutrifft: Es stimmt für alle Lebewesen, dass sie mindestens über den Tastsinn verfügen (c); da aber der Besitz der Wahrnehmungsfähigkeit den der Fähigkeit, Lust/Leid zu empfinden, impliziert (d) und dies wiederum die Fähigkeit zum Besitz von Gegenständen impliziert, über die Lust/Leid empfunden wird (e), ergibt sich, dass alle Lebewesen mindestens über die Fähigkeit verfügen, Gegenstände von Lust (und Leid) zu begehren. Also (a).
Aristoteles' weitere Verwendung des Arguments soll hier nicht verfolgt werden. Uns interessiert hier der Umstand, dass er von dem Vorhandensein des Wahrnehmungsvermögens auf das Vorhandensein des Vermögens schließt, Lust/Leid zu empfinden, und davon wiederum auf das Vorhandensein des Vermögens, Strebungen zu empfinden.[3] Wie kommt er dazu? Welche Art von Abhängigkeit erlaubt es Aristoteles, diesen Schluss zu ziehen? Für das Verständnis seines Begriffs der Strebung scheint es wichtig, sich über dieses Implikationsverhältnis ins Klare zu setzen. Dies soll im Folgenden versucht werden. Die textliche Basis dafür ist schmal: Nur eine kurze Passage aus *De anima* III 7 verspricht zusammenhängend Aufschluss über Lust/Leid-Empfindung, Strebung und ihr Verhältnis zur Wahrnehmung. Erschwerend kommt hinzu, dass dieses Kapitel in manchen Teilen textlich umstritten ist und zudem keine Einmütigkeit über Zusammenhang und Struktur dieses Kapitels besteht. Es enthält eine Reihe inhaltlich z.T. sehr anspruchsvoller Passagen, von denen nicht klar ist, ob, und wenn ja, in welchem Zusammenhang sie untereinander und zum gesamten Argument von *De anima* stehen. Es könnte auch sein, dass erhebliche Teile des Textes verloren gegangen sind.[4] Von einer Gesamtdeutung des Kapitels sehe ich daher ab und konzentriere mich auf die für den Begriff des

3 Ähnlich in DA 413b23; 414b1-6, 14f; *De somno* 454b29-31.

4 Besonders interessant scheint mir der Vorschlag Burnyeats, DA III 7 im Kontext von *De anima* zu verstehen (2001), S.72. Seinen Vorschlag zu diskutieren, würde allerdings einen Durchgang durch den gesamten Argumentationsgang der Schrift erfordern.

Strebevermögens entscheidende Passage in DA 431a8-14. Dort bringt Aristoteles, ähnlich wie in der gerade diskutierten Stelle aus DA II 3, sowohl die Aktivität des Strebens als auch das Strebevermögen in engen Zusammenhang mit der Aktivität der und dem Vermögen zur Lust/Leid-Empfindung. Ich beginne daher mit der Diskussion der Lust/Leid-Empfindung. Sie wird uns eine Weile in Anspruch nehmen, bevor es zur Diskussion der Strebung kommt.

3.1. Die Definition der Lust/Leid-Empfindung

§ 1. Wahrnehmung und Lust/Leid-Empfindung

De anima III 7 definiert Lust/Leid-Empfinden (*hêdesthai kai lypeisthai*) so:

> Und zwar besteht das Lust- und Leidempfinden im Aktual-Sein mit der wahrnehmungsmäßigen Mitte in Bezug auf das Gute oder Schlechte, insofern sie derartige sind. (DA 431a10f.)[5]

Der Ausdruck ‚in Bezug auf (*pros*)' deutet auf eine Relation. Die Relata dieser Relation bedürfen allerdings der Klärung. Zu klären sind die Bedeutung des Ausdrucks ‚Aktual-Sein mit der wahrnehmungsmäßigen Mitte' (a) und ‚das Gute und Schlechte, insofern sie derartige sind' (b). Dann kann die Definition interpretiert werden (§ 2) und weitere Fragen zur Lust/Leid-Empfindung beantwortet werden (§ 3).

(a) *‚Aktual-Sein mit der wahrnehmungsmäßigen Mitte'*
In seiner Theorie der Wahrnehmung aus *De anima* II 5 – III 2 bezeichnet Aristoteles das Wahrnehmungsvermögen (*aisthêsis*) wiederholt als eine mittlere Position (*mesotês*). Diese mittlere Position nimmt in der Erklärung basaler Wahrnehmungsvorgänge eine wichtige Rolle ein. Sie besteht – kurz gesagt – darin, im Lebewesen die Produktion von Wahrnehmungsqualitäten zu erklären: Aristoteles glaubt, dass es für jede Wahrnehmungsgattung (Tast-, Geschmacks-, Geruchs-, Hör- und Gesichtssinn) eine Skala einander konträr entgegengesetzter wahrnehmbarer Werte gibt. Die wahrnehmungsmäßige Mitte befindet sich in der Mitte dieser Skalen.[6] Erfolgreiche Wahrnehmungen kommen dann zustande, wenn die Sinnesorgane durch von äußeren Wahrnehmungsgegenständen ausgehende Bewegung

5 καὶ ἔστι τὸ ἥδεσθαι καὶ λυπεῖσθαι τὸ ἐνεργεῖν τῇ αἰσθητικῇ μεσότητι πρὸς τὸ ἀγαθὸν ἢ κακόν, ᾗ τοιαῦτα.

6 Vgl. DA 424a1-10; a32-b2; 431a19; 435a21f.

affiziert werden, die die Bedingungen erfüllen: 1. Werte aufzuweisen, die sich innerhalb der Skala befinden, und 2. von der mittleren Position abweichen. Sind diese Bedingungen erfüllt, kommt es unter normalen Umständen zu einer gelingenden Wahrnehmung einer wahrnehmbaren Qualität.[7] Liegen die eingehenden Bewegungen mit ihren Werten über den Extremwerten der Skala, kommt es nicht zur Wahrnehmung und vielleicht sogar zur Zerstörung des Organs. Liegen die Werte dagegen genau *auf* dem Mittelpunkt der Skala, kommt es auch nicht zur Wahrnehmung. Die wahrnehmungsmäßige Mitte scheint daher so etwas wie ein Richtwert zu sein, mit dessen Hilfe Aristoteles die Diskriminierung perzeptiver Qualitäten im Lebewesen erklären will. So weit das grobe Bild von der Rolle der wahrnehmungsmäßigen Mitte in der Wahrnehmungslehre von *De anima.* Da es sich bei dem Ausdruck ‚wahrnehmungsmäßige Mitte‘ (*aisthêtikê mesotês*) um einen zentralen technischen Ausdruck seiner Wahrnehmungslehre handelt, liegt es nahe, dass Aristoteles hier in DA III 7 damit ebenfalls direkt und in technischer Weise auf die Wahrnehmung referiert. Man kann sich allerdings fragen, ob er hier nur den technischen Sinn des Terms im Auge hat (d.h. den basalen Wahrnehmungsvorgang des Diskriminierens wahrnehmbarer Qualitäten) oder auch höhere Funktionen des Wahrnehmungsvermögens. Da der Term ‚Mitte‘ (*mesotês*) klar auf basale Wahrnehmungsakte hindeutet, scheinen diese auf jeden Fall in der Definition der Lust/Leid-Empfindung enthalten zu sein.[8] Es ist jedoch offen, ob dies ex-

7 Vgl. für das Nähere der Aristotelischen Theorie der Wahrnehmung: Caston (2005) Everson (1997), Johansen (1998), Modrak (1987).

8 Unter den Vorkommnissen des Terms *mesotês* könnte allein der schwierige Passus in DA 431a19 in einem Sinn gedeutet werden, der auf eine höhere Wahrnehmungsfunktion hinausläuft: „So aber wie die Luft das Augeninnere in diese bestimmte Qualität gebracht hat, dieses aber ein anderes ist, ebenso auch beim Gehör: Es gibt ein letztes und eine Mitte, das aber, was es für sie heißt zu sein, ist mehrere.“ Man könnte die Stelle nämlich so lesen, dass Aristoteles dort den Ausdruck ‚Mitte’ (*mesotês*) verwendet, um etwas über die einheitlichen Funktionen des Wahrnehmungsvermögens zu sagen, die über die einzelnen Wahrnehmungsgattungen (Sehsinn, Hörsinn usw.) *hinausgehen.* Dies würde, selbst wenn es zuträfe, die Affizierung durch konkrete Sinnesqualitäten nicht nur nicht ausschließen, sondern implizieren. Es ist aber keineswegs zwingend, die Stelle in dieser Weise zu interpretieren. Wahrscheinlicher ist, dass Aristoteles hier seine auch an anderen Stellen vertretene Auffassung äußert, dass das Wahrnehmungsvermögen ein numerisch einheitliches Vermögen ist, das sich je nachdem, welches periphere Wahrnehmungsorgan affiziert wird, in unterschiedlichen Hinsichten aktualisieren kann (DA 431a17-b1; 425b12-25; 426b8-427a16; DS 448b17-449a20). Die Stelle enthält daher m.E. keine Äußerung zu den Funktionen des Wahrnehmungsvermögens über die Wahrnehmung von äußeren Wahrnehmungsbewegungen hinaus: Aristoteles sagt nicht, dass es eine die ‚Mitte’ betreffende Funktion der Wahrnehmung gibt, die keinem speziellen peripheren Sinnesorgan zugeordnet ist, sondern

klusiv für die basalen Funktionen gilt oder nicht und auch höhere Wahrnehmungsfunktionen mit eingeschlossen sind. Bei dieser Offenheit möchte ich es hier einstweilen belassen, bis ich unten zu den Gegenständen der Lust/Leid-Empfindung komme. Die starke Abhängigkeit der Definition der Lust/Leid-Empfindung von der Wahrnehmung wird dadurch noch besonders betont, dass Aristoteles von der *Aktualität* der wahrnehmungsmäßigen Mitte spricht. Er legt sich damit auf den Augenblick der Affizierung der mittleren Wahrnehmungsposition durch den Wahrnehmungsgegenstand fest. Lust/Leid-Empfindungen sind demnach Formen aktualer Wahrnehmungen konkreter Wahrnehmungsgegenstände, *während* sie wahrgenommen werden.

(b) ‚das Gute und Schlechte, insofern sie derartige sind'

Da Aristoteles die Lust/Leid-Empfindungen betont als Wahrnehmungen definiert, wäre zu erwarten, dass er entsprechend auch wahrnehmbare Gegenstände als deren Relata nennt. Auf den ersten Blick wird diese Erwartung jedoch nicht erfüllt: ‚Das Gute oder Schlechte, insofern sie derartige sind', scheint nicht Gegenstände konkreter Wahrnehmungen zu bezeichnen. ‚Gut', ‚Schlecht' oder ‚gut oder schlecht' kommen in Aristoteles' Wahrnehmungstheorie nicht vor. Weder handelt es sich um konkrete Sinnesqualitäten noch in einem weiteren Sinne um Gegenstände von Wahrnehmungen.[9] Was also ist damit gemeint? Der Ausdruck legt zwei Möglichkeiten nahe: Entweder geht es um ‚philosophische' Abstrakta (‚das' Gute und ‚das' Schlechte) oder um wahrnehmbare Gegenstände, die gut oder schlecht sind.

Die erste Bedeutung führt schnell zu Schwierigkeiten: ‚Das Gute' und ‚Das Schlechte' sind keine wahrnehmbaren Qualitäten, sondern höchstens

nur, dass es in allen fünf Wahrnehmungsgattungen jeweils eine mittlere Position gibt, die sich zwar je nach Gattung ‚dem Sein nach' unterscheiden (zur Bedeutung dieses Ausdrucks, vgl. unten, S.***), numerisch jedoch ein einheitliches Wahrnehmungsvermögen bilden. Bei den speziellen Funktionen, die Aristoteles mit dem Gemeinsinn erklären will (z.B. dass wir wahrnehmen, dass wir wahrnehmen, DA 425b12ff.), wäre es zudem fraglich, ob noch eine Struktur einander konträr entgegengesetzter Wahrnehmungsqualitäten vorliegt und damit eine Charakterisierung der gemeinsamen Wahrnehmungsfunktionen als mittlere Position noch sinnvoll angenommen werden könnte.

9 Es sei denn, man führt einen speziellen Sinn von ‚wahrnehmen' ins Feld, wie Aristoteles ihn z.B. in EN 1070b1ff. zu verwenden scheint (vgl. Ricken, 1975, 129, Anm. 5. und 1995, 224f.). Dort beschreibt Aristoteles allerdings einen Vorgang mit propositionaler Struktur (‚wahrnehmen, dass': *aisthanesthai hoti*; vgl. auch EN 1170b10: *synaisthanesthai*), der für niedere Lebewesen wohl kaum in Frage kommt.

vielleicht Gegenstände des Denkens.[10] Nun wäre denkbar, dass es bei ‚dem Guten' nicht um die Relation zwischen dem Wahrnehmungsvermögen und dem wahrgenommenen Einzelgegenstand geht, sondern um Relationen, in denen aktuale Wahrnehmungen zu ‚dem' Guten oder Schlechten stehen. In dieser Auslegung würde hier mit ‚dem Guten' nicht ein Relat einer Wahrnehmungsrelation, sondern eine Relation benannt, in der Wahrnehmungen von Lebewesen zu ‚dem Guten oder Schlechten, insofern sie derartige sind' stehen. Auf was das hinausläuft, zeigt Ricken, der die Ansicht vertritt, Aristoteles beabsichtige mit dieser Formulierung die Relation wahrgenommener Gegenstände zu ‚dem' Gut der Tiere zum Ausdruck zu bringen, nämlich die Relation zu ihrer Selbsterhaltung durch Nahrungszufuhr und Sexualität.[11] Mir scheint dies aus folgenden Gründen nicht stichhaltig:

- Die Formulierung ‚aktual-sein ... in Bezug auf (*energein ... pros*)', mit der Aristoteles die Lust/Leid-Empfindung definiert, verwendet er auch anderswo zur Bezeichnung von Relationen, wie sie zwischen dem Wahrnehmungsvermögen und dem wahrnehmbaren Gegenstand zum Zeitpunkt der aktualen Wahrnehmung vorliegen (vgl. EN 1174b20-23; 28f.[12]). Für den von Ricken intendierten ‚objektiven' Gebrauchfindet sich m.W. dagegen keine Parallele.

- Die Interpretation macht die von Aristoteles gemachte zusätzliche Qualifikation des Guten oder Schlechten ‚insofern sie derartige sind' (*hêi*) redundant. Es handelt sich dabei um eine typische Formulierung, die Aristoteles wählt, wenn er innerhalb eines Gegenstandes eine bestimmte Hinsicht aspektuell isolieren möchte. Solche aspektuellen Isolierungen scheinen aber nur dann sinnvoll, wenn der Gegenstand, um den es geht, in mehreren Hinsichten betrachtet werden *kann*. Da es sich bei ‚dem' Guten oder ‚dem' Schlechten aber um Abstraktionsbegriffe und von daher selbst bereits um aspektuell isolierte Entitäten handelt, scheint dies nicht mehr möglich.

- Es ist nicht wahrscheinlich, dass Aristoteles, wenn er die Relation hätte bezeichnen wollen, in der aktuale Wahrnehmungen zu dem objektiv für das wahrnehmbare Lebewesen Guten stehen, dabei parallel von dem Ausdruck des ‚Schlechten' Gebrauch gemacht hätte, anstatt sich der bei solchen Gelegenheiten von ihm sonst verwendeten Terminologie der Privation zu bedienen (vgl. z.B. Metaph. 1051a5ff.). Der sprachliche Ausdruck

10 Aristoteles argumentiert bekanntlich dagegen, dass ‚das' Gute auf einen eigenständigen Gegenstand referiert (EN I 6); vom Schlechten sagt er Ähnliches (vgl. Metaph. 1051a17-19).

11 Ricken (1975), 35ff. und 126, Anm. 5.

12 Vgl. DA 418a24f. Für Aristoteles' Sicht der Wahrnehmung als eines Prozesses zwischen Relativa einer zum Zeitpunkt der Wahrnehmung wechselseitigen Relation, vgl. Cat. 7, speziell 7b15ff; Metaph.1020b26ff., vgl. Gottlieb (1993).

‚das Gute oder Schlechte, insofern sie derartige sind' legt auch sprachlich eine solche Interpretation nicht nahe. Er hätte dann eher lauten müssen ‚das Gute oder *das* Schlechte, insofern sie derartige sind'. Die Abwesenheit des zweiten Artikels spricht dafür, dass Aristoteles hier gerade die Disjunktion von ‚das Gute oder Schlechte, insofern sie derartige sind' *kollektiv* substantiviert.

Die zweite Möglichkeit, den Ausdruck zu verstehen, der zufolge es um wahrnehmbare Gegenstände geht, die gut oder schlecht sind, macht dagegen durchaus Sinn. Denn obwohl Aristoteles meines Wissens nirgends direkt von ‚gut' oder ‚schlecht' (und noch weniger von ‚gut oder schlecht') als Wahrnehmungsgegenständen spricht, ist nichts gegen die Qualifizierung von herkömmlichen Wahrnehmungsgegenständen durch diese Attribute einzuwenden. Es ist auch für Aristoteles selbstverständlich, dass Wahrnehmungsgegenstände für Lebewesen gut oder schlecht sein können. In diesem Sinne wurde die Passage auch vorwiegend interpretiert. Sie ist seit der Antike immer wieder in der Weise verstanden worden, dass Aristoteles mit dem Ausdruck ‚gut oder schlecht, insofern sie derartige sind' solche wahrnehmbaren Gegenstände bezeichnet, die für das Lebewesen nützlich, erhaltend oder förderlich sind.[13] Der Nachteil dieser Interpretation ist, dass in ihr unbestimmt bleibt, um was für Gegenstände es sich handelt. Sie *versichert* uns, dass die Lebewesen das als lust- und leidvoll wahrnehmen, was ihnen zu- oder abträglich ist, aber sie *erklärt* uns nicht warum. Aber erst, wenn wir eine solche Erklärung haben, haben wir auch eine Erklärung der Lust/Leid-Empfindung. Auch läuft diese Interpretation Gefahr, auf Nachfrage in der zirkulären Aussage zu münden, dass, was die

---

13 In diesem Sinne Philoponos, 559, 11. Für weitere, vgl. Siwek ad loc. Jedan (2000), 99-101, deutet ‚das Gute oder Schlechte' metaphorisch (zu erkennen an den Anführungszeichen, mit denen er diesen Ausdruck versieht) als konkrete Sinnesqualitäten, die er mithilfe einer grammatisch komplizierten Analyse des Satzes in DA 431a10f. als brachylogischer Konstruktion als Gutes oder Schlechtes für die wahrnehmungsfähige Mitte auffasst. Dieses Gute oder Schlechte besteht seiner Auffassung nach in demjenigen, „was die Balance des Sinnes in der Mitte zwischen den Gegensätzen aufrecht erhält bzw. diese Balance durch Übermaß zu stören droht" (100). Dies soll vermutlich heißen, dass alles dasjenige lustvoll ist, was innerhalb des Spektrums solcher wahrnehmbaren Qualitäten liegt, die einerseits die erforderliche Intensität haben, um eine Wahrnehmung zustande zu bringen, andererseits aber nicht so stark sind, dass sie zu einer verzerrten Wahrnehmung oder gar zur Zerstörung des Organs führen (ähnlich scheint Jannone in seiner Ausgabe des Textes die Stelle aufzufassen, da er im Kommentar auf DA 424a4ff. verweist). Das Problem mit dieser Lösung ist, dass in dem Satz dann nur eine Bedingung für *alle* gelingenden Wahrnehmungen formuliert würde, nicht aber nur für diejenigen unter ihnen, die Lust- und Leidwahrnehmungen sind. Ferner würden sich bei dieser Interpretation Lust und Leid in Intensitätswerte wahrnehmbarer Qualitäten übersetzen lassen, was nicht plausibel scheint.

wahrgenommenen Gegenstände für die Lebewesen zu guten oder schlechten Gegenständen macht, eben der Umstand ist, dass sie lust- bzw. leidvoll sind.[14] Die Interpretation ist m.E. aber nicht ohne Alternative. Im Folgenden werde ich eine Interpretation vorschlagen, die den Vorteil hat, eine genuine Erklärung der Lust/Leid-Empfindung zu leisten. Ich werde dabei so vorgehen, dass ich zunächst zu dem Definiendum zurückgehe und versuche, es mithilfe anderer Texte genauer zu fassen (i), um mich dann erneut dem Definiens ,das Gute oder Schlechte, insofern sie derartige sind' zuzuwenden (ii).

(i) Worauf genau bezieht sich der Ausdruck ,Lust/Leid-Empfinden' (*hêdesthai kai lypeisthai*)? Ist damit jeder Zustand des Lust- oder des Leidempfindens gemeint? In dem knappen Text *De anima* 431a8-14 äußert sich Aristoteles nicht weiter dazu. Ich werde daher einige Passagen aus der *Nikomachischen Ethik* zum Vergleich heranziehen, in denen es um ganz Ähnliches zu gehen scheint: In den Büchern VII und X der EN sind zwei Abhandlungen über die Lust überliefert, in denen Aristoteles u.a. von Lüsten spricht, die über entgegengesetzte Leidzustände verfügen. Er trennt solche Lüste dort von den sogenannten ,einfachen' Lüsten. Einfache Lüste nennt er dort deswegen ,einfach', weil es für sie keine entgegengesetzten Leidzustände gibt. Das heißt, dass - nach den Lustabhandlungen der EN zu urteilen - der Ausdruck ,Lust- und Leidempfinden' nicht als Oberbegriff für *alle* Lust- und/oder Leid-Empfindungen verstanden werden muss, sondern auch in einer Weise verstanden werden kann, in der er nur solche Lüste unter sich fasst, für die es entgegengesetzte Leidempfindungen gibt.[15]

Die Frage ist nun, ob in DA 431a10f. auch nur von solchen Lüsten, die über entgegengesetzte Leidzustände verfügen, die Rede ist. Bevor ich anfange, möchte ich noch einige Besonderheiten und Schwierigkeiten erwähnen, die mit den hier zum Vergleich herangezogenen Ethik-Stellen verbunden sind: Aristoteles ist in den Lustabhandlungen der Ethik daran interessiert, die verschiedenen Ansichten seiner Vorgänger zur *Lust* zu kritisieren. Vor allem scheint es ihm darauf anzukommen, zu zeigen, dass es sich bei der Lust um ein Gut handelt. Eine aus Aristotelischer Sicht

14 So scheint (Pseudo-) Simplikios in seinem Kommentar die Stelle erklären zu wollen, 266, 15.

15 Auch außerhalb der Lustabhandlungen erwähnt Aristoteles gelegentlich diese Unterscheidung, in EN 1121a3 sogar mit *derselben* Formulierung wie hier in DA 431a10f: *tês aretês gar hêdesthai kai lypeisthai eph' hois dei kai hôs dei.* Die Lüste mit entgegengesetzten Leidzuständen sind die Lüste, auf die sich die *ethischen* Tugenden beziehen. Umgekehrt weiß ich von keiner Stelle, in der Aristoteles auf *alle* Formen der Lust- und / oder Leidempfindung mit dieser oder einer ähnlichen Formulierung referiert.

wissenschaftliche Untersuchung der Lust findet in diesem Zusammenhang nicht statt. Zusätzlich zu den Schwierigkeiten, die sich aus diesem, von *De anima* abweichenden Argumentationsziel ergeben, gibt es noch die Schwierigkeit, dass nach Ansicht vieler Forscher die beiden Abhandlungen in der *Nikomachischen Ethik* inhaltlich unter sich in einigen wichtigen Punkten divergieren.[16] Aus diesen Gründen möchte ich mich hier nur auf die Eigenschaften beschränken, die Aristoteles der Lust in *beiden* Abhandlungen zuspricht, und dies auch nur insofern und insoweit dabei Merkmale solcher Lüste zutage treten, die über entgegengesetzte Leidzustände verfügen. Dies sind vor allem die folgenden vier:

Lüste und ihre Bestimmung sind abhängig von den als lustvoll empfundenen Gegenständen.
In den Ethiken vertritt Aristoteles eine Theorie der Lust, die – ganz so wie die Definition der Lust/Leid-Empfindung in DA III 7 – die Lüste stark von den *Gegenständen* abhängig macht, die die Auslöser dieser Empfindungen sind: Lust ist generell mit der Aktualität (*energeia*) entweder perzeptiver oder noetischer Tätigkeit verknüpft (EN 1174b14ff.). Da diese Tätigkeiten für Aristoteles stark von den wahrgenommenen bzw. gedachten Gegenständen abhängen, ergibt sich auch für die Lust eine starke Abhängigkeit von dem als lustvoll empfundenen Gegenstand. Auf welche Weise genau die Lust konzeptionell an die Aktualität kognitiver Tätigkeiten gebunden ist, scheint in den Texten unklar und ist in der Forschung ungeklärt. Für den hier verfolgten Zusammenhang reicht es jedoch zu wissen, dass je nachdem, welcher Gegenstand gerade wahrgenommen wird, die daraus resultierende Lust/Leid-Empfindung sich nicht nur quantitativ, sondern auch qualitativ unterscheidet. Dies gilt generell für alle Lüste und damit auch für alle diejenigen Lüste, die sich durch Wahrnehmungen ergeben: Lust/Leid-Empfindungen sind so wie alle Lüste ihrem Gehalt nach qualitativ und quantitativ von den Gehalten ihnen vorgängiger kognitiver Aktivitäten bestimmt.[17]

Welche Gegenstände als lustvoll empfunden werden, ist abhängig vom Zustand des wahrnehmenden Lebewesens.

---

16 Für einen Überblick der beiden Lustdiskussionen bei Aristoteles, vgl. Ricken (1995). Einen Überblick zur Forschungsdiskussion bis dahin bietet Hunt (1979). Zum Verhältnis zur platonischen Lustauffassung, vgl. Rapp (2002), 457-465, Frede (1995), 418-427; Natali (2004), 109-129.

17 Z.B. EN 1174b20f; 1175b36ff; vgl. 1153a6f; 1153b29-31. Für Aristoteles sind nicht alle Lüste auf die Anwesenheit eines *wahrnehmbaren* Gegenstandes zurückzuführen (etwa die Lust, die Aristoteles dem Gott zuspricht, Metaph.1072b15f; EN 1154b24-26), vgl. unten S. 91ff.

Neben der Abhängigkeit vom kognitiven Gehalt, gibt es eine weitere Determinante, nämlich die Abhängigkeit vom Zustand des wahrnehmenden Lebewesens.[18] Entscheidend dafür, ob ein gegebener kognitiver Gehalt in einer Lust/Leid-Empfindung resultiert, ist der Zustand des Lebewesens in Bezug auf diesen Gehalt. Aristoteles verdeutlicht dies mithilfe des ‚Wiederauffüllungsmodells', einer Beobachtung, die sich so bereits bei Platon findet:[19] Wird der natürliche Bedarf (*physikê endeia*) des Lebewesens in einer bestimmten Hinsicht, etwa der Bedarf nach fester Nahrung, durch seine Wiederauffüllung (*anaplêrousthai*) gestillt, folgt während des Prozesses der Wiederauffüllung (*anaplêroumenês tês physeôs*) eine Lustempfindung. Ist das Lebewesen dann satt (zur ‚Ruhe' gekommen[20]) und der natürliche Zustand dadurch wiederhergestellt (*physeôs kathestêkyias*), wird es danach durch weitere Nahrungsaufnahme in dieser Hinsicht keine Lust mehr empfinden, sondern sich entweder anderen Lüsten zuwenden (EN 1153a2-7, EE 1239b37f.) oder gar Leid empfinden. Lebewesen empfinden daher je nach Ausgangslage über dieselben Gegenstände mal Lust und mal nicht.[21] Die Frage, unter welchen Bedingungen ein Mangel besteht, beantwortet Aristoteles in den Ethiken durch die Übereinstimmung bzw. Differenz, die der empirische Ist-Zustand des Lebewesens zu seinem natürlichen Ausgangszustand (*physis*[22]) aufweist: Lust stellt sich ein, wenn ein wahrgenommener Gegenstand den empirischen Ist-Zustand des Lebewesens in dieser Hinsicht entweder in Übereinstimmung mit dem natürlichen Ausgangspunkt bringt oder einen Teilbeitrag dazu leistet. Das Empfinden von Lust und Leid wird in den Ethiken somit konzeptionell von der *Relation* abhängig gemacht, in der der empirische Ist-Zustand des Lebewesens zu dessen natürlicher Ausgangsverfassung steht. Für alle Lüste mit entgegengesetzten Leidzuständen gilt: Ob und wann ein Einzelgegenstand für ein Lebewesen mit einer Lustempfindung verbunden ist, ergibt sich aus der *Kombination* der beiden Faktoren ‚Wahrnehmungsgegenstand' und ‚Zu-

---

18 Davon hängt ab die gelegentlich erwähnte Abhängigkeit vom Zeitpunkt, an dem ein bestimmter Gegenstand als lust- oder leidvoll wahrgenommen wird.

19 Allerdings ohne dieselben Konsequenzen für die Erklärung der Lust daraus zu ziehen wie Aristoteles, vgl. Phlb. 31Aff; Resp. 585D. In den Ethiken verwirft Aristoteles das von Platon aufgebrachte Wiederauffüllungsmodell nicht als Beobachtung, sondern nur als einschlägiges Modell zur *Erklärung* der Lust, vgl. EN 1173b9ff. Siehe auch Rapp (2002), 457-465, Frede (1997), 418-427.

20 Vgl. APo. I 29, 87b7-13 und z.B. EN 1154b27, wo die Lust entweder als ein ‚Zur-Ruhe-Kommen' (*êremizesthai*) bezeichnet oder mit dem Begriff der Ruhe (*êremia*) in Verbindung gebracht wird.

21 Vgl. EN 1176a5-15; vgl. EN 1118b14f ; 1153a2-4 ; 1156a33-35; Rhet.1356a14-16 ; 1370a14 ; 1377b31-78a6; EE 1235b31-1236a7 (*kathestôsin, kathestôsin*).

22 Zu diesem Begriff, vgl. unten S. 86ff.

stand des Lebewesens'. Wenn sich der Zustand des Lebewesens in einer Relation des Mangels zu dem Gegenstand befindet, erfolgt bei seiner Wahrnehmung Lust und wenn nicht, nicht. Weder der Gegenstand noch der Zustand des wahrnehmenden Lebewesens für sich genommen sind entscheidend dafür, ob es zur Lust/Leid-Empfindung kommt, sondern die *Relation* seines Zustandes zum wahrgenommenen Gegenstand. Der Mangel an Flüssigkeit reicht z.B. nicht, um Durst zu erleiden; es muss außerdem noch ein Gegenstand wahrgenommen werden, der das Lebewesen die Relation des Mangels in Bezug auf Flüssigkeit empfinden lässt. Ebenso wenig reicht die bloße Wahrnehmung eines Wasserglases, ohne den entsprechenden Zustand des Feuchtigkeitsmangels seitens des Lebewesens.

Lust/Leid-Empfindungen unterscheiden sich von einfachen Lustempfindungen
In der *Nikomachischen Ethik* unterscheidet Aristoteles zwischen ‚einfachen' Lüsten und Lüsten, die *kata symbebêkos* lustvoll sind. Lüste, die *kata symbebêkos* lustvoll sind, sind die Lüste, die über entgegengesetzte Leidzustände verfügen (EN 1152b33-36; 1154b15-18). Es sind die Lüste, auf die sich das hier skizzierte platonische ‚Wiederauffüllungsmodell' bezieht (vgl. EN 1173b7-20). ‚Einfach' (*hapla*) sind demgegenüber die Lüste, denen keine Leidzustände entgegengesetzt sind. Die *kata symbebêkos* lustvollen Lüste heißen wahrscheinlich deswegen so, weil sie sich als *Folge* aus der Abweichung des empirischen Zustandes des Lebewesens von seinem natürlichen Ausgangszustand ergeben. Ohne vorherige Abweichung kann es keinen Wiederherstellungsprozess und also auch keine Lust geben. Lüste treten nur dann *kata symbebêkos* ein, wenn Mangelzustände von wahrnehmenden Lebewesen beseitigt werden. Es sind in diesem Sinne ‚indirekte' Lüste, weil zwei Faktoren *zusammenkommen* müssen (der kognitiv erfasste Gegenstand und der empirische Zustand), die jeweils für sich genommen nicht hinreichend für Lust- oder Leidempfindungen sind. Lüste *kata symbebêkos* sind also nicht ‚akzidentell' im Sinne von ‚zufällig' lustvoll. Aristoteles intendiert mit dieser Bezeichnung keine Abqualifizierung der damit verbundenen Lustempfindungen, sondern versucht sie als kontextabhängig und situationsspezifisch zu kennzeichnen. Bei den einfachen Lüsten geht es demgegenüber um Gegenstände, die sich nicht mehr auf die Wiederherstellung der ‚natürlichen Verfassung' des Lebewesens, sondern auf Tätigkeiten beziehen, die das Lebewesen dann ausübt, wenn es sich in seiner natürlichen Verfassung befindet und seine Natur betätigt (1154b20). Dies geschieht auf Grundlage des *Hergestellt-Seins* der natürlichen Verfassung (EN 1153a2-4; EE 1239b29-1240a4). Aristoteles setzt die ‚natürliche' Verfassung also als einen Zustand vollständiger Bedürfnisbefriedigung

an.[23] Erst dann, wenn dieser Zustand erreicht ist, kann die *Betätigung* der Natur einsetzen. Der Gedanke scheint folgender zu sein: Bevor man z.B. Musik machen und damit seine Natur betätigen kann, muss man seine natürliche Verfassung durch die Befriedigung von Elementarbedürfnissen soweit hergestellt haben, dass man auch dazu in der Lage ist, seine natürlichen Anlagen zu betätigen. Um welche Gegenstände geht dabei? Für das Verständnis der Lust/Leid-Empfindung ist es wichtig, dass die Unterscheidung zwischen Lüsten, die *kata symbebêkos* lustvoll sind, und den einfachen Lüsten, nicht, wie man vielleicht meinen könnte, entlang der Grenzen von wahrnehmbaren und nicht wahrnehmbaren Gegenständen verläuft. Die Lust an dem Duft einer Blume z.B. hat, obwohl sie sich auf einen wahrnehmbaren Gegenstand zurückführt, für Aristoteles keinen entgegengesetzten Leidzustand (DS 443b18ff.). Entsprechend gibt es für ihn in allen Wahrnehmungsgattungen bestimmte mit Lust verbundene Gegenstände ohne entgegengesetzte Leidzustände,[24] die nicht weniger als nichtwahrnehmbare Gehalte Gegenstände ‚einfacher' Lüste sind. Der Unterschied zwischen den möglichen Gegenständen von Lust/Leid-Empfindungen und einfachen Lüsten liegt also nicht darin, dass die einen sich auf Wahrnehmungen zurückführen und die anderen nicht. Er liegt darin, dass die einen invariant *immer* zu Lustempfindungen führen, während die anderen je nach Ausgangszustand des Lebewesens mal zu Lust- und mal zu Leidempfindungen führen können, d.h. *variabel* sind.[25] Die Grenze zwischen den möglichen Gegenständen einfacher und solcher Lüste mit entgegengesetzten Leidzuständen verläuft also innerhalb des Bereichs wahrnehmbarer Gegenstände. Die möglichen Gegenstände von Lüsten, die *kata symbebêkos* lustvoll sind, bilden diejenige Teilmenge wahrnehmbarer Gegenstände, deren Wahrnehmung auch mit Leidzuständen verbunden sein kann. Demgegenüber führen alle einfachen Lüste invariant immer zu Lust, sowohl diejenigen, die sich auf die Betätigung des

---

23 Die Frage, wann die Bedürfnisse vollständig befriedigt sind, beantwortet sich vermutlich durch das Hergestellt-Sein der Fähigkeit, die eigene Natur zu betätigen, d.h. die Abwesenheit hindernder äußerer und körperlicher Umstände.

24 EN 1173b16-19; 1174b26-28, vgl. EE 1239b23-1240a4; DA 426b3-6.

25 Dadurch ist nicht ausgeschlossen, dass die einfachen Lüste nicht vielleicht Konsequenzen haben können, die auch Leid verursachen. Aristoteles bringt dafür ein Beispiel: Die durch das theoretische Betrachten hervorgerufene Lust kann zuweilen gesundheitsschädlich sein, EN 1153a20. Dies ändert aber nichts an der Invariabilität der durch sie hervorgerufenen Lust, weil es sich um eine akzidentelle Verbindung von Gesundheit und theoretischem Betrachten handelt: Sofern und soweit das Betrachten stattfindet, folgt auch Lust.

Intellekts, als auch die, die sich auf die Betätigung der Wahrnehmung zurückführen.[26]

Lust/Leid-Empfindungen und einfache Lüste beziehen sich auf unterschiedliche Güter

Eines der Beweisziele in beiden Lustdiskussionen der EN ist es zu zeigen, dass es sich bei der Lust um ein Gut handelt. Für die einfachen Lüste bereitet dies Aristoteles keine Schwierigkeiten. Er argumentiert, dass die eigene Natur für jedes Lebewesen ein invariables Gut und daher auch deren Betätigung ein Gut ist. Für die aus der Betätigung der Natur sich ergebene Lust macht er dann Gleiches geltend. Besonders bemüht zeigt er sich, auch für die variablen Lüste aufzuzeigen, dass sie sich auf Güter beziehen und deswegen auch selber Güter sind (EN 1152b25ff.). Voraussetzung für die sich aus der Wiederherstellung der eigenen Natur sich ergebenen Lüste ist, dass der natürliche Ausgangszustand des Lebewesens nicht besteht bzw. vorher verlassen worden ist. Trotz dieses zustandsabhängigen Charakters und der starken Variabilität besteht Aristoteles in der *Nikomachischen Ethik* darauf, dass es sich relativ für die wahrnehmenden Subjekte auch bei diesen Lüsten um *Güter* handelt.[27] Güter können relativ und zustandsabhängig sein (EN 1152b26ff.). Wenn nun aber die variablen Lüste als Güter gelten, so gilt dies aller Wahrscheinlichkeit nach auch für die Dinge, die sie herbeiführen.[28] Es ergibt sich, dass für Aristoteles relativ für ein Lebewesen im Prinzip *jeder* Wahrnehmungsgegenstand dann als ein Gut zu bezeichnen ist, wenn er geeignet ist, die natürliche Ausgangsverfassung des Lebewesens wiederherzustellen. Was für ein Lebewesen gut oder schlecht ist, ist abhängig von seiner natürlichen Verfassung.

Fassen wir zusammen: In der EN sind die Gegenstände von Lüsten, die *kata symbebêkos* lustvoll sind, alle diejenigen wahrnehmbaren Gegenstände, auf die sich entgegengesetzte Leidzustände beziehen können. Dies ist nur eine Teilmenge der wahrnehmbaren Gegenstände. Ob und wann die Wahrnehmung eines Gegenstandes in einem Lebewesen zu einer Lust/Leid-Empfindung führt, entscheidet sich für Aristoteles nicht durch den wahrgenommenen Gegenstand allein, sondern durch die *Relation*, in der der wahrgenommene Gegenstand zu dem Zustand des Lebewesens steht. Aristoteles unterscheidet variable, d.h. Lüste, die *kata symbebêkos*

---

26 Lüste, die sich auf Betätigungen des Intellekts zurückführen, fallen für Aristoteles sämtlich unter die Lüste ohne entgegengesetzte Leidzustände.

27 Vgl. EN 1153a29f; 1153b4; vgl. Ricken 1995, S.211-13; Rapp 2002, S. 361f. Besonders deutlich MM 1205a7-1206a25.

28 So argumentiert Aristoteles in der Rhetorik (Rhet. 1362b8, *poiêtika*), vgl. EN 1096b11-13; und analog für gerechte Gegenstände, 1129b17-19.

lustvoll sind, von invariablen Lüsten. Letztere beziehen sich invariant nur auf Güter und verfügen deswegen über keine entgegengesetzten Leidzustände, während erstere sich auf Gegenstände beziehen, die mal Güter und mal Übel für das Lebewesen sein können.

(ii) Die Frage ist jetzt, ob die Klassifizierung der Lüste in variable und invariable aus der *Nikomachischen Ethik* auch für die definitorische Bestimmung der Lust/Leid-Empfindung als ‚das Gute oder Schlechte, insofern sie derartige sind' in DA 431a10f. eine Rolle spielt. M.E. ist dies der Fall. Und zwar in der Weise, dass die Definition in 431a10f. sich nur auf variable Lüste bezieht, wie sie auch in der EN diskutiert werden, nicht aber auf die dort ‚einfache Lüste' genannten Lüste. D.h., DA definiert nur diejenigen wahrnehmbaren Lüste, für die es entgegengesetzte Leidzustände gibt: Wenn in der *Ethik* das Gut-Sein der variablen Lüste von dem empirischen Zustand des Lebewesens in Relation zu seinem natürlichen Ausgangszustand abhängt und es sich bei einem wahrnehmbaren Gegenstand dann, wenn er in der Lage ist, den natürlichen Zustand eines wahrnehmenden Lebewesens wiederherzustellen, um ein Gut, und dann, wenn er in der Lage ist, diesen Zustand zu schmälern oder zu verderben, um ein Übel handelt, dann liegt es nahe, ‚Das Gute oder Schlechte, insofern sie derartige sind' in DA 431a10f. als kollektivierende Bezeichnung für genau diese, den natürlichen Ausgangszustand entweder zerstörenden oder wiederherstellenden Dinge zu verstehen. Lust/Leid-Empfindungen sind demnach Wahrnehmungen solcher Dinge, die im Augenblick ihres Wahrgenommen-Werdens den empirischen Ist-Zustand des Lebewesens mit seinem natürlichen Ausgangszustand entweder in Übereinstimmung bringen oder von dieser Übereinstimmung abbringen. In dieser Interpretation kann das Definiens der Definition in DA 431a10f. *erklären*, aus welchem Grund Lebewesen Gegenstände als lust- oder leidvoll wahrnehmen, weil das Gute oder Schlechte nicht wieder auf Lust und Leid, oder auf ein unerklärtes Zuträglich- oder Abträglich-Sein, sondern auf die *Natur* des Lebewesens zurückgeführt wird.[29]

Auch grammatisch bereitet diese Interpretation die geringsten Probleme: Der sprachliche Ausdruck ‚das Gute oder Schlechte, insofern sie derartige sind' bezeichnet mit dem kollektiv substantivierenden Artikel die *Einheit* der Disjunktion solcher Gegenstände, die für das Lebewesen gut oder schlecht sein können. Eine Möglichkeit, den an dieser Stelle schwierigen Plural „insofern sie derartige (*toiauta*) sind" sinnvoll zu verstehen, wäre, ihn als Sammelbezeichnung aller derjenigen wahrnehmbaren Dinge zu nehmen, für die gilt, dass sie zu verschiedenen Zeitpunkten für ein- und

29 N.B.: Es handelt sich nicht um den Versuch, den *Begriff* des Guten (oder des Schlechten) auf die Übereinstimmungsrelation zur eigenen Natur zurückzuführen.

dasselbe Lebewesen mal gut und mal schlecht sein können. Aristoteles würde damit einerseits Lust/Leid-Empfindungen als Typen von Wahrnehmungen über ihre Gegenstände definieren, andererseits aber durch die aspektuelle Eingrenzung ‚insofern' auch deren charakteristischen Variabilität gerecht werden. Wahrnehmbare Dinge führen demnach nur dann zu Lust/Leid-Empfindungen, wenn sie in der geeigneten Relation zum Lebewesen stehen.

§ 2. Interpretation der Definition in DA 431a10f.

Ich möchte in folgender Ordnung vorgehen: Definiendum, Definiens und die Relation der Definientia (a). Dann bespreche ich kurz das Verhältnis von Lust/Leid-Empfindung und Wahrnehmung (b).

(a) *Die Definition der Lust/Leid-Empfindung*

Hier noch einmal der Text:

> „Und zwar besteht das Lust- und Leidempfinden im Aktual-Sein mit der wahrnehmungsmäßigen Mitte in Bezug auf das Gute oder Schlechte, insofern sie derartige sind." (DA 431a10f.[30])

Definiendum sind diejenigen Lüste und Leiden, für die es entgegengesetzte Lust- bzw. Leidzustände gibt (die variablen oder auch die Lüste, die *kata symbebêkos* lustvoll sind). Einfache Lüste, auch einfache Wahrnehmungslüste, gehören nicht dazu. Definiens sind Wahrnehmungen, die in Bezug auf das Gute oder Schlechte, insofern sie derartige sind, aktual sind. Was darunter zu verstehen ist, haben wir gesehen: aktuale Wahrnehmungsvorgänge von wahrnehmbaren Gegenständen zum Zeitpunkt der Wahrnehmung. Dabei stehen laut *Ethiken* die wahrgenommenen Gegenstände in einer solchen Relation zu dem empirischen Zustand des Lebewesens, dass die Übereinstimmung mit dem natürlichen Ausgangszustand entweder zerstört oder hergestellt wird. Deswegen *sind* diese Gegenstände (unter diesen Umständen und für das Lebewesen) zu diesem Zeitpunkt entweder Übel oder Güter. Einfache Lüste dagegen sind invariabel. (Einfache, im Sinne von invariante Übel, falls Aristoteles an so etwas geblaubt haben sollte, wären keine wahrnehmbaren Qualitäten. Die Definition würde sie also nicht betreffen.) Wahrnehmungsgegenstände, zu denen sich der Zu-

30 καὶ ἔστι τὸ ἥδεσθαι καὶ λυπεῖσθαι τὸ ἐνεργεῖν τῇ αἰσθητικῇ μεσότητι πρὸς τὸ ἀγαθὸν ἢ κακόν, ᾗ τοιαῦτα.

stand des Lebewesens indifferent verhält, scheiden ebenfalls aus. Nun zur Relation: In die Aktualität der Relation, in der sich der empirische Zustand des Lebewesens zu dem wahrgenommenen Gegenstand befindet, wird das Lebewesen *durch die Wahrnehmung* versetzt: Erst dadurch, dass es eine aktuale Wahrnehmung hat, kann es Übereinstimmung, aber auch Abweichung von seinem natürlichen Ausgangszustand erfahren. Das entspricht dem, was Aristoteles woanders zur Erfahrung von Lust und Leid sagt, nämlich dass sie immer nur in (während) und durch Wahrnehmung erfolgt (vgl. Ph. 247a7-14; Rhet. 1370a27f.). Die Relation der Übereinstimmung bzw. Nicht-Übereinstimmung des empirischen Zustandes des Lebewesens mit seiner Ausgangsverfassung wird, wie ich oben argumentiert habe, mit dem Ausdruck ‚das Gute oder Schlechte, insofern sie derartige sind' angesprochen: Gegenstände der Wahrnehmung sind für Aristoteles dadurch ‚gut' oder ‚schlecht', dass sie den Zustand des Lebewesens in eine entsprechende Relation zu seinem natürlichen Ausgangszustand versetzen.
Mit dieser Bestimmung liefert Aristoteles m.E. eine genuine (nicht-triviale) Erklärung für Lust/Leid-Empfindungen: Wir erfahren so, dass Lust/Leid-Empfindungen sich durch aktuale Wahrnehmungen herstellen und mit diesen Wahrnehmungen dem Gehalt nach identisch sind, sich aber insofern von ihnen unterscheiden, als dass sie von den Lebewesen vor dem Hintergrund ihres empirischen Zustandes wahrgenommen werden: Setzt der wahrgenommene Gehalt das Lebewesen in eine Übereinstimmungsrelation mit seinem natürlichen Ausgangszustand bzw. in größere Nähe dazu, wird er als lustvoll empfunden, und wenn er es umgekehrt in eine Relation der Nicht-Übereinstimmung bringt, als leidvoll. Es handelt sich um eine relationale Definition der Lust/Leid-Empfindung.

(b) *Das Verhältnis von Lust/Leid-Empfindungen zu Wahrnehmungen. Andere Auffassungen.*

Bei dieser Interpretation der Definition in DA 431a10f. ergibt sich folgendes Verhältnis von Lust/Leid-Empfindungen zu Wahrnehmungen: Die diskriminativen Leistungen, die Lust/Leid-Empfindungen involvieren, sind dieselben, die auch bei herkömmlichen Wahrnehmungen erbracht werden. Der Unterschied liegt in den *relationalen Eigenschaften*, in denen die wahrgenommenen Gehalte zur empirischen Verfassung des wahrnehmenden Lebewesens stehen. So wird sich z.B. die lustvolle Wahrnehmung der Tastqualitäten, die für den Durstenden mit dem Herabrinnen kalter Flüssigkeit durch die Kehle verbunden sind, *insofern* es Tastqualitäten sind, von einer herkömmlichen Wahrnehmung dieser Qualitäten in nichts unterscheiden. Was den Unterschied ausmacht, ist die Relation, in denen diese

Tastqualitäten zur empirischen Verfassung der sie wahrnehmenden Lebewesen stehen: Der Körper eines Durstenden wird schlicht weniger Flüssigkeit enthalten als der Körper eines Nicht-Durstenden. Entscheidend dafür, wann es zuviel oder zuwenig Flüssigkeit ist, ist der natürliche Ausgangszustand des Lebewesens: Auf eine Wahrnehmung folgt dann Lust, wenn der empirische Zustand entweder in Übereinstimmung mit dem natürlichen Ausgangszustand gebracht wird (dieser also ‚wiederhergestellt' wird) bzw. ein Beitrag dazu geleistet wird; Leid erfolgt dann, wenn die Übereinstimmungsrelation negativ beeinträchtigt wird. Lust/Leid-Empfindungen erklären sich durch diesen Bezug und zunächst einmal nur durch diesen Bezug. D.h., sie kommen nicht nur unter diesen Bedingungen zustande, sondern *bestehen* in diesem Bezug des empirischen Zustandes eines Lebewesens zu einem wahrgenommenen Gehalt. Es scheint daher eine wichtige Eigenschaft von Aristoteles' Begriff der Lust/Leid-Empfindung zu sein, dass sie nicht selbst einen bestimmten Wahrnehmungsgehalt aufweist. Für Aristoteles gibt es keine speziell mit Lust/Leid verbundenen perzeptiven Qualitäten, genauso wenig wie es ein eigenes Sensorium dafür gibt. Weder gibt es einen gemeinsamen perzeptiven Gehalt, der den verschiedenen Lust/Leid-Empfindungen *qua* Lust/Leid-Empfindungen einen gemeinsamen phänomenalen Charakter verleiht, noch korrespondieren einzelne Lust/Leid-Empfindungen mit spezifischen Wahrnehmungsgehalten, die ihnen *qua* Lust/Leid zukommen. Sie sind zwar nur erfahrbar, indem Wahrnehmungen gemacht werden, es handelt sich jedoch nicht um *Wahrnehmungen* von Lust und Leid, sondern um Wahrnehmungen von Wahrnehmungsgegenständen, die (gegeben die entsprechende Relation zum Zustand des Lebewesens) lust- oder leidvoll sind.[31]

Diese *relationale* Auffassung der Lust/Leid-Empfindung unterscheidet sich von den bestehenden Interpretationen. In der Regel gehen die Ausleger des Aristoteles davon aus, dass Lust- und Leidempfindung (und in der Konsequenz auch Strebung) dadurch zustande kommen, dass Lebewesen die von ihnen wahrgenommenen Gegenstände *als* gut oder schlecht erkennen.[32] Dies führt jedoch auf das Problem, dass nun erklärungsbedürftig

---

31 Dies erklärt die qualitative und quantitative Abhängigkeit der Lustempfindungen von den vorgängigen kognitiven Tätigkeiten, von denen Aristoteles in der EN spricht.

32 Trotz großer Unterschiede scheint dies eine Gemeinsamkeit der meisten Interpreten zu sein, vgl. z.B. Nussbaum (1985), Essay 5, Morel (2007), S. 132 („la sensation distingue entre l'agréable et le penible ..."), Whiting (2002), S. 173f. (...one and the same subject must *desire pleasant things* and *perceive things as pleasant*), Charles (2006), S. 27-29 ("For in his [Aristoteles] view, the relevant response (the activity involving the perceptual mean) in many cases essentially involves the ob-

wird, wie Lebewesen diese interpretatorische Leistung erbringen können. Wie kann die Aristotelische Wahrnehmung Dinge als lust- oder leidvoll erkennen, wenn es sich dabei nicht selber um wahrnehmbare Qualitäten handelt und es kein Organ dafür gibt? Mir ist, mit Ausnahme von Martha Nussbaum, kein Lösungsvorschlag für dieses Problem bekannt. Ihr Vorschlag, dass die Vorstellung (*phantasia*) für das Erkennen eines Gegenstandes als lust- oder leidvoll verantwortlich ist, stellt zwar einen Erklärungsversuch dar. Das Problem wird dadurch aber nicht wirklich gelöst, sondern nur verschoben: Wie erkennt die *Vorstellung* etwas als lust- oder leidvoll oder als erstrebenswert? Darüber hinaus scheint es schwierig, eine Wahrnehmung von lust- oder leidvollen Dingen *als* gut oder schlecht auf nicht-zirkuläre Weise zu erklären, d.h. so zu erklären, dass dabei nicht schon in der einen oder anderen Weise Lust oder Leid zur Voraussetzung gemacht wird. Einen Gegenstand als gut oder schlecht wahrzunehmen, scheint nur dann ein brauchbares Definiens der Lust/Leid-Empfindung, wenn ‚gut oder schlecht' etwas anderes meint als ‚lust- oder leidvoll'. Es ist fraglich, was dies im Fall von z.B. Würmern oder anderen vergleichsweise einfach gebauten Tieren sein könnte.

§ 3

Weitere Fragen in Bezug auf Lust/Leid-Empfindungen

In diesem Abschnitt möchte ich einen Ausblick auf die Rolle der Lust/Leid-Empfindung im Rahmen von Aristoteles' Theorie der animalischen Ortsbewegung geben und einige offene Fragen beantworten.Ich beginne mit den offenen Fragen: Was genau sind die Gegenstände der Lust/Leid-Empfindung (a)? Worin genau besteht der empirische Zustand des Lebewesens (b)? Worauf genau bezieht sich die Rede vom ‚natürlichen Ausgangszustand' (c)? Was macht einfache Lüste einfach (d)? Welches ist die motivationale Relevanz der Lust/Leid-Empfindung (e)? Welches ihre Relevanz für die teleologische Erklärung der animalischen Ortsbewegung (f)? Handelt es sich bei der Definition der Lust/Leid-Empfindung in DA 431a10f. tatsächlich um eine Definition (g)?

(a) *der Gegenstand der Lust/Leid-Empfindung ist nicht auf Tastgegenstände beschränkt.* Wir haben gesehen, dass alle Gegenstände der Wahrnehmung, zu denen der Zustand eines Lebewesens in der Relation des Mangels stehen kann, mögliche Gegenstände von Lust- und Leidempfindungen

ject's looking pleasant to the subject. In all such cases, desiring A essentially involves attending to (or being aware of) the pleasantness of the object", S.28).

sind. Ferner haben wir gesehen, dass nicht alle wahrnehmbaren Gegenstände darunter zu fassen sind, weil es nach Aristoteles' Auffassung auch Lüste aufgrund von Wahrnehmungsgegenständen gibt, für die es keine entgegengesetzten Leidzustände gibt. Ich möchte jetzt zeigen, dass die Möglichkeit der Mangelrelation, in der ein Lebewesen zu einem wahrnehmbaren Gegenstand stehen kann, als Charakterisierung der möglichen Gegenstände von Lust/Leid-Empfindung *hinreichend* ist. Damit wende ich mich gegen Versuche, den Bereich dieser Lüste und Leiden auf die Wahrnehmung *tastbarer* Qualitäten einzuengen.[33] Aristoteles spricht den Tieren das Empfinden einfacher Lüste ab (EN 1118a16-18; EE 1230b36ff; DS 443b20ff.[34]). Ein Hund etwa wird den Duft einer Blume wohl riechen, er wird über den Duft als solchen aber keine Lust empfinden können. Lüste mit entgegengesetzten Leidempfindungen werden dagegen von Mensch *und* Tier empfunden (EN 1153a30f; 1118b1-3). Nun sind diese Äußerungen m.E. nicht als summarische Behauptung über alle konkreten Gegenstände und die damit verbundenen Lustempfindungen, sondern als Äußerungen über den *Typ* von Lüsten zu werten. D.h., Menschen haben es mit Tieren gemeinsam, dass sie variable Lüste, d.h. solche Lüste, bei denen es entgegengesetzte Leidzustände gibt, empfinden können. Wir sollten Aristoteles hier nicht so verstehen, als sage er, dass auch die *konkreten* Gegenstände, über die Tier und Mensch Lust empfinden könnten, immer die gleichen seien. Da Tiere für Aristoteles Lust hauptsächlich über Tastwahrnehmungen empfinden, würde dies den Bereich möglicher Gegenstände in der Tat auf Tastwahrnehmungen einengen. Lustempfindungen mit korrespondierenden Leidzuständen macht Aristoteles jedoch ausdrücklich auch für den weiten Bereich tierischer und menschlicher Affekte (*pathê tês psychês*) geltend, und ich sehe keinen Grund, die Definition in DA 431a10f. nicht auch auf sie zu beziehen, zumal da die Affekte an vielen Textstellen direkt mit Lust *und* Leid im Sinne einander entgegengesetzter Zustände in Verbindung gebracht werden.[35] Nichts hindert, die Defini-

33 Entgegen der Sicht von Ricken (1975), S. 35ff.

34 Dort sagt Aristoteles dies zunächst nur vom Geruchssinn. Die Tiere empfinden Gerüche nur deswegen als lustvoll, weil ihnen dadurch die Antizipation einer Tastwahrnehmung (durch das Fressen) zuteil wird, vgl. auch EN 1118a16-b8; den Lustwert eines Geruchs *als* Geruch können sie seiner Auffassung nach nicht erfahren.

35 Vgl. EN 1104b13f; 1105b21-23; Rhet. 1378a20-23; vgl. vor allem EE 1220b12-14: „Mit Affekten meine ich aber solches: Zorn, Furcht, Scham, Begierde, überhaupt das, dem in der Regel die wahrnehmungsmäßige Lust und Leid an sich folgt." Wenn die hier vorgestellte Interpretation der Definition in DA 431a10f. richtig ist, ist der Satz, dass Lust und Leid (d.h. die Lüste, für die es entgegengesetzte Leidzustände gibt) wahrnehmungsmäßig sind, trivial (vgl. DA 413b23; 414b1-5; De Somn. 454b29f.). Der durch ihn ausgedrückte Sachverhalt bedarf da-

tion, so wie es der Wortlaut auch nahelegt, auf *alle* Lüste zu beziehen, für die es entgegengesetzte Leidzustände gibt. Wenn Lust/Leid-Empfindungen als aktuale Wahrnehmungen definiert sind, zu denen der Zustand des Lebewesens in einer Relation des Mangels stehen kann (und deshalb für das Lebewesen mal gut und mal schlecht sein kann), dann kommen auch *alle* Gegenstände solcher Wahrnehmungen dafür in Frage, Lust- oder Leidempfindungen hervorzurufen. Mir scheint daher, die Beweislast liegt bei denjenigen, die den Bereich möglicher Objekte für Lust/Leid-Empfindungen auf eine bestimmte Gruppe wahrnehmbarer Gegenstände einschränken wollen. Welche Bandbreite von Gegenständen Aristoteles tatsächlich für Lust/Leid-Empfindungen geltend macht, zeigt eine Stelle aus der *Physik*:

> Denn jede Charaktertugend betrifft die körperlichen Lüste und Leiden und diese (ereignen sich) entweder in der Betätigung oder im Erinnern oder im Erwarten: Die in der Betätigung ergeben sich bei der Wahrnehmung, so dass man von einem bestimmten Wahrnehmungsgegenstand bewegt wird, während die in der Erinnerung und der Erwartung sich auf diese zurückführen; entweder nämlich empfinden sie Lust, indem sie sich erinnern, was sie erlitten haben, oder indem sie erwarten, was ihnen bevorsteht. Folglich entsteht notwendig jede derartige Lust infolge von Wahrnehmungsgegenständen. (Ph.247a7-14[36])

,*Körperliche* Lüste und Leiden' könnte zu Missverständnissen Anlass geben. Der Ausdruck bezieht sich jedoch unmöglich nur auf Tastwahrnehmungen, da hier von den Lüsten und Leiden die Rede ist, die *alle* ethischen Tugenden betreffen.[37] Unter diesen hat es aber nur die Tugend der Beson-

---

her nicht der besonderen Betonung. Dies würde erklären, warum an den Parallelstellen diese Qualifizierung fehlt. Was die Affekte betrifft, ist damit noch nicht allzu viel gesagt. Es handelt sich nur um eine Qualifikation der aus ihnen resultierenden Lust/Leid-Empfindungen.

36 ἅπασα γὰρ ἡ ἠθικὴ ἀρετὴ περὶ ἡδονὰς καὶ λύπας τὰς σωματικάς, αὗται δὲ ἢ ἐν τῷ πράττειν ἢ ἐν τῷ μεμνῆσθαι ἢ ἐν τῷ ἐλπίζειν. αἱ μὲν οὖν ἐν τῇ πράξει κατὰ τὴν αἴσθησίν εἰσιν, ὥσθ' ὑπ' αἰσθητοῦ τινὸς κινεῖσθαι, αἱ δ' ἐν τῇ μνήμῃ καὶ ἐν τῇ ἐλπίδι ἀπὸ ταύτης εἰσίν· ἢ γὰρ οἷα ἔπαθον μεμνημένοι ἥδονται, ἢ ἐλπίζοντες οἷα μέλλουσιν. ὥστ' ἀνάγκη πᾶσαν τὴν τοιαύτην ἡδονὴν ὑπὸ τῶν αἰσθητῶν γίγνεσθαι. Vgl. den Kommentar ad loc. von Wardy (1990), 223ff; und den Paralleltext in Ph. 247a23-28 sowie die inhaltlich verwandte Stelle in Rhet. 1370a27-34.

37 *hapasa hê êthikê aretê*, Ph. 247a7 und *kai to holon tên êthikên aretên*, Ph. 247a23f.; vgl. den ähnlichen Gebrauch des Ausdrucks ,körperliche Lüste (*sômatikai hêdonai*)' in EN 1118a1-5, worunter Aristoteles an dieser Stelle auch Lust an Farb- und Formenwahrnehmungen sowie an Gemälden fasst. Der Term ,körperlich', wie Aristoteles ihn in diesem Zusammenhang verwendet, ist nicht gleichbedeutend mit Gegenständen des Tastsinns. Dessen Gegenstände sind vielmehr ,die Unterschiede des Körpers, insofern er Körper ist', nämlich Warm, Kalt, Trocken, Feucht, vgl. DA 423b27-29, und Weich und Hart, 424a3. Damit übereinstimmend

nenheit (*sôphronsynê*) mit tastbaren Gegenständen zu tun. Alle anderen beziehen sich auf andere Gegenstandsbereiche. Die Definition der Lust/Leid-Empfindung kann daher das gesamte Spektrum von mit Lust und Leid verbundenen Affektionen abdecken, die für die Ethik relevant sind, und dies sind, der obigen Stelle nach zu urteilen, *alle* Gefühle und Empfindungen, die entgegengesetzte Zustände haben.[38] Von diesen Lüsten (bzw. Leiden) sagt Aristoteles hier, dass sie das Affiziert-Werden durch Wahrnehmungsgegenstände insofern involvieren, als sie durch sie entstehen (Ph. 247a13f.: *hypo tôn aisthêtôn gignesthai*). Dies erlaubt eine Präzisierung des oben in § 2 (b) diskutierten Verhältnisses von Lust/Leid-Empfindung und Wahrnehmung. Die *Physik*-Stelle besagt gerade nicht, Lust/Leid-Empfindungen gingen dem Gehalt nach vollständig in Wahrnehmungen von präsenten Wahrnehmungsgehalten auf. Vielmehr heißt es dort, dass das Empfinden solcher Lüste und Leiden nur stattfinden kann, *während* Wahrnehmungen stattfinden und zwar entweder in der externen Präsenz der wahrgenommenen Gegenstände oder in innerlichen Repräsentationen dieser Gegenstände in Form von Antizipation und Erinnerung.[39] Es scheint daher, dass die Beteiligung von Wahrnehmungen als in diesem Sinne *auslösenden* Faktoren hinreicht, um die resultierende Lust zu den (in der hier von Aristoteles gewählten Terminologie) ‚körperlichen' Lüsten zu zählen. Wahrnehmungen, die als Lust oder Leid wahrgenommen werden,

---

äußert sich Aristoteles in EN 1173b8f.: „Und sie sagen, das Leid sei ein Mangel des naturgemäßen (Zustandes), die Lust aber eine Wiederauffüllung. Dies sind aber die körperlichen Affektionen." Gemeint ist, dass *alle* Zustände des Körpers, in Hinblick auf die Lebewesen Mangel und Wiederauffüllung empfinden können, *körperliche* Affektionen sind. Vgl. auch EN 1173b13-19. Davon zu *unterscheiden* ist der Gebrauch des Ausdrucks ‚*sômatikai hêdonai*', wie Aristoteles ihn z.B. in der Diskussion der Akrasie, der Besonnenheit und teilw. in der ersten Lustdiskussion in EN VII verwendet, und der sich in der Tat auf tastbare Gegenstände bezieht (auf einige, nicht alle, vgl. EN 1118b6-8). Dass Aristoteles sich damit vermutlich einem Sprachgebrauch anpasst, der sich mit seiner eigenen Terminologie nicht deckt, zeigt sich daran, dass er im Verlauf der Diskussion der Akrasie diese Verwendung des Ausdrucks extra einführt (EN 1147b27f.) und seinen Gebrauch dahingehend präzisiert als auf solche Lüste bezogen, die mit Begierde (*epithymia*) und Leid verbunden sind (1153a30-33); vgl. auch den stipulativen Imperativ, den Aristoteles anlässlich der Diskussion der auf die Tugend der Besonnenheit bezogenen Lüste wählt: ‚Es sollen also eingeteilt sein die seelischen und die körperlichen Lüste (*dihêrêsthôsan dê hai psychikai kai hai sômatikai*; EN 1117b28f.)'. Damit kommt m.E. eine inhaltliche Distanz zum Ausdruck. Es lassen sich also zwei Verwendungsweisen des Ausdrucks ‚körperliche Lüste' bei Aristoteles unterscheiden. Entscheidend für unseren Kontext ist, dass in der hier relevanten Verwendungsweise keine Begrenzung auf Tastwahrnehmungen vorliegt.

38 Zum Begriff der Emotionen bei Aristoteles, vgl. unten S. 155-160.

39 Vgl. die in dieser Beziehung sehr deutliche Stelle in Rhet. 1370a27-34.

sind also nicht zwangsläufig vollständig durch die Gehalte der sie auslösenden äußeren Wahrnehmungsgegenstände bestimmt: Nichts spricht dagegen, auch die komplexeren Arten der Wahrnehmung mit unter ihre Auslöser zu fassen. Auf diese Weise kann der Aristotelische Begriff der Lust/Leid-Empfindung die gesamte Bandbreite sowohl körperlicher als auch seelischer Empfindungen abdecken, für die es konträr entgegengesetzte Empfindungen gibt: Einfache Tastwahrnehmungen, deren Gehalt vollständig in einem extern präsenten Gegenstand aufgeht, bis hin zu komplexeren Empfindungen und Emotionen. Bedingung ist nur, dass sie Wahrnehmungen bzw. Antizipation und Erinnerung an Wahrnehmungen involvieren und es für sie konträr entgegengesetzte Leidzustände gibt.[40]

(b) *Der empirische Zustand des Lebewesens besteht in ‚körperlichen Zuständen' in einem sehr weiten Sinne.* Welches genau ist die Bedeutung des hier mit ‚empirischer Zustand' bezeichneten Korrelats zum ‚natürlichen Ausgangszustand' (*physikê hexis*)? Im Griechischen Text findet sich keine Entsprechung dafür, was aber nicht heißt, dass Aristoteles keinen Träger für den Mangelzustand angenommen hätte. Im Zuge der beiden Diskussionen der Lust in der *Nikomachischen Ethik* spricht er, wie wir gesehen haben, von drei Zuständen: dem Mangelzustand, dem Sättigungszustand und dem Zustand des Wiederaufgefüllt-Werdens. Den Sättigungszustand bezeichnet er auch als das ‚Hergestellt-Sein des natürlichen Zustandes' (*physeôs kathestêkyias*, EN 1153a2f.). Dabei geht es ihm sicherlich nicht um die Entstehung einer ‚Natur' im Sinne der Entstehung einer Form, sondern um die Wiederherstellung eines Zustandes des Lebewesens, der mit seinem natürlichen Ausgangszustand im Sinne seiner natürlichen Form *übereinstimmt* (*physikê hexis*). Was genauer darunter zu verstehen ist, wird vielleicht aus seiner Unterscheidung zwischen einfachen und variablen Lüsten deutlich:

> Die (Lüste) ohne Leiden haben kein Zuviel. Und eben diese gehören zu den von Natur aus lustvollen Gegenständen und nicht (zu den) *kata symbebêkos* (lustvollen Gegenständen). Unter *kata symbebêkos* lustvollen Gegenständen verstehe ich diejenigen, die heilen. Sie scheinen nämlich deswegen lustvoll zu sein, weil sich dann, wenn der übrig gebliebene gesunde Teil etwas Bestimmtes tut, ein Heilen ereignet;

40 In der *Rhetorik* spricht Aristoteles auch von solchen Emotionen, deren Gegenteile ihnen nicht konträr, sondern kontradiktorisch entgegengesetzt sind (z.B. das Gegensatzpaar Freundschaft/Hass). Dies scheinen die Emotionen zu sein, die mit rationalen Strebungen (*boulêsis*) zusammenhängen. Dazu passt, dass für Aristoteles die negativen Pendants solcher Emotionen, bei der Freundschaft ist dies z.B. der Hass (*misos*), *nicht* mit Leid verbunden sind (Rhet. 1381b37-1382a15).

von Natur lustvoll ist dagegen das, was die Betätigung der so beschaffenen Natur bewirkt. (EN 1154b17-20[41])

Die Betätigung der ‚so beschaffenen' Natur ist die Betätigung der *gesunden* Natur, während die lustvollen Gegenstände *kata symbebêkos* nur deswegen lustvoll sind, weil sie eine eingeschränkt vorhandene Natur ‚heilen', d.h. deren Fähigkeit, sich zu betätigen, wiederherstellen können. Die Lüste mit entgegengesetztem Leid, ergeben sich also aus einer Defizienz des Ist-Zustandes des Lebewesens in Relation zu seinem natürlichen Ausgangszustand. Die Gegenstände einfacher Lüste bestehen dagegen in solchen Gegenständen, die das Lebewesen dazu bringen, seine Natur zu *betätigen*. Die Herstellung seiner Natur ist Voraussetzung für deren Betätigung (EN 1153a3-5; EE 1239b37f.). Für die einfachen Lüste, sowohl für die des Intellekts als auch die der Wahrnehmung, behauptet Aristoteles, sie hätten keine entgegengesetzten Leidzustände (*alypoi*, EN 1173b16-20, vgl. EE 1239b32-1240b4). Beispiele für solche Betätigungen der Natur sind, wie wir gesehen haben, neben den Tätigkeiten des Intellekts gewisse Wahrnehmungen wie etwa das Riechen des Dufts einer Blume oder bestimmte Farb- oder Hörwahrnehmungen. Um nun festzustellen, wodurch sich die Gegenstände einfacher Lüste von denen der Lust/Leid-Empfindungen unterscheiden, ist die Einteilung in solche Lüste, die sich auf Wahrnehmungen, und solche, die sich auf Betätigungen des Intellekts zurückführen, nicht zweckdienlich. Entscheidend ist vielmehr, ob das Lebewesen in Bezug auf die Gegenstände einen (ebenfalls durch Wahrnehmungen erzeugten) *Mangel* empfinden kann oder nicht. Besser als durch Wahrnehmung/Nicht-Wahrnehmung lässt sich die Defizienz des Ist-Zustandes, um die es Aristoteles hier geht, als ein im denkbar weitesten Sinne *körperlicher* Zustand verstehen. Es ist im Rahmen der Aristotelischen Ontologie jedenfalls schwer, an etwas anderes als einen körperlichen Zustand zu denken, der in einem Lebewesen mit seinem natürlichen Ausgangszustand übereinstimmen oder von ihm abweichen könnte. Und es macht auch Sinn, die Gegenstände der einfachen Lüste als unkörperlich anzusehen: Bei den Gegenständen, die mit der Betätigung des Intellekts korrespondieren, ist dies nicht weiter schwierig. Wie das im Fall der wahrnehmungsmäßigen einfachen Lüste aussehen kann, diskutiere ich unten (S.91ff). Die Rede von der Wiederherstellung des natürlichen Ausgangspunktes meint daher wahrscheinlich die Prozesse, die es erfordert, um den im weitesten Sinne kör-

41 αἱ δ' ἄνευ λυπῶν οὐκ ἔχουσιν ὑπερβολήν· αὗται δὲ τῶν φύσει ἡδέων καὶ μὴ κατὰ συμβεβηκός. λέγω δὲ κατὰ συμβεβηκὸς ἡδέα τὰ ἰατρεύοντα· ὅτι γὰρ συμβαίνει ἰατρεύεσθαι τοῦ ὑπο μένοντος ὑγιοῦς πράττοντός τι, διὰ τοῦτο ἡδὺ δοκεῖ εἶναι· φύσει δ' ἡδέα, ἃ ποιεῖ πρᾶξιν τῆς τοιᾶσδε φύσεως.

perlichen Zustand des Lebewesens in Übereinstimmung mit seinem natürlichen Ausgangszustand zu bringen. Was diesen Ausgangszustand betrifft, sagt EN 1154b20, dass die Dinge ‚von Natur aus lustvoll' (*physei hêdea*) sind, die die Betätigung einer bestimmten Natur bewirken (*ha poiei praxin tês toiasde physeôs*). Der Naturzustand besteht demnach in einem Zustand, der es dem Lebewesen erlaubt, sich in seinen natürlichen Funktionen zu betätigen. ‚Natürlich' heißt dabei vermutlich alles, was auszuüben dem betreffenden Lebewesen *intrinsisch*, d.h. aufgrund seiner spezifischen, es definierenden Eigenschaften zukommt. Für den Menschen (bei dem sowohl einfache als auch variable Lüste vorkommen) sind dies Betätigungen des Intellekts sowie die erwähnten ‚einfachen' Wahrnehmungen, nicht aber die Lüste, die er mit anderen Lebewesen gemeinsam hat.[42] Lüste, die *kata symbebêkos* lustvoll sind, sind dann alle diejenigen Lüste, die sich aus der Wiederherstellung der vorher nur eingeschränkt vorhandenen Fähigkeit zur Ausübung der definitorischen Funktionen ergeben (vgl. EN 1153a2-7 und EE 1239b37f.). In der hier vorgelegten Deutung heißt dies für Menschen: Die Lüste, die sich aus den *körperlichen* Prozessen ergeben, die notwendige Bedingungen für die Herstellung seiner Fähigkeit zur Betätigung der definitionsgemäßen Natur sind.[43] Gegeben, was oben in Abschnitt (a) gesagt wurde, sind dies ‚körperliche' Zustände in einem sehr weiten Sinn, der auch alle emotionalen Zustände beinhaltet, für die es entgegengesetzte Zustände gibt. In Anbetracht der Tatsache, dass nicht nur Krankheit, Hunger und Durst, sondern auch Emotionen uns an der Ausübung unserer defi-

---

42 Bei den Tieren, die ja keine anderen Lüste haben außer solche, bei denen es entgegengesetzte Leidzustände gibt, fällt die Trennung schwerer. Aristoteles spricht den Tieren zwar die Fähigkeit ab, einfache Lüste zu empfinden, er wird ihnen jedoch sicherlich nicht die Fähigkeit zur Ausübung ihrer spezifischen Natur abgesprochen haben. Möglicherweise meint Aristoteles, dass die Herstellung der Natur bei Tieren weitestgehend (wenn keine ernsten Verletzungen vorliegen o.ä.) mit der Betätigung ihrer Natur zusammenfällt. Auf etwas in der Art könnte EN 1154b20-31 hindeuten.

43 Wenn dies richtig ist, bedeutet das nicht, dass die einfachen Lüste etwa ohne Beteiligung des Körpers zustande kämen, sondern nur, dass die mit ihnen verbundenen körperlichen Vorgänge in allen Fällen und während aller Phasen ihres Vorkommens nicht Prozesse der *Wiederherstellung* des natürlichen Ausgangspunktes des Lebewesens sind, sondern *Betätigungen* seiner ‚Natur' im definitorischen Sinn: Das als lustvoll empfundene Riechen einer duftenden Blume involviert demnach zwar körperliche Vorgänge, es kann aber keinen entsprechenden als leidvoll empfundenen Mangelzustand im *Körper* des Lebewesens geben, der mit dem Ausbleiben dieses Duftes korrespondiert. Falls also überhaupt Mangel am Duft einer Blume oder am Hören einer Melodie empfunden wird, ergibt sich aus der Behauptung, dass (von den körperlichen Begleitumständen abgesehen) dieser Mangel nicht den Körper des Lebewesens, sondern höchstens seine Natur als Mensch betreffen würde (von einem solchen Mangel spricht Aristoteles aber nicht).

nitorischen Natur hindern können, macht das auch guten Sinn. Es steht ferner im Einklang mit Aristoteles' Sprachgebrauch, auch die emotionalen Prozesse, die es braucht, um uns wieder in den Zustand des Gleichgewichts zu versetzen, als *körperliche* Prozesse zu bezeichnen.[44]

(c) *Die natürliche Ausgangsverfassung des Lebewesens bezieht sich nicht nur auf die definitorische Natur, sondern beinhaltet auch erworbene Dispositionen.* Es wurde schon gesagt, dass unter dem hier mit ‚natürlicher Zustand' und ‚natürliche Ausgangsverfassung' wiedergegebenen Ausdruck *physis* ein Zustand zu verstehen ist, der dem Lebewesen die Ausübung seiner ihm definitorisch zukommenden Tätigkeiten erlaubt.[45] Allerdings beschränkt sich Aristoteles' Begriff von *physis* in diesem Zusammenhang aller Wahrscheinlichkeit nach nicht auf die artspezifische Natur: Die tadellose Verfassung des biologischen und (wie wir gesehen haben) auch emotionalen Funktionsapparates ist für ihn nur ein Teil der ‚Natur' eines Lebewesens. Neben der gesunden körperlich-emotionalen Grundkonstitution von Lebewesen gehören außerdem noch die erworbenen Haltungen und Dispositionen dazu, die sich auf der Grundlage der artspezifischen Natur durch Wiederholung und Habituierung im Lebewesen festgesetzt haben. Aristoteles sieht Gewohnheit als eine Bewegungsursache an, die sich analog zur biologischen Natur verhält. Der Vorgang des Gewöhnens (*ethizein*) besteht darin, Bewegungsabläufe und Reaktionsweisen durch dem Lebewesen äußere Bewegungsursachen so lange ‚einzuüben', bis es sich bei ähnlichen Gelegenheiten von selber auf diese Weise verhält. Die Verhaltensdispositionen, die aus diesem Habituierungsprozess resultieren, nennt Aristoteles (vermutlich aus diesem Grund) ebenfalls *physis*.[46] In diesem Sinne bezeichnet z.B. EN 1154a32-34 Gewohnheit (*ethos*) als Ursache für die Entstehung einer *physis*,[47] womit dort klar eine erworbene Charakter-

44 Vgl. oben Anm. 37. Aristoteles bezeichnet z.B. auch das Haben von Vorstellungen als körperlich (vgl. z.B. DA 403a8f.).

45 ‚*physis*' in diesem Sinn ist wohl die häufigste Verwendung des Ausdrucks bei Aristoteles, vgl. Bonitz, Ind. Arist. s.v.

46 Mit dem Begriff ‚*ethos*' erklärt Aristoteles alle gleichförmigen Bewegungsabläufe, die durch wiederholtes Einüben erworben werden und sich nicht als direkte Folge aus der natürlichen Verfasstheit ergeben; vgl. Morel (1997). Rhet. 1368b37-1369a7 nennt Gewohnheit *(ethos)* neben der Strebung als eigenständige Bewegungsursache menschlicher Handlungen.

47 Dies ergibt sich schon aus seinem Begriff der Natur, vgl. Ph.254b14-17: „Und das, was von sich selbst bewegt wird, wird von Natur bewegt, z.B. jedes der Lebewesen – denn das Lebewesen wird von sich selbst bewegt und alles, wovon der Ursprung der Bewegung in einem selbst liegt, davon sagen wir, dass es von Natur bewegt wird." In diesem, die Gewohnheit beinhaltendem Sinn verwendet Aristoteles das Wort *physis*' auch in Rhet. 1369a35-b2.

disposition gemeint ist.[48] Wie genau die Ähnlichkeit zwischen Natur und Gewöhnung sich gestaltet, braucht uns hier nicht zu beschäftigen.[49] Man kann, ohne sich näher festzulegen, sagen, dass Gewohnheit bei Aristoteles eine der Natur analoge Rolle spielt, indem sie dort, wo Bewegungsabläufe und Verhaltensweisen unbestimmt sind, so etwas wie feste Richtwerte einführt, die zu regelmäßigem und bestimmtem Verhalten führen. Dies gilt auch für die Lust/Leid-Empfindungen von Lebewesen (1148b17, 29f.). So wie die ethischen Tugenden, die Aristoteles in bestimmten Haltungen zu Lust/Leid-Empfindungen definiert, durch Habituierungsprozesse erworben werden (EN 1103a14ff.), so werden auch alle anderen auf Lust und Leid bezogenen Verhaltensweisen durch Gewöhnung eingeübt, sei es willentlich oder nicht. Die Ausübung der auf diese Weise erworbenen Verhaltensweisen kann nun genauso Quelle von Lustempfindungen werden, wie es die Wiederherstellung der biologischen Natur ist. Dieser Zusammenhang wird u.a. in der *Rhetorik* diskutiert:

> Notwendigerweise ist also das Übergehen in den der Natur entsprechenden Zustand in der Regel lustvoll, und am meisten dann, wenn die Dinge, die ihr gemäß entstehen, in den Besitz ihrer eigenen Natur gelangt sind. Auch die Gewohnheiten (sind lustvoll); denn das Gewohnte geschieht fast wie von Natur aus. Die Gewohnheit ist nämlich etwas Ähnliches wie die Natur; denn auch das Oft steht dem Immer nahe. Es gehört nämlich auf der einen Seite die Natur zum Immer, auf der anderen Seite die Gewohnheit zum Oft. (Rhet. 1370a3-9[50])

Da Gewohnheit strukturell mit natürlichen Anlagen Ähnlichkeit hat, so das Argument, und das Übergehen in den natürlichen Zustand lustvoll ist, sind auch die freiwillig ausgeführten Gewohnheiten lustvoll.[51] Unabhängig

---

48 Interessanterweise sogar eine moralisch schlechte Charakterdisposition. Dies zeigt, dass der Begriff ‚*physis*' für Aristoteles nicht auf die artspezifische Natur des Lebewesens beschränkt ist.

49 Dieser Frage geht Morel (1997) nach.

50 ἀνάγκη οὖν ἡδὺ εἶναι τό τε εἰς τὸ κατὰ φύσιν ἰέναι ὡς ἐπὶ τὸ πολύ, καὶ μάλιστα ὅταν ἀπειληφότα ᾖ τὴν ἑαυτῶν φύσιν τὰ κατ' αὐτὴν γιγνόμενα, καὶ τὰ ἔθη. καὶ γὰρ τὸ εἰθισμένον ὥσπερ πεφυκὸς ἤδη γίγνεται· ὅμοιον γάρ τι τὸ ἔθος τῇ φύσει· ἐγγὺς γὰρ καὶ τὸ πολλάκις τῷ ἀεί, ἔστιν δ' ἡ μὲν φύσις τοῦ ἀεί, τὸ δὲ ἔθος τοῦ πολλάκις. Übersetzung nach Rapp 2002; vgl. EN 1152a29-31 und De Mem. 452a24-30; Probl. 928b23ff. HA 589a8.

51 Aus dem unmittelbar anschließenden Text geht hervor, dass Aristoteles hier an nicht gewaltsame, also freiwillige Gewohnheiten denkt; zur Gewohnheit, vgl. auch Rhet. 1369b15-18: „Aus Begierde aber wird alles das getan, was als lustvoll erscheint. Es gehört aber auch das Vertraute und Gewohnte zu den lustvollen Dingen. Vieles nämlich, was von Natur aus nicht lustvoll ist, tut man Lust, wenn man es erst einmal gewöhnt ist." (Übersetzung nach Rapp 2002)

davon, ob Aristoteles der Ansicht war, die Gewohnheit könne tatsächlich natürliche Zustände herbeiführen oder verhalte sich nur analog zu ihnen, lässt sich, denke ich, sagen, dass er in jedem Fall einen sehr flexiblen Begriff von den Zuständen hatte, die zu betätigen in der einen oder anderen Weise zur Lust/Leid-Empfindung führt. Auf diesem flexiblen Begriff möglicher Gegenstände von Lust/Leid-Empfindungen basiert Aristoteles' Erziehungsprogramm in den Ethiken, das bekanntlich darin besteht, junge Leute durch Gewöhnung bzw. Habituierungsprozesse (*ethos*) dazu zu bringen, über die richtigen Gegenstände in der richtigen Weise Lust und Leid zu empfinden (EN 1103a14ff; EE 1220a38ff; vgl. Pol. 1332a39ff; 1334b5ff.). Sein Begriff von Habituierung ist dabei sehr stark: *ethos* kann nicht nur dort eine der Natur ähnliche Rolle einnehmen, wo das Lebewesen noch keine ausgeprägten Präferenzen hat, sondern sogar die Ausübung solcher Tätigkeiten lustvoll werden lassen, deren Ausübung für das Lebewesen vorher mit Schmerz verbunden war (Rhet. 1370a12-14). Dieser weite Begriff der natürlichen Konstitution von Lebewesen, der erworbene Verhaltensdispositionen ausdrücklich beinhaltet, erlaubt eine entsprechend weite Auslegung dessen, was Aristoteles unter dem ‚natürlichen Ausgangspunkt' versteht: Nämlich sowohl eine materielle Normkonstitution im Sinne physischer und emotionaler Gesundheit als auch durch Gewohnheit hinzuerworbene Verhaltensdispositionen.[52] Durch diesen weiten und flexiblen Naturbegriff kann im Zusammenhang der Aristotelischen Definition der Lust/Leid-Empfindung eine ‚engstirnige' essentialistische Deutung, die den Begriff der *physis* allein für die Betätigung angeborener Dispositionen reserviert, vermieden werden. Dies erhöht m.E. die Plausibilität der Aristotelischen Theorie der Lust/Leid-Empfindung und auch die seiner Theorie der Strebung: Nicht jedes Mal, wenn auf eine Wahrnehmung Lust/Leid oder eine Strebung folgt, muss dies direkt auf die *biologische* Natur des Lebewesens zurückgeführt werden. Die durch Habituierung, Sozialisation und andere derartige Prozesse erworbenen Präferenzen können ebenso zum Lust/Leid-Haushalt eines Lebewesens beitragen wie die angeborene Natur.

(d) *Einfache Lüste sind einfach, weil ihre Relata nicht mit körperlichen Zuständen korrespondieren.* Bei den Lüsten, die durch die Betätigung des Intellekts entstehen, vertritt Aristoteles die These, dass es für sie, im Ge-

52 Für den Ausdruck ‚*physis*' als materielle Konstitution, vgl. Ph. 193a28-30; Metaph. 1015a7f; physische Disposition (z.B. EN 1153a2-7; 1154b20-31; 1173b22f. (*diakeimenois*); MA 703b36ff.); emotionale Ausgangslage (z.B. Rhet. 1377b28-1378a6); natürliche und durch Gewöhnung entstandene Neigungen und Präferenzen (z.B. EN 1099a8ff.).

gensatz zu den variablen Lüsten, keine korrespondierenden körperlichen Mangelzustände gibt. Dies scheint im gegebenen Rahmen nicht weiter problematisch. Für Aristoteles gibt es im menschlichen Körper kein für die Betätigung des Intellekts zuständiges Organ. Der Intellekt involviert daher nicht den Körper oder doch wenigstens nicht direkt. Körperliche Mangelzustände, die sich auf die Gehalte des Intellekts beziehen, kommen also nicht vor. Zwar betont Aristoteles beim Menschen die Abhängigkeit der Ausübungen der Funktionen des Intellekts von gewissen Wahrnehmungsfunktionen,[53] dies betrifft jedoch nicht den Intellekt als solchen, sondern auf der Ebene repräsentationaler[54] Subsysteme die Bedingungen, die es für seine Betätigung erfordert. Wenn der Intellekt sich betätigt, sind im Rahmen der Aristotelischen Lustlehre *qua* Intellekt also nur Lust und keine Leidempfindungen involviert. Schwieriger wird es bei den schon erwähnten einfachen Wahrnehmungslüsten, wie etwa dem Wohlgeruch von z.B. Blumen, oder bei bestimmten Farb-, akustischen und Geschmacks-Wahrnehmungen (EN 1174b20f., 26-28). Von ihnen behauptet Aristoteles, sie würden nicht deshalb als lustvoll empfunden werden, weil sie einen Mangelzustand beheben, sondern aufgrund ihrer eigenen Eigenschaften (vermutlich weil sie die Wahrnehmungen sind, die sie sind, DS 443b26-30, EE 1231a7-10).[55]

Wenn die hier gegebene Interpretation richtig ist, dann ist der Umstand, dass diese Lüste nicht mit entgegengesetzten Leidzuständen verbunden sind, ebenfalls darauf zurückzuführen, dass sie nicht mit bestimmten *physiologischen* Zuständen korrespondieren. Ähnlich wie bei den aus den Betätigungen des Intellekts entstehenden Lüsten dürften Mangelzustände hier also nicht vorkommen: Mangel und Wiederauffüllung des Mangels beziehen sich auf körperliche Zustände. Als ‚einfache' Lüste bestehen auch die einfachen Wahrnehmungslüste in *Betätigungen* der Natur der sie empfindenden Lebewesen. In diesem Zusammenhang ist es interessant, dass Aristoteles sehr wohl registriert, um wie viel genauer die Distanzsinne bei manchen Tieren arbeiten als bei Menschen (DA 421a20). Er spricht den Tieren aber gleichwohl die Fähigkeit, Lust an solchen Wahrnehmungen zu

---

53 DA 431a16f; 432a12-14; zur Frage der Physiologie des Denkens bei Aristoteles, vgl. Van der Eijk (1997).

54 Die Begriffe ‚Repräsentation' und ‚repräsentational' werden hier und im Folgenden in dem einfachen Sinn eines kognitiven Gegenwärtig-Habens von Gegenständen verwendet, ohne spezielle Hintergrundtheorie zur Relation des ‚inneren' repräsentationalen Gehalts zu dem ‚äußeren' repräsentierten Gegenstand.

55 Für das Folgende, vgl. DS 443b20ff; EN 1118a16-b1; EE 1231a6-11; vgl. DA 414b6-10; 421a10-16.

empfinden, prinzipiell ab.[56] Tiere sind zwar sehr wohl in der Lage, die Gegenstände der Distanzsinne wahrzunehmen, und dies z.T. sogar besser als Menschen, sie sind aber unfähig, anders als auf akzidentelle Weise Lust daran zu empfinden. Ein Hund z.B. kann Lust an einem aus der Ferne gewitterten Hasen empfinden, er wird die Lust aber nicht aufgrund des Geruchs als solchem empfinden, sondern aufgrund der für diesen Geruch kontingenten Aussicht auf die nahe Verspeisung des Tiers (EN 1118a16-23). Lust an Gerüchen, Farben usw. als solchen ist Tieren für Aristoteles *prinzipiell* nicht möglich. Nach allem, was hier bisher gesagt wurde, ist der Grund dafür nicht primär in einem physiologischen Unterschied des Körperbaus von Menschen und Tieren im Hinblick auf ihre Geruchsorgane zu suchen (viele Tiere haben besser funktionierende Sinnesorgane als Menschen), sondern darin, dass Menschen noch aus einem anderen Grund außer dem, körperliche/emotionale Mängel zu beheben, Lust empfinden können. Aristoteles glaubt nicht, dass es ein spezielles Sinnesorgan für das Empfinden von Lust gibt. Dies gilt auch für den Menschen und das Empfinden einfacher Lüste. Wenn nun Tiere die einfachen Wahrnehmungslüste nicht empfinden können, obwohl sie die konkreten Gegenstände, die in den Menschen diese Lüste verursachen, z.T. sogar besser wahrnehmen können, und es keine speziellen Organe dafür gibt, so liegt es nahe, den Lustgehalt der einfachen Wahrnehmungslüste nicht unmittelbar in den *wahrnehmbaren* Qualitäten zu suchen (denn die werden auch von den Tieren wahrgenommen), sondern woanders. Andernfalls wäre nicht einzusehen, weshalb z.B. Adler, die über ein Vielfaches unserer Sehkraft verfügen, nicht auch Lust an den entsprechenden Wahrnehmungsqualitäten empfinden sollten. Und in der Tat: Bei den (wenigen) Beispielen, die Aristoteles für die Gegenstände einfacher Wahrnehmungslüste im engeren Sinne gibt, dreht es sich nicht um wahrnehmbare Qualitäten als solche, sondern um eine gewisse *Proportionalität* wahrgenommener Qualitäten.[57] Er sagt sogar, dass solche Wahrnehmungen *aufgrund* ihrer Proportionalität lustvoll sind:

> (...) da die Wahrnehmung wie eine Art Proportion ist. Deswegen ist es auch lustvoll, wenn das, was rein und unvermischt ist, in die Proportion gebracht wird, z.B. das Scharfe oder Süße oder Salzige, denn dann ist es lustvoll; insgesamt aber ist das Gemischte in höherem Maße Zusammenklang als das Hohe oder Tiefe, und für

56 Vgl. DA 421b19-26; EN 1118a16f; EE 1230b37-1231a5; vgl. DS 443b25f., wo die Begründung dafür interessanterweise folgendermaßen lautet: *Weil* es sich bei den Gerüchen, die auf Nahrung verweisen, nur um akzidentell Lustvolles handelt, *deswegen* sind sie allen Tieren gemeinsam.

57 Er nennt Schönheit, Harmonie, Wohlgeruch (EE 1231a1-5) und Melodien (EN 1175a13f.).

den Tastsinn das Wärmende oder Kältende. Die Wahrnehmung ist aber die Proportion. (DA 426b3-6[58])

Wenn es entweder die Reinheit der Wahrnehmungsqualitäten[59] oder ihre Proportionalität (der ‚Zusammenklang') sind, welche als lustvoll empfunden werden, wird nachvollziehbar, warum Aristoteles einerseits die Tiere von diesen Empfindungen ausschließt und andererseits keine physiologischen Mangelzustände dafür veranschlagt. Tiere verfügen zwar über vergleichbare und sogar genauere Sinnesorgane und sind körperlich daher für mindestens dieselben Gegenstände empfänglich wie Menschen, sie empfinden aber keine einfachen Wahrnehmungslüste, weil ihre Natur es ihnen nur ermöglicht, wahrnehmbare Qualitäten zu registrieren, nicht aber deren Proportion. Bei Proportionen handelt es sich nicht selbst um wahrnehmbare Qualitäten, sondern um Eigenschaften, die sich konkret erst durch eine *Mehrzahl* solcher Qualitäten herstellen. Einfache Wahrnehmungslüste sind für Aristoteles daher nicht rein in ihrem perzeptiven Gehalt aufgehende Wahrnehmungen, sondern kognitiv höherstufige (vernünftige), perzeptiv qualifizierte Tätigkeiten. Gegeben, dass Aristoteles für die Betätigungen der Vernunft generell keine korrespondierenden Leistzustände annimmt, wird klar, warum er dies auch für die einfachen Wahrnehmungslüste geltend macht.[60]

(e) *die motivationale Relevanz der Lust/Leid-Empfindung.* Wenn die obigen Ausführungen zutreffen, spielen Lust/Leid-Empfindungen, so wie sie in DA 431a10f. definiert werden, schon allein aufgrund der Breite der motivational relevanten Zustände, die mit ihr zu tun haben, eine denkbar wichtige Rolle in der Erklärung animalischer Ortsbewegung. Wie wir gesehen haben, fallen darunter nicht nur im engeren Sinne körperliche Lüste und Leiden, sondern auch alle Emotionen, für die es entgegengesetzte Empfindungen gibt.[61] Von Lust/Leid-Empfindungen begleitet zu sein bzw.

58 ὡς λόγου τινὸς ὄντος τῆς αἰσθήσεως. διὸ καὶ ἡδέα μέν, ὅταν εἰλικρινῆ καὶ ἄμικτα ὄντα ἄγηται εἰς τὸν λόγον, οἷον τὸ ὀξὺ ἢ γλυκὺ ἢ ἁλμυρόν, ἡδέα γὰρ τότε· ὅλως δὲ μᾶλλον τὸ μικτόν, συμφωνία, ἢ τὸ ὀξὺ ἢ βαρύ, ἁφῇ δὲ τὸ θερμαντὸν ἢ ψυκτόν· ἡ δ' αἴσθησις ὁ λόγος.

59 Für Aristoteles heißt dies: Ganzzahlige Proportionen zwischen den Extremwerten innerhalb der Skala wahrnehmbarer Werte, vgl. DS 442a16f.

60 Anders als Plato, der für solche Lüste dasselbe Erklärungsschema veranschlagt wie für die anderen Wahrnehmungslüste. Die Abwesenheit eines Mangelzustandes erklärt er in Tim. 65A mit der Unmerklichkeit, mit der sich der Mangel in solchen Fällen einstellt.

61 Eine Interpretation, die die Lust/Leid-Empfindung auf Tastempfindungen einschränkt, stößt bei der Erklärung tierischer Ortsbewegung auf Probleme: Da Aristoteles auch den Tieren Emotionen zuspricht, wäre unerklärlich, auf welche Weise

auf sie zu folgen, ist damit so etwas wie eine Sammeleigenschaft für alle nicht-rationalen Motive. Dies stellt Aristoteles' bekannte These aus den *Ethiken*, der zufolge alle Emotionen und Gefühle und auch alle Handlungen von Lust/Leid-Empfindungen begleitet sind (und man durch Aufzucht und Erziehung auf sie Einfluss nehmen kann), auf eine handfeste motivationspsychologische Grundlage:

> Denn die Charaktertugend betrifft Lüste und Leiden, denn wir tun das Schlechte aufgrund der Lust und enthalten uns der edlen Dinge aufgrund des (mit ihnen verbundenen) Leids. Deswegen muss man sofort von klein auf an auf gewisse Weise erzogen werden, wie Platon sagt, so dass man Freude und Leid über die Dinge empfindet, über die man soll, hierin besteht nämlich die richtige Erziehung. Ferner betreffen die Tugenden Handlungen und Affektionen (*praxeis kai pathê*), und jede Affektion und jede Handlung wird von Lust und Leid begleitet, und aus diesem Grund dürfte die Tugend es mit Lüsten und Leiden zu tun haben. (EN 1104b8-16[62])

Inwieweit genau die Behauptung, jede Affektion und jede Handlung sei von Lust/Leid begleitet (*hepetai*), als eine Behauptung über die *teleologische* Funktion von Lust und Leid zu werten ist, werde ich gleich diskutieren. Für das Erste ist wichtig, dass die grundlegende Bedeutung, die Aristoteles den Lust/Leid-Empfindungen als motivations-psychologische Hintergrundannahme in den *Ethiken* zuschreibt, ihrer Wichtigkeit im Rahmen der *effizient-kausalen* Erklärung animalischer Ortsbewegung voll entspricht:

> Der Ausgangspunkt der Bewegung ist also, wie gesagt, das im Bereich möglicher Gegenstände des Handelns Erstrebte und Gemiedene: Denn dem Denken und der Vorstellung von diesen folgt aus Notwendigkeit Erwärmung und Erkaltung; das Schmerzvolle wird nämlich gemieden und das Lustvolle erstrebt. (MA 701b33-36[63])

---

etwa die aus Zorn motivierte Fortbewegung des Tieres physiologisch vor sich geht. Ricken greift deswegen zur Behauptung, Tiere würden nur über emotionsanaloge Empfindungen verfügen (1976, 49ff; besonders 59f.).

62 περὶ ἡδονὰς γὰρ καὶ λύπας ἐστὶν ἡ ἠθικὴ ἀρετή· διὰ μὲν γὰρ τὴν ἡδονὴν τὰ φαῦλα πράττομεν, διὰ δὲ τὴν λύπην τῶν καλῶν ἀπεχόμεθα. διὸ δεῖ ἦχθαί πως εὐθὺς ἐκ νέων, ὡς ὁ Πλάτων φησίν, ὥστε χαίρειν τε καὶ λυπεῖσθαι οἷς δεῖ· ἡ γὰρ ὀρθὴ παιδεία αὕτη ἐστίν. ἔτι δ' εἰ αἱ ἀρεταί εἰσι περὶ πράξεις καὶ πάθη, παντὶ δὲ πάθει καὶ πάσῃ πράξει ἕπεται ἡδονὴ καὶ λύπη, καὶ διὰ τοῦτ' ἂν εἴη ἡ ἀρετὴ περὶ ἡδονὰς καὶ λύπας. Vgl. das oben zitierte Ph. 247a7-14.

63 Ἀρχὴ μὲν οὖν, ὥσπερ εἴρηται, τῆς κινήσεως τὸ ἐν τῷ πρακτῷ διωκτὸν καὶ φευκτόν· ἐξ ἀνάγκης δ' ἀκολουθεῖ τῇ νοήσει καὶ τῇ φαντασίᾳ αὐτῶν θερμότης καὶ ψύξις. τὸ μὲν γὰρ λυπηρὸν φευκτόν, τὸ δ' ἡδὺ διωκτόν.

Ebenso wie in der gerade zitierten Ethik-Stelle jede Handlung und jede Affektion von Lust und Leid begleitet wird – was man vielleicht noch im Sinne der Konsequenz auffassen könnte – folgt hier bereits auf die Repräsentation des Handlungs- bzw. Bewegungsziels – und das heißt *vor* der Bewegung – ‚notwendig' Erwärmung und Erkaltung.[64] Der Text erklärt dies damit, dass es sich bei den erstrebten oder gemiedenen Bewegungszielen um Gegenstände handelt, die für das Lebewesen lust- bzw. leidvoll sind. Die auf Lust/Leid-Empfindungen folgenden thermischen Prozesse werden in Aristoteles' effizient-kausaler Erklärung der Ortsbewegung eine wichtige Rolle spielen. Hierzu später mehr. Für jetzt sei festgehalten, dass Lust/Leid-Empfindungen im Rahmen seiner Theorie der animalischen Ortsbewegung eine, wie ich meine, für diese Theorie charakteristische Doppelrolle einnehmen. Sie sind beides: psychologisch-intentionales Antezedens animalischer Ortsbewegung und gleichzeitig Funktionsträger in ihrer effizient-kausalen Erklärung. Wie genau, wird noch zu sehen sein.

Was die *De motu* – Stelle allerdings ebenso wenig behauptet wie die oben zitierten *Ethik*-Stelle, ist die davon ganz verschiedene These, dass alle Handlungsziele *deswegen* Handlungsziele sind, *weil* sie lust- bzw. leidvoll sind. Dies würde Aristoteles auf einen radikalen psychologischen Hedonismus verpflichten, der weder mit seiner Lehre von den Arten der Strebung noch mit seinen in *De motu* vertretenen Positionen vereinbar ist.

So sieht dies auch Nussbaum, die zum Satz in MA 701b36 („das Schmerzvolle wird nämlich gemieden und das Lustvolle erstrebt") bemerkt, er lasse zwei Interpretationen zu, nämlich entweder, dass jedes lustvolle Objekt verfolgt wird (also anderes auch noch verfolgt werden kann) (i) oder, dass, was immer auch verfolgt wird, dies das Lustvolle ist (ii). Interpretation (ii) laufe darauf hinaus, dass die Gegenstände des Verfolgens und Meidens mit dem Lustvollen bzw. dem Leidvollen identisch seien, also alles *deswegen* gewählt oder gemieden werde, weil es lust- bzw. leidvoll sei. Um Aristoteles nun keinen motivationalen Hedonismus zuschreiben zu müssen, entscheidet sie sich für (i) und nimmt die daraus resultierenden Nachteile für die Theorie der animalischen Ortsbewegung in

64 Lust und Leid sind Teil jeder Affektion und jeder Handlung und zwar auch schon *vor* der Handlung. Dies ist bei genauerer Betrachtung auch schon der Sinn der oben zitierten *Ethik*-Stelle: Aristoteles will dort nicht sagen, dass Tugenden in dem richtigen Empfinden von Lust und Leid *nach* der Handlung bestehen, sondern wir sollen deswegen in der richtigen Weise Lust und Leid empfinden, *damit* wir richtig handeln, also *vor* der Handlung, vgl. EN 1103a14ff; EE 1220a38ff; Pol. 1332a39ff; 1334b5ff.

Kauf.[65] Nussbaums Annahme, es gebe nur diese beiden Verständnisweisen des Satzes, scheint mir jedoch zu stark. Der Satz „das Schmerzvolle wird nämlich gemieden und das Lustvolle erstrebt“ (τὸ μὲν γὰρ λυπηρὸν φευκτόν, τὸ δ' ἡδὺ διωκτόν) kann auch einfach heißen, dass jeder Gegenstand, der verfolgt oder gemieden wird, immer auch ein entweder mit Lust oder Leid besetzter Gegenstand ist. Und genau dies scheint mir auch die von Aristoteles intendierte Bedeutung des Satzes zu sein.[66] Eine mehr als nur extensionale Identität in Bezug auf das intentionale Objekt der Strebung und den Gegenstand der Lust/Leid-Empfindung, wie sie Nussbaum mit Sinnhypothese (ii) als mögliche Bedeutung anerkennt, scheint mir auch aus sprachlichen Gründen nicht die naheliegendste Option: Dafür fehlen die Artikel vor den Verbaladjektiven φευκτόν und διωκτόν. Nur wenn diese hier stünden, wäre es sprachlich gefordert, Aristoteles hier die Formulierung der These des psychologischen Hedonismus zuzuschreiben (nämlich: „das Schmerzvolle ist nämlich der Gegenstand des Meidens und das Lustvolle der Gegenstand des Verfolgens“). Aristoteles sagt dies aber weder hier noch anderswo. Überdies scheint mir die von Nussbaum akzeptierte Sinnhypothese (i), der zufolge alles das, was lustvoll ist, verfolgt wird, als These über das motivationale Verhalten von Lebewesen problematisch. Die Möglichkeit, dass Dinge nicht *aufgrund* ihres Lustwertes erstrebt werden, wird von Aristoteles jedenfalls auch in *De motu* akzeptiert (vgl. 700b22ff., speziell b29, wo die Lust nur *unter anderem* als motivierendes Bewegungsziel aufgeführt wird). Seine Aussage in MA 701b33-36, dass ein bewegungsrelevanter Gegenstand dann, wenn er erstrebt wird, auch mit einem Lustwert verbunden ist – bei aller grundsätzlichen Wichtigkeit für die *effizient-kausale* Erklärung der Handlungs- bzw. Bewegungsgenese – impliziert also keineswegs, dass die Lust dabei auch *intentional* das verfolgte Ziel ist (psychologischer Hedonismus).[67] Diese Differenzierung ist für Aristoteles' Theorie der Genese und des Gehalts

65 Nussbaum 1985, S. 353f. „We must conclude that he is not offering a conclusive argument for his thesis but a persuasive example of its operation“, (ebda.) S. 354.

66 Alle möglichen Ziele der Bewegungen und Handlungen involvieren Lust, EN 1104b34-1105a2 (*parakolouthei*), auch die Handlungen der Tugendhaften, EN 1099a7-15. Alle verfolgen die Lust, wenn auch jeweils verschiedene Lüste 1153b25-31. Aristoteles sagt jedoch nirgendwo, dass sie die Lust in allen Fällen *deswegen* verfolgen, *weil* es lustvoll ist.

67 Aristoteles kennt *drei* Arten der Strebung, von denen sich nur *eine* (die *epithymia*) intentional auf die Lust richtet. Für die *epithymia* scheint Aristoteles also die These des psychologischen Hedonismus zu akzeptieren, aber eben *nur* für die *epithymia.* Damit ist nicht ausgeschlossen, dass die anderen Arten der Strebung sich nicht auch auf Gegenstände richten, die für sie mit Lust und Leid verbunden sind. Und nur dies besagt der obige Satz in MA 701b36. *Gegen* Milo (1966), 14, der für Aristoteles von einem generellen psychologischen Hedonismus ausgeht.

von Strebungen sehr wichtig. Ich komme später darauf zurück. Für jetzt sei festgestellt, dass Aristoteles Lust/Leid-Empfindungen (und die mit ihnen einhergehenden thermischen Veränderungen) als kausal notwendige Bedingungen der animalischen Ortsbewegung ansieht, er sich damit aber in keiner Weise auch auf einen psychologischen Hedonismus verpflichtet.

(f) *Die Relevanz der Lust/Leid-Empfindung für die teleologische Erklärung animalischer Ortsbewegung.* Teleologische Erklärung kann sich für Aristoteles entweder auf subjektiv repräsentierte (wahrgenommene) Bewegungszwecke oder auf unbewusst zielgerichtete Vorgänge beziehen (Ph. 196b17-19, vgl. 197b18-22). Bei der animalischen Ortsbewegung geht es nur um Ersteres: Wie wir gesehen haben, setzt das Empfinden von Lust/Leid Wahrnehmung und damit die interne Präsentation von externen Gegenständen voraus. Man kann allerdings fragen, ob nicht da, wo es um die Erklärung des motivationalen Verhaltens von Lebewesen (der animalischen Ortsbewegung) geht, vielleicht mehr als nur interne Präsentation von erstrebten Gegenständen erforderlich ist. Man kann fragen, woher das Lebewesen denn ‚weiß', dass es sich bei einem wahrgenommenen Gegenstand um einen lustvollen und bei einem anderen um einen neutralen oder mit Leid verbundenen Gegenstand handelt. Wie erkennt das Lebewesen, dass es den einen Gegenstand meiden und den anderen verfolgen soll? Diese Frage hat sich Nussbaum in ihrem Kommentar zu *De motu animalium* gestellt. Sie stieß dort auf das Problem, dass einfache Wahrnehmung nicht zu erklären vermag, weshalb Lebewesen denselben Gegenstand zu unterschiedlichen Zeitpunkten mal erstreben und mal nicht. Ihre Lösung besteht in der Annahme, dass die Lebewesen, bevor sie Gegenstände meiden oder verfolgen, diese Gegenstände *als* erstrebenswert wahrnehmen. Für diese Aufgabe zuständig hält sie eine spezielle kognitive Fähigkeit, die Aristoteles im Zusammenhang der Erklärung der animalischen Ortsbewegung häufiger erwähnt, die *phantasia*. Ich werde mich später genauer mit dieser Position auseinandersetzen. Hier sei nur angemerkt, dass solche und ähnliche Annahmen durch die hier vertretene relationale Auffassung der Lust/Leid-Empfindung *überflüssig* werden: Wenn Lebewesen dadurch, dass sie mit ihrem körperlich-emotionalen Zustand in einer bestimmten Relation zu wahrnehmbaren Gehalten stehen, beim bloßen Wahrnehmen solcher Gehalte Lust und Leid empfinden, erübrigt sich ein irgendwie geartetes Bewusstsein davon, *dass* es sich bei den Gegenständen um lust- oder leidvolle Gegenstände handelt. Das Lebewesen steht dann bereits in einer final zu beschreibenden Relation zu dem wahrgenommenen Gegenstand. Wichtig ist, dass diese Relation unabhängig davon ist, ob das Lebewesen ein Wissen davon hat oder nicht, und dass das weitere Verhalten des Lebewesens durch diese Relation auch in einem subjektiven Sinn teleologisch erfassbar wird: Das weitere Verhalten des Lebewesens in Bezug auf den in lust- oder leidvoller Weise wahrgenommenen Gegenstand *hat* dann einen Zweck, ohne dass das Lebewesen deswegen auch ein Bewusstsein vom Zweck oder vom Umstand haben muss, *dass* der Gegenstand lust- oder leidvoll ist. Der Vorteil ist, dass so von ‚low-level-perceivers' bis hin zu Menschen dasselbe Erklärungsmodell in Anschlag gebracht werden kann. Das Modell variiert dann zwar konform mit den kognitiven Kapazitäten, über die ein Lebewesen jeweils verfügt (es kann mehr oder weniger oder eben gar kein Bewusstsein von der Erstrebenswertheit der wahrgenommenen Gegenstände haben), das Prinzip bleibt aber dasselbe.

(g) *Handelt es sich bei der Definition der Lust/Leid-Empfindung in DA 431a10f. um eine Definition?* Um festzustellen, ob die Bestimmung in DA 431a10f. mehr bezweckt als eine ad-hoc-Lösung, möchte ich einen Blick auf Aristoteles' Konzeption der *Lust* werfen: Wenn wir angeben können, in welcher Weise sich die Bestimmung der Lust/Leid-Empfindung zum umfassenden Lustbegriff des Aristoteles verhält, können wir uns ein Urteil darüber erlauben, ob es sich bei der Definition um eine im Aristotelischen Rahmen tragfähige Konzeption handelt.

Aristoteles diskutiert in Buch VII und X der *Nikomachischen Ethik* einen Lustbegriff, der mit dem Anspruch auftritt, ein *umfassender* Lustbegriff zu sein. ‚Umfassender Lustbegriff' meint einen Lustbegriff, der *beide*, einfache und variable Lüste, umfasst. In beiden Abhandlungen zeichnet sich im Groben dasselbe Modell ab. Zwar unterscheiden sich einige, und z.T. wohl sehr wichtige Details, es gibt jedoch grundlegende Übereinstimmungen im generellen Ansatz:[68] Beide Lustabhandlungen gehen von einem engen Zusammenhang der Lust mit der Betätigung der Natur aus und beide lassen den jeweiligen Gehalt der Lust durch die Aktivität von entweder Wahrnehmung oder Vernunft bestimmt sein. Lüste ‚folgen' den naturgemäßen Aktivitäten (*energeiai*). Stellen wie die folgende in EN 1175b26-28 zeigen, dass Aristoteles in den Ethiken für beide Arten von Lüsten, einfache und variable, dasselbe Erklärungsschema in Anschlag bringen will:[69]

68 Der Unterschied besteht vor allem in der unterschiedlich betonten und in beiden Fällen nicht wirklich geklärten Relation der *energeia* zur Lust.

69 Vgl. EN 1176a25-29, die Lüste von Tieren in 1176a3-8, besonders deutlich in MM 1205b24-26.

> Für jede Betätigung (*energeia*) gibt es eine zugehörige Lust. Die also, die der guten (*spoudaia*) Betätigung zugehörig ist, gut (*epieikês*) und die, die der schlechten (*phaulê*) zugehörig ist, schlecht (*mochthêra*).[70]

Die Formulierung ‚die der schlechten (Betätigung) zugehörige Lust' bezieht sich hier auf bestimmte Lüste, für die es entgegengesetzte Leidzustände gibt, d.h. auf Lust/Leid-Empfindungen. Man sollte also annehmen, dass Aristoteles für die variablen Lüste keine prinzipiell andere Erklärung hatte als für die einfachen: Lüste *kata symbebêkos* ergeben sich so wie die einfachen Lüste aus Betätigungen bzw. Aktualitäten (*energeia*) von Haltungen (*hexis*) und Naturen (*physis*).[71] Dies führt bei den variablen Lüsten jedoch zu einer Schwierigkeit: Wir haben gesehen, wie sich die einfachen Lüste aus der Betätigung der ‚Natur' ergeben (EN 1154b17-20). Dann, wenn Menschen z.B. den Duft wohlriechender Blumen genießen oder mit dem Erfassen von Theoremen beschäftigt sind, betätigen sie ihre definitorische Natur und empfinden aufgrund dieser Tatsache Lust. Die eigentliche Erklärung für die Lustempfindung setzt Aristoteles in diesen Fällen in die *Betätigung* der Natur. Die Schwierigkeit für die Erklärung der variablen Lüste besteht nun darin, dass bei ihnen die Natur gar nicht betätigt werden kann, weil sie bei diesen Lüsten ja erst wiederhergestellt *wird.* Erklären lassen sich mit diesem Modell scheinbar also nur die Lüste, die sich aus dem Wiederhergestellt-Sein des natürlichen Ausgangszustandes ergeben. Hierbei handelt es sich um eine genuine Schwierigkeit der Aristotelischen Lusttheorie, die ich im nächsten Kapitel diskutieren möchte.[72] Soviel sei jedoch vorausgeschickt: Die Schwierigkeit betrifft nicht speziell das Verhältnis von DA 431a10f. zur *Ethik*, sondern schon die *Ethik* selbst. Es ist eine Schwierigkeit, die daraus entsteht, dass einfache und variable Lüste unter eine gemeinsame Definition gebracht werden sollen. Was Letztere angeht, stehen die Aussagen in den *Ethiken* im Einklang mit der Definition der Lust/Leid-Empfindung in DA 431a10f. Ich möchte die Frage nach dem Verhältnis von einfachen zu variablen Lüsten daher zunächst einmal ausklammern und mich für die Frage nach der Kompatibilität von DA

---

70 καθ' ἑκάστην γὰρ ἐνέργειαν οἰκεία ἡδονὴ ἔστιν. ἡ μὲν οὖν τῇ σπουδαίᾳ οἰκεία ἐπιεικής, ἡ δὲ τῇ φαύλῃ μοχθηρά.

71 In Buch VII generell für alle Lüste, EN 1153a14f., b9-14; unter besonderer Berücksichtigung der Lüste *kata symbebêkos*, 1152b35f., 1154b18-28. Buch X: 1175a22-b1 (hier ist der Begriff der ‚Natur' durch die Äquivalente *eidos* und *oikeion ergon* vertreten); 1175b26-1176a29. Vgl. MM 1205b2ff.

72 An Aristoteles' eigenem Anspruch, mit ein- und derselben Definition *alle* Lustphänomene zu erklären, ändert dies nichts. Zu den grundsätzlichen Schwierigkeiten, alle Arten der Lust unter eine gemeinsame Definition zu bringen, vgl. Frede (1997), 426f.

431a10f. mit Aristoteles' umfassendem Lustbegriff aus den *Ethiken* vorerst auf zwei andere Gesichtspunkte konzentrieren. Beide scheinen mir für eine volle Kompatibilität zu sprechen:

(i) Der generelle definitorische Rahmen ist der gleiche: Beide Male findet eine Bestimmung in direkter Abhängigkeit von vorgängigen kognitiven Aktivitäten statt (in den *Ethiken* Denken und Wahrnehmung, in DA nur Wahrnehmung), und beide Male wird die Lust- bzw. die Leidempfindung von Gütern (bzw. Gütern und Übeln) abhängig gemacht (in den Ethiken sind es für die einfachen Lüste Güter schlechthin[73] und für die variablen Lüste temporäre, zustandsabhängige Güter, in DA alles das, was entweder gut oder schlecht sein kann).[74]

(ii) Ein zweiter Gesichtspunkt ist, dass die Eigenarten der Definition der Lust/Leid-Empfindung in *De anima* sich gegenüber dem umfassenden Lustbegriff der *Ethiken* folgerichtig aus dem veränderten Definiendum ableiten lassen. Damit meine ich insbesondere den Verzicht auf die Erwähnung der Betätigung der Natur: Leid, im Gegensatz zur auf dem Hergestellt-Sein des natürlichen Zustandes beruhenden einfachen Lust, basiert nämlich umgekehrt auf dessen *Zerstörung* (EN 1119a23; 1173b6f; 1175b17; Rhet. 1370a2f.). Leid erfolgt bei der Verursachung einer Nicht-Übereinstimmung des körperlich-emotionalen Zustandes des Lebewesens mit dem natürlichen Ausgangspunkt. Aristoteles' Äußerung, der zufolge Leid die ‚Natur zerstört', kann daher wörtlich genommen werden als *zunehmend* negative Beeinträchtigung der Übereinstimmungsrelation.[75] Für das Verhältnis der Definition in DA 431a10f. und dem umfassenden Lustbegriff aus den *Ethiken* heißt das, dass in dem von Aristoteles in *De anima* gesteckten Rahmen eine Definition, die Lust- *und* Leidempfindungen gemeinsam erfasst, aus guten Gründen die Betätigung der natürlichen Haltung nicht erwähnt.[76] Die Unterschiede in beiden Abhandlungen lassen sich also gerade auf eine Übereinstimmung in der Sache zurückführen.

Ich fasse zusammen. Bei den variablen Lüsten handelt es sich für Aristoteles relativ für die Lebewesen, die diese Lüste wahrnehmen, um Güter. Bei den Gegenständen, die Lüste herbeiführen, handelt es sich gleichfalls um Güter. Wann und unter welchen Umständen ein Wahrnehmungsgegenstand eine Lust/Leid-Empfindung herbeiführen kann, ist abhängig von

73 EN 1156b22f; EE 1235b32f; 1236a9f.

74 Vgl. auch EE 1239b37-1240a4.

75 Wahrnehmungen mit gleicher Tendenz, die unter dem bestehenden Niveau der Abweichung bleiben, werden in dem Modell offenbar nicht als leidvoll empfunden Auf phänomenaler Ebene hat dies eine plausible Konsequenz, da Unempfindlichkeiten durch Abhärtung und Abstumpfung sich so gut erklären lassen.

76 Schlechte Zustände verfügen für Aristoteles über keine eigenen Aktualitäten, vgl. Metaph. 1049a27-1051a33; besonders 1050a15f; 1051a10ff.

dem körperlich-emotionalen Zustand, in dem sich das Lebewesen befindet: Dann, wenn im Lebewesen, gemessen an seinem natürlichen Ausgangszustand, ein Mangel an diesem Gegenstand besteht, ist die Wahrnehmung lustvoll, wenn nicht, nicht. Entscheidend ist daher nicht primär der Gegenstand der Wahrnehmung, sondern die Relation, in der der Zustand des Lebewesens zu den Wahrnehmungsgegenständen steht. Eine verlässliche Bestimmung von Lust/Leid-Empfindungen ist so nur auf Grundlage dieser Relation möglich. Die Definition in DA 431a10f. erfüllt die Bedingungen einer solchen relationalen Bestimmung. Sie nennt keine konkreten Gegenstände als Relata, sondern eine bestimmte *Gruppe* wahrnehmbarer Gegenstände, nämlich die, die zu unterschiedlichen Zeitpunkten mal gut und mal schlecht sein können. Dies sind alle die Wahrnehmungsgegenstände, zu denen sich der körperlich-emotionale Zustand des Lebewesens in der Relation des Mangels befinden kann. Lust/Leid-Empfindungen unterscheiden sich von Wahrnehmungen nicht durch besondere wahrnehmbare Qualitäten, sondern nur durch die Relation, in der der körperlich-emotionale Zustand des Lebewesens zu den wahrgenommenen Gehalten steht. Dabei bemisst sich dieser Zustand nicht allein durch das Verhältnis zur angeborenen Konstitution des Lebewesens, sondern auch zu seinen erworbenen Dispositionen und Präferenzen. Aristoteles' relationaler Begriff der Lust/Leid-Empfindung stellt minimale kognitive Anforderungen an die Fähigkeit, variable Lüste zu empfinden. Er erlaubt so eine einfache Handhabe der teleologischen Erklärung animalischer Ortsbewegung: Für die Repräsentation subjektiver Bewegungsziele reicht ein basal ausgestatteter Wahrnehmungsapparat aus. Die Bewegungen der Lebewesen können so teleologisch erklärt werden, ohne ihnen deswegen notwendig ein Bewusstsein von Zwecken zuschreiben zu müssen. Es reicht, dass sie Gegenstände wahrnehmen und in der geeigneten Relation zu ihnen stehen.

3.2. Die Definition der Strebung

Nun zur Strebung (*orexis*). Ich möchte in drei Schritten vorgehen: Die Definition der Strebung (§ 1), die motorische Wirkung der Strebung (§ 2) und die Konsequenzen für die Theorie der animalischen Ortsbewegung (§ 3). Ich werde mich dabei auf solche Strebungen beschränken, die Aristoteles im Hinblick auf Lust/Leid-Empfindungen definiert, d.h. Strebungen, die sich auf Lüste richten, für die es jeweils konträr entgegengesetzte Leidzustände gibt. Den Wunsch (*boulêsis*), den Aristoteles als rationale Strebung auf nicht kontextabhängige Güter ausgerichtet sein lässt, werde ich später gesondert behandeln. Der Ausdruck ‚Strebung' ist in diesem Kapitel also im Sinne von ‚*arationale* Strebung' zu verstehen.

§ 1 Die Definition der arationalen Strebung

Zunächst zum Verhältnis der Strebung zur Wahrnehmung und Lust/Leid-Empfindung. Hier der Text:

> (1) Nun ist das Wahrnehmen dem bloßen Sagen und Denken gleich; wenn es aber lustvoll bzw. schmerzhaft ist, verfolgt oder meidet (die Seele) wie als bejahend oder verneinend. (2) Und zwar besteht das Lust- und Leidempfinden im Aktual-Sein mit der wahrnehmungsmäßigen Mitte in Bezug auf das Gute oder Schlechte, insofern sie derartige sind. (3) Und das Fliehen und das aktuale Erstreben *xis*[77]) sind dasselbe und die Strebefähigkeit und die Fähigkeit zum Fliehen sind nicht verschieden, weder voneinander noch von der Wahrnehmungsfähigkeit, sondern sie sind dem Sein nach verschieden. (431a8-14[78])

Der Text gliedert sich in drei Teile, deren mittleren (2) wir schon behandelt haben. (1) besteht in einem Strukturvergleich (einer Analogie) und (3) identifiziert das Meide- mit dem Erstrebevermögen und das aus beiden sich zusammensetzende Strebevermögen mit dem Wahrnehmungsvermögen. Zuerst zur Analogie (1):

> Nun ist das Wahrnehmen dem bloßen Sagen und Denken gleich (*homoion*). (DA 431a8)

Aristoteles vergleicht den Vorgang der Wahrnehmung mit dem des Sagens bzw. Denkens von einfachen, d.h. unkombinierten, Termen. Dabei setzt er offenbar voraus, was im vorigen Kapitel DA III 6 bei der Diskussion des Denkens einfacher Terme gesagt wurde, nämlich dass wahrheitsfähige Affirmation (so wie Prädikation überhaupt) in einer Kombination (*synthesis*) von Termen besteht, die für sich genommen nicht wahrheitsfähig

---

77 Der generische Term ‚*orexis*' wird hier synonym mit seiner Art ‚*diôxis*' (Verfolgen) verwendet.

78 τὸ μὲν οὖν αἰσθάνεσθαι ὅμοιον τῷ φάναι μόνον καὶ νοεῖν· ὅταν δὲ ἡδὺ ἢ λυπηρόν, οἷον καταφᾶσα ἢ ἀποφᾶσα διώκει ἢ φεύγει· καὶ ἔστι τὸ ἥδεσθαι καὶ λυπεῖσθαι τὸ ἐνεργεῖν τῇ αἰσθητικῇ μεσότητι πρὸς τὸ ἀγαθὸν ἢ κακόν, ᾗ τοιαῦτα. καὶ ἡ φυγὴ δὲ καὶ ἡ ὄρεξις ταὐτό, ἡ κατ' ἐνέργειαν, καὶ οὐχ ἕτερον τὸ ὀρεκτικὸν καὶ τὸ φευκτικόν, οὔτ' ἀλλήλων οὔτε τοῦ αἰσθητικοῦ· ἀλλὰ τὸ εἶναι ἄλλο.

sind.[79] Im nächsten Schritt zieht er den Vergleich mit zu Aussagen kombinierten Termen:

> wenn es aber lustvoll bzw. schmerzhaft ist, verfolgt oder meidet (die Seele) wie als bejahend oder verneinend. (DA 431a9f.)[80]

So wie Affirmation und Negation die Kombination einfacher Terme zu Aussagen zur Voraussetzung hat (so die Analogie), so verfolgt und meidet auch die Seele nicht einfache Wahrnehmungen, sondern bestimmte Kombinationen. Welche Kombinationen dies sind, ist uns aus dem vorherigen Kapitel bekannt:

> (2) Und zwar besteht das Lust- und Leidempfinden im Aktual-Sein mit der wahrnehmungsmäßigen Mitte in Bezug auf das Gute oder Schlechte, insofern sie derartige sind. (DA 431a10f.)

Aristoteles sagt jetzt, welches die Bestandteile sind, aus denen sich die Kombination ‚Lust/Leid-Empfindung' zusammensetzt: nämlich, wie wir gesehen haben, aktuale Wahrnehmungen einerseits und (je nach Zustand) entweder gute oder schlechte Gegenstände andererseits. Damit ist die Analogie vollständig.[81] Sie hat drei Glieder, wobei Aristoteles auf der Seite der Prädikationsvorgänge das zweite Glied, vermutlich der Kürze halber, nicht explizit erwähnt:

1. Einfache Terme/Gedanken – Wahrnehmen
2. (Kombination von Termen/Gedanken zu Aussagen) – Lust/Leid
3. Affirmation/Negation – Erstreben/Vermeiden.

Der Analogie nach zu urteilen, handelt es sich bei der Strebung also nicht einfach nur um Kombinationen mehrerer Faktoren (dies sind schon die Lust/Leid-Empfindungen), sondern um direkte Konsequenzen solcher Kombinationen. Affirmation und Negation dienen in der Analogie nicht der Illustration von Lust und Leid (was man leicht denken könnte), sondern von Verfolgen und Meiden als den beiden entgegengesetzten Strebeausrichtungen. Der nächste Abschnitt (3) geht auf das Verhältnis von positiver

79 DA 430a26ff; vgl. De Int. 16a9-18; Metaph. 1027b18ff. (*synthesis*).

80 Das Partizip fem. *kataphasa* erfordert für die Übersetzung die Ergänzung eines implizierten weiblichen Subjekts. Hicks schlägt dafür *aisthesis*, Ross (1961, 304) *psychê* vor. Dies läuft auf das gleiche hinaus, wenn wir unter *aisthêsis* ein seelisches Vermögen verstehen.

81 Aristoteles greift die Analogie in EN 1139a21f. erneut auf.

zu negativer Strebung und von der Strebung insgesamt zur *Wahrnehmung* ein. Hier der Text:

> (3) Und das Fliehen und das aktuale Erstreben (*orexis*[82]) sind dasselbe und die Strebefähigkeit und die Fähigkeit zum Fliehen sind nicht verschieden, weder voneinander (i) noch von der Wahrnehmungsfähigkeit (ii), sondern sie sind dem Sein nach verschieden (iii). (431a12-14)

Zunächst zur Identifikation der Fähigkeit zu fliehen mit der Fähigkeit zu verfolgen (i). Wie ist dies zu verstehen? Die Identifikation selber ist vielleicht noch nicht problematisch: Aristoteles spricht auf einem sehr hohen Abstraktionsniveau von zwei Bewegungen, Fliehen und Verfolgen. Er ist hier nicht an den Unterschieden zwischen ihnen, sondern an den Gemeinsamkeiten interessiert. Schwieriger ist die in (iii) verwendete Formel, Strebe- und Meidefähigkeit seien zwar dasselbe, aber ‚dem Sein nach' verschieden.

Mit derselben Formel hatte Aristoteles in der *Physik* III eine Schwierigkeit gelöst, die sich für sein eigenes Analysemodell der Bewegung (*kinêsis*) ergibt: Wie ist es möglich, dass sich in ein- und derselben Bewegung die Wirklichkeit (*energeia*) des wirkenden und die des leidenden Teils zugleich befinden, wie Aristoteles es behauptet, ohne in zwei eigenständige Bewegungen zu zerfallen (Ph. 202a21-b22)? Aristoteles' Lösung besteht in der Einführung der Unterscheidung von extensionaler und definitorischer Identität (‚dem Sein nach'). Wenn man die Unterscheidung anbringt, stellt es keine Schwierigkeit mehr dar, ein- und dieselbe Bewegung in unterschiedliche Aspekte aufzuteilen, von denen dann jeder seine eigene Wirklichkeit haben kann. Möglich wird dies dadurch, dass unter den verschiedenen Arten der Identität für Aristoteles nur die definitorische Identität auch die Identität *aller* Eigenschaften impliziert (Ph. 202b13-15). Aristoteles illustriert dies mit dem bekannten Bild des Weges von Theben nach Athen: So wie der Weg von Theben nach Athen mit dem Weg von Athen nach Theben zwar einerseits (extensional) identisch, ‚dem Sein nach' aber verschieden ist, so können ein- und derselben Bewegung als ihrem Träger sowohl die Wirklichkeit des Leidenden als auch die des Wirkenden zukommen.[83]

82 Der generische Term ‚*orexis*' steht hier synonym für seine Art ‚*diôxis*' (Verfolgen).

83 Vgl. Ross (1936) ad loc., 361: „It is not absurd that the actualization of two things should be the same, provided this is taken to mean 'the same in substratum' not the 'the same in essence'. Vgl. auch Metaph. 1066a27-34. Gemeint sind die Relata der Kausalrelation. Gegen ontologische Bedenken, die Charles (1984), 6ff. und 251ff.

Was kann das für die Identitätsbehauptung in Bezug auf die Flieh- und Verfolgungsfähigkeit heißen (i)? Wenn wir die Verwendung der Formel in *Physik* III vergleichen, ergibt sich folgendes Bild: Aktuales Fliehen und Verfolgen sind insofern identisch, als dass sie beide Bewegungen sind und *ausgerichtet* auf das, was für das Lebewesen entweder gut oder schlecht ist. Bei der hier gegebenen Interpretation der Lust/Leid-Empfindung heißt das, dass beide auf die Wahrung des natürlichen Ausgangszustandes ausgerichtet sind: Beides sind Bewegungen mit dem Zweck der Erhaltung dieses Zustands. Definitorisch (‚dem Sein nach') sind sie dagegen verschieden, weil Verfolgen positiv auf das Gute (die Wiederherstellung) und Fliehen negativ auf die Vermeidung des Schlechten (die Bewahrung des natürlichen Ausgangszustandes) zielt. M.a.W.: Die Identität beider Bewegungen besteht in ihrer *Direktionalität*, nämlich gerichtet zu sein auf das, was gut oder schlecht ist, und ihre Verschiedenheit besteht in ihrer spezifischen *Richtung*. Den Ausschlag über die Richtung (verfolgen oder fliehen) gibt der körperlich-emotionale Zustand des Lebewesens. Arationale Strebung ist demnach eine auf die Wahrung des natürlichen Ausgangszustandes gerichtete Bewegung, die immer dann und für die Dauer einsetzt, in der der körperlich-emotionale Zustand des Lebewesens nicht mit seinem natürlichen Ausgangszustand übereinstimmt. So weit so gut. Wie aber erklärt sich die *Bewegung*? Und: Inwiefern sind die Flieh- und die Verfolgungsfähigkeit mit der Wahrnehmungsfähigkeit identisch (ii)? Zuerst zu (ii).[84] Lust/Leid-Empfindungen wurden hier interpretiert als Wahrnehmungen, die in bestimmten Relationen zum körperlich-emotionalen Zustand von Lebewesen stehen. Ein eigenes seelisches Vermögen, das speziell für diese Leistung beseelter Körper zuständig ist, ist in diesem Rahmen nicht erforderlich. Wie wir gesehen haben, *sind* Lust/Leid-Empfindungen von der psychischen Leistung her nämlich nichts anderes als Wahrnehmungen. Entsprechend ist bei Aristoteles von einem *Vermögen* der Lust/Leid-Empfindung nie die Rede. Bei der arationalen Strebung scheint sich dies anders zu verhalten: Aristoteles spricht hier von der *Fähigkeit* zu verfolgen und zu fliehen (τὸ ὀρεκτικὸν καὶ τὸ φευκτικόν).[85] Dies lässt an ein eigenständiges seelisches Vermögen denken. Wie wir gerade gesehen haben, besteht die Strebung in einer auf die Wahrung des natürlichen Ausgangszustandes gerichteten Bewegung, die immer dann und für die Dauer ein-

gegen diese traditionelle Interpretation der Formel geltend macht, vgl. Irwin (1986), 71ff.

84 Zur Bewegung, siehe unten § 2.

85 An anderen Stellen spricht Aristoteles *insgesamt* von der Strebefähigkeit (ὀρεκτικόν). Vielleicht sind seine Worte hier aber mit Bedacht gewählt. Das ὀρεκτικόν umfasst nämlich *alle* Strebungen, d.h. auch die rationale Strebung und nicht nur, wie hier, diejenigen, die aus Lust/Leid-Empfindungen hervorgehen.

setzt, in der der natürliche Ausgangszustand mit dem körperlich-emotionalen Zustand nicht übereinstimmt.

Es würde in der Tat manches dafür sprechen, die arationale Strebung im Gegensatz zur Lust/Leid-Empfindung zu einem eigenständigen seelischen Vermögen zu machen: Laut Text besteht die Strebung in einer zielgerichteten Bewegung. Bei der Bewegung handelt es sich im Gegensatz zur passiven Lust/Leid-Empfindung um eine spontane Tätigkeit, von der man meinen sollte, dass sie nicht mehr auf eine bloße Relation von Wahrnehmungen zum körperlichen Zustand reduziert werden kann. Aristoteles ist aber ganz offensichtlich nicht gewillt, diese Tätigkeit auf ein *eigenständiges* seelisches Vermögen zurückzuführen: (ii) behauptet ja gerade die *Identität* der Flieh- und Verfolgungsfähigkeit mit der Wahrnehmungsfähigkeit! Auf welche Weise die Aristotelische Wahrnehmungsfähigkeit als Fähigkeit der *Seele* die Bewegungen der arationalen Strebung erklären können soll, ist allerdings nicht unmittelbar klar: Laut Definition in DA 424a17-24 besteht die Wahrnehmungsfähigkeit in der Fähigkeit, wahrnehmbare Formen ohne ihre Materie aufzunehmen. Dies scheint mit einer Bewegung in Richtung auf die Wahrung des natürlichen Ausgangszustandes zunächst einmal nichts zu tun zu haben. Nun besagt (ii) aber auch, dass die Wahrnehmungsfähigkeit von der Flieh- und Verfolgungsfähigkeit ‚dem Sein nach' *verschieden* ist. Wenn dies, so wie im vorherigen Fall auch, als Verschiedenheit der Relation des körperlich-emotionalen Zustandes beseelter Lebewesen zu verstehen ist, könnte man darin folgende Behauptung sehen: Flieh- und Verfolgungsfähigkeit sind insofern *verschieden* von der Wahrnehmungsfähigkeit, als dass sie 1. Wahrnehmungen vor dem Hintergrund vom natürlichen Ausgangszustand *abweichender* körperlicher Zustände sind und 2. in Bewegungen (Fliehen und Verfolgen) bestehen. *Identisch* mit der Wahrnehmungsfähigkeit sind sie, weil die Wahrung der Übereinstimmungsrelation mit dem natürlichen Ausgangszustand auf die Wahrnehmungsfähigkeit als *Zielpunkt* ausgerichtet ist. Die Natur des Lebewesens besteht für Aristoteles ja in der unbeeinträchtigten Funktionsfähigkeit seiner Wahrnehmung (bei Menschen nur zu einem Teil).[86] Das hieße, die Wahrnehmungsfähigkeit als definitorische Natur der Lebewesen strukturiert deren Strebebewegungen, indem sie ihnen deren Zielpunkt vorgibt. Dies scheint mir ein akzeptabler und im gegebenen Rahmen auch plausibler Sinn der in Abschnitt (ii) vorgenommenen Identifikation von Flieh- und Verfolgungsfähigkeit mit der Wahrnehmungsfähigkeit. Allerdings ist der Text hier viel zu knapp, um dies mit Sicherheit zu sagen. Ich

86 z.B. *De Somno* 454b25 (für weitere Stellen, siehe Ind. Bonitz, Ind. Arist. s.v. *aisthêsis*, 19b42ff; und *zôion*, 311a44ff.). Die andere Natur des Menschen ist seine Vernunft, vgl. etwa EN 1154b20-31.

muss mich daher damit begnügen, dass der Text in der von mir angeregten Weise verstanden werden *kann*.

§ 2 Der motorische Aspekt der arationalen Strebung

Wir haben gesehen, dass Aristoteles die beiden Ausrichtungen der Strebung ‚Fliehen' und ‚Verfolgen' von vorne herein als Bewegungen begreift. Arationale Strebungen sind daher nicht mentale oder psychologische Zustände, die motorische Leistungen in der einen oder anderen Weise nur implizieren, sondern es *sind* Bewegungen:

> (…) denn das Bewegte wird bewegt, insofern es strebt, und die wirkliche Strebung ist eine Art von Bewegung. (DA 433b17f.[87])

Wie aber erklärt es sich, dass arationale Strebungen Bewegungen sind? Was wir bisher gehört haben, liefert keine physikalisch befriedigende Antwort auf diese Frage: Lust/Leid-Empfindungen, die die unmittelbaren Vorläufer arationaler Strebungen sind, haben ihre prozessuale Grundlage in *Wahrnehmungen*. Als solche involvieren sie zwar ein passives Bewegt-Werden und bestehen insofern auch in Bewegungen,[88] es handelt sich jedoch nicht in dem Sinne um Bewegungen, wie wir sie für arationale Strebung annehmen müssen, nämlich im Sinne von Impulsen, die in der Lage sind, Ortsbewegungen von Lebewesen in Gang zu setzen. Da die Prozessgrundlage von Wahrnehmungsakten für Aristoteles in qualitativen Veränderungen (*alloiôsis*) besteht, lässt sich die Frage auch so formulieren: Wie erklärt es sich, dass es von den qualitativen Veränderungen, die mit der Wahrnehmung verbunden sind, zur Strebebewegung kommt? Im Folgenden argumentiere ich, dass sich die mit der arationalen Strebung verbundene Bewegung aus Aristoteles' Begriff der Natur von Lebewesen ableiten lässt.

Aristoteles begreift die Natur natürlicher Körper als Ausgangspunkt für deren eigene Bewegungen und Stillstände (Ph.192b8ff; Metaph. 1014b16ff.) und er wiederholt dies für die Natur von Lebewesen (ihre Seele) mehrfach und ausdrücklich (z.B. DA 412b15-17). Wenn, wie er auch meint, alle Lebewesen kraft ihrer Natur auf Selbsterhaltung und Fortpflanzung ausgerichtet sind (DA 415a23-b2) und diese Aufgabe der Seele in dreifacher Weise als formale, finale und Bewegungsursache zukommt (415b8-416a18), dann ist davon auszugehen, dass die Seele der Lebewesen

---

87 κινεῖται γὰρ τὸ κινούμενον ᾗ ὀρέγεται, καὶ ἡ ὄρεξις κίνησίς τίς ἐστιν, ἡ ἐνεργεία.

88 Vgl. DA 416b33ff.

auch Ursache für deren Strebebewegungen ist. Auch scheinen Stellen wie DA 415b21-23, wo die Seele als Ursache für die Bewegung der Lebewesen bezeichnet wird, etwas in der Art zu beinhalten.[89] Auch hatte Aristoteles in der Definition der arationalen Strebung – vor allem dadurch, dass er sie mit der Wahrnehmungsfähigkeit identifiziert hat (DA 431a12-14) – im Prinzip ja bereits gesagt, dass die Wahrnehmungsfähigkeit in gewisser Weise auch für die Strebebewegungen zuständig ist. Damit ist natürlich noch keine physikalisch befriedigende Erklärung für die Strebebewegung gegeben. Wenn effiziente Kausalität (um die es hier geht) eine Beziehung zwischen Bewegungen impliziert, dann, so scheint es, kann die Seele eine solche kausale Erklärung nicht liefern: In *De anima* ist die Seele Prinzip und Substanz im Sinne des erklärenden Begriffes (*logos*) natürlicher Körper (DA 412b10-413a3), und das heißt, dass sie, so wie alle *logoi*, *unbewegt* ist.[90]

Gleichwohl: Aristoteles bezeichnet die Seele mehrfach als die primäre Bewegungsursache auch der Ortsbewegung. Wie ist das zu verstehen? Folgende Erklärung bietet sich an: Wenn Lebewesen Wahrnehmungen haben, die sie in die Relation der Nicht-Übereinstimmung mit ihrem natürlichen Ausgangzustand versetzen, so resultiert dies für Aristoteles deswegen in Bewegungen, weil das *Haben* der eigenen Natur für einen beseelten Körper bedeutet, auf das Abweichen seines körperlich-emotionalen Zustands vom natürlichen Ausgangszustand mit einer Bewegung in Richtung auf dessen Wiederherstellung zu reagieren. Es generiert demnach nicht die Seele selbst (in vielleicht akausaler Weise) einen Bewegungsimpuls und gibt diesen an den Körper weiter, sondern der *beseelte* Körper richtet sich auf die Wiederherstellung seines natürlichen Ausgangszustandes, wenn er durch Wahrnehmung in die spürbare Relation der Nicht-Übereinstimmung versetzt wurde. Auf diese Weise lassen sich arationale Strebungen als für Körper und Seele *gemeinsame* Leistungen verstehen, die kein direktes Eingreifen der Seele in den kausalen Ereignisverlauf erfordern.

Bleibt noch die Frage, woher die motorische Kraftentfaltung bei arationalen Strebungen kommt: Wenn, wie wir gerade gesehen haben, natürliche Körper durch ihre Naturen definiert, und Naturen Ausgangspunkte der Bewegungen und Stillstände ihrer Körper sind, dann lässt sich die Frage nach der Ursache für die motorische Wirkung der arationalen Strebung durch die Frage nach der *physischen* Ursache für das Vorhandensein der entsprechenden Natur im Lebewesen ersetzen: Wenn eine befriedigende Antwort auf die Frage gegeben ist, aus welcher Ursache ein aus Körper

---

89 ἀλλὰ μὴν καὶ ὅθεν πρῶτον ἡ κατὰ τόπον κίνησις, ψυχή· οὐ πᾶσι δ' ὑπάρχει τοῖς ζῶσιν ἡ δύναμις αὕτη.

90 Vgl. vor allem DA 405b31-407b11.

und Seele bestehendes Lebewesen über seine Natur verfügt, dann müsste im Aristotelischen Rahmen damit auch die Frage nach der motorischen Wirkung seiner arationalen Strebungen beantwortet sein. Nun besteht die physische Ursache für das Vorhandensein einer Natur im Lebewesen für Aristoteles hauptsächlich in dessen Erzeugern bzw. Eltern: In diesem physischen Sinn ist ein Lebewesen deswegen das Lebewesen, das es ist, weil seine Eltern es gezeugt und geboren haben.[91] Dann, wenn sie herangewachsen sind, werden die Lebewesen die Ursache ihrer eigenen Bewegungen.[92]

Man kann noch fragen, warum Aristoteles in den Texten nicht explizit auf die Erklärung der motorischen Kraft arationaler Strebebewegungen eingeht. Gründe dafür lassen sich aus einigen für seine Naturphilosophie und Seelenlehre basalen Annahmen gewinnen: Die Wahrnehmungsfähigkeit (*aisthêtikon*), als eine der ‚Seelenteile', ist eine der *infimae species* der Seele und als solche explanatorisch basal. Aristoteles sagt, Seele sei das, wodurch wir *primär* lebendig sind, wahrnehmen und denken (DA 414a12). Die Behauptung beinhaltet, dass die Erklärung sowohl der Wahrnehmung als auch der komplexeren Funktionen nicht auf noch eine andere Ursache zurückführbar ist. Seelenteile oder Seelenvermögen sind etwas, dessen Existenz wir in naturphilosophischen Zusammenhängen annehmen müssen, um die den Lebewesen eigenen Leistungen und Prozesse erklären zu können. Sie nehmen den Rang basaler wissenschaftlicher Annahmen ein, die im Rahmen dieser Wissenschaft nicht selbst wieder Gegenstand der

---

91 In den Eltern liegt gleichzeitig mit der Bewegungsursache auch die Natur des Lebewesens als dessen Formal- und Finalursache vor (Metaph. 1032a22-27; 1034a2-8, 30-33).

92 Vgl. MA 700a31f.: "So wie im All, so ist diese (Orts-) Bewegung auch im Lebewesen die primäre, wenn es herangewachsen ist. Folglich ist das Lebewesen auch, für den Fall, dass es entsteht (*ginetai*), sich selbst Ursache seines Wachstums und seiner qualitativen Veränderung." (So auch Kollesch). Nussbaum, (1985), 329, übersetzt in Anlehnung an Farquharson anders: "Just as in the universe, so in the animal this is the primary motion in the completed creature; so that it (sc. the primary motion) is responsible for growth, if the creature becomes responsible for its own growth, and for alteration too." Beide streichen dafür (entgegen Jaegers Interpunktion) das Komma vor *ginetai* und übersetzen es mit *‚is'*, anstatt mit 'entsteht'. Es ergibt sich so folgendes Konditional: Dann, wenn das Lebewesen Ursache seines eigenen Wachstums ist, dann ist die Ortsbewegung für Wachstum verantwortlich. Aristoteles scheint den Gedanken an dieser Stelle aber eher umgekehrt formulieren zu wollen, nämlich so, dass das Lebewesen dann, wenn es tatsächlich herangewachsen ist (*ei pote ginetai*), durch die in seinem Entstehungsprozess erworbene Fähigkeit zur Ortsbewegung (seiner primären Bewegung) zur Ursache auch seiner übrigen natürlichen qualitativen und quantitativen Bewegungen wird (im Gegensatz zu seiner durch die Eltern sozusagen fremdverursachten Entstehung, vgl. 700a28f; Ph. 261a1-7).

Erklärung sind. In der Wissenschaft beseelter Körper ist andererseits auch davon auszugehen, *dass* es so etwas wie beseelte Lebewesen gibt, d.h. dass es Körper gibt, die über seelische Vermögen verfügen. Für Aristoteles sind die Arten beseelter Lebewesen nicht entstanden, sondern waren immer schon da. Und entsprechend gab es für ihn auch immer schon Lebewesen, die so beschaffen waren, dass ihre Körper auf die eingeschränkte Funktionsfähigkeit ihrer definitorischen Natur mit Bewegungen reagiert haben, die auf die Wiederherstellung ihrer uneingeschränkten Funktionsfähigkeit abzielen.[93]

§ 3 Konsequenzen für die Theorie der animalischen Ortsbewegung

In diesem Abschnitt werde ich folgende Fragen diskutieren: Ist die Strebung ein Teil der Seele (a)? Was sagt uns die relationale Definition der Strebung (und der Lust/Leid-Empfindung) über Aristoteles' Verständnis des Verhältnisses von Seele und beseeltem Körper (b)? Dann greife ich die oben bei der Diskussion der Lust/Leid-Empfindung offengebliebene Frage auf, ob die Definition der Lust/Leid-Empfindung zu Aristoteles' umfassender Lustdefinition passt. Hierbei wird uns die Definition der Strebung von Nutzen sein (c). Daran schließt sich die Frage an, ob auf jede Lust/Leid-Empfindung eine Strebebewegung folgt (d). Es folgen einige Klärungen zum Verhältnis von Lust/Leid-Empfindung zur arationalen Strebung einerseits und von Lust/Leid-Empfindung zur Wahrnehmung andererseits (e). Schließlich diskutiere ich das Verhältnis der Definition der Strebung in *De anima* zu den Definitionskriterien, die Aristoteles in der *Topik* für die Strebung geltend macht. Die Diskussion wird gleichzeitig Gelegenheit geben, die bisherigen Resultate zusammenzufassen: Handelt es sich bei der Defi-

---

93 Körper und Seele beseelter Körper bilden für Aristoteles eine Einheit, so wie überhaupt Stoff und Form eine Einheit bilden (DA 412b6-9). Zu beachten ist allerdings, dass die Frage nach der motorischen Kraft arationaler Strebungen verschieden ist von der Frage, wie sich Form und Materie zueinander verhalten: Das strebende Lebewesen *ist* im Besitz seiner Form. Wenn es strebt, strebt also nicht Materie nach dem Besitz von Form, sondern das im Besitze seiner Form befindliche Lebewesen strebt nach der uneingeschränkten Funktionsfähigkeit seiner (bereits vorhandenen) formalen Natur. Gelegentlich findet sich bei Aristoteles die Bemerkung, dass ein jedes Ding nach seinem eigenen Sein bzw. nach seinem eigenen Gut strebt (z.B. EN 1175a10-17; EE 1218a31f., 1244b27f.). Vielleicht ist damit dieser Sachverhalt ja angesprochen. Mit der verwandten Frage, wie es bei der *gegebenen* Beschaffenheit von Lebewesen infolge einer so kleinen Einwirkung, wie sie eine eingehende Wahrnehmungsbewegung darstellt, zur Bewegung des ganzen Lebewesens kommen kann, befasst sich Aristoteles in MA 7, 701b24-32. Hierzu unten S. 326ff.

nition der Strebung in DA 431a10-14 um eine Definition nach den Standards der *Topik* (f)?

(a) *Strebung ist kein eigener ‚Seelenteil'*

Die hier gegebene relationale Interpretation der arationalen Strebung passt zu der Charakterisierung der Strebefähigkeit (*orektikon*) als ‚bewegter Beweger' (*kinoun kai kinoumenon*, dreimal in den erhaltenen Texten: DA 433b16-18; MA 700b35-37; 703a4f.): *Bewegt* ist das *orektikon*, insofern es ein Affiziert-Werden des Lebewesens durch einen Wahrnehmungsgegenstand zur Voraussetzung hat, und *Beweger* ist es, weil der körperliche Zustand des Lebewesens darauf dann, wenn es eine lust- oder leidvolle Wahrnehmung ist, mit einer aktiven Bewegung zum Zweck der Wahrung des natürlichen Zustandes reagiert. Nun ist die Aussage, dass das *orektikon bewegter* Beweger ist, *unverträglich* mit der Annahme, das *orektikon* sei Seele oder Teil der Seele:[94] *De anima* 405b31ff. schließt die Bewegtheit der Seele als unmöglich aus.[95] Dass Aristoteles die Strebung als bewegten Beweger bezeichnet, deutet also darauf hin, dass er darunter kein seelisches Prinzip, sondern eine Leistung versteht, die zumindest teilweise durch körperliche Zustände zu erklären ist. Dies passt zur hier vorgeschlagenen Interpretation. Wie ich oben versucht habe zu zeigen, liegt der Ursprung der Strebebewegung nicht in einem eigenen Strebevermögen der *Seele*, sondern in einer Wahrnehmungsleistung, die auf einen bestimmten, sich an seiner Relation zu seinem natürlichen Ausgangszustand bemessenden körperlichen Zustand des beseelten Lebewesens trifft: Wenn eine Mangelrelation besteht, kommt es zur Lust/Leid-Empfindung und damit dann zur arationalen Strebung. Arationale Strebungen erklären sich somit nicht durch ein eigens für sie zuständiges Seelenvermögen, sondern dadurch, dass Lebewesen über das genuin seelische Vermögen der Wahrnehmung verfügen.

(b) *Strebungen im Kontext von auf die Seele ein- und von ihr ausgehender Bewegungen*

Ein weiterer Vorteil der relationalen Interpretation der Strebung ist es, dass sie zu einer genaueren Vorstellung von Aristoteles' genereller Auffassung

94 Dies geht auch aus der Identifizierung der Flieh- und Verfolgungsfähigkeit mit dem Wahrnehmungsvermögen in DA 431a12-14 hervor. Wenn die Strebung in der einen oder anderen Weise mit der Wahrnehmungsfähigkeit identisch ist, wird es sich bei ihr nicht um einen eigenen Seelenteil handeln.

95 Dies wird in MA 700b4-6 wieder aufgegriffen (περὶ μὲν οὖν ψυχῆς, εἴτε κινεῖται εἴτε μή, καὶ εἰ κινεῖται, πῶς κινεῖται, πρότερον εἴρηται ἐν τοῖς διωρισμένοις περὶ αὐτῆς.). Die Seele wird nur *kata symbebêkos* bewegt, d.h. insofern ein lebendiger Körper, der eine Seele hat, bewegt wird (vgl. auch Ph. 259b16-20).

der Relation von Körper und Seele verhelfen kann. Sie erlaubt es nämlich, die relational aufgefassten Lust/Leid-Empfindungen und Strebungen im Rahmen eines umfassenden Modells zu situieren, wie dies bei Auffassungen der Strebung als Seelenvermögen nicht möglich wäre. Ich meine das Modell von in das Lebewesen ein- und dann wieder von ihm ausgehenden Bewegungen, von dem Aristoteles an verschiedenen Stellen spricht, vgl. *De anima* I 4:

> (...) die Rede davon, dass die Seele sich erzürnt, ist allerdings gleich als wenn man sagte, die Seele webe ein Tuch oder baue ein Haus. Denn vielleicht ist es besser, nicht zu sagen, die Seele habe Mitleid oder lernt oder denkt, sondern der Mensch durch die Seele. Dies aber nicht so, als wäre die Bewegung in ihr, sondern mal geht sie bis zu ihr hin und mal geht sie von ihr aus, z.B. geht die Wahrnehmung von diesem hier (aus und bis zur Seele hin), während die Wiedererinnerung von ihr zu den Bewegungen und Stillständen in den Sinnesorganen (geht). (DA 408b11-18[96])

Mir scheint das Modell von auf die Seele ein- und von ihr ausgehenden Bewegungen von Bedeutung nicht nur für Aristoteles' Motivationstheorie, sondern auch generell für sein Verständnis des Verhältnisses der individuellen Seele zum beseelten Körper. Aristoteles setzt das Modell in seiner Seelenlehre offenbar voraus. Er revidiert es meines Wissens nirgends.[97] Obiger Text besagt, dass von außen einwirkende (nach innen gerichtete) Bewegungen bis zur Seele gehen und von dort ausgehend (nach außen gerichtet) wiederum in die körperliche Peripherie des Lebewesens zurückgehen. Da die Seele für Aristoteles nicht über Ausdehnung verfügt, sie also

96 Τὸ δὴ λέγειν ὀργίζεσθαι τὴν ψυχὴν ὅμοιον κἂν εἴ τις λέγοι τὴν ψυχὴν ὑφαίνειν ἢ οἰκοδομεῖν· βέλτιον γὰρ ἴσως μὴ λέγειν τὴν ψυχὴν ἐλεεῖν ἢ μανθάνειν ἢ διανοεῖσθαι, ἀλλὰ τὸν ἄνθρωπον τῇ ψυχῇ· τοῦτο δὲ μὴ ὡς ἐν ἐκείνῃ τῆς κινήσεως οὔσης, ἀλλ᾽ ὁτὲ μὲν μέχρι ἐκείνης, ὁτὲ δ᾽ ἀπ᾽ ἐκείνης, οἷον ἡ μὲν αἴσθησις ἀπὸ τωνδί, ἡ δ᾽ ἀνάμνησις ἀπ᾽ ἐκείνης ἐπὶ τὰς ἐν τοῖς αἰσθητηρίοις κινήσεις ἢ μονάς.

97 Vgl. außerdem MA 703b26-36, insbesondere b26-29; ähnlich DS 436b1-8; Ph. 244b11f; 253a11-20. Was die passive Seite angeht, findet sich dies Modell ausdrücklich auch bei Platon (z.B. Phlb. 33 D ff., Tim. 43 B ff., für weitere Stellen, vgl. Hicks ad DA 408b15). Allerdings mit dem Unterschied, dass für Platon die eingehende Bewegung auch die *Seele* bewegt. Genau dies schließt Aristoteles im obigen Zitat aus (allerdings nicht in den Stellen in *Physik* VII und VIII, vgl. folgende Anm.). Warum geht *De anima* – außer an der oben zitierten Stelle aus Buch I – nicht näher auf dieses Modell ein? Ein Grund dafür ist sicherlich, dass *De anima*, wie ich in Abschnitt I argumentiert habe, sich nicht mit der Erklärung der Phänomene und Prozesse beseelter Körper auseinandersetzt, sondern nach der Definition der Seele *selbst* sucht (vgl. DA I 1 und DS 1, 436a1-6). Das Modell ein- und ausgehender Bewegungen scheint dagegen genau das Verhältnis von beseeltem Körper zur Seele zu betreffen, um das es in DA nicht geht.

nicht bewegt werden kann, fasse ich die Redeweise davon, dass die Bewegungen ‚bis zur Seele' gehen, so auf, dass damit die *Ausübung* der spezifischen Seelenfunktionen (insbesondere der im Herzen lokalisierten Ausübung der Wahrnehmungsfunktionen) gemeint ist. Darauf, dass dies in Aristoteles' Sinne ist, deutet die Bemerkung im Text, der zufolge sich die Bewegung nicht in der Seele selbst befindet.[98] Hierzu gleich mehr. Wie sich die Ausübung der Seelenfunktionen in Relation zum Körper im Fall der *Wahrnehmung* näher gestaltet, ist nicht mehr Thema dieser Arbeit.[99] Für den hier verfolgten Kontext ist wichtig, dass die Passage die Ausübung der Seelenfunktionen innerhalb eines umfassenden Bewegungskontextes ansiedelt, der in kontinuierlicher Weise von der Peripherie zum Zentrum und umgekehrt vom Zentrum zur Peripherie verläuft. Dabei nimmt die Seele (im Beispiel die Wahrnehmung) die Position des *Angelpunktes* zwischen ein- und ausgehenden Bewegungen ein. D.h., die Wahrnehmung ist sowohl der Endpunkt der Affizierung durch die eingehende Wahrnehmungsbewegung als auch der Ausgangspunkt der nach außen gehenden Bewegung. Der Vorteil der relationalen Interpretation von Lust/Leid-Empfindung und arationaler Strebung ist es nun, dass sie es erlaubt, diese als gemeinsame Leistungen von Körper und Seele im Rahmen dieses umfassenden Bewegungszusammenhangs zu verstehen.[100] Man kann das im Text zugrundegelegte Modell ein- und ausgehender Bewegungen so in einem denkbar *wörtlichen* Sinne verstehen und die verschiedenen Leistungen der Seele und des beseelten Körpers darin sozusagen lokalisieren. Lust/Leid-Empfindungen und Strebungen sind demnach nicht Betätigungen des auf dem Angelpunkt liegenden seelischen Prinzips, sondern die erste Phase des von der Seele ausgehenden, nach außen gerichteten Bewegungskontinuums.[101] Es sind *Reaktionen* des beseelten Körpers auf die Betätigung seines seelischen Prinzips (der Wahrnehmung). Dass dies in der Tat Aristoteles' Auffassung nicht nur in *De anima* ist, zeigt *De motu animalium*, wo uns dasselbe Modell, diesmal aber in argumentativ *tragender*

---

98 Aristoteles hält dies sprachlich nicht immer genau auseinander, vgl. aber EN 1174b14-18: αἰσθήσεως δὲ πάσης πρὸς τὸ αἰσθητὸν ἐνεργούσης, τελείως δὲ τῆς εὖ διακειμένης πρὸς τὸ κάλλιστον τῶν ὑπὸ τὴν αἴσθησιν (τοιοῦτον γὰρ μάλιστ' εἶναι δοκεῖ ἡ τελεία ἐνέργεια· αὐτὴν δὲ λέγειν ἐνεργεῖν, ἢ ἐν ᾧ ἐστί, μηθὲν διαφερέτω).

99 Über diese Frage herrscht ein seit Jahren andauernder Streit, vgl. vor allem Burnyeat (1992), (2002), Sorabji (1974), (1992), (2001); Everson (1997); Johannsen (1998), Caston (2005).

100 Man beachte, dass der obige Text auch von der Wiedererinnerung nicht behauptet, sie sei als eine seelische Leistung selber Ausgangspunkt von nach außen gerichteten Bewegungen (hin zu den in den Wahrnehmungsorganen gespeicherten Bewegungen und Stillständen). Sie geht vielmehr von der *Wahrnehmung* aus (ἡ δ' ἀνάμνησις ἀπ' ἐκείνης ἐπὶ τὰς ἐν τοῖς αἰσθητηρίοις κινήσεις ἢ μονάς).

101 Dies entspricht auch den Resultaten der Textinterpretation in Teil II dieser Arbeit.

Funktion, erneut begegnet: Die gesamte Passage von MA 702a21 bis 703a3 ist der Frage nach dem Sitz des die Lebewesen bewegenden seelischen Prinzips gewidmet.[102] Dass Aristoteles in diesem Abschnitt die im engeren Sinne seelischen Funktionen zu lokalisieren versucht, bedeutet jedoch nicht, dass er von seiner in *De anima* vertretenen Ansicht, die Seele sei unbewegt, abgerückt wäre. Im Gegenteil: Am Schluss der Passage heißt es ausdrücklich, das bewegende seelische Prinzip müsse unbewegt sein (702b34f.) und sich von dem Körperteil, in dem es seinen Sitz hat (dem Herzen[103]) unterscheiden (703a2f.). Aristoteles hält die Lokalisierung der Seelenfunktionen im Körper offenbar für kompatibel mit der Annahme der Immaterialität und Unbewegtheit der Seele.[104] *De motu*'s Lokalisierung fragt also nach dem Ort der *Ausübung* der seelischen Funktionen, nicht nach der Ort der Seele.[105] Wichtig für die Rolle der Strebung in dem Bewegungskontinuum von ein- und ausgehenden Bewegungen ist folgende Stelle:

> Und dies (sc. dass der Sitz des bewegenden seelischen Prinzips in der Herzgegend ist) ist auch aus gutem Grund der Fall: Wir behaupten nämlich, dass auch die Wahrnehmungsfähigkeit dort ihren Sitz hat, so dass, wenn sich die Gegend um den Ausgangspunkt aufgrund der Wahrnehmung qualitativ verändert und (von einem Zustand in den anderen) umschlägt, die sich daran anschließenden Körperteile

102 Warum lokalisiert Aristoteles das seelische Prinzip der Ortsbewegung? Die Gründe hierfür sind *mechanischer* Art. Wie es scheint, stellt er sich den der animalischen Ortsbewegung zugrundeliegenden Mechanismus als Hebelmechanismus vor, bei dem das seelische Bewegungsprinzip die Rolle des Stützpunktes einnimmt (MA 9 und Ph. 259b16-20, zur Rolle mechanischer Prinzipien in der Erklärung animalischen Ortsbewegung bei Aristoteles, vgl. Bodnár 2004).

103 *De somno* 455a34ff; PA 656a27ff., 665a10-15, De iuv. 467b14ff., speziell 468a18-20.

104 Vgl. MA 703a1-3: ἀλλὰ τὸ κινοῦν ἄμφω ἀναγκαῖον <ἕν> εἶναι, τοῦτο δ' ἐστὶν ἡ ψυχή, ἕτερον μὲν οὖσα τοῦ μεγέθους τοῦ τοιούτου, ἐν τούτῳ δ' οὖσα. („Aber das, was beide bewegt, ist notwendig eines und dies ist die Seele, die zwar von der besagten Größe (sc. dem Herz) verschieden ist, sich jedoch in ihr befindet.").

105 D.h., die seelischen Funktionen, die dem Lebewesen per definitionem zukommen. Was kann es heißen, dass ein seelisches Prinzip einen bestimmten Ort im Körper hat? Ph. 243a12-15 erlaubt eine Minimalinterpretation, der zufolge sich nichts *zwischen* dem Ort der Ausübung des ersten Bewegenden (i.e. der Seele) und dem Bewegten befindet (ὅσα μὲν οὖν αὐτὰ ὑφ' αὑτῶν κινεῖται, φανερὸν ἐν τούτοις ὅτι ἅμα τὸ κινούμενον καὶ τὸ κινοῦν ἐστιν· ἐνυπάρχει γὰρ αὐτοῖς τὸ πρῶτον κινοῦν, ὥστ' οὐδέν ἐστιν ἀναμεταξύ.). Zur Lokalisierung der Seele in den *Parva naturalia*, vgl. King (2001), 64-73.

> durch Expansion und Kontraktion mit umschlagen, so dass aus Notwendigkeit dadurch bei den Lebewesen die Bewegung stattfindet. (MA 702b20-25[106])

Aristoteles spricht hier von körperlichen Veränderungen, die sich im Anschluss an eine durch Wahrnehmung bewirkte qualitative Veränderung ergeben. Dies geschieht, wie in *De anima* I 4, im Rahmen eines kontinuierlichen Bewegungszusammenhangs. Gegenüber *De anima* I 4 geht es hier nur um die nach außen gerichteten Seite, wobei das Modell über die Emotionen hinaus eine Erweiterung um die Bewegung der Körperteile und schließlich um die des ganzen Lebewesens erfährt (die Einzelheiten dieser Bewegungsabfolge beschreibt Aristoteles ab der zweiten Hälfte des siebten Kapitels von MA, 701b2-702a21). Es fällt auf, dass, obwohl es hier um das das Lebewesen bewegende seelische Prinzip geht, Aristoteles die Strebung nicht erwähnt. Auch dies bestätigt, dass er die Strebung nicht als eigenständiges seelisches Prinzip angesehen hat, sondern, wie gesagt, als etwas, dass sich aus der Kombination von Wahrnehmung und dem körperlichen Zustand des Lebewesens ergibt. Am Beginn von Kapitel 10, also direkt im Anschluss an die Passage über den Sitz des bewegenden seelischen Prinzips, sagt er von der Strebung:

> (…) auf der Ebene der Definition, die die Ursache der Bewegung angibt, (ist) die Strebung das Mittlere, welches bewegt und (gleichzeitig) bewegt wird. (MA 703a4f.[107])

Hier heißt es, die Strebung sei Teil der definitorischen Erklärung der Ursache der Ortsbewegung im Sinne eines *bewegten* Bewegers. Es scheint mir ein Vorteil der relationalen Interpretation, dass sie es erlaubt, diese Aussage in einer Weise zu verstehen, die sie nicht in Widerspruch mit der kurz vorher getroffenen Aussage setzt, der zufolge das seelische Prinzip der animalischen Ortsbewegung *unbewegt* sein muss (MA 702b34f.): In der relationalen Interpretation ist Strebung Ursache der Bewegung nicht als erster und unbewegter Ausgangspunkt (als Seele), sondern sie ist dies als körperliche Reaktion (als thermische Bewegung), die sich unmittelbar aus der Relation des beseelten Körpers zu dem wahrgenommenen Gehalt ergibt. Sie ist das direkte *Resultat* aus dem Komplex von wahrgenommenem

---

106 καὶ εὐλόγως δὲ τοῦτο συμβέβηκεν· καὶ γὰρ τὸ αἰσθητικὸν ἐνταῦθα εἶναί φαμεν, ὥστ᾽ ἀλλοιουμένου διὰ τὴν αἴσθησιν τοῦ τόπου τοῦ περὶ τὴν ἀρχὴν καὶ μεταβάλλοντος τὰ ἐχόμενα συμμεταβάλλει ἐκτεινόμενά τε καὶ συναγόμενα τὰ μόρια, ὥστ᾽ ἐξ ἀνάγκης διὰ ταῦτα γίνεσθαι τὴν κίνησιν τοῖς ζῴοις.

107 Κατὰ μὲν οὖν τὸν λόγον τὸν λέγοντα τὴν αἰτίαν τῆς κινήσεως ἐστὶν ἡ ὄρεξις τὸ μέσον, ὃ κινεῖ κινούμενον.

Gehalt und körperlich-emotionalem Zustand, während Lust/Leid-Empfindungen identisch mit diesem relationen Komplex sind. Im Rahmen des Modells von ein- und ausgehenden Bewegungen lassen sich Lust/Leid-Empfindungen und Strebungen damit als direkte körperliche Folgen der Aktivität des seelischen Prinzips der Wahrnehmung verstehen. Für dieses Modell, inklusive der hier vorgeschlagenen Rolle von Lust/Leid-Empfindung und Strebung, und seine grundlegende Rolle spricht auch eine Passage aus *De sensu,* in der Aristoteles alle von ihm vorher aufgezählten für Körper und Seele gemeinsamen Leistungen (u.a. Wahrnehmung, Erinnerung und vor allem Strebung und Lust/Leid-Empfindung, zusätzlich Wachen und Schlafen, Jugend und Alter, Atmung, Leben und Tod; DS 436a6-17) in folgender Weise zur Wahrnehmung in Beziehung setzt:

> Dass aber alle besagten (Leistungen) Seele und Körper gemeinsam sind, ist nicht unklar. Denn sie alle ereignen sich teils mit Wahrnehmung, teils durch Wahrnehmung, und einige sind Widerfahrnisse, andere Zustände, wieder andere sind Bewahrungen und Erhaltungen, andere schließlich Zerstörungen und Verluste (der Wahrnehmung). (DS 436b1-6[108])

Wahrnehmung ist hier die seelische Leistung, auf die sich die anderen für Körper und Seele gemeinsamen Leistungen entweder als Begleitumstände (*met' aisthêseôs*) oder als Konsequenzen (*di' aisthêseôs*) zurückführen. In den folgenden Erklärungen dieser Leistungen in *De sensu* und den übrigen sog. *Parva naturalia*[109] zeigt sich, dass Aristoteles diese gemeinsamen Leistungen nicht etwa durch die Einführung zusätzlicher neuer *seelischer* Vermögen, sondern durch physiologische, d.h. *körperliche* Mechanismen im beseelten Körper erklärt. Dies bestätigt, dass Aristoteles die Strebung und Lust/Leid-Empfindung in Abhängigkeit von der Wahrnehmung und mit Bezug auf körperliche Zustände erklärt. Und es macht wahrscheinlich, dass er dies im Rahmen des Modells von auf die Seele ein- und von ihr ausgehenden Bewegungen getan hat. Im letzten Kapitel von *De motu animalium* gibt Aristoteles uns eine schematisierte Form dieses Modells:

---

108 ὅτι δὲ πάντα τὰ λεχθέντα κοινὰ τῆς τε ψυχῆς ἐστὶ καὶ τοῦ σώματος, οὐκ ἄδηλον. πάντα γὰρ τὰ μὲν μετ' αἰσθήσεως συμβαίνει, τὰ δὲ δι' αἰσθήσεως, ἔνια δὲ τὰ μὲν πάθη ταύτης ὄντα τυγχάνει, τὰ δ' ἕξεις, τὰ δὲ φυλακαὶ καὶ σωτηρίαι, τὰ δὲ φθοραὶ καὶ στερήσεις.

109 Die *Parva naturalia* erfüllen diese Ankündigung nicht vollständig. Trotz Ankündigung fehlt bei ihnen eine Erklärung der Lust/Leid-Empfindung und Strebung. Man könnte dies z.B. durch Textausfall erklären. Eine andere Möglichkeit wäre, die Erklärung dieser Leistungen, soweit sie nicht bereits in *De anima* erfolgt ist, in *De motu animalium* zu vermuten.

> Es leuchtet aber ein, dass die Bewegungen sowohl von den Teilen zum Ausgangspunkt als auch von dem Ausgangspunkt zu den Teilen verlaufen und auf diese Weise gegenseitig zueinander kommen: A soll der Ausgangspunkt sein. Nun kommen die Bewegungen, entsprechend der jeweils aufgemalten Buchstaben, zu dem Ausgangspunkt, und (gehen) von dem Ausgangspunkt (aus), der in Bewegung ist und sich verändert, da er potentiell viele ist: Der Ausgangspunkt der (Bewegung) B geht zu B, der von C zu C, der von beiden aber geht zu beiden. Und von B zu C kommt er dadurch, dass er von B zu A wie zu einem Ausgangspunkt und von A wie von einem Ausgangspunkt zu C kommt. (MA 703b26-36) [110]

Der Ausgangspunkt für die ein- und ausgehenden Bewegungen ist die Ausübung der seelischen Funktion der *Wahrnehmung*. Dies ist Aristoteles' Grundmodell, in dessen Rahmen er das Verhältnis von beseeltem Körper zur Seele und das Verhältnis der Seele zu körperlichen Bewegungen versteht. Er hält es für mit seiner Seelenlehre in *De anima* kompatibel und er hat es zu keinem Zeitpunkt seiner Karriere aufgegeben.[111]

Dies alles hat wichtige Konsequenzen für das Verständnis der Körper/Seele – Relation im Rahmen von Aristoteles' Hylemorphismus. Ich nenne hier nur zwei der m.E. wichtigsten Konsequenzen (vgl. die oben zitierte Stelle in *De sensu* 436b1-6):

(i) Die auf die Aktivität der Wahrnehmung folgenden psychophysischen Zustände (Lust/Leid-Empfindung und Strebung) definieren sich durch ihre kausale Geschichte, d.h. dadurch, bestimmte Effekte von Wahrnehmungen in beseelten Körpern zu sein. Wie wir im zweiten Teil noch sehen werden, bedeutet dies, dass im Einzelfall die Physiologie psychophysischer Leistungen nicht ohne den Gehalt der Wahrnehmung beschrieben werden kann. Es handelt sich um Zustände, die in dieser Weise *per definitionem* psychophysisch sind.

(ii) Gleiches gilt für die sich an diese psychophysischen Zustände anschließenden Zustände und Körperbewegungen. Das heißt z.B., dass eine thermische Veränderung im Körper aufgrund einer Strebeempfindung sich

---

110 αἱ δὲ κινήσεις τῇ τε ἀρχῇ ἀπὸ τῶν μορίων καὶ τοῖς μορίοις ἀπὸ τῆς ἀρχῆς εὐλόγως συμβαίνουσι, καὶ πρὸς ἀλλήλας οὕτως ἀφικνοῦνται. δεῖ γὰρ νοῆσαι τὸ Α ἀρχήν. αἱ οὖν κινήσεις καθ' ἕκαστον στοιχεῖον τῶν ἐπιγεγραμμένων ἐπὶ τὴν ἀρχὴν ἀφικνοῦνται, καὶ ἀπὸ τῆς ἀρχῆς κινουμένης καὶ μεταβαλλούσης, ἐπειδὴ πολλὰ δυνάμει ἐστίν, ἡ μὲν τοῦ Β ἀρχὴ ἐπὶ τὸ Β, ἡ δὲ τοῦ Γ ἐπὶ τὸ Γ, ἡ δ' ἀμφοῖν ἐπ' ἄμφω. ἀπὸ δὲ τοῦ Β ἐπὶ τὸ Γ τῷ ἀπὸ μὲν τοῦ Β ἐπὶ τὸ Α ἐλθεῖν ὡς ἐπ' ἀρχήν, ἀπὸ δὲ τοῦ Α ἐπὶ τὸ Γ ὡς ἀπ' ἀρχῆς.

111 Dies nehme ich als Bestätigung für die von mir in Abschnitt I vertretenen These, dass *De anima* sich auf die Definition der Seele selbst konzentriert und dass das Verhältnis Körper/Seele im beseelten Körper nicht in *De anima*, sondern in den für Körper und Seele gemeinsamen Schriften behandelt wird.

per definitionem von einer thermischen Veränderung, die nicht durch einen wahrnehmungsabhängigen Zustand verursacht wurde, unterscheiden wird.

Hierbei möchte ich es, was die Bestimmung der arationalen Strebung als solcher anbelangt, belassen. Angesichts der äußerst knappen Texte lässt sich im Rahmen der philosophischen Interpretation, wie eingangs schon gesagt, nicht vermeiden, sich bis zu einem gewissen Grad auf Wahrscheinlichkeiten zu stützen. Ich hoffe allerdings, mit meinen Ausführungen die Sache einigermaßen getroffen zu haben. Im Folgenden werde ich noch einige offene Fragen aufgreifen (c) – (f).

(c) *Ein Problem für die Erklärung der Lust als Resultat der Übereinstimmungsrelation*

Folgen wir Aristoteles' Ausführungen, wird Lust, wie oben bereits erwähnt, nicht nur in Folge des Wiederhergestellt-Seins des natürlichen Ausgangszustandes empfunden, sondern auch *während* seiner Wiederherstellung. Das führt jedoch zu dem Problem, dass die Lüste *während* der Wiederauffüllung durch die Definition der Lust als Resultat der Übereinstimmungsrelation seines körperlich-emotionalen mit seinem Naturzustand nicht erfasst werden: Der Prozess des Wiederherstellens geht dem des Wiederhergestellt-Seins voraus, und von daher kann letzterer die *während* der Wiederherstellung auftretenden Lüste nicht erklären. Die Lösung, die Aristoteles in der Ethik für dieses Problem parat hält, scheint auf den ersten Blick wenig überzeugend: Er sagt, die Lustempfindung während der Wiederherstellung befinde sich in der Aktualität des übrig gebliebenen und noch intakten Teils des natürlichen Ausgangszustandes (EN 1152b35f; 1154b18f.). Er meint demnach, dass auch die Lüste des Wiederhergestellt-Werdens in Aktualitäten bestehen, doch dass nun das Subjekt der Aktualität gleichsam ausgetauscht ist: Jetzt handelt es sich um Aktualitäten nicht mehr der Natur des Lebewesen, sondern von Zuständen, die gegenüber dem Naturzustand defizient sind und also *nicht* mit ihm übereinstimmen. Es hat also den Anschein, als bringe Aristoteles hier zwei inkompatible Erklärungsmodelle in Anwendung: Wenn Lust einmal während des *Bestehens* der Übereinstimmungsrelation durch die Aktivität des Naturzustandes erfolgt und das andere mal während seiner *Wiederherstellung* durch die Aktivität desjenigen ‚Teils', der vom natürlichen Zustand noch übrig ist, dann scheinen dies nicht nur zwei verschiedene, sondern auch inkompatible Erklärungen. Aristoteles hatte ja in der Ethik die *Betätigung* der Natur zur Quelle der Lustempfindung gemacht: der Weg, die *Herstellung* der Natur durch deren Betätigung zu erklären, steht ihm somit nicht mehr offen.

Bei genauerem Hinsehen fällt aber auf, dass Aristoteles für die prozessualen, den Naturzustand herstellenden Lüste gar nicht behauptet, dass die

Aktualität des übrigen und defizienten Teiles des Naturzustandes *dieselbe* explanatorische Rolle übernimmt wie die Betätigung des Naturzustandes bei den einfachen Lüsten: Er sagt nicht, die prozessualen Lüste *bestehen* darin, dass der übrige Teil des Naturzustandes aktiv ist. Er sagt, die Aktivität der prozessualen Lüste befinde sich in einer *Strebung* (einer Begierde) des übrigen Teiles, vgl. EN 1152b35f.:

> Die Aktualität (der Lüste, die in den Naturzustand versetzen) befindet sich in den Begierden der übrig gebliebenen Haltung und Natur (*hê energeia en tais epithymiais tês hypoloipou hexeôs kai physeôs*).

Wenn Strebungen, so wie oben angegeben, in durch Wahrnehmungen herbeigeführten Relationen der Nicht-Übereinstimmung mit dem natürlichen Ausgangszustand bestehen, dann *muss* es sich bei den Aristotelischen prozessualen Lüsten schon alleine deswegen um Strebezustände handeln, weil auch bei ihnen der Ist-Zustand des Lebewesens gegenüber dem Naturzustand abweicht. Es muss sich um solche Strebungen handeln, die während der Wiederherstellung des natürlichen Ausgangszustandes auftreten. Dies scheint aber nicht minder problematisch: Strebungen sind als Bewegungen per se inkomplette Aktivitäten (vgl. DA 431a6f.), die sicherlich nicht in der Aktualität des natürlichen Ausgangszustandes bestehen können, so wie es Aristoteles' umfassende Definition der Lust fordert. Nun gibt es aber gute Gründe zu bezweifeln, dass Aristoteles die prozessualen und variablen Lüste überhaupt als genuine Lustempfindungen angesehen hat, vgl. EN 1154b17f.:

> Ich meine aber mit akzidentell lustvollen Gegenständen diejenigen, die heilen; weil sich nämlich dann ein Heilen ereignet, wenn das übrig gebliebene Gesunde etwas tut (*tou hypomenontos hygious prattontos ti*), deswegen scheint (*dokei*) es lustvoll zu sein.[112]

112 vgl. MM 1204b25-35, wo der Verfasser gegen die (platonische) Auffassung der Lust als eines Prozesses (*genesis*) argumentiert: „Da es nämlich einen gewissen Teil der Seele gibt, mit dem wir gleichzeitig mit der Zufuhr solcher Dinge Lust empfinden, derer wir bedürftig sind, ist dieser Teil der Seele aktual und wird bewegt und seine Bewegung und Aktualität ist Lust. Aufgrund des Umstandes also, dass jener Teil der Seele gleichzeitig mit der Zufuhr aktual ist, bzw. aufgrund seiner Aktualität, glauben sie, durch die Zufuhr sei klar, dass die Lust ein Prozess ist. (...) Es gibt nämlich einen gewissen Teil der Seele, mit dem wir Lust empfinden, der gleichzeitig mit der Zufuhr aktual ist. Aus diesem Grund ist keine einzige Lust ein Prozess.“ Der Passus spricht deutlich aus, dass die Erklärung der prozessualen Lüste mit demselben Betätigungs-Modell zu erklären ist wie die einfachen Lüste.

Aristoteles bestreitet nicht, dass prozessuale Lüste als lustvoll empfunden werden. In der Ethik bescheinigt er ihnen sogar ganz im Gegenteil eine scheinbar größere Wählenswürdigkeit. Er begründet dies jedoch mit dem großen *Kontrast* zur Lustempfindung, der sich aus der Perspektive desjenigen ergibt, der Mangel leidet (EN 1154a25-31: *para to enantion phainesthai*[113]). Wenn die prozessualen Lüste also besonders lustvoll scheinen, so ist dies seiner Ansicht nach der verzerrten Perspektive desjenigen zu verdanken, der Mangel leidet, und deswegen den wahren Lustwert prozessualer Lüste nicht mehr realistisch einschätzt. Aristoteles betont dagegen immer wieder, dass in Wahrheit die auf dem Hergestellt-*Sein* des Naturzustands beruhenden einfachen Lüste lustvoller sind als die prozessualen Lüste. Geht man also davon aus, dass die prozessualen Lüste sich während der Aktivität von Strebezuständen ereignen und weniger lustvoll sind als die einfachen Lüste, die sich auf die Aktivität des Naturzustandes zurückführen, ergibt sich folgende Möglichkeit einer Erklärung im Einklang mit der umfassenden Lustdefinition: Wie wir oben gesehen haben, ereignen sich arationale Strebungen, wenn Lebewesen Wahrnehmungen haben, die sie die *Nicht-Übereinstimmung* ihres körperlich/emotionalen Zustandes mit ihrem Naturzustand empfinden lassen. Dass diejenigen unter ihnen, die nur dazu beitragen, die Übereinstimmungsrelation wiederherzustellen, jedoch ohne sie zu erreichen, dennoch als lustvoll empfunden werden, ließe sich durch die üblicherweise mit Strebungen verbundenen *Antizipationen* der Erlangung des erstrebten Gutes erklären.[114] Die wiederherstellenden, prozessualen Lüste bestünden demnach in arationalen Strebungen, in deren Verlauf Antizipationen der Erlangung des erstrebten Guts auftreten, die aufgrund des Kontrastes zum empfundenen Leid sogar lustvoller zu sein *scheinen* als die tatsächliche Erlangung des natürlichen Zustandes. Wir erhalten so, was die empfundene Lust angeht, dieselbe

113 Eine solche (perspektivische) Analyse subjektiv als groß empfundener Lüste und Leiden durch ihre Kontrastwirkung findet sich bekanntlich auch bei Platon, *Philebos* 42b2-c3 und Resp. 584Aff.

114 Vgl. Rhet. 1378b7-9, wo Aristoteles über den Zorn, den er gerade als ein mit Leid verbundenes Streben definiert hat, sagt: "Auch ist (notwendig, dass) jedem Zorn eine gewisse Lust folgt, welche aus der Erwartung (*elpis*) von Vergeltung herrührt; denn es ist angenehm zu glauben, dass man das erreichen wird, wonach man strebt, keiner aber strebt nach dem, was für ihn unmöglich zu erreichen ist. Deswegen ist es gut gesagt, wenn es vom Zorne heißt: „Der viel süßer als Honig, wenn er hinuntergleitet, in der Brust der Männer aufschwillt". Es folgt nämlich deswegen eine gewisse Lust und auch weil man in Gedanken bei der Vergeltung verweilt: Die dann entstehende Vorstellung (*phantasia*) bringt Lust hervor, wie die der Träume." (Übersetzung nach Rapp 2003), vgl. EE 1229b30-32 sowie generell Ph. 247a7-14 und Rhet. 1370a27-34; b9-32. Zur Frage, wie es zu diesen Antizipationen kommt, vgl. unten S. 208ff.

Erklärung wie bei den nicht-prozessualen, einfachen Lüsten.[115] Beide erklären sich durch die Betätigung des natürlichen Ausgangszustandes, mit dem Unterschied, dass es sich bei den einfachen Lüsten um wirkliche Betätigungen dieses Zustandes handelt, während sich die prozessualen Lüste auf bloß vorgestellte Antizipationen dieser Betätigung zurückführen.

Trifft dies zu, handelt es sich bei prozessualen Lüsten um Nebeneffekte von Strebungen, die den Lustgehalt nicht aus sich selber, sondern aus den Antizipationen solcher Wahrnehmungen beziehen, die das Wiederhergestellt-Sein des Naturzustandes herbeiführen. Mithilfe des relationalen Strebebegriffs lassen sich die prozessualen Lüste bei Aristoteles also auf Antizipationen der Übereinstimmung mit dem Naturzustand *reduzieren*.

(d) *Folgt auf jede Lust/Leid-Empfindung eine Strebebewegung?*

Hieran schließt sich die Frage an, ob bei der hier vorgeschlagenen Interpretation auf jede Lust/Leid-Empfindung eine entsprechende Strebung folgen muss. Aus der relationalen Interpretation ergibt sich, dass eine Strebung immer dann erfolgt, wenn vorausgehende Wahrnehmungen nicht zur Relation der Übereinstimmung mit dem Ausgangszustand führen. Es muss demnach auf jede Wahrnehmung eine Strebung folgen, sofern diese nicht genau die Übereinstimmungsrelation herstellt. Dies betrifft auch die zeitliche Ausdehnung, über die sich Lust/Leid-Empfindungen erstrecken: Solange keine vollständige Deckung des Ist-Zustandes des Lebewesens mit dem Ausgangszustand zustande kommt, ist aufgrund der relationalen Bestimmung der Strebung von einer gleichzeitigen Strebung auszugehen.

Die Beobachtung, dass auf Lust/Leid-Empfindungen nicht immer Strebungen zu folgen scheinen, stellt keinen Einwand gegen diese These dar: Aristoteles war mit dem Gedanken von unterschwelligen Bewegungen im Allgemeinen und von unterschwelligen wahrnehmungsmäßigen und von der Wahrnehmung abhängigen Zuständen im Besonderen vertraut, und er formuliert diesen Gedanken auch explizit:

---

115 Broadie (1991) deutet EN 1152b35f. so, dass es sich bei der ‚Aktivität der übrig gebliebenen Haltung und Natur' bereits um eine Aktualität des Naturzustands selbst handelt. Sie begründet dies folgendermaßen: „In fact, restorative activity is already an exercise of (not merely for) health, since recovery assumes that the diseased creature is healthy enough to recover. Health, like pleasure, is self-reinforcing." (S. 340). Ich sehe nicht, wie dies funktionieren kann. In welchem Sinn kann ein Zustand (der natürliche Ausgangszustand), der zu diesem Zeitpunkt ja physikalisch inexistent ist, aktiv sein? Zwar braucht es zur Genesung so wie für jeden anderen Restaurationsprozess ein Subjekt, welches hinreichend ‚gesund' ist, um in der Lage zu sein, wieder vollständig gesund zu werden, daraus folgt jedoch nicht, dass seine ‚Restgesundheit' (= sein Vermögen, vollständig gesund zu werden) identisch ist mit seiner wiederhergestellten Natur (= der Aktualität seiner Gesundheit).

Der Ausgangspunkt der Bewegung ist, wie gesagt, das im Bereich möglicher Gegenstände des Handelns Erstrebte und Gemiedene: Denn dem Denken und der Vorstellung von diesen folgt aus Notwendigkeit Erwärmung und Erkaltung; das Schmerzvolle wird nämlich gemieden und das Lustvolle erstrebt, jedoch bleibt es verborgen, wenn dies bei geringfügigen Gegenständen passiert.[116] (MA 701b33-37)

Man kann daher davon ausgehen, dass – neben dem Umstand, dass jede Strebung eine Lust/Leid-Empfindung involviert – in jedem Falle einer Lust/Leid-Empfindung und mindestens für die Dauer dieser Empfindung auch eine Strebebewegung vorliegt. Sie muss jedoch nicht in jedem Falle für das Auslösen der Ortsbewegung hinreichend sein. Sie muss nicht einmal hinreichend stark sein, damit das Lebewesen sich ihrer bewusst wird. Dies scheint mir die einzige mit Aristoteles' Kontinuitätsphysik kompatible Antwort auf die obige Frage zu sein.[117] Aus diesem Grund halte ich die

116 Ἀρχὴ μὲν οὖν, ὥσπερ εἴρηται, τῆς κινήσεως τὸ ἐν τῷ πρακτῷ διωκτὸν καὶ φευκτόν· ἐξ ἀνάγκης δ' ἀκολουθεῖ τῇ νοήσει καὶ τῇ φαντασίᾳ αὐτῶν θερμότης καὶ ψύξις. τὸ μὲν γὰρ λυπηρὸν φευκτόν, τὸ δ' ἡδὺ διωκτόν (ἀλλὰ λανθάνει περὶ τὰ μικρὰ τοῦτο συμβαῖνον). Nussbaum setzt in ihrer Ausgabe den letzten Halbsatz zwei Zeilen tiefer. Zur Begründung verweist sie in ihrem Kommentar zur Stelle auf Moraux (1959), der seinen Vorschlag zur Textänderung dort jedoch nicht nachvollziehbar begründet. Der Eingriff verursacht einen erheblichen Sinnunterschied: Während im überlieferten Text durch diesen Satz von der Unmerklichkeit die Rede ist, mit der geringfügige Lustempfindungen in Strebungen umschlagen bzw. geringfügige Strebungen mit Lust und Leid einhergehen und deshalb nicht bemerkt werden (a), qualifiziert Moraux' abgeänderter Text den aus der Lust/Leid-Empfindung hervorgehenden Erwärmungs- bzw. Erkaltungsvorgang als unmerklich vonstatten gehend (b). (b) würde sich jedoch auch als eine Konsequenz aus (a) ergeben und hat den weiteren Nachteil, dass die Schwellenthese sich nicht mehr auf die Lust/Leid-*Empfindungen* bezöge. (a) ist deswegen klar zu bevorzugen, zumal da die Schwellenthese eine erforderliche Plausibilisierung der Behauptung liefert, dass Strebebewegungen aus Lust/Leid-Empfindungen hervorgehen, weil sie dem oben formulierten Einwand entgegentritt, dass nicht alle Lust/Leid-Empfindungen in Strebungen resultieren. Moraux' Textänderung ist von Kollesch (1985) leider kommentarlos übernommen.

117 DA 421b6-8; 422a25ff. und vor allem 424a1-16 bieten einen passenden theoretischen Rahmen: Das Seelenvermögen der Wahrnehmung ist wie eine Mitte zwischen extremen Sinnesdata, die nicht mehr wahrnehmbar sind. Ebenfalls nicht wahrnehmbar sind deshalb aber auch die Sinnesdata, die entweder genau auf dieser Mitte liegen oder nur einen sehr kleinen Unterschied zu ihr aufweisen. So bestimmt Aristoteles das Nicht-Tastbare als entweder das, was über die Extreme des Wahrnehmbaren hinausgeht oder als das, was einen sehr geringen Unterschied der tastbaren Qualitäten aufweist (*mikran echon pampan diaphoran tôn haptôn*; DA 424a12-14), wie etwa die uns umgebene Luft. Geringfügige Veränderungen der Sinnesorgane werden demnach aufgrund ihrer Geringfügigkeit nicht wahrgenommen. Vgl. auch DA 419b27f. über das Echo: „Es scheint aber immer ein Echo zu

These von unterschwelligen Wahrnehmungen und Empfindungen auch für auf alle anderen mit Wahrnehmungen im Zusammenhang stehenden Bewegungen anwendbar. Hiermit ist ein wichtiger Bestandteil von Aristoteles Theorie der animalischen Ortsbewegung gewonnen:

> *Schwellenthese*: Im Verlauf der Handlungsgenese kann die Intensität der Bewegung auf jeder Etappe für das Erreichen der folgenden nicht hinreichend (unterschwellig) sein.[118]

Die Schwellenthese erlaubt es uns, die Handlungs- bzw. Ortsbewegungsgenese als einen einzigen kontinuierlich verlaufenden Prozess zu verstehen, der auf jeder seiner Etappen das Erreichen der jeweils folgenden verfehlen kann. Das Ausbleiben des Eintretens einer Etappe kann damit problemlos als Mangel an Bewegungsintensität ihrer kausalen Antezedentien (also der vorausgehenden Etappe) gedeutet werden, ohne die Kontinuität der Bewegung an der Schnittstelle zwischen Lust/Leid-Empfindung und Strebung zu unterbrechen. Jede Lust/Leid-Empfindung hat demnach eine Strebebewegung von derselben Intensität zur Folge, jedoch ohne dass dies deswegen notwendig *spürbare* Strebeempfindungen sind.[119]

---

entstehen, allerdings kein klares (*all' ou saphês*)". Ein damit eng zusammenhängender Sachverhalt wird diskutiert in *De Sensu* 6: Potentiell ist die Skala wahrnehmbarer Gegenstände nach unten hin zwar ohne Grenze, wenn aber geringfügige Wahrnehmungsbewegungen aktual wahrgenommen werden sollen, müssen die durch sie bewirkten Affektionen mindestens eine bestimmte ‚Form' ergeben (*ta men pathê hôs eidê lekteon*, DS 445b29). Das, was unter diesem Wert bleibt, geht als Teil in einen größeren Wahrnehmungszusammenhang (eine sozusagen dominante Form) ein. Dort genannte Beispiele sind der zehntausendste Teil eines Hirsekornes oder der Viertelton. Aristoteles nimmt an, dass sie zwar in unsere Sinnesorgane kommen, uns jedoch in ihrer eigenen Qualität entgehen (*lanthanein*); sie sind nur potentiell selbstständige wahrnehmbare Formen und gehen als Teile in größere und aktual wahrnehmbare Formen ein. Aristoteles nimmt daher an, der Potenz nach gebe es unendlich viele wahrnehmbare Qualitäten, aktual jedoch nur eine begrenzte Anzahl (445b31-b16). Die Schwellenthese gilt für ihn also generell für alle Wahrnehmungsprozesse.

118 Vgl. auch Platons Formulierung der Schwellenthese in Bezug auf Lust und Leid: Tim 64c7-d3: τὸ δὴ τῆς ἡδονῆς καὶ λύπης ὧδε δεῖ διανοεῖσθαι· τὸ μὲν παρὰ φύσιν καὶ βίαιον γιγνόμενον ἀθρόον παρ' ἡμῖν πάθος ἀλγεινόν, τὸ δ' εἰς φύσιν ἀπιὸν πάλιν ἀθρόον ἡδύ, τὸ δὲ ἠρέμα καὶ κατὰ σμικρὸν ἀναίσθητον, τὸ δ' ἐναντίον τούτοις ἐναντίως.

119 Wenn ich im Folgenden von bewegungsrelevanten Strebungen spreche, werde ich voraussetzen, dass es sich um überschwellige Strebungen handelt.

(e) *Das Verhältnis von Lust/Leid-Empfindung zur Strebung und von Wahrnehmung zu Lust/Leid-Empfindung*

Lust/Leid-Empfindung/Strebung. Die Aristotelische Konzeption der Strebung ist in einem sehr starken Sinn von der Lust/Leid-Empfindung abhängig. Aus der relationalen Definition folgt, dass wahrnehmungsmäßige Strebungen ihrem Gehalt nach vollständig von vorgängigen Lust/Leid-Empfindungen bestimmt sind. Sie sind für das Vorliegen von Strebungen notwendig und hinreichend. In konzeptioneller Hinsicht sind deswegen Lust/Leid-Empfindungen den Strebungen vorgängig und nicht etwa umgekehrt.[120] Mit dieser starken Abhängigkeit ist jedoch noch nichts über die Reihenfolge gesagt, mit der sich Strebebewegungen *faktisch* aus Lust/Leid-Empfindung ergeben: Für die meisten tatsächlich vorkommenden Strebungen wird das Lebewesen nicht allein auf die die Strebung direkt verursachende Lust- oder Leidempfindung angewiesen sein, sondern es kann für die Repräsentation seines Strebezieles zusätzlich auf seine vorher gemachten Wahrnehmungen zurückgreifen. *In diesem Sinne* stellt eine empirische zeitliche Vorgängigkeit von Strebungen vor den Wahrnehmungen, auf die sie sich beziehen, kein Problem dar.[121]

Wahrnehmung/Lust/Leid-Empfindung. Bei der Definition der Lust/Leid-Empfindung haben wir gesehen, dass diese vom Gehalt vorgängiger aktualer Wahrnehmungen bzw. deren Erinnerung oder Antizipationen abhängt. Bei dieser Abhängigkeit handelte es sich um eine kausale Abhängigkeit. Die beiden Bedingungen, die für Gegenstände von Lust/Leid-Empfindungen gelten, waren, dass:

(a) es in Bezug auf dieselben Gegenstände entgegengesetzte Leidzustände gibt (d.h. eine Mangelrelation zulassen) und
(b) sie durch Wahrnehmungen *ausgelöst* werden.

Ihrem *Gehalt* nach müssen Lust/Leid-Empfindungen daher keineswegs immer *vollständig* durch die sie unmittelbar bewirkenden Wahrnehmungen bestimmt sein. Sie ereignen sich zwar *während* Wahrnehmungen gemacht werden, sie sind ihrem Gehalt nach aber nicht auf diese Wahrnehmungen beschränkt. Dies wird später bei der Bestimmung der Arten der Strebung noch wichtig werden. Da aber die Strebungen, die aus den Lust/Leid-Empfindungen resultieren, ihrem Gehalt nach vollständig durch diese be-

---

120 Dies hat Ricken (1975) angenommen. Die konzeptionelle Abhängigkeit der Strebung von der Lust/Leid-Empfindung wird dagegen betont von Cessi (1987) S.136ff; und Welsch (1987) S. 393.

121 Vgl. auch das Kapitel zur *phantasia*.

stimmt sind, können sie sich auf die gleiche Bandbreite körperlicher und seelischer Empfindungen beziehen wie sie.[122]

(f) *Handelt es sich bei der Definition der Strebung in DA 431a10-14 um eine Definition nach den Standards der Topik?*

Aristoteles erklärt arationale Strebungen in DA 431a10-14 *kausal* durch ihre Auslöser. Dies sind Affizierungen des Lebewesens durch Wahrnehmungsgehalte, in Hinblick auf die seine (im weitesten Sinne) körperliche Verfassung in bestimmte spürbare Relationen zu seinem natürlichen Ausgangspunkt versetzt wird. Die motorische Kraft, die es für die Ortsbewegung der Lebewesen erfordert, macht Aristoteles von dieser Relation abhängig: Lebewesen bringen seiner Ansicht nach deswegen die erforderliche Kraft auf, sich in Bewegung zu setzen (d.h. zu laufen, schwimmen, kriechen oder zu fliegen), weil ihr körperlich/emotionaler Ist-Zustand in der einen oder anderen Weise von ihrem entweder natürlichen oder angewöhnten Sollwert abweicht und sie kraft ihrer Natur danach streben, die Übereinstimmung mit ihrem natürlichen Zustand wiederherzustellen. Strebungen sind nichts weiter als eine bestimmte Klasse solcher direkt aus der Natur (inklusive der angewöhnten Habitûs) der Lebewesen hervorgehenden Bewegungen, nämlich diejenigen, die sich aus dem Vorhandensein des Wahrnehmungsvermögens im Lebewesen erklären: Die Wahrnehmung konkreter Gehalte oder eines Äquivalents[123] resultiert bei geeigneten körperlich/emotionalen Verfasstheiten des Lebewesens in Lust/Leid-Empfindungen. Wenn solche Wahrnehmungen eintreten, erfolgen Strebungen *unmittelbar*. Bereits das Empfinden von Lust/Leid *allein* ist notwendig und hinreichend für Strebungen.[124] Es kann also keine Strebung ohne vorgängige Lust/Leid-Empfindung geben. Und wie wir gesehen haben, ist auch umgekehrt davon auszugehen, dass es kaum Lust/Leid-Empfindungen ohne resultierende Strebung geben wird. Es kann daher, entsprechend ihrer Charakterisierung in DA 431a8-14, keine Strebung ohne gegebenen Gehalt geben und also auch keine Fälle ‚ungerichteter'

---

122 Dem wird dadurch, dass von den Arten der Strebung nur die Begierde (*epithymia*) ausdrücklich als Strebung nach Lustvollem (*orexis hêdeos*) definiert wird, kein Abbruch getan. Die Objekte, die die Arten der Strebung definieren, bezeichnen nicht die Konsequenzen, Begleiterscheinungen oder Implikationen der Strebung, um die es mir an dieser Stelle geht, sondern ihre Zwecke.

123 In Gestalt von Antizipation oder Erinnerung, vgl. MA 702a5f; Ph. 247a7-17; Rhet. 1370a28-35.

124 Vgl. auch Nussbaum (1983), 134, Anm. 33 (sufficient condition [...] we suspect that it is also a necessary condition) sowie Irwin, der sagt, das Vorliegen einer Lust/Leid-Empfindung sei hinreichend, (1988), 329.

Strebung;[125] und zwar ebenso wenig wie es Lust/Leid-Empfindungen oder Wahrnehmungen ohne konkreten Gehalt geben kann. Während eine Wahrnehmung ein- und desselben Objektes aber zu verschiedenen Zeitpunkten je nach physiologischer Disposition unterschiedliche Lust/Leid-Empfindungen bzw. Indifferenz hervorrufen kann, scheint Ähnliches für Strebungen gegenüber Lust/Leid-Empfindungen ausgeschlossen: Jede Lustempfindung hat unvermeidlich ein Erstreben (Verfolgen) desselben Gegenstandes zur Folge und umgekehrt jede Leidempfindung sein Meiden, sofern sie nicht genau auf dem Punkt der Übereinstimmung vom empirischen mit dem Naturzustand liegt (dann folgt allerdings auch keine arationale Lust). Die zwei Grundmodi der Strebung sind Meiden und Verfolgen, die also immer ein Meiden *von etwas* und ein Verfolgen *von etwas* sind. Der Gegenstand der Strebung ist ihr erstrebter Gehalt, den Aristoteles auch das *orekton* bzw. den Zweck (*telos*) der Strebung nennt.[126] Das *orekton* ist immer ein gegebener Gegenstand. Er ist immer mit einem bestimmten Lustwert besetzt und wird in unmittelbarer Folge davon entweder erstrebt oder gemieden. Prägnant formuliert ist ein solches *orekton* immer auch, aber nicht notwendig *nur*, ein *hêdy* bzw. eine Abwendung oder Minimierung von Leid.

Mit dieser Bestimmung lässt sich ein kohärentes Bild der Lust/Leid-Empfindung und Strebung im Rahmen von Aristoteles' Grundmodell für das Verständnis vom Verhältnis des beseelten Körpers zur Seele zeichnen: Beides sind Phasen innerhalb des Bewegungskontinuums, das mit Ausgang von der Seele in die Peripherie des Körpers und von dort schließlich zur Bewegung des ganzen Lebewesens führen kann. Lust/Leid-Empfindung besteht unmittelbar in der Relation des beseelten Körpers zu einem gegebenen Wahrnehmungsgehalt und arationale Strebungen in der unmittelbar darauf folgenden Phase der körperlichen Reaktion auf diese Affizierung.

Angesichts dieses Bildes stellt sich die Frage, ob die Definition in DA 431a10-14 den in der *Topik* gegebenen Definitionskriterien für die Strebung gerecht wird. Vor allem fällt ins Auge, dass *De anima* die arationale Strebung weder mithilfe des äußersten Zwecks noch überhaupt über den Zweck bzw. das Relatum definiert. Die Inkongruenzen zwischen der *Topik* und *De anima* lassen sich jedoch darauf zurückführen, dass *De anima*

- nicht Strebungen oder Typen von Strebungen, sondern das arationale *Strebevermögen* definiert.
- dies die beiden arationalen Strebungen ‚Begierde' und ‚Mut' gemeinsam umfasst.

---

125 Vgl. in diesem Sinne auch Richardson (1992), 392 (blind desire, mere wanting).
126 DA 433a15; MA 700b13ff.

Wie wir gesehen haben definiert DA 431a10-14 das arationale Strebevermögen nicht als Vermögen der Seele, sondern als eine für Körper und Seele gemeinsame Leistung. Arationale Strebungen werden von Aristoteles definiert als *Prozesse*, d.h. als Bewegungen, die in Konsequenz von Lust/Leid-Empfindungen auftreten. Es handelt sich um eine naturphilosophische Definition, bei der eine seelische Funktion (das arationale Streben) aus einem genuinen Seelenvermögen (der Wahrnehmung) und den körperlichen Zuständen des Lebewesens, das über das Wahrnehmungsvermögen verfügt, abgeleitet wird. Aristoteles spricht hier nicht in positiver Weise von einem *seelischen* Vermögen der Strebung, sondern *identifiziert* dieses Vermögen mit dem genuin seelischen Vermögen der Wahrnehmung, was, wie wir gesehen haben, darauf hinausläuft, dieses Vermögen zu einem Vermögen des *beseelten Körpers* zu machen.

Diese Bestimmung arationaler Strebungen als Prozesse scheint mir nun mit den Kriterien für das Definieren der Arten der *Strebung* in der *Topik* kompatibel: Der Zweck, auf den die arationale Strebung ausgerichtet ist betrifft alle durch die Wahrnehmung erfahrbaren Dinge, die für das Lebewesen entweder gut oder schlecht sein können. ‚Alles, was entweder gut oder schlecht sein kann' ist dabei die Sammelbezeichnung für alle Zwecke, die im Rahmen arationaler Zu- und Abneigung in Frage kommen. Dies passt gut zu Aristoteles' Dreiteilung der Strebung ‚Begierde', ‚Mut' und ‚Wunsch', insofern nur der Wunsch auf invariable Güter ausgerichtet ist. Da es sich bei den invariablen Gütern des Wunsches in der Hauptsache um Gegenstände handelt, die durch den Intellekt erfasst werden, leuchtet ein, dass rationale Strebungen in der Definition in DA 431a10-14 nicht enthalten sind: Rationale Strebungen sind für Aristoteles keine Konsequenzen aus der Tätigkeit des *Wahrnehmungsvermögens*. Das heißt aber nicht, dass die naturphilosophische Definition der arationalen Strebung mit der wissenschaftlichen Dreiteilung der Strebearten nicht kompatibel ist: Auch *De anima* macht (mehrfach) von der wissenschaftlichen Dreiteilung der Strebung Gebrauch. Und das Relat der Strebungen in der Definition in DA 431a10-14 umfasst alle Gegenstände, die unter die Zwecke der beiden arationalen Strebungen fallen können: Alle Gegenstände, die entweder gut oder schlecht sind, insofern sie für das Lebewesen eines davon sind.

4. Die Arten der Strebung

§ 1 Grundsätzliches zu den Arten der Strebung

Aristoteles unterscheidet drei Arten der Strebung (DA 414b2; 433a23ff; MA 700b22; MM 1187b38).[1] Was genau die Kriterien der Unterscheidung sind, scheint allerdings nicht ganz klar. Viele Interpreten scheinen zu meinen, die Arten der Strebung unterscheiden sich durch die Klassenzugehörigkeit der erstrebten Gegenstände. Bei genauerem Hinsehen zeigt sich aber, dass nicht der Eigengehalt der konkret erstrebten *Gegenstände* das Kriterium ist, sondern die *Relationen*, in denen Lebewesen zu konkreten Gegenständen stehen.[2] Die Relata der Strebearten sind für Aristoteles daher nicht bestimmte Gegenstände bzw. deren Klassen, sondern – genau wie die Definitionskriterien der *Topik* es fordern – deren *Zwecke*. Bei diesen Zwecken handelt es sich um subjektive Zwecke, d.h. um das, worauf es Lebewesen mit dem Meiden oder Verfolgen konkreter Gegenstände letztlich absehen (ob bewusst oder nicht). Man könnte daher auch sagen, dass es Aristoteles bei der Einteilung der Strebearten um die Einteilung verschiedener Bereiche *subjektiver Gütererfahrung* oder auch verschiedener Bereiche im ‚wertenden Charakter' von Gefühlen, Emotionen und Urteilen geht.

Aristoteles unterscheidet Begierde (*epithymia*) als Strebung nach Lust (z.B. DA 414b5), Wunsch (*boulêsis*), den er als Strebung nach Gutem als solchem definiert (EN 1113a15; Top. 146b5f; Rhet. 1369a2-4) und den schwer zu übersetzenden *thymos*, den ich hier mangels besserer Alternative mit ‚Mut' übersetzen möchte.[3] Eine Definition des *thymos* ist in den Schriften des Aristoteles nicht überliefert. Dies stellt gegenüber den anderen beiden Strebearten eine besondere Schwierigkeit dar. In Ermangelung

1 Vgl. Bonitz, Ind. Arist. 523a6ff.

2 Die Frage, ob es sich bei den Zwecken der Ortsbewegung tatsächlich (objektiv) um Güter handelt oder nicht, spielt für Aristoteles' explanatorische Zwecke keine Rolle. Bei der Erklärung der animalischen Ortsbewegung ist nur das *Stattfinden* einer Strebung, nicht deren faktische Berechtigung von Interesse, vgl. MA 700b28f; DA 433a27-29; Ph. 195a25; Metaph. 1013b27; EN 1146b24-31; Top. 146b36-147a4. Diese Differenzierung vorzunehmen, wäre ihm nicht möglich, wenn er die Strebearten mithilfe der *objektiven* Qualitäten ihrer Relata definieren würde.

3 Für Gewöhnlich wird *thymos* mit ‚Mut' oder dergleichen übersetzt. Im Englischen scheint ‚spiritedness' (Beherztheit, Lebhaftigkeit, Temperament) die Sache zunächst ganz gut einzufangen, es fehlt aber der Aspekt der Freundschaft/Liebe sowie Furcht und Depression, die Aristoteles offenbar auch mit dieser Strebung erklären möchte, vgl. unten, S. 147ff.

einer Definition werde ich gezwungen sein, den für den *thymos* relevanten Güterbereich aus verstreuten Bemerkungen des Aristoteles zu erschließen. Sehr weit werde ich damit nicht kommen. Es lässt sich, glaube ich, dennoch ein ungefähres Bild zeichnen: Der *thymos* geht hervor aus allen Lust/Leid-Empfindungen, die sich aus unterschiedlichen *Relationen* zu anderen Lebewesen und über solche Relationen vermittelt auch zu unbelebten Sachen ergeben. Die Frage, *wodurch* sich die artbildenden Relata der Strebung voneinander unterscheiden, wurde bereits in der *Topik* beantwortet: Es sind ‚äußerste' Zwecke, d.h. solche Zwecke, die um ihrer selbst willen und nicht noch um eines höheren subjektiven Zweckes willen erstrebt werden.[4] Für die Begierde ist dies Lust, für den Wunsch Gutes als solches und für den Mut, wie wir noch sehen werden, vermutlich so etwas wie Anerkennung in einem sehr weiten Sinn. Die Definition über äußerste Zwecke erlaubt es Aristoteles, dem Umstand Rechnung zu tragen, dass wir alle möglichen Gegenstände aus den verschiedensten Gründen erstreben können: Die Arten der Strebung sind für ihn ‚frei' mit konkreten Gegenständen assoziierbar (freie Assoziierbarkeit der Strebung). Die *Relata* der Strebearten sind dagegen für jede Art exklusiv, d.h., die verschiedenen Strebe*arten* können sich unmöglich auf dasselbe Relat beziehen. Wenn daher mehr als eine Strebeart sich auf einen konkreten Gegenstand richtet, so ist dies für Aristoteles nur deswegen möglich, weil der Gegenstand *verschiedene* Aspekte aufweist, die einen solchen multiplen Bezug ermöglichen.

Was die *naturphilosophische* Erklärung der Strebungen als Bewegungen betrifft, so bin ich der Meinung, dass die Arten der Strebung sich außer durch ihre Zwecke für Aristoteles auch durch Verschiedenheit der *kognitiven Leistungen* unterscheiden, auf die sie sich zurückführen. Es macht demnach einen Unterschied, welcher *kognitive Mindestaufwand* involviert ist, um einen erstrebten Gegenstand zu repräsentieren: Je anspruchsvoller ein kognitiver Gehalt, desto höher und ‚besser' sollte die Strebung sein, die sich auf diesen Gehalt als Zweck bezieht: Für rein durch perzeptive Qualitäten beschreibbare Zwecke ist die Begierde zuständig, für die Gehalte des Intellekts der Wunsch und für alles, was weder durch den Intellekt im engeren Sinne noch rein durch perzeptive Qualitäten beschreibbar ist, der Mut. Vor dem Hintergrund der hier vertretenen These, dass Lust/Leid-Empfindung und arationale Strebung weitgehend in Relationen des körper-

4 Der Umstand, dass Aristoteles in seinen Ethiken die *eudaimonia* als den Zweck bestimmt, unter den sich alle anderen subjektiven Zwecke fassen lassen, steht dem nicht entgegen: Wichtig ist, ob ein Zweck um seiner selbst willen erstrebt wird oder nicht. Dies ist für die Lust und für die Gegenstände von Mut und Wunsch aber auch in der Ethik der Fall.

lich-emotionalen Zustandes des Lebewesens zu wahrgenommenen Gehalten *bestehen*, ist dies vielleicht nicht verwunderlich: Wenn der kognitive Gehalt, auf den sich die Strebung bezieht, *Teil* von ihr ist, dann liegt es nahe, unterschiedliche Formen der Kognition auch unterschiedlichen Strebearten zuzuordnen.

Eine weitere These ist, dass für Aristoteles die Hierarchisierung der verschiedenen Strebeziele gewisse *normative* Konsequenzen hat. Damit meine ich, dass es sich aus seinem Begriff der Strebung ergibt, dass es für jede Strebeart konkrete Gegenstände gibt, auf die sie sich natürlicherweise richten *sollte*. Dies sind genau die Gegenstände, die dem kognitiven Niveau der Strebung entsprechen, d.h. rein perzeptiv erfassbare Gegenstände für die Begierde, rein intellektuelle für die rationale Strebung und komplexere, nicht mehr allein im perzeptiven Gehalt aufgehende Gegenstände, wie z.B. Rang und soziale Anerkennung, für den Mut. Im Groben läuft dies darauf hinaus, dass Aristoteles mit den drei Arten der Strebung *ungefähr* die drei traditionellen Gütertypen abdecken will: Begierde *sollte* sich auf körperliche Güter, Mut auf äußere Güter und Wunsch auf Güter der Seele beziehen.[5] Dies ist aber nur eine ungefähre Entsprechung, die sich insbesondere dort nicht durchhalten lässt, wo es um den Wunsch und rationale Attituden in Bezug auf die Gegenstände des Muts und der Begierden geht. Problematisch scheint auch die Furcht (*phobos*), die Aristoteles zwar mit dem Mut in Verbindung bringt (Top. 126a8), die jedoch in keinem einfachen Sinn auf äußere Güter bezogen zu sein scheint.

Noch zwei Vorbemerkungen. Die erste betrifft den Charakter der Aristotelischen Einteilung der Strebearten: Ich gehe hier davon aus, das die Einteilung auf dem Gedanken einer *analytischen* und nicht einer extensionalen Unterscheidung basiert. D.h., die Strebearten können – und sie werden dies beim Menschen, der über alle ihre Arten verfügt, in besonderem Maße tun – in empirisch vermischter Form vorkommen. Die Definition der Strebearten bezieht sich dem zufolge auf *explanatorisch*, aber nicht unbedingt auch auf *empirisch* basale Formen der Strebung. Die zweite Vorbemerkung ist, dass für die vernünftige Strebung (Wunsch) in mancherlei Hinsicht besondere Bedingungen gelten. So ist es z.B. unwahrscheinlich, dass Aristoteles den Wunsch überhaupt als eine Bewegung angesehen hat. Die Ergebnisse der bisherigen Diskussion der aus den Lust/Leid-Empfindungen resultierenden Strebungen können deswegen nicht ohne Weiteres auf den Wunsch übertragen werden. Die Diskussion des Wunsches wird daher umfangreicher ausfallen.

---

5 Z.B. EN 1098b12-18. Dies entspricht dann ungefähr den drei Typen von Leben, die Aristoteles in EN I 3 unterscheidet (Genuss-, politisches und theoretisches Leben, EN 1095b17ff.).

Übersicht: Nach einigen Bemerkungen zur Bedeutung des Ausdrucks ‚Gegenstand der Strebung' (*orekton*) (§ 2) werde ich die Arten der Strebung in der Reihenfolge Begierde (§ 3), Mut (§ 4) und Wunsch (§ 5) durchgehen und anschließend die Rolle des Wunsches in der Erklärung animalischer Ortsbewegung diskutieren (§ 6).

§ 2 Der Ausdruck ‚Gegenstand' der Strebung

Aristoteles definiert die Arten der Strebung durch ihre Relata, d.h. durch ihre ‚Gegenstände'. Die Redeweise vom ‚Gegenstand' der Strebung gibt allerdings in manchen Hinsichten Anlass zu Missverständnissen: Zunächst ist nicht von vorneherein klar, ob durch diesen Ausdruck die Relata der Strebe*arten* oder die konkreten Gegenstände bezeichnet werden, auf die sich einzelne Vorkommnisse von Strebungen beziehen. Der Ausdruck ‚Gegenstand' suggeriert ein wenig Letzteres. Nun ist es gewiss richtig, dass Strebevorkommnisse sich in den meisten Fällen tatsächlich auf äußere Gegenstände richten, die Arten der Strebung werden aber nicht durch sie, sondern durch ihre Zwecke definiert. Eine differenzierte Betrachtung des Aristotelischen Strebebegriffs wird daher *beiden* Aspekten der Sache gerecht werden müssen.

Auf dem Niveau einzelner Strebevorkommnisse suggeriert der Ausdruck ferner, es handle sich bei dem ‚Gegenstand' der Strebung um invariable Gegenstände bzw. Relata, deren objektive Beschaffenheit sich im Laufe eines einzelnen Strebevorkommnisses nicht wesentlich verändert. Dies muss jedoch keineswegs immer der Fall sein und hängt, wie wir noch sehen werden, ganz von der gewählten Beschreibung der durch diese Strebung erklärten Ortsbewegung ab. Dies zeigt sich an den Schwierigkeiten, in die man bei dem Versuch gerät, einen solchen festen Strebegegenstand mal an einem Beispielfall zu betrachten. Nehmen wir das berühmte Beispiel eines Lamms, das von einem Löwen begehrt wird. Worauf richtet sich seine Strebung? Auf das Lamm oder das Fressen desselben? Wenn sich die Strebung auf das Lamm richtet, fragt sich, aus welchem Grund der Löwe das Lamm noch *frisst*, nachdem er es in seinen Besitz gebracht hat. Offensichtlich ist die Begierde mit der Erjagung und dem darauf folgenden Besitz des Lamms noch nicht befriedigt. Es ergeben sich aber auch Schwierigkeiten aus der anderen Annahme: So vertritt Sauvé Meyer[6] die Ansicht, der Gegenstand (*object*) der Strebung des Löwen bestehe nicht in

6 Sauvé Meyer (1994), S. 69. Sie möchte damit ein Problem für den Selbstbeweger-Status von Lebewesen lösen, das sie darin gegeben sieht, dass nicht der Mensch selbst, sondern externe Gegenstände unsere Strebungen in Bewegung setzen.

dem Lamm, sondern in dem Fressen desselben („eating the lamb“, das Beispiel übernehme ich von ihr), da sich die Strebung nämlich auf einen „future state of affairs“ richte: „Though the external object, the lamb, may be the object of the lion’s pursuit, it is not the object of the lion’s desire.“ Dies kann aber auch nicht richtig sein, da damit weder solche Fälle hinreichend erklärt werden können, in denen Tiere *während* des Fressens ihrer Beute das Interesse daran verlieren, noch die, in denen der Löwe nach dem Fressen eines Lamms etwa noch dazu übergeht, eine Ziege zu verspeisen. Am ehesten käme als Gegenstand der Strebung daher noch das Satt-Sein in Frage. Dies würde jedoch im Rahmen einer Beschreibung des Handlungsablaufs den informativen Charakter des Strebegehaltes auf ein Minimum herabsetzen: Es ist trivial, dass Lebewesen danach streben, satt zu sein. Für eine spezifische Erklärung der Ortsbewegung des Löwen ist mit einer solchen Beschreibung seiner Strebung, so zutreffend sie sein mag, also nicht eben viel gesagt: Wir wollen wissen, aus welchem Grund der Löwe hinter dem Lamm herläuft, und nicht, oder erst in zweiter Linie, warum er feste Nahrung zu sich nimmt.

Bei der hier gegebenen relationalen Interpretation der Strebung wird der Löwe nicht schon aufhören, das Lamm zu erstreben, wenn er es frisst, sondern erst dann, wenn er sich daran gesättigt hat. Erst dann nämlich wird er in dieser Hinsicht keine Lust mehr empfinden, weil sein Körper erst dann wahrnehmbar in den natürlichen Zustand zurückversetzt worden ist.[7] Es werden daher weder das Lamm noch das Fressen des Lamms ‚der‘ Gegenstand der Strebung sein; vielmehr stehen beide in Zweck/Mittel–Relationen zum definitorischen Relatum der relevanten Strebeart: Die für die Verfolgung des Lamms relevante Strebung im Löwen ist vermutlich ‚Hunger’, dessen Relatum wohl im Satt-Sein bestehen dürfte, und ‚Hunger’ fällt unter die übergeordnete Art ‚Begierde’, deren Relatum die Lust ist. Aufgrund dieser komplexen Lage macht es Sinn, auf unterschiedlichen Ebenen von einem ‚Gegenstand’ der Strebung zu sprechen:

Verfolgen des Lamms → Hunger (Satt-Sein) → Begierde (Lust) → Strebung (Betätigung des natürlichen Zustands?).

Die Pfeile zeigen die Implikationsbeziehung an: Das Verfolgen des Lamms impliziert den Hunger, dessen Relat (das Satt-Sein) im Vergleich zur individuellen Strebung des Löwen allgemein ist usw. Der Gegenstand der individuellen Strebung des Löwen wird daher *primär* weder in der Wieder-

---

7 Vgl. Top. 146a36ff.: Der Zweck der Strebeart ‚Begierde’ liegt in dem abstrakten Zweck der *Lust* und nicht in den konkreten Gegenständen, die diese Lust verschaffen. Dies gilt auch für antizipierte künftige Sachverhalte.

herstellung seines Naturzustandes noch in der Lust und auch nicht in dem Satt-Sein und auch nicht in dem zukünftigen Zustand des Essens des Lamms bestehen. Unter den wechselnden wahrnehmbaren Gegenständen, die vom Löwen im Laufe seiner Jagd erstrebt werden, wird *subjektiv* vermutlich jeweils ein konkreter von ihm gerade wahrgenommener oder gewitterter Gegenstand erstrebt, der ihm nach Maßgabe seiner kognitiven Fähigkeiten zur Lust durch Sättigung verhelfen kann. Dies können in der sukzessiven und kontinuierlich ablaufenden Folge von Wittern, Jagen, Töten und Fressen ganz verschiedene wahrnehmbare Objekte sein, ohne dass daraus folgt, der Löwe erstrebe entweder nur einen bestimmten Punkt dieses Kontinuums oder nur dessen letztes Glied. ‚Das' *eine* wahrnehmbare Objekt der Strebung, wenn man damit das sukzessive Verhalten des Löwen erklären will, gibt es wahrscheinlich nicht. Der Löwe wird im Laufe seiner Jagd, wie gesagt, wahrscheinlich eine ganze Reihe unterschiedlicher konkreter Gegenstände erstreben, ohne dass dies für *ihn* ein Problem darstellt: Er tut in jedem Augenblick nur das, was seiner Strebung zur Realisation verhilft, und dafür braucht er nichts anderes tun, als den jeweils lustvollsten Wahrnehmungen zu folgen. Für *uns*, die wir das Verhalten des Löwen erklären wollen, ergibt sich jedoch das Problem des Fehlens eines feststehenden *äußerlichen* Strebegegenstandes. Auch so einfach scheinende Bewegungen wie ‚das Essen des Lamms' sind in den meisten Fällen nur durch *eine ganze Serie* mehrerer konkreter Gegenstände der Strebung in den Griff zu bekommen (etwa die verschiedenen Jagdetappen des Löwen). Grundsätzlich scheint es zwei Möglichkeiten zu geben, methodisch mit dieser Komplexität umzugehen: (i) Entweder wir teilen die Bewegungserklärung in teleologisch atomare Einheiten auf (d.h. solche Strebeziele, deren Umsetzung kein weiteres Zwischenziel involviert), bei denen dann jeweils von einem feststehenden Strebeobjekt auszugehen wäre, oder wir gehen von (ii) einer *kontinuierlichen* Wahrnehmungs- und Ereigniskette aus, deren Glieder alle in Mittel-Relationen zu dem definitorischen Relatum/Zweck der relevanten Strebeart stehen und die an irgendeinem Punkt zur Übereinstimmungsrelation in dieser Hinsicht und damit zum Aussetzen der Strebung führt. (i) hat den Vorteil, dass wir jede teleologisch atomare Selbstbewegung von Lebewesen durch einen feststehenden äußeren Strebezweck erklären können. Die Nachteile liegen aber auf der Hand. Solche Zwecke wie ‚Satt-Sein' oder ‚Essen des Lamms' kommen für die Erklärung teleologisch atomarer Selbstbewegungen nicht mehr in Frage, sondern eben nur solche äußerlichen wohlkonturierten Gegenstände wie Fährte, Spur, Lamm, Fleisch usw.: Dies würde uns zwingen, schon relativ einfache Verhaltensmuster wie es das Jagen, Fassen und Fressen der Beute durch den Löwen sind, in eine lange Serie teleologisch atomarer Selbstbewegungen zu zerteilen, deren offensichtlich einheitlicher Zweckzusammenhang dann unter den Tisch fiele. Eine einheitliche Beschreibung der verschiedenen Bewegungen des Löwen wird so unmöglich.[8] (ii) liefert dagegen ein methodisch gangbares Erklärungsmodell, das es uns erlaubt, den übergeordneten Zweck der gesamten Bewegungskette anzugeben, ohne deswegen auf eine detailgetreue Angabe der unmittelbar für konkrete Einzelbewegungen verantwortlichen Strebungen zu verzichten. Möglich wird dies dadurch, dass (ii) mit einem *Komplex* aus teleologisch atomaren, wahrnehmbaren Strebezwecken und übergeordneten, allgemeineren Strebezwecken arbeitet. Um etwa die Bewegungen des Löwen zu erklären, benötigt es mindestens die Angabe einer übergeordneten Strebung (Hunger) *plus* eines konkret-wahrnehmbaren Bewegungsziels (je nachdem, in welchem Stadium des Gesamtablaufs, der der Stillung des Hungers dient, wir uns befinden, kann dies die Fährte, das Lamm selber oder was auch immer sein). Nach oben hin können wir, etwa zu wissenschaftlichen Zwecken, die Erklärung dadurch vervollständigen, dass wir hinzufügen, dass es sich bei der Strebung ‚Hunger' um eine Begierde handelt, die dem Zweck des Lustgewinns dient, und dass es sich bei der Begierde wiederum um eine *Strebung* handelt, die als solche auf die Betätigung/Wiederherstellung des natürlichen Ausgangszustandes in dieser Beziehung ausgerichtet ist.[9] In (ii) brauchen wir also mindestens *zweierlei*: einen übergeordneten End-

8 Diese gravierenden Nachteile einer Bewegungserklärung, die sich auf teleologisch atomare Strebeobjekte bezieht, werden dadurch übrigens nicht vermieden, dass man die (beim Löwen vorauszusetzende) Fähigkeit zur *Antizipation* der Erlangung des erstrebten konkreten Gegenstandes am Ende des Gesamtprozesses (etwa das Lamm oder das Fressen desselben) in die Erklärung einbaut. Dadurch, dass der Löwe von Beginn an eine Vorstellung vom Fressen des Löwen hat, wird die Erklärung seiner Bewegungen nämlich nicht einheitlicher oder einfacher, sondern komplizierter: Wir wollen ja erklären, aus welchen *konkreten* Motiven der Löwe das Verhalten an den Tag legt, das er an den Tag legt. Zwar führt das Wittern eines Lamms den Löwen in der Tat auf ein Lamm, die durch das Wittern antizipierte *Vorstellung* eines Lamms kann jedoch keine einzige der konkreten anschließenden Bewegungen des Löwen, und schon gar nicht deren Summe, erklären. Sie bezieht sich nicht auf die Spezifika der konkreten Situation und bietet daher nur *zusätzliche* Motivationsgründe (Lustempfindung durch Antizipation), nicht aber die Erklärung der konkreten Bewegungen. Wenn solche Antizipationen explanatorischen Wert haben, so liegt dieser nicht in dem perzeptiven Gehalt der Antizipation, sondern in der in ihr enthaltenen *Zweckstruktur*. Aus Aristoteles' Perspektive borgen sich solche Antizipationen ihren explanatorischen Wert also gewissermaßen von den ‚äußersten' Zwecken (hier: die Lust).

9 Der Löwe braucht, wie gesagt, kein Wissen davon zu haben, *dass* er Hunger hat und deswegen danach strebt, satt zu sein. Die komplette Serie der den konkret wahrnehmbaren Gegenständen übergeordneten Bewegungszwecke (Hunger, Lust, Wiederherstellung des natürlichen Ausgangszustands) ist für Aristoteles wohl nur für explanatorische Zusammenhänge relevant, vgl. APo. 85b27-35 (zitiert oben auf S. 59).

zweck für eine Bewegungsserie (z.B. Satt-Sein) und wahrnehmbare Einzelgegenstände, die der Realisierung dieser (relativen) Endzwecke dienen. Ohne dies schon hier vertiefen zu wollen, möchte ich darauf hinweisen, dass Aristoteles für die Erklärung animalischer Ortsbewegungen in DA III 10 und 11 und MA 6 in der Tat so etwas wie Modell (ii) zu vertreten scheint. Wir sollten uns daher nicht durch die verschiedenen Assoziationen, die *wir* vielleicht mit dem Ausdruck ‚Gegenstand' der Strebung verbinden, dazu verleiten lassen, darunter stets nur äußerlich feststehende und wohlkonturierte Gegenstände zu verstehen. Wir haben es vielmehr auf unterschiedlichen Abstraktionsniveaus mit mehr oder weniger allgemeinen Gegenständen zu tun, angefangen von konkret wahrnehmbaren Einzelgegenständen bis hin zu der Wiederherstellung des natürlichen Ausgangszustandes als Gegenstand der höchsten Gattung ‚Strebung'.

§ 3 Begierde (*epithymia*)

Als Strebung nach Lust bzw. lustvollen Gegenständen ist die Begierde nicht auf bestimmte Wahrnehmungsgehalte, sondern auf bestimmte *Relationen* zu Wahrnehmungsgehalten ausgerichtet. Diese werden jedoch typischerweise durch die Wahrnehmung solcher Gegenstände hergestellt, die sich auf die Tastwahrnehmung beziehen, d.h. hauptsächlich solche Wahrnehmungsgehalte, die mit Nahrung und Sexualität zu tun haben (z.B. DA 414b3-12; 434a3; Top. 140b27f.). Sämtliche Lebewesen verfügen von Geburt an über den Tastsinn (DA 417b16-18; EE 1224b31f.). Der Tastsinn ist das basale Wahrnehmungsvermögen, das notwendig vorhanden sein muss, wenn Lebewesen bestehen und überleben sollen (DA 413b2-9, 434b9-24, 435a12; EE 1225b26f.). Der Tastsinn (*haphê*) ist dadurch ausgezeichnet, dass er als einzige Wahrnehmungsgattung ohne externes Medium auskommt, weil mit dem Fleisch des wahrnehmenden Körpers ein körperinternes Medium für die Tastqualitäten vorliegt (DA 423b26). Die ihm zugehörigen Sinnesgegenstände sind ‚die Unterschiede des Körpers, insofern er Körper ist', nämlich die Qualitäten ‚Warm', ‚Kalt', ‚Trocken', ‚Feucht' (DA 423b27-29, dann auch ‚Weich' und ‚Hart' in 424a3). Beim Geschmacks- und Geruchssinn handelt es sich um abgeleitete Formen des Tastsinns, deren Qualitäten daher ebenfalls für die Begierde in besonderer Weise relevant sind (DA 423b27-29). Für Aristoteles impliziert der Besitz des Wahrnehmungsvermögens den der Begierde (DA 413b23f; 414b1-6, 15; *De Somno* 454b30f; EN 1118b3; EE 1230b17f.). Er betrachtet die Begierde daher als in dem Sinne basal, dass die höheren Arten der Strebung nur bei solchen Lebewesen vorkommen können, bei denen bereits Begehrvermögen vorhanden ist (vgl. DA 413b23f; 414b2f. PA 661a7f.), während umgekehrt die Begierde auch ohne die anderen Strebearten vorkommen kann.

Angesichts der relationalen Definition der Strebearten erstaunt es aber nicht, dass Begierde auch durch andere als nur durch Tastgegenstände ausgelöst werden kann. Damit ein Lebewesen Begierde für einen konkreten Gegenstand empfindet, reicht es hin, dass es in irgendeiner Weise eine Lustempfindung mit ihm assoziiert, unabhängig von der konkreten Beschaffenheit des Gegenstandes. Vorkommnisse von Begierden können sich so auf alle möglichen konkreten Gegenstände richten, solange diese nur *qua Lustempfindung* erstrebt werden.[10] Da manche Lebewesen keinen Zugang zu Gegenständen haben, die über bloß sensuelle oder gar nur taktile Qualitäten hinausgehen, kommt für sie eine Assoziierung nicht-taktiler bzw. nicht primär sensueller Gegenstände mit Lustwerten nicht in Frage. Für Lebewesen mit höheren kognitiven Fähigkeiten kann aber wohl kein Gegenstand nur aufgrund seiner objektiven Qualitäten als konkreter Gegenstand einer Begierde ausgeschlossen werden: Sofern Lustempfindungen mit ihm assoziiert sind, für die es entgegengesetzte Leidzustände gibt, kann theoretisch auch Begierde für ihn empfunden werden. Welche konkreten Gegenstände im Einzelfall dafür in Frage kommen, hängt von den kognitiven Fähigkeiten und den Präferenzen des Lebewesens ab:[11] Begierden sind für den, der über die dafür nötigen kognitiven Mittel verfügt, innerhalb dieser Möglichkeiten ‚frei' mit konkreten Gegenständen assoziierbar.

Dieser ‚freien' Assoziierbarkeit der Strebungen scheint es entgegenzustehen, dass Aristoteles in den Ethiken, vor allem im Zuge der Diskussionen der Besonnenheit (*sôphronsynê*) und der Willensschwäche (*akrasia*), in einer Weise von Begierden spricht, als seien sie fest mit einer

10 Vgl. EN 1148a22-b4; 1149a35-b3, Rhet. 1370a18-27, Stellen, aus denen hervorgeht, dass sich Begierden auf ganz unterschiedliche Dinge richten können. EN 1149a34-b1: „Die Begierde drängt demgegenüber zum Genuss, wenn das Argument/Rede (*logos*) oder die Wahrnehmung nur sagen, dass es lustvoll ist." Rhet. 1370a26f.: „Vieles begehrt man nämlich zu sehen oder zu erwerben, nachdem man davon gehört hat und davon überzeugt ist." (Übersetzung Rapp 2002). Es muss also nicht immer die direkte Lustempfindung sein, sondern auch Argumente die besagen, dass etwas lustvoll ist, können Begierden auslösen.

11 Aristoteles kennt auch stark lustbesetzte Begierden nach nicht-taktilen Einzelgegenständen (eines seiner Beispiele ist die Begierde nach Geld, EN 1148a25); vgl. auch Rhet. 1369b15f.: „aufgrund von Begierde wird alles das getan, was lustvoll zu sein scheint." Und Rhet. 1370a16f.: „Und wonach auch immer eine Begierde innewohnt, alles dies ist lustvoll." Interessant ist die in EN 1111a30f. erwähnte Begierde nach Belehrung (*mathêsis*), obwohl der Prozess des Lernens auch mit Leid verbunden ist (Pol. 1339a28f.); interessanterweise speist sich ihr Lustgehalt laut Rhet. 1371a31-34 daraus, dass das Lernen (*manthanein*) ein Versetzen in den Naturzustand ist.

bestimmten Gruppe von konkreten Gegenständen (nämlich den Gegenständen des Tastsinns) assoziiert. Im Fall der Besonnenheit erklärt sich dies indes dadurch, dass diese Tugend als mittlerer Zustand zwischen ausschließlich solchen Lüsten definiert ist, die durch den Tastsinn bzw. durch den vom Tastsinn sich herleitenden Geschmackssinn hervorgerufen werden (EN 1118a26; EE 1230b21f.). Hier ist die Begierde zwar in der Tat die relevante Strebung, doch die Lüste, auf die sich die Besonnenheit bezieht, decken keineswegs den gesamten Bereich der möglichen Objekte der Begierde ab, sondern erklärtermaßen nur einen Teilbereich (EN 1118a1-3; *epithymias tinas*, EE 1230b21f; MM 1191b5-7). Und auch von den auf Tastwahrnehmungen bezogenen Lüsten berührt die Besonnenheit nur einen Teil (EN 1150a9-11; EE 1230b36-38).[12] Gleiches gilt für die Willensschwäche: Die Willensschwäche, die nicht metaphorisch ausgesagt wird, bezieht sich nur auf diejenigen Begierden und Lüste, für die die Besonnenheit als Tugend bzw. die Zügellosigkeit als Laster ‚zuständig' sind (EN 1146b19-21; 1148a4-11, 13-15, b10-12). Die Restriktion auf bestimmte Wahrnehmungsgehalte, die Aristoteles für die mit Besonnenheit und Willensschwäche assoziierten Begierden vornimmt, erlaubt daher keine Übertragung auf *alle* Begierden. Wir müssen deswegen davon ausgehen, dass für Aristoteles alle konkreten Gegenstände, sofern sie um der Lust willen erstrebt werden, Gegenstände der Begierde sein können.

Normativ gesehen besteht für Aristoteles in den Ethiken allerdings eine Verbindung von Begierde mit den Gegenständen der Wahrnehmung und insbesondere mit denen der Tastwahrnehmung: Man *soll* nur das Notwendige begehren, wofür es einen objektiv im *Körper* vorhandenen Mangelzustand gibt (EN 1154a15-18), also die Gegenstände von Hunger, Durst und Sexualität (EN 1118b9-11, 1154a17f.), und nicht das, wofür es lediglich Begierden ohne entsprechenden im engen Sinne *körperlichen* Mangelzustand gibt. Aus normativer Perspektive sind für Aristoteles Begierden nur so weit gerechtfertigt, wie sie das Wiederauffüllen von körperlichen Mangelzuständen erfordert (EN 1118b18: *anaplêrôsis gar tês endeias*).[13] Es sieht ganz so aus, als beschränke Aristoteles dies auf die im weitesten Sinne lebenserhaltenden körperlichen Funktionen. Welche körperlichen Mängel dies sind, entscheidet sich für ihn, wie es scheint, daran, ob durch sie

12 Vgl. EN 1118a2ff. Ausgenommen sind 1. Lüste, die durch andere als Tastwahrnehmungen zustande kommen, 2. solche Gerüche und Geschmäcker, die in keinem direkten Zusammenhang mit Nahrung stehen und 3. manche Tastwahrnehmungen (z.B. die ‚freiesten', wie etwa die durch Reibung des Körpers (Massage?) entstehende Hitzeempfindung, EN 1118b4-6). Vermutlich geht es hier auch um 'einfache' Wahrnehmungslüste; vgl. etwa EN 1154a9.

13 Hiervon sind die oben (siehe vorherige Anm.) erwähnten Gegenstände ausgenommen.

die Ausübung derjenigen Funktionen gewährleistet werden kann, die Menschen aufgrund ihrer spezifischen und definitorischen Natur zukommen: Begierden, die auf die Beseitigung solcher körperlichen Mangelzustände abzielen, die Bedingung für die Betätigung der spezifischen natürlichen Funktionen sind, nennt Aristoteles ‚notwendige' oder auch ‚natürliche' Begierden (*physikê epithymia* (EN 1118b8-19; EN 1147b23-28; MM 1202a31; vgl. auch EN 1154a17f; EE 1231a29f.: *physei chairousi*; Rhet.1370a20-25.).[14] Die übrigen Begierden, die nicht auf die für die Betätigung der natürlichen Funktionen notwendigen Mangelzustände bezogen sind, bezeichnet er als ‚eigentümlich' (*idioi*) und ‚hinzuerworben' (*epithetoi*, EN 1118b8f.), ohne sie auf bestimmte konkrete Gegenstände einzuschränken:

> Bei den eigentümlichen Lüsten gehen dagegen viele und in vielfacher Hinsicht fehl: Denn von denen, die Liebhaber bestimmter Dinge genannt werden – entweder dadurch, dass sie sich über das freuen, worüber man nicht soll, oder dadurch, dass sie sich mehr (darüber freuen) als die meisten, oder nicht auf die Weise, wie man soll, – in allen diesen Hinsichten übertreiben die Zügellosen: Denn manche freuen sich über solche Dinge, über die man nicht soll – nämlich hassenswerte Dinge; und wenn man sich über manches von solchen freuen soll, so (freuen sich die Zügellosen) mehr als man soll und mehr als die meisten sich freuen. (EN 1118b21-27)[15]

Eigentümliche Lüste (und direkt davon abhängig die entsprechenden Begierden) können aus zwei Gründen tadelnswert sein: entweder weil sie sich auf die falschen Gegenstände beziehen oder weil sie sich zwar auf die richtigen Gegenstände beziehen, aber in Intensität und Modalität über das Maß des Gebotenen hinausgehen. Es sind also nicht alle eigentümlichen Lüste moralisch verwerflich, sondern nur die genannten. Eine Einschränkung hinsichtlich der konkreten Gegenstände, die mögliche Objekte dieser hier als moralische Verfehlungen gebrandmarkten Strebungen sein können, nennt Aristoteles nicht.

---

14 Die ‚eingefleischten' Begierden des Zügellosen zählen also nicht dazu: Sie korrespondieren zwar mit körperlichen Mängelzuständen, jedoch solchen, die nach Meinung des Aristoteles nicht ‚natürlich' sind.

15 περὶ δὲ τὰς ἰδίας τῶν ἡδονῶν πολλοὶ καὶ πολλαχῶς ἁμαρτάνουσιν. τῶν γὰρ φιλοτοιούτων λεγομένων ἢ τῷ χαίρειν οἷς μὴ δεῖ, ἢ τῷ μᾶλλον ἢ ὡς οἱ πολλοί, ἢ μὴ ὡς δεῖ, κατὰ πάντα δ' οἱ ἀκόλαστοι ὑπερβάλλουσιν· καὶ γὰρ χαίρουσιν ἐνίοις οἷς οὐ δεῖ (μισητὰ γάρ), καὶ εἴ τισι δεῖ χαίρειν τῶν τοιούτων, μᾶλλον ἢ δεῖ καὶ ἢ ὡς οἱ πολλοὶ χαίρουσιν.

Die Begierde im Vergleich mit Mut
Die Strebeart ‚Begierde' bezeichnet die Strebungen, die Lust zu ihrem ‚äußersten' Relat haben. Es ist hier wichtig zu betonen, dass sich die anderen Strebearten auch auf lustvolle Gegenstände beziehen können. Der Unterschied ist, dass bei der Begierde die Lustempfindung das *direkte* Objekt der Strebung ist. Für Vorkommnisse von Begierden gilt demnach, dass die konkret erstrebten Gegenstände *deswegen* erstrebt werden, weil sie geeignet sind, dem Lebewesen eine Lustempfindung zu verschaffen. Die Begierde kann sich deshalb *per definitionem* nicht auf Gehalte richten, die für das Lebewesen Unlust bedeuten. Dass Menschen und höhere Tiere in der Lage sind, Unlust in Kauf zu nehmen, um ihre Begierden zu befriedigen, widerspricht dem nur scheinbar: Die Unlust, die in Kauf genommen wird, ist ein Mittel oder Hindernis auf dem Weg zum lustvollen *Ziel*. Dieses Ziel selbst wird aber immer um der Lust willen gewählt (vgl. Top. 110b35ff.). Anders bei den anderen Strebungen: Wer sich etwa rächen will, tut dies nicht aus Gründen des Lustgewinns – dies wäre eine ‚übermütige Misshandlung' (*hybris*; vgl. Rhet. 1378b23-28) und als solche selbst Gegenstand einer Begierde –, sondern aus anderen Gründen. Die Begierde ist für Aristoteles darüber hinaus (zumindest als aktuale Begierde) auf *sofortige* Befriedigung ausgerichtet.[16] Aktuale Wahrnehmungen finden immer in der Gegenwart statt[17] und in diesem Sinn der Unmittelbarkeit ist für Aristoteles die Begierde als solche ohne Bezug zur Zeit (DA 433b8-10): Eine Begierde z.B. danach, sich übermorgen oder irgendwann später satt zu essen, scheint es für ihn nicht zu geben, sondern Begehren heißt, das Objekt der Begierde hier und jetzt zu erstreben. Bei höheren Tieren und Menschen ist durch deren Fähigkeit zu Antizipation und Erinnerung die Möglichkeit gegeben, auch solche Gegenstände zu begehren, die äußerlich nicht direkt gegenwärtig sind, und speziell die Begierden von Menschen können sich auf Gegenstände beziehen, die, obwohl sie nicht aufgrund der ihnen selbst zukommenden Eigenschaften attraktiv sind, gleichwohl *Mittel* darstellen, die eigentlichen Gegenstände der Begierde zu erlangen.

Bei solchen Fällen von Begierde handelt es sich um relativ komplizierte Assoziationen, im letzteren Fall sogar zum solche, die die Kenntnis von

16 Dies hindert Aristoteles nicht daran, akratischen Menschen bei den Erfüllungen ihrer Begierden überlegtes Handeln zuzuschreiben, EN 1142b18-20. Bei Menschen gestaltet sich die Situation aufgrund der reicheren kognitiven Ressourcen komplizierter.

17 Vgl. De mem. 449b13-15. Dies ist eine Folge aus dem kausalen Wahrnehmungsbegriff des Aristoteles: Wahrnehmungen im engen Sinne sind direkte Wirkungen externer Ursachen, die auch zeitlich mit der Präsenz der sie bewirkenden Gegenstände zusammenfallen; (qua wahrnehmbare Qualitäten ist Täuschung daher so gut wie unmöglich) DA 418a14-16, vgl. 428b11; 429a27-30; 430a31-b2.

Zweck/Mittel-Relationen zur Voraussetzung haben. Die kognitiven *Mindestanforderungen*, die es braucht, um Begierden auszulösen, sind aber sehr gering: die Gegenwart perzeptiver Gehalte *allein* reicht dafür hin. Mut und Wunsch führen sich dagegen auf kognitive Gehalte zurück, die nicht mehr allein der bloßen *Präsenz* äußerer Wahrnehmungsgegenstände entsprechen. Sie erfordern deswegen kognitive Fähigkeiten, die über die Fähigkeit zur Wahrnehmung unmittelbar gegenwärtiger Gegenstände hinausgehen und über die niedere Lebewesen nicht mehr verfügen. Wie ich später zeigen möchte, bedarf es für Auslösung von Mut *komplexer* Wahrnehmungen, die im Lebewesen die Fähigkeit, Vorstellungen (*phantasiai*) zu bilden, zur Voraussetzung haben.

Um welchen Unterschied es geht, lässt sich vielleicht am besten anhand eines Beispiels verdeutlichen: So kann das Streicheln eines Hundes *je nach Kontext* von dem Hund entweder als Angriff oder als Liebkosung wahrgenommen werden, ohne dass sich an der taktilen Qualität bzw. an der im engeren Sinne körperlichen Verfassung des Hundes irgendetwas geändert hätte. Die Gründe, weshalb der Hund entweder bellt oder durch Schwanzwedeln Lustempfindung signalisiert, sind daher durch das Streicheln allein nicht mehr zu erklären. Es muss noch etwas hinzukommen, das für den Hund darüber hinaus das Streicheln *als* entweder Angriff oder Liebkosung ausweist. Die durch das Streicheln bewirkte taktile Empfindung, wenn man von ihrem Urheber und vor allem der Relation, in der er zu dem Hund steht, absieht, kann von diesem durchaus nicht anders als lustvoll empfunden werden (wir setzen voraus, dass die körperliche Verfassung des Hundes gerade so beschaffen ist, dass er das Streicheln als angenehm empfindet): Der kognitive Gehalt, der diese Lustempfindung auslöst (der taktile Effekt des Streichelns) ist *als solcher* identisch mit der Gegenwart bestimmter taktiler Wahrnehmungen. Demgegenüber reicht die Präsenz von Wahrnehmungsgehalten *allein* nicht hin, um zu beschreiben, aus welchen Gründen der Hund jemandem, der ihn streichelt, *zürnt*. Der Hund zürnt dem Streichelnden nicht deswegen, *weil* er gestreichelt wird. Das Streicheln selbst empfindet er ja als angenehm. Es ist da also noch etwas anderes, was über den bloßen perzeptiven Gehalt der taktilen Empfindung hinausgeht und das, wie ich meine, mit gar keiner Wahrnehmungsqualität allein mehr zu beschreiben ist: Etwas, das man als den *Kontext* bezeichnen könnte, in dem die taktile Wahrnehmung des Gestreichelt-Werdens stattfindet. Wichtig ist, dass dieser Kontext nicht mit irgendwelchen bestimmten wahrnehmbaren Qualitäten korrespondiert, sondern damit, in welchem *Verhältnis* der Hund zur Person steht, die ihn streichelt. Genau hier scheint mir ein wichtiger Unterschied zwischen den spezifischen Gegenständen der Begierde und denen des Muts zu liegen: Um Begierde zu empfinden, ist nicht mehr erforderlich als die bloße Fähigkeit, sich von äußerlich präsenten Wahrnehmungsgegenständen affizieren zu lassen. Der Zorn des aggressiven Hundes dagegen wird nicht durch wahrnehmbare Qualitäten, sondern durch etwas ganz anderes ausgelöst, nämlich dadurch, dass er eine ungebührliche Geringschätzung empfindet. Damit ein Lebewesen so etwas empfinden kann, erfordert es mehr als die basale Fähigkeit, sich von Wahrnehmungsgegenständen affizieren zu lassen.

Dieser Unterschied zwischen Begierde und Mut scheint für Aristoteles zwar nicht der artbildende Unterschied (dies ist der ‚äußerste' Zweck), aber dennoch ein Kriterium zu sein, anhand dessen sich Begierde und Mut voneinander unterscheiden lassen. Eine Stelle aus der *Nikomachischen Ethik* bestätigt dies. Aus ihr wird m.E. deutlich, dass Aristoteles das direkte Relatum konkreter Vorkommnisse von Begierden (ihren unmittelbaren Zweck, nicht den ‚äußersten' Zweck und nicht die Mittel, die zu ihm führen) als Gegenstand angesehen hat, der vollständig durch perzeptive Qualitäten beschreibbar ist. Der Kontext der Stelle ist die Diskussion verschiedener Arten von Willensschwäche (*akrasia*). Aristoteles möchte zeigen, aus welchem Grund die Willensschwäche aufgrund von Zorn, also einem Fall von Mut, moralisch weniger verwerflich ist als die aufgrund von Begierde:

> Wir wollen nun betrachten, dass die Willensschwäche aufgrund von Zorn (*thymos*) weniger verwerflich ist als die aufgrund von Begierden. Es scheint nämlich der Zorn etwas auf die Vernunft zu hören, sich dabei jedoch zu verhören, so wie die voreiligen Diener, die hinauslaufen, bevor sie alles gehört haben, was man ihnen sagt, und dann nicht ausführen, was ihnen aufgetragen wurde, oder die Hunde, die dann, wenn jemand nur klopft, (sofort) bellen, bevor sie festgestellt haben, ob es ein Freund ist. Auf diese Weise drängt der Zorn aufgrund der Hitze und Voreiligkeit seiner Natur zur Rache, indem er zwar hört, jedoch nicht auf das, was ihm aufgetragen wurde. Denn die Vernunft oder die Vorstellung (*phantasia*) haben gezeigt, dass es sich um eine Misshandlung oder Geringschätzung handelt, und der Zorn zürnt sofort, so als würde er deduziert haben, dass man jemanden, der solches tut, bekämpfen soll. Die Begierde drängt demgegenüber zum Genuss, wenn die Vernunft oder die Wahrnehmung nur sagen, dass es lustvoll ist, so dass der Zorn auf gewisse Weise der Vernunft folgt, die Begierde dagegen nicht. Also ist sie verwerflicher, weil der Willensschwache im Hinblick auf Zorn auf gewisse Weise der Vernunft unterliegt, der andere dagegen der Begierde und nicht der Vernunft. (EN 1149a24-b3)[18]

---

18 Ὅτι δὲ καὶ ἧττον αἰσχρὰ ἀκρασία ἡ τοῦ θυμοῦ ἢ ἡ τῶν ἐπιθυμιῶν, θεωρήσωμεν. ἔοικε γὰρ ὁ θυμὸς ἀκούειν μέν τι τοῦ λόγου, παρακούειν δέ, καθάπερ οἱ ταχεῖς τῶν διακόνων, οἳ πρὶν ἀκοῦσαι πᾶν τὸ λεγόμενον ἐκθέουσιν, εἶτα ἁμαρτάνουσι τῆς προστάξεως, καὶ οἱ κύνες, πρὶν σκέψασθαι εἰ φίλος, ἂν μόνον ψοφήσῃ, ὑλακτοῦσιν· οὕτως ὁ θυμὸς διὰ θερμότητα καὶ ταχυτῆτα τῆς φύσεως ἀκούσας μέν, οὐκ ἐπίταγμα δ' ἀκούσας, ὁρμᾷ πρὸς τὴν τιμωρίαν. ὁ μὲν γὰρ λόγος ἢ ἡ φαντασία

Zunächst zur Stichhaltigkeit dieses Vergleichs für den hier intendierten Zweck, einen prinzipiellen Unterschied der Gehalte von Begierde und Mut aufzuzeigen: Aristoteles möchte zeigen, dass die *Willensschwäche* aufgrund von Zorn weniger verwerflich ist als die Willensschwäche aufgrund von Begierde. Der Vergleich scheint mir aber dennoch geeignet, einen grundsätzlichen Unterschied beider Strebearten aufzuzeigen, weil das Element der Willensschwäche aufgrund von Zorn nur die *Voreiligkeit*, mit der ‚deduziert' wird, nicht aber den Vorgang der ‚Deduktion' selbst betrifft. D.h. nämlich, dass der durch das Bild der Deduktion beschriebene Vorgang als charakteristisch für *alle* Vorkommnisse von Mut, und nicht nur für die akratischen unter ihnen angesehen werden kann.[19] Auch scheint es, dass Aristoteles die Willensschwäche aus Zorn deswegen für weniger verwerflich hält, weil er kognitive Leistungen zur Voraussetzung hat, die auf einem höheren Niveau liegen als die der Begierde: Aristoteles formuliert den Unterschied zwischen Begierde und Zorn durch das Bild der Nähe bzw. Ferne zur Vernunft. Der Gegensatz ist der zwischen einem Argument (*deduzieren*) und einer unbegründeten Behauptung (*nur sagen*): Die Begierde bedarf nicht des Arguments bzw., so wie ich die Stelle verstehe, der kontextabhängigen ‚Interpretation' eines Wahrnehmungsgehaltes, um etwas als lustvoll zu empfinden. Um Lust zu empfinden, reicht das bloße Faktum einer gegebenen Sinneswahrnehmung. Hierin ähnelt die Begierde einer unbegründeten Behauptung: Eine unbegründete Behauptung ist in dem Sinne identisch mit ihrem Gehalt, dass es nichts außerhalb der Behauptung gibt, was für oder gegen sie spricht. So auch bei der Begierde: Ihr Gehalt ist identisch mit wahrgenommenen Eigenschaften. Das bloße Vorhandensein dieser Eigenschaften reicht hin, um Begierde auszulösen. Der Zorn dagegen ähnelt (*hôsper*) einem Argument, da ihm etwas Analoges zur *Interpretation* einer Behauptung zugrunde liegt: Der Hund hat in dem Klopfen an der Tür einen Wahrnehmungsgehalt, der für sich genommen weder Lust noch Leid mit sich bringt. Er nimmt das Klopfen jedoch über den präsenten Wahrnehmungsgehalt hinaus *als* das Nahen eines Feindes wahr. Er hat zu diesem Zeitpunkt *keine* Wahrnehmung eines Feindes. Dass es sich also um das Klopfen *eines Feindes* handelt, ist eine Zutat des Hundes. Ebenso das im Text genannte Beispiel des Dieners: Es ist nicht so, dass der Diener einfach ohne Instruktionen hinausläuft. Er handelt gemäß

ὅτι ὕβρις ἢ ὀλιγωρία ἐδήλωσεν, ὃ δ' ὥσπερ συλλογισάμενος ὅτι δεῖ τῷ τοιούτῳ πολεμεῖν χαλεπαίνει δὴ εὐθύς· ἡ δ' ἐπιθυμία, ἐὰν μόνον εἴπῃ ὅτι ἡδὺ ὁ λόγος ἢ ἡ αἴσθησις, ὁρμᾷ πρὸς τὴν ἀπόλαυσιν. ὥσθ' ὁ μὲν θυμὸς ἀκολουθεῖ τῷ λόγῳ πως, ἡ δ' ἐπιθυμία οὔ. αἰσχίων οὖν· ὁ μὲν γὰρ τοῦ θυμοῦ ἀκρατὴς τοῦ λόγου πως ἡττᾶται, ὃ δὲ τῆς ἐπιθυμίας καὶ οὐ τοῦ λόγου.

19 In diesem Sinne einer generellen Unterscheidung deutet auch Cooper die Stelle, wenn auch mit abweichendem Ergebnis, vgl. Cooper (1999), S. 260-264.

einer generellen Instruktion (nämlich: auszuführen, was ihm aufgetragen wird), er schreitet jedoch schon zur Ausführung, bevor er richtig gehört hat, was genau er machen soll (hier ist die übereilte Dienstfertigkeit, und nicht Zorn, ein Fall von *thymos*). Die Wahrnehmung des Türklopfens und die unvollständige Dienstanweisung des Herrn sind also nicht selbst der Gegenstand des Muts, sondern Auslöser von Reaktions*mustern*, die nicht mehr auf Wahrnehmungsgehalte, sondern auf Situations*typen* reagieren. Um diesen Unterschied zwischen Mut und Begierde aufzuzeigen, zieht Aristoteles die Analogie zum Vorgang des Deduzierens (*syllogisamenos*): Indem der Hund den präsenten Wahrnehmungsgehalt als das Nahen eines Feindes gewissermaßen *‚interpretiert'*, bringt er zwei Komponenten in einen solchen Zusammenhang, dass sich etwas Neues daraus ergibt, nämlich sein Streben nach Rache.[20] Der Gehalt, der zum Zorn führt, besteht daher nicht allein in einem präsenten Wahrnehmungsgehalt – wenn dies so wäre, würde schon das Türklopfen als solches mit Leid verbunden sein –, sondern in dem Türklopfen *eines* Feindes bzw., was dasselbe ist, in einem Türklopfen, das als Geringschätzung wahrgenommen wird.[21] Nun ist auch eine Geringschätzung kein Sinnesdatum, sondern die Beschreibung einer intentionalen Handlung. Die Wahl des Ausdrucks führt sich an dieser Stelle vermutlich auf den Umstand zurück, dass Aristoteles hier in vermischter Weise von voreiligen Tieren und Menschen spricht. Wenn wir daher davon ausgehen wollen, dass Tiere Handlungen und Intentionen zwar nicht beschreiben, dafür aber Zorn *empfinden* können, sollten wir die Fähigkeit, Handlungsbeschreibungen vorzunehmen, nicht für eine notwendige Bedingung für die Auslösung von Zorn ansehen. Wahrscheinlicher ist, dass der Anlass des Zornes etwas mit einer *Relation* zu tun hat, in der sich derjenige, der vermeintlich an die Tür klopft, zum Hund befindet. Etwas in der Art scheinen auch die Ausdrücke ‚Geringschätzung' (*oligôria*) und ‚Misshandlung' (*hybris*)[22] zu implizieren. Auch hier sollten wir aber nicht vorei-

20 Die Analogie des Erzürnens zum Vorgang des Deduzierens erschöpft sich m.E. darin, dass sich aus zwei gegebenen Komponenten etwas Neues ergibt (An.pr. 24b18-22; Top. 100a25-27).

21 Bzw., wie Aristoteles sagt, die Vorstellung vermittelt den Gehalt (*zeigt*), das Türklopfen *sei* eine Geringschätzung. Hier stellt sich sogleich die Frage, wie eine Vorstellung eine Geringschätzung vermitteln kann. Dazu siehe unten, S.244. In der *Identifizierung* des Türklopfens mit der Geringschätzung liegt übrigens die ungebührliche Voreiligkeit des zornigen Akratikers. Er assoziiert das Türklopfen *ungerechtfertigterweise* mit einer Geringschätzung, da er noch gar nicht wissen *kann*, ob es sich um einen Feind oder einen Freund handelt. Seine Form der Akrasie ist deswegen weniger verwerflich als die aufgrund von Begierde, weil er nicht wider *besseres* Wissen, sondern aufgrund von *unvollständigem* Wissen handelt.

22 Vielleicht besser: ‚übermütige Misshandlung'. Sie ist neben der Boshaftigkeit (*epereasmos*) und Verachtung (*kataphronêsis*) eine der drei Arten der Gering-

lig darauf schließen, dass alle Lebewesen, die Zorn empfinden, deswegen Relationen als solche *repräsentieren* können müssen. Es reicht, dass die beiden kontextualisierten Komponenten (die aktuale Wahrnehmung des Türklopfens und die Vorstellung eines Feindes) zusammen eine solche Relation *ergeben*: Die Relation der Geringschätzung *als solcher* muss vom Hund nicht repräsentiert werden, damit er Zorn empfinden kann, weil die Herstellung dieser Relation bereits der Beginn seines Zorns *ist*. Ich sehe keinen Grund, warum es *für den Hund* noch einen Unterschied zwischen der Verbindung der Wahrnehmung des Türklopfens mit der Vorstellung eines Feindes einerseits und der Auslösung seines Zorns andererseits geben soll. Es bedarf dafür nicht des Rekurses auf ein allgemeines Prinzip oder der Repräsentation eines *Sachverhaltes*, der mit ‚wider die Gebühr geringschätzig behandelt werden' korrespondiert. Es reicht, dem Hund einen im weitesten Sinn als Angriff auslegbaren Wahrnehmungsgehalt (das Türklopfen) zusammen mit der Vorstellung (*phantasia*) einer Person zuzuschreiben, zu der er sich (ohne dies als solches zu wissen) in der besagten Relation der Feindschaft befindet. Alles, was darüber hinausgeht, scheint mir nur schwer mit dem Gedanken vereinbar, dass Aristoteles auch nichtvernünftigen Tieren, wie z.B. hier dem Hund, die Fähigkeit zum Zorn zuspricht. Wenn es daher oben im Text heißt, dass ‚der Zorn auf gewisse Weise der Vernunft folgt', so ist damit nicht gesagt, der Mut basiere buchstäblich auf *Argumenten*; plausibler ist, dass es sich dabei um ein Bild (Analogie) handelt, von dem Aristoteles Gebrauch macht, um eben jenes Hinausgehen über die perzeptiven Gehalte gegenwärtiger Wahrnehmungen zum Ausdruck zu bringen, welches den Zorn und damit, wie ich meine, auch den Mut generell gegenüber der Begierde auszeichnet:[23] Der Hund

schätzung. Es geht dabei um die Relation der Überlegenheit (*hyperechein*, vgl. Rhet. 1378b13-29). Zorn entsteht dann, wenn jemand, von dem der Zürnende glaubt, es käme ihm nicht zu, sich in geringschätziger Weise verhält.

23 Gleiches gilt auch für den eilfertigen Sklaven aus obigem Text. Die tatsächliche Relation von Mut und Begierde zur Vernunft diskutiert Aristoteles woanders: Er sagt, die Strebefähigkeit überhaupt (*holôs orektikon* = in diesem Fall Begierde und Mut) sei in gewisser Weise (*pôs*) der Vernunft zugänglich, nämlich insofern sie ihr gehorcht, (*metechei pôs*; EN 1102b30ff.). Bei dieser Verbindung von Strebefähigkeit und Vernunft geht es nicht um Überredung durch Argumente, sondern um ein autoritäres Kommando (was allerdings keinesfalls Unfreiwilligkeit implizieren muss): Die Strebefähigkeit ‚hört' in dem Sinne auf die Vernunft, dass sich die jeweiligen Begierden in Übereinstimmung mit der Vernunft befinden können (EN 1119b14f.). Zur Illustration dieses Verhältnisses benutzt Aristoteles das Bild eines Pädagogen, dessen Vorschrift (*prostagma*) entsprechend das Kind leben soll (EN 1119b14-16), und das Bild des Sohnes, der zwar auf seinen Vater hört, aber nicht in der Weise, wie er auf die Beweise des Mathematikers hört (EN 1102b30-1103a3). Argumentative Überzeugung wird in diesen Beschreibungen also gerade

folgt nicht nur einem wahrgenommenen Eindruck, sondern er reagiert auf einen Situations*typ*, der sich als ‚Beleidigung' oder ‚Geringschätzung' umschreiben lässt und der nicht mehr allein durch perzeptive Qualitäten zu beschreiben ist. Damit folgt der Hund aber noch nicht der *Vernunft*, sondern er befindet sich nur insofern ‚näher' an der Vernunft, als er einem zwar nicht-rationalen Reaktionsmuster folgt, das für Aristoteles aber durchaus auch seine vernünftige Berechtigung hat: Wenn wir beleidigt werden, ist es seiner Auffassung nach vernünftig und richtig, in Zorn zu geraten. Aus diesem Grund besteht die Akrasie des Muts auch nicht darin, in Zorn zu geraten, sondern *schon dann* in Zorn zu geraten, wenn wir noch gar nicht wissen, ob wirklich eine Beleidigung vorliegt. Ein solches, ratio-

---

ausgeschlossen. Dies ist im Hinblick auf die oben im Text diskutierte Stelle m.E. nicht anders als nur mit einer *metaphorischen* Nähe des Muts zum Argument zu vereinbaren. Hierin unterscheidet sich die vorliegende Interpretation von Cooper (1999), der von „evaluative propositions" spricht (S. 261), und von Lorenz (2006), der meint, der *thymos* folge einer generellen evaluativen Perspektive (outlook). Lorenz bringt diese evaluative Perspektive mit dem *orthos logos* in Verbindung (S. 193f.). Ein wichtiger Unterschied zwischen generellen evaluativen Perspektiven und dem Gegenstand des *thymos* scheint mir darin zu liegen, dass erstere sich nicht auf die eigene Person beschränken. In Zorn geraten Menschen und Tiere aber nur dann, wenn sie *persönlich* davon betroffen sind, vgl. unten S. 153.

Eine Passage (Rhet. 1370a18-27) scheint der hier vertretenen These von dem auf die *Wahrnehmung* von Lust eingeschränkten konkreten Zweck von Begierden entgegenzustehen (vgl. Kassels Apparat ad loc.): Aristoteles scheint dort nämlich von *vernünftigen* Begierden zu sprechen: "Von den Begierden sind die einen unvernünftig, die anderen aber vernünftig. ‚Unvernünftig' nenne ich alle die Begierden, welche nicht daraus resultieren, dass eine Annahme über etwas gemacht wird (*hosas mê ek tou hypolambanein ti epithymousin*); von solcher Art sind alle die, die als ‚natürlich (*physei*)' bezeichnet werden, wie die, die durch den Körper vorhanden sind, zum Beispiel die Begierde nach Nahrung, [Durst und Hunger], die Begierde nach jeder einzelnen Art von Nahrung, die Begierden, die mit dem Geschmack und der Sexualität zu tun haben, sowie überhaupt das, was den Tastsinn betrifft, und was den Geruchssinn [von Wohlriechendem], den Gehörsinn und den Gesichtssinn betrifft. ‚Vernünftig' nenne ich dagegegen alle die Begierden, die aus dem Überzeugt-Worden-Sein resultieren (*ek tou peisthênai epithymousin*); vieles nämlich begehren sie zu sehen und zu erwerben, wenn sie davon gehört haben und davon überzeugt worden sind." (Übers. nach Rapp, 2002). In dieser Passage wird aber nicht gesagt, dass die *Begierde* von etwas überzeugt wird. Subjekt des Satzes sind die *Menschen*, die aufgrund einer Überzeugung, zu der sie gebracht wurden, begehren (*epithymousin*, a20, 25, 26; *akousantes kai peisthentes*, a27). Der Gehalt der Begierde selbst, der sich unabhängig von der Beschaffenheit der konkret begehrten Gegenstände immer auf das *Wahrnehmen* von Lust bezieht (Rhet. 1370a27f.), wird dadurch nicht berührt (vgl. ebda. 17f.). Die Passage handelt von den *Wirkursachen* der Begierden und besagt, dass diese über körperliche Ursachen hinaus auch durch überzeugende Rede zustande gebracht werden können, (vgl. auch EN 1149a34). Es besteht kein Widerspruch zwischen dieser Passage und der These, dass Begierden *als solche* arational sind (z.B. auch in Rhet. 1369a4).

nal zu rechtfertigendes Reaktionsmuster, das nicht nur auf eine Wahrnehmung, sondern auf einen *als solchen* nicht mehr wahrnehmbaren Situations*typ* reagiert, liegt bei der Begierde nicht vor.[24]

§ 4 Mut (*thymos*)

Trotz der Erweiterung der kognitiven Voraussetzungen, die Aristoteles für die Auslösung von Mut geltend macht, gruppiert er sie zusammen mit der Begierde unter die arationalen Strebungen. Der Titel ‚rationale Strebung' bleibt dem Wunsch (*boulêsis*) vorbehalten (DA 432b5f; Rhet. 1369a1-4; DA433a 23-25). Diese Klassifizierung ist aus relationaler Sicht konsequent: Die arationalen Strebungen ergeben sich aus Wahrnehmungsakten, zu denen die wahrnehmenden Lebewesen in den oben genannten Relationen stehen. Anzahl und Qualität der Relationen, in denen der körperlich-emotionale Zustand eines Lebewesen so zu Gegenständen stehen kann, dass sie ihm nicht verborgen bleiben, ist abhängig von den kognitiven Fähigkeiten, über die das Lebewesen verfügt. Es macht daher Sinn, dass die Arten der Strebung sich auch durch den kognitiven Aufwand, den die Repräsentation ihrer Auslöser erfordert, unterscheiden: Je höher der kognitive Aufwand, den ein Lebewesen für die Repräsentation eines Gegenstandes aufwenden muss, desto ‚höher' die aus diesem Gegenstand hervorgehende Strebung. Dagegen ist der kognitive Aufwand und Scharfsinn, den Lebewesen (insbesondere Menschen) für die *Realisierung* ihrer Strebezwecke aufbieten, für diese Unterscheidung unerheblich, weil sich dieser Aufwand weder auf die Repräsentation des Auslösers noch des konkreten Zwecks, sondern auf die Mittel zu seiner Erreichung richtet. Es geht bei der Unterscheidung also nur um den kognitiven Aufwand, den die Repräsentation des jeweiligen Auslösers *mindestens* voraussetzt. Und in dieser Hinsicht deutete sich im vorigen Abschnitt schon an, dass die Auslösung von Mut nicht Vernunft, sondern komplexere Formen der Wahrnehmung erfordert.[25]

Aristoteles gibt in den erhaltenen Texten keine regelrechte Definition des *thymos*. An den Beispielen, die er nennt – neben Zorn nennt er den *thymos* auch im Zusammenhang mit Liebe bzw. Freundschaft (*philia*, Pol.

---

24 Für eine genauer Analyse von ‚Situationstyp', vgl. unten S. 220f.

25 Die These, Mut sei eine aus Lust/Leid-Empfindungen resultierende Strebung, impliziert nicht, dass rationale Erwägungen bei der Auslösung von Mut keine Rolle spielen. Selbstverständlich kann der Gebrauch der Vernunft den Bereich dessen, was für solche Empfindungen relevant ist, erweitern. Vernünftige Gehalte und Erwägungen *alleine*, so meine ich, können aber weder Mut noch Begierde auslösen, da es sich dabei um Empfindungen des arationalen (*sinnlichen*) Seelenteils handelt.

1327b40f.), Furcht (Top. 126a8) und, wie wir gerade gesehen haben, mit der Dienstfertigkeit des voreiligen Dieners (EN 1149a24-b3) –, zeichnet sich aber ab, dass es um einen sehr weiten Bereich unterschiedlicher Relationen geht. Sicher nicht zutreffend ist die immer noch gängige Vorstellung, der *‚thymos'* beziehe sich nur auf kompetitive Relationen zu anderen Personen oder Artgenossen. Da Aristoteles den *thymos* außer mit Zorn ausdrücklich auch mit Freundschaft/Liebe, Furcht und Dienstfertigkeit in Verbindung bringt, scheint sicher, dass es sich dabei um eine wesentlich breitere Konzeption handelt als die von bloß ‚kompetitiven Emotionen'. Wie es scheint, ist der *thymos* in der Hinsicht *systematisch ambivalent*, dass er auf Lust/Leid-Empfindungen reagiert, die sich sowohl aus kompetitiven als auch aus kooperativen und sogar aus sympathischen Relationen zu anderen (nicht nur zu Artgenossen) ergeben. Die Nennung von Furcht als Emotion, für deren Empfinden ebenfalls der Mut zuständig ist (Top. 126a8), legt zudem nahe, dass auch Relationen zur eigenen Person dazuzählen.

Die Gegenstände des Muts

Da wir über keine Definition verfügen, empfiehlt es sich, den Gegenstandsbereich des Muts zunächst negativ einzugrenzen: Da Aristoteles mit seiner Dreiteilung erklärtermaßen den Anspruch vertritt, eine *vollständige* Aufteilung aller Strebungen zu geben[26] und wir mit der hier eingeführten Unterscheidung zwischen komplexen und nicht komplexen Wahrnehmungen (basierend auf EN 1149a24-b3) ein zusätzliches Unterscheidungskriterium von Begierden und Mut gewonnen haben, schlage ich vor, unter dem Titel ‚Mut' zunächst alle diejenigen Strebungen zu verstehen, die sich 1. aus Lust/Leid-Empfindungen ergeben und 2. ihrem Gehalt nach über direkt Wahrnehmbares hinausgehen. (1) stellt sicher, dass es sich nicht um rationale, sondern arationale Strebungen handelt, und (2) grenzt den Mut von der Begierde ab. Welche Gegenstände fallen unter die Beschreibung, weder rational noch direkt wahrnehmbar zu sein? Es tut sich hier ein sehr weites Feld auf, das aus heutiger Perspektive vielleicht als Bereich dessen bezeichnet werden kann, was für Emotionen und Stimmungen relevant ist. Zu Stimmungen als weniger akuten Befindlichkeiten äußert sich Aristoteles nicht ausführlich genug, als dass in befriedigender Weise etwas darüber gesagt werden könnte.[27] Im hier verfolgten Zusammenhang sind solche relativ schwachen Empfindungen zu vernachlässigen, da unser Augenmerk

26 Vgl. EE 1223a26f; 1225b24-26; MM 1187b36f; DS 436a9f; DA 414b2; 432b5f; MA 700b22.

27 Vielleicht geht es in den Ausführungen in Rhet. 1377b28ff. auch um Stimmungen (*pôs diakeimenoi*).

auf solchen Strebungen liegt, die in Ortsbewegungen resultieren: Stimmungen, verstanden als subrational motivierbare Befindlichkeiten,[28] sind nicht direkt bewegungsrelevant (keine direkten Handlungsgründe). Innerhalb des Aristotelischen Erklärungsschemas wären sie wohl in derselben Weise zu erklären wie akute Empfindungen, mit dem Unterschied allerdings, dass sie als unterschwellige Strebebewegungen nicht in die Erklärung von Ortsbewegungen eingehen würden.[29]

Im Folgenden werde ich versuchen, die oben im Negativverfahren festgestellte sehr breite Auffassung vom *thymos* zu plausibilisieren. Dafür werde ich einige (nicht alle) Empfindungen, von denen ich denke, dass Aristoteles sie auf den Mut zurückführt, aufzählen und eine Kurzbeschreibung der ihnen zugrunde liegenden relationalen Struktur geben (a). Im Anschluss daran werde ich versuchen, die obige negative Bestimmung des Muts durch eine positive Skizze zu ergänzen (b). Schließlich möchte ich kurz auf das Verhältnis von Emotionen und Mut eingehen: Da vielfach angenommen wird, Aristoteles habe ganz analog zum modernen Emotionsbegriff eine Theorie der Emotionen in Anlehnung an den Ausdruck ‚*pathê tês psychês*' entwickelt, werde ich zunächst die Stichhaltigkeit dieser Annahme diskutieren. Wie sich hier schon andeutet, wird die Antwort negativ ausfallen. Dies betrifft nicht nur den Titel ‚*pathê tês psychês*', sondern auch die Sache: Aus einigen Grundannahmen der Aristotelischen Seelenlehre sowie der relationalen Bestimmung der Lust/Leid-Empfindung und Strebung ergibt sich, dass der Gegenstandsbereich, dessen Einheit durch den damals gebräuchlichen Term ‚*pathê tês psychês*' (wesentlich mehr aber noch durch unser Wort ‚Emotionen') nahe gelegt wird, für Aristoteles in eine Vielzahl verschiedener, z.T. heterogener Phänomene zerfällt: Für ihn ist der Ausdruck *pathê tês psychês* daher nicht terminologisch im Sinne seiner Theorie der Seele oder der für Körper und Seele gemeinsamen Leistungen (c).

(a) *Beispiele für die relationale Struktur des Muts*

In der *Politik* heißt es, der *thymos* sei das Seelenvermögen, das für freundschaftliche und Liebesverhältnisse verantwortlich ist (*tês psychês dynamis hêi philoumen*, Pol.1327b41f.[30]). Da Aristoteles den Begriff ‚Lie-

28 Zu den mit rationalen Elementen gemischten Formen komme ich später.

29 Da das Aristotelische Erklärungsmodell Lust/Leid-Empfindungen und Strebungen direkt von kognitiven Gehalten (Wahrnehmungen) abhängig macht, kann es für ihn so etwas wie Stimmungen *ohne* Gegenstand nicht geben.

30 Die primäre Form der Freundschaft/Liebe (*prôte philia*) definiert Aristoteles anderswo als ein Wünschen (*boulêsis*), also als eine rationale Strebung, die nicht aus einer Lust/Leid-Empfindung hervorgeht, aber in ihrer Konsequenz zu Lust/Leid-Empfindungen *führt*. Ich sehe hierin weder einen Konflikt zur hier vertretenen Be-

be/Freundschaft‘ (*philia*) in einem sehr umfassenden Sinne verwendet, der sich durch moderne Übersetzungen nicht deckungsgleich wiedergeben lässt, sind einige Erläuterungen am Platz: Bei der *philia* dreht es sich um alle Formen friedfertiger wechselseitiger Beziehungen, von biotisch angelegten Brut- und Pflegeverhältnissen, Staaten- oder Nutzgemeinschaften über Familienbanden bis hin zu philosophisch durchtränkten Lebensbünden. Es ist daher nicht übertrieben, wenn man alle Formen persönlich erfahrbarer und irgendwie positiv konnotierter Sozietät darunter begreift. Alle diese Verhältnisse bestehen in entweder symmetrischen oder asymmetrischen, aber immer in *reziproken Relationen*,[31] die in verschiedenen Graden die Anerkennung des anderen voraussetzen. Daneben steht der *thymos* in Bezug zu sozialen ‚Gütern' im weiteren Sinne,[32] z.B. den verschiedenen Relationen sozialer Anerkennung, Ehre sowie deren Gegenteilen. Sie äußern sich in gewissen Verhaltensweisen von Art- und Gesellschaftsgenossen gegenüber einem selbst. Dann, wenn die Verhaltensweise eines anderen Lebewesens als nicht mit seinem sozialen Rang übereinstimmend empfunden wird, kann dies zu Zorn oder Empörung führen (EN 1135b25-1136a1). Zur gleichen Gruppe von Empfindungen gegenüber anderen würde ich auch Scham und Dankbarkeit rechnen wollen, die Aristoteles allerdings nicht ausdrücklich mit dem *thymos* in Verbindung bringt. Ebenfalls nicht ausdrücklich mit dem *thymos* verbindet er Neid und Mitleid, deren relationale Struktur in den Bezügen besteht, in denen wir dadurch zu anderen stehen, dass bei ihnen solche Gegenstände vorliegen, die wir entweder selbst erstreben oder meiden. Ferner gerechter Unwille und Eifer, die sich aus der Anwesenheit solcher Güter bei *anderen* ergeben und deren Besitz als entweder verdient oder unverdient empfunden wird. Neben Liebe/Freundschaft und der schon genannten Ehre[33] scheint es auch um Relationen zu unbelebten Gegenständen, z.B. Vermögen und sonstigen ‚Glücksgütern' zu gehen. Sie äußern sich in Empfindungen, mit denen die Tugenden der Großzügigkeit, Freigiebigkeit usw. zu tun haben, wie etwa Geiz oder Verschwendungssucht (EN 1119b22ff; 1123b20f; Rhet. 1360b27ff.). Hier ist der fehlende Bezug zu anderen aber nur scheinbar.

---

hauptung, Mut sei generell für die Gegenstände der Emotionen zuständig, noch zu dem Wortlaut der Stelle in Pol. 1327a40f.: Die primäre Freundschaft ist eine komplexe Emotion, die rationale Strebung zu involvieren scheint. Ihr *affektiver* Gehalt – um den es mir in diesem Zusammenhang geht – führt sich vermutlich aber auf den Mut zurück.

31 Der Freund/Geliebte muss wissen, dass er geliebt wird/Freund ist, sonst liegt keine Freundschaft/Liebe, sondern nur Wohlwollen vor, vgl. EN 1166b30ff.

32 Für das Folgende, sofern nicht anders angegeben, vgl. die Definitionen der *pathê tês psychês* in Rhet. II 1-11, 1378a31-1388b30.

33 Für *philia* als äußeres Gut, vgl. EN 1169b10ff., für Ehre EN 1123b20f.

Geiz z.B. ist nicht die Liebe zum besessenen Objekt als solchem, sondern die Strebung, den Besitz nicht mit anderen zu teilen. Relationen zu bevorstehenden Ereignissen, die sich negativ auf das Lebewesen selbst auswirken können, werden als Furcht (Top. 126a8, EN 1116b31-33) und Übermut bezeichnet (EN 1116b23ff.). Letztere werden von Aristoteles ausdrücklich auf den *thymos* zurückgeführt.[34]

(b) *Gemeinsamkeiten der Beispiele gegenüber der Begierde*
In allen genannten Fällen erfolgt die den *thymos* auslösende Lust/Leid-Empfindung nicht in Folge von perzeptiven Reizen *allein*, sondern aufgrund des Umstandes, dass eine bestimmte Relation zu Artgenossen, anderen Lebewesen oder unbelebten Gütern entweder verletzt oder hergestellt wird. Die Relation, in der sich z.B. Menschen zueinander befinden, die einander nach Gebühr achten, wird nicht als besonders lustvoll erfahren. Erfolgt jedoch eine Missachtung oder Verletzung dieser Relation durch ungebührliche Geringschätzung, so hat dies eine Leidempfindung und die Strebung nach Wiederherstellung der für angemessen erachteten Relation zur Folge (Strebung nach Vergeltung). Analoges ließe sich für die anderen Beispiele angeben: In allen diesen Fällen geht es nicht darum, eine bestimmte Sinnesempfindung zu haben, sondern um Relationen, die als solche nicht wahrnehmbar sind. Ich schlage daher vor, die obige negative Eingrenzung des Gegenstandsbereichs des Muts durch den Zusatz zu ergänzen, dass dessen Auslöser in *Relationen* sowohl zu anderen Lebewesen als auch zu als Güter wahrgenommenen Sachen bestehen. Es ist wahrscheinlich, dass der *Zweck*, auf den der *thymos* in Reaktion auf diese Relationen reagiert, in der Herstellung einer als natürlich und angemessen empfundenen Relation der Anerkennung besteht. In solchen Fällen wie Neid,

34 Furcht ist im Unterschied zum akuten Schmerz das Leid über *bevorstehende* Übel (Rhet. 1382a21ff., EN 1115a6ff.) Da die Furcht sich auf *alle* Übel (*panta ta kaka*, 1115a10) richtet, ist allerdings nicht unmittelbar einsichtig, inwiefern sie sich auf eine Relation zu *äußeren* Gütern zurückzuführen soll. Speziell bei dem herausragenden Gegenstand der Furcht, dem Tod, scheint dies problematisch: Das eigene Leben zu verlieren, scheint kein äußeres Gut zu sein (i), und am Leben zu sein, könnte ebenso auch als Gegenstand der Begierde aufgefasst werden (ii). Eine Weise, in der sich Furcht als auf äußere Güter gerichtet verstehen ließe, deutet sich an in EN 1115a26f., wo Aristoteles sagt, dass der Besitz *aller* äußeren Güter davon abhängt, ob man lebt oder nicht, und dass der Tod aus diesem Grunde das größte Übel darstellt. Demnach bestünde die Furcht vor dem Tode nicht in der Furcht vor dem Ableben selbst, sondern – neben dem Bewusstsein bevorstehender Schmerzen als eines körperlichen Übels – im Bewusstsein des bevorstehenden Verlustes aller äußeren Güter sowie des Verlustes der Chance, in Zukunft solche Güter zu erlangen. In jedem Fall scheint auch bei der Furcht eine nicht allein auf bestimmte Wahrnehmungsqualitäten zurückführbare Güterbeziehung zu bestehen.

Geiz usw., die sich auf äußere Güter richten und wo kein offensichtlicher Bezug zu sozialer Anerkennung vorliegt, scheint diese aber doch insofern die entscheidende Rolle zu spielen, als es um eine Güterverteilung geht, die einer vom Neidischen und Geizigen empfundenen Relation zu anderen *angemessen* ist: Der Neidische etwa wird nur dem etwas neiden, mit dem er sich dem Rang nach auf eine Stufe stellt usw. In diesen Fällen liegt eine im Verhältnis zur Begierde komplexe Relation zu anderen vor. Auf der Seite des Lebewesens, das fähig ist, *thymos* zu empfinden, hat dies zur Voraussetzung, dass es über gewisse internalisierte ‚Normwerte' der Anerkennung durch andere verfügt, um deren Überschreitung oder Erfüllung durch andere überhaupt empfinden zu können. Um auf den zornigen Hund und den eilfertigen Diener aus der *Nikomachischen Ethik* zurückzukommen: Ihre Reaktionsweisen unterscheiden sich deswegen von der Begierde, weil sie sich an solchen ‚Normwerten' (das, was ich oben ‚Situationstyp' genannt habe) orientieren: Sie reagieren nicht auf lustvolle Empfindungen, sondern versuchen, einer ‚Norm' gerecht zu werden. Besonders wichtig für das Verständnis des Aristotelischen Begriffs des *thymos* scheint mir, dass es sich bei diesen ‚Normen' zunächst einmal nicht um Propositionen, sondern um etwas Vorrationales handelt, das *als solches* zudem gar nicht empfunden werden muss: Es sind erst die Überschreitungen dieser ‚Normen', die sich als Lust/Leid *affektiv* bemerkbar machen.

Der Umstand, dass Vorkommnisse von Mut sich auch auf dieselben konkreten Dinge richten können wie die Begierde, stellt für die hier vertretene Sicht kein Problem dar: Die *Relation* zu dem Gegenstand ist eine andere; das Relat der Strebung eines Geizigen etwa besteht nicht *direkt* in einem konkret wahrnehmbaren Gegenstand (dem Geld), sondern darin, weiterhin im *Besitz* des Geldes zu sein. Allerdings ist klar, dass Aristoteles von den oben aufgeführten Empfindungen nicht alle ausdrücklich mit dem Mut in Verbindung bringt. Ich werde hier deshalb keinen textlichen Nachweis für die These erbringen können. Folgende Punkte sprechen jedoch dafür:

Mit seiner Dreiteilung der Strebearten beabsichtigt Aristoteles eine *vollständige* Einteilung der Strebung. Da alle oben aufgeführten Zustände und Emotionen weder primär auf Lust ausgerichtet sind, noch sich so wie der Wunsch auf rationale Gehalte richten, ist es naheliegend, alle anderen Strebezustände als Instanzen der dritten Strebeart, Mut, anzusehen. Andernfalls würde für die genannten Strebungen kein gemeinsamer Artbegriff vorliegen.

Es ist möglich, nicht trivial und auch sinnvoll, alle Strebungen, die weder Begierden noch Wünsche sind, als in der einen oder anderen Weise auf äußere Güter bezogen zu konzipieren, das heißt auf solche Güter, die im

Gegensatz zu körperlichen Gütern nicht vollständig durch Sinnesempfindungen zu beschreiben sind.
Es ergibt sich folgendes Bild: Der Mut ist eine nicht-rationale Strebung. Als solche kann sie auch von Tieren empfunden werden. Die Rede von ‚Gütern' als den Relata konkreter Vorkommnisse ist daher in einer *präreflexiven* Bedeutung aufzufassen. Lebewesen, inklusive der Menschen, haben demzufolge bereits rein *affektive* Bezüge zu den besagten Gegenständen. Das wiederum heißt, sie empfinden Lust und entgegengesetztes Leid aufgrund der An- oder Abwesenheit dieser Gegenstände. Vornehmlich sind dies soziale Relationen zu anderen, aber, wie es scheint, möchte Aristoteles auch die Furcht mithilfe des Muts erklären. Dabei ist der Umfang dessen, was für ein Lebewesen affektiv relevant ist, von den kognitiven Kapazitäten abhängig, über die es verfügt. Ein Mensch wird sich kraft seiner kognitiven Fähigkeiten über erheblich mehr strebensmäßig relevante Sachverhalte in Kenntnis setzen können als ein Tier und vermutlich auch in nuancierterer Weise. Dies ändert jedoch nichts an dem grundsätzlichen Bezug, den er zu diesen Gegenständen hat. Dies muss ein affektiver Bezug sein, weil für Aristoteles andernfalls keine Lust/Leid-Empfindung erfolgen würde. Es ist daher sinnvoll anzunehmen, dass es für ihn bei Menschen Strebungen gibt, die es bei Tieren nicht gibt. Der Grund dafür liegt aber nicht im prinzipiellen Bezug zu äußeren Gütern, sondern nur in den geringeren kognitiven Mitteln, die den Tieren zur Verfügung stehen, um sich über die für diese Strebungen relevanten Sachverhalte in Kenntnis zu setzen. Grundsätzlich sind für ihn (einige, nicht alle) Tiere fähig, mit Lust und Leid affektiv auf äußere Güter und die Relationen zu anderen zu reagieren.[35]

Die Strebeart ‚Mut' beinhaltet eine Vielzahl von unterschiedlichen Relationen. Dies unterscheidet sie von der Begierde, die, von der Unterschiedlichkeit der konkret begehrten Gegenstände einmal abgesehen, relational einfach ist, nämlich insofern sie die Strebung nach Lust *als* Lust ist. Für das moralisch richtige Verhalten hinsichtlich der Gegenstände der Begierde hat Aristoteles deswegen auch nur eine einzige Tugend aufzubieten, nämlich die Besonnenheit (*sôphrosynê*). Für die Gegenstände der übrigen ethischen Tugenden, die wir in den Katalogen der Ethiken finden, scheint demgegenüber der Mut zuständig zu sein.[36] Im Groben läuft dies

35 Vgl. HA 588a16-b3: Affektivität und Charakterzüge unterscheiden sich bei Mensch und Tier teils nur der Quantität, teils der Analogie nach. Für basale Formen des Muts, etwa Zorn, Furcht usw. deute ich dies im Sinne einer Artgleichheit bei Tier und Mensch.

36 Cooper (1999) versteht den *thymos* ebenfalls als die Strebeart, die für die ethischen Tugenden bis auf die Besonnenheit zuständig ist. Er scheint dies allerdings auf kompetitive Empfindungen zu beschränken.

auf folgenden Unterschied hinaus (mit den gebotenen Einschränkungen, die sich aus der Variabilität der Strebegegenstände und der empirischen Durchmischung der Strebearten ergeben): Die Begierde bezieht sich vornehmlich auf körperliche und der Mut auf äußere Güter.[37]

Die *faktische* Möglichkeit, sich auch auf solche konkreten Gegenstände zu beziehen, bei denen kein offensichtlicher Zusammenhang mit dem relevanten Güterbereich zu erkennen ist, ist beim Mut im gleichen Maße gegeben wie bei der Begierde (‚freie' Assoziierbarkeit). Eine direkte Assoziation dieser Gegenstände mit dem Mut würde von Aristoteles vielleicht normativ als unangemessen, keinesfalls aber als unmöglich angesehen werden. Hier ein Beispiel:

> Auch (zürnt man denen), die über diejenigen Dinge schlecht reden und sie verachten, um die sie sich selbst am eifrigsten bemühen (*malista philotimoumenoi*), wie z.B. die, die sich um Philosophie bemühen, denen zürnen, die die Philosophie verachten, und die, die sich um die äußere Erscheinung bemühen, denen zürnen, die ihre äußere Erscheinung verachten, und ebenso bei den übrigen Fällen. (Rhet. 1379a32-36)

Philosophie ist, für sich betrachtet, kein Gegenstand des *thymos*, da Philosophie weder perzeptiv erfassbar ist, noch Lust/Leid-Empfindungen (sondern nur Lust) bereitet. Dennoch können sich diejenigen, die sich eifrig um sie bemühen, durch eine ‚Beleidigung' der Philosophie ebenso herausgefordert fühlen, als wäre ihre eigene Person beleidigt worden. Dass dies möglich ist, liegt vermutlich nicht an der Philosophie selbst, sondern daran, dass man sich, modern gesprochen, mit der Philosophie ‚identifizieren' kann. Die Philosophie qua Philosophie kann nicht beleidigt werden, da nur derjenige überhaupt beleidigt werden *kann*, der sich in Relationen der Wert- oder Geringschätzung mit anderen befindet. Dies gilt nur für Lebewesen und unter diesen nur für solche, die *selbst* in der Lage sind, Zorn zu empfinden. Entscheidend für das tatsächliche Vorkommen von Strebungen ist, wie gesagt, nicht die objektive Beschaffenheit der Gegenstände, an die

---

37 Dies ist nur eine grobe Einteilung. Schwierig wird es bei solchen Grenzfällen wie der Furcht, die ja durchaus auch auf den eigenen Körper zu beziehen ist. Noch schwieriger wird es, wenn man entsprechend der von Aristoteles erwähnten Dreiteilung der Güter in körperliche, äußere und seelische (EN 1098b13-15; 1099a31ff; Rhet. 1360b25ff.) den Wunsch als rationale Strebung ausschließlich auf die seelischen Güter beziehen will. In einem *normativen* Sinn scheint mir diese Zuteilung der drei Arten der Strebung zu den drei Güterarten, was Aristoteles' Position anbelangt, allerdings durchaus realistisch.

sie sich knüpfen, sondern die Relation, in denen die Lebewesen zu diesen Gegenständen stehen.[38]

(c) *Der Mut und die Affektionen der Seele* (*pathê tês psychês*)

Gegeben die Dreiteilung der Strebungen in Begierde, Mut und Wunsch, mag es als naheliegend empfunden werden, Erstere als Entsprechung für ‚Gefühl', Letzteren für ‚Willen' und den Mut als Entsprechung für ‚Emotionalität' aufzufassen. Abgesehen davon, dass diese Unterscheidung auch im Deutschen alles andere als klar ist und deshalb nur mit größtem Vorbehalt benutzt werden sollte, scheint insbesondere eine Gleichsetzung des Muts mit ‚Emotionalität' irreführend. Einer der Hauptgründe dafür ist, dass Mut für Aristoteles eine der drei Arten der *Strebung* ist, während der Begriff der Emotion zwischen Streben und Nicht-Streben nicht unterscheidet. Aristoteles wird gleichwohl häufig eine Theorie der ‚Emotionen' im Sinne des modernen, nicht zwischen Affektion und Strebung unterscheidenden Begriffs zugesprochen. Ausgangspunkt für diese Zuschreibung sind im Wesentlichen zwei Annahmen: Erstens geht man davon aus, dass das, was wir gemeinhin mit ‚Emotionen' bezeichnen, im Griechischen des Aristoteles in etwa durch den Term ‚*pathê tês psychês*' wiedergegeben wird, und zweitens wird angenommen, dass Aristoteles das, was wir als ‚Emotionen' bezeichnen, als eine *sachlich* zusammenhängende Einheit begriffen hat, die aus diesem Grunde auch einer einheitlichen Erklärung zugänglich ist. Ich möchte hier beide Annahmen kurz betrachten.

1. Bei näherem Hinsehen scheint der Eindruck, der Ausdruck ‚*pathê tês psychês*' beziehe sich bei Aristoteles in besonderer Weise auf Emotionen, kaum haltbar.[39] Bei einer Gegenüberstellung der verschiedenen Verwendungen dieses Begriffes im *corpus* zeigt sich, dass sie sich keiner hinreichend präzisen gemeinsamen Bedeutung unterordnen lassen, um als besondere Bezeichnung für Emotionen gelten zu können. Vielmehr hat es den starken Anschein, dass Aristoteles den Ausdruck den Bedürfnissen des jeweils zu behandelnden Themas entsprechend modelliert: So fasst er in den Ethiken unter *pathê tês psychês* den Artbegriff ‚Begierde' zusammen mit einer lose aufgezählten Reihe einzelner Empfindungen, die zum Mut zählen (EN 1105b21-23; EE 1220b12-14[40]), während er in der *Rhetorik* die Begierde teils dazuzuzählen scheint (Rhet. 1388b33f.) und teils nicht

38 Dies ist ein Vorteil der relationalen Definition: Auf diese Weise lassen sich z.B. auch pathogene Emotionen auf dieselbe Weise erklären wie die konventionellen. Erklärt werden muss dann lediglich, auf welche Weise es zur Verknüpfung ausgerechnet dieser Gegenstände mit ausgerechnet diesen Emotionen kommt; vgl. EN 1148b15-1149a20.

39 Dies wird betont von Rapp (2002), S. 543.

40 In den MM ohne Nennung von Begierde (1186a12-14).

(1378a20-1388b30). Den Behandlungen in der *Rhetorik* und den Ethiken ist dabei gemeinsam, dass sie die *pathê tês psychês* zusätzlich als von Lust und Leid gefolgt qualifizieren. Demgegenüber findet sich in *De anima* (DA 403a3-b19) zwar auch eine Diskussion der *pathê tês psychês* (diesmal wieder mit der Begierde), jedoch ohne dass Lust und Leid dabei erwähnt werden. Aristoteles arbeitet dort mit einem sehr weiten Begriff von *pathê tês psychês*, der Affizierungen der Seele aller Art unter sich begreift, inklusive ‚Wahrnehmen überhaupt' (DA 403a3-7). Welche Bedeutung des Ausdrucks ist die maßgebliche? Ich schlage vor, die jeweilige Zielsetzung der Schriften zu berücksichtigen. In verschiedenen Kontexten erweisen sich ebenfalls verschieden nuancierte Verwendungen von *pathê tês psychês* als sinnvoll: Für die Belange der Ethik macht es guten Sinn, den weiten *pathos*-Begriff aus dem naturphilosophischen Zusammenhang auf den Bereich dessen zu beschränken, was für die ethischen Tugenden relevant ist. Dies sind Affizierungen durch die Gegenstände, die Lust/Leid-Empfindungen hervorrufen und in der Folge Begierden und Mut nach sich ziehen. Einfache Affizierungen durch Wahrnehmungsgegenstände sind davon nicht betroffen.[41] Ebenso ist es für die Belange der Rhetorik folgerichtig, dort die Begierden mit unter die *pathê tês psychês* zu zählen, wo es um Motivationen für Straftaten (Rhet. 1369a18, *pathos*) oder um die typischen Charaktereigenschaften geht, die mit den verschiedenen Lebensaltern einhergehen (1388b33f.), sie aber dort nicht zu den *pathê tês psychês* zu zählen, wo es darum geht, die Zuhörer *durch die Rede* in bestimmte Gemütszustände zu versetzen (1378a20ff.), weil Begierden für Aristoteles durch Rede und Vernunft nur schwer zu manipulieren sind.[42] Eine Definition der *pathê tês psychês*, die über die bloßen Aufzählungen aus den Ethiken (und auch aus Rhet. 1388b33f.!) hinausgeht, findet sich nur in der *Rhetorik*:

> Die *pathê tês psychês* sind alle die Dinge, durch welche sich (die Menschen), indem sie sich verändern, hinsichtlich ihrer Urteile unterscheiden und welchen Lust und Leid folgt, wie zum Beispiel Zorn, Mitleid, Furcht und was es sonst noch Derartiges gibt, sowie die Gegenteile von diesen. (Rhet. 1378a20-23)[43]

---

41 Der Zusammenhang zwischen Wahrnehmungen und Lust/Leid–Empfindungen ist sehr eng (vgl. Ph. 246b20-247a19). Die in den Ethiken vorgenommene Trennung der *pathê tês psychês* von den einfachen Affizierungen durch äußere Wahrnehmungsgegenstände scheint aus naturphilosophischer Perspektive daher künstlich.

42 Vgl. EN 1113b27-30; EE 1224b2.

43 ἔστι δὲ τὰ πάθη δι᾽ ὅσα μεταβάλλοντες διαφέρουσι πρὸς τὰς κρίσεις οἷς ἕπεται λύπη καὶ ἡδονή, οἷον ὀργὴ ἔλεος φόβος καὶ ὅσα ἄλλα τοιαῦτα, καὶ τὰ τούτοις ἐναντία.

Das Kriterium der Urteilsveränderung weist die Definition jedoch klar als auf die Bedürfnisse des Redners zugeschnitten aus.[44] Darüber hinaus bietet die anschließende ausgedehnte Diskussion, die gleichzeitig als die längste zusammenhängende Passage zu den Emotionen bei Aristoteles gilt, alles andere als ein einheitliches Bild: Neben Zuständen emotionaler Gereiztheit wie etwa Zorn[45] werden auch Zustände emotionaler Beruhigung und sogar Wünsche aufgeführt, von denen aus anderen Stellen klar ist, dass Aristoteles sie nicht als *pathê tês psychês* verstanden hat. Hierzu zählen Zuversicht, *tharsos*, und Sanftmut, *praotês*, wobei Sanftmut in den Ethiken eine Tugend und daher eine *Haltung* zu Affekten und nicht selbst ein Affekt ist. Ähnlich beim Hass, *misos*, und teilweise auch bei der Freundschaft, *philia*, die Aristoteles als rationale Strebungen ohne entgegengesetzte Leidzustände begreift usw. Dieses uneinheitliche Bild lässt sich am besten dadurch erklären, dass der Redner, um auf der emotionalen Klaviatur spielen zu können, nicht nur wissen muss, wie er Emotionen erweckt, sondern ebenso auch in der Lage sein muss, sie wieder zu beseitigen. Und dies nicht nur im Sinne eines Gegengiftes, das den Hörer in einen entgegengesetzten Erregungszustand versetzt, sondern auch (und idealiter) so, dass er ihn in den Zustand eines emotional unbeeinträchtigten Urteilsvermögens zurückversetzen kann. Dies erklärt, warum die Liste der in der *Rhetorik* definierten *pathê tês psychês* eine heterogene Liste ist und neben genuin affektiven Zuständen auch Tugenden enthält. Aufgrund ihrer speziellen Anforderungen ist die Diskussion in der *Rhetorik* m.E. daher nicht geeignet, uns Auskunft über Aristoteles' Verwendung des Ausdrucks *pathê tês psychês* außerhalb der Belange der *Rhetorik* zu geben. Ebenso ungeeignet scheint mir die *Rhetorik*, um darauf eine Interpretation einer philosophischen Emotionstheorie des Aristoteles zu gründen.[46] Vor diesem Hintergrund bleibt einzig die naturphilosophische Verwendung des Terms als philosophisch verbindliche Verwendung übrig. Nur in der Naturphilosophie kann es nicht

---

44 Vgl. auch Rhet. 1377b28-1378a6; für die Diskussion der Weise, in der die Emotionen das Urteil des Publikums beeinflussen, vgl. Rapp (2002), S. 575ff; Barnes (1995), S. 266f. hält sowohl die Definition der Emotionen insgesamt als auch die Definitionen der einzelnen Emotionen in der *Rhetorik* für speziell auf die Erfordernisse dieser Schrift zugeschnitten.

45 Selbst diese geben naturphilosophisch betrachtet kein einheitliches Bild ab: Während der Zorn z.B. so definiert wird, dass er die aus ihm resultierende Strebung beinhaltet, wird bei anderen Emotionen nur das Moment der Affizierung (*pathêsis*) in die Definition aufgenommen.

46 Ein Aufsatz Fortenbaughs von 1970 hat eine Debatte darüber in Gang gesetzt, ob Aristoteles in der *Rhetorik* eine Urteilstheorie der Emotionen im Sinne propositionaler Einstellungen (eine kognitivistische bzw. epistemische Theorie der Emotionen) vertreten hat oder nicht; vgl. dazu und zu den Schwierigkeiten, die damit verbunden sind, Rapp (2002), S. 559-575.

um andere Ziele als die wissenschaftliche Untersuchung der *pathê tês psychês* als solcher gehen. Hier versteht Aristoteles diesen Ausdruck jedoch nicht als ‚Emotionen', sondern in einem denkbar weiten Sinn als *alle* die Seele betreffenden Affizierungen, d.h. Wahrnehmung, Erinnerung, Liebe, Zorn usw. Insbesondere beinhaltet diese Verwendung des Ausdrucks keine Unterscheidung zwischen solchen Affekten, die sich in Folge von evaluativen Urteilen ergeben, und solchen, die dies nicht tun. Es scheint daher nicht sinnvoll, am Begriff *‚pathê tês psychês'* als einem *spezifischen* Begriff für Emotionen bei Aristoteles festzuhalten.

2. Es ist nicht wahrscheinlich, dass Aristoteles das, was wir gemeinhin als ‚Emotionen' bezeichnen, als eine auch in dem Sinne *sachlich* zusammenhängende Einheit begriffen hat, dass sie eine ebenfalls einheitliche *theoretische* Behandlung rechtfertigen würde. Von den Emotionen wäre, was den *thymos* betrifft, die romantische Liebe – und dies ist nur ein Beispiel unter vielen – abzuziehen: Aristoteles zählt den *erôs* als ein sexuelles Verlangen zu den Begierden (etwa EN 1167a4-7) und trennt ihn von der Liebe/Freundschaft (*philia*). Außerdem scheint der Ausdruck *‚pathê tês psychês'*, wenn wir darunter die in den *Ethiken* und der *Rhetorik* aufgezählten Zustände verstehen, mit einigen von Aristoteles' grundsätzlicheren Annahmen unverträglich: Aristoteles situiert Vorkommnisse von Mut innerhalb eines größeren Bewegungskontextes der für Körper und Seele gemeinsamen Bewegungen. Dieser reicht von den Affizierungen des Wahrnehmungsvermögens durch einen äußeren Sinnesgegenstand über Lust/Leid-Empfindungen bis hin zu Strebungen und daraus resultierenden Ortsbewegungen (die ihrerseits in Lust/Leid-Empfindungen enden). Innerhalb dieses Rahmens nehmen Vorkommnisse von Mut einen ganz bestimmten Platz ein. Sie korrespondieren mit Etappen innerhalb eines umfassenden Bewegungszusammenhangs, die sich durch drei Merkmale auszeichnen: (i) sie betreffen nur den aktiven, nach außen gerichteten Teil der Bewegung, (ii) sie beziehen sich auf bestimmte Sachverhalte, (iii) deren kognitives Erfassen weder genuin rationale Funktionen als notwendige Voraussetzung erfordert, noch auf *simple* Wahrnehmungen zu reduzieren ist: Für diese Unterscheidungen, die für Aristoteles' Theorie der Seele und der für Körper und Seele gemeinsamen Leistungen sehr wichtig sind, gibt es keine Entsprechung im modernen Emotionsbegriff. Dasselbe gilt für den griechischen Ausdruck *‚pathê tês psychês'* in Philosophie und Literatur vor und während Aristoteles' Lebenszeit: Aristoteles' Theorie deckt sich nicht mit dem damaligen Sprachgebrauch.[47] Der Begriff *‚pathê tês psychês'* ist

47 Der übrigens seinerseits auch nicht unbedingt in Richtung auf unseren Emotionsbegriff weist, vgl. LSJ s.v. *pathos*. Zum Begriff *‚pathos'* bei Aristoteles, vgl. Bonitz (1969), Rapp (2002), S. 543-45. Aristoteles wendet sich in anderem Zusam-

in Aristoteles' Naturphilosophie nicht terminologisch: Das, worauf der Ausdruck zu referieren scheint, besteht aus der Perspektive der Aristotelischen Theorie nicht in Empfindungen (‚Emotionen'), sondern in einer *Serie oder Abfolge* einer Mehrzahl ganz unterschiedlicher Zustände (nämlich: Affektion der Wahrnehmung, Lust/Leid-Empfindung und Strebung), die in der Aristotelischen Analyse sauber getrennt werden. Zwar ist richtig, dass diese Zustände auch für Aristoteles aufeinander folgen und auch noch auf andere Weise eng miteinander zusammenhängen; es ist jedoch wichtig zu sehen, dass sie sich auf unterschiedlichen Seiten der Bewegungsrichtung von auf den Körper ein- und von ihm ausgehender Bewegungen befinden: Die Affizierung durch einen Wahrnehmungsgegenstand ist ein für das affizierte Lebewesen wesentlich passiver Vorgang. Die Lust/Leid-Empfindung und vor allem die unmittelbar aus ihr hervorgehende Strebung sind dagegen aktiv durch das Lebewesen selbst gestaltete Prozesse, die neben Stimmungen, Strebungen u.a. auch in Ortsbewegungen resultieren können.

Vor diesem Hintergrund scheint eine gemeinsame Definition der Emotionen, die den theoretischen Rahmen eines größeren Bewegungszusammenhangs und seines Ablaufs ignoriert, für Aristoteles naturphilosophisch geradezu kontraproduktiv. Die Schwierigkeiten, das, was wir gemeinhin als Emotionen bezeichnen, innerhalb des Aristotelischen Erklärungsmodells für gemeinsame Bewegungen von Seele und Körper wiederzufinden, ergeben sich vielleicht nur aus der Erwartung, dass es für den Ausdruck *pathê tês psychês* auch eine einheitliche naturphilosophische Definition geben sollte, oder, um es anders zu sagen: Nur weil wir vielleicht glauben, Emotionen seien ein einheitliches Phänomen, sind wir geneigt zu denken, sie müssten sich auch gemeinsam definieren lassen. Genau hier scheint der Unterschied zu liegen: Der Möglichkeit, *einzelne* Emotionen als die komplexen Phänomene, die sie sind, zu definieren und darüber hinaus auch allgemeine Aussagen über sie zu treffen, scheint mir auf Seiten des Aristoteles nichts im Wege zu stehen. Im Gegenteil: Die unterschiedlichen

---

menhang übrigens auch ausdrücklich gegen die Verwendung des Begriffs ‚*pathos tês psychês*: Die berühmte Kritik, die er in DA 408b1-3 an dem Ausdruck ‚*kinêsis tês psychês*' als ungeeignet für eine konsequent hylomorphistische Erklärung der für Körper und Seele gemeinsamen Bewegungen vorbringt, richtet sich nämlich auch gegen den Begriff der ‚*pathê tês psychês*': „Und zu denken und zu lieben und zu hassen sind nicht Affizierungen (*pathê*) von ihm (dem Denken), sondern dessen hier, das es besitzt, insofern es es besitzt." Der Vorwurf ist, dass durch diese Bezeichnungen die selbstständige Tätigkeit und vor allem Affizierbarkeit der körperlosen Seele impliziert wird. Beides wird von Aristoteles verneint: Ebenso wenig wie die körperlose Seele sich bewegt, kann die Seele affiziert werden; dies kann nur das Kompositum aus Seele und Körper. Der Begriff des ‚*pathos tês psychês*' ist deswegen für Aristoteles' Theorie seelischer Phänomene nicht geeignet.

Affizierungs- Lust/Leid- und Strebebewegungen, aus denen Emotionen für Aristoteles naturphilosophisch bestehen, stehen ja in einem kontinuierlichen Bewegungszusammenhang und können *phänomenal* daher durchaus einheitliche Gebilde abgeben, die sich als solche auch definieren lassen (und eine wichtige Rolle in seiner Ethik und der Rhetorik spielen). Nach allem, was wir über die Aristotelische Naturphilosophie und speziell seine Theorie der Seele wissen, scheint eine einheitliche *Theorie* der Emotionen dagegen nur dann möglich, wenn man seinen theoretischen Rahmen, in dem Affektionen von Lust/Leid-Empfindungen und Strebungen ja gerade getrennt werden, verlässt. Aristoteles' verschiedene Diskussionen der *pathê tês psychês* sind daher am besten nicht als Teil seiner Naturphilosophie, sondern als ein Aufgreifen einer damals verbreitete Redeweise zu verstehen.

§ 5 Wunsch (*boulêsis*)

Der dritte und letzte Bereich subjektiver Gütererfahrung, durch den sich Strebungen für Aristoteles konstituieren, ist die Erfahrung von Gütern *als* Güter. Die Bezeichnung, die Aristoteles für die Strebung nach einem Gut wählt, ist *boulêsis*, was ich hier mit ,Wunsch' wiedergebe (EN 1113a15; Top. 146b5f; Rhet. 1369a2-4). Die *boulêsis* ist die rationale Strebung bzw. die Strebung des Intellekts (DA 432b5; Top. 126a13). Als solche kommt sie nur beim Menschen vor und ist ohne entgegengesetztes Leid (Top. 146b2). Letzteres hat weitreichende Konsequenzen: Die Auslöser von Begierde und Mut bestehen, wie wir gesehen haben, direkt in Lust/Leid-Empfindungen. Die Begierde zielt zudem direkt auf Lustempfindungen, und der Mut zielt auf Relationen zu Artgenossen und äußeren Gütern, die direkt mit Lust bzw. dem Abstellen von Leid verbunden sind. Bei beiden Strebearten sind die Lebewesen von den jeweiligen Gegenständen direkt betroffen: Wenn sie nicht bekommen, wonach sie streben, hat das für sie leidvolle oder lustmildernde Konsequenzen. Anders beim Wunsch: Der Wunsch erlaubt strebensmäßige Attitüden auch zu solchen Dingen, mit denen der Wünschende affektiv nichts zu tun hat, so dass konsequenterweise, wenn der Wünschende nicht bekommt, was er sich wünscht, dies für ihn nicht notwendig mit leidvollen bzw. lustmildernden Konsequenzen verbunden ist. Begierde oder Mut kann man daher nur für diejenigen Dinge empfinden, zu denen man in den besagten affektiven Relationen steht, und dafür erfordert es, wie wir gesehen haben, zumindest einmal einen Wahrnehmungskontakt mit dem erstrebten Gegenstand gehabt zu haben. Aufgrund dieser Verbundenheit bzw. direkten Abhängigkeit von der Wahrnehmung stellt sich für die anderen beiden Strebearten nicht die Frage nach ihrer motivationalen Relevanz: Es leuchtet ohne Weiteres ein, dass bei hinreichend stark empfundener Begierde oder Mut eine unmittelbare Handlungsrelevanz gegeben ist. Der Strebende ist unmittelbar betroffen und wenn er den Gegenstand seiner Strebung nicht erlangt, hat das für ihn leidvolle Konsequenzen. Er ist deswegen hinreichend motiviert, seine Strebung zu befriedigen. Andererseits bringt diese Abhängigkeit von der Wahrnehmung gegenüber dem Wunsch eine erhebliche Einschränkung mit sich: Man kann sich nur zu solchen Dingen affektiv-emotional positionieren, die man mindestens einmal wahrgenommen hat. Zudem bedarf es entweder der zeitlichen (vgl. Rhet. 1380b6) oder der sonstigen *Nähe* des Gegenstandes (1382a25ff; 1384a24ff; 1388a6). Ein Gegenstand etwa, der vor langer Zeit wahrgenommen wurde, wird wahrscheinlich keine starken Strebungen hervorrufen können. Eine weitere Einschränkung ist, dass bei den Dingen, zu denen man sich affektiv stellt, wenigstens nicht ausgeschlossen sein darf, dass sie auch tatsächlich erreicht werden können (Rhet. 1378b3f.). Die Tiere treffen mit ihren Strebungen in der Regel Dinge, die sie auch tatsächlich erreichen können. Wünschen dagegen kann man sich alles Mögliche und keineswegs nur handlungsrelevante Gegen-stände: Sowohl solche Dinge, die nicht wahrnehmbar sind, als auch solche, deren Verwirklichung völlig unmöglich oder beides ist, wie etwa Herrscher über alle Menschen zu werden oder unsterblich zu sein (z.B. EE 1225b32f.); auch solche Dinge, auf die man selbst keinen Einfluss nehmen kann, z.B. wenn man als Zuschauer wünscht, dass ein gewisser Sportler den Wettkampf gewinnt (EN 1111b23f.) usw. Der Wunsch ist die Streheart, mit der Aristoteles die Möglichkeit erklärt, sich strebensmäßig auf nicht mit Lust *oder* Leid verbundene Gegenstände zu richten. Der Wunsch ermöglicht einen strebensmäßigen Bezug auch zu solchen Gegenständen, die den Strebenden nicht unmittelbar betreffen: *Alle* Strebungen nach Gegenständen, die sich nicht auf die variablen Zustände der Affektivität zurückführen, sind demnach Wünsche.

Diese gegenüber den arationalen Strebungen abweichenden Eigenschaften des Wunsches machen zunächst einige Worte zum *Vorgehen* nötig: Eine Interpretation des Aristotelischen Wunschbegriffs steht vor der Schwierigkeit spärlicher Textquellen. Was wir am Beginn dieser Arbeit über die Strebung generell gesagt haben, nämlich dass uns die Quellenlage dazu zwingt, aus Aristoteles' wenigen Äußerungen zum Thema auf die ihnen zugrunde liegende Struktur zu schließen, gilt für den Wunsch im besonderen Maße. Zwar sind die Quellen auch im Fall des Muts sehr knapp, die Gemeinsamkeiten der beiden arationalen Strebungen untereinander erlauben es aber, in beiden Fällen weitgehend dieselbe Erklärung in Anschlag zu bringen. Dies ist beim Wunsch nicht möglich, da hier weder der Bezug zur Wahrnehmung klar ist, noch aus den Quellen hinreichend ersichtlich ist, welche physikalische Erklärung Aristoteles für Wunschvorkommnisse hatte. Nun wäre für eine umfassende Darstellung der Theorie der animalischen Ortsbewegung gerade die physikalische Erklärung des Wunsches und sein Bezug zu den von der Wahrnehmung ausgehenden Leistungen von besonderer Wichtigkeit. Beide Fragen sollen hier auch beantwortet werden. Ich wähle dabei folgende Strategie:

- Ich orientiere mich bei der Erklärung des Wunschbegriffs an dem Erklärungsmodell für die arationalen Strebungen und versuche, die Übereinstimmungen und Abweichungen davon zu verzeichnen, soweit dies geht. D.h., ich beginne mit der Untersuchung der möglichen Relata des Wunsches und komme dann zur Frage einer physiologischen Erklärung.
- Ich verfolge den Wunschbegriff nur so weit, wie dies für die Theorie der animalischen Ortsbewegung erforderlich ist. D.h., nachdem sich ein ungefährer Begriff von Aristoteles' Wunschkonzeption ergeben hat, werde ich gleich zur Frage der motivationalen Relevanz des Wunsches kommen.

Der Status der Aussagen, zu denen ich mit diesem Verfahren komme, kann den von begründeten Vermutungen nicht übersteigen. Ich knüpfe dementsprechend nicht die Behauptung daran, dass sich die hier vorgebrachte Interpretation durch eindeutige Textbelege bei Aristoteles in genau dieser Form nachweisen lässt. Andererseits kann nicht bezweifelt werden, dass Aristoteles die Existenz einer Strebung nach rationalen Gehalten angenommen hat und eine Reihe von Aussagen über sie und ihre Gehalte macht. Wenn man an einer Interpretation des Aristotelischen Strebebegriffs interessiert ist, gilt es, diese unter einen Hut zu bringen. Mit dem hier vorgebrachten Interpretationsvorschlag versuche ich, dies auch für die rationale Strebung wenigstens im Ansatz zu leisten. Die Materie ist kompliziert und von daher wird auch der Gedankengang an dieser Stelle etwas komplizierter sein als bisher. Eine zusammenfassende Vorankündigung der Ergebnisse ist hier deswegen am Platz:

Ich komme so wie auch schon bei den arationalen Strebungen zu dem Ergebnis, dass Aristoteles in Beziehung auf die *physikalische* Erklärung der animalischen Ortsbewegung auch bei der rationalen Motivation einen qualifizierten Hedonismus vertritt: Lust/Leid-Empfindungen sind auch bei der Motivation durch vernünftige Gehalte notwendige Bedingungen der animalischen Ortsbewegung. Sie, und die mit ihnen einhergehenden thermischen Veränderungen, sind notwendige kausale Bedingungen für das Stattfinden der Bewegung. D.h. dass die rationale Strebung motivational nur dann relevant ist, wenn sie sich auf Gegenstände richtet, auf die auch Lust/Leid-Empfindungen gerichtet sind. Allerdings bedeutet dies nicht, dass Aristoteles auch einen *psychologischen* Hedonismus vertritt, wenn man darunter die These versteht, der zufolge Lust bzw. Leidvermeidung in der einen oder anderen Weise die intentionalen Objekte der Strebung (ihren Zweck) bilden. Dies gilt bei Aristoteles noch nicht einmal für den Mut, geschweige denn für die rationalen Strebungen. Einzig die Begierde ist auch intentional auf Lust bzw. Leidvermeidung ausgerichtet. Bei den anderen beiden Strebearten besteht eine Identität von intentionalem Objekt der Strebung und ihrem Lustwert nur in *extensionaler* Hinsicht. D.h., der Strebegegenstand wird zwar nicht *aufgrund* seines Lustwertes erstrebt, führt physikalisch aber nur deswegen zur für die Ortsbewegung notwendigen thermischen Veränderung, weil er gleichzeitig mit Lust/Leid-Empfindungen besetzt ist. Aristoteles nennt vier verschiedene Weisen, in denen die für die rationale Motivation notwendige Verbindung rationaler Gehalte mit Lust/Leid-Empfindungen zustande kommt:

1. weil sie auf lange Sicht einen größeren Lustgewinn verspricht; und/oder
2. weil der Akteur durch Habituierung die Disposition erworben hat, nicht seinen Impulsen nachzugehen, sondern auf das zu hören, was die rationale Entscheidung ihm sagt (und Lust an dieser Handlungsweise zu empfinden); und/oder
3. weil er den Wunschgegenstand gleichzeitig auch affektiv erstrebt; und/oder
4. weil er eine arationale Lust daran empfindet, das zu tun, was seiner (rationalen) Natur entspricht.

In allen diesen Fällen ergibt sich, dass die gewünschte Handlungsweise, obwohl ein *rationaler* Gehalt (und nicht etwa Lustwerte) das intentionale Objekt der Strebung (ihr Zweck) ist, dennoch hinreichend mit Lust/Leid-Empfindungen verbunden ist, um zur Ortsbewegung zu führen. Rationale Gehalte *allein* können demnach nicht motivieren, es sei denn, sie sind auf eine der oben genannten vier Weisen mit arationalen Lust/Leid-Empfindungen bzw. deren Antizipationen assoziiert. Kurz gesagt, Aristoteles ist Vertreter eines *motivationalen*, nicht aber eines psychologischen Hedonismus.[48]

Soweit das Ergebnis in Bezug auf die Theorie der animalischen Ortsbewegung. Der Gang der Argumentation, der zu diesem Ergebnis führt, ist jedoch relativ langwierig. Die Hauptschwierigkeiten bestehen dabei in dem Nachweis, dass bei allen Vorkommnissen von rationalen Strebungen tatsächlich dieselbe relationale Struktur vorliegt und dass eine mit der Aristotelischen Physik kompatible Erklärung dafür zumindest *möglich* ist. Hierfür ist die Einteilung der rationalen Strebungen in zwei Gruppen nützlich:

48 Mit Ausnahme der Begierde, die man auch als psychologisch hedonistisch bezeichnen kann.

(i) Rationale Strebungen können sich auf Gegenstände richten, die *invariabel* Güter sind. Das Gut-Sein dieser Gegenstände für das Lebewesen ist nicht abhängig von seinem momentanen Zustand. Das Lebewesen wird, bei gegebener relationaler Auffassung der Strebung, dementsprechend in festen und invariablen Relationen zu diesen Gütern stehen. Ich möchte diese Gegenstände hier ‚natürliche' Gegenstände des Wunsches nennen.[49]

(ii) Daneben richtet sich der Wunsch auf Gegenstände, zu denen der Wünschende zwar in variablen Relationen stehen kann, die jedoch für ihn und in seiner kontingenten Situation auch rational als Güter anzusehen sind (variable Gegenstände des Wunsches).

Den ‚natürlichen' Wunschgegenständen kommt dabei aus mehreren Gründen ein besonderes Interesse zu. Zunächst, weil sie mit evaluativ invariablen Gegenständen für den Wunsch einen genuin eigenständigen Objektbereich zu markieren scheinen. Aus diesem Grund scheint die Gruppe der natürlichen Wunschgegenstände gegenüber der anderen Gegenstandsgruppe, die sich auf variable Gegenstände richtet und, wie wir sehen werden, Überschneidungen mit den Gegenständen der anderen beiden Strebearten zulässt, explanatorisch vorgängig: Ein Gut, das invariabel gut ist, ist durch die Bereiche subjektiver Gütererfahrung der anderen beiden Strebearten nicht erfassbar. Wenn wir daher nach dem Spezifikum des Wunsches suchen, empfiehlt es sich, den Bezug zu invariablen Gütern zu untersuchen. Ein weiterer Punkt von besonderem Interesse ist, dass es sich bei der Annahme der Existenz solcher invariabel und intrinsisch guten Gegenstände im Gegensatz zu den evaluativ variablen Gegenständen der Affektivität nicht unbedingt um eine triviale Annahme handelt. Ich gehe in folgenden Schritten vor:

49 Ich tue dies in Analogie zur Begierde, bei der Aristoteles auch zwischen natürlichen und nicht natürlichen Gegenständen unterschieden hat. Im Fall des Wunsches ergibt sich allerdings die Schwierigkeit, dass etwa EE 1227a18-31 die Unterscheidung zwischen *physei* und *para physin* für die Gegenstände des Wunsches einführt, damit aber eine Unterscheidung innerhalb von (ii), also den variablen Gegenständen, anzeigt. Hierauf gebe ich zu bedenken: 1. Die speziellen Erfordernisse der ethischen Schriften benötigen keine spezielle Diskussion der ‚natürlichen' Wunschgegenstände, da es dort vornehmlich um handlungsrelevante Ziele des Wunsches (also ii) geht. 2. Die Unterscheidung ‚natürlich/unnatürlich bzw. widernatürlich' lässt sich auf jeden der drei Gegenstandsbereiche anwenden. 3. Ich behaupte nicht, dass Aristoteles die hier als ‚natürlich' bezeichneten Wunschgegenstände auch selber so genannt hat.

(a) Die natürlichen Gegenständen des Wunsches
(b) Wie erklärt sich der Wunsch physikalisch?
(c) Die konkreten ‚natürlichen' Gegenstände des Wunsches
(d) Die motivationale Relevanz des Wunsches

Ich werde die Fragen der Reihe nach durchgehen. Wie wir sehen werden, beantwortet Aristoteles die Frage nach der motivationalen Relevanz der natürlichen Wunschgegenstände *negativ*. Da die natürlichen, invariablen Güter aber für den Gegenstandsbezug des Wunsches explanatorisch basal sind, ergibt sich ein Problem, das der vielleicht verbreiteten Intuition zuwiderläuft, dass Wünsche bei Aristoteles motivational unproblematisch seien: Wenn der Wunsch nach invariablen Gegenständen einerseits motivational irrelevant ist, Aristoteles andererseits aber davon ausgegangen ist, dass Menschen aus Wünschen handeln können, wie erklärt sich die Beteiligung des Wunsches an der Bewegungsgenese? Wie sich zeigt, hängt die Beantwortung dieser Frage von der Erklärung der variablen Gegenstände des Wunsches (ii) ab. Ich werde die Frage (d) daher in zwei Teilfragen auflösen:

(d 1) Ist der Wunsch motivational relevant?

(d 2) Wie kann sich der Wunsch auf andere als seine ‚natürlichen' (invariablen) Gegenstände richten? Bei der gegebenen relationalen Auffassung der Strebung ist es erforderlich, dass alle Vorkommnisse einer Strebeart eine gleichartige Relation zu ihren Gegenständen aufweisen. Da sich der Bezug zu invariablen Gütern jedoch aus der spezifischen Beschaffenheit der invariablen Güter selbst und nicht aus ihrem Gut-Sein *für* das Lebewesen ergibt, bedarf es eines Aufweises, dass derselbe Relationstyp auch im Falle der variablen Wünsche vorliegt.

(a) *Die natürlichen Gegenstände des Wunsches*

Wenn Aristoteles, so wie hier behauptet, mit der rationalen Strebung nicht nur Strebungen nach handlungsrelevanten Gütern erklären will, sondern den strebensmäßigen Bezug zu Gütern *als* Güter *überhaupt*, so ist jetzt zu untersuchen, ob sein Begriff der rationalen Strebung dies leisten kann: Wie kann Aristoteles durch die Strebeart ‚Wunsch' das Streben nach solchen Gehalten erklären, die den Strebenden perzeptiv-emotional nicht direkt betreffen? Bei den anderen Strebearten lagen die Dinge einfacher, da bei ihnen eine auslösende Affektion in Form eines Wahrnehmungsgegenstandes vorliegt, die auf eine bestimmte körperliche Verfassung des Lebewesens trifft und von der wir gesehen haben, wie sie im Weiteren zu einer Lust/Leid-Empfindung und schließlich zur Strebung führt. Wir haben auch gesehen, wie bei Begierde und Mut die *Kognition* eines Gehaltes am Beginn dieser Ereignisse steht. Dieses Modell gilt nun *mutatis mutandis* auch für die rationale Strebung, vgl. Metaph. 1072a26-30:

> Auf diese Weise setzen aber der Gegenstand der Strebung und der Gegenstand des Denkens in Bewegung, denn sie setzen in Bewegung, ohne selbst in Bewegung zu sein. Von ihnen sind die primären Gegenstände dieselben: Gegenstand der Begierde ist nämlich das, was gut (*kalon*) zu sein scheint, und Gegenstand des Wünschens ist primär das, was wahrhaft gut ist. Wir erstreben aber etwas vielmehr deshalb, weil es (gut zu sein) scheint, als dass es (gut zu sein) scheint, weil wir es erstreben, Ausgangspunkt ist nämlich das Denken.[50]

Wie immer die Stelle im Weiteren auszulegen ist,[51] Aristoteles scheint hier von seiner Theorie der arationalen Strebung Gebrauch zu machen. Er argumentiert, dass die rationale Strebung sich in der Weise als eine Konsequenz aus dem Denken (*on*) ergibt, in der sich Begierde und Mut als Konsequenz aus der Wahrnehmung (*dokei*) ergeben:[52] Bei der Begierde bildet die Kognition des begehrten Gegenstandes (das, was gut zu sein scheint) den Ausgangspunkt. Wie wir gesehen haben, baut Aristoteles' Theorie der Lust/Leid-Empfindung auf der Kognition (Wahrnehmung) eines Gegenstand auf, der dann, wenn er in der geeigneten Relation zur im weitesten Sinne körperlichen Verfasstheit des Lebewesens steht, für das Lebewesen ein Gut oder ein Übel darstellt und deswegen zu Lust und Leid und damit automatisch zur Strebung führt. Wir begehren die Gegenstände unserer Begierden, *weil* sie uns in diesem Sinne Güter zu sein scheinen. Aristoteles macht hier nun Gleiches von den Gehalten der *rationalen* Strebung geltend. Ausgangspunkt ist jetzt aber nicht mehr die Wahrnehmung bzw. der Schein, sondern das Denken und das ihm korrelierte Sein (*on*): Nicht deswegen, weil wir etwas erstreben, ist es ein Gut, sondern wir erstreben etwas, weil es gut ist.[53] Das *tertium comparationis* des Vergleichs ist die Priorität der Kognition eines Gehalts vor der Strebung, d.h. die Strebung richtet sich immer auf einen bestimmten Gegenstand und dieser Gegenstand, damit sich die Strebung auf ihn richten kann, muss durch eine kogni-

50 κινεῖ δὲ ὧδε τὸ ὀρεκτὸν καὶ τὸ νοητόν· κινεῖ οὐ κινούμενα. τούτων τὰ πρῶτα τὰ αὐτά. ἐπιθυμητὸν μὲν γὰρ τὸ φαινόμενον καλόν, βουλητὸν δὲ πρῶτον τὸ ὂν καλόν· ὀρεγόμεθα δὲ διότι δοκεῖ μᾶλλον ἢ δοκεῖ διότι ὀρεγόμεθα·ἀρχὴ γὰρ ἡ νόησις.

51 Für den Kontext, vgl. Laks (2000), S. 220-27.

52 Aristoteles stellt hier wieder *oregesthai* im Sinne von ‚arationales Streben' dem Wunsch gegenüber. Dies bedeutet, wie gesagt, nicht, dass der Wunsch *keine* Strebung ist, vgl. unten S. 256.

53 Manche Passagen bei Aristoteles, die eine umgekehrte Folge nahelegen (z.B. Rhet. I 6 und EN I 1), sind extensionale Bestimmungen des menschlichen Guten, keine Definitionen.

tive Aktivität vorgegeben werden (ἀρχὴ γὰρ ἡ νόησις). Wenn man die primären Gegenstände der rationalen Strebung denkt, so das Argument, erfolgt die Strebung nach dem gedachten Gegenstand aufgrund des Denkens an sie. Interessant für den hier verfolgten Zusammenhang ist, dass es für ihn Gegenstände gibt, die, *weil* sie als das erkannt werden, was sie selber sind, im Denkenden eine Strebung nach ihnen hervorrufen. Das wahrhaft Gute, so die Behauptung, wird *deswegen* erstrebt, weil *es* gut ist, und nicht, weil es uns so scheint bzw. von uns als solches empfunden wird. Es bezieht seine Attraktivität aus seinen *eigenen* Qualitäten, unabhängig von den Befindlichkeiten und Zuständen desjenigen, der an es denkt.

Da nun die beiden arationalen Strebungen von Wahrnehmungen abhängen und sich nur auf solche Gegenstände richten, die entweder gut oder schlecht sein können, kommen die Gegenstände des Wunsches für sie nicht in Frage: Um das an sich Seiende und Güter als solche zu erkennen, braucht es für Aristoteles Vernunft. Aus der relationalen Auffassung der Strebung ergibt sich somit, dass es neben den beiden arationalen Strebungen noch eine Strebung nach genuin rationalen Gehalten geben muss. Die obige Stelle besagt, dass es Gegenstände gibt, die, wenn sich das Denken auf sie bezieht, aufgrund ihres Eigengehaltes zu einer Strebung nach ihnen führen. In dieser sehr einfachen Idee scheint der konzeptionelle Kern der rationalen Strebung bei Aristoteles zu liegen: Es handelt sich um eine Strebung, die sich allein aus dem *kognitiven* Bezug zu bestimmten Gegenständen erklärt. Das Gut-Sein ihrer Gegenstände verdankt sich nicht den variablen (im weitesten Sinne körperlichen) Relationen des Denkenden zu ihnen, sondern ihren intrinsischen Qualitäten (intrinsische Güter, ‚natürliche' Gegenstände des Wunsches[54]). Da neben diesem intellektuellen Bezug keine direkte Beziehung zu den variablen Verfasstheiten des Wünschenden besteht, kann es auch keinen negativen Bezug zu den Gegenständen des Wunsches geben. Dies erklärt, weshalb Aristoteles den positiven Gegenständen des Wunsches (den intrinsisch guten Dingen) keine intrinsischen Übel und der Lust aus der Betrachtung dieser Gegenstände keine Leidzustände entgegensetzt. Folgendes vorläufiges Bild ergibt sich: Aristoteles konzipiert die rationale Strebung nach dem gleichen Prinzip wie die arationale Strebung, nämlich als Konsequenz aus einer kognitiven Tätigkeit, die sich auf ein Gut richtet. Der Gegenstand der kognitiven Tätigkeit ist im Falle der rationalen Strebung ein Gut *als* Gut. Bei den arationalen Strebungen verhält sich dies anders: Sie richten sich objektiv betrachtet zwar auf (variable) Güter, die der Strebung vorhergehende Kognition muss diese Güter aber nicht *als* Güter wahrnehmen (‚gut' ist

54 Vgl. die Formulierung in a28: „Gegenstand des Wünschens ist primär das, was wahrhaft gut ist".

kein Wahrnehmungsgegenstand). Die Lebewesen müssen nicht Güter als Güter und auch nicht Wahrnehmungsgegenstände als Güter erkennen können, um arationale Strebungen zu empfinden. Bei den Gegenständen des Wunsches handelt es aber nicht um variable Güter, die für das Lebewesen mal gut sind und mal nicht, sondern um Güter schlechthin, die invariabel und unabhängig von (im weitesten Sinne) körperlichen Zuständen des Lebewesens immer gut sind. Das bloß körperlich-emotionale Empfinden eines kognitiven Gehaltes ‚als' gut reicht dafür nicht hin. Es handelt sich um Güter, die sich nicht aus der Relation zur körperlichen oder emotionalen Befindlichkeit des Lebewesens erklären, sondern die Güter an sich sind. Solche Güter zu erkennen, ist für Aristoteles nur die Vernunft in der Lage. Und da er einen relationalen Begriff der Strebung hat, wonach Strebungen und ihre Arten sich durch den Bezug auf ihre Zwecke definieren, geht er davon aus, dass es eine genuin rationale Art der Strebung gibt, die sich auf genau solche Güter an sich richtet.

(b) *Wie erklärt sich der Wunsch physikalisch?*
Aristoteles untersucht diese Frage nicht explizit. Wir haben aber guten Grund anzunehmen, dass hier dieselbe Erklärung greift wie bei den arationalen Strebungen. Das heißt, auch der Wunsch geht nicht direkt aus dem Erkennen des wahrhaft Guten hervor, sondern aus der *Lust*, die sich aus dem Erkennen des wahrhaft Guten ergibt. Aristoteles sagt klar, dass auch aus der Betätigung des Denkvermögens Lust entsteht, vgl. EN 1175a10-16:

> Man könnte aber wohl glauben, dass alle die Lust erstreben, weil ja auch alle nach dem Lebendig-Sein trachten. Das Leben ist aber eine Art Betätigung und jeder Einzelne betätigt sich in Betreff der Dinge und in den Dingen, denen er am meisten zugetan ist, z.B. derjenige, der in Bezug auf das Gehör gebildet ist, in Betreff der Lieder und derjenige, der in Bezug auf das Denken wissbegierig ist, in Betreff der theoretischen Betrachtungen und so auch ein jeder von den übrigen. Die Lust vollendet aber die Betätigungen und also auch das Leben, nach dem sie streben. Es leuchtet also ein, dass sie auch nach der Lust trachten, sie vollendet nämlich für jeden Einzelnen das Leben, da es wählenswert ist.[55]

Die mit der Betätigung theoretischen Betrachtens einhergehende Lustempfindung ist zwar nicht der *unmittelbare* Gegenstand der Strebung (dies sind

55 ὀρέγεσθαι δὲ τῆς ἡδονῆς οἰηθείη τις ἂν ἅπαντας, ὅτι καὶ τοῦ ζῆν ἅπαντες ἐφίενται· ἡ δὲ ζωὴ ἐνέργειά τις ἐστί, καὶ ἕκαστος περὶ ταῦτα καὶ τούτοις ἐνεργεῖ ἃ καὶ μάλιστ' ἀγαπᾷ, οἷον ὁ μὲν μουσικὸς τῇ ἀκοῇ περὶ τὰ μέλη, ὁ δὲ φιλομαθὴς τῇ διανοίᾳ περὶ τὰ θεωρήματα, οὕτω δὲ καὶ τῶν λοιπῶν ἕκαστος· ἡ δ' ἡδονὴ τελειοῖ τὰς ἐνεργείας, καὶ τὸ ζῆν δή, οὗ ὀρέγονται. εὐλόγως οὖν καὶ τῆς ἡδονῆς ἐφίενται· τελειοῖ γὰρ ἑκάστῳ τὸ ζῆν, αἱρετὸν ὄν. Vgl. auch 1174b21.

die Gegenstände der theoretischen Betrachtungen), jedoch unmittelbar mit der theoretischen Betrachtung verbunden. Dies macht es sehr wahrscheinlich, dass Aristoteles auch die rationale Strebung als unmittelbare Folge aus einer Lust versteht, nur dass hier, im Unterschied zur arationalen Strebung, nicht auch Leid der Strebung vorausgehen kann, sondern nur Lust. Die Frage, aus welchem Grund das Denken dieser Gegenstände vom Lebewesen als lustvoll empfunden und deshalb erstrebt wird, erklärt Aristoteles, wie wir oben gesehen haben,[56] mithilfe derselben Annahmen wie bei der Erklärung der arationalen Strebungen: Das, was die Lust erklärt, ist die Betätigung der definitorischen Natur des denkenden Lebewesens (EN 1153a7-15; 1154b17-28; vgl. 1174a13ff. insb. 1176a8-29). Der Fall der einfachen Lüste, die aus dem Denken entstehen, liegt daher sogar einfacher als bei den variablen Lüsten. Bei letzteren liegt, wie wir auch gesehen haben, nicht direkt die Betätigung der definitorischen Natur, sondern nur deren Wiederherstellung vor.

Vor diesem Hintergrund wird die Frage nach dem Subjekt der rationalen Strebung umso dringlicher. Bei den arationalen Strebungen ist dies der beseelte Körper und besonders dessen mit dem Wahrnehmungsvermögen im Zusammenhang stehenden Funktionen: *Was* aber ist es im Lebewesen, das rationale Gehalte erstrebt? Die Vernunft selbst, deren Natur während des Denkens ja betätigt wird, ist laut DA 430a22-24, b30f. *nichts*, bevor sie nicht denkt. Daraus folgt zwar nicht, dass die Vernunft nicht Subjekt rationaler Strebungen sein könnte, da die Präsenz des Denkgehaltes ja eine Voraussetzung für die rationale Strebung zu sein scheint. Aristoteles sagt jedoch nirgends etwas, das vermuten ließe, er sei er Annahme gewesen, dass die Vernunft (*nous*) sich selbst, ihren Denkgehalt (*noêton*) oder ihre Aktualisierung (*noêsis*) *erstrebe*.[57] Stattdessen behauptet er eine Reihe von Dingen über die Vernunft (vor allem ihre Unbewegtheit[58]), die mit einer solchen Annahme nicht kompatibel scheinen. Die einzelnen Denkepisoden gehen für Aristoteles allerdings mit bestimmten Vorstellungsakten und damit mit *physiologischen* Prozessen einher.[59] Dies eröffnet die Möglichkeit, das Stattfinden rationaler Strebungen durch epistemische Subsysteme

---

56 Vgl. oben, S. 75f.

57 Diese Sicht schreibt Kahn Platon in Bezug auf den rationalen Seelenteil zu, vgl. Kahn (1987), S. 80ff.

58 Vgl. vor allem 429a15ff; Ph. 247b4f; (Metaph. 1072a30, das eine Ausnahme zu sein scheint, erklärt sich leicht darüber, dass hier 1. von dem Seelen*vermögen* der Vernunft die Rede ist, dessen Aktualisierung durch den Denkgegenstand an dieser Stelle von Aristoteles als ein Bewegt-Werden formuliert wird, und 2. an dieser Stelle die übergeordnete Frage die nach dem höchsten *Bewegungs*prinzip ist.)

59 DA 431a14-17; 432a3-14. Für die Frage nach dem Verhältnis beider, vgl. Van der Eijk (1997), Wedin (1996).

auf dem Niveau der physischen Realisierung der Denktätigkeit zu erklären.[60] Auf eine Antwort in diese Richtung weist auch der hier erarbeitete Strebebegriff, dem zufolge nicht die Seelenfunktion der Wahrnehmung das Subjekt der Strebung ist, sondern das Körper/Seele-Kompositum, das eine Wahrnehmung macht und sich zum Gehalt dieser Wahrnehmung in einer bestimmten Relation befindet.[61] Für eine Lösung über epistemische Subsysteme der Denktätigkeit spricht auch, dass Aristoteles in der *Eudemischen Ethik* dem vernünftigen Seelenteil eine eigene, von dem arationalen Teil unabhängige Strebung abzusprechen scheint.[62] Das würde dafür sprechen, dass es irgendwie das denkende Lebewesen als Ganzes ist, das die rationale Strebung empfindet, nicht nur sein Intellekt.

Ich möchte diese äußerst schwierige Frage hier nicht weiter verfolgen. Es gibt dafür einfach zu wenig erhaltenen Text.[63] Für die Zwecke der Darstellung der Theorie der animalischen Ortsbewegung sollte es reichen, wenn wir wissen, dass der Wunsch sich auf Güter *als* Güter richtet. Und dass diese in keiner direkten Relation zu den körperlichen Zuständen von Lebewesen stehen.[64] Eine Erklärung über die Wiederherstellung des im weitesten Sinne körperlichen Ausgangszustandes des Lebewesens muss daher entfallen. Zu der Sonderrolle der vernünftigen Strebung passt, dass Aristoteles, wie wir gleich sehen werden, der Vernunft die von ihm mit der *Wiederherstellung* des Naturzustandes verbundene motorische Wirkung auf den Körper abspricht.

(c) *Konkrete Gegenstände des Wunsches*

---

60 Also Wahrnehmung und Vorstellung (*phantasia*). Für die Abhängigkeit der Denktätigkeit von perzeptiven Prozessen, vgl. DA 431a14-17; 432a3-14.

61 Nämlich einer spürbaren Relation der Nicht-Übereinstimmung. Der Gedanke, dass das *Vernunftvermögen* sich in einer solchen Relation zum aktualen Gehalt des Denkens befinden könnte, scheidet aus, weil das Vernunftvermögen von Aristoteles aktual *nichts* ist, bevor es nicht denkt (DA 429a22-24, b30f.), und wenn es denkt, ist es mit seinem Gegenstand identisch (DA 430a19f; 431a1f.). Arationale Strebung dagegen ist ein aktualer Zustand der Nicht-Identität mit dem erstrebten Gegenstand.

62 Vgl. EE 1221b30-32: „(…) und die (Tugenden) des vernünftigen (Seelenteils) sind intellektuell (*dianoêtikai*), ihre Leistung ist Wahrheit entweder darüber, wie sich etwas verhält, oder darüber (wie etwas) entsteht, die anderen (Tugenden sind die) des unvernünftigen (Seelenteils), der aber über Strebung verfügt – denn nicht jeder beliebige Teil der Seele verfügt über Strebung, wenn sie teilbar ist."

63 Der Frage nach der Physiologie des Denkens bei Aristoteles geht Van der Eijk (1997) nach, der dort auch eine große Zahl von Belegen beibringt, dass Aristoteles sich mit dieser Frage beschäftig hat. Für die Frage nach der Relation von körperlichen Subsystemen zu übergeordneten epistemischen Systemen, vgl. Wedin (1996). Zur Rolle der Vorstellung beim Denken, vgl. unten, S. 224f.

64 Dies zeigt sich daran, dass es für die Vernunft kein *Organ* gibt (DA 430a24-27).

Als *natürlicher* Gegenstand des Wunsches wurde oben schon ‚das Gute' genannt. Es ist aber auch hier nicht ohne Weiteres klar, was darunter zu verstehen ist. Im weiteren Kontext der oben zitierten *Metaphysik*-Stelle nennt Aristoteles die ‚positive Reihe der Gegensätze' (*hetera systoichia*, Metaph. 1072a30ff.) und zählt einige davon auf: Erste, einfache aktuale Substanz (*ousia*), das Schöne (*kalon*) und das aufgrund seiner selbst Wählenswerte (*di' hauton haireton*), das dann als das Worum-Willen (*hou heneka*) qualifiziert wird. Im Text wird die Verbindung dieser Denkgehalte zu den menschlichen rationalen Strebungen allerdings nicht thematisiert. Folgendes lässt sich vermuten: Dadurch, dass der Wunsch sich auf das Gut-Sein der gewünschten Gegenstände richtet, das ihnen als den Gegenständen zukommt, die sie sind, kann er als einzige Strebeart fest und invariabel an bestimmte konkrete Gegenstände gebunden sein. Bei Begierde und Mut konnte Aristoteles nur *Bereiche* namhaft machen, auf die sie sich ‚von Natur' aus beziehen. Die *konkreten* Objekte, auf die sie sich richten, sind aber abhängig vom Zustand der Lebewesen und daher variabel. So soll sich z.B. die Begierde zwar auf die Gegenstände des Tastsinns beziehen, aber auf welche Tastgegenstände sie sich im Einzelnen beziehen soll, ist nicht anzugeben, weil dies von den jeweiligen Relationen abhängt, in denen die Lebewesen zu den Gegenständen stehen. Da es beim Wünschen aber nicht um *verschiedene* Relationen geht, in denen Gegenstände zum Wünschenden stehen können, sondern um das Gut-Sein der Gegenstände selbst, kann sich der Wunsch auch *invariabel* auf immer die gleichen Gegenstände richten. Diese Invariabilität der Relation und Gegenstände des Wünschens fordert nun, dass seine Gegenstände auf Seiten des Lebewesens mit einer gleichfalls invariablen Disposition korrespondieren. Hiervon haben wir gesehen, dass dies aller Wahrscheinlichkeit nach die eigene (definitorische) *Natur* des Lebewesens ist, und wir haben deswegen die ‚natürlichen' Gegenstände des Wünschens mit den Gegenständen der Betätigungen der menschlichen Natur aus EN 1154b15-20 identifiziert. Dies sind demnach alle Gegenstände der sogenannten ‚einfachen' Lüste, ohne entgegengesetzte Leidempfindungen, wie wir sie bei der Diskussion der Lust/Leid-Empfindung schon diskutiert haben: Bestimmte Betätigungen des Intellekts und Wahrnehmungen, wie etwa die des Duftes einer Blume oder bestimmte Farb- oder Hörwahrnehmungen. Welche konkreten Gegenstände dies daher auch immer sein mögen (für Aristoteles vermutlich auch die Gegenstände der Philosophie, vgl. EN 1141a21-b3), die ‚natürlichen' (invariablen) Gegenstände des Wunsches können nicht diejenigen sein, die direkt den Körper des Menschen oder dessen Relationen zu materiellen oder sozialen Gütern betreffen, sondern nur die, die sich auf die

Betätigungen seines Vernunftvermögens beziehen und ihn daher in seinen persönlichen Interessen als *wahrnehmende* Person nicht direkt betreffen.[65]

(d) *Die motivationale Relevanz des Wunsches*

Die natürlichen Gegenstände des Wunsches sind intrinsische Güter. Es sind Qualitäten der Gegenstände ‚einfacher' Wahrnehmungslüste und Denkgegenstände. Sie sind dadurch ausgezeichnet, dass sie nicht aufgrund eines Bezugs zu den Begierden und dem Mut (der Affektivität) der Wünschenden erstrebt werden. Diesen und derartigen Gehalten spricht Aristoteles die motivationale Relevanz für sublunare Lebewesen ab:

> Folglich bewegen unmittelbar der Gegenstand des Strebens und der Gegenstand des Denkens. Nicht aber alles, was Gegenstand des Denkens ist, sondern (nur) der Zweck von solchem, was möglicher Gegenstand von Handlungen ist. Deswegen ist es unter den Gütern (nur) das derartige, das bewegt, und nicht jedes Gute: Nämlich (nur) insofern um seinetwillen ein anderes da ist und insofern es Zweck solcher Dinge ist, die um eines anderen willen sind, (nur) auf diese Weise bewegt es. Man muss aber auch das, was das Gute zu sein scheint, an den Platz des Guten setzen und das Lustvolle, es scheint nämlich ein Gut zu sein. (MA 700b24-28)[66]

Nicht alle Gegenstände des Denkens und nicht einmal ‚jedes Gute' (hier = Gegenstand von Strebung) können Lebewesen in Bewegung setzen. Als Grund dafür gibt Aristoteles an, dass sich die denkende Vernunft (*dainoia, nous*), um Lebewesen in Bewegung zu setzen, auch auf die entsprechenden Gegenstände richten muss. Sie muss sich, um bewegen zu können, auf solche Gegenstände richten, die möglicher Gegenstand von Handlungen sind (*praktôn telos*). Bei den Gegenständen der einfachen Lüste (die oben erwähnten natürlichen Gegenstände des Wunsches und die Gegenstände der Wissenschaften sowie allgemeine Gehalte) handelt es sich nicht um mögliche Gegenstände von Handlungen. Das heißt, dass die natürlichen Gegenstände des Wünschens motivational irrelevant sind:

> Denn die theoretische Vernunft betrachtet nicht den Gegenstand einer Handlung und sie sagt auch nichts über das, was zu meiden und zu verfolgen ist, die Bewe-

65 Dabei gilt: Je besser der wahrgenommene oder gedachte Gehalt, desto größer die resultierende Lust, vgl. Metaph. 1072b14-19; EN 1174b14-31; 1175b24-1176a3.

66 ὥστε κινεῖ πρῶτον τὸ ὀρεκτὸν καὶ τὸ διανοητόν. οὐ πᾶν δὲ τὸ διανοητόν, ἀλλὰ τὸ τῶν πρακτῶν τέλος. διὸ τὸ τοιοῦτόν ἐστι τῶν ἀγαθῶν τὸ κινοῦν, ἀλλ' οὐ πᾶν τὸ καλόν· ᾗ γὰρ ἕνεκα τούτου ἄλλο, καὶ ᾗ τέλος ἐστὶ τῶν ἄλλου τινὸς ἕνεκα ὄντων, ταύτῃ κινεῖ. δεῖ δὲ τιθέναι καὶ τὸ φαινόμενον ἀγαθὸν ἀγαθοῦ χώραν ἔχειν, καὶ τὸ ἡδύ· φαινόμενον γάρ ἐστιν ἀγαθόν.

gung dagegen gehört stets entweder zu einem Meidenden oder Verfolgenden. (DA 432b26-29[67])

Der Satz, dem zufolge die Gegenstände der theoretischen Vernunft sich nicht mit dem befassen, was zu meiden und was zu verfolgen ist, sagt nicht, dass die Gegenstände der theoretischen Vernunft keine Gegenstände des Wünschens sind. Dies wäre ein glatter Widerspruch zur hier behandelten Stelle in Metaph. 1072a26-30 (vgl. auch Metaph. 980a20-27) und zahlreichen anderen Stellen. Es ist nur eine Behauptung über die *Gehalte* von Vorkommnissen theoretischen Denkens: Wer theoretisch denkt, befasst sich nicht mit solchen Gegenständen, die man tun oder herstellen kann. Insofern trägt das theoretische Denken in keiner Weise zur Ortsbewegung der Lebewesen bei. Motivational relevant sind nur solche rationalen Strebungen, die sich auf Gehalte richten, deren Ausführung in den Möglichkeiten des Strebenden liegt (*praktôn telos*).

Neben diesen Textstellen ergibt sich die motivationale Irrelevanz theoretischer Gehalte auch aus folgender Überlegung: Da es, wie wir gesehen haben, bei einfachen Lüsten, um die es bei den natürlichen Gegenständen des Wunsches geht, keine entgegengesetzten Leidzustände gibt, können Strebungen nach solchen Gegenständen auch nur *während* der Betätigung und als direkte Folge der Lust an diesen Aktivitäten eintreten: Man kann Aristoteles zufolge keine genuin rationale Strebung nach einer Betätigung im theoretischen Denken haben, ohne sich gleichzeitig im theoretischen Denken zu betätigen (arationale Strebungen, wie z.B. die in Rhet. 1371a32-34 erwähnte Begierde zu lernen, dagegen schon). Dies ergibt sich aus der oben formulierten Priorität der Kognition gegenüber der Strebung gleichen Gehalts. Dadurch ist eine motivationale Kraft dieser Strebungen aber ausgeschlossen: Ortsbewegung ist im Unterschied zur *theôria* dadurch gekennzeichnet, dass die in ihr vollzogene Bewegung *nicht* mit ihrem Zweck identisch ist.[68] Diese Struktur liegt bei den Strebungen nach den natürlichen Gegenständen des Wunsches nicht vor: Wer einfache Lüste aufgrund von z.B. aktualer theoretischer Tätigkeit empfindet, hat, um sei-

---

67 ὁ μὲν γὰρ θεωρητικὸς οὐθὲν θεωρεῖ πρακτόν, οὐδὲ λέγει περὶ φευκτοῦ καὶ διωκτοῦ οὐθέν, ἀεὶ δὲ ἡ κίνησις ἢ φεύγοντός τι ἢ διώκοντός τί ἐστιν. Vgl. EN 1139a35f.: „Das Denken selbst bewegt nichts, sondern das um eines bestimmten Zweckes willen und zum Handeln Fähige".

68 Vgl. *De Caelo* 292b6f.: „Die Handlung besteht aber immer in zwei Faktoren, wenn sowohl das Worum-Willen da ist und das um dessen willen." Und MA 701b26-28: "Nämlich (nur) insofern um seinetwillen ein anderes da ist und insofern es Zweck solcher Dinge ist, die um eines anderen willen sind, (nur) auf diese Weise bewegt es." Sowie DA 407a23f.: „Nun gibt es für die praktischen Gedanken Grenzen, sie sind nämlich alle um eines anderen Willen." (vgl. EN 1112b33).

nen Wunsch zu realisieren, keine Möglichkeit, etwas anderes zu tun als das, was er ohnehin gerade tut. Seine Tätigkeit stimmt mit ihrem Zweck weitestgehend überein. Bei Handlungen liegt demgegenüber immer eine Nicht-Identität von Handlungszweck und Tätigkeit vor. Aus diesem Grund involvieren Handlungen in der Regel eine wie auch immer geartete Verrichtung, d.h. eine Bewegung, die der Herbeiführung des Handlungszweckes dient.[69] Dies ist bei den natürlichen Gegenständen des Wunsches nicht möglich: Es gibt keine Verrichtung, die der aktual theoretisch Betrachtende noch ausführen könnte, die ihn an sein Ziel bringt (es handelt sich um Betätigungen und in dieser Hinsicht nicht um Prozesse, vgl. Metaph. 1048b18-35; EN 1173b15-20; 1174a13ff.). Beim Wünschen liegt folglich keine Bewegungsstruktur vor, und das Denken oder Wahrnehmen der natürlichen Gegenstände des Wunsches kann deswegen motivational nichts ausrichten. Ich werde hier daher nicht weiter auf die natürlichen Gegenstände des Wunsches eingehen.

Aristoteles spricht aber nicht nur dem *theoretischen* Denken die Bewegungsrelevanz ab, sondern glaubt offenbar, dass die Vernunft *generell* für die Erklärung der animalischen Ortsbewegung irrelevant ist:

> Man könnte darüber in Schwierigkeiten geraten, wenn man darauf schaut, was gerade gesagt wurde, ob es Sache der Naturphilosophie (*hê physikê*) ist, Aussagen über die ganze Seele zu machen oder über einen Teil: Denn wenn sie Aussagen über die ganze macht, so bleibt keine Philosophie neben der Naturphilosophie übrig. Denn die Vernunft (*nous*) bezieht sich auf die Gegenstände der Vernunft (*noêta*), so dass die Naturerkenntnis es mit allen Dingen zu tun hätte; es ist nämlich Sache derselben Wissenschaft, die Vernunft (*nous*) und den Gegenstand der Vernunft (*noêton*) zu betrachten, wenn sie wirklich Korrelativa sind, und es ist für alle Korrelativa jeweils dieselbe Betrachtung zuständig, ganz so wie für sowohl Wahrnehmung als auch die Gegenstände der Wahrnehmung (eine Betrachtung zuständig ist). Oder ist etwa nicht die ganze Seele Ausgangspunkt von Bewegung (*kinêseôs archê*) und auch nicht alle ihre Teile, sondern für das Wachstum ist es das, was auch bei den Gewächsen vorkommt, für qualitative Veränderung das Wahrnehmungsvermögen, für die Ortsbewegung aber etwas anderes und zwar nicht das Denkvermögen (*noêtikon*)? Denn Fortbewegung kommt auch bei anderen Lebewesen vor, Denken (*dianoia*) aber in keinem anderen. Also ist klar, dass man (als Naturphilosoph) nicht Aussagen über die Seele als Ganze machen soll, weil nämlich auch nicht die ganze Seele eine Natur ist, sondern ein Teil von ihr bzw. auch mehrere. (PA 641a32-b10)[70]

---

69 Vgl. unten, S. 291ff.

70 Ἀπορήσειε δ' ἄν τις εἰς τὸ νῦν λεχθὲν ἐπιβλέψας, πότερον περὶ πάσης ψυχῆς τῆς φυσικῆς ἐστι τὸ εἰπεῖν ἢ περί τινος. Εἰ γὰρ περὶ πάσης, οὐδεμία λείπεται παρὰ τὴν φυσικὴν ἐπιστήμην φιλοσοφία. Ὁ γὰρ νοῦς τῶν νοητῶν. Ὥστε περὶ πάντων ἡ φυσικὴ γνῶσις ἂν εἴη· τῆς γὰρ αὐτῆς περὶ νοῦ καὶ τοῦ νοητοῦ θεωρῆσαι, εἴπερ

Der Naturphilosoph beschäftigt sich mit der Erklärung natürlicher Prozesse. Weil die Seele ein Ausgangspunkt für die Erklärung von natürlichen Prozessen ist, gehört auch die Seele zu den Themen der Naturphilosophie. Da aber nicht die Seele als Ganze, sondern nur Teile von ihr Ausgangspunkt für die Erklärung von Prozessen sind, folgt, dass der Naturphilosoph sich nicht mit der Seele als Ganzer befasst. Die hier genannte Ausnahme ist der Seelenteil der *Vernunft*: Die Vernunft ist kein Ausgangspunkt für die Erklärung von Prozessen und Bewegungen der Lebewesen und ausdrücklich auch nicht für deren Ortsbewegungen (*phora*). Die Behauptung im letzten Satz, dass nicht die ganze Seele eine ‚*Natur* (*physis*)' sei, ist wohl so zu verstehen, dass damit *physis* im Sinne von ‚Prinzip der Erklärung für effizient-kausale Prozesse' gemeint ist. Denn in anderen Zusammenhängen zögert Aristoteles weder, das menschliche Vernunftvermögen als *physis* zu bezeichnen (vgl. z.B. EN 1154b20ff.), noch auch das Denken (*noêsis*) als *finalen* Ausgangspunkt von Prozessen zu bezeichnen (Metaph. 1072a24ff.).

Was die Beschränkung der Naturphilosophie auf solche Seelenteile, die Prozesse effizient erklären können, betrifft, so kann man sagen, dass Aristoteles sich in seiner Theorie der animalischen Ortsbewegung daran hält. Dies zeigt sich vor allem daran, dass er keine speziell menschliche Motivationstheorie erstellt, sondern viel Wert darauf legt, eine gemeinsame Bewegungstheorie für *alle* ortsbewegten Lebewesen zu erstellen (vgl. MA 698a4-7[71]). Vor diesem Hintergrund ist die Frage, wie sich die motivationale Relevanz des Wunsches herstellen kann, also alles andere als unproblematisch. Wenn die Vernunft, so wie hier in PA gesagt, nicht nur in Anbetracht ihrer theoretischen Gehalte, sondern überhaupt nicht effizienter Ausgangspunkt für Prozesse ist, so kann es keinen *direkten* Weg geben, auf dem sie sich an der Bewegungsgenese beteiligen kann. Wenn der Wunsch nun diejenige Strebeart ist, die sich direkt aus dem Denken an Güter an sich ergibt, dann ist klar, dass auch der Wunsch der obigen PA–Stelle zufolge motivational, d.h. für die effiziente Erklärung der Ortsbewegung, irrelevant ist.

πρὸς ἄλληλα, καὶ ἡ αὐτὴ θεωρία τῶν πρὸς ἄλληλα πάντων, καθάπερ καὶ περὶ αἰσθήσεως καὶ τῶν αἰσθητῶν. Ἢ οὐκ ἔστι πᾶσα ἡ ψυχὴ κινήσεως ἀρχή, οὐδὲ τὰ μόρια ἅπαντα, ἀλλ' αὐξήσεως μὲν ὅπερ καὶ ἐν τοῖς φυτοῖς, ἀλλοιώσεως δὲ τὸ αἰσθητικόν, φορᾶς δ' ἕτερόν τι καὶ οὐ τὸ νοητικόν· ὑπάρχει γὰρ ἡ φορὰ καὶ ἐν ἑτέροις τῶν ζῴων, διάνοια δ' οὐδενί. Δῆλον οὖν ὡς οὐ περὶ πάσης ψυχῆς λεκτέον· οὐδὲ γὰρ πᾶσα ψυχὴ φύσις, ἀλλά τι μόριον αὐτῆς ἓν ἢ καὶ πλείω. Zur Stelle, vgl. Balme (1972), 91f. und Kullmannn (1974), 40f. und 315, Lennox (1999) und (2001) ad loc.

71 Vgl. Corcilius (2008b), S. 163f.

Andererseits ist aber auch klar, dass Aristoteles selbstverständlich annimmt, dass unsere Wünsche einen Einfluss, und sogar einen entscheidenden Einfluss, auf unser Handeln nehmen können. Es sollte vor dem gegebenen Hintergrund seiner Strebetheorie jedoch deutlich geworden sein, dass die Selbstverständlichkeit, mit der wir unseren Wünschen Folge leisten, naturphilosophisch erklärungsbedürftig ist. Die Frage, auf welche Weise Aristoteles die Möglichkeit erklärt, sich durch den Wunsch in Bewegung zu setzen, möchte ich in mehreren Etappen beantworten. Ich werde mit der Diskussion der bewegungsrelevanten *Gegenstände* des Wunsches beginnen. Hier ist zunächst zu erklären, wie Aristoteles die Möglichkeit des Wunsches, sich auf andere als seine ‚natürlichen' (also invariablen) Gegenstände zu richten, erklärt. Daran schließt sich die Frage an, wie er die Beteiligung des Wunsches an der Genese von Handlungen erklärt.

Wie kann sich der Wunsch auf andere als seine ‚natürlichen' (invariablen) Gegenstände richten?

Bei der hier gegebenen relationalen Definition der Strebung war bei den arationalen Strebungen die Voraussetzung dafür, dass sie sich auf andere als ihre natürlichen Gegenstände richten, dass diese *in derselben Relation* zu den Verfasstheiten des Lebewesens stehen, wie es ihre natürlichen Objekte tun (‚freie' Assoziierbarkeit). Beim Wunsch scheint dies nicht anders zu sein. Wie es scheint, macht Aristoteles für *alle* Gegenstände des Wunsches, unabhängig von ihren objektiven Eigenschaften, geltend, dass sie dieselbe relationale Struktur zum Wünschenden aufweisen müssen, die wir bei den natürlichen Gegenständen des Wunsches bereits kennen gelernt haben. Damit der Wünschende einen Gegenstand rational erstreben kann, muss er der Meinung sein, dass es sich bei dem gewünschten Gegenstand um ein *Gut* handelt:

> (...) denn es wünscht auch niemand etwas, von dem er nicht glaubt, es sei gut (*spoudaion*). (EN 1136b7f.)[72]

Was kann dies im Fall der nicht ‚natürlichen' (variablen) Gegenstände des Wunsches heißen? Bei den ‚natürlichen' (invariablen) Gegenständen haben wir gesehen, dass die Gegenstände ‚gut' sind, die der Wünschende *als Güter* erkannt hat. Bei der gegebenen Vollständigkeit der Dreiteilung der Strebearten heißt dies, er erkennt den Gegenstand aufgrund seiner eigenen, vom Zustand des Strebenden unabhängigen Eigenschaften als gut (intrinsi-

72 (...) οὔτε γὰρ βούλεται οὐδεὶς ὃ μὴ οἴεται εἶναι σπουδαῖον, vgl. Rhet. 1369a3.

sche Güter) (ii). Wie aber kann sich der Wunsch auf solche Gegenstände richten, die nicht aufgrund ihrer eigenen Eigenschaften als gut erkannt werden und die – gegeben die Dreiteilung – auch nicht aufgrund ihrer Relation zur im weitesten Sinne körperlichen Verfassung des Lebewesens gut zu sein scheinen?

Wie es aussieht, kann sich die rationale Strebung für Aristoteles deswegen auf variable Gegenstände richten, weil es bestimmte *Kontexte* gibt, in denen konkrete Gegenstände zu an sich wünschenswerten Gütern werden, obwohl es sich bei ihnen nicht um ‚natürliche' Gegenstände des Wunsches handelt. Um klarer zu machen, was ich meine, ist es von Nutzen, von einer Unterscheidung Gebrauch zu machen, die Aristoteles in den Ethiken trifft: Er spricht dort von Gütern schlechthin (*haplôs agatha*) und kontrastiert diese mit relativen Gütern (*tini*, EN 1152b26-31; EE 1228b17-26; 1235b30-35; 1248b26-37; Pol. 1332a23-b11). Damit bezieht er sich zwar nicht exakt auf den Unterschied, den ich hier zwischen variablen und invariablen Gütern mache, sondern, wie wir gleich sehen werden, auf den Unterscheid zwischen denjenigen Gütern, die generell für *Menschen als Menschen* gut sind, und denjenigen, die den einzelnen Menschen in ihren spezifischen Situationen jene *verschaffen*. Die Stelle kann uns aber trotzdem helfen, besser zu verstehen, auf welche Weise variable Güter in der gleichen Relation zum Strebenden stehen können wie ihre invariablen Gegenstücke, vgl. EE 1235b30-35:

> Unter den Gütern sind die einen Güter schlechthin und die anderen (relativ) für jemanden, schlechthin aber nicht. Und dieselben Gegenstände sind schlechthin gut und schlechthin lustvoll. Wir sagen nämlich, dass das, was für den gesunden Körper zuträglich ist, schlechthin ein Gut für den Körper ist, nicht aber das, was es für den kranken (Körper) ist, z.B. Arzneien und Schnitte.[73]

Als ‚Gut schlechthin (*agathon haplôs*)' wird hier bezeichnet, was für alle Menschen an sich gut ist. Dies beinhaltet die invariablen ‚natürlichen' Gegenstände des Wunsches, aber auch variable Güter wie Ehre und Reichtum. Von letzteren sagt Aristoteles in den Ethiken mehrfach, sie seien ‚Güter schlechthin' (*haplôs agatha*, EN 1129b2-4; EE 1248b26f; *physei agatha*). Er fügt allerdings hinzu, dass es sich bei ihnen relativ für den Einzelnen *nicht* immer um Güter handelt (EN 1129b3f; EE 1248b27-34). Eine solche Einschränkung wäre bei den ‚natürlichen', invariablen Gegen-

73 τῶν γὰρ ἀγαθῶν τὰ μὲν ἁπλῶς ἐστιν ἀγαθά, τὰ δὲ τινί, ἁπλῶς δὲ οὔ. καὶ τὰ αὐτὰ ἁπλῶς ἀγαθὰ καὶ ἁπλῶς ἡδέα. τὰ μὲν γὰρ τῷ ὑγιαίνοντί φαμεν σώματι συμφέροντα ἁπλῶς εἶναι σώματι ἀγαθά, τὰ δὲ τῷ κάμνοντι οὔ, οἷον φαρμακείας καὶ τομάς.

ständen des Wunsches undenkbar: Diese sind für jeden und unter allen Umständen immer Güter, sogar für moralisch verwerfliche Menschen.[74] Da *variable* Güter demgegenüber für manche Individuen unter bestimmten Umständen auch Übel sein können, kann sich die Qualifizierung ‚schlechthin (*haplôs*)' nicht auf alle Menschen beziehen, sondern nur auf solche, die sich in einer entsprechenden Verfassung und den Umständen befinden, dass die variablen unter den ‚Gütern schlechthin' auch *relativ für sie* Güter sind. Entscheidend dafür, ob man sich in dieser Verfassung befindet, ist wiederum das Verhältnis, in dem sich das Individuum zu seiner definitorischen Natur befindet.[75] Aus diesem Grund können für diejenigen, die sich *nicht* in dieser Verfassung befinden, variable ‚Güter schlechthin' auch übel sein und entsprechend andere Gegenstände ‚gut'. Aristoteles geht dabei so weit, auch solche Gegenstände als Güter zu bezeichnen, die unter normalen Umständen ausgesprochene Übel sind, vgl. EE 1238b5-9:

> Und er (der Freund) wird (seinem Freunde) Güter wünschen: Schlechthin die (Güter) schlechthin, die (Güter) relativ für jenen aber den Umständen entsprechend (*ex hypotheseôs*), insoweit Armut zuträglich ist oder Krankheit, und zwar diese um der Güter schlechthin willen, so wie er auch die Arznei trinkt; denn er wünscht nicht <dies> (die Arznei zu trinken), sondern er wünscht es um dieses bestimmten Zweckes willen.[76]

Welche konkreten Gegenstände unter diese umstandsgerechten variablen Güter fallen, entscheidet sich den Umständen entsprechend aus der jeweiligen Situation (*ex hypotheseôs*). Sie sollen hier ‚kontingente Güter' genannt werden. Kontingente Güter sind solche Gegenstände, die für Menschen in normativ wünschenswerter Verfassung als Übel gelten, jedoch in der spezifischen Situation bzw. Verfassung, in der sich eine Person gerade

---

74 Ein besonders eindringliches Beispiel für diese partielle ‚Amoralität' der invariablen (‚natürlichen') Güter gibt Aristoteles in Pol. 1267a2-9, wo er die Lust an den einfachen (invariablen) Lüsten sogar als ein mögliches Motiv für Straftaten nennt. ‚Partiell' deswegen, weil es sich bei dem Besitz der ethischen Tugenden auch um invariable Güter schlechthin zu handeln scheint. Bei diesen kann von Amoralität nicht die Rede sein; vgl. EN 1144b15-17.

75 Damit kommt eine normative Komponente ins Spiel: Alle Menschen *sollten* sich in der entsprechenden Verfassung befinden: Aristoteles bestimmt den Tugendhaften (*spoudaios*) als den, für den das Güter sind, was auch schlechthin Güter sind; vgl. z.B. Pol. 1332a22f; EN 1129b1-6; 1156b26-28; EE 1228b18-26, ähnlich, aber sehr knapp in EN 1115b7-11 (*hôs anthrôpos*); EE 1236a9ff; b39ff; 1248b2634; MM 1199a27ff; vgl. Top. 116b8ff.

76 καὶ βουλήσεται τὰ ἀγαθά, ἁπλῶς μὲν τὰ ἁπλῶς, τὰ δ' ἐκείνῳ ἐξ ὑποθέσεως, ἢ πενία συμφέρει ἢ νόσος, <καὶ> ταῦτα τῶν ἁπλῶς ἀγαθῶν ἕνεκα, ὥσπερ καὶ αὐτὸ τὸ φάρμακον πιεῖν· οὐ γὰρ βούλεται <αὐτό>, ἀλλὰ τοῦδ' ἕνεκα βούλεται.

befindet, als Güter gelten müssen. Sie tun dies deshalb, weil sie zum Besitz von Gütern schlechthin verhelfen bzw. Mittel dafür sind. Je nach Umstand, Situation und Verfassung kommen dafür alle möglichen Gegenstände in Frage, wahrnehmbare Gegenstände ebenso wie äußere Güter bis hin zu solchen ausgesprochenen Übeln wie die im Text erwähnte Armut und Krankheit.[77] Eine ganz ähnliche Begründung, diesmal für das Gut-Sein von *Handlungen*, das sich auf besondere Umstände zurückführt (*ex hypotheseôs*), durch solche, die dies ‚schlechthin' (*haplôs*) sind, findet sich in Pol. 1332a10-27. Kontingent wählenswert sind Handlungen dort deswegen, weil sie ein Übel beseitigen (*kakou tinos anhairesis*), z.B. Bestrafungen, während die schlechthin wählenswerten Aktivitäten als Herbeiführungen und Entstehungen von Gütern bezeichnet werden (*kataskeuai gar agathôn eisi kai gennêseis*, 1332a16-18). Auch hier wird das Gut-Sein kontingent wählenswerter Handlungen damit begründet, dass sie der Herbeiführung von Gütern schlechthin dienen. Wichtig ist, dass Gegenstände und Handlungen für Aristoteles dadurch zu Gütern werden, dass sie *Mittel* zur Erlangung von Gütern schlechthin sind. Wie es scheint, ist genau dieses instrumentelle Verhältnis zu den invariablen Gütern der Grund, weshalb Aristoteles auch variable Güter wie Ehre und Reichtum als Güter an sich bezeichnet (EN 1129b2-4; EE 1248b26f), vgl. EN 1153b17-19:

> „Deswegen bedarf der Glückselige (*eudaimôn*) zusätzlich der Güter im Körper und der äußeren (Güter) und des Glücks, damit er in diesen Hinsichten nicht behindert wird."[78]

Dies öffnet den Bereich von Gütern, die für die rationale Strebung in Frage kommen, für praktisch alle möglichen konkreten Gegenstände.[79] Was einen konkreten Gegenstand zu einem variablen Gut schlechthin macht, ist seine Eigenschaft, dem Lebewesen den Besitz von invariablen Gütern schlechthin zu verschaffen bzw. ihm zu solchen Gütern zu verhelfen. Aus diesem Grund steht der Wünschende zu ihnen in einer mit den invariablen Gütern schlechthin vergleichbaren Beziehung.

---

77 Den umgekehrten Fall erwähnt Aristoteles in EN 1094b16-19: „Eine Verwirrung dieser Art stiften aber auch die Güter und zwar dadurch, dass vielen durch sie Schäden entstehen: Es sind nämlich schon welche durch Reichtum umgekommen und andere durch Tapferkeit."

78 So auch EN 1096b8-19; 1097a18-b8; 1098b12-1099b8 (speziell 1099a31-b6, und 1099b26-28).

79 Tätigkeiten, die Aristoteles als per se verwerflich bezeichnet, z.B. Ehebruch, Diebstahl oder Mord (EN 1107a9-17) kommen dafür selbstverständlich nicht in Frage. Dabei handelt es sich nicht um Beschreibungen von Tätigkeiten oder Gegenständen, sondern bereits um deren moralische Bewertung (vgl. ebda. a12f.).

Es ergibt sich folgende Dreiteilung:

1. Kontingente Güter sind diejenigen Gegenstände, die zur Beseitigung eines Übels führen.
2. Variable Güter schlechthin sind diejenigen Gegenstände, deren Besitz zur Entstehung eines invariablen Gutes führt oder ein solches bewahrt. Sie sind aus diesem Grund nicht kontingent, sondern an sich wählenswert (EN 1097b2f; EE 1227a13-15), können unter gegebenen Umständen jedoch auch von schädlicher Wirkung sein (EN 1129b3f; EE 1248b27-34).
3. Invariable Güter sind diejenigen Gegenstände, deren Besitz unmittelbar ein Gut an sich darstellt.

Diese drei Gütergruppen stehen in folgendem Abhängigkeitsverhältnis: Die kontingenten Güter, die nur in Anbetracht einer normativ nicht wünschenswerten Situation wählenswert sind, führen sich auf die ‚Güter schlechthin', also auf (2) und (3), zurück, weil sie entweder diese selbst, oder die Fähigkeit, von ihnen in adäquater Weise Gebrauch zu machen, herbeiführen können. Das Erstreben von (1) ist deswegen rational, weil es zur Herbeiführung von (2) oder (3) führt, während das Erstreben von (2) deswegen rational ist, weil es der Herbeiführung bzw. Nicht-Behinderung von (3) dient. Die Kontextabhängigkeit von (2) zeigt sich daran, dass (2) in einer normativ nicht wünschenswerten Verfassung auch von übler Wirkung sein kann, was dann nicht der Fall wäre, wenn der Besitz von (2) auch unabhängig von (3) ein Gut darstellen würde. (3) scheint wenigstens teilweise mit den natürlichen Gegenständen des Wunsches identisch zu sein.

Halten wir fest: Es gibt eine Teilmenge der Güter schlechthin, die aus variablen Gütern besteht. Es sind die Dinge, die für Menschen als Menschen gut sind (äußere Güter). Sie sind dies jedoch nicht für alle Menschen unter allen Umständen, so wie dies bei den invariablen Güter der Fall war, sondern nur für solche Individuen, die sich in der dafür geeigneten Verfassung bzw. den Umständen befinden, den rechten Gebrauch davon zu machen. Wenn sie nicht in der dafür geeigneten Verfassung sind, können manche dieser variablen Güter schlechthin auch von übler Wirkung sein, und umgekehrt können manche Dinge, die unter normalen Umständen von übler Wirkung sind (Krankheit, Armut), dann, wenn sie zur Beseitigung eines Übels führen, Güter sein. Es gibt für Aristoteles also variable Güter, deren Gutsein sich nicht auf die intrinsischen Qualitäten von Gegenständen zurückführt, sondern auf bestimmte Kontexte, in denen jeweils unterschiedliche Gegenstände entweder dazu beitragen, Güter schlechthin herzustellen oder Übel zu beseitigen. Hierdurch ist erklärt, wie sich rationale

Strebungen auf andere als invariable Güter richten können, ohne deswegen ihren Charakter als *rationale* Strebungen einzubüßen.[80] Noch *nicht* erklärt ist damit allerdings die motivationale Relevanz des Wunsches. Denn die oben aufgeführten Stellen, vor allem diejenige in PA, sprechen der Vernunft und dem Denken generell, also auch dann, wenn sie sich auf variable Güter richten, die motivationale Relevanz ab. Wir stehen also immer noch vor der Frage, wie die rationale Strebung zur Bewegung führen kann.

Wie erklärt sich die motivationale Relevanz variabler Wünsche?
Um eine kurze Antwort zu geben: Die motivationale Relevanz rationaler Gehalte führt sich *kausal* auf dieselben Mechanismen zurück wie die der arationalen Strebungen. Die Frage ist daher, wie es im Rahmen dieses kausalen Mechanismus zur Beteiligung der Vernunft kommen kann. Aristoteles sagt mehrfach und ausdrücklich, dass die Vernunft kein Prinzip der Erklärung effizient-kausaler Prozesse ist: Weder das bloße Denken an einen handlungsrelevanten Gegenstand (DA 432b29-31) noch das Denken an jede Art von Gut (MA 700b24-28) führt zur Bewegung, noch auch führen gewünschte Güter, die in der Macht des Wünschenden stehen, in jedem Fall zu einer entsprechenden Handlung, ähnlich wie beim Akratiker: Der Akratiker wünscht, seinem guten Vorsatz entsprechend zu handeln, tut es aber nicht. Das bloße Wünschen eines als für ein Gut befundenen Gegenstands, dessen Ausführung in der Macht des Wünschenden steht, kann daher kein für die Ortsbewegung hinreichendes Kriterium sein. Die Frage lautet daher: Wo und wie stellt Aristoteles die Verbindung von rationaler Strebung mit den für die Ortsbewegung kausal entscheidenden arationalen Strebungen her?

Im Folgenden möchte ich zeigen, dass Aristoteles dies nicht an einer, sondern an verschiedenen Stellen und unter verschiedenen Fragegesichtspunkten tut. Im Rahmen der Aristotelischen Philosophie gibt es kei-

---

80 Zur Erläuterung: Diese Abhängigkeit der Güter (1) und (2) von (3) ist in einem konzeptionellen Sinn zu verstehen, d.h. sie liefert uns eine Erklärung für die Rationalität des Wünschens von (1) und (2) in dem Sinne, dass derselbe *Relationstyp*, der im Falle der natürlichen Wünsche zu einem intrinsisch guten Gegenstand (3) besteht, auch bei (1) und (2) vorliegt. Diesen Nachweis mussten wir erbringen, um zu zeigen, dass es sich bei den rationalen Strebungen nach variablen Gütern auch um rationale Strebungen handelt, was heißt, dass die gleiche *Relation* zum Gegenstand vorliegt. Es geht bei diesem Nachweis *nicht* darum, dass (2) empirisch im Bewusstsein oder gar subjektiv aufgrund von (3) gewählt wird. Aus empirischer Perspektive ist es trivial, dass die Erstrebenswertheit gegebener Zwecke sich auf die Mittel zu diesen Zwecken überträgt. Darum geht es hier aber nicht. Aus der Perspektive der Aristotelischen (relationalen) Theorie des Wunsches stellt es ein *Problem* dar, wie sich die rationale Strebung auch auf andere als ihre natürlichen Gegenstände richten kann.

nen Ort, an dem die Frage nach der Beteiligung der Vernunft an bewegungsrelevanten Strebungen und damit am Handeln zentral und ein für alle Male besprochen würde.[81] Stattdessen werden verschiedene Aspekte der Frage in unterschiedlichen Zusammenhängen diskutiert. Bei der Darstellung werde ich so vorgehen, dass ich zunächst einige Voraussetzungen kläre und danach zu den verschiedenen Bereichen rationaler Beteiligung an der Bewegungsgenese komme. Aristoteles diskutiert die Frage, auf welche Weise sich Vernunft in die Bewegungsgenese einbringen kann, in hauptsächlich drei Diskussionszusammenhängen:

1. Wie erklärt sich die Möglichkeit der Beteiligung des Denkens bei der Ausbildung gegebener arationaler Handlungsziele?
2. Wie kann es bei Anwesenheit eines bewegungsrelevanten gegenwärtig lustvollen Strebezwecks zu einem Deliberationsprozess kommen?
3. Wie kann es zur Beteiligung der Vernunft an der Ausbildung rationaler Handlungsziele kommen? [82]

Voraussetzungen: Handlungsrelevant sind nur auf Einzelgegenstände gerichtete variable Wünsche

Wir haben gesehen, dass der Wunsch, um mit seinem Relat (einem Gut) in Verbindung zu stehen, auf einer affektneutralen Evaluation beruhen muss, d.h., der Strebende muss einsehen, dass es sich dabei um ein invariables Gut oder um ein Mittel dazu handelt. Dies trifft auf *alle* Wünsche und somit auch auf die variablen Wünsche zu. Aristoteles hält aber invariable Güter für nicht bewegungsrelevant. Aber auch variable Güter müssen be-

81 Zumindest in den erhaltenen Texten. Insofern wäre es nicht falsch zu sagen, dass Aristoteles keine Theorie der menschlichen Handlung hat. Er verfügt zwar über die dafür erforderlichen Mittel, sieht die Handlungstheorie aber offenbar nicht als ein eigenes wissenschaftliches Gebiet an, vgl. dazu Corcilius/Rapp (2008), S. 9ff.

82 Speziell die ersten beiden Fragen hängen eng miteinander zusammen. Eine Diskussion, die das Thema der Möglichkeit der Beteiligung des Denkens an der Bewegungsgenese auf sehr abstraktem Niveau behandelt, findet sich in Metaph. IX 2 und 5 (1046a36-b24, besonders 1047b36-1048a24): An letzterer Stelle wird gesagt, dass der Besitz der Vernunft zwar das *theoretische* Vermögen mit sich bringt, gleichzeitig einander entgegengesetzte Gehalte präsent zu haben, in der physikalischen Realität jedoch die jeweilige *Strebung* den Ausschlag darüber gibt, ob das eine oder das andere verwirklicht wird. Der Strebung kommt hier die Rolle zu, auf der Ebene physikalischer Ereignisse diese theoretische ‚Bivalenz' vernünftiger Vermögen auf das einseitige Vermögen von Naturprozessen herunterzubrechen. Wer m.a.W. einen Wunsch aktual empfindet, hat dadurch bereits eine der beiden im theoretischen Gehalt angelegten Möglichkeiten als reale Möglichkeiten des Handelns ausgeschlossen. Ich diskutiere die Stelle unten auf S. 314f.

stimmte Kriterien erfüllen, wenn sie einen Einfluss auf die Bewegungsgenese nehmen sollen: Der Wunsch danach, dass es keine Diebe geben soll, weil sie Schaden anrichten, oder der Wunsch, dass ein bestimmter Schauspieler den Preis gewinnt, weil er nach Meinung des Wünschenden der bessere ist, sind Beispiele für motivational irrelevante Wünsche nach variablen Gütern (Vgl. EN 1111b22ff.). Motivational relevante Wünsche müssen für Aristoteles folgende Kriterien erfüllen: Sie müssen

(i) Einzeldinge betreffen (EN 1097a11-13; 1107a31; 1110b6f; 1111a23f; 1141b6; Pol. 1269a11f; DA 433a29f.), deren
(ii) Ausführung in der Macht des Wünschenden liegt (*prakton agathon*; etwa DA 433a27-29; MA 700b24-28; EN 1139b1-3).

Diese beiden Kriterien gelten für alle Wünsche, die direkt zu Handlungen führen sollen. Zwar meint Aristoteles, wie wir gleich sehen werden, dass auch Wünsche, die diese Kriterien nicht erfüllen, und sogar theoretisches Wissen Einfluss auf Handlungen nehmen können. Es ist für seine Theorie jedoch wichtig zu sehen, dass sie dies nur *vermittelst* der auf Einzelgegenstände gerichteten Wünsche können, deren Ausführung in der Macht des Wünschenden liegt. Hierin liegt eine starke Beschränkung hinsichtlich der motivationalen Relevanz rationaler Gehalte: Nicht alle Wünsche können handlungsrelevant werden, nicht einmal alle variablen Wünsche, sondern nur solche, die in der Macht des Handelnden stehen und sich auf konkrete Einzeldinge beziehen. Wichtig ist, dass solche Einzeldinge *wahrnehmbar* sind. Denn dies erlaubt eine Schnittmenge mit den Relata der arationalen Strebungen, so dass neben dem rationalen Wunsch auch eine *affektive* Bezugnahme (Lust/Leid-Empfindung und arationale Strebung) auf dieselben Gegenstände ermöglicht wird. Wie bereits gesagt, kann es dabei aufgrund der unterschiedlichen relationalen Ausrichtung der Strebearten nur um dieselben Einzelgegenstände, nicht aber um dasselbe Relat gehen. Das heißt die für die kausale Erklärung rationaler Motivation zentrale Verbindung von rationalen mit affektiven Gehalten ist für die jeweiligen Relata der involvierten Strebearten akzidentell. Im Folgenden gehe ich die verschiedenen Weisen rationaler Beteiligung an der animalischen Ortsbewegung der Reihe nach durch.

1. *Wie kommt es zur Beteiligung des Denkens bei der Gestaltung gegebener arationaler Handlungsziele?*

Aristoteles behandelt die Frage, wie es zur Beteiligung des Denkens an der Gestaltung arationaler Handlungsziele kommen kann, direkt im Anschluss an die oben besprochene Definition der Lust/Leid-Empfindung und Strebung in *De anima* III 7. Er geht in mehreren Schritten vor; vgl. zunächst DA 431a10-16:

> Und zwar besteht das Lust- und Leidempfinden im Aktual-Sein mit der wahrnehmungsmäßigen Mitte in Bezug auf das Gute oder Schlechte, insofern sie derartige sind. Und das Fliehen und das aktuale Erstreben (*orexis*) sind dasselbe und die Strebefähigkeit und die Fähigkeit zum Fliehen sind nicht verschieden, weder voneinander noch von der Wahrnehmungsfähigkeit, sondern sie sind dem Sein nach verschieden (i). Der zum Denken fähigen Seele kommen die Vorstellungsgehalte wie Wahrnehmungsgehalte zu (ii), und wenn sie ein Gut oder Übel bejaht oder verneint, dann meidet oder verfolgt sie es (iii). (431a8-16)[83]

Die Aussagen in (i) beziehen sich nur auf die Lustempfindungen, die über entgegengesetzte Leidempfindungen verfügen, und entsprechend auch nur auf die arationalen Strebungen. Diese wurden hier schon diskutiert. In (ii) und (iii) wird mit einem Argument nun eine Verbindung der arationalen Strebung zu Denkgehalten hergestellt: Vorstellungsgehalte (*phantasmata*) übernehmen für das Denken dieselbe Rolle (*hoion*) wie Wahrnehmungsgehalte (*aisthêmata*) für die wahrnehmungsfähige Mitte, d.h. für die Tätigkeit der Wahrnehmung (ii).[84] Das, was von der denkenden Seele in praktischen Zusammenhängen als gut bzw. schlecht beurteilt wird, wird von ihr verfolgt bzw. gemieden (iii). Das Argument arbeitet m.E. auf Grundlage der Annahme, dass ‚denkende Seele (*dianoêtikê psychê*)' nicht einfach nur Denken meint, sondern die zum Denken fähige Seele im Sinne einer Seele, die wahrnehmen *und* denken kann.[85] Demnach macht Aristoteles hier im Grundsatz und *mutatis mutandis* dieselbe Erklärung für Motivation unter Beteiligung des Denkens geltend wie für die Motivation durch arationale Gehalte: Dadurch, dass dem Denken die Vorstellungsgehalte auf die gleiche Weise zukommen wie die Wahrnehmungsgehalte der Wahrnehmung,

---

83 καὶ ἔστι τὸ ἥδεσθαι καὶ λυπεῖσθαι τὸ ἐνεργεῖν τῇ αἰσθητικῇ μεσότητι πρὸς τὸ ἀγαθὸν ἢ κακόν, ᾗ τοιαῦτα. καὶ ἡ φυγὴ δὲ καὶ ἡ ὄρεξις ταὐτό, ἡ κατ' ἐνέργειαν, καὶ οὐχ ἕτερον τὸ ὀρεκτικὸν καὶ τὸ φευκτικόν, οὔτ' ἀλλήλων οὔτε τοῦ αἰσθητικοῦ· ἀλλὰ τὸ εἶναι ἄλλο. τῇ δὲ διανοητικῇ ψυχῇ τὰ φαντάσματα οἷον αἰσθήματα ὑπάρχει, ὅταν δὲ ἀγαθὸν ἢ κακὸν φήσῃ ἢ ἀποφήσῃ, φεύγει ἢ διώκει.

84 Wedin (1988), S. 111, sieht hier eine Mehrdeutigkeit und meint, (ii) könne außer der oben in der Übersetzung wiedergegebenen Bedeutung noch heißen: Vorstellungsgehalte seien für die denkende Seele so wie Wahrnehmungsgehalte für die denkende Seele (a) oder sie seien ähnlich wie Wahrnehmungen (b). Beide Lesarten führen jedoch auf Abwege. Wedin schließt sie im Folgenden auch aus. Für die Wendung ‚zukommen wie (*hyparchein hoion*)' im Sinne einer Analogie, vgl. HA 529b3f. Ich habe bei Aristoteles keine andere Parallele gefunden, so dass ich davon ausgehe, dass dies der übliche Sinn der Wendung ist.

85 Dies wird auch durch den Wortlaut (‚die denkende Seele' im Gegensatz zu ‚das Denken') nahegelegt. Es ist unwahrscheinlich, dass Aristoteles die verschiedenen ‚Teile' der Seele im individuellen Lebewesen als separat agierende Funktionssysteme angesehen hat, vgl. oben, S. 21ff.

kann dieselbe relationale Erklärung, die wir in (i), also DA 431a10f., für die arationalen Strebungen finden, auch für das Zustandekommen der Beteiligung des Denkens an diesen Strebungen in Anschlag gebracht werden. Dies beinhaltet zwar noch keine Aussage zur näheren Funktionsweise rationaler Motivation, behauptet aber im Grundsatz, *dass* das Denken mit Verfolgen oder Meiden, und d.h. mit den arationalen Strebungen, im *Zusammenhang* stehen und Einfluss darauf nehmen kann: Angesichts der unmittelbar vorher in (i) erfolgten Definition der arationalen Strebungen als relationale Zustände von Lebewesen zu *Wahrnehmungsgehalten* ist zu vermuten, dass Aristoteles hier dasselbe mithilfe von *Vorstellungsgehalten* geltend machen will. Von diesen hatte er in DA III 3 (speziell 428b10ff.) gesagt, dass sie sich direkt auf perzeptive Gehalte zurückführen und auch die kausale Wirkung der sie bewirkenden perzeptiven Eindrücke bewahren. Die Erklärung für die Beteiligung des Denkens an arationaler Motivation könnte also etwa so aussehen: *Weil* Gedanken mit Vorstellungsgehalten repräsentiert werden und die Lebewesen zu Vorstellungsgehalten in derselben Weise in affektiven Relationen stehen, wie zu Wahrnehmungsgehalten (sie also dieselbe kausale Wirkung auf den Körper haben wie Wahrnehmungen), *deswegen* können rationale Gehalte einen Effekt auf arationale Strebungen (meiden oder verfolgen) haben.[86] M.a.W., durch ihre vorstellungsmäßigen Repräsentationen werden Denkgehalte[87] sozusagen in die ‚Währung' von mit Lust/Leid-Empfindungen besetzbaren perzeptiven Gehalten umgemünzt und finden so Eingang in die Welt natürlicher Prozesse. Dass Aristoteles hier in der Tat eine solche Erklärung im Auge hat, zeigt sich an einem thematisch (nicht textlich) direkt anschließenden Argument, wo er auch auf die nähere Funktionsweise der Übertragung von Denkgehalten auf die motorisch relevanten Strebearten eingeht; vgl. DA 431b1-10:[88]

---

86 Vgl. Wedin (1988), S. 112: „(…) Aristotle has shown, for a large number of cases, namely cases involving action, that thought requires images". Dies scheint angesichts des Kontextes zurückhaltend formuliert: Die These in (i) gibt eine *Erklärung* für Lust/Leid-Empfindungen und Strebungen. Es scheint mir daher nicht übertrieben zu sein, bei (ii) und (iii) eine ähnliche Erklärung auch für Denkgehalte zu vermuten.

87 Im nächsten Kapitel komme ich näher auf das Verhältnis von Vorstellung und Denken zu sprechen.

88 Dazwischen, in DA 431a17-b1, scheint Aristoteles das Thema zu wechseln. Er beschäftigt sich dort mit Fragen des Wahrnehmungsvermögens im Ganzen und vor allem der Frage nach seiner Einheit. Ein offensichtlicher Zusammenhang mit der vorhergehenden und der nachfolgenden Passage besteht nicht. Da DA 431a17-b1 den Gedankengang zur Motivation durch rationale Gehalte unterbricht, versteht man diesen Abschnitt wohl am besten als eine thematisch nur locker verbundene Parenthese.

> Die Formen denkt das Denkvermögen also in den Vorstellungsgehalten (i), und wie für es (sc. das Denkvermögen) in jenen das zu Suchende und zu Meidende bestimmt ist, so wird sie (die Seele) außerhalb der Wahrnehmung, wenn sie bei den Vorstellungsgehalten ist, in Bewegung versetzt (ii). Wenn man z.B. die Fackel wahrgenommen hat, (erkennt man), dass es Feuer ist, und wenn man dieses mit der gemeinsamen Wahrnehmung als bewegt sieht, erkennt man, dass es die Ankunft der Feinde meldet (iii)[89]. Manchmal überlegt man aber mit den Vorstellungsgehalten bzw. Denkgehalten in der Seele, so als würde man sehen, und wägt das Künftige gegen das Gegenwärtige ab (iv). Und wenn man feststellt, dass dort das Angenehme oder Schmerzhafte ist, dann meidet oder sucht man hier, und so beim Handeln überhaupt (v).[90]

Das Argument verläuft in mehreren Schritten: (i) nimmt den Gedanken von oben (ii) (DA 431a14f.[91]) wieder auf. In (ii) und (iii) geht es insgesamt um die Erklärung der Motivation (bzw. Konstitution einer Strebung) durch solche Wahrnehmungsgehalte, die perzeptiv nicht gegenwärtig sind („außerhalb der Wahrnehmung"). Dies betrifft nicht rationale Gehalte („Formen") allein, sondern auch solche perzeptiven Gehalte, die in Abwesenheit des äußeren wahrnehmbaren Gegenstandes durch Vorstellungen repräsentiert werden: Motivation durch nicht synchron präsente *Wahrnehmungsgehalte* findet im Prinzip auf dieselbe Weise statt, wie im einfachen Fall der Anwesenheit des wahrgenommenen Gegenstandes. Möglich wird dies dadurch, dass *Vorstellungsgehalte* die Rolle gegenwärtiger Wahrnehmungsgehalte übernehmen.[92] (iii) liefert ein Beispiel: Der Anblick einer Fackel führt zu der Assoziation mit dem Vorstellungsgehalt eines (perzeptiv in dem Augenblick nicht feststellbaren, aber anwesenden) Feindes und dies kann dann das Lebewesen motivieren, entweder zu fliehen oder anzugreifen.[93] Dies ist der Fall der Motivation (sprich: Die Konstitution einer

---

89 Zum an dieser Stelle problematischen Text, vgl. Hicks ad. loc.

90 τὰ μὲν οὖν εἴδη τὸ νοητικὸν ἐν τοῖς φαντάσμασι νοεῖ, καὶ ὡς ἐν ἐκείνοις ὥρισται αὐτῷ τὸ διωκτὸν καὶ φευκτόν, καὶ ἐκτὸς τῆς αἰσθήσεως, ὅταν ἐπὶ τῶν φαντασμάτων ᾖ, κινεῖται· οἷον, αἰσθανόμενος τὸν φρυκτὸν ὅτι πῦρ, τῇ κοινῇ ὁρῶν κινούμενον γνωρίζει ὅτι πολέμιος· ὁτὲ δὲ τοῖς ἐν τῇ ψυχῇ φαντάσμασιν ἢ νοήμασιν, ὥσπερ ὁρῶν, λογίζεται καὶ βουλεύεται τὰ μέλλοντα πρὸς τὰ παρόντα· καὶ ὅταν εἴπῃ ὡς ἐκεῖ τὸ ἡδὺ ἢ λυπηρόν, ἐνταῦθα φεύγει ἢ διώκει καὶ ὅλως ἐν πράξει.

91 Dies schließt auch an das oben nicht zitierte 431a17 an, wo Aristoteles sagt, dass die Seele niemals ohne Vorstellungsgehalte denkt. Zur Problematik des Satzes, vgl. Wedin (1988), S. 112f.

92 Dies ist das, was ich im Folgenden die kausale Stellvertreterrolle der Vorstellung nenne, vgl. unten S. 232f.

93 Entgegen manchen Übersetzungen (dafür aber mit Hicks, 1907, S. 538) halte ich einen Subjektswechsel in 431b4 von ‚Denkfähigkeit (*noêtikon*)' auf ‚*Seele*

Strebung) durch einen nicht präsenten, also vorgestellten *Wahrnehmungsgehalt*.[94] Erst in (iv) geht es um die Motivation unter Beteiligung des *Denkens*:

> Manchmal überlegt man aber, mithilfe der Vorstellungsgehalte bzw. Denkgehalte in der Seele, so als würde man sehen, und wägt das Künftige gegen das Gegenwärtige ab. (DA 431b6-7)

Die Gehalte, um die es hier geht, sind solche, die im Gegensatz zu den äußeren Gegenständen der Wahrnehmung nicht extern, sondern *intern* sind: Es sind Vorstellungsgehalte (*phantasmata*) bzw. Denkgehalte (*noêmata*) *in* der Seele. Hier kann es mithilfe der Vorstellung zur Gegenüberstellung von Gegenwärtigem mit *Zukünftigem* kommen, so als würden diese Gegenstände gesehen (sie werden es in dem Augenblick aber nicht). Dies meint zweifellos auch Denkgegenstände. Denkgegenstände können nicht gesehen, sondern, wie gesagt, nur durch Vorstellungsgehalte repräsentiert werden. Zukünftiges kann auch nicht wahrgenommen und von Tieren nicht einmal repräsentiert werden. Ferner verweisen die Ausdrücke ‚überlegen (*logizetai*)' sowie ‚abwägen' (*bouleuetai* ‚mit sich zurate gehen') eindeutig auf die Art von menschlicher Denktätigkeit, die mit der Gestaltung von Handlungen befasst ist. Die Wendung in 431b8, die Seele ‚wägt das Künftige gegen das Gegenwärtige ab (*bouleuetai ta mellonta pros ta paronta*)', besagt genauer, dass die gegenwärtigen der besagten Gehalte von der Seele in einem (rudimentär charakterisierten) Deliberationsprozess mit den zukünftigen *verglichen* werden. Das Resultat dieses Vergleiches wird dann zum Gegenstand der arationalen Strebung (meiden oder verfolgen (v)):

> Und wenn man feststellt, dass dort das Lustvolle oder Schmerzhafte ist, dann meidet oder verfolgt man hier, und so beim Handeln überhaupt. (DA 431b7-10)

(*psychê*)' (bzw. „individual man"; Hicks) für unerlässlich: Erstens geht es hier um Motivation, d.h. auch um ein Bewegt-Werden (b5). Dies schließt Aristoteles für die Vernunft aber generell aus (für die Ausnahme in Metaph. 1072a30, vgl. oben S. 164, Anm. 58). Zweitens erfordert die im Beispiel (iii) beschriebene Tätigkeit nicht Vernunft, sondern nur assoziative Wahrnehmung (akzidentelle Wahrnehmung zweier verschiedener perzeptiver Gehalte, vgl. DA 418a20-24 und vor allem 425a30-b4). Drittens sagt Aristoteles nie, dass die Vernunft anhand von *Wahrnehmungsgegenständen* denkt, sondern immer, dass sie dies mithilfe von *Vorstellungsgehalten* tut.

94 Hicks ad loc. meint, hier sei bereits das Denken im Spiel, weil der Ausdruck *‚phryktos polemios'* ein militärisches Kommunikationsmittel bezeichnet, welches das Nahen des Feindes anzeigt. Aber ungeachtet dieser (doch wohl richtigen) Deutung geht es erst im nächsten Abschnitt um die Repräsentation von Denkgehalten.

‚Dort' (*ekei*) verstehe ich als Verweis auf die zukünftigen Gegenstände, d.h. der Vorstellungsgehalte ‚in' der Seele.[95] Im Verlauf der Deliberation kommt es zur Feststellung dessen, ‚was lustvoll oder schmerzhaft ist'. Es ist das *Denken*, das dies feststellt. Hier stellt sich sogleich die Frage, wie dies möglich sein soll, wo doch das Denken nicht fähig ist, Lust/Leid zu empfinden? Die Antwort liegt in (iv): Das Denken *empfindet* nicht Lust/Leid, sondern stellt nur fest, wo zwischen Gegenwart und Zukunft *mehr* Lust/Leid zu finden ist. Das Denken wird von Aristoteles hier also nicht zum Subjekt von Lust/Leid-Empfindungen gemacht, sondern es stellt lediglich einen *Kalkül* an, der ein Mehr/Weniger von Lust/Leid-Empfindung in der Zukunft zum Resultat hat. Die Behauptung ist dann, dass das Lebewesen sein Strebeverhalten an dem Ergebnis dieses Kalküls ausrichtet und entsprechend ‚hier (*entautha*)', also in der Gegenwart, verfolgt/meidet. Die weitere Behauptung ist, dass dies in irgendeiner nicht näher spezifizierten Weise auch beim „Handeln überhaupt" der Fall sei. Dies erlaubt einen weiten Interpretationsspielraum. Wir sollten jedoch im Auge behalten, dass Aristoteles hier höchstwahrscheinlich mit einem minimalen (rudimentären) Begriff von rationaler Handlungsgestaltung arbeitet, der komplexere deliberative Erörterungen keineswegs ausschließt. Unter dem Strich kommt bei dem Passus heraus, dass arationale Strebungen bei Menschen zur Zurückstellung gegenwärtiger Lüste dann fähig sind, wenn dies bei einer Gegenüberstellung mit zukünftigen Lüsten durch die Aussicht auf größere Lust kompensiert wird.[96]

Damit wäre im Kern schon die These eines motivationalen Hedonismus formuliert, nämlich die Annahme, dass, erstens, arationale Strebungen zur effektiven Fortbewegung des Lebewesens notwendige Bedingungen sind und diese nicht anders als durch Lust/Leid-Empfindungen motiviert werden können, und zweitens, dass rationale Gehalte dann Einfluss auf die Handlungsgenese nehmen können, wenn sie mit entsprechend höheren

95 Dieses Verständnis, das die natürliche Lesart dieser Zeile ist, wird von den Herausgebern Torstrik und Hicks abgelehnt. Ihre Begründung ist, dass sich daraus eine angeblich unaristotelische Abhängigkeit rationalen Handelns von Lust/Leid-Empfindungen ergeben würde; vgl. Hicks und Torstrik ad loc.

96 Vgl. auch DA 433b5-10, wo die vernünftige Strebung des Akratikers als die Erwartung einer zukünftigen Lust/Leid-Empfindung beschrieben wird: „Da aber einander entgegengesetzte Strebungen entstehen (können), und dies sich dann ergibt, wenn die Vernunft (*logos*) und die Begierden einander entgegengesetzt sind – dies ereignet sich bei den (Lebewesen), die eine Wahrnehmung von Zeit haben, einerseits nämlich befiehlt die Vernunft aufgrund des Zukünftigen, Abstand zu nehmen, andererseits (befiehlt) die Begierde aufgrund des Gegenwärtigen (das Entgegengesetzte); denn das gegenwärtig Lustvolle scheint auch schlechthin lustvoll und gut schlechthin zu sein, weil man das Zukünftige nicht sieht."

Lustwerten verknüpft sind als konkurrierende Handlungsoptionen. Rationale Handlungsoptionen müssen demnach durch einen Kalkül auf den kausal relevanten Nenner von Lust/Leid-Empfindungen gebracht werden, um praktisch wirksam zu werden und sich durchzusetzen. Dies ist bei der gegebenen relationalen Definition der Strebearten die einzige Option, die Relata der unterschiedlichen Strebearten miteinander in Verbindung zu bringen. Gegeben die Notwendigkeit der Beteiligung arationaler Strebungen an der Bewegungsgenese, werden die aufgrund rationaler Erwägung vorgenommenen Handlungen für Aristoteles auch immer die entweder lustvolleren oder weniger leidvollen Handlungen sein. Eine wichtige Qualifikation dieser These ist allerdings, dass dieser Kalkül nicht einfach nur lustvolle Perzeptionen miteinander misst, sondern die gesamte Bandbreite arationaler Strebegegenstände betrifft, d.h. sowohl die Gegenstände der Begierde als auch die des Muts. ‚Motivationaler Hedonismus' bezieht sich auf *alle* arationalen Lust- und Leidempfindungen.

Wie wir später sehen werden, vertritt Aristoteles in der Tat in etwa diese Position, allerdings in abgeschwächter Form. Doch bevor ich dazu komme, ist noch eine wichtige Voraussetzung für das Stattfinden der oben skizzierten Einflussnahme des Denkens zu klären: Wie erklärt Aristoteles, dass die arationalen Strebungen von der Verfolgung ihrer perzeptiv präsenten Bewegungszwecke, und sei dies auch nur temporär, absehen können? Was geschieht auf der kausalen Ebene, so dass sich deliberative Erwägungen in die Bewegungsgenese einschalten können?

2. *Wie kann bei einem gegebenen gegenwärtigen Handlungsziel ein Deliberationsprozess stattfinden?*

Für die Beantwortung dieser Frage lässt sich ein Vorgriff auf einige spezifische Inhalte der Aristotelischen Theorie der animalischen Ortsbewegung nicht vermeiden: Wir haben gesehen, dass Lust/Leid-Empfindungen automatisch in entsprechende Strebungen übergehen. Im Normalfall der tierischen Ortsbewegung geht Aristoteles nun davon aus, dass ein Lebewesen, wenn es einen bewegungsrelevanten Gegenstand mit entsprechender Intensität erstrebt, ein solcher Gegenstand unmittelbar gegenwärtig ist und alle übrigen notwendigen Bedingungen gegeben sind, sich in der Regel auch in Richtung auf den erstrebten Gegenstand in Bewegung setzen wird. Diesen Hergang der Bewegungsgenese veranschaulicht Aristoteles mit dem Bild des so genannten ‚praktischen Syllogismus'. Der ‚praktische Syllogismus' illustriert den Prozess der Auslösung von Episoden animalischer Ortsbewegung mithilfe zweier Prämissen eines Syllogismus, deren eine (der ‚Obersatz') eine Strebung mit einem bestimmten Gehalt und die andere (der ‚Untersatz') die Wahrnehmung oder Vorstellung eines Gegenstandes darstellt, der fähig ist, die Strebung (den ‚Obersatz') zu realisieren. Wenn beide ‚Prämissen' vorliegen, sind die notwendigen und hinreichenden Bedingungen der Ortsbewegung gegeben und die Bewegung erfolgt ohne Verzug (vgl. MA 701a7-b1). Für Aristoteles ist dies die normale Weise, in der animalische Ortsbewegung zustande kommt.[97] Vor diesem Hintergrund bedarf es einer gesonderten Erklärung, wenn der Bewegungsablauf *nicht* in diesen üblichen und schnell ablaufenden Bahnen verläuft. Um einen solchen Fall einer nicht-standardmäßig verlaufenden Bewegungsgenese handelt es sich bei der Deliberation; vgl. MA 701a26-33:

> So wie manche von denen, die dialektische Fragen stellen, so erwägt das Denken die eine der beiden Prämissen, nämlich die offenkundige, überhaupt nicht, wenn es sie nicht zum Stehen bringt, z.B. wenn das Gehen für einen Menschen ein Gut ist, so hält er sich nicht dabei auf, dass er selbst ein Mensch ist. Deswegen tun wir auch alles das, was wir tun, ohne zu überlegen, schnell. Denn wenn man entweder mit der Wahrnehmung in Relation auf das Worum-Willen aktiv ist, oder mit der Vorstellung oder der Vernunft, dann tut man das, wonach man strebt, sofort. An die Stelle einer Frage oder eines Gedankens tritt dann die Aktivität der Strebung. ‚Ich soll trinken', sagt die Begierde. ‚Dies ist trinkbar', sagt die Wahrnehmung oder die Vorstellung oder die Vernunft. Sofort trinkt man.[98]

Bei der Deliberation handelt es sich um einen nicht-standardmäßigen Fall der Bewegungsgenese, bei dem der durch den ‚praktischen Syllogismus' illustrierte Vorgang, der normalerweise schnell und unreflektiert abläuft, *unterbrochen* wird. Wer mit sich zurate geht, unterbricht den natürlichen Ablauf der Bewegungsgenese, um so Raum für Fragen und Überlegung zu schaffen. Tun wir dies nicht, handeln wir – so wie die anderen Lebewesen auch – ohne zu überlegen, d.h. unverzüglich (*euthys*) und schnell (*tachy*). Wie kommt es zu dieser Unterbrechung des spontanen Ablaufs der Bewegungsgenese?

> (…) so erwägt das Denken die eine der beiden Prämissen, nämlich die offenkundige, überhaupt nicht, wenn es sie nicht zum Stehen bringt. (MA 701a26f.)

---

97 Zum ‚praktischen Syllogismus', vgl. unten Teil II, S 305ff. Für andere Interpretationen des ‚praktischen Syllogismus', vgl. Corcilius (2008a), (2008b), (2008c).

98 ὥσπερ δὲ τῶν ἐρωτώντων ἔνιοι, οὕτω τὴν ἑτέραν πρότασιν τὴν δήλην οὐδ' ἡ διάνοια ἐφιστᾶσα σκοπεῖ οὐδέν· οἷον εἰ τὸ βαδίζειν ἀγαθὸν ἀνθρώπῳ, ὅτι αὐτὸς ἄνθρωπος, οὐκ ἐνδιατρίβει. διὸ καὶ ὅσα μὴ λογισάμενοι πράττομεν, ταχὺ πράττομεν. ὅταν ἐνεργήσῃ γὰρ ἢ τῇ αἰσθήσει πρὸς τὸ οὗ ἕνεκα ἢ τῇ φαντασίᾳ ἢ τῷ νῷ, οὗ ὀρέγεται, εὐθὺς ποιεῖ· ἀντ' ἐρωτήσεως γὰρ ἢ νοήσεως ἡ τῆς ὀρέξεως γίνεται ἐνέργεια. ποτέον μοι, ἡ ἐπιθυμία λέγει· τοδὶ δὲ ποτόν, ἡ αἴσθησις εἶπεν ἢ ἡ φαντασία ἢ ὁ νοῦς· εὐθὺς πίνει.

Deliberative Überlegungsprozesse können nach Aristoteles deswegen in die Handlung einfließen, weil der natürliche Normalverlauf der Bewegungsgenese „zum Stehen“ gebracht wird. Die Formulierung ‚wenn es sie (die Prämisse) nicht zum Stehen bringt (*dianoia ephistasa*)‘[99] im Partizip Präsens ist, wenn nicht kausal aufzufassen, so doch wenigstens in dem Sinne konditional, dass das Zum-Stehen-Bringen die Bedingung für die Erwägung (*skopein*) ist, die für die gesamte Dauer des Erwägens gegeben sein muss. Die Gedanken (*noêsis*) und Fragen (*erôtêsis*), aus denen der Deliberationsprozess besteht, stellen damit eine *Verzögerung* oder temporäre *Suspension* des normalen sowie unreflektierten Ablaufs der Handlungsgenese dar. Aristoteles erklärt die kausale Möglichkeit dafür, dass Deliberation in die Bewegungsgenese einfließt, damit als ein Anhalten bzw. zeitweiliges Suspendieren des spontanen Bewegungsablaufs (Intervention).

Dies ermöglicht es, die These des motivationalen Hedonismus in zumindest einer Hinsicht zu qualifizieren: Damit die die Deliberation ermöglichende Suspension der Strebung stattfinden kann, bedarf es eines *Eingriffs* in den normalen Verlauf der Bewegungsgenese. Da das Denken als solches für Aristoteles jedoch über keine Bewegungsressourcen verfügt, wird es eine Beteiligung der arationalen Strebung an ihrer eigenen (temporären) Suspension geben müssen. Dies erfordert jedoch keine intentionale Ausrichtung der arationalen Strebung auf einen rationalen Zweck, sondern kann, wie wir gerade gesehen haben, auch mithilfe arationaler Motive erklärt werden (Lustmaximierung, Leidminimierung).

Ich möchte jetzt zwei Gruppen solcher arationalen Motive unterscheiden. Es handelt sich einmal um arationale Motive für die Kontrolle eigener Affekte und das andere mal um solche, die sich auf die Betätigung der eigenen Rationalität richten.

(i) Zunächst zu den Mitteln der Affektkontrolle, vgl. EN 1102b28-1103a3:

> So scheint auch das Vernunftlose (in der Seele) zweigeteilt: Das Pflanzenartige hat in keiner Weise Anteil an Vernunft, jedoch das Begehrvermögen (*epithymêtikon*) und überhaupt das Strebevermögen (*orektikon*) hat auf gewisse Weise (*pôs*) Anteil, (nämlich) insofern es gehorsam und gehorchend ist. Und auf diese Weise sagen wir daher auch, dass wir auf das Wort (*logos*) des Vaters und der Freunde hören d.h. nicht so wie auf das (Argument: *logos*) der Mathematiker. Dass der Teil ohne Vernunft irgendwie auf Vernunft hört, zeigt sowohl die Mahnung und jeder Tadel als auch Aufforderung. Wenn es aber nötig ist, auch diesen als Vernunft habend zu bezeichnen, dann wird eben auch der Vernunft habende Teil zweigeteilt sein und

99 Zur Verwendung von *ephistêmi* in diesem Sinne, vgl. Metaph. 987b3f; 1090a2f.

zwar teils auf eigentliche Weise und in sich selber (habend), teils aber so wie etwas, das das Vermögen hat, auf den Vater zu hören.[100]

Aristoteles beschreibt hier den Fall eines arationalen Beweggrunds, die arationale Strebung zu kontrollieren (zu suspendieren). Bekanntlich basiert sein Ethik-Entwurf u.a. auf der *Gewöhnung* (Habituierung, *ethizein*) als Mittel zur Affektkonditionierung. Es geht bei darum, durch Training in den verschiedenen Bereichen menschlicher Affektivität solche Handlungsdispositionen zu erwerben, die es erlauben, das unter den gegebenen Umständen Richtige zu tun. Dies beinhaltet die Fähigkeit des Individuums, auch in Empfindungen starker Lust oder starken Leids nicht die rationale Kontrolle über die eigenen Affekte zu verlieren, um auch in solchen Situationen noch Platz für Deliberation und rationale Entscheidung (*prohairesis*) zu haben. Wichtig ist, dass beim primären Tugenderwerb die Motive, aufgrund derer die Kinder und Jugendlichen das gewünschte Verhalten an den Tag legen, *arational* sind (es sind Lob, Tadel und Bestrafungen durch Autoritätspersonen, also selbst wieder Lust/Leid-Empfindungen; vgl. EN 1104b8-18).[101] Kinder und Jugendliche sollen sich an diese Verhaltensweisen gewöhnen, damit sie diese später auch ohne äußere Anreize von alleine praktizieren.[102] Ohne hier weiter auf den Gehalt der Ethiken einzugehen, denke ich, dass Aristoteles bei seiner dortigen Schilderung der Erziehung auf Ansichten aufbaut, die den Erwerb von Handlungsdispositionen (*hexeis*) *generell* betreffen und keineswegs nur den Erwerb von Tugenden.[103] Ich halte es daher für gerechtfertigt, die Suspension von perzeptiv bestimmten Handlungsimpulsen aufgrund von arationalen Motiven auch auf der handlungstheoretischen Ebene zu einer generellen Bedingung für das Stattfin-

---

100 φαίνεται δὴ καὶ τὸ ἄλογον διττόν. τὸ μὲν γὰρ φυτικὸν οὐδαμῶς κοινωνεῖ λόγου, τὸ δ' ἐπιθυμητικὸν καὶ ὅλως ὀρεκτικὸν μετέχει πως, ᾗ κατήκοόν ἐστιν αὐτοῦ καὶ πειθαρχικόν· οὕτω δὴ καὶ τοῦ πατρὸς καὶ τῶν φίλων φαμὲν ἔχειν λόγον, καὶ οὐχ ὥσπερ τῶν μαθηματικῶν. ὅτι δὲ πείθεταί πως ὑπὸ λόγου τὸ ἄλογον, μηνύει καὶ ἡ νουθέτησις καὶ πᾶσα ἐπιτίμησίς τε καὶ παράκλησις. εἰ δὲ χρὴ καὶ τοῦτο φάναι λόγον ἔχειν, διττὸν ἔσται καὶ τὸ λόγον ἔχον, τὸ μὲν κυρίως καὶ ἐν αὐτῷ, τὸ δ' ὥσπερ τοῦ πατρὸς ἀκουστικόν τι. Vgl. auch EN 1119a34-b18.

101 Ziel ist selbstverständlich, dass sie die tugendhaften Handlungen um ihrer selbst willen wählen (EN 1104b3-8). Der *Erwerb* der Tugend funktioniert jedoch über affektiv-arationale Motivation. Zum Erwerb von Tugenden durch Habituierung und arationale Motivation, vgl. Burnyeat (1980) und Cooper (1999).

102 Gewohnheit (*ethos*) wird in Rhet. 1368b32ff. als eine Bewegungsursache behandelt, die *ohne* entsprechende Strebung auskommt (vgl. v. Fragstein, S. 124). Das Konzept der Gewohnheit bei Aristoteles kann daher dazu dienen, empirisch einen weiten Teil der motivationalen Arbeit am arationalen Seelenteil, wie sie der Lustkalkül in DA III 7 beschreibt, zu ersetzen.

103 Laut Ph. 246b20-247a19 bilden ethische Tugenden und Laster eine vollständige Aufteilung der möglichen Verhaltensweisen in Bezug auf wahrnehmungsmäßige Lust/Leid-Empfindungen.

den vernünftiger Überlegung vor der Handlung zu machen. Handeln in Übereinstimmung mit dem Denken wird bei der Affektkontrolle demnach dadurch möglich, dass aufgrund von Fremdeinwirkung zugefügtes Leid (Strafe) bzw. Lust (positive Sanktionierung) die habituelle Verhaltensdisposition antrainiert, in ähnlichen Situationen den natürlichen Gang der Bewegungsgenese dann zu suspendieren. Das Verhalten des auf diese Weise Habituierten ist durchaus mit dem hedonistischen Kalkül aus DA III 7 zu erklären: Es gibt an keiner Stelle seines Verhaltens eine Handlungsweise, die nicht dem Prinzip der größtmöglichen Lust bzw. Leidvermeidung entspräche. Durch das Prinzip der Gewöhnung (*ethos*) kann dieses Verhalten dann auch ohne äußere Sanktionen von allein erfolgen.

Diese ‚repressive' Art der Affektkonditionierung ist aber nicht die einzige Variante für die Erklärung der Möglichkeit von rationaler Beteiligung am Zustandekommen von Handlungen. Eine weitere, mit der ersten in engem Zusammenhang stehende Variante ist in etwa die: Da Menschen von Natur aus mit dem Vernunftvermögen ausgestattet sind und sie generell Strebungen danach haben zu tun, was in ihrer Natur angelegt ist, so haben sie auch arationale Strebungen nach rationaler Betätigung. Ich kann in diesem Rahmen nicht gebührend auf diesen Argumentationsstrang eingehen und muss mich hier mit einer groben Skizze bescheiden. Aristoteles erwähnt z.B. die Begierde danach zu lernen (*epithymia mathêseôs*; EN 1111a31), die er darauf zurückführt, dass man in den natürlichen Zustand hineinversetzt wird (Rhet. 1371a31-34). Es handelt sich dabei nicht um eine Begierde nach einem Denkgehalt, sondern nach einer (sogar mit Leid verbundenen, vgl. Pol.1339a29) in der *Natur* des Menschen angelegten Betätigung.[104] Desgleichen der Tugenderwerb: Der durch die Erziehung der Jungen vorgenommene Habituierungsprozess vollbringt nach Aristoteles' Meinung nur, was in der Natur des Menschen bereits angelegt ist (EN 1103a23-28), wobei in Hinsicht auf einige Bereiche solche Vervollkommnungsprozesse auch ohne Habituierung ‚durch die Natur selbst' zustande kommen (vgl. Ph. 247b16-248a4). Die Bereiche der Affektivität und der Rationalität überlappen sich daher bei Aristoteles in der Weise, dass arationale Strebungen nach rationaler Betätigung *natürlich* sein können.[105] Die Mittel zur Affektkontrolle funktionieren daher nicht unabhängig von den natürlichen Dispositionen und können sogar von ihnen ersetzt werden. Ein Beispiel dafür sind die ‚affektiven Zustände der Mitte (*pathêtikai mesotêtes*)', von denen Aristoteles gelegentlich spricht.[106] Hierbei handelt es

104 Vgl. auch Metaph. 980a21-27.

105 Dabei kann die Gewöhnung (*ethos*) sogar eigentlich Unangenehmes (mit Leid verbundenes) angenehm (lustvoll) machen (vgl. Rhet. 1370a5-14).

106 Vgl. EE 1234a23ff; EN 1108a30ff.

sich um rein affektive Dispositionen (*pathê*), die Lebewesen von Natur aus haben können (*physikai*), und die sie von alleine auf das Niveau der affektiven Responsion bringen, welches im Normalfall durch den affektkonditionierenden Vorgang der Tugendhabituierung erst hergestellt werden muss.[107] Bei einer entsprechenden Anlage, scheint Aristoteles zu meinen, kann sich die für die rationale Strebung erforderliche Kooperation der arationalen Strebungen sogar von selbst ergeben.

Aristoteles gibt auch andere Beispiele von arationaler Motivation für vernünftiges Handeln. Eines davon ist die effiziente Verursachung von Denkepisoden: Er meint z.B., dass das Lösen philosophischer Probleme die motivationale Struktur des Findens von etwas Gesuchtem hat. Es handelt sich um eine Suche (*zêtêsis*). Die motivationale Struktur einer Suche ist arational. Der Suchende sucht nur nach der Lösung für ein Problem. Der Zweck seiner Suche ist nur die *Lösung*, nicht der propositionale Gehalt der Lösung. Diesen kann der Suchende zum Zeitpunkt der Suche ja nicht kennen. In der *Metaphysik* gibt Aristoteles ein Beispiel: Die alten Philosophen suchten Lösungen für philosophische Probleme, um ihrer Ignoranz (*agnoia*) zu entgehen. Aristoteles beeilt sich dann, dieses Fliehen des Unwissens mit dem Suchen des Wissens um seiner selbst willen gleichzusetzen (Metaph. 982b17-21). Für uns interessant ist, dass hier ein Beispiel für arationale Motivation von Denkepisoden vorliegt: Aristoteles stellt das Nicht-Wissen von etwas in einen motivationalen Kontext mit dem Bemühen, es zu wissen (Neugierde). Und er tut dies ausdrücklich auch im Zusammenhang mit theoretischem Denken.[108]

Weitere Beispiele liegen vor bei manchen Emotionen, von denen manche für Aristoteles von vorneherein auf rationale Gehalte ausgerichtet sind. Das bekannteste Beispiel dafür findet sich in dem emotionalen Komplex, den Aristoteles mit dem Term ‚Freundschaft/Liebe (*philia*)' bezeichnet: Eine – die wichtigste – der Arten der Freundschaft/Liebe ist definiert als eine rationale Strebung (*boulêsis*), die auf der Evaluierung eines anderen Menschen als gut basiert und aus diesem Grund auch den Wunsch nach Gütern für diesen Menschen impliziert (EN 1156b6ff.). Interessanterweise bringt die Freundschaft/Liebe *in Folge* dieser Evaluierung für Aristoteles auch *affektive* Konsequenzen mit sich (Lust, EN 1156b14f.), so dass er in der *Rhetorik* die Lust/Leid-Empfindungen, die jemand an den Tag legt, als Aufschluss darüber gebend (*sêmeion*) bezeichnet, ob es sich dabei um

107 Aristoteles unterscheidet sie von Tugenden, da Tugenden nicht so wie die *pathêtikai mesotêtes* in bloß lobenswerten affektiven Responsionen auf Situationen bestehen, sondern Entscheidung (*prohairesis*), d.h. bewusste Gestaltung, der Situation beinhalten.

108 Zur effizienten Verursachung von Denkepisoden bei Aristoteles, vgl. Corcilius (2009).

einen Freund handelt oder nicht (Rhet. 1380b34-1381a8). Und er sieht die Lust/Leid-Empfindungen, inkl. ihrer körperlichen Äußerungsformen, als Teil der Freundschaft/Liebe an (vgl. Top.106b1-3 *sômatikê energeia*). Auch hier liegt also ein affektiver (arationaler) Bezug zu rationalen Gehalten vor.[109] Überhaupt scheint Aristoteles von der Möglichkeit einer gewissen Einflussnahme einer Strebeart auf die andere ausgegangen zu sein: Beispiel ist (neben der oben bereits erwähnten Freundschaft/Liebe) der Hass (*misos*), eine rationale Strebung, von der es in Rhet. 1382a1-15 heißt, sie würde u.a. durch Zorn (*orgê*) hervorgerufen:[110] Der Hassende ist der Überzeugung, dass der Gegenstand seines Hasses *an sich* schlecht ist. Er bezieht sich mit seinem Streben nicht primär auf ein bestimmtes gehasstes Individuum, sondern auf eine Gattung, d.h. eine allgemeine und nur dem Intellekt zugängliche Entität, wie es auch an dem in Rhet. 1382a2-15 gegebenen Beispiel ‚des' Diebes, den ‚jeder hasst', deutlich wird. Im Unterschied zu den natürlichen Gegenständen des Wunsches werden hier jedoch nicht intrinsische Qualitäten *als solche* erstrebt, sondern die Existenz von Personen und Personengruppen, die dem Wünschenden als *Träger* dieser Qualitäten gelten. Hass und Zorn beziehen sich hier in gewisser Weise also auf einen extensional identischen Gegenstand (z.B. einen bestimmten Dieb), der den beiden Strebearten jedoch verschiedene Relata bereitstellt: Einmal, beim Zorn, die verletzte Relation der gebührenden Wertschätzung und das andere Mal, beim Hass, die allgemeine Eigenschaft, deren Träger der individuelle Dieb ist.[111]

---

109 Ein weiteres und vielleicht sogar noch instruktiveres Beispiel ist der Eifer (*zêlos*), der eine arationale Strebung nach solchen Gütern beinhaltet, die bei anderen vorliegen und als ehrenvoll gelten, vgl. Rhet. 1388a29-b28. Die Liste der dort angeführten Beispiele für als ehrenvoll geltende Güter führt z.B. Tugend, Weisheit, das, dessen Vorhandensein bei anderen bewundert wird usw. auf. Hier liegt der interessante Doppelbezug durch unterschiedliche Strebearten vor, von dem oben die Rede war: Der Eifer bezieht sich nicht auf die Tugend als *solche*, sondern auf den Besitz der Tugend (äußeres Gut). Für zahlreiche weitere Beispiele von rationalen Betätigungen, die Gegenstände arationaler Lust/Leid-Empfindungen (und damit auch von Strebungen) sind, samt Begründungen dafür, vgl. Rhet. I 11; 1369b33-1372a3 (z.B. anderen Gutes tun, *eu poiein*, in 1371a34-b4).

110 Dies ist vermutlich dadurch zu erklären, dass die Emotion Zorn, vielleicht dann, wenn sie gegenüber derselben Person häufiger empfunden wurde, zu einer Meinung darüber führen kann, aufgrund welcher *allgemeinen* Eigenschaften die *einzelne* Person, der man zürnt, sich so verhält, dass man ihr zürnt. Wiederum ist das Bezugsobjekt der Strebearten nicht dasselbe.

111 Aristoteles betont in seiner Diskussion des Hasses in der *Rhetorik* dessen fehlende Verbindung mit Leidzuständen. Dies ist vermutlich jedoch eher auf die dortige Kontrastierung des Hasses mit dem Zorn zurückzuführen. Für die Belange der *Rhetorik* ist das Fehlen von *akuten* Lust/Leid-Empfindungen wahrscheinlich aus-

Soviel sollte reichen, um zu zeigen, dass für Aristoteles genug arationale motivationale Anreize für die Ausübung rationaler Tätigkeiten bestehen. Speziell Ehre und Güterbesitz als Relata des Muts können einen weiten Teil der Motivation zu rationalem Handeln übernehmen. Doch wird vermutlich nicht stets ein solcher ‚Umweg' der Motivation über Ehre, Güterbesitz, Affektkontrolle usw. erforderlich sein. Denkbar ist auch der gänzlich unproblematische Fall, in dem der konkrete Gegenstand einer rationalen Strebung gleichzeitig auch ein affektiv angenehmer Gegenstand ist (natürliche affektive Attraktivität des Wunschgegenstandes). Wenn das Gute außerdem noch angenehm ist, fällt es besonders leicht, es auch zu tun. Die hier nur skizzierten verschiedenen Weisen der Verbindung von arationaler Lust mit rationalen Gehalten helfen, Aristoteles' generelle Behauptung zu begründen, *alle* Gegenstände von Handlungen (also alle bewegungsrelevanten Strebegegenstände) seien von Lustwerten begleitet (*parakolouthei*):

> Es gibt nämlich dreierlei (Zwecke) für das, was man wählt, und dreierlei (Zwecke) für das, was man flieht, (nämlich) Schönes, Nützliches, Lustvolles und deren drei[112] Gegenteile, Hässliches, Schädliches, Leidvolles; und der gute (Mensch) ist bei allen diesen geschickt, das richtige zu tun, während der schlechte dazu neigt, es zu verfehlen und dies hauptsächlich bei der Lust: Diese kommt den Lebewesen nämlich gleichermaßen zu und begleitet stets alles, worüber man eine Wahl trifft; und auch das Schöne und das Nützliche scheint lustvoll zu sein. (EN 1104b30-1105a1)[113]

Nun können wir einen Zusammenhang zwischen den Argumentationslinien von (i) ‚hedonistischem Kalkül', (ii) ‚repressiver Affektkontrolle/Gewöhnung', (iii) ‚affektiver Attraktivität des Wunschgegenstandes' und (iv) ‚natürlicher affektiver Affinität zu rationaler Betätigung' herstellen und damit Aristoteles' motivationalen Hedonismus qualifizieren: Die Gegenstände der bei der rationalen Motivation kooperierenden rationalen und arationalen Strebungen sind nur *extensional* gleich, die Relationen, in denen sie zum Strebenden stehen, bleiben jedoch verschieden. Daraus ergibt sich, dass, falls sie es nicht ohnehin schon sind (iii), die Objekte der

reichend. Gründe dafür, weshalb auch beim Hass von begleitenden Lust/Leid-Empfindungen ausgegangen werden sollte, gibt Rapp 2002, S. 549f.

112 [drei] von Bywater mit Coraes getilgt.

113 τριῶν γὰρ ὄντων τῶν εἰς τὰς αἱρέσεις καὶ τριῶν τῶν εἰς τὰς φυγάς, καλοῦ συμφέροντος ἡδέος, καὶ [τριῶν] τῶν ἐναντίων, αἰσχροῦ βλαβεροῦ λυπηροῦ, περὶ ταῦτα μὲν πάντα ὁ ἀγαθὸς κατορθωτικός ἐστιν ὁ δὲ κακὸς ἁμαρτητικός, μάλιστα δὲ περὶ τὴν ἡδονήν· κοινή τε γὰρ αὕτητοῖς ζῴοις, καὶ πᾶσι τοῖς ὑπὸ τὴν αἵρεσιν παρακολουθεῖ· καὶ γὰρ τὸ καλὸν καὶ τὸ συμφέρον ἡδὺ φαίνεται. Vgl. in diesem Sinne auch die Passage unmittelbar davor (EN 1104b8-30).

rationalen Strebung immer auf den gemeinsamen ‚Nenner‘ von Lustempfindung bzw. Leidvermeidung gebracht werden müssen, damit die arationale Strebung sich auf sie beziehen kann (i). Diesem Vorhaben kommt die ‚Natur' potentiell rational agierender Lebewesen entgegen, deren arational-animalische Seite sich zur Ausübung der rationalen Funktionen hingezogen fühlen kann (iv). Bei der gegebenen Flexibilität des Aristotelischen Naturbegriffs sind nach dem gleichen Mechanismus wohl auch die über Gewöhnung erworbenen Handlungsdispositionen und Präferenzen hinzuzuzählen.[114] Der *Erwerb* dieser Dispositionen und Präferenzen scheint allerdings wohl mit ‚repressiver' Affektkontrolle verbunden zu sein. Diese dient der Herstellung der habituellen Disposition, in manchen Fällen arationaler Bewegungsimpulse (Strebungen) den natürlichen (tierischen) Ablauf der Bewegungsgenese zu suspendieren und einer rationalen Entscheidung zu unterwerfen (iii). Wenn die Disposition einmal erworben ist, ist die rationale Motivation nicht mehr problematisch.[115] Aus der Perspektive der Theorie der animalischen Ortsbewegung ist wichtig, dass die rationale Strebung aufgrund von (i), (ii), (iii) und (iv) ohne eigene motivationale Kräfte dennoch in den kausalen Prozess der Bewegungsgenese einfließen kann, da die für den Prozess notwendigen Lust/Leid-Empfindungen (MA 701b33-702a1) handlungsrelevante rationale Strebegehalte ‚begleiten' (*parakolouthei*). Damit sind die arationalen kausalen Bedingungen für das Einschalten von Vernunft in die Bewegungsgenese genannt. Es bleibt noch zu klären, wie sich die Ausbildung rationaler Handlungsziele erklärt. Wie genau gelangen rationale Gehalte in die Bewegungsgenese?

3. *Die Beteiligung der Vernunft an der Ausbildung von Handlungszielen*

Die Gehalte der Wissenschaft sind für Aristoteles allgemein. Sie scheiden deswegen von vorneherein als nicht bewegungsrelevant aus, weil es, wie wir gesehen haben, notwendige Voraussetzung für die motivationale Relevanz von Strebegehalten ist, dass sie sich auf Einzeldinge richten, deren Ausführung in den Möglichkeiten des Akteurs liegt.[116] Im folgenden Textabschnitt diskutiert Aristoteles dennoch die Frage, wie allgemeine Gehalte in die Bewegungsgenese einfließen können:

> Da aber die eine Annahme (*hypolêpsis*) allgemein (*katholou*) und Erklärung (*logos*) ist, die andere dagegen auf das Einzelne bezogen – die eine sagt nämlich, dass ein solcher (Mensch) etwas derartiges tun (*prattein*) soll, die andere, dass dieses hier jetzt derartiges ist und dass ich ein solcher bin (i) –, bewegt also entweder die-

114 Vgl. oben, S. 89ff.

115 Vgl. MA 703a28-b2.

116 Vgl. oben, S. 172f.

> se (aufs Einzelne bezogene) Meinung, und nicht die allgemeine, oder beide bewegen, aber die eine (allgemeine) bleibt eher in Ruhe, die andere jedoch nicht (ii). (DA 434a16-21)[117]

In (i) unterscheidet Aristoteles zwei Typen von Annahmen.[118] Mit ‚Annahme' (*hypolêpsis*) bezeichnet er das Genus der drei Arten ‚Wissen (*epistêmê*)', ‚Meinung (*doxa*)', ‚Weisheit (*phronêsis*)' sowie deren Gegenteile (vgl. DA 427b24-26). Die beiden Typen von Annahmen befinden sich auf den Extrempositionen einer Allgemeinheitsskala: Teils bestehen Annahmen in Allaussagen, die *allgemein* sind, teils in Einzelaussagen. In den Beispielen wählt Aristoteles Sätze, die sich auf das Handeln beziehen. Bei dem Beispiel für allgemeine Annahmen handelt es sich um eine relativ allgemeine Aussage darüber, was eine bestimmte Art von Akteur (*ho toioutos*) tun soll, und enthält eine Aufforderung zu einem Handlungs*typ* (*to toionde*). Von dieser Annahme sagt er, sie bewege (motiviere, *kinei*) entweder gar nicht oder, wenn sie bewege, dann so, dass sie *zusammen* (*amphô*) mit der Einzelannahme bewegt. Wie das zu verstehen ist, erschließt sich aus dem zweiten Beispiel. Es ist bemerkenswert, dass das zweite Beispiel einen das Einzelne betreffenden Satz enthält, dies jedoch so, dass die allgemeine Beschreibung von Akteurs- und Handlungstyp, die gerade vorher als motivational irrelevant bezeichnet wurde, darin *enthalten* ist: „dass dieses hier jetzt derartiges ist und dass ich ein solcher bin", ist eine Aussage, die die allgemeinen Aussagen des ersten Beispiels auf eine konkrete und gegenwärtige Einzelsituation bezieht. Von dieser Annahme sagt Aristoteles, *dass* sie bewegt. Demnach können allgemeine Gehalte dann bewegungsrelevant werden, wenn ein Akteur sie auf seine eigene Person und die Einzelumstände einer konkreten Handlung *anwendet*. Die Möglichkeit einer praktischen Relevanz allgemeiner Gehalte ist also nur in *indirekter* Weise gegeben. Nur über den Bezug auf die eigene Person des Akteurs und die Anwendung auf eine konkrete Einzelsituation können allgemeine Handlungserwägungen in Verbindung mit den kausal relevanten arationalen Lust/Leid-Empfindungen treten.[119]

---

117 ἐπεὶ δ' ἡ μὲν καθόλου ὑπόληψις καὶ λόγος, ἡ δὲ τοῦ καθ' ἕκαστον (ἡ μὲν γὰρ λέγει ὅτι δεῖ τὸν τοιοῦτον τὸ τοιόνδε πράττειν, ἡ δὲ ὅτι τόδε τοιόνδε, κἀγὼ δὲ τοιόσδε), ἢ δὴ αὕτη κινεῖ ἡ δόξα, οὐχ ἡ καθόλου, ἢ ἄμφω, ἀλλ' ἡ μὲν ἠρεμοῦσα μᾶλλον, ἡ δ' οὔ. Zum Kontext der Passage und für Argumente, warum in dieser Passage genau dieses Problem (und nicht der ‚praktische Syllogismus') behandelt wird, vgl. Teil II, s. 283f.

118 Und *nicht* die beiden Prän ı eines ‚praktischen Syllogismus' (so auch Edel 1982, S. 176), vgl. unten, S. 283f. (sic)

119 *Wünsche* können sich demgegenüber auch auf allgemeine Gehalte richten.

Insgesamt ergibt sich, dass Aristoteles in Beziehung auf die *naturphilosophische* Erklärung der animalischen Ortsbewegung einen qualifizierten Hedonismus vertritt. D.h., Lust/Leid-Empfindungen sind notwendige Bedingungen für alle Arten der animalischen Ortsbewegung. Dies bedeutet, wie gesagt, nicht, dass Aristoteles auch Vertreter eines psychologischen Hedonismus ist. Die für die Durchführung eines motivationalen Hedonismus erforderliche Identität der Gehalte von Lust/Leid-Empfindungen mit den erstrebten Gehalten ist *extensional*. Das heißt, dass ein Strebegehalt, um zu einer Ortsbewegung zu führen, in jedem Fall mit hinreichend starken Lust/Leid-Empfindungen verbunden sein muss. Was es *nicht* erfordert, ist, dass die Gegenstände der Lust/Leid-Empfindungen zu *Zwecken* der Handlung werden. Für die rationale Strebung haben wir vier Weisen feststellen können, in denen diese Verbindung mit Lust/Leid-Empfindungen zustande kommt:

(i) ‚hedonistischer Kalkül' und/oder
(ii) Habituierung und/oder
(iii) gleichzeitige affektive Attraktivität zu dem Wunschgegenstand und/oder
(iv) arationale Lust an der Betätigung der Vernunft als natürlich.

Wir verfügen damit über die Mittel, den Satz aus MA 701b33-702a1, der die Koextensionalität von bewegungsrelevanten Strebegegenständen mit arationalen Lust/Leid-Empfindungen behauptet, genauer zu verstehen:

> Der Ausgangspunkt der Bewegung ist also, wie gesagt, das im Bereich möglicher Gegenstände des Handelns Erstrebte und Gemiedene: Denn dem Denken und der Vorstellung von diesen folgt aus Notwendigkeit Erwärmung und Erkaltung; das Schmerzvolle wird nämlich gemieden und das Lustvolle erstrebt.[120]

---

120 Ἀρχὴ μὲν οὖν, ὥσπερ εἴρηται, τῆς κινήσεως τὸ ἐν τῷ πρακτῷ διωκτὸν καὶ φευκτόν· ἐξ ἀνάγκης δ' ἀκολουθεῖ τῇ νοήσει καὶ τῇ φαντασίᾳ αὐτῶν θερμότης καὶ ψύξις. τὸ μὲν γὰρ λυπηρὸν φευκτόν, τὸ δ' ἡδὺ διωκτόν (ἀλλὰ λανθάνει περὶ τὰ μικρὰ τοῦτο συμβαῖνον). S. oben, S. 95f und unten, S. 329ff. Etwas vager und ohne Berücksichtigung des physiologischen Aspektes der Erwärmung und Erkaltung findet sich dieser Gedanke auch in EN 1104b30-1105a1. Eine Lesart dieser und ähnlicher Stellen, der zufolge dort ein inklusiver Lust/Leid-Begriff gemeint ist, der sowohl arationale Lust/Leid-Empfindungen als auch einfache Lüste umfasst, lässt sich dadurch ausschließen, dass dies einen Widerspruch mit der oben erwähnten motivationalen Irrelevanz des Wunsches zur Folge hätte: Wenn Wünsche motivational hinreichend wären, so bedürfte es nicht der Tugenden und den sie lehrenden Institutionen im Staat. Für Aristoteles können rationale Strebungen keine für Ortsbewegung hinreichenden thermischen Veränderungen im Körper bewirken.

Die extensionale Identität bewegungsrelevanter Gegenstände der rationalen und der arationalen Strebungen erklärt sich durch (i), (ii), (iii) und (iv). Jede dieser Verbindungen stellt eine Weise dar, in der rationale Gehalte vor der Handlung mit arationalen Lust/Leid-Empfindungen assoziiert werden können.[121] Damit hat Aristoteles die theoretischen Mittel an der Hand, die verschiedensten Phänomene rationalen Agierens bis hin zu selbstlosen und altruistischen Handlungsweisen auf eine Weise zu erklären, die zwar die kausal notwendigen Bedingungen der animalischen Ortsbewegung berücksichtigt (Hitze und Kälte durch Lust/Leid-Empfindung), dabei aber einen psychologischen Hedonismus vermeidet.[122]

Zusammenfassung

Lust/Leid-Empfindung und arationale Strebung werden von Aristoteles als relationale Zustände der (im weitesten Sinne) körperlichen Verfassung von Lebewesen zu ihren natürlichen Ausgangspunkten definiert, die durch Wahrnehmungsgehalte ausgelöst werden. Arationale Lust besteht in der Übereinstimmungsrelation bzw. der Herstellung derselben und Leid in ihrer Zerstörung. Arationale Strebungen bestehen in allen Zuständen der *Abweichung* von der Übereinstimmungsrelation mit dem natürlichen Ausgangspunkt. Lust- und Leid-Empfindungen sind daher für arationale Strebungen notwendige und hinreichende Bedingungen. Wichtig ist, dass der Aristotelische Begriff ‚natürlicher Ausgangspunkt' (*physis*) nicht nur die dem Lebewesen definitorisch zukommenden Normwerte umfasst, sondern auch hinzuerworbene Eigenschaften, Dispositionen und Präferenzen beinhaltet. Dies führt zu einer erheblichen Flexibilisierung und Anpassungsfähigkeit seines Erklärungsmodells. Andererseits ist die Strebung auch Motor der animalischen Ortsbewegung. Diese Eigenschaft der Strebung wurde hier zurückgeführt auf die Natur des Lebewesens als Bewegungsursache: Weil Lebewesen die Lebewesen sind, die sie sind und die hinzuerworbenen Dispositionen und Präferenzen haben, die sie haben, reagieren sie auf Zustände der Nicht-Übereinstimmung ihrer im weitesten Sinne körperlichen Verfassung mit ihrer Natur bzw. ihren erworbenen Ausgangszuständen mit *Bewegungen*, die der Wiederherstellung der Übereinstimmungsrelation mit den Ausgangszuständen dienen. Für die Ortsbewegung der Lebewesen ist diese (arationale) Art von Lust/Leid-Empfindung und Strebung eine not-

121 Die Reihe erklärt übrigens auch, aus welchen Gründen rationale Motivation zwar einerseits auf arationalen Lustempfindungen basiert, sich andererseits aber für den Akteur keineswegs immer als besonders lustvoll darstellt.

122 Für die nähere physiologische Erklärung der ‚Übertragung' rationaler Gehalte auf den arationalen Komplex, vgl. das folgende Kapitel.

wendige Voraussetzung. Dies verpflichtet Aristoteles jedoch lediglich auf einen motivationalen, nicht aber auf einen psychologischen Hedonismus. Die Strebung wird von Aristoteles anhand dreier relational verschiedener Bereiche subjektiver Gütererfahrung in drei Arten unterteilt: Lust ist der Zweck der Begierde (*epithymia*), Anerkennung im weitesten Sinne der Zweck des Muts (*thymos*) und Güter als solche sind der Zweck der rationalen Strebung (*boulêsis*). Dies korrespondiert vage mit der traditionellen Einteilung in körperliche, äußere und seelische Güter. Ein weiteres, naturphilosophisches Kriterium der Unterscheidung der Strebearten ist der kognitive Aufwand, den die ‚Herstellung' der Repräsentation des intentionalen Gehaltes der jeweiligen Strebung mindestens erfordert: Begierde ist die Strebung nach Lust. Ihr konkreter Gehalt ist für Aristoteles letztendlich mit perzeptiven Eigenschaften der Repräsentationen des Zwecks identisch. Der Mut geht insofern über bloß perzeptive Eigenschaften hinaus, als er sich in konkreten Fällen auf Relationen zu Artgenossen, sozialen und Sachgütern bezieht, die als solche nicht direkt mit bestimmten wahrnehmbaren Eigenschaften identisch sind. Die Auslöser und Gegenstände des Muts können aber auch von unvernünftigen Lebewesen empfunden werden. Wunsch und Begierde sind beide motivational autonom, d.h. sie sind in geeigneten Umständen hinreichend, entsprechende Ortsbewegungen zu motivieren. Die rationale Strebung ‚Wunsch' bezieht sich dagegen auf Güter als Güter, d.h. der Wunsch richtet sich nicht auf Eigenschaften, die den Dingen zukommen, insofern sie in bestimmten Relation *zum Strebenden* stehen. Die Repräsentation solcher Gegenstände setzt für Aristoteles die Fähigkeit zu rationalem Denken voraus. Der Wunsch als solcher ist motivational nicht autonom. Er kann motivational nur dann relevant werden, wenn er sich auf Einzelgegenstände richtet, die folgende Bedingungen erfüllen: Ihre Realisierung muss in der Macht des Strebenden stehen, und sie müssen in geeigneter Weise mit arationalen Lust/Leid-Empfindungen verbunden sein, um das für die Ortsbewegung erforderliche Maß an Kraftentfaltung aufzubringen. Aristoteles unterscheidet mehrere Weisen, in denen dies geschehen kann: Duch das Motiv der Lustmaximierung bzw. Leidminimierung, durch Habituierung, dadurch, dass die rational erstrebten Gegenstände gleichzeitig (aber aus anderen Gründen) auch Gegenstände arationaler Strebungen sind, und durch arationale Lust an der Betätigung des rationalen Vermögens.

Andere Auffassungen zum Aristotelischen Wunschbegriff

Ich möchte mich hier auf *zwei* in der Literatur verbreitete Interpretationen zum Aristotelischen Wunsch konzentrieren. Beide Interpretationen kommen darin überein, dass der Wunsch sich nicht so, wie hier behauptet, auf *alle* Strebegegenstände richtet, die weder Gegenstand der Begierde noch des Muts sind. Es handelt sich erstens um die Ansicht, der Wunsch als solcher beziehe sich stets auf das höchste menschliche Gut im Sinne des guten Lebens und Glückseligkeit (*eudaimonia*) (i), und zweitens die Ansicht, Gegenstand des Wunsches sei nur das, was zuvor durch einen Deliberationsprozess als Handlungsziel festgestellt wurde (ii).

(i) zufolge bezieht sich der Wunsch als solcher auf die Glückseligkeit (*eudaimonia*) des Wünschenden. Wichtig ist, dass die Vertreter dieser Interpretationsrichtung Glückseligkeit in psychologischer Weise als subjektive Konzeption eines Lebensplans verstehen.[123] So formuliert etwa Nussbaum prägnant: „What is boulêton is ranked and valued as a part of the agent's overall life plan." (1985, S. 336). Ich kann hier nicht auf die (im Detail voneinander abweichenden) Einzelheiten dieser Interpretationsrichtung eingehen, sondern möchte nur einige generelle Punkte dagegen vorbringen. Mir scheint es sich dabei um eine Einengung des Aristotelischen Konzepts des Wunsches auf einen moralphilosophischen Aspekt zu handeln, der dem Wunsch als einer der drei Strebearten durchaus nicht gerecht wird:[124] Zweifellos hegt jemand, der sich bewusst einen Lebensplan zurechtlegt, der als oberstes Ziel die eigene Glückseligkeit verfolgt, damit nach Aristoteles' Ansicht einen Wunsch. Die Frage ist jedoch, ob es sich dabei um einen ‚natürlichen' Gegenstand des Wunsches handelt und ob sich darin die natürlichen Relata des Wunsches erschöpfen. Da die Glückseligkeit etwas ist, was sich auf die eigene Person bezieht und zudem keineswegs auf seelische Güter beschränkt ist, sondern als ‚gelingendes' Leben Emotionalität, äußere Güter usw. mit einschließt (EN 1099a32ff.), kann es sich dabei m.E. nicht um einen vorzüglichen Gegenstand des *Intellekts* und auch nicht um einen herausragend ‚guten' Gegenstand handeln: Für den, der glückselig zu sein wünscht, gibt es noch andere Motive außer der sachlichen Güte dieses Zustands, nämlich seine emotionalen und sonstigen Interessen. Bei demjenigen, der den *apolaustikos bios* ‚wählt', ergibt

123 (i) wird vertreten etwa von Anscombe (1965), S. 155; Nussbaum (1978), S. 336; Mele (1984); Sherman (1989), S. 94, und vielen anderen.

124 Irwin (1975) und (1988), S. 333-338, vertritt eine besonders enge, aus (i) und (ii) kombinierte Auffassung: Seiner Ansicht nach sind Wünsche nur solche Strebungen, die aus Deliberationsverfahren resultieren, in deren Verlauf verschiedene Handlungsoptionen im Hinblick auf das höchste Gut (*eudaimonia*) gegeneinander abgewogen werden: „We have rational desires only when we compare the advantages of two courses of action." (1988, S. 336, vgl. auch vorher 1980, S. 44f.). Dadurch lässt sich jedoch nicht abdecken, was Aristoteles mit dem Begriff ‚*boulêsis*' bezeichnet, etwa Strebungen nach Lösungen für mathematische Probleme (*zêtêsis*) usw. Auch ist unplausibel, dass jeder Wunsch Resultat eines Deliberationsvorgangs ist, man denke etwa an den Wunsch, dass ein bestimmter Sportler das Rennen gewinnen möge, EN 1111b22-26. Für eine ausführlichere Kritik an Irwin, vgl. Mele 1984, S. 150f.

sich sogar, dass *der* Gegenstand seines Wünschens gar kein intrinsisches Gut wäre! Generell scheint, dass für Aristoteles eine nur kontingente Beziehung zwischen intrinsischen (invariablen) Gütern und den verschiedenen Zielen individueller Lebenspläne besteht. So ließe sich etwa der Fall konstruieren, dass jemand sich selbst großes Unglück wünscht (etwa aus schlechtem Gewissen). So ein Fall wäre zwar ohne weiteres als Wunsch nach einem Gut erklärbar (z.B. weil man meint, man verdiene ein solches Schicksal), mit dem Gedanken der eigenen Glückseligkeit scheint mir dies aber nur schwer vereinbar. Ferner stehen manche der von Aristoteles gegebenen Beispiele für Wünsche teils in gar keiner oder doch in zumindest so weit entfernter Beziehung zum eigenen Leben des Wünschenden, dass sie mithilfe einer speziell an der Glückseligkeit ausgerichteten Definition des Wünschens nur schwer zu erklären wären (etwa der Wunsch nach dem Sieg eines bestimmten Sportlers im Wettkampf oder die Wünsche, die im Wissen um ihre Nicht-Realisierbarkeit gewünscht werden, wie z.B. König über alle Menschen zu sein, vgl. EE 1225b32f.).[125] Ferner behauptet Aristoteles, dass der Wunsch nicht mit Leidzuständen verbunden ist. Es ist aber fraglich, ob das Verfehlen der eigenen Glückseligkeit nicht ein vergleichsweise leidvoller Zustand sein kann. Ferner: Einen Gegenstand aufgrund seines Beitrages zur eigenen Glückseligkeit zu erstreben, läuft auf eine instrumentelle Auffassung des Wunsches hinaus. Die intrinsischen Güter, auf die sich der Wunsch richtet, werden aber gerade aufgrund ihrer eigenen Qualitäten erstrebt und nicht aufgrund ihres Bezugs zum Wünschenden oder gar des Nutzens, den er davon hat. Wenn der Glückselige das beste und lustvollste Leben lebt (EN 1099a24f.), so tut er dies nach Aristoteles' Auffassung nicht deswegen, weil er *glückselig* ist, sondern deswegen, weil die Gegenstände, die er wahrnimmt und denkt, die besten *Gegenstände* sind, deren Denken und Wahrnehmung gleichzeitig mit den größten Lüsten verbunden ist. Das wichtigste Argument gegen diese Auffassung des Wunsches scheint mir aber, dass durch die Einengung auf

125 Die sprachliche Form, in der Aristoteles den natürlichen Gegenstand des Wünschens bestimmt, nämlich ‚Strebung nach *dem* Guten' (*orexis t'agathou*, EE 1227a28) oder ‚Strebung nach *dem* Zweck' (*orexis tou telous*, EN 1113a15), ist für sich betrachtet in dieser Beziehung allerdings zweideutig und mag für diejenigen, die der Meinung sind, Aristoteles habe eine Theorie der Glückseligkeit von *dem* Guten als einem subjektiven Handlungsziel vertreten (‚*psychological eudaimonism*', vgl. dazu Von Wright, 1963, S. 89f. und Roche, 1998), der Anlass für die besondere Verbindung des Wunsches mit der Glückseligkeit gewesen sein. Für die hier vorgestellte Interpretation des Wunsches bedeutet diese Formulierung keine Schwierigkeit: ‚Der' Wunsch als eine der drei *Arten* der Strebung ist auf ‚das' Gute als Relatum ausgerichtet, ohne dass deswegen die einzelnen Vorkommnisse dieser Art auf einen einzigen Gegenstand ausgerichtet sein müssen.

moralphilosophische Belange der spezifische Ansatz von Aristoteles' Strebekonzeption ausgeblendet wird: Aristoteles teilt die Strebung *anhand ihrer äußersten Relata* in drei Arten ein, und er beabsichtigt damit eine *vollständige* Einteilung.[126] Da Begierde und Mut sich nur auf mit Lust oder Leid besetzte Gehalte richten können, ist der Wunsch der einzige Kandidat, um für diejenigen Strebungen aufzukommen, die nicht über entgegengesetzte Leidzustände verfügen. Dies müssen aber weder nur solche Gegenstände sein, die für die Glückseligkeit des Wünschenden relevant sind, noch decken sie alle Ziele ab, die für die Glückseligkeit eines Menschen von Belang sind. Auch erlaubt uns das Kriterium der Glückseligkeit nicht, etwas über die objektive Beschaffenheit der unter sie begriffenen Gegenstände zu sagen, die *invariablen* Relata der rationalen Strebung werden aber gerade durch ihre objektiven Qualitäten bestimmt.

Eine besondere Variante dieser Auffassung vertritt John Cooper: Sein Ansatz zeichnet sich dadurch aus, dass er auch die motivationale Seite der Aristotelischen Strebetheorie in Betracht zieht (Cooper, 1999, S. 267ff.), vgl. S. 242:

> That is, a rational desire of boulêsis is the practical expression of a course of thought about what is good for oneself (...).

Hier haben wir eine Version der Auffassung vom Wunsch als einer auf das menschliche Gute gerichteten Strebung. Dies wird qualifiziert auf S. 240:

> Aristotle held what is for us the strange-seeming view that reason is itself the source of a certain sort of desire, ...

Dies deckt sich mit dem, was wir hier für die rationale Strebung nach invariablen Gütern festgestellt haben. Dann aber fährt er fort:

> ... of a certain sort of psychological impulse or movement toward action, (...) boulêsis is his (Aristoteles' KC) preferred name for the movement toward action produced by the use of reason itself, on its own." (S. 241).

Cooper versucht also einerseits, die Interpretation der rationalen Strebung als Strebung nach dem menschlichen Guten beizubehalten, möchte andererseits aber deren motivationale Rolle berücksichtigen. Den Konflikt, der

126 EE 1223a26f; 1225b24-26; MM 1187b36f; DS 436a9f; DA 414b2; 432b5f; MA 700b22.

sich hieraus zu den zahlreichen Stellen ergibt, in denen Aristoteles der Vernunft die motivationale Autonomie abspricht, löst er so:

> First of all, when he says, as he does, e.g. at Nic.Eth. VI-EE V, 1139a35 and again at de An. III 10, 433a23 that nous or dianoia by itself does not produce movement (i.e. any psychological movement toward or away from action), one must not assume that this means that reasoning about what to do does not lead to any movement toward acting except when it is coupled with some or other nonrational desire. There is also the rational orexis, and Aristotle's theory of the three kinds of orexis shows that one movement toward action that such reasoning might lead to is precisely boulêsis. (S.241f.).

Cooper äußert hier den Gedanken, dass die Vernunft eines vernunftbegabten Lebewesens könne dann, wenn dieses Lebewesen denkt, dass x zu tun, für es gut sei, x auch ohne Beteiligung arationaler Strebungen ausführen. Er versteht den Wunsch (*boulêsis*) also nicht als motivational problematische rationale Strebung, sondern als Aristoteles' *Lösung* für die anderswo von ihm behauptete motivationale Irrelevanz der Vernunft. Dies scheint aber nur schwer mit den Aussagen in den Aristotelischen Werken vereinbar, denen zufolge Denken und Vernunft kein Ursprung für Bewegungen sind. Mit der bloßen *Behauptung*, dass es eine rationale Strebung gibt, ist die physikalische Möglichkeit einer Bewegung durch Vernunft ja noch nicht erklärt. Als Beleg für seine Auffassung von der motivationalen Relevanz der *boulêsis* zitiert Cooper unmittelbar im Anschluss an die obige Passage eine Stelle aus *De anima*:

> In fact this is what he says explicitly at de An. 433a22-25: ‚nous plainly does not produce movement without orexis, for boulêsis is an orexis and whenever a person is moved by reasoning he is in fact (or: also) moved by boulêsis.' (S.242).

An dieser Stelle geht es Aristoteles aber nicht um die Frage, ob und wie vernünftige Strebungen das Lebewesen auch ohne die Hilfe arationaler Strebungen in Bewegung setzen können (die Frage rationaler Motivation diskutiert Aristoteles später in 434a16-24), sondern darum, welches das bewegende Vermögen der Seele ist. Für diesen Zweck konfrontiert er die verschiedenen Hypothesen zum bewegenden Vermögen mit den Phänomenen: Aristoteles möchte mit der gerade zitierten Beobachtung in 433a22-25 ein Argument gegen die These vorbringen, dass die Vernunft das bewegende Vermögen sei. Vernunft, heißt es dort, ist nicht das bewegende Vermögen, weil, wenn Bewegung in Übereinstimmung (*kata*) mit der Vernunft stattfindet, immer auch ein Wunsch und damit auch eine Strebung vorliegt. Damit, und mit der anschließenden Beobachtung, dass die Strebung auch *wider* die Vernunft bewegen kann, meint Aristoteles gezeigt zu haben, dass die Vernunft nicht das bewegende Vermögen sein kann (sondern eher die Strebung). Er sagt an dieser Stelle nur, dass jedes Vorkommnis einer Bewegung in Übereinstimmung mit Vernunft auch in Übereinstimmung (*kata*) mit dem Wunsch erfolgt. Das ist alles. Es gibt keinen Anlass, hier eine Aussage über die motivationale Autonomie des Wunsches zu vermuten. Es bleibt also dabei, dass die naturphilosophische Erklärung der Motivation durch Wünschen für Aristoteles in der Tat ein *Problem* war.

(ii) Die Ansicht, dass Wünsche stets Resultate aus Deliberationsprozessen sind, führt auf eine Reihe von Schwierigkeiten: Aristoteles' verschiedene Diskussionen der Deliberation (*bouleusis*) setzen bereits die Existenz eines entsprechenden Wunsches voraus (1113a23). Der eigentliche Deliberationsprozess besteht lediglich in dem Verfahren des Feststellens geeigneter Mittel, diesen Wunsch als einen Zweck[127] zu realisieren (EN 1112b15-1113a22; 1113b2f.). Zwar erwähnt Aristoteles auch Fälle, in denen das Resultat eines Deliberationsprozesses in dem Verwerfen eines bestimmten Handlungszweckes besteht (EN 1112b24-26), und die Auffassung, dass Aristoteles auch Deliberationsprozesse für die Bestimmung von Zwecken angenommen hat, ist in der Literatur verbreitet.[128] Es gibt seiner Auffassung nach aber Wünsche, deren Existenz nicht das Resultat von Deliberationsprozessen ist. Handlungsrelevante Wünsche bilden nur eine Teilmenge der Wünsche: Nur die Wünsche, deren Realisierung in den Möglichkeiten des Wünschenden liegt (*prakton agathon*), sind Gegenstand der Beratschlagung (EN 1112a18-b9; Rhet. 1362a18-20), über die Wünsche, die sich auf nicht-realisierbare Zwecke richten, wird nicht beratschlagt.[129]

---

127 *to agathon*; EE 1227a28-30; *telos*; Top. 146b5; EN 1136b7; Rhet. 1369a9; EN 1111b26; 1113a15.

128 Aus bewegungstheoretischer Perspektive ist dies allerdings unmöglich: Eine Strebung ist, wie wir sehen werden, schon allein als Bewegungsursache notwendige Voraussetzung für einen Deliberationsvorgang. Strebungen werden aber über ihre Gehalte, die gleichzeitig ihre Zwecke sind, bestimmt. Es kann deswegen keinen Deliberationsprozess ohne einen gegebenen Zweck geben. Der Fall aus EN 1112b24-26 besagt auch nicht, dass man den Zweck einer Handlung verwirft, sondern nur die Mittel dazu (in diesem Fall, weil es Geld erfordern würde, über das man nicht verfügt). In der Aristotelischen Konzeption steht aber nichts im Wege, sich über solche Dinge als ein Mittel zu einem übergeordneten Zweck zu beratschlagen, die in anderen Deliberationsvorgängen die Zwecke waren.

129 Eine dritte, nahezu kantische Interpretation des Wunsches wird vertreten von Hudson: Seiner Auffassung nach richtet sich der Wunsch auf ein *formales* Objekt, vgl. Hudson (1981), S. 115: „(…) reason can and must be practical because it produces, and must produce, a pre-eminently rational formal desire to do whatever is seen as reasonable. Even this desire, by itself, can not move us because its object is

merely formal: it only provides a characterization which any thing must meet in order to be an eligible object of rational desires – not eligible objects themselves. But to see something as meeting this consideration is to desire it, and hence some particular (nonformal) desire will be a rational desire that satisfies this characterisation". Hudson behauptet hier einen *formalen* Gegenstand der rationalen Strebung bei Aristoteles. Wünsche nach konkreten Gegenständen (particular rational desire) erklären sich seiner Ansicht nach dadurch, dass ein bestimmter konkreter Gegenstand das durch den Wunsch erstellte formale Vernunftkriterium (pre-eminently rational formal desire) *erfüllt*. Hierfür gibt es bei Aristoteles keine textliche Grundlage. Aber auch unabhängig davon, scheint mir die Behauptung, dass es eine Strebung danach gäbe, „to do whatever is seen as reasonable", überaus stark zu sein und zwar selbst dann, wenn man sie dahingehend qualifiziert, dass es dabei jeweils immer nur um das Vernünftige geht, das in der Macht des Einzelnen steht.

5. Vorstellung (*phantasia*)

§ 1 Abhängigkeit der Strebungen von kognitiven Fähigkeiten. Die Rolle der *phantasia* in der Erklärung komplexer kognitiver Gehalte

Wir haben gesehen, auf welche Weise Strebungen und ihre verschiedenen Arten für Aristoteles von den kognitiven Fähigkeiten der Lebewesen abhängen, die diese Strebungen empfinden: Strebungen sind direkte Konsequenzen aus entweder Lust- oder aus Lust- und Leidempfindungen, und diese ergeben sich ihrerseits als direkte Konsequenzen aus Wahrnehmungen oder Denkakten. Eine Abhängigkeit auch der Strebungen von den kognitiven Fähigkeiten ist daher nicht weiter verwunderlich. Wenn dem so ist, ist klar, dass dafür, ob und für welche Gehalte Lebewesen Strebungen empfinden, alles davon abhängt, zu welchen Gehalten sie kognitiven Zugang haben. Aber auch für die Frage, von welcher Beschaffenheit die Strebungen selbst sind, hängt viel von den kognitiven Fähigkeiten der Lebewesen ab. Die besagten Lust/Leidempfindungen werden nämlich nicht nur durch die entsprechenden kognitiven Gehalte ausgelöst, sondern *bestehen* auch in Relationen zu diesen Gehalten. Phänomenal sind sie daher weitgehend durch sie bestimmt. Es gilt dann aber auch für die entsprechenden Strebungen, dass sie sich auf solche Gehalte richten, die entweder zur Herstellung oder zur Wiederherstellung des natürlichen Ausgangszustandes in Bezug auf die als lust- oder leidvoll empfundenen Gehalte führen. *Was* einem Lebewesen in einem gegebenen Moment als ein Gegenstand der Strebung erscheint, ergibt sich aus vorgängig als lust- oder leidvoll empfundenen kognitiven Gehalten: Es sind die Gegenstände, die zu einem Mehr an Lust- oder zu einem Weniger an Leidempfindung in Bezug auf eben diese Gehalte führen können.[1] Welche Gehalte dies im Einzelfall sind, hängt davon ab, über welche kognitiven Fähigkeiten das Lebewesen verfügt. Wie wir gesehen haben, gibt es gute Gründe dafür anzunehmen, dass Aristoteles die verschiedenen *Arten* der Strebung auch anhand der kognitiven Fähigkeiten unterschieden hat, die es für die ‚Herstellung' ihrer spezifischen Relata jeweils erfordert: Für die einfachste Art der Strebung, die Begierde (*epithymia*), zeigte sich, dass die kognitive Fähigkeit, Gegenstände während ihrer physischen Anwesenheit wahrzunehmen, hinreicht (Identität von aktual wahrgenommenem und erstrebtem Gehalt, und

---

1 Aber, wie wir auch gesehen haben, nicht *aufgrund* ihrer Eigenschaft erstrebt werden müssen, Lust- oder Leidempfindungen zu bewirken oder zu vermeiden.

zwar entweder positiv als Verfolgen oder negativ als Meiden). Die Begierde ist daher die basale Art der Strebung, die zu empfinden alle mit der Wahrnehmungsfähigkeit ausgestatteten Substanzen, also alle Lebewesen, fähig sind. Bei der zweiten Art der Strebung, dem hier so genannten Mut (*thymos*), war schon die Fähigkeit, mindestens zwei perzeptive Gehalte so zusammenzubringen, dass das Lebewesen dadurch in eine selber nicht mehr wahrnehmbare Relation zu einem anderen Lebewesen oder einer Sache versetzt wird, erforderlich. Damit geht der Mut über das hinaus, was allein mit der unmittelbaren Präsenz wahrnehmbarer Gegenstände korrespondiert. Dazu, die Gegenstände des Muts zu repräsentieren, sind aufgrund der dafür erforderlichen höheren kognitiven Fähigkeiten nicht mehr alle Lebewesen in der Lage. Bei der rationalen Strebung (*boulêsis*) schließlich bezieht sich der Strebende auf Eigenschaften von Gegenständen, die ihnen nicht in Bezug zum Strebenden zukommen, sondern als den Gegenständen, die sie selber sind. Dies lässt sich für Aristoteles perzeptiv gar nicht mehr erfassen oder empfinden. Entsprechend ist für ihn nur der Mensch dazu in der Lage, Wünsche zu empfinden. Soweit daher die Strebungen davon betroffen sind, ist eine Behandlung der kognitiven Fähigkeiten von direkter Relevanz für die Aristotelische Theorie der animalischen Ortsbewegung.

Wenn man nun das hier propagierte relationale Interpretationsmodell der Strebung zugrunde legt und nicht mehr davon ausgeht, dass die Strebung ein Vermögen der *Seele* ist, gewinnen die kognitiven Voraussetzungen für das Empfinden von Strebung noch größere Bedeutung: Wenn Strebungen sich sozusagen ‚auflösen' in die Relationen, in denen wahrgenommene oder auch gedachte Gehalte zu den Dispositionen und körperlichen Verfasstheiten der Lebewesen stehen, dann ist eine physiologische Erklärung der Prozesse, in deren Verlauf diese Gehalte im Lebewesen sozusagen ‚hergestellt' werden, integraler Bestandteil der Erklärung von Strebungen. Strebungen sind dann, wie wir gesehen haben, nichts irreduzibel Seelisches mehr, sondern wesentlich für Körper und Seele *gemeinsame* Leistungen. Es sind körperliche Prozesse, die sich in (effizient) kausaler Folge von solchen Wahrnehmungs- oder Denkvorgängen ereignen, die das Lebewesen in bestimmte Relationen zu seiner eigenen natürlichen Ausgangsverfassung versetzen.

Von daher soll nun eine möglichst knappe Behandlung der physiologischen Erklärung des Zustandekommens der Gehalte von Strebungen bei Aristoteles erfolgen, soweit dies für die Theorie der animalischen Ortsbewegung von Belang ist. Hierzu ist vorauszuschicken, dass uns eine vollständige Erklärung der Physiologie von Denk- und Wahrnehmungsvorgängen von Aristoteles nicht überliefert ist. Neben *De anima*, das, wie gesagt, in einem gewissen Rahmen zwar eine Analyse der zur Kognition führenden physiologischen Prozesse durchführt, dabei jedoch den für unseren

Zusammenhang besonders wichtigen körperinternen Teil dieser Prozesse weitgehend unberücksichtigt lässt, besitzen wir lediglich vereinzelte thematisch angrenzende Diskussionen.[2] Außerdem gibt es noch eine Reihe von Bemerkungen und Problemen, die Aristoteles im Rahmen von fehlerhaft ablaufenden Denk- und Wahrnehmungsvorgängen anführt. Eine vollständige physiologische Theorie der normal oder gesund ablaufenden kognitiven Prozesse ist aber nicht überliefert.[3] Wir wissen jedoch, dass Aristoteles in der Erklärung dieser ‚technischen' Seite kognitiver Vorgänge offenbar der *Vorstellung* eine zentrale Rolle zuweist: Vorstellung (*phantasia*) kommt überall dort vor, wo kognitiv über die bloße Wahrnehmung eines äußerlich präsenten Wahrnehmungsgegenstandes hinausgegangen wird.[4] Dies erstreckt sich bis hin zur Erklärung der physischen Ermöglichung von Denkvorgängen. Wie es scheint, bedient Aristoteles sich im Zusammenhang seiner Schriften zur animalischen Ortsbewegung sogar einer Sprache, die sich zur Klassifizierung der verschiedenen Bewegungsmotive auf unterschiedliche Arten der *phantasia* beruft.[5] Von daher ist eine Untersuchung der Rolle, die der Vorstellung bei der ‚Herstellung' von streberelevanten Gehalten zukommt, angebracht.

Den Anfang möchte ich machen, indem ich die Eigenschaften, die Aristoteles der *phantasia* ausdrücklich zuspricht, so knapp wie möglich vorstelle. Danach möchte ich zeigen, wie mit diesen Eigenschaften und dem, was sich daraus ergibt, die physische Ermöglichung der verschiedenen Strebearten erklärt werden kann. Danach möchte ich kurz die Rolle skizzieren, die die *phantasia* innerhalb der Aristotelischen Theorie der animalischen Ortsbewegung spielt. Abschließend möchte ich die am weitesten verbreitete alternative Deutung der Funktion der *phantasia* im Kontext der Aristotelischen Theorie animalischer Ortsbewegung diskutieren. Damit meine ich vor allem die *interpretative* Deutung der *phantasia.* Bei

2 Vor allem in *De Memoria*, der einzige Traktat, in dem Aristoteles deutlicher über die Relation von Repräsentationen und den durch sie repräsentierten Gehalten zu sprechen scheint.

3 Dies wird sehr deutlich von Van der Ejick (1997) herausgestellt, der auch die entsprechenden Stellen aus den Aristotelischen Texten versammelt hat.

4 Es gibt auch einen anderen Sinn des Wortes ‚*phantasia*', nämlich als das, was erscheint. In diesem Fall kann damit auch eine einfache Wahrnehmung bezeichnet sein. Dieser Sinn des Wortes ist für die Physiologie kognitiver Vorgänge bei Aristoteles ohne Bedeutung.

5 Er spricht von wahrnehmungsmäßiger (*aisthêtikê*) und beratungsmäßiger Vorstellung (*bouleutikê phantasia*, DA 433b27-29; 434a5-10).

der Durchführung dieses Programms beanspruche ich speziell für den ersten Abschnitt keine Originalität.[6]

§ 2 Die Eigenschaften der *phantasia*

Vorstellungen sind Derivate vollzogener Wahrnehmungen

Das dritte Kapitel des dritten Buches von *De anima* ist der Diskussion der Vorstellung gewidmet. Aristoteles bestimmt darin die *phantasia* als eine Bewegung (*kinêsis*), die durch die Wirklichkeit von Wahrnehmungen entsteht (DA 428b10-429a9). Dadurch, dass er sie als eine Art von *Bewegung* bestimmt, ist klar, dass es sich für ihn dabei nicht um ein Vermögen der *Seele* (*dynamis tês psychês*) handeln kann: Seelenvermögen sind, wie wir eingangs gesehen haben, für Aristoteles Ausgangspunkte bzw. Prinzipien (*archê*) für die Erklärung der den Lebewesen eigentümlichen Bewegungen. Es handelt sich dabei um explanatorisch basale Grundannahmen, die gemacht werden müssen, um die Prozesse und das Verhalten beseelter Dinge zu erklären. Seelen, und damit auch deren Teilfunktionen (die verschiedenen Vermögen der Seele), sind als Ausgangspunkte (*archê*) aber nicht in dem Sinne Teile der durch sie erklärten Bewegungen und Prozesse, dass sie selbst bewegt würden (vgl. DA 408b5-27). Wenn Aristoteles daher die *phantasia* als eine Bewegung definiert, ist für sie dadurch die Möglichkeit, Ausgangspunkt bzw. Prinzip von Bewegungen im Sinne eines Vermögens der Seele zu sein, ausgeschlossen: Ausgangspunkte sind explanatorisch basal, *phantasia* ist dies aufgrund der Tatsache, dass Aristoteles sie als Derivat von Wahrnehmungsvorgängen definiert, nicht. Trotz dieser Einschränkung will Aristoteles mithilfe der *phantasia* offensichtlich eine ganze Reihe verschiedener kognitiver Phänomene erklären. Die Eigenschaften, die er ihr im Verlauf der Diskussion in *De anima* zuspricht, lassen sich folgendermaßen zusammenfassen:

- Sie führt sich kausal auf die Wirklichkeit einer vorgängigen Wahrnehmungsbewegung zurück.
- Sie ist dem Gehalt nach vollständig von der sie bewirkenden Wahrnehmungsbewegung bestimmt (ist ihr ‚gleich').
- Sie bleibt im Lebewesen zurück, auch wenn der kausale Anlass ihrer Entstehung (die Wahrnehmung) nicht mehr präsent ist.

---

6 Zur *phantasia* generell, vgl. Rapp (2001); Everson (1998), S. 157-186; Caston (1996); Wedin (1988). Für ihre Rolle in der Erklärung animalischer Ortsbewegung (speziell bei arationaler Motivation), vgl. Lorenz (2006), S. 113ff.

- Sie bewahrt die kausale Wirksamkeit der sie bewirkenden Wahrnehmung (das Lebewesen handelt häufig der *phantasia* entsprechend).
- Sie kann wahr oder falsch sein.

Vorstellungen sind demnach Derivate aktualer Wahrnehmungen, die zeitlich im Lebewesen persistieren und sowohl dem Gehalt als auch der kausalen Wirkung nach die sie bewirkenden Wahrnehmungen überdauern. Es sind gespeicherte Wahrnehmungsbewegungen, die allerdings, wie Aristoteles an anderer Stelle sagt, von geringerer Intensität sind als die Wahrnehmungen, aus denen sie hervorgehen (Rhet. 1370a28). Dass sie wahr oder falsch sein können, ist gleichfalls eine Konsequenz davon, dass Vorstellungen ihre kausalen Anlässe zeitlich überdauern. ‚Wahr oder falsch' ist hier daher nicht in einem propositionalen Sinne zu verstehen. Es handelt sich vielmehr um eine Formulierung, die Aristoteles wählt, um damit die Eigenschaft der *phantasia* zu beschreiben, zu späteren Zeitpunkten nicht mehr mit den kausalen Anlässen der sie verursachenden Wahrnehmungen (der externen Präsenz der Wahrnehmungsgegenstände) übereinzustimmen und in diesem Sinne ‚falsch' sein zu können (vgl. De Insomn. 461b21ff.). Im gegebenen Rahmen der Aristotelischen Wahrnehmungslehre lassen sich Eigenschaften 1-5 damit leicht auf die Bestimmung der Vorstellung als im wahrnehmenden Lebewesen zurückbleibende Wahrnehmungsbewegungen zurückführen.[7]

Vorstellungen sind neu kontextualisierbar

Es ist wichtig zu betonen, dass es sich bei Vorstellungen um *derivative* Bewegungen handelt. Sie transportieren zwar die kausale Wirkung der sie bewirkenden Wahrnehmungen, sind aber nicht in dem Sinne kausal aktiv, dass von ihnen ein gegenüber ihren ursprünglichen kausalen Anlässen eigener, oder darüber hinausgehender Bewegungsimpuls ausgeht. Vorstellungen sind daher nichts weiter als gespeicherte Wahrnehmungen,[8] die wesentlich *träge* sind. D.h., sie bedürfen stets eines äußeren Bewegungsanlasses, um wieder hervorgeholt und aktiviert zu werden. Hieraus ergibt sich

7 Die *Vollständigkeit* seiner Diskussion des Themas behauptet Aristoteles in DA 428b30f. ausdrücklich: "Wenn die Vorstellung also keine anderen als die (besagten) Eigenschaften hat und dies das ist, was gesagt wurde, dann dürfte die Vorstellung eine durch die wirkliche Wahrnehmung entstehende Bewegung sein."

8 Aristoteles vergleicht sie mit einem Abdruck der Wahrnehmung, der sich so einprägt wie ein Abdruck eines Siegelringes (*ensêmainetai hôsper typon tina tou aisthêmatos, kathaper hoi sphragizomenoi tois daktyliois*, De Mem. 450a31f; vgl. ebda. sqq. und DA 424a17-24.).

eine weitere Eigenschaft der *phantasia*, die für ihre Rolle bei der Erklärung kognitiver Funktionen von großer Bedeutung ist: Vorstellungsgehalte können in *neue Bewegungskontexte* gestellt werden, die sich von dem Kontext ihrer ursprünglichen kausalen Geschichte unterscheiden. Die Abfolge der Bewegungssequenzen, in denen Wahrnehmungen ursprünglich stattgefunden haben, ist für die weitere Verwendung der durch sie entstandenen Vorstellungen nicht verbindlich. Sie sind frei, in neue Bewegungskontexte gestellt zu werden. Die hierfür erforderlichen Bewegungsimpulse können, wie gesagt, nicht den Vorstellungen selbst entstammen. Es können dies entweder rein physiologische Impulse sein (so etwa, wenn im Schlaf durch die Eigenbewegungen z.B. des Blutes bestimmte Vorstellungssequenzen initiiert werden, die wir als Träume erleben[9]). Sie können sich aber auch auf genuine Seelenvermögen zurückführen, die in dem Sinne ‚Gebrauch' von Vorstellungen machen, dass sie sie als strukturierende Faktoren in teleologisch beschreibbare Prozesse einbinden.[10] Zu den letzteren Verwendungen von *phantasiai* gehört ihre Einbindung in Strebezusammenhänge durch das Wahrnehmungsvermögen. *Phantasia* ist also nicht dafür zuständig, Wahrnehmungsgehalte irgendwie zu repräsentieren oder neu zu sequenzieren; Vorstellungen *ermöglichen* solche Repräsentationen und Neusequenzierungen nur dadurch, dass es sich bei ihnen um gespeicherte und antriebslose Überbleibsel von Wahrnehmungsbewegungen handelt, die das Material für solche neuen Kontextualisierungen stellen. Der Bewegungsursprung für diese Kontextualisierungen liegt immer außerhalb der *phantasia*. Ihr selbst kommen damit weder spezifische Objekte, die sie ihren Gehalten nach von der Wahrnehmung unterscheiden würde, noch eine eigene Bewegungsursächlichkeit zu. Sie ist kein selbstständiges Seelenvermögen.[11] Gleichwohl sind Vorstellungsgehalte[12] wichtige Komponenten für die Betätigung aller kognitiven Vermögen, die über die bloße Wahrnehmung äußerlich präsenter Objekte hinausgehen.[13] Diesen Sach-

9 Hierin wohl Freuds ‚Tagesresten' ähnlich, vgl. De Insomn. 459a28ff.

10 Im Gegensatz etwa zu den *phantasia*-Bewegungen im Schlaf, die keine direkt teleologische Erklärung haben, sondern sich auf eine *Notwendigkeit* (*anankê*) zurückführen, die sich daraus ergibt, dass wahrnehmende Lebewesen nicht pausenlos aktiv sein können (De Somno 454a19ff.).

11 Ein Argument gegen die Annahme, *phantasia* sei ein eigenständiges Seelenvermögen, das von Wedin besonders herausgestellt wird, ist der fehlende textliche Beleg für eine so genannte ‚zweite Aktualität' der *phantasia* (1988, S. 45-63).

12 Mit ‚Vorstellungsgehalt' meine ich ‚gespeichertes Wahrnehmungsdatum' und nicht nur optische oder piktoriale Vorstellungen.

13 Dass *phantasia* kein eigenständiges Seelenvermögen ist, sondern ein Derivat gemachter Wahrnehmungen, das über keinen eigenen Bewegungsimpuls verfügt, ist keine neue Einsicht (vgl. etwa Loening 1903, S. 95: „Einen besonderen, selbst-

verhalt nennt Wedin ‚functional incompleteness' der *phantasia* und gibt ihm folgende Formulierung:

> Whenever a subject S performs a cognitive act, S does so in virtue of a faculty and the faculty, in turn, uses images [d.h. *phantasiai*] in accomplishing its task. So we have the subject, paradigmatically a person, at the level of the intentional system, a faculty at the subsystem level, and images as general [re]presentational devices that are used by faculty subsystems when the system as a whole performs a given cognitive act. (Wedin, 1988, S. 57[14]).

---

ständigen Bewegungsgrund bildet die Phantasie nicht; als solche kommen nur ihre Inhalte in Frage." In neuerer Zeit ist dies vor dem Hintergrund hier noch zu diskutierender ‚interpretativer Deutungen' der *phantasia* wieder besonders betont worden von Wedin, 1988, der auch ihre Geeignetheit dafür, in neuen Bewegungskontexten Verwendung zu finden, zu Recht hervorhebt. Vgl. auch Frede 1992, S. 281: „Phantasia, thus, does not have a faculty of its own but is ‚parasitic' on sense-perception"; und Caston, 1996, S. 47: "Phantasia is, in effect, an echoing of the initial stimulation in the sense organs: a side-effect, like the original stimulation in character, but unable to compete with fresh, incoming stimulations." Unabhängig von dieser Diskussion hat auch Welsch, 1987, S. 386, den kontextfreien Charakter der *phantasia* unterstrichen („Abstraktion (…[von]) der sinnlich-materiellen Konkretheit").

14 Vgl. auch Wedin, (1994), S. 93f. Wedin denkt dabei an Träumen, Erinnern, Streben, Denken usw. (1988), S. 53; vgl. Caston (1996), der dazu zählt: Erinnerung, Wiedererinnerung, Erwartung, Sich-etwas-Vorstellen, Denken, Träume, Emotionen und schließlich Strebung, und Deliberation (S. 41) für Stellennachweise ebda. Anm. 46. Caston zählt fälschlicherweise auch ‚association'(a) und, unter Berufung auf MA 702a15-20, noch ‚action' (b) mit hinzu. (b): *phantasia* ist schon in den Komponenten von Handlungen, wie Streben und Denken, enthalten; sie außerdem als an ‚Handlung' beteiligte Komponente aufzuführen, hieße sie doppelt zählen. (b): Wir werden gleich sehen, dass Assoziation nicht eine eigenständige Tätigkeit eines extra dafür zuständigen Seelenvermögens ist. Vielmehr wird die jeweilige Gruppierung und das Arrangement von *phantasiai* durch das sie jeweils kontextualisierende, weil in Bewegung setzende Seelenvermögen bewerkstelligt. ‚Assoziation' ist somit kein eigenständiger Bewegungskontext, in den *phantasiai* eingebunden werden können, sondern ein generischer Begriff für verschiedene konkrete Tätigkeiten, die *phantasia*-Sequenzen strukturieren. Aufgrund der Trägheit der *phantasia* ist sie ungeeignet, um die Basis für eine Theorie *intentionaler* Gehalte zu stellen: Ein analoges Äquivalent für *Intentionalität* findet sich bei Aristoteles nicht in der *phantasia* (wie z.B. Nussbaum sagt, 1983, S. 134) sondern höchstens in der Summe der hier genannten verschiedenen Kontextualisierungen von Vorstellungsgehalten durch genuine Seelenvermögen („intentional subsystems" in der Terminologie Wedins). Für den Aufweis, dass *phantasia* für eine umfassende Theorie des intentionalen Gehalts nicht hinreicht, vgl. Rapp (2001), S. 86ff.

Beispiele für solche Verwendungen von Vorstellungsgehalten durch genuine Seelenvermögen liegen bei den verschiedenen Arten der Strebung vor. Sie möchte ich im Folgenden kurz durchgehen.

§ 3 Die physische Ermöglichung von Strebungen durch *phantasia*

Begierde

Bei den basalen Formen der Begierde ist, wie wir gesehen haben, Vorstellung nicht unbedingt erforderlich.[15] Begierden erfolgen unmittelbar aus Lust/Leid-Empfindungen, deren Vorkommen für Begierden hinreichend ist. Von daher wäre es denkbar, dass z.B. ein Schwamm, obwohl er nicht über die Fähigkeit verfügt, Vorstellungen zu bilden, dennoch Strebungen empfinden kann. Er wird sie allerdings nur während der unmittelbaren Präsenz der wahrnehmbaren Gegenstände empfinden können, die in ihm die Lust- bzw. Leidempfindung auslösen.[16] Die einzige Strebung, die dafür in Frage kommt, ist die Begierde: Die Begierde richtet sich, wie wir gesehen haben, direkt auf die Lust bzw. auf das Leid, die durch die wahrnehmungsmäßige Präsenz von Gegenständen entstehen. Wenn auch in *Abwesenheit* des erstrebten Gegenstandes Begierde empfunden werden soll, dann bedarf es dafür einer inneren bzw. repräsentationalen Anwesenheit des Gegenstandes, und die kann bei Aristoteles nur mithilfe von Vorstellung zustande kommen. Für die Erklärung von solchen Vorkommnissen von Begierde, die nicht in unmittelbarer Anwesenheit der begehrten bzw. von der Begierde geflohenen Gegenstände stattfinden, erfordert es deshalb *phantasia*. Es stellen sich folgende Fragen: (i) Wie funktioniert es in solchen Fällen, dass z.B. ein Hund den Vorstellungsgehalt einer Wurst erneut ‚wahrnimmt' (repräsentiert), obwohl die Wurst nicht mehr da ist? (ii) Wie erkennt der Hund eine individuell andere Wurst als die, die er vorher wahrgenommen hat und die daher seine Vorstellung von ‚Wurst' dem Gehalt nach bestimmt als eine Wurst?

Zu (i): Aufgrund der Definition in *De anima* III 3 gilt: Es muss eine der *phantasia* externe Bewegungsursache dafür geben, dass ein Vorstellungsgehalt erneut im zentralen Wahrnehmungsorgan wahrgenommen

15 Vgl. hierzu Labarrière (2004b), S. 136, Anm. 1 sowie ausführlich Lorenz (2006), Kapitel 10.

16 Aristoteles äußert sich vorsichtig darüber, ob Schwämme über Wahrnehmung verfügen, vgl. HA 487b10-13; 548b10-15; 549a4-11.

wird.[17] Dies können, wie gesagt, entweder rein physiologische oder teleologisch beschreibbare Bewegungsursachen sein. Im ersteren Fall ist die körperliche Verfassung des Lebewesens so beschaffen, dass Vorstellungsgehalte aufgrund der Eigengesetzlichkeit der Bewegungen des sie transportierenden Blutes erneut in den Zentralsinn geraten, so wie beim Träumenden. Dieser Fall ist für die Theorie der animalischen Ortsbewegung entweder gar nicht oder nur zufällig relevant, etwa falls jemand schlafwandelt u.drgl.m. Eine teleologisch beschreibbare Bewegungsursache durch ein Seelenvermögen dürfte dagegen bei solchen Vorstellungen bzw. Vorstellungssequenzen vorliegen, die infolge von Lust/Leid-Empfindungen stattfinden: Nach der Affizierung des Wahrnehmungsvermögens durch einen Gegenstand, zu dem ein Lebewesen in besagter Relation steht, kommt es, wie wir gesehen haben, zur Strebung. Wir haben auch gesehen, dass sich der Ursprung der nun einsetzenden akteursinternen Bewegungsabläufe direkt auf die ‚Natur' des Lebewesens im Sinne seiner definitorischen Eigenschaften plus erworbener Dispositionen zurückführen lässt, so dass damit auch ein teleologisch beschreibbarer Vorgang gegeben ist. Aber wie funktioniert dies auf physiologischem Niveau?

Die Strebung ist, wie wir gesehen haben, eine Bewegung, die unmittelbar auf Lust/Leid-Empfindungen folgt und die Aristoteles dadurch charakterisiert, dass sie die Gegenstände, die Lust/Leid-Empfindungen herbeigeführt haben oder herbeiführen können, entweder sucht oder meidet. Es handelt sich um zielgerichtete Bewegungen, die in einem entweder positiven oder negativen Bezug zu diesen Gegenständen stehen. Eine repräsentationale ‚Herstellung' dieser Gegenstände wird genau dann erforderlich, wenn keine Identität mehr zwischen dem eine Lust/Leid-Empfindung verursachenden äußerlich präsenten Gegenstand und dem in seiner Konsequenz erstrebten Gehalt besteht. In solchen Fällen macht die Strebung Gebrauch von Vorstellungsgehalten (*phantasmata*) als Hilfsmittel zur Repräsentation geeigneter Gegenstände. Da Aristoteles sich meines Wissens nicht ausdrücklich darüber äußert, auf welche Weise die Strebung auf die im Lebewesen vorhandenen Vorstellungen zugreift, möchte ich folgende naheliegende Erklärung vorschlagen: Es spricht viel dafür, dass die Such- und Meidebewegung der Strebung sich nicht nur auf außerhalb des Lebewesens befindliche Gegenstände erstreckt, sondern ebenso auch auf die in ihm gespeicherten Vorstellungsgehalte. Das Problem, auf welche Weise die Strebung Zugriff auf die im Körper gespeicherten Vorstellungsgehalte bekommt, ist so betrachtet nicht grundsätzlich verschieden von der Frage, wie die Strebung generell geeignete Gegenstände (also auch äußere Ge-

---

17 Zum zentralen Wahrnehmungsorgan in den *Parva Naturalia*, vgl. die Übersetzung und Kommentar zu De Insomn. von Van der Eijk (1994), S. 75-87.

genstände) als die für sie richtigen identifiziert. Daher: Gegeben, die Strebung bezieht sich nicht in unmittelbarer Weise auf den äußerlich präsenten Gegenstand, der gleichzeitig auch Auslöser der vorgängigen Lust/Leid-Empfindung ist: Woher ‚weiß' die Strebung bzw. das strebende Lebewesen, dass ein Gegenstand der für sie richtige Gegenstand ist? Woher weiß ein Hund, dass der von ihm vorgestellte Knochen ein probates Mittel gegen seinen Hunger ist?

Es wird dafür nicht nötig sein, der Strebung besondere kognitive Kapazitäten zuzuschreiben: Vermutlich sind die etwas vage formulierten Assoziationsgesetze für Wahrnehmungsbewegungen, von denen Aristoteles in *De memoria* spricht, ausreichend. Dort ist die Frage, nach welchen Kriterien wir, wenn wir uns wiedererinnern, gespeicherte Erinnerungsgehalte aufspüren:[18]

> Daher suchen wir einen Zusammenhang aufzuspüren, indem wir im Denken vom gegenwärtigen Augenblick oder einem anderen bestimmten Punkt ausgehen, und zwar von einem ähnlichen, entgegengesetzten oder nahe liegenden. Dadurch ergibt sich die Wiedererinnerung: Denn deren Bewegungen (die des Ähnlichen, Entgegengesetzten oder nahe Liegenden) sind mit denen (der gesuchten Gehalte) teils identisch, teils gleichzeitig und teils haben sie einen Teil davon (...). (De Mem. 451b18-22)[19]

Man könnte gegen die hier vorgeschlagene Verwendung der Passage in unserem Kontext einwenden, dass Aristoteles mit diesen Assoziationsge-

18 Der von Dönt (1997; vgl. seine Anm. auf S. 194) und King (2004) gewählten Übersetzung für *mnêmê* ‚Gedächtnis' und für *anamnêsis* ‚Erinnerung' mag ich mich nicht recht anschließen, weil sie ein wenig die Passivität der Seelenfunktion ‚*mnêmê*' nahelegt. Die Aufgabe des bloß passiven Lagerns von Wahrnehmungsbildern wird aber bereits durch die Vorstellung erledigt. Bei der Erinnerung handelt es sich nicht um *gespeicherte* Wahrnehmungsbilder, die, wie Aristoteles sagt, ‚als Bilder von dem, wovon sie Bilder sind' *gespeichert* werden, sondern bereits um bestimmte *Verwendungen* solcher gespeicherten Wahrnehmungsbilder (*phantasiai*), m.a.W. um Neukontextualisierungen solcher Vorstellungsgehalte als Bilder ihrer selbst. Die *mnêmê* besteht in der *Tätigkeit* des Herbeiführens eines solchen Zusammenhangs. Entsprechend ist die *anamnêsis* nicht das einfache Erinnern, sondern die mithilfe einer anderen gespeicherten Bewegung vorgenommene Rückgewinnung (*analêpsis*) einer Erinnerung. Dies kann sowohl willentlich als auch automatisch geschehen (De Mem. 451b22f.). Aristoteles definiert seelische Vermögen und auch die gemeinsamen Leistungen von Körper und Seele immer über ihre energetischen Zustände.

19 διὸ καὶ τὸ ἐφεξῆς θηρεύομεν νοήσαντες ἀπὸ τοῦ νῦν ἢ ἄλλου τινός, καὶ ἀφ' ὁμοίου ἢ ἐναντίου ἢ τοῦ σύνεγγυς. διὰ τοῦτο γίγνεται ἡ ἀνάμνησις· αἱ γὰρ κινήσεις τούτων τῶν μὲν αἱ αὐταί, τῶν δ' ἅμα, τῶν δὲ μέρος ἔχουσιν (...)

setzen nur solche Assoziationen anspricht, die von vernünftigen Lebewesen vorgenommen werden. Dafür spräche, dass die Wiedererinnerung bei Aristoteles nur bei Menschen vorkommt (De Mem. 453a8f.). Wenn dies sich so verhält, ist der Schluss von vernünftigerweise vorgenommenen Assoziationen auf solche, die von nur zur wahrnehmungsmäßigen Strebung fähigen Lebewesen vorgenommen werden, nicht zulässig. Ein solcher Einwand wäre aber nicht stichhaltig. Aristoteles hat bei den Assoziationen im Zusammenhang mit der Wiedererinnerung nämlich auch solche Assoziationen im Blick, die sich aus den *materialen Eigenschaften* der gespeicherten Wahrnehmungsbilder ergeben. Assoziationen ergeben sich für ihn nicht nur infolge der von dem Vermögen der Wiedererinnerung ausgehenden Impulse, sondern auch aufgrund der materialen Beschaffenheit der assoziierten Vorstellungsgehalte selbst. Diese sind aufgrund der Trägheit der *phantasia* zwar nicht in der Lage, ihre eigenen Assoziierungen kausal zu initiieren, spielen jedoch dann eine wichtige Rolle, wenn solche externe Bewegungsursachen vorliegen. Im Rahmen des Aristotelischen Modells spricht nichts dagegen, dass Wärme bzw. Kälte, wie sie aus Lust/Leid-Empfindungen und Strebungen resultieren, solche Bewegungsimpulse stellt. Dementsprechend geht es bei dem Vorgang der Wiedererinnerung nicht um die Erklärung der ‚technischen' Möglichkeit der Assoziation von Vorstellungsgehalten, sondern um eine auf dieser Möglichkeit *aufbauenden* Fähigkeit zweiter Stufe, nämlich darum, solche Assoziationsbewegungen absichtlich zu steuern. Die Assoziation von Vorstellungsgehalten selbst ist aber kein intellektueller Vorgang, sondern determiniert durch die materialen Eigenschaften und gespeicherten Sequenzierungen der Vorstellungsgehalte selbst, vgl. De Mem. 451b22f:

> Auf diese Weise also suchen sie (die erinnerten Wahrnehmungsbilder), aber auch dann, wenn sie sie nicht suchen, erinnern sie sich auf diese Weise wieder, wenn nach einer Bewegung (im Bewegungszusammenhang) jene folgt.[20]

Die Bewegungen folgen also auch dann aufeinander, wenn wir nicht absichtlich versuchen, uns wiederzuerinnern. Die Abfolge der Bewegungen ist daher auch ohne Ausübung des Vermögens zur Wiedererinnerung nicht beliebig, sondern so, wie es sich aus den materialen Eigenschaften der Vorstellungsgehalte ergibt (De Mem. 451b10f., b23f.).

Wenn wir dies hier auch für die Strebung voraussetzen wollen, ‚sucht' die Strebebewegung gewissermaßen schon im Fundus gespeicherter *phantasiai* innerhalb des Lebewesens nach geeigneten Gegenständen unter Assoziati-

20 ζητοῦσι μὲν οὖν οὕτω, καὶ μὴ ζητοῦντες δ' οὕτως ἀναμιμνήσκονται, ὅταν μεθ' ἑτέραν κίνησιν ἐκείνη γένηται. Vgl. auch 451b10-13: „*ex anankês*".

onsgesetzen, die vermutlich denen ähneln, die Aristoteles für die Wiedererinnerung geltend macht. Wenn also z.B. ein Hund Hunger leidet, ergibt sich daraus zunächst eine solche ‚Suche' nach einem gespeicherten Wahrnehmungsgegenstand, der geeignet ist, den Hunger zu beseitigen. Wenn die Wahrnehmung eines Knochens nicht allzu weit zurückliegt oder mal irgendwann einen besonders intensiven Eindruck auf den Hund gemacht hat, ist wahrscheinlich, dass ihm seine Strebebewegung die *phantasia* eines Knochens vor den Zentralsinn bringt.[21] Wichtig ist, dass die erforderliche Assoziation sich für Aristoteles allein aufgrund der *materialen* Beschaffenheit der gespeicherten Wahrnehmungseindrücke ergibt. Hierdurch lassen sich auch die Antizipationen von Lust/Leid-Empfindungen erklären, von denen Aristoteles gelegentlich spricht und mit deren Hilfe wir oben die Lustempfindungen während der Wiederherstellung des natürlichen Ausgangszustandes des Lebewesens erklärt haben.[22]

Zu (ii): Man könnte meinen, es sei problematisch, dass einmal gemachte Wahrnehmungen, die die Grundlage für Strebungen stellen, nicht vollständig mit erneuten Wahrnehmungen typengleicher Gegenstände übereinstimmen, weil bei Lebewesen ohne Vernunftvermögen das Wiedererkennen von nur dem *Typ* nach gleichen Gegenständen epistemisch nicht zu erklären wäre: Woher sollte der Hund bei einem Knochen, der anders geformt ist als die, die er bisher besessen hat, wissen, dass es sich dabei auch um einen Knochen handelt? Die Frage erweist sich bei näherer Betrachtung als unproblematisch: Der Hund braucht keinen überindividuellen ‚Begriff' von ‚Knochen', um auch anders geformte Knochen als solche zu erkennen, weil es, wie wir gerade gesehen haben, bereits in der Bewegungsdynamik des einmal angestoßenen Bewegungszusammenhangs von *phantasiai* selbst liegt, sich aufgrund von Ähnlichkeiten und den anderen Assoziationskriterien zusammenzustellen. Eine *Ähnlichkeit* des gefundenen Gegenstandes mit dem Vorstellungsgehalt wird deswegen zum ‚Erkennen' desselben ausreichen. Diese Assoziationsmechanismen, die Aristoteles in *De Memoria* auf die *materialen* Eigenschaften des Vorstellungsgehalts zurückführt, können bei den Lebewesen ohne Vernunft daher allgemeine Vorstellungen und Gehalte funktional ersetzen.[23]

Die Fragen (i) und (ii) betreffen lediglich diachrone Wahrnehmungen (Repräsentationen) der Gegenstände von Begierde. Um *wahrgenommen*

---

21 Eine wichtige Rolle spielt hier auch wieder die Gewöhnung (*ethos*), die einmal gemachte Assoziationen von alleine wieder herstellen kann, vgl. De Mem. 452a24-30. Für eine weitere Differenzierung der ‚Assoziationsgesetze', vgl. De Mem. 452a17ff.

22 Vgl. Ph. 247a7-14; EE 1229b30-32; Rhet. 1370a27-34; b9-32; 1378b7-9.

23 Zur nähere Funktionsweise dieser Assoziationen, vgl. Lorenz (2006), S. 148-173.

werden zu können, benötigen die Gegenstände aktual empfundener Begierde jedoch kein Vorstellungsvermögen, weil sie mit wahrnehmbaren Eigenschaften dieser Gegenstände identisch sind. Dies ist ein Merkmal, das sie von den Gehalten der übrigen Strebungen unterscheidet: *phantasia* ist bei den Gehalten der Begierde nicht für die *Produktion*, sondern nur für die innere *Reproduktion* erforderlich. Die ursprünglichen Gehalte sind vollständig durch präsente Wahrnehmungsgegenstände bestimmbar.[24] Aus diesem Grund sind Fälle denkbar, bei denen es zu Betätigungen von Begierden kommt, die ohne Beteiligung von Vorstellungsgehalten stattfinden, so wie bei dem bereits erwähnten Beispiel der Bewegungen des Schwammes. Für Aristoteles ist daher die Möglichkeit, dass es Strebungen auch ohne Vorstellungsvermögen gibt, nicht auszuschließen.

Mut

Demgegenüber erschöpfen sich die Gegenstände des Muts nicht in den Gehalten präsenter Wahrnehmungen. Bei ihnen sind *phantasiai* für die Produktion bzw. Konstitution der Gegenstände *notwendig*. Der Gegenstand des Zornes z.B. ist, wie wir im vorigen Kapitel gesehen haben, nur durch eine komplexe Wahrnehmung und nicht allein durch gegenwärtige perzeptive Eigenschaften herzustellen. In ihr wird eine gegenwärtige Wahrnehmung dadurch, dass sie mit anderen gespeicherten Vorstellungsgehalten assoziiert wird, in einen ganz bestimmten Kontext gestellt, der über den Gehalt der bloßen Wahrnehmung hinausgeht. Im Beispiel aus EN 1149a24-b3 wurde der Hergang folgendermaßen geschildert:

> Denn die Vernunft oder die Vorstellung haben gezeigt, dass es sich (bei dem Türklopfen) um eine Misshandlung oder Geringschätzung handelt, und der Zorn zürnt sofort, so als würde er (sc. der Hund) geschlossen haben, dass man jemandem, der solches tut, bekämpfen soll. (EN 1149a32-34)[25]

Die Frage ist nun, wie eine *phantasia* eine Misshandlung (*hybris*) oder eine Geringschätzung anzeigen kann, wie es sie für die Auslösung von Zorn laut dieser Stelle zu bedürfen scheint. Wie sollte z.B. der Hund aus der *Nikomachischen Ethik* einen Begriff der Misshandlung bzw. der Geringschätzung haben? Für die Aufgabe ist, wie gesagt, eine *phantasia*, die in Verbindung mit der aktualen Wahrnehmung den Gehalt *ergibt*, hinrei-

---

24 Wir sehen hier von komplexen Fällen ab.

25 ὁ μὲν γὰρ λόγος ἢ ἡ φαντασία ὅτι ὕβρις ἢ ὀλιγωρία ἐδήλωσεν, ὃ δ' ὥσπερ συλλογισάμενος ὅτι δεῖ τῷ τοιούτῳ πολεμεῖν χαλεπαίνει δὴ εὐθύς.

chend: Es ist die *Relation*, in der der Hund zu dem von ihm vermuteten Subjekt des Türklopfens steht, in Verbindung mit seinem Türklopfen, worin der Zorn besteht, nicht der *Gedanke* an diese Relation. Das vermutete Subjekt des Türklopfens könnte sich auch anders verhalten, es könnte z.B. sitzen und der Hund würde ihm dann nicht zürnen. (Rhet. 1380a24-26). Es geht also weder primär um das vorgestellte Subjekt des Klopfens noch um das Klopfen (das könnte ja auch ein Freund sein), sondern darum, dass jemand, *indem er etwas Bestimmtes tut*, sich in eine Relation der Feindschaft mit dem Hund setzt. Um einen solchen Gehalt zu repräsentieren, reicht eine einfache Wahrnehmung nicht hin, eine irgendwie vorreflexive, aber dennoch begriffliche Fähigkeit ist aber auch nicht erforderlich. Eine komplexe Wahrnehmung, die eine aktuale Wahrnehmung (das Türklopfen) mit der Vorstellung einer Person, die sich in einer solchen Relation zu dem Hund befindet, dass es ihr nicht zukommt, ihn gering zu schätzen, *kombiniert*, ist ausreichend für die repräsentationale Herstellung des Relats des Zornes. Für den Gehalt der *phantasia* ist die gespeicherte Wahrnehmungssequenz einer feindlichen Person hinreichend. Diese *phantasia* in Kombination mit der Wahrnehmung des Türklopfens wird den Hund dann in die Relation der Feindschaft mit dem Subjekt des Türklopfens versetzen. Der Hund braucht dafür kein vorbegriffliches Konzept von Geringschätzung oder Misshandlung. Gemessen an der Begierde sind die dafür erforderlichen kognitiven Kapazitäten indes anspruchsvoll: Der Hund muss in der Lage sein, eine von ihm gemachte Wahrnehmung unter Verwendung einer Vorstellung zu kontextualisieren. Dies erfordert im Rahmen der Aristotelischen Seelenlehre die Fähigkeit, mindestens einen Wahrnehmungsgehalt und eine *phantasia* so zusammenzubringen, dass sich daraus ein gemeinsamer Gehalt bildet (das Relat und der Auslöser des Zorns). Dieser ist dann – als *Verbindung* der beiden Komponenten *phantasia* und aktualer Wahrnehmung – selbst nicht mehr ein möglicher Gegenstand aktualer Wahrnehmung im Sinne einer bestimmten wahrnehmbaren Eigenschaft. Um in Zorn zu geraten, muss der Hund das Türklopfen sozusagen *als* eine Geringschätzung wahrnehmen, und dies erfordert für Aristoteles die Fähigkeit, mindestens zwei perzeptive Komponenten, nämlich einen Vorstellungsgehalt und eine aktuale Wahrnehmung, zu einem gemeinsamen Gehalt zu kombinieren.[26]

Welches Vermögen leistet dies? Auch hier fehlen uns direkt auf unsere Frage bezogene Äußerungen des Aristoteles. Aber das Vermögen, zwei perzeptive Komponenten so zusammenzubringen, dass sich ein aus beiden

26 Mit der hier verwendeten Redeweise ‚wahrnehmen als etwas' bezeichne ich hier ausschließlich den gerade geschilderten Zusammenhang der ‚Herstellung' des Gegenstandes des Muts.

Komponenten zusammen konstituierter Gehalt bildet, ist für ihn etwas, das auch bei der Ausübung des Erinnerungsvermögens (*mnêmê*) am Werk ist. Da uns seine Ansichten hierüber überliefert sind, werde ich so verfahren, dass ich zunächst untersuche, auf welche Weise Aristoteles komplexe Wahrnehmungen bei der Erinnerung erklärt, um dann mögliche Gemeinsamkeiten und Unterschiede zu der von uns gesuchten kognitiven Kapazität zu beleuchten. Vgl. die abschließende Definition der Erinnerung in *De Memoria* 451a14-17:

> Was also die Erinnerung und das Erinnern ist, ist gesagt, nämlich dass es das Haben eines Vorstellungsgehaltes ist und zwar als Bild von dem, wovon es ein Vorstellungsgehalt ist, und zu welchem der Teile in uns sie gehört, nämlich dass sie zu dem primären Wahrnehmungsvermögen gehört und zu dem, womit wir Zeit wahrnehmen.[27]

Bei der Erinnerung handelt es sich nicht um eine einfache (entkontextualisierte) Vorstellung, sondern um eine Vorstellung in Verbindung mit dem Verweis auf ein vergangenes Erlebnis (vgl. De Mem. 450b20-451a2), wobei ‚Erlebnis' hier in einem sehr weiten Sinn zu verstehen ist, der die Gehalte der Erinnerung auf keine bestimmten Gegenstände eingrenzt.[28] Erinnerung findet erst dann statt, wenn beide Komponenten in eine aus beiden gebildete Vorstellung eingehen (zusammengebracht werden). Besonderes Merkmal der Erinnerung ist dabei, dass zusätzlich zu dieser komplexen Wahrnehmungsleistung noch der zwischen dem vergangenen Erlebnis und seiner Erinnerung liegende Zeitabstand wahrgenommen wird.[29] Dadurch erhöht sich die Komplexität dieses Wahrnehmungsvorgangs noch erheblich über das für die Auslösung von Mut erforderliche Maß hinaus. Hinzu

---

27 τί μὲν οὖν ἐστι μνήμη καὶ τὸ μνημονεύειν, εἴρηται, ὅτι φαντάσματος, ὡς εἰκόνος οὗ φάντασμα, ἕξις, καὶ τίνος μορίου τῶν ἐν ἡμῖν, ὅτι τοῦ πρώτου αἰσθητικοῦ καὶ ᾧ χρόνου αἰσθανόμεθα.

28 Die Formulierungen, die Aristoteles wählt, um die möglichen Inhalte des Sich-Wiedererinnerns (=die Gegenstände der Erinnerung) zu benennen, sind denkbar weit gefasst: Was man vorher gelernt oder erlitten hat, „Wissen, Affektion, wovon immer wir sagen, sein Besitz sei Erinnerung" (De Mem. 451a21-b4).

29 Vgl. De Mem. 452b23f.: „Wenn also die Bewegung der (erinnerten) Sache gleichzeitig mit der von der Zeit auftritt, dann ist man mit der Erinnerung aktiv". In welchem Sinn hier von einer Wahrnehmung der Zeit gesprochen werden kann, ist nicht auf den ersten Blick klar. Aristoteles unterscheidet zwischen definiter (*hôs metrôi*) und indefiniter (*ahoristôs*) Zeitwahrnehmung, die er beide als für Erinnerung hinreichend betrachtet (De Mem. 452b29-453a4). Die wahrzunehmende Zeit selbst erklärt sich wohl aus der zeitlichen Differenz der beiden beteiligten Wahrnehmungsbewegungen, nämlich der Erinnerung einerseits und dem ursprünglichen kausalen Anlass der erinnerten *phantasia*.

kommt, dass Aristoteles ‚vielen Tieren' die Fähigkeit zur Erinnerung zuspricht (De Mem. 453a7f.[30]). Dies sollte daher umso mehr auch für die Fähigkeit zur Kontextualisierung von Wahrnehmungsgehalten gelten, wie sie für den Mut gefordert sind, da Zeitbezug bei ihnen keine Rolle spielt:

> Tritt die mit dem Ereignis verbundene Bewegung ohne die mit der Zeit verbundene auf oder diese ohne jene, erinnert man sich nicht. (De Mem. 452b28-29)[31]

Damit ist nicht etwa gesagt, dass entweder *phantasiai* vergangener Erlebnisse ohne die Wahrnehmung der Zeitdifferenz nicht vorkommen können, oder umgekehrt solche, die auf einen Zeitraum referieren, ohne dabei mit ganz bestimmten Erlebnissen verknüpft zu sein, sondern nur, dass es sich in solchen Fällen nicht um *Erinnerungen* handelt. Es sind nun gerade solche Vorkommnisse von komplexen Wahrnehmungen ohne Wahrnehmung der Zeit, von denen Aristoteles hier redet, die für die Erklärung des Gehaltes von Vorkommnissen von Mut geeignet sind. Welches Vermögen genau dies leistet, sagt Aristoteles für den Mut nicht direkt. Deswegen soll es für den vorliegenden Zweck genügen, dass er auch komplexere Wahrnehmungsleistungen wie die Erinnerung allein mithilfe des Wahrnehmungsvermögens erklärt hat. Dies rechtfertigt die Annahme, dass für die weniger komplexen kognitiven Leistungen, die es für die Herstellung des Gehalts von *thymos* erfordert, gleichfalls Wahrnehmung allein hinreicht.[32]

30 Die Synthese der an der Erinnerung beteiligten Komponenten ist ein Vermögen, das dem Zentralsinn zukommt (*tou prôtou aisthêtikou*), weswegen auch Tiere darüber verfügen De Mem. 450a12-16: vgl. Metaph. 980a29; HA 488b25; 589a1.

31 ἀλλ' ἐὰν ἡ τοῦ πράγματος γένηται χωρὶς τῆς τοῦ χρόνου ἢ αὕτη ἐκείνης, οὐ μέμνηται.

32 Es ist zu vermuten, dass dies mit der so genannten akzidentellen Wahrnehmung (*aisthêsis kata symbebêkos*) zusammenhängt: Aristoteles definiert sie als Wahrnehmung eines Gehaltes, der teils aus einer aktualen Wahrnehmung besteht – und also ein Erleiden durch den Wahrnehmungsgegenstand involviert –, sich zum anderen Teil aber aus einem Gehalt zusammensetzt, der vorher entweder wahrgenommen oder gedacht wurde. Das Wahrnehmungsvermögen kann deswegen von dem aus beiden Komponenten sich zusammensetzenden Gegenstand *als solchem* nichts erleiden. Die Definition erinnert in der Formulierung stark an die oben zitierte Definition der Erinnerung: „Akzidenteller Wahrnehmungsgegen-stand aber wird es genannt, wenn z.B. das Weiße der Sohn des Diares wäre, denn dies wird akzidentell wahrgenommen, weil dem Weißen dies akzidentell zukommt, als wovon es wahrgenommen wird. Daher erleidet die Wahrnehmung auch nichts von dem wahrnehmbaren Gegenstand, insofern er ein solcher (d.h. akzidenteller) ist." (DA 418a21-24). In DA 425a30-b4 wird gesagt, dass die Verbindung beider Komponenten (entweder ein perzeptiver Gehalt mit einem anderen oder mit einem Denkgehalt) Sache der *Wahrnehmung* ist. Zum Begriff der ‚akzidentellen' Wahr-

Ohne Vorstellung können Lebewesen die komplexen Gehalte, wie sie das Auslösen des Zorns erfordert, nicht ‚herstellen'. Und da für Aristoteles nicht alle Lebewesen über Vorstellung verfügen,[33] können auch nicht alle Mut empfinden.

Wunsch

Bei der ‚technischen' Ermöglichung von Wunschgehalten geht es darum, die Gehalte der Betätigungen des Intellekts zu repräsentieren, also mindestens alle propositionalen Gehalte. Die kognitiven Fähigkeiten, die es zur ‚Herstellung' (Repräsentation) der Gegenstände des Wunsches erfordert, erwähnt Aristoteles m.E. in DA 434a5-12. Er fragt dort aber nicht nach der repräsentationalen Ermöglichung von Gehalten vernünftiger Strebungen generell, sondern nach einem bestimmten Fall vernünftigen Strebens, nämlich nach der Herstellung des Gehalts derjenigen vernünftigen Strebung, die aus einem Deliberationsprozess hervorgeht.[34]

> Die wahrnehmungsmäßige Vorstellung kommt, wie gesagt, auch bei den anderen Lebewesen vor, die beratungsmäßige (*bouleutikê*) dagegen bei denjenigen, die überlegen können (*logistikois*). - Nämlich (sich zu fragen) ob man dies oder jenes tun solle, ist bereits eine Leistung der Überlegung (*logismos*). Und es ist notwendig, dass (die Überlegung) mit einem einzigen misst: Sie sucht (*diôkei*) nämlich das Größere. Folglich ist sie fähig, aus mehreren Vorstellungsgehalten (*phantasmatôn*) einen einzigen zu machen. - Dies ist auch die Ursache dafür, dass sie (die anderen Lebewesen) keine Meinung (*doxa*) zu haben scheinen, weil sie nicht die aus einer Inferenz (*syllogismos*) hervorgegangene (Vorstellung) haben, diese aber (hat) jene (Meinung). Deswegen hat die Strebung[35] nicht die Fähigkeit zur Beratung.[36]

---

nehmung, vgl. Wedin (1988), S. 108f., Everson (1997), S. 187-193 und Herzberg (Manuskript).

33 Vgl. DA 428a11 und etwas präziser 433b31-434a5, wo man Aristoteles so verstehen kann, als schlösse er von der Weise, in der die verschiedenen Lebewesen zur Ortsbewegung fähig sind, auf das Vorhandensein eines entsprechenden Vorstellungsvermögens. Für die große Gruppe stationärer Lebewesen ergäbe sich daraus, dass sie ohne Vorstellung sind.

34 Wir haben gesehen, dass für Aristoteles keineswegs alle vernünftigen Strebungen aus Deliberationen hervorgehen oder sie involvieren. Warum der im Folgenden beschriebene repräsentationale Mechanismus gleichwohl für *alle* Repräsentationen des Vernunftvermögens seine Geltung hat, wird unten deutlich werden.

35 ‚Strebung' (*orexis*) bezieht sich hier nur auf die arationalen Strebungen, vgl. unten, S. 256, Anm. 9.

36 ἡ μὲν οὖν αἰσθητικὴ φαντασία, ὥσπερ εἴρηται, καὶ ἐν τοῖς ἄλλοις ζῴοις ὑπάρχει, ἡ δὲ βουλευτικὴ ἐν τοῖς λογιστικοῖς (πότερον γὰρ πράξει τόδε ἢ τόδε, λογισμοῦ ἤδη

Um die Objekte des Wunsches repräsentieren zu können, muss das Lebewesen über die Fähigkeit verfügen, mehrere Vorstellungsgehalte (*phantasmata*) in einen einzigen Vorstellungsgehalt zu bringen. Aristoteles schließt hier auf diese Fähigkeit, indem er von der gedanklichen Operation der Deliberation, deren rudimentäre Form er hier als gegeben nimmt, auf deren ‚technische' Voraussetzungen schließt: Wer mit sich zurate geht, muss mindestens in der Lage sein, einen Vergleich zweier verfügbarer Handlungsziele vorzunehmen, und dafür braucht es auf Seiten des Wahrnehmungsvermögens die Fähigkeit, mindestens zwei Vorstellungsgehalte synchron so zusammenzustellen, dass sie einem gemeinsamen Aspekt (‚dem Größeren') unterstellt werden können. Im Resultat wird festgestellt, welcher der Größere von beiden ist. Es ist wichtig zu betonten, dass Aristoteles sich mit seiner Aussage nicht auf solche Zusammenstellungen beschränken muss, die lediglich zwei Vorstellungsgehalte und deren Vergleich involvieren. Es geht hier nicht darum, *alle* Möglichkeiten der deliberativen *phantasia* erschöpfend aufzuzeigen. Auch geht es hier nicht um eine Theorie der Deliberation.[37] Vielmehr interessiert sich Aristoteles hier für den *Grenzfall*, an dem sich die hinreichenden Bedingungen für das Vorliegen der ‚beratungsmäßigen' *phantasia* im Unterschied zur wahrnehmungsmäßigen *phantasia*, um deren Vergleich es an dieser Stelle geht, genau aufzeigen lassen. Beide Arten von Vorstellung unterscheiden sich an dieser Stelle also gerade am wenigsten voneinander (vgl. das *êdê* in 434a8[38]). Es können daher ebenso gut auch mehr als nur zwei Handlungsziele sein, die der Beratschlagende miteinander vergleicht. Die entschei-

ἐστὶν ἔργον· καὶ ἀνάγκη ἑνὶ μετρεῖν· τὸ μεῖζον γὰρ διώκει· ὥστε δύναται ἓν ἐκ πλειόνων φαντασμάτων ποιεῖν). καὶ αἴτιον τοῦτο τοῦ δόξαν μὴ δοκεῖν ἔχειν, ὅτι τὴν ἐκ συλλογισμοῦ οὐκ ἔχει, αὕτη δὲ κινεῖ· διὸ τὸ βουλευτικὸν οὐκ ἔχει ἡ ὄρεξις. Diese Passage wird in den gängigen Übersetzungen höchst unterschiedlich gegliedert und übersetzt. Ich nehme Abstand davon, hier auf die verschiedenen Übersetzungsmöglichkeiten einzugehen. Vielfach hat man die in dieser Passage vorgenommene Differenzierung zweier Arten von *phantasia* (vgl. auch DA 433b27-29) im Sinne von unterschiedlichen, funktional eigenständigen psychologischen *Vermögen* interpretiert.

37 Der Text in DA 434a5-12 enthält sicherlich keine hinreichende Darstellung oder gar Klärung des Vorgangs der Deliberation (wie manche Exegeten es angenommen zu haben scheinen): DA 434a7-10 liefert uns allenfalls *eine* (freilich basale) notwendige Minimalbedingung für Deliberation. Für die vernünftige Komponente des intentionalen Subsystems ‚Deliberation' ist die Fähigkeit, aus mehreren *phantasia*-Bildern eines zu machen und sie einem gemeinsamen Kriterium zu unterwerfen, lediglich eine Voraussetzung unter vielen. Für eine hinreichende Charakterisierung müsste u.a. noch die Fähigkeit zur Einsicht in die hypothetischen Notwendigkeiten kausaler Zusammenhänge und noch vieles andere mehr hinzukommen (vgl. z.B. EE 1226b26ff; siehe Corcilius 2008a).

38 Ähnlich Burnyeat (1980), S. 91, Anm. 29 „simplest achievement".

dende Differenz, die Aristoteles hier zwischen beiden Arten von Vorstellung herausstellt, ist die Fähigkeit, aus mehreren Vorstellungsgehalten einen einzigen zu machen. Damit ist nun gewiss nicht die für die Auslösung von Mut erforderliche kombinierte Wahrnehmung, die ja auch aus zwei Komponenten besteht, gemeint. Wir haben gesehen, dass es keinen Grund gibt, dem zürnenden Hund noch eine Repräsentation der Relation ‚Geringschätzung' zuzuschreiben, um seinen Zornesausbruch zu erklären; es reicht, dass die kombinierte Wahrnehmung aus Türklopfen und Vorstellung eines Türklopfers, zu dem er sich in der Relation der Feindschaft befindet, ihn erneut in diese Relation *versetzt*. Der Hund benötigt deswegen keine synchronen *separaten* Vorstellungen/Wahrnehmungen von ‚Türklopfen' einerseits und ‚Türklopfer' andererseits, die er dann so zusammensetzt, dass sich sein Zorn daraus als ein Resultat wie durch einen Schluss ergibt: Der Gehalt seines Zornes setzt sich zwar aus zwei Komponenten zusammen, doch diese Komponenten ergeben eine *perzeptive* Einheit (und nur in *diesem* Sinne ein ‚Sehen als'). Wenn man dagegen *Vergleiche* vornimmt, so wie oben im Text beschrieben, reicht eine Zusammenstellung zweier perzeptiver Komponenten zu einer neuen perzeptiven Einheit nicht mehr aus. Wer unter zwei Größen die größere herausfinden kann, der kann gleichzeitig zwei Objekte *als separate* Objekte vorstellen und sie außerdem einem gemeinsamen Kriterium unterwerfen (im Text: dem Größer-Sein). Das Resultat dieser Operation ist dann die Vorstellung, die dem Gehalt ‚dieses ist größer' entspricht (ihn repräsentiert). Hier zeigt sich ein wichtiger Unterschied der beiden Arten von Vorstellung: Die deliberative Vorstellung ist in der Lage, Gehalte zu repräsentieren, die nicht mehr in direkter Weise mit wahrnehmbaren Gegenständen korrespondieren. Die wahrnehmbaren Qualitäten der Vorstellung ‚dieses ist größer' stehen in einer ganz anderen Relation zu dem von ihr repräsentieren Gehalt als dies die Vorstellungen z.B. des sich erzürnenden Hundes tun. Der Grund dafür ist, dass sie primär gar nicht mehr auf wahrnehmbare Qualitäten referieren: ‚Größer' ist gar kein wahrnehmbarer Gegenstand, und es gibt auch keine wahrnehmbare Qualität, die ihm eindeutig zuzuordnen wäre, während sowohl das Türklopfen als auch der Türklopfer dies sind. Zwar besteht das Relat des Zorns in der Kombination aus beiden und ist damit seinerseits kein unmittelbar wahrnehmbarer Gegenstand mehr, aber im Rahmen der Aristotelischen Erklärung braucht der Hund keine Repräsentation dieses Relats (der ungebührlichen Geringschätzung) als solchem, sondern es reicht, wenn er durch die kombinierte Wahrnehmung in die entsprechende Relation dazu versetzt wird. Seine Vorstellungen sind immer Vorstellungen, die in einer sozusagen ‚natürlichen' Abbildbeziehung zu wahrnehmbaren Gegenständen stehen. Der Hund zürnt dem Türklopfer, er weiß aber nicht warum er ihm zürnt. Dagegen referieren die

Vorstellungen der Resultate von deliberativen Operationen (etwa: ‚dieses ist größer') auf Gehalte, zu denen sie in keiner natürlichen Abbildbeziehung mehr stehen. Die repräsentierten Gehalte sind gar keine buchstäblich abbildbaren Gegenstände mehr. Deswegen, weil sie keine wahrnehmbaren Gegenstände mehr abbilden, stehen die perzeptiven Gehalte der deliberativen *phantasia* einer *symbolischen* Beziehung zu den von ihnen repräsentierten deliberativen Gehalten. Wir haben oben gesehen, dass Aristoteles den Abbild-Charakter der *phantasiai* kausal begründet: Die *phantasiai* sind ‚so' wie die sie verursachenden Wahrnehmungen. Im Falle ihres vernünftigen Gebrauchs ergibt sich damit eine doppelte Unabhängigkeit der *phantasiai* von ihren kausalen Anlässen: Sie sind nicht nur *kausal* von der Präsenz der sie verursachenden Wahrnehmungen und deren äußeren Gegenständen unabhängig (dies haben sie mit den wahrnehmungsmäßigen *phantasiai* gemeinsam), sondern sie sind dies auch in *semantischer* Weise, weil sie nicht mehr deren perzeptive Gehalte repräsentieren (Dissoziierung des semantischen Gehaltes vom perzeptiven Ursprung).

Wenn man davon ausgeht, dass Aristoteles im obigen Textstück nur den Punkt aufzeigen will, an dem sich deliberative und wahrnehmungsmäßige Vorstellung am wenigsten voneinander unterscheiden, um die Mindestbedingungen für das Vorliegen von deliberativer Vorstellung aufzuzeigen, darf man von einer größeren Freiheit der Kombination von Vorstellungsgehalten ausgehen als sie das Beispiel der rudimentären Deliberation erfordert. Wenn man die in dem Beispiel genannte Kombinationsfähigkeit der deliberativen Vorstellung daher als *Prinzip* der Generierung vernünftiger Vorstellungen auffasst (nämlich aus mehreren Vorstellungsgehalten einen einzigen zu machen), ergeben sich folgende Erweiterungsmöglichkeiten:

1. Repräsentation aller Gehalte, die sich aus den verschiedenen Zusammenstellungen mehrerer herkömmlicher (d.i. natürlich abbildender) Vorstellungsgehalte ergeben (die Gemeinsamkeiten, Unterschiede und Relationen, in denen sie zueinander stehen, wie im Textbeispiel).
2. Repräsentation solcher Gehalte, die sich aus den Zusammenstellungen mehrerer Vorstellungen ergeben, die Resultate von 1. sind.
3. Repräsentation von Gehalten, die sich aus der Zusammenstellung von 1. und 2. ergeben.

Hieraus ergibt sich m.E. die technische Möglichkeit, alle Gehalte zu repräsentieren, die als mögliche Objekte von Wünschen in Frage kommen. Mir scheint, diese Kombinationsmöglichkeiten würden es sogar erlauben, alle

Operationen des Intellekts repräsentational als Resultate mehr oder weniger komplexer Zusammenstellungen verschiedener Vorstellungsgehalte darstellbar zu machen. Ich halte diese Erweiterung des von Aristoteles gegebenen Beispiels der deliberativen *phantasia* aus mehreren Gründen für gerechtfertigt:

- Aristoteles weist mit der Rückbindung der deliberativen Vorstellung mit der aus Inferenzen (*syllogismos*) hervorgegangen *phantasia* selbst auf eine solche Erweiterung.[39]
- Die Annahme der (vermutlich körperlich bedingten) Fähigkeit aus mehreren Vorstellungsgehalten einen einzigen zu machen, hält Aristoteles offenbar für notwendig, um die Möglichkeit deliberativer Operationen erklären zu können. Da wir damit aber auch gleichzeitig die vorstellungsmäßigen Operationen erklären können, die für das Ausüben der Funktionen des Intellekts generell erforderlich sind, wäre im Sinne des Sparsamkeitsprinzips Gebrauch davon zu machen.
- Aristoteles problematisiert die Frage, wie Vorstellungen entstehen, die nicht in einer natürlichen Abbildbeziehung zu den von ihnen transportierten wahrnehmbaren Qualitäten stehen, sonst nicht direkt.[40]

Wenn dies richtig ist, dann besteht die körperliche Grundlage, auf der die Ausübung vernünftiger Aktivitäten bei Menschen basiert, in der Fähigkeit, aus mehreren Vorstellungsgehalten einen einzigen zu machen. Für Lebewesen, die nicht über diese Fähigkeit verfügen, sind die Möglichkeiten, ihre Vorstellungsgehalte zu kontextualisieren, entsprechend geringer.

Wahrnehmungsmäßige und beratungsmäßige *phantasia* sind keine eigenständigen Seelenvermögen

Aristoteles stellt im obigen Text (DA 434a5-12) die Fähigkeit, deliberative Vorstellungen zu bilden, in Zusammenhang mit der Fähigkeit, aus Inferenzen hervorgegangene Vorstellungen zu bilden. Der Grund dafür ist, wie

---

39 Vgl. DA 433b27-29: "Überhaupt ist also das Lebewesen, wie gesagt, insofern es zur Strebung fähig ist, auch fähig, sich selbst zu bewegen; ‚zur Strebung fähig' aber nicht ohne Vorstellung. Und alle Vorstellung ist entweder vernünftig (*logistikê*) oder wahrnehmungsmäßig (*aisthêtikê*). An letzterer haben also auch die anderen Lebewesen teil." Dies scheint mir auf eine Gleichsetzung von beratungsmäßiger mit vernünftiger Vorstellung hinauszulaufen. Zur Übersetzung, vgl. Lorenz 2006.

40 Seine Theorie der Abstraktion und Prädikation scheint auf einer (nicht überlieferten) umfassenden Theorie der Repräsentation noetischer Gehalte zu beruhen, vgl. DA 432a3-10; 431b12-16; 430a27-b6. Die Operationen der Vernunft sind abhängig von der *phantasia*, vgl. DA 431a14-17.

wir gesehen haben, der, dass es sich bei deliberativen Vergleichsoperationen ebenfalls um (rudimentäre) Inferenzen handelt. Dies legt nahe, dass die ‚vorstellungsmäßige (*bouleutikê*) *phantasia'* kein eigenständiges Seelenvermögen, d.h. nicht Bewegungsursprung für psychische Aktivitäten ist, sondern von der basalen psychologischen Fähigkeit, Inferenzen zu bilden, abhängt: Im obigen Text spricht Aristoteles von einer *Strebung* als Bewegungsursprung (*diôkei*, 434a9, vgl. auch 433a15f.), und er sagt auch, dass die deliberative *phantasia* nur bei den Lebewesen vorkommt, die die Fähigkeit haben, zu überlegen (*logistikois*). Die Weise, wie er dies von den nicht zur deliberativen *phantasia* fähigen Lebewesen abgrenzt, zeigt, dass er die basale Fähigkeit vernünftiger Lebewesen, Inferenzen zu bilden, für die eigentliche Ursache der Fähigkeit zur deliberativen *phantasia* ansieht:[41]

> Dies ist auch die Ursache dafür, dass sie (die anderen Lebewesen) keine Meinung (*doxa*) zu haben scheinen, weil sie nicht die aus einer Inferenz (*syllogismos*) hervorgegangene (Vorstellung) haben. (DA 434a10f.)[42]

---

41 Für weitere Argumente gegen eine Auffassung der beratungsmäßigen und wahrnehmungsmäßigen *phantasia* als eigenständige Seelenvermögen, vgl. Wedin, S. 144f., 83. Dort bestreitet er übrigens, dass im obigen Text „einen" (in „aus mehreren *phantasia*-Gehalten (*phantasma*) einen machen") im Sinne von ‚ein *phantasia*-Gehalt' zu übersetzen ist (wie hier geschehen), weil er annimmt, dass dies zum Zugeständnis der deliberativen *phantasia* als eines eigenständigen Seelenvermögens führt. Es gibt aber keinen Grund, hier ein unbestimmtes ‚eines' anzunehmen, und der von Wedin gewünschte Sinn wird durch die grammatisch naheliegende Verbindung mit *phantasma* auch nicht gestört: Es ergibt sich daraus keine eigenständige Aktivität der *phantasia*, wie von ihm befürchtet. Es geht an dieser Stelle nicht um eine Charakterisierung der Deliberation, sondern um die Unterscheidung zweier Typen komplexer Repräsentationen, soweit die darin involvierten *phantasiai* betroffen sind. Da die *phantasia* als solche davon nicht berührt wird (sie bleibt ein Derivat aktualer Wahrnehmungen), geschieht dies mithilfe einer Unterscheidung, die sich auf einen Leistungsvorsprung der vernünftigen Seelenvermögen gegenüber den wahrnehmungsmäßigen Vermögen zurückführt. Für die beiden Typen von *phantasia* ergibt sich, dass sie nur aufgrund des Umstandes, dass sie in unterschiedliche Kombinationszusammenhänge gestellt werden, unterschiedliche Gehalte repräsentieren. Das heißt jedoch nicht, dass die *phantasia* auch der *Bewegungsursprung* für die Kombinationen ist.

42 Vgl. De mem. 453a11-14. Sorabji glaubt, mit der Unterscheidung zwischen beratungsmäßiger und wahrnehmungsmäßiger *phantasia* seien verschiedene *Aktivitäten* gemeint: So sei die *phantasia bouleutikê* " the kind of ability to manipulate images (...)." (1993), S. 38 und 40, Anm. 64. Dies führt aber dann, wenn man es wörtlich nimmt, zu Schwierigkeiten: Wenn *phantasiai phantasiai* manipulieren können, können sie sich dann selbst manipulieren? Es ist allerdings nicht ganz klar, was Sorabji genau meint.

Grund dafür, dass die anderen (nicht vernünftigen) Lebewesen keine deliberative *phantasia* haben, ist, dass sie keine Inferenzen bilden können. Dies lässt vermuten, dass es sich bei der deliberativen *phantasia* nicht um ein eigenständiges Vermögen handelt, sondern nur um eine auf das eigene Handeln bezogene *Anwendung* der *phantasia* durch eine vernünftige Strebung (als Bewegungsursprung).

Auch anderswo ist es angebracht, nicht alle Aristotelischen Einteilungen seelischer Leistungen als Unterscheidungen von Seelenteilen zu verstehen. So deutet seine Einteilung des vernünftigen Seelenteils in einen beratungsfähigen (*bouleutikon*) und einen wissensfähigen (*epistêmonikon*), die wir in den Ethiken finden, auch nicht auf eine Trennung zweier getrennter Fähigkeiten der *Seele* hin. Es geht dort nur um der Art nach verschiedene *Gegenstandsbezüge* des Denkvermögens, vgl. EN 1139a6ff; MM 1196b12ff; EE 1226b25ff; DA 433b29;[43] Die Einteilung der *phantasia* in ‚beratungsmäßige' und ‚wahrnehmungsmäßige' (DA 433b27ff.) sollte daher auch nicht im Sinne von eigenständigen Vermögen der *Seele* missinterpretiert werden: Diese Bezeichnungen weisen aller Wahrscheinlichkeit nach auf die *Bewegungsursprünge* der unterschiedlichen Strukturen in der Sequenzierung von Vorstellungsgehalten. Der Impuls der Sequenzierung selbst führt sich in beiden Fällen aber nicht auf die *phantasia*, sondern (letztendlich) auf die genuinen Seelenvermögen ‚Wahrnehmung' und ‚Vernunft' zurück. Wenn Aristoteles' Äußerungen zur beratungsmäßigen *phantasia* daher nur eine bestimmte *Verwendungsweise* von Vorstellungsgehalten durch die Vernunft beschreiben, steht nichts im Wege, den dieser Verwendungsweise zugrunde liegenden Mechanismus bei der Verwendung von Vorstellungsgehalten durch die Vernunft generell am Werke zu sehen. Hierin liegt m.E. eine zusätzliche Berechtigung, Aristoteles' Aussagen zur ‚beratungsmäßigen *phantasia*' für die Rekonstruktion seiner allgemeinen Theorie der Repräsentation noetischer Gehalte zu verwenden.[44]

43 Ähnlich argumentiert Frede (1992), S. 290, Anm. 36.

44 Dass Aristoteles für praktische und theoretische Verwendungen der *phantasia* prinzipiell dieselbe Erklärung geltend macht, zeigt sich an DA 431b6-12: „Manchmal überlegt man aber mit den Vorstellungsgehalten bzw. Denkgehalten in der Seele, so als würde man sehen, und wägt das Künftige gegen das Gegenwärtige ab. Und wenn man feststellt, dass dort das Angenehme oder Schmerzhafte ist, dann meidet oder sucht man hier, und so beim Handeln überhaupt. Und auch das ohne praktischen Bezug, das Wahre und das Falsche, ist in derselben Gattung wie das Gute und das Schlechte, es unterscheidet sich allerdings dadurch, dass es schlechthin und (relativ) für jemand ist." Der Unterschied zwischen praktischem und theoretischem vernünftigem Gebrauch der *phantasia* ist also kein technisch-repräsentationaler, sondern ein inhaltlicher: Deliberation befasst sich mit Gehalten,

Fassen wir das Bisherige zusammen. Die Strebearten lassen sich zusätzlich zu ihren äußersten Zwecken auch anhand der kognitiven Fähigkeiten unterscheiden, welche die Herstellung ihrer jeweiligen Gehalte mindestens erfordert. Bei der Begierde reicht die bloße Betätigung der Wahrnehmung aus. Dies erklärt, wieso Aristoteles zwar allen Lebewesen Begierde zusprechen kann, nicht aber Vorstellung. Für das prospektive oder retrospektive Vorstellen eines mit Lust verbundenen Gehaltes ist hingegen auch bei den Gehalten der Begierde Vorstellung erforderlich. Die Fähigkeit zur Ortsbewegung scheint für Aristoteles also nicht notwendig mit dem Besitz des Vorstellungsvermögens verbunden (*phantasia*). Es sind Fälle denkbar (wenn auch textlich nicht belegt), in denen Ortsbewegung stattfindet, die sich direkt auf synchron gemachte Wahrnehmungen bezieht. Für die ‚Herstellung' der Gehalte des Muts ist dagegen *phantasia* erforderlich. Es handelt sich dabei um komplexe Wahrnehmungen, die mindestens zwei perzeptive Komponenten so zusammenbringen, dass das Lebewesen dadurch in eine Relation zu anderen Lebewesen oder Gütern versetzt wird, die selber nicht mehr mit wahrnehmbaren Eigenschaften korrespondiert, auf die das Lebewesen jedoch körperlich reagiert. Zu dieser Syntheseleistung wäre das Lebewesen nicht fähig, wenn es nicht über die Fähigkeit verfügte, gegenwärtige Wahrnehmungsgehalte mit gespeicherten Vorstellungen zu assoziieren. Beim Wunsch schließlich ist für die Konstitution seiner Gehalte mindestens die Fähigkeit, aus mehreren Vorstellungsgehalten einen einzigen zu machen, erforderlich: D.h., die Fähigkeit, sich mehrere Gegenstände als separate Gegenstände vorzustellen und sie gleichzeitig einem gemeinsamen Kriterium zu unterwerfen. Wir erhalten so ein dreistufiges System der repräsentationalen Mindestleistung, die es für das Auslösen der verschiedenen Strebearten erfordert:

(i) Wahrnehmung aktual präsenter Wahrnehmungsgegenstände.
(ii) Wahrnehmung aktual präsenter Wahrnehmungsgegenstände *in einem Kontext* (*phantasia* erforderlich).[45]
(iii) Symbolische Repräsentation (Fähigkeit erforderlich, aus mehreren *phantasiai* eine einzige zu machen).

Soweit ihre ‚natürlichen' Gegenstände davon betroffen sind, entspricht jede der drei Stufen einer der drei Strebearten. (i): Die Begierde geht ihrem

---

die sich auf den Überlegenden beziehen (in seinem Interesse sind), während es beim Gebrauch ohne praktischen Bezug um Dinge schlechthin geht.

45 ‚Wahrnehmen als etwas' bezieht sich hier, wie gesagt, nur auf die Herstellung des Gegenstandes des Muts. Für eine Kritik an einer weiter gefassten Verwendung dieser Redeweise, siehe unten § 5.

Gehalt nach in den perzeptiven Gehalten auf. Die ‚Herstellung' ihrer Gegenstände erfordert deswegen keine *phantasia*, es sei denn für ihre diachrone Repräsentation oder andere kompliziertere Fälle. (ii): Die Gehalte von Mut bestehen in der Kombination von aktualen Wahrnehmungen mit Vorstellungsgehalten. (iii): Die Repräsentation der natürlichen Gehalte des Wunsches erfordert Herstellung des Gegenstandes ‚in der Seele' des Strebenden (keine natürliche Abbildbeziehung). Um diese zu erzeugen, muss das Lebewesen die Fähigkeit haben, in der beschriebenen Weise aus mehreren Vorstellungsgehalten einen einzigen zu machen.

§ 4. Die Rolle der *phantasia* in Aristoteles' Theorie der animalischen Ortsbewegung

Wie oben bereits gesagt, kann Aristoteles durch die *phantasia* die Bewegung der Lebewesen in einer doppelten Weise von der Präsenz äußerlicher kausaler Anlässe loslösen: Einmal kann dadurch, dass *phantasiai* gespeicherte Wahrnehmungen sind, eine zeitliche Dissoziierung von den ursprünglichen kausalen Anlässen dieser Wahrnehmungen erfolgen (4.1.). Zum Anderen findet beim Gebrauch der *phantasia* durch die Vernunft auch eine semantische Loslösung statt, da die repräsentierten Gehalte nun nicht mehr in einer buchstäblichen Abbildbeziehung, sondern in einer symbolischen Beziehung zu ihren kausalen Anlässen stehen (4.2.):[46]

4.1. Die *phantasia* als kausaler Stellvertreter für aktuale Wahrnehmungen

Die Fähigkeit, Wahrnehmungen als *phantasiai* zu speichern, erklärt, inwiefern sich Lebewesen in zeitlicher Hinsicht von den externen kausalen Anlässen ihrer Ortsbewegungen loslösen können: Die gespeicherten *phantasiai* bewahren die kausale Kraft der sie verursachenden Wahrnehmungen und können so zeitlich versetzt dieselbe Wirkung hervorbringen wie diese, vgl. MA 701b17-23:

> Mit den Wahrnehmungen liegen nämlich sofort gewisse qualitative Veränderungen vor, und die Vorstellungen und das Denken verfügen über die Kraft der (realen) Dinge; auf gewisse Weise hat die gedachte Form von dem, was warm ist oder

46 Bei den komplexen Wahrnehmungen haben wir gesehen, dass dort die Assoziationsgesetzte aus *De Memoria* einen gewissen Ersatz für allgemeine Konzepte stellen können.

kalt[47] bzw. lustvoll oder furchterregend, dieselbe Beschaffenheit wie jedes von den (realen) Dingen, weswegen man auch schaudert und Furcht empfindet, wenn man nur (an etwas) denkt. Dies sind alles Affizierungen und qualitative Veränderungen.[48]

Dadurch können zeitliche Verzögerungen in der Reaktion auf Stimuli und gewisse Antizipationsleistungen erklärt werden.[49] Im Falle von Begierden und Mut liegt der Fall relativ einfach: Dadurch, dass in ihnen auf wahrnehmbare Dinge referiert wird, die immer irgendwie buchstäblich abgebildet werden, ist die motivationale Wirkung für Aristoteles nicht weiter problematisch (direkte kausale Stellvertreterposition). Mit den *phantasiai*, die in den Operationen involviert sind, die ihren Ausgang vom Vernunftvermögen nehmen, ändert sich dies. Entsprechend indirekt ist die motivationale Wirkung der durch die Vernunft kontextualisierten *phantasiai*: Diese *phantasiai* bilden zwar immer noch ihren kausalen Ursprung ab, sie repräsentieren aber Gehalte, die davon verschieden bzw. gar nicht mehr wahrnehmbar sind. Ihre kausale Kraft ist daher nicht auf ihren spezifischen Repräsentationsgehalt, sondern auf ihren kausalen Ursprung zurückzuführen (Dissoziierung des semantischen Gehaltes vom perzeptiven Ursprung). Repräsentationen vernünftiger Gehalte *borgen* sich also gewissermaßen ihre kausale Kraft von den durch sie benutzten perzeptiven Gehalten (indirekte kausale Stellvertreterposition). Sie können so effizient-kausal wirken, ohne selbst bewegt zu sein.

47 Nussbaum athetiert in 701b20 ‚was warm ist oder kalt bzw.' mit der Begründung, dass ‚das' Warme oder ‚das' Kalte als Gegenstände des Denkens (die gedachte Form, *eidos to nooumenon*) keine motivationale Kraft haben (Komm. ad loc.). Es ist aber ohne Weiteres möglich und wohl auch richtig, die Formulierung *eidos to nooumenon* so aufzufassen, dass Aristoteles hier nicht von Abstrakta, sondern von Gedanken an konkrete *Dinge*, die warm oder kalt sind, spricht.

48 αἱ μὲν γὰρ αἰσθήσεις εὐθὺς ὑπάρχουσιν ἀλλοιώσεις τινὲς οὖσαι, ἡ δὲ φαντασία καὶ ἡ νόησις τὴν τῶν πραγμάτων ἔχουσι δύναμιν· τρόπον γάρ τινα τὸ εἶδος τὸ νοούμενον τὸ τοῦ θερμοῦ ἢ ψυχροῦ ἢ ἡδέος ἢ φοβεροῦ τοιοῦτον τυγχάνει ὂν οἷόν περ καὶ τῶν πραγμάτων ἕκαστον, διὸ καὶ φρίττουσι καὶ φοβοῦνται νοήσαντες μόνον. ταῦτα δὲ πάντα πάθη καὶ ἀλλοιώσεις εἰσίν.

49 MA 702a5f; Ph. 247a8f. In De Mem. 452a1f. formuliert Aristoteles sogar eine Erweiterung der These von der kausalen Stellvertreterrolle der *phantasia*. Er sagt dort, dass gegebene *phantasiai* auch in derselben *Abfolge* (*to ephexês*) wie die Dinge (gemeint sind die Anlässe der *phantasiai*, *pragmata*) stehen.

4.2. Die symbolische Verwendung von *phantasiai*

Die *phantasiai*, die zustande kommen, indem aus mehreren Vorstellungsgehalten ein einziger wird, referieren semantisch nicht mehr auf die immer noch von ihnen abgebildeten ursprünglichen kausalen Anlässe, sondern auf Gehalte, die gar nicht wahrnehmbar sind: Nämlich, wie wir gesehen haben, die Gemeinsamkeiten, Implikationen, Unterschiede und überhaupt die Relationen, die sich aus den zusammengebrachten *phantasiai* ergeben und in der äußerlichen Welt als solche nicht vorkommen.[50] Damit liegt eine Dissoziation des semantischem Gehalts solcher *phantasiai* mit ihren kausalen Anlässen vor, die für die Repräsentation von nicht wahrnehmbaren Gehalten wichtig ist. *Phantasiai* können nun auch solche Gehalte repräsentieren, die sie nicht abbilden. Wenn sie dies tun, stehen ihre perzeptiven Gehalte in einer *symbolischen* Beziehung zu den von ihnen repräsentierten Gehalten. Es wird dadurch die Möglichkeit für andere als buchstäblich abbildende Weisen der Repräsentation eröffnet, bis hin zu willkürlichen oder konventionellen Festlegungen von Zeichen.[51]

Die Rolle der *phantasia* für die Aristotelische Theorie der animalischen Ortsbewegung besteht im Wesentlichen in diesen beiden Funktionen, nämlich kausaler Stellvertreter ihrer Anlässe und möglicher Träger symbolisch repräsentierter semantischer Gehalte zu sein. Dadurch wird es möglich, die Bewegungen der Lebewesen von der unmittelbaren zeitlichen und inhaltlichen Dependenz äußerer kausaler Antezedentien zu emanzipieren. Je nachdem, ob und in welchem Grad Lebewesen über *phantasia* verfügen, können sie sich somit von der unmittelbaren Einwirkung externer Stimuli frei machen. *Phantasia* ermöglicht es, bei der Erklärung animalischer Ortsbewegung die kausale Geschlossenheit der Natur zu wahren, weil sie innere Äquivalente der äußeren kausalen Antezedentien zur Verfügung stellt, die 1. zeitlich versetzt wieder aktiviert werden können und 2. durch ihre synchrone Präsenz im Individuum in (nach Maßgabe der jeweils vorliegenden kognitiven Kapazitäten) ‚freier' Assoziation zu nicht perzeptiven semantischen Gehalten kombiniert werden können. Diese können kann als kausal aktive Repräsentationen von handlungsrelevanten Gedanken wieder in den kausalen Lauf der Welt einfließen. Aristoteles vollzieht die Loslösung des repräsentationalen Gehalts von seinen Ursachen also in zwei Schritten: Zuerst durch die Bewahrung der kausalen Kraft der wahrneh-

---

50 Deswegen die Rückführung der beratungsmäßigen *phantasiai* auf die aus einer *Inferenz* (*syllogismos*) hervorgegangene *phantasia* in DA 434a10f.

51 Diese Qualität der *phantasia* wird für Aristoteles wichtig bei der Erklärung der Sprache, vgl. DA 420b31f. De Int. 16a3f. (dazu Labarrière, 1984, 2004; Wedin 1988).

mungsmäßigen Ursprünge in den *phantasiai* und zweitens durch die Trennung ihres perzeptiven von ihrem repräsentationalen Gehalt. Ersteres ermöglicht die zeitliche Loslösung des kausalen Ursprungs von seiner Wirkung, Letzteres die semantische. Dadurch wird die Möglichkeit der kausalen Wirksamkeit rationaler Gehalte ohne Bruch mit der kausalen Geschlossenheit der Natur ermöglicht, d.h. ohne dass die Vernunft den auf die Lebewesen einwirkenden Stimuli etwas *hinzufügen* müsste oder selber in physikalisch beschreibbaren Kontakt mit der Welt kommt. Die in DA 434a5-10 genannte Fähigkeit vernünftiger Lebewesen, aus mehreren Vorstellungsgehalten einen einzigen zu machen, liefert auf diese Weise das Rüstzeug für eine physiologische Erklärung rationaler Motivation.

Auf diese Weise, nämlich indem er sie in intentionale Systeme integriert, kann Aristoteles mit der *phantasia* eine ganze Reihe von kognitiven Phänomenen erklären, ohne sie in den Rang eines eigenständigen Seelenvermögens zu heben. Die sich relativ bescheiden ausnehmenden Eigenschaften, die er ihr in DA III 3, 428b10-429a9, zuspricht, reichen dafür hin.[52]

52 Ein möglicher Einwand gegen die hier vorgestellte Interpretation wäre, dass es mit einer bescheidenen *phantasia*-Deutung, wie der hier vorgeschlagenen, als unvereinbar empfunden werden könnte, dass Aristoteles die *phantasia* als ‚eine Art von Denken‘ bezeichnet (*noêsin tina*, DA 433a10, MA 700b19-22; vgl. etwa Cessi (1987), S. 116f.). Ich halte dies jedoch für nicht weiter problematisch. Zunächst wird in besagter MA–Stelle auch die Wahrnehmung zu der unter der Überschrift ‚Denken‘ zusammengefassten Gruppe gezählt. Aristoteles begründet dies mit dem ganz unverfänglichen Kriterium, dass sie alle drei ‚*kritika*‘ seien, d.h. Informationen liefern. Dann heißt es in MA 700b21f., *phantasia* und Denken würden sich "entsprechend der woanders behandelten Unterschiede unterscheiden." Nichts liegt aber näher, als unter dem ‚woanders‘ DA zu verstehen, wo ja sogar gesagt wird, die Lebewesen täten und litten vieles gemäß der *phantasia* (DA 429a4-8; Nussbaum kommentiert den Satz in MA 700b21f. nicht). Auf welche Weise kann die *phantasia* (oder auch die Wahrnehmung) nun das Denken ersetzen? Wie gesagt, geht es nur um eine funktionale Platzhalterstelle in der Erklärung der animalischen Ortsbewegung, nämlich um die Funktion, einer bestimmten Strebung eine kognitive Komponente hinzuzufügen, um die unmittelbare Bewegungsursache der animalischen Ortsbewegung zu bestimmen. Dafür reicht aber die generelle Fähigkeit, Informationen bereitstellen zu können, aus. Es geht hier bei Vernunft/*phantasia* also um das Ausüben derselben funktionalen Stelle innerhalb der Theorie der animalischen Ortsbewegung und nicht um Denkkapazitäten auf Seiten der Vorstellung. Dies zeigt sich auch daran, dass Aristoteles *phantasia* und Denken ausschließlich im Zusammenhang der animalischen Ortsbewegung in eins setzt. Er tut dies, wie noch zu zeigen sein wird, aus Gründen der methodischen Ökonomie, um eine gemeinsame Erklärung der Fortbewegung für alle Lebewesen erstellen zu können.

§ 5. Die interpretative Auffassung der *phantasia*

In vielen neueren Interpretationen der *phantasia* die Auffassung verbreitet, der *phantasia* komme neben den in DA III 3, 428b10-429a9, erwähnten Eigenschaften außerdem noch andere Funktionen zu. Dabei geht es insbesondere um die Funktion, ein Objekt oder einen Gegenstand kognitiv irgendwie *als* erstrebenswert zu erfassen.[53] Dabei hat seitens der Interpreten vor allem das Bedürfnis eine Rolle gespielt, einen Faktor in die Bewegungslehre einzuführen, der die speziell teleologische Orientierung der animalischen Ortsbewegung im Sinne einer subjektiven Finalität vorgibt[54] und es damit ermöglicht, die zunächst einmal affektiv neutralen Wahrnehmungen unter die für Strebungen relevante Beschreibung zu bringen, vgl. Nussbaum (1978), S. 265:

> It is, as we argued, through phantasia that a perceptible object is seen as an object under a certain formal description. Only once phantasia has endowed the object of perception with a formal content can it become an object of pursuit and avoidance.[55]

Dabei war die Überlegung entscheidend, dass bloße Wahrnehmung für sich genommen nicht hinreichend sei, der Strebung das Objekt ihres Erstrebens oder Meidens in einer solchen Weise zu präsentieren, dass sie aktiv wird

---

53 Diese Ansicht ist (in unterschiedlichen Ausführungen) sehr verbreitet, vgl. Nussbaum (1985), S. 221-269; Furley (1978), S. 174ff; Labarrière (1984); Richardson (1992), S. 385, 395f; Morel (2004), S. 173, 182 und erneut Labarrière (2004b), S. 162 mit Anm. 1 und ff. Daneben gibt es auch die generalisierende Auffassung, derzufolge die *phantasia* für alle Formen des ‚seing-as' zuständig ist, wobei auch die Empfindung von Lust und Leid an Wahrnehmungsgegenständen darunter gefasst wird (z.B. Hankinson, 1990). Soweit die animalische Ortsbewegung davon betroffen ist, unterscheiden sich die beiden Thesen jedoch nicht. Ich werde die generalisierende Auffassung deswegen nicht eigens behandeln. In die gleiche Gruppe gehört eine in der Literatur ebenfalls verbreitete Ansicht, derzufolge *phantasia* teilweise eine deliberative Funktion innehat und bei den Tieren ein Äquivalent für den Vorgang der Überlegung stellt (z.B. Canto-Sperber, 1996, besonders S. 454 und 456, 458). Eine ältere Version der interpretativen Auffassung der *phantasia*, und zwar aus den gleichen Motiven wie bei Nussbaum, findet sich übrigens schon bei Siwek (1930, S. 139ff., speziell S. 140, Anm. 1). Zur sonstigen Geschichte der interpretativen Auffassung der Aristotelischen *phantasia*, vgl. Busche (1997). Generell zur *phantasia* bei Aristoteles, vgl. Wedin (1988), Caston (1996) und Rapp (2001).

54 Vgl. Siwek, (1930), S. 140, Anm. 1: „finalité intentionelle"; Nussbaum (1985), S. 221-269; Richardson (1992), S. 385

55 In ganz ähnlichen Worten äußert sich Furley (1978), S. 175f.

und animalische Ortsbewegung resultiert.[56] Für eine vollständige Erklärung der animalischen Ortsbewegung müsse also ein Vermögen angenommen werden, das die gegebenen bloßen Wahrnehmungen auf eine solche Weise für die Strebung interpretiert, dass die Strebung es *als* erstrebenswert verfolgen kann. Nussbaum meint in der Vorstellung ein solches Vermögen gefunden zu haben.[57] Sie spricht dementsprechend von der *interpretativen* Funktion der Vorstellung.[58]

Diese Auffassung der *phantasia* verdankt sich damit einer explanatorischen Lücke, die (vor allem) Nussbaum in der Erklärung der animalischen Ortsbewegung ausmacht. Diese Lücke ergibt sich jedoch nur, wenn man auch die Voraussetzungen teilt, die sie zu dieser Annahme gebracht haben. In der hier vorgelegten Interpretation der Strebung bei Aristoteles ergibt sich diese Lücke nicht: Wir haben gesehen, dass die teleologische Ausrichtung der Strebung bereits durch den relationalen Charakter der Lust/Leid-Empfindung erklärt werden kann. Dadurch, dass ein wahrgenommener Gegenstand in hinreichendem Maß Lust oder Leid im Lebewesen auslöst, ist bereits ein für die Bewegungserklärung hinreichender Zweck gegeben, der für sich genommen völlig ausreicht, um eine entsprechende Strebung folgen zu lassen und, wie wir auch gesehen haben, diese sogar notwendig zur Folge hat. Damit entfällt das Hauptmotiv dafür, die *phantasia* mit Eigenschaften und Fähigkeiten auszustatten, die über das hinausgehen, was ihr in DA III 3, 428b10-429a9, zugesprochen wird.

Es sprechen aber auch immanente Gründe gegen die interpretative Auffassung:

1. Die interpretative Deutung führt auf nicht wünschenswerte explanatorische Doppelbelegungen. Sie basiert auf dem Gedanken, dass die *phantasia* der Strebung ein wahrgenommenes Objekt *als* erstrebenswert zu erkennen gibt. Woher weiß die *phantasia* dies? Es leuchtet nicht ein, dass die Vorstellung der Strebung die Erstrebenswertheit ihrer Objekte kommunizieren soll, indem sie diese *als erstrebenswert* erkennt: Damit wäre ein gewiss ganz entscheidendes Merkmal der Strebung in den Bereich eines anderen

---

56 Vgl. Nussbaum (1978), S. 233, Anm. 25: "But it might also be that aisthesis alone is insufficient to present the object of pursuit and avoidance to the animal in such a way that desire becomes active and action follows." Und S. 257:"[...] it is because of the passive character of Aristotelian aisthesis that a further faculty is required to explain the agent's selective fastening on certain aspects of his environment."

57 Vgl. Nussbaum (1978), 237 mit Anm. 29: "[...] phantasia has some particular connection with apprehending the object of desire." Auch S. 240: "It [i.e. phantasia] is closely linked to the operations of desire and somehow presents the object of desire to the animal in such a way that it can be moved to action." Auch S. 261-265.

58 Nussbaum (1978), S. 249, 268; ebenso Richardson (1992), S. 385.

Seelenvermögens gelegt, ohne dass dies eine Erklärung fände. Nussbaum diskutiert die Frage, *woher* die *phantasia* das ‚formale Objekt' (S. 265) bezieht, mit dem sie ihrer Meinung nach die Strebung versieht, jedenfalls nicht.[59]

2. Aus dem Gedanken, dass die Vorstellung die Strebung mit ihrem Objekt versieht, ergibt sich eine Konzeption der Strebung, die kaum Aristotelisch sein kann: Nur wenn die Strebung als ein ‚blindes', inhaltsleeres Streben (mere wanting) angesehen wird, macht es Sinn, sie mit ihrem ‚formalen Objekt' zu versehen. Dies läuft auf einen Begriff von den Leistungen des Strebevermögens hinaus, der es von der kognitiven Erfassung seiner Objekte *trennt*.[60] Ein Nachteil einer solchen Trennung ist, dass nun die *Interaktion* zwischen den verschiedenen Subfakultäten des Wahrnehmungsvermögens zu einem Problem wird. Woher weiß z.B. die Strebung, dass die *phantasia* ihr ein Objekt als erstrebenswert präsentiert? Wie genau erfährt sie davon? Ähnliches gilt für die *phantasia* selbst: Wie kommt es, dass sie ein Objekt als erstrebenswert erkennt?

Für die hier vorgeschlagene Interpretation ergeben sich diese Probleme nicht. Grund dafür ist, dass die kausale Vorgeschichte der Strebungen durch die persistierenden Gehalte der ihnen vorgängigen Wahrnehmungen und Lust- Leidempfindungen in ihnen enthalten ist. Die *phantasia* muss der Strebung also nichts mehr präsentieren bzw. ihr etwas als etwas (z.B. Erstrebenswertes) darstellen, weil jede Strebung die *physikalische* Folge

---

59 Vgl. auch die Kritik Dugrés:"L'hypothèse offerte par M. Nussbaum néglige une difficulté de taille; elle enlève une propriété au sens commun pour en doter l'imagination." (1990, S. 67). Für die diagnostische Funktion der Wahrnehmung ergeben sich aus Nussbaums funktionaler Aufwertung der Vorstellung übrigens ganz ähnliche explanatorische Doppelbelegungen: Wie erklärt sich der Umstand, dass in der interpretativen Auffassung sowohl Wahrnehmung als auch Vorstellung Dinge *erkennen* können? Weiter noch geht dies bei der interpretativen Funktion selbst: Auf welcher Grundlage kann behauptet werden, neben der Vernunft komme außerdem noch der Vorstellung die Fähigkeit zu, Dinge unter bestimmte formale Beschreibungen zu bringen? Zu einer ähnlichen funktionalen Doppelbelegung scheint mir auch Canto-Sperbers (1996) Kennzeichnung der *phantasia bouleutikê* als "forme de pensée intermédiaire entre l'intuition des principes et la délibération au sens strict" (S. 460) zu führen.

60 Nussbaum würde dies wohl bestreiten, da sie gegenüber der Kritik von Todd (1980), der die Passivität von Nussbaums *aisthêsis*-Begriff bemängelt, betont, dass sie unter *phantasia* nur den aktiven und selektiven *Aspekt* der Wahrnehmung versteht (Nussbaum 1983, S. 134, Anm. 34). Es hat sich oben jedoch gezeigt, dass bei der *phantasia* unter allen Funktionen des Wahrnehmungsvermögens aufgrund ihrer vollständigen Passivität (sie bedarf immer einer externen Bewegungsursache) am wenigsten von Aktivität oder Selektivität die Rede sein kann. Auch redet Nussbaum immer wieder von der *phantasia* als einer ‚faculty' (vgl. etwa 1978, S. 257), was einen an eine eigenständige Größe denken lässt.

einer Wahrnehmung/*phantasia* ist. Strebungen lassen sich bestimmen als bestimmte, im weitesten Sinne körperliche Relationen zu Wahrnehmungsgehalten. In diesem relationalen Modell erscheinen also nicht Gegenstände der Strebung *als* erstrebenswert, sondern Lebewesen stehen je nach physiologischer Disposition und Präferenz in solchen *Relationen* zu wahrgenommenen Gegenständen, dass sie Lust/Leid und Strebungen nach ihnen empfinden.

Für das hier verfolgte Argumentationsziel reicht es zu zeigen, dass die Aristotelische Konzeption der animalischen Ortsbewegung ohne interpretative Funktion der Vorstellung auskommen kann und daher eine bescheidenere, nicht interpretative Auffassung der *phantasia* hinreicht. Ersteres ist m.E. durch die Diskussion der Strebung geschehen. Strebungen sind für Aristoteles zunächst einmal körperliche Prozesse. Sie gehen, wie wir gesehen haben, unmittelbar aus Lust/Leid-Empfindungen hervor und enthalten deren bewertende Ausgerichtetheit auf ein Objekt als Konstitutivum. Eine zusätzliche teleologische Orientierung wird damit überflüssig. Davon abgesehen führt die Rede von einer ‚Orientierung' der Strebung zu einer Vermischung der Ebenen: Es dürfte klar sein, dass es in diesem Zusammenhang nicht um Teleologie, sondern um den Zweck animalischer Ortsbewegungen geht. Dieser impliziert aber nicht notwendig irgendein ‚Wissen' darum, *dass* etwas zu erstreben ist. Die Bewegungen der Lebewesen haben Aristoteles zufolge normalerweise einen Zweck,[61] ohne dass die Lebewesen deswegen ein wie auch immer geartetes Wissen, Gefühl oder *phantasia* davon zu haben brauchen. Bei einer mit diagnostischen Fähigkeiten versehenen Vorstellung, die der Strebung so oder so sowohl ihr Objekt als auch die Erstrebenswertheit desselben mitteilt und dabei selbst keine Strebung ist, läuft es aber auf ein derartig pseudo-propositionales Wissen, dass etwas der Fall ist, hinaus:[62] Um die Zweckhaftigkeit der aus Strebungen resultierenden Bewegungen zu erklären, reicht es aber aus, wie wir gesehen haben, dass Lebewesen Objekte einfach erstreben. Und Lebewesen erstreben für Aristoteles zunächst einmal dann bestimmte Objekte, wenn diese mit einem hinreichenden Lustwert versehen sind.[63] Die von Aristoteles in DA 431a10f. als Wertung beschriebene Relation, in der die

---

61 Vgl. z.B. MA 700b14-16; Metaph. 996a25-27.

62 Ein ähnliches Argument gegen die interpretative Auffassung der *phantasia* bringt Frede (1992), S. 287.

63 Die möglichen Ziele der animalische Ortsbewegung, Gutes, Nützliches, Lustvolles, involvieren Lustempfindungen, vgl. MA 701b33-702a7; EN 1104b34-1105a2; 1153b1ff. Alle verfolgen die Lust, wenn auch im Einzelfall immer verschiedene Lüste: EN 1153b30f., auch die Tugendhaften, vgl. 1099a13-15.

körperlich-emotionale Verfassung des Lebewesens zu einer aktualen Wahrnehmung steht, reicht daher für die teleologische Erklärung seiner Bewegungen aus.

Teil II: Die Theorie der animalischen Ortsbewegung

1. Das Verhältnis von DA III 9-11 zu MA

Nach der Interpretation der Strebung und den dafür vorauszusetzenden Leistungen der Vorstellung, werden wir uns nun der zusammenhängenden Interpretation der für die animalische Ortsbewegung einschlägigen Textstellen zuwenden. Auf systematische Weise diskutiert Aristoteles das Thema in zwei Texten, in *De anima* III 9-11 und in *De motu animalium*.[1] Beide sollen hier interpretiert werden, wobei ich hier den ersten Teil von MA (Kapitel 1-5) nicht berücksichtigen werde: Aristoteles widmet sich dort Fragen, die nicht *speziell* die animalische Ortsbewegung, sondern seine Bewegungslehre generell betreffen. Ihre Interpretation ist daher, bei aller Wichtigkeit für die Aristotelische Bewegungslehre, für die Fragestellung dieser Arbeit nicht von unmittelbarem Interesse.

In welchem Verhältnis stehen die beiden Schriften zueinander? Eine genauere Beantwortung dieser Frage würde nicht nur interpretatorische Probleme in MA und DA, sondern auch Probleme der Gliederung, Interpretation und Textüberlieferung des übrigen *corpus* von Aristoteles' biologischen Schriften und der unter dem Namen ‚*Parva naturalia*' überlieferten Schriftengruppe involvieren. Da dies ist mit vielen Unsicherheiten behaftet ist und teils von der Fragestellung der vorliegenden Arbeit abführt, werde ich eine solche Antwort nicht versuchen.[2] Stattdessen beschränke ich mich auf die Frage, ob, und wenn ja, auf welche Weise DA III 9-11 und MA sich komplementär zueinander verhalten. Eine vollständige Antwort wird allerdings auch erst am Ende dieser Untersuchung möglich sein. Ich möchte hier dennoch einen Vergleich der in den beiden Schriften jeweils angekündigten Fragestellungen vorausschicken, um so zu einer vorläufigen Gewichtung zu kommen. Dabei wird sich ein teilweiser Vorgriff auf die Resultate der Interpretation nicht vermeiden lassen:[3]

Der theoretische Hintergrund für die Behandlung der animalischen Ortsbewegung in *De anima* besteht, grob gesagt, in der Erklärung der Phänomene beseelter Körper auf Grundlage der hylemorphistischen Theorie der Seele: Da es eine der auffälligsten Eigenschaften von Organismen ist, sich dem Orte nach fortzubewegen, gehört die animalische Ortsbewegung

1 Von der Schrift *De incessu animalium*, die sich den Bewegungsmechanismen der *äußeren* Bewegungsorgane widmet, sehe ich hier ab, vgl. Kollesch (1985), S.93ff.

2 Für eine solche umfassende Diskussion des Zusammenhangs von *De motu* im Rahmen des Aristotelischen Schriftencorpus, vgl. die nützlichen Ausführungen von W. Jaeger (1913).

3 Für eine abweichende Sicht, vgl. Nussbaum (1983), S.118ff., wo sie ihre ursprüngliche Sicht aus Nussbaum (1978) korrigiert.

zu den hauptsächlichen Explananda der Seelentheorie.[4] Aristoteles behandelt sie im Anschluss an die für die Ernährung/Wachstum sowie das Wahrnehmen und Denken zuständigen Vermögen relativ am Ende des Traktats. *De anima* ist eine Untersuchung, die sich der Auffindung von *Ausgangspunkten* bzw. *Prinzipien* (*archê*) widmet, mit denen die Leistungen und Prozesse beseelter Entitäten sich wissenschaftlich erklären lassen. Diese Prinzipien sind Substanzen (*ousia*) und Ursachen (*aition*) der durch sie zu erklärenden Prozesse (DA 402a6-403a2; 413a20ff; 415b8ff.). Aus methodischer Perspektive handelt es sich um diejenigen irreduziblen Annahmen, die es braucht, um mit ihrer Hilfe die Phänomene beseelter Körper wissenschaftlich zu erklären. Bei der Diskussion der Ortsbewegung in *De anima* ist Aristoteles deswegen ebenso wenig an der direkten Erklärung einzelner Vorkommnisse seelischer Leistungen interessiert wie er dies bei der Behandlung der anderen Seelenvermögen war. Es geht vielmehr darum, zunächst einmal die basalen Entitäten zu ermitteln, die es für die Erklärung solcher Vorkommnisse von Ortsbewegungen erfordert.

Aristoteles beginnt die Behandlung der animalischen Ortsbewegung daher mit der Frage nach dem Vermögen der *Seele*, das für diese Leistung verantwortlich ist:

> [Nun soll] die Untersuchung über das Bewegende geführt werden, was von der Seele es ist, ob es sich dabei um einen bestimmten Teil von ihr handelt (a), der entweder der Größe nach oder begrifflich abtrennbar ist (a1) oder um die ganze Seele (b); und wenn es ein bestimmter Teil ist, ob er etwas Eigentümliches neben den für gewöhnlich genannten und bereits besprochenen ist oder ein bestimmter von diesen (a2). (DA 432a18-22)

Es geht hier darum festzustellen, ob die Bewegungsfunktion durch ein bestimmtes Seelenvermögen zu erklären ist (a) oder durch die Seele als Ganze (b). Wenn durch ein bestimmtes Seelenvermögen, stellt sich die Frage, ob dieses Vermögen physisch oder begrifflich abtrennbar ist (a1) und ob es sich dabei um ein neues und eigenständiges oder um eines der bereits diskutierten Vermögen handelt (a2). Die Frage, die Aristoteles hier stellt, zielt also nicht auf eine nähere Klärung des Hergangs von Episoden von Ortsbewegungen, wie beseelte Körper sie ausführen, sondern stellt ausdrücklich nur die Frage nach dem für die Ortsbewegung verantwortlichen ‚Seelenteil'.[5] Es geht hier, so wie überhaupt in *De anima*, nur darum, die Prinzipien (unvermittelte Ausgangspunkte) zu finden, mit deren Hilfe sich die Phänomene beseelter Körper wissenschaftlich erklären lassen. Die

4 DA 403b24-26; 405b11f; 410b19-21; 411a29f; 413b11-13; 427a17f; 432a15-22.

5 Vgl. auch DA 432b7f; 13f.

Antwort darauf fällt, wie wir gleich sehen werden, komplex aus: Es gibt kein eigenständiges Seelenvermögen, auch nicht die Strebung, das für die Ortsbewegung zuständig wäre. Stattdessen gibt es eine Reihe unterschiedlicher Faktoren, die zur Ausbildung bzw. Konstitution von bewegungsrelevanten Strebungen beitragen bzw. beitragen können. Aristoteles beantwortet die Frage nach dem für die Bewegung der Lebewesen verantwortlichen seelischen Prinzip also, wenn überhaupt, im Sinne von (b). Um die in der Verursachung der Ortsbewegung involvierten *seelischen* Leistungen und die Weise ihrer Interaktion geht es in DA III 9-11 vornehmlich.

Anders in *De motu animalium*. Hier lautet die Fragestellung so:

> Jetzt soll aber die Untersuchung darüber geführt werden, welches insgesamt die gemeinsame Ursache für jegliche Art von Ortsbewegung ist. Denn manche von den Lebewesen werden bewegt durch Fliegen, manche durch Schwimmen und manche durch Gehen und auf andere derartige Weisen. (698a4-7)

Aristoteles fragt nach der gemeinsamen Ursache (*aition*) für alle Arten von animalischer Ortsbewegung. Was er genauer darunter versteht, wird weiter unten in 700b9-11 deutlich:

> (...) eine Betrachtung darüber, auf welche Weise die Seele den Körper bewegt (a) und was der Ausgangspunkt der Bewegung des Lebewesens ist (b), (steht) noch aus.

Aristoteles kündigt an, zu klären, worin der Ausgangspunkt (*archê*) für die Bewegung der Lebewesen besteht (b), und er kündigt an anzugeben, auf welche Weise (*pôs*) die Seele den Körper bewegt (a). Frage (b) ist von der Frage nach dem bewegenden Seelenvermögen aus *De anima* verschieden: Jetzt geht es nicht mehr darum festzustellen, welches das für die Ortsbewegung zuständige Seelenvermögen ist, sondern um den Ausgangspunkt, der die Ursache solcher konkreten Bewegungen ist wie Fliegen, Schwimmen und Gehen.[6] In MA geht es damit um die gemeinsame Erklärung real vorkommender Bewegungen konkreter Lebewesen (*archê tou zôiou kinêseôs*, 700b10f.). Dies zeigt sich nicht nur in der Ankündigung und Fragestellung der Schrift, sondern auch in der Durchführung: In MA behandelt Aristoteles die für die Ortsbewegung verantwortlichen seelischen Faktoren nur sehr kurz und summarisch (700b17-29). Zudem scheint er

6 Und Kriechen (*herpsis*), vgl. PA 639a30-b3. Ob die Lebewesen, die sich in „spiralförmiger Kontraktion" fortbewegen (*iluspastika*, HA 487b21, vgl. IA 709a28 und Kollesch, 1985, ad loc, S.124) mit zu den Kriechtieren gehören, ist mir nicht klar.

dabei im Wesentlichen seine Ergebnisse aus DA 433a9ff. wieder aufzunehmen. Die Frage nach dem Ausgangspunkt für konkrete Bewegungen von Lebewesen wäre durch die Angabe eines Seelenvermögens auch nur unvollständig beantwortet, weil selbst dann, wenn diese Information vorliegt, immer noch nicht klar ist, unter welchen Bedingungen Ortsbewegung tatsächlich erfolgt. Dies scheint aber genau die Frage zu sein, die Aristoteles in MA in (b) beantworten will: Es geht ihm hier im Gegensatz zu DA III 9-11 um die Angabe hinreichender Bedingungen für das tatsächliche Stattfinden animalischer Ortsbewegung. Man könnte dies als die Frage nach einem *Bewegungsgesetz* im Sinne von notwendigen und hinreichenden Bedingungen bezeichnen, die erfüllt sein müssen, damit Lebewesen sich bewegen, und die, wenn sie erfüllt sind, *unmittelbar* in Bewegung resultieren (vgl. das *euthys* in 701a14, 15, 17, 22, 30 und 33[7]). Die Frage (b) in MA zielt damit auf die Angabe der *unmittelbaren causa efficiens* der animalischen Ortsbewegung (*eschatês aitias tês kinêseôs*, MA 701a34f.). Die Antwort auf diese Frage gibt Aristoteles, wie wir sehen werden, im Wesentlichen durch die Figur des sogenannten ‚praktischen Syllogismus' im siebten Kapitel der Schrift.[8] Frage (a) dagegen (auf welche Weise bewegt die Seele den Körper?) zielt auf die Angabe des Hergangs der physiologischen Ereignisse, die die Ortsbewegung des *ganzen Lebewesens* (des beseelten *Körpers*) auf dem Niveau von Episoden erklären. Dabei geht es um die Schilderung der im Anschluss an die unmittelbare *causa efficiens* in automatischer Weise ablaufenden akteursinternen Prozesskette.[9] In DA wurde zur Klärung dieser Frage ausdrücklich auf eine andere Abhandlung verwiesen:

> denn das Bewegte wird bewegt, insofern es strebt, und die aktuale (*hê energeia*) Strebung ist eine Art von Bewegung, – aber das Bewegte (ist) das Lebewesen. Und das Organ, mit dem die Strebung bewegt, dies ist bereits körperlich, weswegen man bei den (Untersuchungen) der für Körper und Seele gemeinsamen Leistungen darüber Betrachtungen anstellen muss.[10] (DA 433b17-21)

---

7 Vgl. auch EN 1147a24-28. Es ist klar, dass es Aristoteles bei dieser Art von ‚Handlungsgesetz' nicht um Prognosen für Vorkommnisse animalischer Ortsbewegungen geht.

8 Zum vermeintlichen praktischen Syllogismus in DA 434a16-21, vgl. unten, S. 305ff.

9 Diese führt wiederum zur Bewegung der Gliedmaßen. Deren Funktionsweise wird diskutiert in *De Incessu Animalium*.

10 Ross (1965), S.52 und Nussbaum (1978), S.144 sehen hierin einen direkten Verweis auf das *symphyton pneuma*, das sie für *das* Organ der Strebung halten. Für Vorläufer dieser Ansicht, vgl. Hicks' Kommentar (1907), S. 564. Zum *symphyton pneuma* vgl. unten S. 332ff.

Mit den ‚(Untersuchungen) der für Körper und Seele gemeinsamen Leistungen' ist aller Wahrscheinlichkeit nach MA gemeint. In DA hatte Aristoteles immer wieder einzelne Strebungen als Leistungen bzw. Bewegungen bezeichnet, die Körper und Seele *gemeinsam* sind (DA 403a5-7; 16-28, b17-19), und in DS 436a6-11 hat er dies auch für die Strebung insgesamt wiederholt. Nun ist, wie gesagt, die Schrift ‚*De anima*' nicht, oder zumindest nicht direkt, mit der Erklärung solcher für Körper und Seele gemeinsamen Leistungen befasst. Stattdessen befasst sie sich mit der Suche nach den *Prinzipien*, die als Ausgangspunkte für die Erklärung solcher für Körper und Seele gemeinsamen Prozesse dienen (vgl. DA 402b11-403a2; 412a1ff.). Es lässt sich daher sagen, dass sich beide Behandlungen der animalischen Ortsbewegung komplementär zueinander verhalten: Grob gesagt, untersucht MA die Fragen, die mit der Bewegung des *beseelten Lebewesens* (seines Körpers) zusammenhängen, während DA die *unbewegte* Seele und ihre Vermögen festzustellen und zu bestimmen sucht, die dann die Prinzipien für die Erklärung der Prozesse beseelter Lebewesen stellen; vgl. MA 700b4-11:

> Über die Seele, ob sie bewegt wird oder ob sie nicht bewegt wird und wenn sie bewegt wird, wie sie bewegt wird, ist bereits vorher in der ihr gewidmeten Abhandlung gesprochen worden;[11] (...) eine Betrachtung darüber, auf welche Weise die Seele den Körper bewegt und was der Ausgangspunkt der Bewegung des Lebewesens ist, (steht) noch aus.

Anders gesagt: Es ist wahrscheinlich, dass MA zu der Schriftengruppe gehört, die man unter dem Titel ‚*Parva naturalia*' zusammenfasst, und in der, auf der Seelenlehre von DA aufbauend,[12] die dem Körper und der Seele gemeinsamen Leistungen untersucht werden. Eine weitere Möglichkeit wäre, dass es sich dabei um eine zoologische Schrift im engeren Sinne handelt, in der auf empirischer Basis auf dem Programm von *De partibus animalium* aufbauend eine Aitiologie für die Beobachtungen und Fakten der *Historia animalium* erstellt wird.[13] Aber auch in diesem Fall würde das in MA behandelte Thema auf den in DA gewonnenen Erkenntnissen aufbauen. Die Frage, welche der beiden Optionen die wahrscheinlichere ist, muss hier also nicht entschieden werden. Für die Zwecke dieser Arbeit

11 Gemeint ist DA I 3,4, wo die Möglichkeit der Bewegtheit der Seele verneint wird. Aristoteles akzeptiert nur eine *akzidentelle* Bewegtheit der Seele, nämlich insofern ein beseelter Körper auch sein Erklärungsprinzip mit sich führt.

12 Vgl. die Einleitung in DS 436a1ff. und in MA 698a1-4 und den Schluss in 704a1-b3.

13 Zur Frage, zu welcher Schriftengruppe MA gehört, vgl. Jaeger (1913), Rashed (2004) Fazzo (2004), vgl. Wilson (2000), S. 46-52 und Morel (2007), 93ff.

reicht es zu wissen, dass die beiden Schriften wechselseitig aufeinander verweisen und dass MA in der einen oder anderen Weise auf den Erkenntnissen aus DA aufbaut. Angesichts der sehr deutlichen wechselseitigen Verweise in beiden Schriften denke ich, dass die Beweislast bei denen liegt, die für einen anderen als komplementären Zusammenhang beider Schriften argumentieren.[14]

14 Nussbaum vertritt in ihrem Aufsatz von 1983 eine Inkomplementaritätsthese hinsichtlich beider Schriften, auf die ich hier kurz eingehen muss (merkwürdig ist, dass sie in ihrer Textausgabe und Kommentar den auf der Hand liegenden systematischen Zusammenhang zwischen DA und MA nicht wirklich diskutiert). Sie begründet (S. 135ff.) ihre Auffassung mit einer offenbar chronologisch motivierten These, der zufolge Aristoteles seine Bewegungstheorie aus DA, die unausgereift und inkonsistent war, in MA zu einer konsistenten Theorie verbessert habe. Sie führt aus, Aristoteles komme das Verdienst zu, in DA III 9-11 den Gedanken eines einheitlichen Strebevermögens erstmals in der Philosophiegeschichte formuliert zu haben, er habe ihn dann aber unzureichend und auf widersprüchliche Weise expliziert: „The De anima's invention of orexis is already a considerable philosophical achievement. But the account presented in these chapters is loosely organised and has a number of obvious deficiencies. (…) The De motu, I shall now claim, satisfies all of these demands (die sich ihrer Meinung nach aus den Nachteilen von DA ergeben, KC), clarifying Aristotle's account." Die Gründe, die sie dazu bringen, Aristoteles in DA III 9-11 Inkonsistenzen vorzuwerfen, sind allerdings unschwer zu entkräften: *Strebevermögen*: Nussbaum (1983), S.135 moniert den inkonsistenten Gebrauch des Wortes *‚orexis'* durch Aristoteles, der damit mal alle Strebearten und mal nur die arationalen Strebungen zu bezeichnen scheint. Dies bringt sie sogar dazu, in MA 701b1 einen Eingriff in den überlieferten Text vorzunehmen, vgl. (1976), S. 146; (1978), S. 346. Es ist aber schon lange beobachtet worden (Loening, 1903, S. 36, Anm. 4, Hicks 1907, S. 555, 560; Ross, 1924, S. 376.), dass Aristoteles' Gebrauch des Wortes *‚orexis'* folgende Regel beachtet: Dann, wenn es alleine steht, bezeichnet es die Strebung überhaupt, dann aber, wenn es in einem Kontrast zur Vernunft steht, bezeichnet es nur die arationalen Strebungen (Begierde und muthafte Strebung). Auch ist der letztere Gebrauch des Wortes keinesfalls „unparalleled", wie Nussbaum meint (1976, S. 146; 1978, S. 346), vgl. DA 434a12 und die zahlreichen Stellen in der EN, wo *orektikon* im Gegensatz zur Vernunft steht, z.B. 1102b30. *Übrige Mängel*: Aristoteles habe nicht angegeben, wie 1. Kognition und Strebung zusammenwirken müssen, damit es zur Bewegung kommt („must interact in the production of an action"), 2. wie sich die Relation zwischen der psychologischen Erklärung und dem Physiologischen verhält, und 3. auf welche Art von Körperbewegung sich die Erklärung in DA bezieht (Nussbaum 1983, S. 135). Alle drei Mängel ergeben sich daraus, dass Nussbaum eine Arbeitsteilung zwischen DA und MA nicht anerkennt und deswegen davon ausgeht, dass beide im Kern dieselbe Fragestellung behandeln: 1. Wann es zu einer physikalisch beobachtbaren Bewegung eines Lebewesens kommt, ist für Aristoteles aber eher eine Frage von entweder Zoologie oder der Theorie der ‚für Körper und Seele gemeinsamen Leistungen' denn der Seelentheorie. Es stellt von daher keinen Mangel dar, wenn die Frage in DA nicht behandelt wird. 2. Physiologische Erklärungen werden in DA nur sporadisch, meistens in den methodischen Teilen (so in 403a3ff.) und in keinem Fall vollständig erbracht. Die Behandlung physiologischer Fragen gehört

Im Folgenden werde ich die beiden Textabschnitte DA III 9-11 und MA 6-10 vorstellen und interpretieren.

---

für Aristoteles in die Serie der Traktate über die ‚für Seele und Körper gemeinsamen Leistungen', wozu MA aber gut gehören könnte (vgl. DS 436a1-6 und MA 704a2-b3). 3. Das Fehlen einer Eingrenzung des Explanandums in DA ist etwas, dass sich ebenfalls leicht durch Zielsetzung und Methode dieser Schrift erklären lässt, wo es um die Ermittlung der *Prinzipien* der Ortsbewegung geht. MA widmet sich dagegen der Erklärung tatsächlich vorkommender Bewegungen wie Schwimmen, Fliegen, Gehen (vgl. MA 698a5-7 sowie PA 639b1-3). Eine Abgrenzung der Explananda gegenüber verwandten Phänomenen ist dort also sinnvoll (sie wird erbracht in Kap. 11). Ein weiterer Grund, der Nussbaum dazu bewog, die Komplementarität beider Schriften zu bestreiten, ist ihre Ansicht, dass MA nicht eindeutig zu den zoologischen Schriften zuzurechnen sei, sondern aus der ursprünglich angelegten systematischen Ordnung der naturphilosophischen Wissenschaften herausfalle (1978, S. 108-114). Die Argumente, die sie für ihre Sicht vorbringt, sind im Kern ebenfalls chronologisch motiviert: Sie glaubt, Aristoteles habe zum Zeitpunkt der Verfassung von MA seiner methodologischen Maxime der Gattungsspezifizität wissenschaftlicher Untersuchungen den Rücken gekehrt und würde nun interdisziplinär arbeiten. Für eine Kritik daran, vgl. Kung (1982) und Kollesch (1985), S.28. Interessant ist die eigene Sicht Kolleschs (1985, die übrigens Nussbaum 1983 nicht gekannt zu haben scheint), deren Urteil über das Ziel von MA man sich zwar einerseits anschließen möchte, jedoch wird man ihr kaum darin zustimmen können, dass sich die Zielsetzung von MA darin *erschöpft*: „(D)as erklärte Ziel von MA ist es dagegen, die allen Lebewesen gemeinsame letzte Ursache der Bewegung zu untersuchen, d.h. eine Antwort auf die in Ph.VIII 4, 254b29f. gestellte Frage zu finden, wie man bei der Eigenbewegung die Grenze zwischen dem Bewegenden und dem Bewegten zu ziehen hat." (S. 28); Es geht doch wohl um mehr, nämlich um die Erstellung einer Theorie der animalischen Ortsbewegung. Zum systematischen Zusammenhang von MA mit DA hat Kollesch leider nur wenig zu sagen (vgl. S. 58f.).

2. Interpretation von *De anima* III 9-11

Überblick

Bei DA III 9-11 handelt es sich m.E. um ein, wenn auch kompliziertes, so doch argumentativ in sich geschlossenes Textstück. Was dem Text seine Einheitlichkeit verleiht, ist dass er die Prinzipien und Grundzüge einer *Theorie* der animalischen Ortsbewegung ermittelt. Ich teile den Text in fünf Abschnitte.

(i) Der erste Abschnitt beginnt mit der oben schon zitierten Exposition der Fragestellung nach dem für die Ortsbewegung zuständigen Seelenteil. Daran schließt sich auf methodischem Niveau eine Erörterung der Schwierigkeiten an, die mit der Redeweise von den ‚Seelenteilen' verbunden sind (DA 432a15-b13). Dieser Abschnitt wurde in oben in Teil I, Abschnitt 1 schon behandelt.

(ii) Daran schließt eine abgeschlossene dialektische[1] Diskussion der Frage nach dem für die Ortsbewegung zuständigen Seelenteil an. Die Diskussion hat stark aporetische Züge[2] (432b13-433a8). Sie beginnt damit, dass Aristoteles vier der vorher in *De anima* erwähnten Seelenfunktionen als Kandidaten für das bewegende Seelenvermögen einem Prüfverfahren unterzieht. Dies sind Ernährungsfähigkeit, Wahrnehmungsfähigkeit, Vernunft und Strebung. Das Verfahren ist *eliminativ*, d.h. es werden für jeden Kandidaten Einwände vorgebracht, die ihn als ‚das' bewegende Vermögen disqualifizieren. Alle vier Kandidaten scheiden aus. Der negative Ausgang des Prüfungsverfahrens hat jedoch auch ein positives Resultat: Mit den Argumenten und Phänomenen, die Aristoteles anführt, um die Kandidaten zu Fall zu bringen, erstellt er gleichzeitig einen Fundus an Beobachtungen und ‚schwierigen Fällen', die eine Theorie der animalischen Ortsbewegung erklären können muss (problematische Fälle). Gleichzeitig mit dem aporetischen Verlauf des Eliminationsverfahrens werden so *Kriterien* gewonnen, an denen sich eine Theorie der animalischen Ortsbewegung messen lassen muss.

(iii) Als nächstes folgt die Antwort auf die Frage nach dem Beweger. Dies ist gleichzeitig der Anfang der Präsentation von Aristoteles' eigener Theorie der animalischen Ortsbewegung (433a9-b30). Die Antwort fällt komplex aus: Aristoteles vermeidet es in dieser Passage, eine eindeutige

---

1 Dies wird in den meisten Fällen so gesehen. Eine Ausnahme ist Nussbaum (1983), die hier nicht "any of the characteristic signs of a dialectical approach" sieht (S. 136, Anm. 39).

2 Für die 'Technik' des aporetischen Verfahrens, vgl. Code (1984).

Antwort im Sinne einer Seelenfunktion zu geben, die *allein* für die Ortsbewegung zuständig wäre. Die Struktur der Antwort scheint auf den ersten Blick konfus: Statt der klaren Nennung eines oder zweier Seelenfunktionen wählt er Formulierungen wie, dass das Bewegende nur *der Art nach* einheitlich sei, nämlich die „Strebefähigkeit, insofern sie zum Streben fähig ist“ (433b10f.), es *individuell* (der Zahl nach) jedoch mehrere Beweger gebe (433b12f.). Mit dieser umständlichen Formulierung ist allem Anschein nach gemeint, dass je nachdem, welche kognitive Seelenfunktion gerade der Strebung ihren Gegenstand vorgibt, dies Gegenstände *entweder* der Wahrnehmung *oder* der Vernunft sein können (433b27-29). Ortsbewegung ist demnach immer eine Leistung, die durch die *Kombination mehrerer Seelenfunktionen* zustande kommt, wovon die eine aber immer eine Strebung sein muss. Offenbar ist Aristoteles der Meinung, dass eine Antwort, die sich der Terminologie der Seelenvermögen bedient, den Sachverhalt nicht wirklich treffen kann: Entscheidend für die Erklärung der Ortsbewegung ist nicht die Nennung eines oder mehrerer Seelenvermögen bzw. deren Kombinationen, sondern der grundsätzliche Erklärungsansatz, den Aristoteles wählt: Er beschreibt einen akteursinternen physischen Prozess der Bewegungsgenese, in dessen Verlauf die beteiligten Seelenfunktionen eher Phasen in einem Bewegungskontinuum markieren, als dass sie als die für die Ortsbewegung ‚zuständigen‘ Vermögen ausgemacht werden. Seine Behandlung des Themas orientiert sich dementsprechend nicht an Seelenfunktionen, sondern an verschiedenen Phasen der Bewegungsgenese. Dabei wird eine Tendenz merkbar, sich sozusagen von rückwärts vorzuarbeiten. Aristoteles beginnt mit der unmittelbaren Bewegungsursache der Ortsbewegung. Sie besteht in einer Strebung und einer durch sie initiierten Suchbewegung, die der Konkretisierung bzw. Realisierung des durch die Strebung vorgegebenen Bewegungszweckes dient. Danach (ab 433a18) geht er auf die dieser Phase vorausgehende Etappe der Konstitution der Strebung ein.

(iv) Nachdem er in Grundzügen seine Erklärung der animalischen Ortsbewegung gegeben hat, ordnet er diese Spezialtheorie in den allgemeinen Kontext seiner Bewegungstheorie aus der *Physik* ein und gibt einen Ausblick auf die psychophysische (für Körper und Seele gemeinsame) Erklärung der Ortsbewegung in MA (ab 433b13).

(v) Der Vervollständigung und Vertiefung seiner Theorie dient die Erklärung bzw. Lösung der ‚problematischen Fälle’ aus (ii). Diese erfolgt, gleichsam zur Bewährung, unter Zuhilfenahme seiner eigenen in (iii) erstellten Bewegungstheorie (ab 433b31). Dies geschieht, soweit die problematischen Fälle nicht schon in der Exposition der Theorie erklärt wurden, in derselben Reihenfolge, in der sie sich im Verlauf des Prüfungsverfahrens ergeben haben.[3] Dabei kommt es zur Klärung so gut wie aller aufgeworfenen Fragen und Probleme.[4] Im Folgenden werde ich die Abschnitte mit Ausnahme von (i), der schon behandelt wurde, in derselben Reihenfolge durchgehen.

(ii) Das dialektische Prüfverfahren

Es werden vier der vorher in DA behandelten Seelenfunktionen als Kandidaten für das Bewegungsvermögen ‚geprüft'. Ich werde bei jedem einzelnen die Argumente nennen, die Aristoteles dagegen vorbringt, und die sich daraus ergebenden problematischen Fälle verzeichnen.

(a) Die *Ernährungsfähigkeit* behandelt Aristoteles nicht als einen ernst zu nehmenden Kandidaten für das gesuchte Seelenvermögen; er scheint es nur deshalb einzuführen, um den relevanten Bereich *einzugrenzen*: Die vegetativen Funktionen der Seele erfüllen nicht das Kriterium, mit einem subjektiv repräsentierten und erstrebten Zweck verbunden zu sein:

---

3 Irwin (1988, S.334) äußert sich vergleichbar über die dialektische Struktur von DA III 9-11, sieht die Einwände allerdings an anderen Stellen widerlegt als hier vorgeschlagen.

4 Dies spricht m.E. für die oben geäußerte Annahme, dass wir bei dem Textstück DA III 9-11 mit einer in sich abgeschlossenen thematischen Abhandlung zu tun haben (wenn es auch bei Problem v, 433b31-434a5, noch Unklarheiten gibt, auf welche Frage genau Aristoteles damit reagiert). Das dialektische Verfahren in DA III 9-11 hat ansonsten manche Ähnlichkeit mit der dialektisch-aporetischen Diskussion der Akrasie in EN 1145a35- 1152a36 (vgl. MM 1200b25ff.). Ähnliche diskursiv-dialektische Verfahrensweisen kann man bei Aristoteles häufiger finden; vgl. z.B. die ebenfalls aporetisch endende Suche nach dem Gattungsbegriff für die *prohairesis* in EN 1111b10-1112a14 oder auch in Teilen der Diskussion der Vorstellung (*phantasia*) in DA III 3, 427b6-428b9, mit gleichfalls negativem Ausgang (Diese Beobachtung macht auch schon Hicks in seinem Kommentar (1907), S. 552: „(...) A(ristotle) seems to obtain an answer by a method of exhaustion, precisely as in III., c [hapter] 3"). Inwieweit Aristoteles dabei auf Grundlage seiner Dialektik systematisch operiert, möchte ich hier nicht weiter verfolgen. Es ließe sich aber leicht eine an die Eigenheiten der gegebenen Situation angepasste Anwendung der (am ausführlichsten) in Ph. 211a7-11 und EN 1149b2-7 beschriebenen Verfahren konstruieren: Hier, im letzten thematischen Hauptabschnitt von *De anima* ist eine Auseinandersetzung mit den Meinungen der philosophischen Vorläufer nicht mehr nötig, zumal da ein erheblicher Teil der Kritik an ihren Seelenlehren in Buch I 2 und 3 bereits direkt auf deren Theorien der animalischen Ortsbewegung eingegangen ist. Von daher kann die Auflistung der *phainomena* im Sinne von bestimmten vorliegenden *Theorien* über die Ortsbewegung hier wegfallen und sofort in die Aporien gegangen werden.

> Dass es nicht das nährende Vermögen (*threptikê*) ist, ist klar: Denn diese Bewegung findet sowohl immer um eines bestimmten Zweckes willen statt als sie auch mit Vorstellung oder Strebung verbunden ist; es bewegt sich nämlich nichts, was nicht strebend oder meidend ist, außer gewaltsam. Ferner wären dann auch die Pflanzen zur Bewegung fähig und sie hätten auch ein für diese Bewegung vorgesehenen Teil als Organ. (DA 432b13-19)

Das Wort, dass Aristoteles hier für die subjektive Repräsentation des Bewegungszieles benutzt, ist ‚Vorstellung' (*phantasia*). Es gibt hier aber keinen Grund, einen besonderen technischen Gebrauch des Wortes zu vermuten und darin mehr zu sehen, als die üblicherweise damit bezeichnete Fähigkeit einer irgendwie subjektiven Repräsentation. Pflanzen, die nur über die vegetative Seele verfügen, fehlt beides: Sie haben weder Vorstellung noch die Fähigkeit zur Strebung. Dementsprechend gibt es für die *Ernährungsfähigkeit* auch keine ‚problematischen Fälle', die die Erklärungsleistungen einer Theorie der animalischen Ortsbewegung auf die Probe stellen könnten: Vorstellung und Strebung müssen ohne Einschränkung vorhanden sein.[5]

(b) Die *Wahrnehmungsfähigkeit* ist nicht alleiniger Beweger, weil manche weder unvollkommenen noch verstümmelten Lebewesen stationär sind und nicht über die für die animalische Ortsbewegung erforderlichen Organe verfügen, obwohl sie Wahrnehmung haben. Wenn die Natur aber nichts umsonst tut und nichts Notwendiges auslässt und die Wahrnehmung der Beweger ist, dann dürfte es keine stationären Lebewesen geben:

> Ebenso ist es auch nicht die Wahrnehmungsfähigkeit (*aisthêtikon*): Denn es gibt viele Lebewesen, welche zwar über Wahrnehmung verfügen, jedoch örtlich feststehend sind und gänzlich unbewegt. Wenn die Natur nun nichts umsonst hervorbringt noch auch etwas von den notwendigen Dingen auslässt, außer bei den Verstümmelten (*pêrômasi*) und Unvollendeten (*atelesin*), diese Lebewesen aber vollendet sind und nicht verstümmelt – ein Zeichen dafür ist, dass sie fähig zur Zeugung sind und eine Phase der Blüte und des Schwindens haben – dann ergibt sich, dass diese Lebewesen auch die für die Fortbewegung erforderlichen Körperteile als Organe haben müssten. (DA 432b19-26)

Aristoteles macht erklärtermaßen Gebrauch von einem Zeichenschluss (vgl. *sêmeion* in 432b24), um zu zeigen, dass es sich bei den stationären Lebewesen nicht um eine unvollendete (*atelesin*) Gattung handelt. Es scheint sich hierbei um ein prima facie Argument zu handeln. Uns kann

---

5 Vgl. MA 700b15f.: „Denn alle Lebewesen bewegen und werden bewegt um eines bestimmten Zweckes willen, so dass dies für sie die Grenze jeder Bewegung ist, das Worumwillen." Dieser Zweck muss intern repräsentiert sein.

das Argument nicht überzeugen, mit dem er von der teleologischen Ordnung natürlicher Gegenstände und der vermeintlichen Unverstümmeltheit stationärer Lebewesen darauf schließt, dass deswegen *alle* wahrnehmenden Lebewesen auch *alle* Funktionen ausüben können, die sich durch das Wahrnehmungsvermögen erklären. Dies widerspricht übrigens auch Aristoteles' eigener kontinuistischer Grundüberzeugung, der zufolge die Übergänge zwischen den Gattungen in der Natur bruchlos und allmählich verlaufen.[6] Später wird er die Frage nach der Bewegung bei unvollkommenen Lebewesen als ersten der problematischen Fälle behandeln (433b31-434a5). Dies legt die Annahme nahe, dass er hier tatsächlich ein Problem sieht, dessen Erklärung mit zu den Aufgaben einer Theorie der animalischen Ortsbewegung gehört. Möglicherweise besteht dieses Problem wiederum nur in einer Eingrenzung: Unvollendete und ‚verstümmelte' Tiere sind aus theoretischer Perspektive deswegen besonders interessant, weil sie sich am Rand des zu erklärenden Bereichs befinden, so dass sich anhand ihrer die spezifische Differenz zwischen selbstbewegt und nicht selbstbewegt besonders gut aufzeigen lässt. Mit etwas gutem Willen kann man also im Hintergrund von (b) die Frage vermuten, auf welche Weise die Ortsbewegung auf niedrigster Stufe zu erklären ist, d.h. wo man anfangen kann, von einer Selbstbewegung von Lebewesen zu sprechen.

(c) Die *Vernunft* ist nicht der alleinige Beweger, weil theoretische Vernunft keine möglichen Gegenstände von Handlungen betrachtet. Und wenn die Vernunft handlungsrelevante Gegenstände betrachtet, kommt es gleichwohl nicht unbedingt zu einer Handlungsanweisung. Selbst dann aber, wenn es zu einer Handlungsanweisung durch die Vernunft kommt, erfolgt nicht notwendig eine entsprechende Bewegung, so wie beim Akratiker.

> Allerdings ist auch nicht der vernünftige (Seelenteil) und das, was man die Vernunft (*nous*) nennt, der Beweger: (1) Denn die theoretische Vernunft betrachtet nicht den Gegenstand einer Handlung und sie sagt auch nichts über den Gegenstand des Meidens und Erstrebens, die Bewegung dagegen gehört stets entweder zu einem Meidenden oder Erstrebenden. (2) Aber nicht einmal dann, wenn sie etwas Derartiges betrachtet, befiehlt sie schon, es zu meiden oder zu erstreben. Z.B. denkt sie häufig etwas Fürchterliches oder Lustvolles und befiehlt nicht, in Furcht

6 Und zwar gerade auch in Bezug auf die stationären Lebewesen. Sie sind für Aristoteles u.a. deshalb so schwer zu fassen, weil sie sich in der Grenzregion zwischen Pflanze und Lebewesen befinden. Vgl. HA 588b5ff., wo es heißt, dass der Übergang von den unbeseelten (Pflanzen) zu den Lebewesen kontinuierlich (*synechês*) verläuft und deswegen verborgen bleibt, wo sich ihre Grenze befindet und zu welchen von beiden Gruppen das gehört, was sich in ihrem Mittelfeld befindet (wozu dann die Testaceen und Muscheln usw. gezählt werden). Im gleichen Sinne vgl. auch GA 715b16-21; 731b8-14; 761a13-32.

zu geraten, das Herz wird aber bewegt, und, wenn es etwas Lustvolles ist, ein anderer (Körper-) Teil. (3) Ferner, selbst wenn die Vernunft (*nous*) etwas anordnet und das Denken (*dianoia*) sagt, etwas zu meiden oder zu erstreben, kommt keine Bewegung zustande, sondern man handelt gemäß seiner Begierde, wie der Willensschwache. (4) Und überhaupt: Wir sehen, dass derjenige, der im Besitz der Heilkunst ist, nicht heilt, da etwas anderes für das wissensgemäße Herstellen ausschlaggebend (*kyrios*) ist, nicht aber das Wissen. (DA 432b26-433a6)

Es ergeben sich drei aufeinander aufbauende problematische Fälle, die eine Theorie der animalischen Ortsbewegung erklären bzw. als mögliche Einwände gegen die Bewegungsrelevanz der Vernunft entkräften können muss:

(1) Wenn die Vernunft keine Gegenstände betrachtet, die handlungsrelevant sind, wie kann sie dann überhaupt handlungsrelevant werden? Bewegung betrifft immer etwas, das entweder erstrebt oder gemieden wird, die theoretische Vernunft befasst sich mit solchen Gegenständen aber nicht. Eine Theorie der Ortsbewegung muss angeben können, wie es zur Verbindung der Vernunft mit bewegungsrelevanten Strebegehalten kommt: Wie erklärt sich die Beteiligung der Vernunft an der animalischen Ortsbewegung?

(2) Dieses Problem verschärft sich noch, da es sein kann, dass die theoretische Vernunft auch dann, wenn sie sich auf gegenwärtige handlungsrelevante Gegenstände richtet, nicht handlungsanleitend tätig wird. Verhält sich die Vernunft in Bezug auf Handlungsgegenstände indifferent? Eine Theorie wird zu erklären haben, wie es zu vernunftbeeinflussten Handlungs*anweisungen* kommen kann bzw. die Vernunft so Einfluss auf die Gestaltung des Handlungs*zieles* nehmen kann, dass es auf physischer Ebene effektiv zur Bewegung kommt.

(3) Weitere Verschärfung: Auch durch die Vernunft angeleitete Handlungsanweisungen führen nicht notwendig zu entsprechenden Handlungen, wie sich am Beispiel des ‚schwachen' Akratikers zeigt. Ist die Vernunft also ganz ohne Einfluss auf die Ortsbewegung?[7] Wie können sich vernünftig mitgestaltete Handlungsziele durchsetzen?

(4) Generell ist zu beobachten, dass etwas anderes als das Wissen (*epistêmê*) den Ausschlag (*kyrios*) für wissensgemäßes Handeln gibt.[8] Eine Theorie hat also zu erklären, wie epistemische (allgemeine) Gehalte handlungsrelevant werden können.

---

7 Anders formuliert: Besteht nur eine kontingente Beziehung zwischen der Handlungsanweisung durch Vernunft und ihrer effektiven Umsetzung?

8 Dies ist Aristoteles' Position auch in Metaph. 1048a10-15.

(d) Die *Strebung* kann deswegen nicht der Beweger sein, weil die Selbstbeherrschten (*enkrateis*) nicht ihren Strebungen, sondern ihrer Vernunft folgen:

> Indessen ist auch die Strebung (*orexis*) nicht ausschlaggebend für diese Bewegung: Denn die Selbstbeherrschten, obwohl sie strebend und begehrend sind, tun nicht das, worauf sich ihre Strebung bezieht, sondern folgen ihrer Vernunft. (DA 433a6-8)

Aristoteles benutzt hier einen eingeschränkten Begriff von Strebung (*orexis*) im Sinne von ‚arationaler Strebung'. Dies entspricht seiner Gewohnheit, mit dem Ausdruck ‚Strebung' dann, wenn er alleine steht, die Strebung überhaupt zu bezeichnen, also das Genus von ‚Begierde', ‚Mut' und ‚Wunsch', ihn aber dann, wenn er in einem *Kontrast* zur Vernunft steht, im Sinne nur der arationalen Strebungen ‚Begierde' und ‚Mut' zu verwenden.[9] Der Umstand, dass selbstbeherrschte Menschen nicht ihren arationalen Strebungen, sondern ihrer Vernunft folgen, zeigt, dass nicht alle Bewegungen durch Begierde und Mut motiviert sind. Dem muss die Theorie Rechnung tragen, indem sie erklären können muss, wie es trotz entgegengesetzter arationaler Strebung dennoch zur Bewegung im Sinne der Vernunft kommen kann.

Damit ist das Prüfungsverfahren abgeschlossen. Es hat sich ergeben, dass keines der geprüften Seelenvermögen der alleinige Beweger des Lebewesens ist.[10] Neben der nach wie vor offenen Frage nach dem Beweger haben sich aus der Diskussion die folgenden Fragen ergeben, die eine Theorie der animalischen Ortsbewegung erklären können sollte (im Folgenden: Problemkatalog):

---

9 Vgl. Loening (1903), S.36, Anm. 4, Hicks, 1907, S. 555, 560; Ross, 1924, S. 376. Vermutlich passt Aristoteles sich damit an einen verbreiteten Sprachgebrauch an.

10 Obwohl hinsichtlich der hier vorgestellten Einschätzung des dialektischen Charakters manche Übereinstimmungen mit Hudson bestehen, scheint es mir nicht zutreffend, die im Rahmen des Prüfungsverfahrens vorgetragenen Argumente lediglich als ‚prima facie – Argumente' einzustufen, wie Hudson dies tut (1981), S. 113 (‚prima facie objections'), oder so wie Irwin (1988, S. 334), hier ‚common beliefs' am Werke zu sehen. M.E. handelt es sich um genuine Einwände, die aus Aristoteles' Sicht und mit seinen eigenen Argumenten tatsächlich zeigen, dass es sich (1) bei den verschiedenen Vermögen jeweils nicht um das *alleinige* für die Ortsbewegung zuständige Vermögen handelt und (2) die Summe der im Verlauf des Verfahrens angeführten Beobachtungen und Argumente einen positiven Fundus an Phänomenen schafft, den die zu entwickelnde Theorie der animalischen Ortsbewegung widerspruchsfrei erklären können muss.

1. Auf welche Weise findet animalische Ortsbewegung auf niedrigster Stufe statt?
2. Wie erklärt sich die Beteiligung der Vernunft an der Konkretisierung von gegebenen Strebegehalten bzw. Handlungszielen?
3. Wie kann es zu vernunftbeeinflussten Handlungsanweisungen im Sinne von Handlungszielen kommen?
4. Wie können sich vernünftig mitgestaltete Ziele durchsetzen (Problem des willensschwachen Akratikers)?
5. Wie kann es trotz entgegengesetzter arationaler Strebung dennoch zur Bewegung im Sinne der Vernunft kommen (Problem des Selbstbeherrschten)?
6. Wie können *epistemische* Gehalte bewegungsrelevant werden?

Die Bewältigung dieses Problemkatalogs ist keine leichte Aufgabe, da die Phänomene, die den Fragen zugrunde liegen, teilweise widersprüchlich zu sein scheinen (insbesondere die einander entgegengesetzten Phänomene selbstbeherrschten und willensschwachen Handelns). Schon ein kurzer Blick auf den Katalog zeigt, dass eine Beantwortung der Frage nach dem bewegenden Seelenvermögen im Sinne *einer* Seelenfunktion nicht gut möglich ist. Dem entspricht die komplexe Struktur der nun folgenden Antwort: Aristoteles vermeidet darin eine Lösung im Sinne einer einzelnen für die Ortsbewegung verantwortlichen Funktion, und wenn er eines nennt, so beeilt er sich, dies gleich zu revidieren bzw. zu modifizieren. Seine Antwort sprengt damit den diskursiven Rahmen, den die Rede von ‚Seelenteilen' vorgibt, und wählt einen davon ganz verschiedenen Ansatz. Nämlich die Darstellung der Bewegungsgenese als einen kontinuierlichen (effizient-) kausalen Prozess mit verschiedenen Etappen.

(iii) Die Lösung: Grundriss der Aristotelischen Theorie der animalischen Ortsbewegung

Wie bereits gesagt, fällt die Antwort auf die Frage nach dem bewegenden Seelenvermögen komplex aus. Sie lässt sich m.E. am besten dem Textverlauf folgend als eine Serie von vier aufeinander aufbauenden Antworten darstellen, die zur zunehmenden Differenzierung und Ausgestaltung einer umfassenden Theorie der animalischen Ortsbewegung führen. Sie lassen sich, wie oben bereits gesagt, grob durch folgende Überschriften charakterisieren:

1. Die unmittelbare Ursache der Ortsbewegung
2. Die der unmittelbaren Ursache vorausgehende Konstitution der Strebung
3. Die Einordnung der Theorie der animalischen Ortsbewegung in die allgemeine Bewegungstheorie
4. Die Klärung problematischer Fälle, soweit sie durch 1.-3. noch nicht erledigt wurden.

1. Die unmittelbare Ursache der animalischen Ortsbewegung

> Tatsächlich aber erweist sich, dass diese zwei die bewegenden sind: Entweder Strebung oder Vernunft (*nous*), wenn man die Vorstellung als eine Art Denken (*noêsis*) ansetzt; – denn häufig folgen sie trotz ihres Wissens den Vorstellungen und bei den anderen Lebewesen gibt es weder Denken noch Überlegung, sondern nur Vorstellung (*phantasia*). – Also sind diese beiden fähig, Ortsbewegung zu bewirken, Vernunft und Strebung: Vernunft, wenn sie um eines bestimmten Zweckes willen überlegt, d.h. die zum Handeln Fähige; sie unterscheidet sich nämlich von der zur Betrachtung Fähigen durch den Zweck. Und jede Strebung hat einen bestimmten Zweck; denn worauf sich die Strebung bezieht, dies ist Ausgangspunkt (*archê*) der zum Handeln fähigen Vernunft. Aber das letzte (in der vernünftigen Überlegung) ist der Ausgangspunkt (*archê*) der Handlung. Folglich scheinen mit gutem Grund diese zwei die Bewegenden zu sein: Strebung und zum Handeln fähiges Denken (*dianoia*); denn der Gegenstand der Strebung bewegt und aufgrund seiner bewegt das Denken, weil sein Ausgangspunkt (*archê*) der erstrebte Gegenstand (*orekton*) ist. Und die Vorstellung, wenn sie bewegt, bewegt nicht ohne Strebung. Also ist eines das Bewegende, (und zwar) die Strebefähigkeit (*orektikon*). Wenn es nämlich zwei wären, Vernunft und Strebung, so würden sie auf eine gemeinsame Art bewegen. (DA 433a9-23)

Im Resultat sind beide, Vernunft und Strebung, *zusammen* für die Ortsbewegung verantwortlich. Aristoteles arbeitetet hier aber mit einem inklusiven Begriff von Vernunft, der auch das andere hier genannte ‚diakritische' Vermögen ‚Vorstellung' (*phantasia*) beinhaltet (vgl. auch MA 700b17-22). Um zu bewegen, benötigt die Strebung also die Mitwirkung von einem der beiden kognitiven Vermögen. Durch den inklusiven Vernunftbegriff kann Aristoteles ein hinreichendes Abstraktionsniveau halten, um eine für alle animalischen Ortsbewegungen gemeinsame Erklärung zu geben.[11] Damit ist die Sache aber noch nicht abgeschlossen. Aristoteles kommt nun auf die Frage nach dem *Verhältnis* der beiden Vermögen. Zunächst äußert er sich

11 Er legt hier offensichtlich Wert darauf, die diakritische Funktion von Vernunft und Vorstellung von der Strebung zu *unterscheiden*. Vgl. dagegen Whitings Deutung der Passage (2002), S.182, Anm. 59, sowie S. 186ff.

eindeutig im Sinne einer Priorität der Strebung: Zwar besteht der Anschein, dass es mit Vernunft/Vorstellung und Strebung zwei Beweger gibt, mit gutem Grund (*eulogôs*), die Ursache dafür, dass Vernunft/Vorstellung bewegen kann, liegt in Wahrheit aber seinerseits in einer Strebung. Strebung, so heißt es oben im Text, ist Ausgangspunkt (*archê*) und Zweck (*telos*) des durch Vernunft/Vorstellung in Bewegung gesetzten Denkens. Das zum Handeln fähige Denken wird hier mit dem durch die Strebung in Bewegung gesetzten Denken *identifiziert*. Theoretische (zum Betrachten fähige) Vernunft verfügt nicht über einen solchen praktischen Zweck und ist daher motivational irrelevant. Damit ist Frage 2 des Problemkatalogs aus dem Prüfungsverfahren beantwortet: Wenn Vernunft Einfluss auf die Realisierung von Handlungszwecken nehmen soll, so ist dies nur dann möglich, wenn sie in einen Strebekontext eingebunden ist. Vernunft ist von sich aus nicht mit praktischen Zwecken befasst. Sie ist daher nur dann zum Handeln fähig (‚praktisch'), d.h. sie kann sich nur dann an der Realisierung von Zwecken beteiligen, wenn ihr die Zwecke (der Gegenstand der Strebung, *orekton*) von der Strebung vorgegeben werden. Sie ist in dieser Hinsicht, so besagt die Stelle, vollständig (kausal und ihrem Gehalt nach) von der Strebung abhängig. Sie beschränkt sich damit darauf, Mittel zu Zwecken zu ersinnen, die nicht von ihr selbst stammen. Gleiches macht Aristoteles ausdrücklich für die Vorstellung als dem anderen der beiden kognitiven Vermögen geltend. Bei dieser Abhängigkeit der kognitiven Vermögen von der Strebung bleibt nur ein bewegendes Seelenvermögen übrig, die Strebefähigkeit.[12] Dies ist jedoch nicht Aristoteles' letztes Wort.

Dadurch, dass Aristoteles in dieser Passage nicht nur Seelenvermögen aufzählt, sondern sich hauptsächlich mit der *Relation* beschäftigt, in der die Tätigkeiten der beteiligten Vermögen zueinander stehen, zeichnen sich einige grundsätzliche Eigenschaften seines Erklärungsansatzes deutlich ab. Drei Merkmale fallen dabei besonders ins Gewicht:

(a) Die Relation der Tätigkeiten der beteiligten Vermögen ist *kausal und transitiv*: Die Strebung ist der Ausgangspunkt (*archê*) eines kognitiven Aktes, der selbst wiederum Ausgangspunkt (*archê*) der Bewegung (*praxis*) ist (DA 433a15-17). Dies zeigt auf welche Weise Aristoteles hier von see-

12 *orektikon*, DA 433a21, allerdings ist die Überlieferung hier gespalten und es gibt auch die Variante mit *orekton* (Gegenstand der Strebung). Zu den möglichen Interpretationen, vgl. Labarrière (2004b), S. 188ff. Die Fragestellung in DA III 9-11 ist die nach dem für die Ortsbewegung zuständigen *Seelenvermögen*, was m.E. gegen die Lesart *orekton* spricht. Mir scheinen jedoch weder für die eine noch für die andere Lesart zwingende Gründe vorzuliegen. (Davon, dass die kontroversen Interpretationen dieser Stelle schon seit langem sehr ähnliche Argumente austauschen, kann man sich mit einem Blick in Trendelenburgs Ausgabe von 1877 ad loc. überzeugen.)

lischen Funktionen spricht: Da die theoretische Vernunft aufgrund ihres gegenüber der Strebung andersartigen Zwecks[13] motivational irrelevant ist und die ‚praktische' (zum Handeln fähige) Vernunft in der beschriebenen Weise kausal und dem Gehalt nach von der Strebung abhängig ist, ergibt sich, dass hier mit *‚zum Handeln fähiger Vernunft'* nicht ein eigenes Vermögen der Vernunft gemeint ist, sondern eben jene durch die Strebung initiierte vernünftige Überlegung im Dienste der Realisierung ihres Zweckes. Praktische Vernunft wird hier – und für diese Phase der Bewegungsgenese – als vernünftige Überlegung charakterisiert, die kausal und dem Inhalt nach von einer Strebung initiiert (‚bewegt') wurde.[14]

(b) Die kausale Abfolge bildet ein *Kontinuum*,[15] das durch die Bewegungen der beteiligten Seelenfunktionen in Etappen mit bestimmter Reihenfolge gegliedert ist. Aristoteles beantwortet die Frage nach dem bewegenden Seelenvermögen also nicht im Sinne eines oder mehrerer selbstständig agierender ‚Vermögen', wie die Fragestellung dies vielleicht nahelegt, sondern durch die Beschreibung eines *kontinuierlichen Prozesses der Bewegungs- bzw. Handlungsgenese.*

(c) Die Etappen der Bewegungsgenese *kumulieren* sich (teilweise): Wie oben zu sehen war, erklärt Aristoteles die Bewegungsrelevanz der Vernunft dadurch, dass ein Prozess vernünftiger Überlegung durch eine Strebung, die ihr als Ausgangspunkt (*archê*) dient, initiiert wird. Erforderlich wurde die Erklärung, weil er davon ausgegangen ist, dass die Vernunft für sich genommen (d.h., die zum Betrachten fähige Vernunft) keine praktisch relevanten Gegenstände betrachtet. Wenn er aber andererseits behauptet, dass der letzte Schritt in der vernünftigen Überlegung wiederum Ausgangspunkt (*archê*) der Handlung ist (433a17), so scheint er der Vernunft hier auf einmal eine bewegende Wirkung zuzuschreiben. Es war aber gerade das Fehlen der Bewegungsrelevanz der Vernunft der Grund dafür,

---

13 „Sie unterscheidet sich durch den Zweck" kann sowohl heißen, dass die theoretische Vernunft über einen anderen als den praktischen Zweck verfügt, als es auch heißen kann, dass sie über gar keinen Zweck verfügt. Letzteres passt nicht zu den Ausführungen des Aristoteles zur *theôria.* Zur Unterscheidung der beiden Arten von Zwecken, vgl. MA 700b23-35 und unten, S. 291ff.

14 Dabei bleibt es nicht. Aristoteles spricht hier nur von der Phase der unmittelbaren Antezedenzien.

15 Dies zeigt sich auch in der sprachlichen Form des Satzes in DA 433a15-17, in dem die beiden korrelativen Pronomina auf die Bruchlosigkeit deuten, mit der eine Phase der Handlungsgenese in die anschließende überwechselt: „denn worauf sich die Strebung bezieht, dies ist Ausgangspunkt (*archê*) der zum Handeln fähigen Vernunft. Aber das letzte (in der vernünftigen Überlegung) ist der Ausgangspunkt (*archê*) der Handlung." (durch attractio relativi ist das genus von *hautê* dem anschließenden femininen *archê* angeglichen). Vgl. aber auch generell zur Kontinuität des akteursinternen Bewegungsablaufs bei der Selbstbewegung Ph.258a18-22.

dass sie von Aristoteles in einen *Strebekontext* eingebettet wurde. Wie ist dies zu erklären? Da es abwegig ist, der Vernunft hier ihre effizient-kausale Wirkung allein aufgrund ihrer intellektuellen Aktivität zuzuschreiben, ist davon auszugehen, dass sie deswegen das kausale Antezedens der Bewegung sein kann, weil die Strebung, die sie initiiert hat, weiterhin als Bewegungsursache virulent ist. Dies erlaubt Aufschlüsse über die interne Struktur der Handlungsgenese: Wenn die vernünftige Überlegung nicht aufgrund eigener bewegender Kräfte Initiator der Bewegung des Lebewesens ist, dann offenbar deswegen, weil die Strebung damit, dass sie die vernünftige Überlegung initiiert, nicht aussetzt, sondern weiter aktiv ist. Im bisher geschilderten Prozess der Handlungsgenese *kumulieren* sich also die Etappen.

Allerdings wird mit Antwort 1 und der Lösung von Frage 2 des Problemkataloges nur ein Teil des gesamten Prozesses beschrieben, der zur Ortsbewegung führt. Bis jetzt wurde nur von der letzten Phase der Handlungsgenese gesprochen, die der Körperbewegung unmittelbar vorausgeht: Wir haben gehört, dass bei einer gegebenen Strebung, 1. diese Strebung in einem effizient-kausalen Sinn der Ausgangspunkt (*archê*) für die vernünftige (im inklusiven Sinn) Überlegung ist, 2. sie ihr den Gehalt (den Zweck) vorgibt, und 3. die vernünftige Überlegung ihrerseits in der angegebenen Weise effizient-kausaler Ausgangspunkt (*archê*) für die Bewegung (Handlung) des Lebewesens ist. *Dass* ein Zweck und eine entsprechende Strebung nach ihm vorliegen, setzt diese Beschreibung also einfach voraus. Für eine *vollständige* Theorie der animalischen Ortsbewegung fehlt damit noch die Darstellung der Phase, die der unmittelbaren Verursachung der Bewegung vorausgeht.

Für das Bisherige lässt sich festhalten: Aristoteles konzipiert die Bewegungsgenese als einen kontinuierlich verlaufenden Prozess aus sich kumulierenden Etappen. Bisher hat er nur die unmittelbar vor der Bewegung gelegene Etappe skizziert:

> (1) Strebung → (2) vernünftige Überlegung (= ‚praktische' Vernunft[16]) → (3) Bewegung/Handlung

Die Strebung wird dabei durch die vernünftige Überlegung nicht *abgelöst*, sondern lediglich *qualifiziert*. Dies zeigt sich sowohl an der motivationalen Relevanz von (2) als auch an der Identität des Gehalts (des Zwecks) von (1) und (2) und, so ist anzunehmen, von (3). Für die unmittelbare Ursache

16 Es ist davon auszugehen, dass Aristoteles hier immer noch mit dem inklusiven Begriff der Vernunft (Vorstellung und Vernunft) arbeitet, um die Bewegung möglichst aller Lebewesen abzudecken.

von (3), der vernünftigen Überlegung bzw. der Vorstellung, gilt damit, dass sie sowohl ihrem bestimmenden Gehalt (ihrem Zweck) nach als auch in ihrer effizient-kausalen Wirkung vollständig von der ihr vorausgehenden Strebung (1) abhängt.[17]

Da diese Erklärung nur die letzte Etappe der Bewegungsgenese betrifft, ist Aristoteles bis jetzt noch nicht auf allzu viel festgelegt: Es ist motivationstheoretisch trivial, dass ein Lebewesen, wenn es sich aus eigenem Antrieb in Richtung auf ein bestimmtes Ziel in Bewegung gesetzt hat, auch eine Strebung danach gehabt haben muss, dies zu tun. Und auch für Aristoteles ist der Zusammenhang zwischen Selbstbewegung und entsprechender Strebung in diesem Sinne analytisch. Mehr oder weniger trivial ist auch, dass die Strebung über den gesamten Verlauf der Handlungsgenese hindurch besteht, da dies auch mit unserem Alltagsverständnis korrespondiert: Wir würden einem handelnden Lebewesen für die *gesamte* Dauer, die die Ausführung und Planung seiner Handlung in Anspruch nimmt, auch eine entsprechende Strebung zusprechen. Aristoteles gibt also zwar eine Antwort auf die Frage nach dem bewegenden Seelenvermögen, er gibt sie jedoch 1. nur unvollständig, da er nur die unmittelbare Ursache der Bewegung angibt, und er gibt sie 2. nicht im Sinne eines einzigen Vermögens (was durch die Fragegestellung ja suggeriert wurde), sondern er beschreibt eine akteursinterne Ereigniskette, durch die sich eine gemeinsame Zwecksetzung sozusagen hindurchzieht. Da die Ereigniskette aber unvermittelt mit einer Strebung gegebenen Gehalts einsetzt, ist sie noch nicht vollständig beschrieben. Aristoteles' Antwort auf die Frage nach dem Beweger ist also noch nicht vollständig. Bis jetzt wissen wir nur, wie das Lebewesen sich bewegt, wenn bereits eine Strebung vorhanden ist, nämlich durch die Strebefähigkeit bzw., wie Aristoteles sich ausdrückt, durch (inklusive) Vernunft, die zusammen mit der Strebung gemäß einer gemeinsamen Art in Bewegung setzt (*kata koinon* (…) *eidos*; DA 433a22, also Strebung mit entweder Wahrnehmung, Vorstellung und / oder Vernunft).
Im nächsten Abschnitt geht es daher um die *Konstituierung* der Strebung, und damit um den vorangehenden Abschnitt der Bewegungsgenese.

2. Die der unmittelbaren Ursache vorausgehende Konstitution der Strebung

> Nun bewegt die Vernunft aber offenbar nicht ohne Strebung – das Wünschen (*boulêsis*) ist nämlich eine Strebung, und wenn man sich gemäß der Überlegung

17 Der Wünschende ist Ursache im effizienten Sinne; vgl. Ph. 194b30-32; 195a21-23. Die zugrunde liegende *Strebung* ist die kausal ausschlaggebende (*kyriôs*) Komponente der Ortsbewegung, vgl. auch Metaph. 1048a10-15.

> (*logismos*) bewegt, so bewegt man sich auch gemäß dem Wünschen –, jedoch die Strebung bewegt <auch>[18] gegen die Überlegung, die Begierde ist nämlich eine Strebung. Freilich ist alle Vernunft richtig, Strebung jedoch und Vorstellung können sowohl richtig als auch nicht richtig sein. Deswegen bewegt jedes mal der Gegenstand der Strebung, aber dieser ist entweder das Gute oder das, was das Gute zu sein scheint; allerdings nicht jedes, sondern das Gute, das Gegenstand einer Handlung ist; und Gegenstand einer Handlung ist das, was sich auch anders verhalten kann. (DA 433a23-30)

Aristoteles macht den Anfang mit der Beobachtung, dass die Vernunft nur *zusammen* mit einer Strebung bewegen kann. Dies mag vor dem gegebenen Hintergrund trivial erscheinen, weil im vorherigen Abschnitt ja gerade die praktische Vernunft auf die Strebung als ihren Ausgangspunkt zurückgeführt wurde. Hier geht es aber nicht mehr nur um die durch eine Strebung initiierte Überlegung im Dienste der Realisierung eines vorgegebenen Zwecks, sondern um einen *Wunsch*, d.h. um einen rational mitbestimmten *Strebegehalt* (*boulêsis*). Aristoteles sagt hier, dass es nicht nur arationale Strebungen gibt, sondern auch *Wünsche*, die für ihn gleichfalls Strebungen sind. Wie es zu rationalen Strebegehalten kommen kann, sagt er an dieser Stelle aber noch nicht. Er beschränkt sich darauf zu erwähnen, dass die Überlegung (das praktischen Denken) dann, wenn sie bewegungsrelevant wird, eine rationale Strebung *impliziert*; vgl. noch mal 433a24f.:

> und wenn man sich gemäß der Überlegung (*logismos*) bewegt, so bewegt man sich auch gemäß dem Wünschen.[19]

Wir befinden uns damit in der der unmittelbaren Ursache *vorgeordneten* Etappe der Handlungsgenese. Strebungen, die in der Phase der unmittelbaren Ursache der Ortsbewegung noch als bestehend vorausgesetzt wurden,

18 Ross' Text. Ross folgt hier Torstrik und druckt mit den Paraphrasen von Themistius und Philoponos „jedoch die Strebung bewegt <auch (*kai*)> gegen die Überlegung." Dies macht guten Sinn, gesetzt man möchte einen invarianten Gebrauch des Terms ‚Strebung' erhalten. Es scheint jedoch nicht ohne Weiteres klar, dass Aristoteles selbst an einem solchen Gebrauch interessiert ist (vgl. Anm. 9).

19 Der Satz ist nicht eindeutig. Er kann eine generelle oder eine speziellere Implikation formulieren. D.h. entweder, dass jede Bewegung, die gemäß der Überlegung zustande kommt, dann auch eine wunschgemäße Bewegung ist, oder, dass jedes Individuum, welches in der Lage ist, sich seiner Überlegung gemäß zu bewegen, auch in der Lage ist, seine Strebeziele rational mitzugestalten (sich gemäß dem Wünschen zu bewegen). Ersteres enthält eine Identifikation von Wunschgegenstand und überlegtem Handlungsziel, während Letzteres nur besagt, dass jeder, der sein Handeln gemäß der Überlegung einrichtet, auch die *Fähigkeit* hat, seinem Wunsch entsprechend zu handeln.

können durch verschiedene Gehalte bestimmt sein, d.i. durch vernünftige und durch nicht-vernünftige Gehalte. Sowohl Vernunft als auch die unvernünftige Begierde können den Gehalt von Strebungen stellen. Sie übernehmen deswegen auch die Fallibilität der sie bestimmenden kognitiven Vermögen: Vernunft ist immer richtig, Vorstellung ist nicht immer richtig, und dementsprechend können die Gehalte der Strebung entweder in einem Gut (*agathon*) oder einem so scheinenden Gut (*phainomenon agathon*) bestehen.[20] Allerdings mit einer Einschränkung: Es kommt nicht jeder Gehalt dafür in Frage, sondern nur Güter und unter den Gütern nur die, deren Ausführung in den Möglichkeiten des Handelnden liegt (*prakton agathon*).[21] Damit ist, wie aus den Ethiken bekannt ist, gemeint, dass die Erlangung des erstrebten Gehaltes in den Möglichkeiten des Akteurs liegen muss, um handlungsrelevant zu sein. Wenn er nicht in den Möglichkeiten des Akteurs liegt oder der Akteur nur glaubt, er läge nicht in seinen Möglichkeiten, wird der Gehalt keine Ortsbewegung initiieren können.[22] Dies schränkt die zur Bewegung führenden Gehalte auf solche Gegenstände ein, die sich durch konkrete Eingriffe in die Außenwelt herbeiführen lassen.[23]

---

20 Das heißt, wie gesagt, nicht, dass das *phainomenon agathon* nicht auch ein *agathon* sein kann, sondern Aristoteles schließt hier nur von der Fallibilität der kognitiven Vermögen auf die Fallibilität der durch sie bestimmten Strebungen. Er sagt nicht, dass die Lebewesen, die über das Vernunftvermögen verfügen, deswegen infalliblen Zugang zu ihrem Gut haben, ohne dass es ihnen auch als solches ‚scheinen' muss (dass auch den Menschen, und zwar auch den tugendhaften unter ihnen, das Gute als solches ‚scheinen' muss, sagt EN 1113a22ff.). Vielmehr sagt er nur, dass Vernunft *qua* Vernunft immer richtig ist, Strebung und Vorstellung jedoch nicht; die Strebeziele der Lebewesen können daher ‚richtig' oder ‚nicht richtig' sein und bei vernünftigen Lebewesen können darüber hinaus Güter *als solche* erstrebt werden. Es gibt also keine strikte Kovarianz von ‚*agathon*' mit ‚Wünschen' (‚Strebung der Überlegung gemäß') einerseits und von ‚Strebung und Vorstellung' mit ‚*phainomenon agathon*' andererseits. Man kann also sowohl das Falsche wünschen als einem das Gute auch als solches erscheinen kann.

21 Aristoteles führt hier den Begriff ‚Gut' ein, um damit alle möglichen Zwecke der verschiedensten Formen animalischer Ortsbewegung zu bezeichnen. Er verwendet hier – so wie in allen bewegungstheoretischen Kontexten – den Begriff des Guten in einem weiten Sinne, der nicht voraussetzt, dass der erstrebte Einzelgegenstand von dem Lebewesen auch *als Gut* erkannt wird: Bewegungstheoretisch ist jeder Einzelgegenstand, der erstrebt wird, für das strebende Lebewesen ein Gut, auch dann, wenn es nicht über die kognitiven Ressourcen verfügt, ein Gut *als* ein Gut (und nicht nur als lustverheißend oder leidabwendend) zu erkennen, vgl. MA 700b28f; DA 433a27-29; Phys. 195a25f; Metaph. 1013b27f; vgl. Top. 146b36-147a4.).

22 Z.B. EN 1112a18-b9; Rhet. 1362a18-20, vgl. auch MA 700b24-28.

23 In EE 1217a35-40 werden zwei Bedeutungen von ‚*prakton*' unterschieden. Bei einem der beiden Sinne wird auch das, um dessentwillen wir das Einzelne tun, mit zu den möglichen Gegenständen des Handelns gezählt. Durch den Zusatz in DA III

Hier erscheint die Abfolge der vorherigen Etappe also genau umgekehrt: Es ist nun nicht mehr die Strebung, von der das Denken bzw. die Vorstellung ihren Ausgang nimmt, sondern es wird umgekehrt der Gehalt der Strebung durch eines der beiden kognitiven Vermögen bestimmt. Es ergibt sich folgende Ereigniskette:

(0) durch Vernunft oder Vorstellung erkanntes Gut → (1) Strebung → (2) vernünftige Überlegung → (3) Handlung

Damit ist Frage 3 des obigen Problemkataloges beantwortet: Die Vernunft kann dann Handlungs*anweisungen* im Sinne von Handlungszielen vorgeben, wenn ein entsprechender Gehalt *erstrebt* wird. Dabei gilt für (0), dass nicht jeder Gehalt in Frage kommt, sondern nur solche Güter, deren Realisierung in den Möglichkeiten des Handelnden/Bewegenden liegt (praktikable Güter), also:

(0) durch Vernunft oder Vorstellung erkanntes praktikables Gut → (1) Strebung → (2) vernünftige Überlegung → (3) Handlung

Die anschließende Bemerkung, dass die Strebung das bewegende Seelenvermögen sei, ist daher nicht überraschend:

> Dass nun das derartige Vermögen der Seele bewegt, die sogenannte Strebung, ist klar. (DA 433a31f.).

Jede Ortsbewegung wird immer durch eine Strebung initiiert und insofern ist es richtig, dass die Strebung das bewegende ‚Vermögen' ist. Wenn wir uns den Verlauf der Handlungsgenese anschauen, zeigt die Abhängigkeit der Strebung von der ihr vorausgehenden kognitiven Aktivität jedoch die Unzulänglichkeit dieser Aussage.[24] Dass die Strebung das Bewegende

---

10, dass es um solche Dinge geht, die sich auch anders verhalten können, ist aber klar, dass einzelne und wahrnehmbare Gegenstände gemeint sind, vgl. EN 1139b21f. Damit sind höherstufige Strebegehalte keineswegs ausgeschlossen; die Behauptung ist nur, dass sie sich immer auf einen konkreten, in den Möglichkeiten des Handelnden befindlichen Einzelgegenstand herunterbrechen lassen müssen, um tatsächlich zu Bewegungen zu führen.

24 Daher schließt sich sogleich eine methodenkritische Bemerkung zur Teilung in verschiedene Seelenvermögen an, DA 433b1-4: „Für diejenigen dagegen, die die Teile der Seele abtrennen, ergeben sich sehr viele Seelenteile, wenn sie sie nach ihren Vermögen unterscheiden und abtrennen: Ernährungsfähigkeit, Wahrnehmungsfähigkeit, Denkfähigkeit, Beratungsfähigkeit, ferner Strebefähigkeit; denn diese unterscheiden sich mehr voneinander als begehrender und muthafter (Seelenteil)."

Seelenvermögen ist, ist deswegen auch nicht das letzte Wort des Aristoteles zur Frage. Der offensichtlich vorläufige Charakter dieser Aussage zeigt sich gleich im Anschluss, wo Aristoteles einen Fall nennt, dessen Existenz mit dem Konzept der Strebung als eines einheitlichen bewegenden Seelenvermögens unvereinbar ist:

> Da aber einander entgegengesetzte Strebungen entstehen (können), und dies sich dann ergibt, wenn die Vernunft (*logos*) und die Begierden einander entgegengesetzt sind – dies ereignet sich bei den (Lebewesen), die eine Wahrnehmung von Zeit haben, einerseits nämlich befiehlt die Vernunft aufgrund des Zukünftigen, Abstand zu nehmen, andererseits (befiehlt) die Begierde aufgrund des Gegenwärtigen (das Entgegengesetzte); denn das gegenwärtig Lustvolle scheint auch schlechthin lustvoll und gut schlechthin zu sein, weil man das Zukünftige nicht sieht - deswegen dürfte das Bewegende der Art nach wohl eines sein, (und zwar) die Strebefähigkeit, insofern sie zum Streben fähig ist. Das erste von allen ist aber der Gegenstand der Strebung, denn dieser bewegt dadurch als Unbewegter, dass er gedacht oder vorgestellt wird – aber der Zahl nach gibt es mehrere Beweger. (DA 433b5-13)

Es gibt Fälle von synchronen, einander entgegengesetzten Strebungen. Dies kommt zwar nur bei den Lebewesen vor, die eine Wahrnehmung von Zeit (als Zeit) haben – also nur bei den Menschen, und auch hier nur in der Konkurrenz von Begierde (Strebung nach Lust) mit Wunsch (rationaler Strebung)[25] – lässt aber gleichwohl Rückschlüsse auf die Strebung als das bewegende Vermögen zu: Wenn es gleichzeitige entgegengesetzte Stre-

---

25 Folgende Begründung bietet sich an: Begierde kann nicht mit Begierde konkurrieren, da es nicht gleichzeitig zwei gleichartige Strebungen geben kann (auch nicht zwei rationale Strebungen; bei den zwei gleichzeitigen *boulêseis* in Metaph.1048a21-24 handelt es sich, *pace* Nussbaum (1984), S. 216, um ein per impossibile durchgeführtes Argument). Mut (von dem Aristoteles hier nicht spricht) kann vermutlich deswegen nicht mit der Begierde konkurrieren, weil sich beide auf einen perzeptiv irgendwie gegenwärtigen Einzelgegenstand beziehen und nicht zwei Wahrnehmungsleistungen zur gleichen Zeit erbracht werden können. Demgegenüber ist bei der rationalen Strebung die Möglichkeit gegeben, dass sie sich (in der negativen Form des Meidens) auf denselben perzeptiv repräsentierten Gegenstand richtet, der gleichzeitig der positive Gegenstand einer Begierde ist. D.h., in diesem Fall erlaubt eine einzige perzeptive Vorstellung einen doppelten Bezug zu zwei unterschiedlichen Strebetypen. Das Entsprechende gilt für den umgekehrten Fall, in dem ein durch die Begierde gemiedener Gegenstand positiv Gegenstand der rationalen Strebung ist. Als weitere Möglichkeit bliebe noch die Konkurrenz eines Wunsches mit einer muthaften Strebung. Hierzu äußert sich Aristoteles meines Wissens nicht explizit. Seine Schilderung der Akrasie aus Zorn in EN VII sowie der Funktionsweise des Zorns (EN 1149a24-b3) machen es jedoch unwahrscheinlich, dass er meinte, die muthafte Strebung würde *wider besseren Wissens* gegen eine rationale Strebung bestehen (vgl. auch EN I 13).

bungen geben kann, dann kann die Strebung kein selbstständiges und vor allem kein einheitliches Seelenvermögen sein. Dies veranlasst Aristoteles zur Präzisierung seiner obigen Behauptung: Bewegendes Vermögen ist nicht einfach ‚die' Strebung, sondern ‚die Strebefähigkeit, insofern sie zum Streben fähig ist'. Hierin scheint mir Aristoteles' endgültige Antwort auf die Frage zu liegen, die noch in der Terminologie von ‚Seelenvermögen' formuliert ist. Sie besagt, dass unterschiedliche *Kombinationen* von Vorstellung/Vernunft mit Strebung zur Ortsbewegung führen können. Der Beweger ist jeweils die Kombination, die sich durchsetzt. Dieser Befund erlaubt eine Bestimmung des bewegenden Vermögens aber nur ‚der Art nach', da die individuelle Kombination (der Zahl nach), die zur Bewegung führt, variabel ist. Beweger von Lebewesen ist also nicht ‚die' Strebung, sondern jeweils immer eine von den folgenden beiden Kombinationen:

(0) durch Vernunft erkanntes praktikables Gut → (1) Strebung → (2) vernünftige Überlegung → (3) Handlung.

(0) durch Vorstellung erkanntes praktikables Gut → (1) Strebung → (2) vernünftige Überlegung/Vorstellung → (3) Handlung/Bewegung.

Bei der Beschreibung dieser (ersten) Phase der Handlungsgenese macht für (0) die Zusammenfassung von Vernunft und Vorstellung zum inklusiven Vernunftbegriff keinen Sinn mehr, da genau darin der entscheidende Unterschied zwischen beiden Kombinationen liegt. Dem entspricht es, dass Aristoteles den inklusiven Vernunftbegriff ab jetzt nicht mehr verwendet. Die Kombinationen sind verschieden genug, als dass Aristoteles die Frage nach dem einen bewegenden Seelenvermögen nicht direkt beantwortet, sondern den Beweger nur ‚der Art nach (*eidei*)' angibt, nämlich ‚die Strebefähigkeit, insofern sie zum Streben fähig ist'. D.h., es gibt kein besonderes Seelenvermögen, das für die Bewegung des Lebewesens zuständig ist.[26] Was es gibt, sind unterschiedliche kognitive Komponenten, die Stre-

26 Seidl (2000), S. 223f. meint, die Lösung aus Kapitel 10 bestehe nicht in der Nennung *eines* Seelenvermögens, sondern *zweier*, nämlich Vernunft (Kognition) *und* Strebung. M.E. zeigt Aristoteles' Kritik an der Rede von den Seelenteilen zusammen mit der Komplexität seiner eigenen Lösung, dass dies noch nicht alles sein kann: Die Kritik richtet sich nicht nur gegen die Rede von *einem* bewegenden Seelenteil, sondern gegen die Rede von Seelenteilen *überhaupt*. Wie sich gleich zeigen wird, trifft es ganz im Sinne Seidls zu, dass die inklusive Vernunft und die Strebung zusammen der Ausgangspunkt der Selbstbewegung sind, allerdings hat sich, wie ich hier betonen möchte, in der Zwischenzeit der ganze explanatorische Rahmen gewandelt: Vernunft und Strebung sind zwar die Beweger, sie sind dies

bungen mit ihren Gehalten versehen und dann zu Bewegungen führen können, wenn die Realisierung des erstrebten Gehaltes in den Möglichkeiten des Strebenden liegt und eine entsprechende Vorstellung vorliegt. In der Angabe dieser (relativ komplexen) Prozesskette besteht m.E. Aristoteles' ‚Lösung' der Frage nach dem Ursprung der animalischen Ortsbewegung. Auf dem Niveau der Seelenvermögen ist es allerdings nicht falsch, ‚die Strebung' zum bewegenden Faktor zu machen. Nur handelt es sich dabei nicht um ein einheitliches Seelenvermögen, sondern um einen Sammelbegriff für die beiden oben angegebenen Kombinationen.[27] Damit ist die Exposition der Theorie der animalischen Ortsbewegung aber noch nicht beendet. Bis jetzt steht nur der Rohbau der Theorie. Im Weiteren wird Aristoteles die Bewegungsgenese als einen einheitlichen Prozess mit drei bzw. vier Faktoren darstellen und in seine allgemeine Bewegungslehre aus der *Physik* einordnen. Danach wendet er sich mit der Lösung des Problemkatalogs den wichtigen Einzelfragen zu, die mit der Ortsbewegung im Zusammenhang stehen. Dies wird ihm Gelegenheit geben, die Theorie zu spezifizieren.

3. Einordnung der Theorie der animalischen Ortsbewegung in die allgemeine Bewegungstheorie

Zunächst folgt die nähere Bestimmung des gesamten Ereignisablaufs der Bewegungsgenese und dessen Einordnung in Aristoteles' allgemeine Bewegungstheorie. Wir erhalten hier noch einmal eine Antwort auf die Frage nach dem Ursprung der animalischen Ortsbewegung: Bei der Konstitution der Strebung, also der ersten Etappe der Handlungsgenese, liegt eine asymmetrische Kausalrelation vor. Der die Strebung in Bewegung setzende Gegenstand, der entweder durch die Vorstellung oder die Vernunft bereitgestellt wird, bleibt selber davon unberührt (unaffiziert), dass er eine auf ihn ausgerichtete Strebung auslöst.[28] Die Bewegung kommt auf ihrer ersten Stufe also durch einen Komplex von unbewegtem Beweger (der Gegen-stand der Strebung) und bewegtem Beweger (Strebung) zustande. Aristoteles' komplexe Antwort auf die Frage nach dem bewegenden See-

---

jedoch nicht mehr als separate Seelenvermögen, sondern innerhalb eines Modells der Bewegungsgenese als eines kontinuierlichen Prozesses.

27 Diese Einschätzung wird geteilt von Ross (1949), S. 146: „Desire, then, and bodily movement may be regarded as secondary effects of sensation. The four main faculties are thus reduced to three – nutrition, sensation, thought.", *nicht* aber von Ross (1961) ad DA 432b4-7: "(...) the faculty of desire is a single main faculty".

28 Vgl. GC 323a32f; EN 1157a6ff; EE 1238b18ff; Metaph. 1072a26f; b1-4; DA 431a4-6.

lenvermögen entspricht damit exakt seiner allgemeinen Bewegungslehre aus *Physik* VIII.[29] Diese Entsprechung wird im Folgenden ausbuchstabiert:[30]

> Da es aber drei (Faktoren in der Bewegung) gibt – zum einen das Bewegende (1), zweitens das, womit es bewegt (2), ferner drittens das Bewegte (3) – und (da) das Bewegende zweierlei meint, – teils das Unbewegte (1'), teils das Bewegende und Bewegte (1'') – (deswegen) ist[31] das Unbewegte das Gute als Gegenstand der Handlung (*prakton agathon* 1') und das Bewegende und Bewegte die Strebefähigkeit (1'') – denn das Bewegte wird bewegt, insofern es strebt, und die wirkliche (*hê energeia*) Strebung ist eine Art von Bewegung, – aber das Bewegte (ist) das Lebewesen (3). Und das Organ, mit dem die Strebung bewegt (2), dies ist bereits körperlich, weswegen man bei den (Untersuchungen) der für Körper und Seele gemeinsamen Leistungen darüber Betrachtungen anstellen muss. Um es für jetzt aber der Hauptsache nach zu sagen: Das werkzeughaft Bewegende findet sich dort, wo Ausgangspunkt (*archê*) und Ende dasselbe sind, wie die Türangel: Denn dort sind das Konvexe und Konkave einmal Ende und einmal Ausgangspunkt – deswegen ruht das eine und das andere bewegt sich – und sie sind der Definition nach verschieden, jedoch der Größe nach untrennbar. Es bewegt sich nämlich alles durch Stoß und Zug, weswegen – so wie beim Rad – etwas feststehen muss, und von dort aus nimmt die Bewegung ihren Ausgang (*archesthai*). (DA 433b13-27)

Hier ist vor allem der Satz wichtig, der die Doppeldeutigkeit des Ausdrucks ‚das Bewegende' expliziert, weil er genau Aristoteles' ausweichender Antwort auf die Frage nach *einem* Bewegungsvermögen entspricht: ‚Das Bewegende' löst sich auf in einen Komplex aus zwei Komponenten, von denen die eine der Gegenstand der Handlung, das Gute bzw. der Strebegehalt (1'), und die andere die durch ihn bewegte Strebung (1'') ist.[32] Ein Gehalt, der nicht erstrebt wird, ist motivational irrelevant, und eine Strebung ohne Inhalt gibt es nicht. Aristoteles ist in dieser Beziehung also weder ‚Wahrnehmungstheoretiker' noch ‚Strebenstheoretiker', was die Initiierung der Bewegung betrifft, da nur beide, Gehalt und Strebung zusammen die Bewegung in Gang setzen können: Der Gehalt der Strebung ist

---

29 Vgl. für das Folgende Ph.256b14ff. und 258a5ff.

30 Der Umstand, dass Aristoteles hier eine Einordnung seiner Theorie der animalischen Ortsbewegung in seine allgemeine Theorie der Bewegung vornimmt, zeigt m.E., dass er die Exposition seiner Theorie der animalischen Ortsbewegung im Grundsatz als abgeschlossen betrachtet.

31 Hier setzt die Apodosis des Konditionalgefüges mit ‚*de*' ein, vgl. Bonitz, Ind. Arist. s.v. 167a19-24, Denniston (1954), S. 177f.

32 Skemp (1979) sieht hier dagegen eine „certain vacillation on Aristotle's part in identifying the three members of the triad in the case of animal orexis and kinêsis." (S.181).

relativ zur Strebung unbewegt, während die Strebung die Rolle des bewegten Bewegers einnimmt, der sich einerseits aus dem Gehalt und andererseits aus der auf diesen Gehalt gerichteten Strebung zusammensetzt. Der Gehalt die Strebung ‚setzt in Bewegung', ohne selber bewegt zu werden, und die von ihm in Bewegung gesetzte Strebung initiiert den weiteren akteursinternen Bewegungsablauf.[33] (1') in diesem Schema entspricht also (0) in der oben aufgeführten Handlungsgenese (das praktikable Gut), während (1'') der Strebung (1) entspricht. Man sieht, dass bei dem (hier nur aus der *Physik* wiederholten) allgemeinen Analyseschemas für Ortsbewegung die Möglichkeit einer ‚einfachen' Antwort auf die Frage nach dem Beweger gar nicht möglich wäre: Wenn das bewegende Seelenvermögen in das allgemeine Bewegungsschema aus der *Physik* mit seinem gedoppelten Begriff des Bewegers passen soll, kann die Strebung nicht allein Initiator der Bewegung sein, sondern sie kann dies nur dann, wenn sie durch einen bestimmten Gehalt affiziert worden ist.[34] Die daraus resultierende Kombination von Strebegehalt und Strebung (= unbewegter Beweger und bewegter Beweger) zieht sich dann als der *Zweck* der Bewegung/Handlung von Anfang an durch den gesamten sich kumulierenden Prozess der Handlungsgenese. Auch in der *Physik* stehen die für die Erklärung der Ortsbewegung erforderlichen Faktoren in einer sukzessiv ablaufenden Kausalkette (vgl. Ph.258a18-22). Für Näheres zu dieser Kausalkette, soweit sie zur Bewegung des *Körpers* des Lebewesens führt, verweist Aristoteles auf MA. Er fügt allerdings noch eine Bemerkung zum grundsätzlichen Ablauf ein: So wie bei der Bewegung einer Türangel das bewegende und bewegte Element auf eine Körperstelle vereint sind, so muss es auch bei der Bewe-

33 Vgl. 433b17f. „und die wirkliche Strebung ist eine Art von Bewegung, (*kai he orexis kinêsis tis estin hê energeia)*". Ich übernehme hier der Einfachheit halber Ross' Text. Der Text scheint an dieser Stelle aber korrupt (vgl. die Diskussion der textlichen Probleme in Skemp, 1978, S. 181-83). Besser überliefert scheint die Lesart „und die Strebung ist eine Bewegung oder Wirklichkeit (*kai he orexis kinêsis estin ê energeia*)". Aristoteles hat aber gerade die Strebung als *bewegten* Beweger bezeichnet und von daher besteht die Identifikation der Strebung mit einer Bewegung, die viele Herausgeber und Kommentatoren durch ihre Texteingriffe vermeiden wollen, ohnehin. Aristoteles bezeichnet die Strebung hier ausdrücklich als *bewegten Beweger*. Eine solche Aussage ist, wie oben gesagt, mit der Auffassung der Strebung als einem separaten und eigenständigen Seelenteil nicht verträglich, da DA wiederholt betont, dass die Seele – und damit auch ihre Teile – außer in einem akzidentellen Sinn nicht bewegt sind (DA 406a2; 408b1-18). Die Strebung gehört deswegen zu den ‚für Körper und Seele gemeinsamen Leistungen' (DS 436a6-11; DA 403a3-b19), vgl. oben S. 21ff.

34 Der zudem die Bedingung erfüllen muss, dass seine Realisierung in den Möglichkeiten des strebenden Lebewesens liegt (*prakton agathon*).

gung des gesamten Körpers einen Körperteil geben, der beide Funktionen an gleicher Stelle vereint.[35]
Die Einordung der animalischen Ortsbewegung in die generelle Theorie der Bewegung beendet die Exposition der wesentlichen Züge seiner Theorie. Was noch fehlt, ist die Behandlung der schwierigen Fälle, die sich im Verlauf der vorherigen Diskussion angesammelt haben.

4. Die Lösung der schwierigen Fälle: Spezifizierung der Theorie

Von den 6 schwierigen Fällen, die sich im Laufe des Prüfungsverfahrens angesammelt haben, sind bis auf den ersten und den letzten Fall alle zumindest schon teilweise behandelt worden: Die Antwort für 2. (wie es dazu kommen kann, dass die Vernunft sich auf bewegungsrelevante Gehalte richtet) lautet, dass die vernünftige Überlegung von der Strebung initiiert wird. Für 3. (wie kommt es zu vernunftbeeinflussten Handlungs*anweisungen* im Sinne von Handlungszielen?) wurde in DA 433a22-30 angeführt, dass die Strebung durch einen vernünftigen Gehalt ‚bewegt' werden kann. Hier fehlt aber noch eine genauere Erklärung, wie dies vonstatten geht. Dies geschieht in DA 434a5-10. Die Fragen 4. und 5., die das Problem miteinander konkurrierender Strebungen betreffen, sind, wenn überhaupt, nur in dem Sinne beantwortet worden, dass Strebungen nur in der Kombination von Begierde und Wunsch miteinander in direkte Konkurrenz treten können (DA 433b5-10). Auch hier fehlt eine genauere Behandlung. Die Frage 6. nach der Möglichkeit der Bewegungsrelevanz epistemischer Gehalte wurde noch gar nicht beantwortet. Es gilt dabei für alle bisher gegebenen Antworten, dass sie auf nur relativ generelle Weise zu den gestellten Fragen Stellung beziehen: Wir wissen bisher, dass Aristoteles den Prozess der Handlungsgenese als einen sich in einer bestimmten Abfolge kumulierenden kausalen Prozess betrachtet, und dass daran verschiedene Seelenfunktionen beteiligt sein können. Damit haben wir nur eine Art Grundriss der Theorie der animalischen Ortsbewegung, der die grobe Linie aufzeigt, wie sich die im Problemkatalog aufgeführten Fragen lösen lassen. Was

35 Dies ist, wie ich später zeigen möchte, das Herz und nicht das *symphyton pneuma*, wie häufig angenommen wird. Jedenfalls scheint es sich bei der Türangel nur um ein Beispiel für die doppelte Funktionalität ein- und desselben Körperteiles zu handeln, nicht aber um ein Beispiel für das Organ, mit dem entweder der ganze Körper oder ein Körperteil bewegt wird. Ich übernehme hier Theilers Übersetzung von ‚*gigglymos*' mit ‚*Türangel*'. Für eine solche Übersetzung spricht das anschließende gleichfalls lebensweltlich nahe liegende Beispiel des Rades und der Umstand, dass Aristoteles in MA zur Bezeichnung der Gelenke nicht diesen Ausdruck wählt, sondern ‚*kampê*'.

noch fehlt, ist eine Ausfüllung dieser Skizze. Genau dies ist das Thema des zweiten Teils der Antwort in Kapitel 11. Es sind noch fünf Fragen offen:

1. Auf welche Weise findet animalische Ortsbewegung auf niedrigster Stufe statt?
2. Wie kommt es zu vernunftbeeinflussten Handlungs*anweisungen* im Sinne von Handlungszielen?
3. Wie können vernünftig mitgestaltete Handlungsziele bewegungsrelevant werden (Problem des willensschwachen Akratikers)?
4. Wie kann es trotz entgegengesetzter arationaler Strebung zur Bewegung im Sinne der Vernunft kommen (Problem des Selbstbeherrschten)?
5. Wie können epistemische Gehalte bewegungsrelevant werden?

Die schwierigen Fälle werden der Reihe nach durchgegangen. Der gemeinsame Nenner der nun folgenden Argumentationen besteht m.E. darin, dass sie auf dem eher ‚technischen' Niveau der Aristotelischen Sinnesphysiologie geführt werden: Aristoteles geht die Sache wiederum kausal an und fragt nach den prozessualen Trägern der verschiedenen kognitiven Gehalte, die in die Handlungsgenese einfließen, nämlich den Vorstellungen. Zu diesem Zweck teilt er die Vorstellung (*phantasia*) am Ende von Kapitel 10, unmittelbar vor der Behandlung der schwierigen Fälle in Kapitel 11, in zwei Typen:

> Überhaupt ist also das Lebewesen, wie gesagt, insofern es zum Streben fähig ist, auch fähig, sich selbst zu bewegen,[36] ‚zum Streben fähig' aber nicht ohne Vorstellung.[37] Und alle Vorstellung ist entweder vernünftig (*logistikê*) oder wahrnehmungsmäßig (*aisthêtikê*). An letzterer haben also auch die anderen Lebewesen teil. (DA 433b27-30)

Es ist auffällig, dass Aristoteles hier einen neuen, und vom Gebrauch der vorherigen Passage abweichenden Begriff der Vorstellung (*phantasia*) einführt: Bei der Bestimmung des Bewegers des Lebewesens hat er zuerst noch von ‚Vorstellung' im Sinne eines kognitiven Vermögens gesprochen, über das alle selbstbewegten Lebewesen verfügen, auch die vernünftigen.

---

36 Dies weist noch zurück auf den vorherigen Passus. ‚Insofern es zum Streben fähig ist' reflektiert genau Aristoteles' komplexe Antwort auf die Frage nach dem bewegenden Vermögen: Es können verschiedene Kombinationen sein, die zur Bewegung führen. Ein individueller Beweger kann daher nicht angegeben werden.

37 Für diese Interpretation, die die Notwendigkeit der Vorstellung nur auf die Strebungen begrenzt, die solche Lebewesen betreffen, die sich dem Orte nach bewegen, vgl. Labarrière (2004b), S. 136, Anm.1, und Lorenz (2008).

Der Unterschied dabei war, dass die unvernünftigen Lebewesen allein auf ihre Vorstellungen angewiesen sind, während die vernünftigen außerdem noch über Vernunft und Denken als kognitive Ressourcen verfügen (DA 433a9-13). Das leitende Interesse dieses Abschnitts war die Frage, welcher Seelenteil das Lebewesen in Bewegung setzt. Dabei ging es auch um die Gehalte, die die Strebung bestimmen. Aristoteles hatte den Begriff der Vorstellung dementsprechend im Sinne einer kognitiven Ressource verwendet, aus der sich neben der Vernunft die Gehalte von Strebungen speisen können. ‚Vorstellung' bezeichnete dabei Gehalte perzeptiver Herkunft (aus welchem Grund Aristoteles hier nicht direkt von Wahrnehmung spricht, diskutiere ich gleich). Dies ist nun anders. Hier, am Ende des zehnten Kapitels, geht es nicht mehr um perzeptive Gehalte im Gegensatz zu vernünftigen Gehalten. Vielmehr ist Vorstellung hier sinnesphysiologisch der Träger von Gehalten, die *beiden* kognitiven Ressourcen, entweder der Wahrnehmung oder der Vernunft, entstammen können. Vorstellungen sind hier also nicht mehr selber kognitive Ressource, sondern prozessuale Träger verschiedener repräsentationaler Gehalte.[38] Vorstellung steht hier daher nicht mehr im *Gegensatz* zur Vernunft, sondern auch vernünftiges Denken kann nicht ohne entsprechende Repräsentationen in Form von Vorstellungen stattfinden.[39]

Wie aber verhält es sich mit Wahrnehmungsgehalten, warum bedürfen sie der Vorstellung? Wahrnehmung findet immer in der Gegenwart statt. Sie kann aus diesem Grund im Prozess der Bewegungsgenese nicht die alles entscheidende Rolle spielen: Bei Lebewesen ohne Vorstellung ist die Möglichkeit der Selbstbewegung zwar nicht ausgeschlossen, aber nur während der äußeren Präsenz des erstrebten Gegenstandes gegeben. Es gibt nun aber gute Gründe anzunehmen, dass es sich für Aristoteles bei diesen niedrigststufigen Selbstbewegungen nicht um repräsentative Fälle von animalischer Selbstbewegung handelt. Dies deswegen, weil bei solchen Bewegungen die Ursache für die Bewegung des Lebewesens offensichtlich in einem außer ihm befindlichen Gegenstand liegt, der das Lebewesen nur *während* seiner Präsenz zur Ortsbewegung motiviert. Das Phänomen der animalischen Ortsbewegung scheint aber gerade dadurch eine besondere Herausforderung an die Theorie zu stellen, dass Impuls und Effekt zeitlich weit auseinander liegen können (Ph.252b17-24; 253a7-21; 259b1-16). Aristoteles' spezifisch sinnesphysiologische Verwendung des Begriffes der

38 In der Literatur wird auch die Auffassung vertreten, dass es sich bei den beiden Arten von *phantasia* in DA 433b29 um besondere Seelen*vermögen* handelt, vgl. z.B. Canto-Sperber (1996), (1997). Für überzeugende Argumente dagegen, vgl. Wedin (1988), S. 82f.

39 Für Stellennachweise, vgl. Hicks (1907), S. 565 und Ross (1965), S. 317f.

Vorstellung kann dieses Problem lösen: Vorstellungsgehalte (*phantasmata*) haben, wie wir gesehen haben, bei Aristoteles im Zusammenhang der Theorie der animalischen Ortsbewegung die Funktion, die Verfügbarkeit von Wahrnehmungsgehalten inklusive ihrer kausalen Effekte auch in Abwesenheit der äußeren Wahrnehmungsgegenstände zu gewährleisten (kausale Stellvertreterfunktion). So lässt sich erklären, weshalb für Aristoteles auch perzeptive Gehalte noch durch Vorstellungen repräsentiert werden müssen: Die typische und explanatorisch basale Handlungsgenese (wenn wir den Äußerungen aus Ph.252b17-24; 253a7-21; 259b1-16 Glauben schenken) findet für Aristoteles in der wahrnehmungsmäßigen Abwesenheit des erstrebten Gutes statt. In solchen Fällen bedarf es auch für rein perzeptive Gehalte einer Repräsentation durch Vorstellung.

Dafür, dass Aristoteles mit seiner Einteilung in wahrnehmungsmäßige und vernünftige Vorstellung tatsächlich auf die kausale Geschichte und die Zugehörigkeit des durch die Vorstellung repräsentierten Gehaltes Bezug nimmt, spricht m.E. dass er etwas später, nämlich in DA 434a7, noch zusätzlich von ‚beratungsmäßiger Vorstellung' (*bouleutikê phantasia*) spricht. Diesen losen Wortgebrauch fasse ich als Indiz dafür auf, dass er mit der adjektivischen *–ikos* Endung im Zusammenhang mit der *phantasia* nicht etwa eigenständige Seelenvermögen einführt, sondern auf den kausalen Ursprung der Vorstellung referiert.[40]

Wichtig für das Weitere scheint mir, dass mit der Unterscheidung verschiedener Arten von Vorstellungen die Diskussion einen eher technischen Verlauf nimmt: Aristoteles diskutiert nun nicht mehr die Frage nach dem bewegenden Seelenvermögen, sondern fragt auf der Grundlage seiner bisher entwickelten Bewegungstheorie nach Lösungen für einige schwer zu erklärende Phänomene, die sich im Laufe der Diskussion angesammelt haben. Um sie zu lösen, muss er auf einige ‚technische' Details seines Theorieentwurfes eingehen. Dies scheint mir der Grund dafür zu sein, dass er hier die verschiedenen Arten von Vorstellungen einführt: *Phantasmata* sind für Aristoteles Träger repräsentationaler Gehalte, die gleichzeitig über die kausalen Vermögen der Wahrnehmungen verfügen, durch die sie verursacht wurden. Ihnen kommt damit gerade in der Erklärung der mit vernünftigen Gehalten verbundenen Ortsbewegung eine entscheidende Rolle zu.[41]

40 Ähnlich wie bei der ‚praktischen' Vernunft in DA 433a9-20, die ihre Bewegungsrelevanz auch nicht aus sich selbst, sondern aus der sie in Bewegung setzenden Strebung bezieht.

41 Dies könnte auch erklären, weshalb Aristoteles die Vorstellung in 433b27-30 als notwendige Bedingung (‚nicht ohne') für das Vorhandensein bewegungsrelevanter Strebungen bezeichnet: Vorstellungsgehalte sind dann kausal notwendige Bedingungen für die Selbstbewegung, wenn die Bewegung nicht in der direkten Gegen-

Der erste Fall: Auf welche Weise findet Selbstbewegung auf niedrigster Stufe statt?

> Es muss aber auch bei den unvollkommenen (Lebewesen) untersucht werden, denen nur der Tastsinn als Wahrnehmung zukommt, was das Bewegende ist, (nämlich) ob es möglich ist oder nicht, dass ihnen Vorstellung zukommt und Begierde. Denn offensichtlich befinden sich Schmerz und Lust in ihnen, und wenn diese, dann notwendig auch Begierde. Aber auf welche Weise befindet sich wohl Vorstellung in ihnen? Etwa (folgendermaßen): So, wie sie sich auch auf unbestimmte Weise bewegen, so sind diese (d.i. Begierde und Vorstellung) zwar auch in ihnen, jedoch sind sie auf unbestimmte Weise (*ahoristôs*) in ihnen? (433b31-434a5)

Inwiefern genau sich die hier angegangene Frage auf das in DA 432b13-19 genannte Problem bezieht, ist mir, wie oben bereits gesagt, nicht restlos klar. Die Frage scheint jedenfalls sinnvoll: Der bisher ausgeführten Theorieskizze zufolge sind mindestens zwei Komponenten erforderlich, um animalische Bewegung zu verursachen, nämlich eine kognitive und eine strebensmäßige Komponente. Aristoteles fragt nun bei den niedrigstufigen Selbstbewegern (denen, die nur mit dem Tastsinn ausgestattet sind, sich aber trotzdem selbst bewegen[42]), ob diese Komponenten tatsächlich vorliegen. Dies scheint eine Art Test für seine Theorie zu sein: Wenn die Theorie stimmt, müssen auch bei niedrigststufigen Selbstbewegern beide Komponenten vorliegen. Aristoteles' Antwort ist positiv: Bei den niedrigststufigen Selbstbewegern liegt beides vor, sowohl die Strebung ‚Begierde' als auch Vorstellung. Ersteres kann er aus dem Vorhandensein von

---

wart des erstrebten Gegenstandes erfolgt, vgl. MA 702a17-19: „Denn die Affizierungen/Emotionen machen die werkzeughaften (Körper-)Teile passend zurecht, die Strebung die Affizierungen/Emotionen und die Vorstellung die Strebung, diese (d.i. die Vorstellung) aber entsteht durch Denken oder durch Wahrnehmung." Die Äußerungen des Aristoteles erwecken den Eindruck, dass Vorstellung im Verlauf der Handlungsgenese für ihn eine der kausal notwendigen Bedingungen für animalische Ortsbewegung ist. Das mag angesichts der Tatsache, dass die Bewegung von Lebewesen theoretisch auch in der direkten perzeptiven Gegenwart des erstrebten Gegenstandes erfolgen könnte, vielleicht erstaunlich klingen. Doch ist dies vielleicht weniger erstaunlich, wenn wir die Schilderung in Ph. 252b17-24; 253a7-21; 259b1-16 (Bewegung ohne sichtbaren äußeren Anlass) als die von Aristoteles anvisierte theoretische Ausgangssituation betrachten. Auch spricht Aristoteles meines Wissens nirgends ausdrücklich von der Möglichkeit animalischer Ortsbewegung ohne Beteiligung von Vorstellung.

42 Es gibt keine ortsbewegten Lebewesen, die nicht mindestens über eine der Wahrnehmungsgattungen verfügen, vgl. DA 434a31ff. und der Tastsinn ist die basale Wahrnehmungsgattung (435a11ff.).

Lust und Schmerz erschließen, die für ihn das Vorhandensein von Strebungen implizieren (vgl. DA 413b23f.). Bei der Vorstellung scheint er dagegen eher von der Weise, in der sich diese Lebewesen bewegen, auf die Beschaffenheit ihrer kognitiven Ausstattung zu schließen:[43] Da sie sich auf unbestimmte Weise bewegen,[44] haben sie auch unbestimmte Vorstellungen.[45] Auf den ersten Blick klingt dies wenig überzeugend, man könnte jedoch folgende Beweggründe dahinter vermuten: Es macht auf Grundlage der Aristotelischen Strebenstheorie Sinn, solchen Tieren, die sich auf unbestimmte Weise selbst bewegen, auch das Haben von (unbestimmten) Vorstellungen zuzusprechen: Ortsbewegungen von Lebewesen könnten, wie wir gesehen haben, theoretisch zwar allein aufgrund von Wahrnehmung und Strebung erfolgen, jedoch nur in der wahrnehmungsmäßigen Präsenz des erstrebten Gegenstandes. Solche Bewegungen, falls Aristoteles angenommen haben sollte, dass sie in der Natur tatsächlich vorkommen, wären dann aber vermutlich bestimmte, zielgerichtete Bewegungen hin auf den gerade wahrgenommenen Sinneseindruck. Unbestimmte Bewegungen könnten dadurch nicht gut erklärt werden. Vor allem aber können damit keine Bewegungen erklärt werden, die in Abwesenheit des erstrebten Gegenstandes stattfinden, und es gibt, wie gesagt, Anzeichen dafür, dass Aristoteles bei der Erklärung der animalischen Ortsbewegung vor allem an solchen Bewegungen interessiert war, die nicht in der äußeren Präsenz des

43 Nicht etwa umgekehrt, wie (Pseudo-) Simplikios, 306.29ff., angenommen zu haben scheint.

44 DC 288b29-30 scheint darauf hinzudeuten, dass unbestimmte Bewegungen keinen klaren Zielpunkt aufweisen.

45 DA 414b16 sagt, es sei noch nicht klar, ob alle Lebewesen auch über Vorstellung verfügen. 415a10f. scheint dann einigen Tieren die Vorstellung abzusprechen. Ähnlich 428a10f., wo es heißt, es scheine (*dokei*), Ameise, Biene und Wurm hätten keine Vorstellung. Angesichts der zahlreichen Stellen im corpus, in denen den Bienen und auch den Ameisen Tätigkeiten zugeschrieben werden, die Vorstellung zur Voraussetzung haben (für Nachweise vgl. Hicks, 1907, S. 462f.), scheint dies aber kaum seine endgültige Überzeugung gewesen zu sein. Umgekehrt scheint er in 433a11f. („und bei den anderen Lebewesen gibt es kein Denken noch Überlegung, sondern Vorstellung") die Vorstellung allen Lebewesen zuzusprechen. Da es in diesem Kontext aber nur um die Ortsbewegung geht, könnten ebenso gut auch nur die ortsbewegten Lebewesen gemeint sein. In diese Richtung geht auch mein Vorschlag in dieser Frage: Wir haben bereits gesehen, dass auf Grundlage der Aristotelischen Theorie der Strebung Ortsbewegung durchaus ohne Vorstellung erklärt werden kann. Es handelt sich dann aber für Aristoteles wohl nicht um repräsentative Fälle von Ortsbewegung, da sie nur in der äußeren Gegenwart wahrgenommener Gegenstände stattfinden kann. Everson (1997), S. 184, Anm. 103, und Wedin (1988), S. 41 vertreten eine andere Sicht der obigen Stelle. Sie glauben, Aristoteles spreche den besagten Lebewesen Vorstellung vollständig ab. Für eine Kritik an dieser Deutung, vgl. Lorenz (2006), S. 134f.

Bewegungsziels stattfinden (Ph. 252b17-24; 253a7-21; 259b1-16). Auf der anderen Seite ist Aristoteles aber davon ausgegangen, dass es Lebewesen gibt, die nicht über die Fähigkeit verfügen, Vorstellungen zu bilden (vgl. APo. 99b36-100a1) und es ist wahrscheinlich, dass er damit die stationären Lebewesen meinte.[46]

Der zweite Fall: Wie kommt es zu vernunftbeeinflussten Handlungsanweisungen im Sinne von Handlungszielen?

> Die wahrnehmungsmäßige Vorstellung kommt, wie gesagt, auch bei den anderen Lebewesen vor, die beratungsmäßige (*bouleutikê*) dagegen bei denjenigen, die vernünftig sind (*logistikos*). - Nämlich (sich zu fragen) ob man dies oder jenes tun solle, ist bereits eine Leistung der Überlegung (*logismos*). Und es ist notwendig, dass sie (die Überlegung) mit einem einzigen misst: Sie sucht nämlich das Größere. Folglich ist sie fähig, aus mehreren Vorstellungsgehalten einen zu machen. - Dies ist auch die Ursache dafür, dass sie (die anderen Lebewesen) keine Meinung (*doxa*) zu haben scheinen, (nämlich): dass sie nicht die aus einer Inferenz (*syllogismos*) hervorgegangene (Vorstellung) haben, diese aber (hat) jene (Meinung). Deswegen hat die Strebung[47] nicht die Fähigkeit zur Beratung. (DA 434a5-11)

Der Abschnitt wurde schon besprochen.[48] Er widmet sich der Klärung der physischen Möglichkeit von rationaler Beteiligung an der Konkretisierung und Realisierung von gegebenen Handlungszielen. Wie wir gesehen haben, arbeitet Aristoteles an dieser Stelle mit einem minimalen Begriff von deliberativer Rationalität, um die *Mindestanforderungen* herauszustellen, die kausal für die Beteiligung der Vernunft in Handlungskontexten gegeben sein müssen. Wir haben auch gesehen, dass dies für Aristoteles nur aufgrund eines körperlich angelegten Vermögens möglich ist, und dass dieses Vermögen in der Fähigkeit besteht, aus mehreren Vorstellungsgehalten einen einzigen zu machen. Der Besitz dieser Fähigkeit in einem Lebewesen reicht aus, um kausal für alle möglichen Kombinationsformen von Vorstellungsgehalten und somit auch für die Repräsentation aller möglichen Denkgehalte aufzukommen (symbolische Repräsentation). Innerhalb der Kausalanalyse der Selbstbewegung ist damit eine hinreichende Erklärung für die Möglichkeit der Bewegungsrelevanz von vernünftigen Gehalten gegeben. Für die rationalen Strebungen (Wunsch, *boulêsis*) heißt dies, dass sich ihr *kausaler* Ursprung letztlich auf das Vermögen von vernünftigen Lebewesen zurückführt, aus mehreren Vorstellungsgehalten einen einzigen

---

46 In diesem Sinne deutet Lorenz (2006), S. 146, die Stelle.

47 ‚Strebung' bezeichnet hier wiederum nur die arationalen Strebungen.

48 Vgl. oben, S. 224ff.

zu machen.[49] Damit ist die Frage, auf welche Weise vernünftige Gehalte Eingang in die (kausale) Bewegungsgenese finden, beantwortet.

Der dritte und vierte Fall: Wie können sich vernünftig mitgestaltete Ziele durchsetzen (Problem des willensschwachen Akratikers) und: Wie kann es trotz entgegengesetzter arationaler Strebung zur Bewegung im Sinne der Vernunft kommen (Problem des Selbstbeherrschten)?

Die beiden Fälle sind für Aristoteles *kausal* gesehen auf ein- und dasselbe Problem zurückzuführen, nämlich die Erklärung der Möglichkeit miteinander konfligierender Strebungen. Wir haben bereits gesehen, dass dies für ihn nur in der Konstellation von Begierde und Wunsch möglich ist. Die kausale Erklärung dieser Phänomene ist denkbar einfach:

> Sie (d.i. die Strebung im Sinne von arationaler Strebung) besiegt das Wünschen (*boulêsis*) aber zuweilen und bewegt es, und manchmal dieses jene, wie ein Ball,[50] die (eine) Strebung die (andere) Strebung, wenn Akrasie vorliegt. Von Natur ist aber stets die höhere die herrschendere und bewegt, so dass bereits drei Ortsbewegungen (*phoras*) bewegt werden. Die Wissensfähigkeit wird aber nicht bewegt, sondern steht fest. (DA 434a11-16)

Obwohl die (arationale, d.h. wahrnehmungsmäßige) Strebung (Begierde und Mut) nicht über die Fähigkeit zur Beratschlagung (Deliberation) verfügt, ist sie in der Lage, die vernünftige Vorstellung zu ‚bewegen'. Akrasie im weiteren Sinne[51] besteht in der gleichzeitigen konflikthaften Präsenz zweier entgegengesetzter Strebungen, wovon die eine vernünftigen (*boulêsis*) und die andere wahrnehmungsmäßigen Inhalts sein muss (*epithymia*). Irgendwann bekommt eine der beiden Strebungen die Oberhand (*kinei*). Im Falle des ‚Sieges' der vernünftigen Strebung über die wahrnehmungsmäßige liegt Selbstbeherrschung (*enkrateia*) vor, im Falle des ‚Sieges' der wahrnehmungsmäßigen Vorstellung Akrasie. Aristoteles

---

49 Die Passage DA 434a5-11 wird gelegentlich in einem spezifisch ethischen Sinne ausgelegt. Man sieht darin eine Art Lebensplankalkül, bei dem Akteure (gattungsübergreifende) Güterkalkulationen vornehmen, die sich an dem übergreifenden Bezugspunkt der *eudaimonia* ausrichten. Hierbei handelt es sich m.E. um eine interpretatorische Einengung, die durch den Kontext (Theorie der Seele) nicht zu rechtfertigen ist.

50 Hier weiche ich (mit der Mehrzahl der mss.) von Ross' Text ab, der (mit Essen) „wie ein Ball <einen (anderen) Ball>" bringt.

51 Hier als generischer Begriff für die beiden möglichen Konstellationen von miteinander konkurrierenden Strebungen. In derselben Verwendung kommt ‚*akrasia*' auch in EN 1149a2 vor. Ähnlich wohl auch in 1166b7f.

scheint sich die beiden Fälle von Interaktion zwischen rationaler und arationaler Strebung nach dem Modell eines Ballspieles vorgestellt zu haben, bei dem die Stärke des Impulses, der von einer Strebung ausgeht, darüber den Ausschlag gibt, ob sie die Oberhand (den Sieg) über die konkurrierende Strebung erlangt. Schließlich gibt es noch eine dritte Art, Ortsbewegung (*phora*[52]) zu verursachen, nämlich die, die Aristoteles hier als die Bewegung durch die ‚von Natur herrschendere' Strebung bezeichnet. Es bietet sich an, diese als die gewaltlose *Übereinstimmung* von wahrnehmungsmäßiger mit vernünftiger Strebung anzusehen. Dies wäre der Fall, bei dem der menschliche Strebehaushalt harmonisch strukturiert und ungeteilt ist, weil Begierde und rationale Strebung sich auf übereinstimmende Handlungsziele ausrichten.[53] M.E. bezieht Aristoteles die Metaphorik des Ballspieles nicht mehr auf diese dritte Art der Ortsbewegung. Der Gegensatz ist also der zwischen der Akrasie im weiteren Sinne als einem Zustand ungeregelter Herrschaftsverhältnisse mit ‚Machtkämpfen' auf der einen, und der freiwillig akzeptierten ‚natürlichen' Herrschaft der rationalen Strebung über die Begierde auf der anderen Seite (Harmonie). Im letzteren Fall findet kein Kampf und ‚Sieg' einer Strebung über eine andere statt. Beide Strebungen sind zwar nicht auf dasselbe Ziel gerichtet, stimmen aber insofern überein, als es nicht zum Konflikt kommt.[54] Für alle Konstellationen gilt, dass die Wissensfähigkeit (*to epistêmonikon*) als solche durch arationale Strebungen nicht ‚bewegt' werden (*kineisthai*) kann. Erklären lässt sich dies damit, dass die Wissensfähigkeit sich für Aristoteles nicht auf

52 Nicht hilfreich ist m.E. der Vorschlag Hutchisons (1990), der mit Hicks (1907) und einer seit der Antike vorhandenen (platonischen? Vgl. DA 407a1f; Pseudo-Simplicius, 310.30ff.) Interpretationstradition unter *phoras*, was hier mit ‚Ortsbewegungen' übersetzt ist, Bewegungen der Himmelssphären verstehen will: *phora* ist ein gut bezeugter Aristotelischer Ausdruck für Ortsbewegung (vgl. etwa DA 406a13; PA 641b7f.) und es wäre methodisch verfehlt, dort, wo wir eine Aussage als direkte Information über den gerade in Rede stehenden Sachverhalt verstehen können, eine Analogie zu vermuten, zumal dann, wenn diese zu keiner besonderen Erklärungsleistung führt.

53 Vgl. EN 1139a22-b5. Die Deutung des (Pseudo-) Simplicius scheint in eine ähnliche Richtung zu gehen (310.21-311.6).

54 Bei der gegebenen Heterogeneität der Streberelata ist eine Übereinstimmung vom Gehalt einer rationalen mit einer arationalen Strebung im strengen Sinne nicht möglich. Es kann nur um eine extensionale Übereinstimmung von Zweck der Begierde mit dem der rationalen Strebung in dem Sinne gehen, dass die Verfolgung des rationalen Handlungsziels mit nicht-rationaler Lust verbunden ist. Eine solche Übereinstimmung wäre von einer moralisch befürwortenswerten Motivation allerdings noch insofern zu unterscheiden, dass sich beide Strebungen ja auch auf moralisch verwerfliche Zwecke richten könnten. Es spricht aber einiges dafür, dass Aristoteles hier nur Fälle im Sinn hat, bei denen die Vernunft sich auch auf tatsächlich vernünftige Zwecke richtet.

Gegenstände richtet, die mögliche Handlungsgegenstände sind. Es *kann* daher nicht zur Konkurrenz kommen.[55]
Es gibt demnach drei mögliche Arten von Konstellationen verschiedener Strebungen, die zu Ortsbewegungen führen, und entsprechend lassen sich drei Arten von Ortsbewegungen (*phoras*) unterscheiden:

1. vernünftige Strebung siegt über wahrnehmungsmäßige Strebung (*enkrateia*)
2. wahrnehmungsmäßige Strebung siegt über vernünftige Strebung (*akrasia*)
3. vernünftige Strebung und wahrnehmungsmäßige Strebung besiegen sich nicht gegenseitig, sondern haben vereinbare Zwecke (= der Fall der ‚natürlichen' Herrschaft).

Hiermit können die *endoxa*, die Willensschwäche und Selbstbeherrschung als Einwände anführten, geklärt werden (DA 433a1-3 und 433a6-8). Die Phänomene werden dabei nicht in Abrede gestellt, sondern mithilfe der kausalen Theorie erklärt: Nicht ein bestimmtes Seelenvermögen ist ‚der' Beweger, sondern jeweils unterschiedliche Strebungen. Willensschwäche und Selbstbeherrschung erklären sich so zwanglos als Bewegungsgenesen, die durch unterschiedliche Vorstellungsgehalte initiiert werden (wahrnehmungsmäßig oder vernünftig). Dieses Modell erlaubt es Aristoteles, theoretisch für sowohl Konkurrenz als auch Kooperation unter verschiedenen Strebungen aufzukommen.

Aristoteles' Ausführungen zum Phänomen miteinander konkurrierender Strebungen sind allerdings sehr knapp. Vor allem wird nicht deutlich, was das ‚Bewegen' einer Strebung durch die andere bedeuten soll. Soweit wir aus den Ethiken (speziell EN VII i-x) unterrichtet sind, ergibt sich folgendes Bild:[56] Aristoteles unterscheidet zwei Weisen, in denen schwache Akrasie vorkommt, nämlich einmal als impulsive Willensschwäche und das andere mal als genuine Schwäche (EN 1150b19ff.). Sie unter-

---

55 Vgl. auch EN 1147b15-17. Wissen ist motivational irrelevant, weil es von den möglichen Zielen menschlicher Handlungen nicht berührt wird; vgl. EN 1139a35f; 1140b13-17; DA 431a15-17, 432b26-433a6, a23, 433a14f; MA 700b24-28. Hinzu kommt, dass der Denkvollzug von Wissensgehalten für Aristoteles eine intellektuelle Tugend ist (EN 1139b14ff.). Dies passt zur motivationalen Irrelevanz des Denkens von Wissensgehalten: Im Augenblick des Denkens von Wissensgehalten ist *qua* Denken des Wissensgehalts der Bezug zur Handlung nicht gegeben. M.a.W. selbst für den Fall, dass solche Gehalte für moralisch verwerfliche Zwecke instrumentalisiert werden sollten, berührt dies *als solche* weder das Denken noch die Denkgehalte. Vgl. Corcilius (2008), 166-171.

56 Vgl. Corcilius (2008).

scheiden sich dadurch, dass es bei Ersterer aufgrund der Heftigkeit einer empfundenen Begierde gar nicht erst dazu kommt, dass sich der Akteur seine längerfristigen rationalen Handlungsziele vergegenwärtigt, während er bei Letzterer weiß, dass er seiner Begierde nicht Folge leisten sollte, es aber trotzdem tut. Der Fall des impulsiven Akratikers lässt sich in dem Sinne gut als ein vollständiges *Ausblenden* der rationalen Strebung verstehen, dass die Heftigkeit der Begierde die rationale Strebung sozusagen gar nicht erst hochkommen lässt.[57] Das ‚Bewegen' wäre also eine Art Unterdrücken. Beim schwachen Akratiker ist der Vorgang dagegen subtiler: Angesichts der von der rationalen Strebung aufgebrachten Handlungsoption, die zur Unterlassung der Befriedigung der Begierde auffordert, kommt es – analog zu dem Vorgang der Deliberation – zu einem durch die Begierde induzierten Suchprozess, bei dem der schwache Akratiker nach einem allgemeinen *Grund* sucht, der ihm die Befriedigung seiner Begierde dadurch gestattet, so dass er sie ihm als moralisch gerechtfertigt erscheinen lässt. Bei dieser Art Akrasie handelt sich also um eine Form der vorübergehenden[58] Selbsttäuschung, bei der der Ausdruck ‚bewegen' kein vollständiges Verdrängen einer Strebung durch die andere, sondern fast buchstäblich ein Ins-Bewegung-Setzen der vernünftigen Überlegung durch die Begierde bezeichnet, um in ihrem Interesse eine zumindest für den Augenblick überzeugende Begründung dafür zu finden, ihr zu willfahren. In diesem Fall *beteiligt* sich die rationale Strebung also an der Durchsetzung der Begierde gegenüber ihrer eigenen ursprünglichen Position, indem sie eine Beschreibung für die begehrte Handlungsweise liefert, die sie zumindest vor der Hand auch als moralisch gerechtfertigt erscheinen lässt, vgl. EN 1147a35f.:

> Denn jeder der beiden (Seelen-) Teile vermag in Bewegung zu setzen (*kinein*). Folglich ergibt sich, dass man gewissermaßen aufgrund von Vernunft und Meinung willensschwach wird (…)[59]

---

57 Das Vokabular, das Aristoteles zur Beschreibung des Zustandekommens dieser Form von Akrasie wählt, ist handfest mechanisch, vgl. EN 1150b20ff.

58 Vorübergehend, weil der Akratiker später über seine Willensschwäche Reue empfindet; vgl. EN 1150b30f.

59 Die Beteiligung der Vernunft am Zustandekommen der Begründung einer Handlung, von der der Akratiker eigentlich weiß, dass er sie unterlassen sollte, scheint für Aristoteles der Grund für die größere moralische Verwerflichkeit der schwachen Akrasie zu sein (EN 1151a1ff.). Wie findet das Bewegen der einen Strebung durch die andere im Falle der Selbstbeherrschung statt? Aristoteles beschreibt den Vorgang als schmerzvoll: Der Selbstbeherrschte handelt seiner Vernunft gemäß. Er hat jedoch heftige Begierden und leidet darunter. Woher bezieht die vernünftige Strebung die Kraft, der Begierde zu widerstehen? Die Lösung für dieses Problem

Der fünfte Fall: Wie können epistemische Gehalte bewegungsrelevant werden?

Das letzte verbleibende Problem ist die Frage nach der Möglichkeit der Bewegungsrelevanz von Wissensgehalten. Wissensgehalte sind für Aristoteles als solche nicht bewegungsrelevant. Wie können sie im Rahmen der kausalen Bewegungstheorie dennoch Einfluss auf das Handeln nehmen?

> Da aber die eine Annahme (*hypolêpsis*) allgemein (*katholou*) und Erklärung (*logos*) ist, die andere dagegen auf das Einzelne bezogen – die eine sagt nämlich, dass ein solcher (Mensch) etwas derartiges tun (*prattein*) soll, die andere, dass dieses hier jetzt derartiges ist und dass ich ein solcher bin –, bewegt also entweder diese (aufs Einzelne bezogene) Meinung, und nicht die allgemeine, oder beide bewegen, aber die eine (allgemeine) bleibt eher in Ruhe, die andere jedoch nicht. (DA 434a16-21)

Aristoteles unterscheidet hier zwei Arten von Annahmen: allgemeine und solche, die auf Einzeldinge bezogen sind.[60] Eine allgemeine Annahme, d.h. ein kognitiver Gehalt, der mit einem allgemeinen Sachverhalt korrespondiert und deswegen dafür geeignet ist, für andere Sachverhalte, seien sie einzelne oder ihrerseits allgemein, eine Erklärung (*logos*) zu sein, ist für Lebewesen solange kein möglicher bewegungsrelevanter Inhalt einer Strebung, wie er nicht in Form eines Einzelsatzes auf die handelnde Person selbst bezogen wird. Solange kognitive Gehalte allgemein sind, können sich die bewegungsrelevanten Strebungen von Lebewesen nicht darauf beziehen. Dies geht erst dann, wenn sich das handelnde Individuum, modern gesprochen, mit diesem Gehalt ‚identifiziert'. Dann verliert der Gegenstand für das Individuum aber den ausschließlich allgemeinen Charakter. Die bekannte Aristotelische Position, der zufolge Gegenstände von

---

liegt wahrscheinlich in den arationalen Ressourcen vernünftiger Motivation, vgl. oben, S. 181ff. Von den dort genannten Möglichkeiten arationaler Strebungen, die sich (indirekt) auf rationale Gehalte beziehen, kommen hier entweder habituelle Affektkontrolle oder das ‚Lustkalkül' in Frage. Bei beiden ist eine gleichzeitige Begierde nach den Gegenständen der zu unterlassenden Handlungsweisen nicht ausgeschlossen.

60 Diese Unterscheidung findet sich als unterschiedliche Formen des Wissens von Prämissen auch in EN 1146b35-1147a10. Aristoteles identifiziert dort offenbar die aus den Analytiken bekannte Unterscheidung in allgemeine und partikulare Prämissen (Apr.24a17f.) mit der von Wissen vom Einzelnen oder vom Allgemeinen. Dort ist übrigens auch nicht von einem ‚praktischen Syllogismus' die Rede, sondern gleichfalls nur von verschiedenen Formen von Wissensgehalten. Der ‚praktische Syllogismus' wird in EN VII erst ab 1147a25. eingeführt, vgl. Corcilius (2008), 157ff.

Handlungen nur Einzeldinge sein können (EN 1097a11-13; 1107a31; 1110b6f; 1111a23f; 1141b6; Pol. 1269a11f; DA 433a29f.), und deren Ausführung in der Macht des Wünschenden liegen muss (*prakton agathon*; etwa DA 433a27-29; MA 700b24-28; EN 1140a24ff.), wird hier auf epistemische Gehalte angewendet: Dass alle Menschen etwas Bestimmtes tun sollen, ist ein allgemeiner Satz, der selbst dann, falls er Gegenstand einer Strebung sein könnte, nicht handlungsrelevant wäre, weil er nicht die Bedingungen erfüllt, sich auf das hier und jetzt des Handelnden zu beziehen und in seinen Möglichkeiten zu liegen. Um zu handlungsrelevanten Strebungen zu werden, muss der Akteur solche allgemeinen Gehalte als einen praktikablen Einzelsatz auf die eigene Person beziehen. Unter dieser Bedingung ist jedoch die Möglichkeit gegeben, auch allgemeine Gehalte in die Bewegungsgenese einfließen zu lassen. Sie können dies jedoch nicht direkt, sondern, wie gesagt, nur darüber, dass ein Akteur sie sozusagen ‚zu seiner Sache macht'. Mir scheint, es ist aufgrund dieser indirekten motivationalen Relevanz von Wissensgehalten, dass Aristoteles seine anfängliche Aussage, der zufolge nur der auf das Einzelne bezogene Gehalt ‚bewegt', schließlich relativiert, und auch dem allgemeinen Gehalt einen gewissen Anteil an der Bewegung zuspricht.

Hier, in DA 434a16-21, geht es übrigens nicht – wie häufig angenommen – um die Präsentation des sogenannten ‚praktischen Syllogismus', sondern, wie gesagt, darum, die Möglichkeit der Bewegungsrelevanz epistemischer, allgemeiner Gehalte im Rahmen der kausalen Theorie der animalischen Ortsbewegung aufzuzeigen. Zum praktischen Syllogismus komme ich später. Ich denke jedoch, die Annahme, schon in DA sei vom praktischen Syllogismus die Rede, kann unter den gegebenen Voraussetzungen auch ohne gründliche Interpretation als unwahrscheinlich gelten: In MA beantwortet Aristoteles mit dem praktischen Syllogismus nämlich eine Frage, die in DA gar nicht gestellt wird. Sie lautet: „Wie kommt es, dass man denkt, aber mal handelt, mal nicht handelt und sich (mal) bewegt, sich mal aber nicht bewegt?" (MA 701a7f.). Diese Frage betrifft ein Stadium der Handlungsgenese, bei dem die Möglichkeit der Konstitution einer Strebung durch epistemische Gehalte, also das, worum es in DA an dieser Stelle geht, schon fraglos vorausgesetzt wird. Ferner ist in MA von epistemischen Gehalten (der Bewegungsrelevanz allgemeiner Propositionen) nicht die Rede. Dies würde, wenn es so wäre, auch der hier in DA 434a12-16 vorgetragenen These widersprechen, derzufolge epistemische Gehalte nicht *direkt* bewegungsrelevant sind, sondern nur indirekt über die ‚Identifikation' des handelnden Individuums mit dem epistemischen Gehalt in Bewegungskontexte eingebunden werden können. Neben diesen Argumenten, die darauf abheben, dass ein ‚praktischer Syllogismus' im Kontext dieser DA-Passage aus inhaltlichen und methodischen Gründen deplatziert wäre, ist zu bemerken, dass Aristoteles an dieser Stelle weder von einem inferentiellen Vorgang noch von einer Konklusion redet. Er spricht nur von einer *Annahme*, die bewegen kann.[61] Es ist also zwar durchaus denkbar – und auch in Übereinstimmung mit Aristoteles' Theorie der animalischen Ortsbewegung –, dass die beiden im Text erwähnten Annahmen zusammen als Prämissen Eingang in einen praktischen Syllogismus finden könnten, doch dies wird im Text einfach nicht gesagt. Und ich denke, dass Aristoteles auch gute Gründe hat, an dieser Stelle noch nicht von praktischen Syllogismen zu sprechen.

Zusammenfassung

Fassen wir das Bisherige zusammen. Aristoteles hat die eingangs gestellte Frage nach dem bewegenden Seelenvermögen in einer Weise beantwortet, die nicht nur eine positive Antwort im Sinne eines bestimmten Seelenvermögens verweigert, sondern darüber hinaus auch die Implikation der Fragestellung, der zufolge es *ein* solches zuständiges Bewegungsvermögen geben muss, ausdrücklich angreift: Nachdem er im Laufe des Prüfungsverfahrens für alle Kandidaten Beispiele anführen konnte, die belegen, dass sie alleine nicht für die Ortsbewegung verantwortlich sind, geht er dazu über, eine kausale Erklärung zu liefern, die den Rahmen der Frage nach dem für die Ortsbewegung verantwortlichen Seelenteil sprengt: Statt bewegender Vermögen beschreibt Aristoteles zunächst die Bewegungsgenese als einen kontinuierlich verlaufenden Prozess, an dem verschiedene seelische Vermögen, kognitive und desiderative, beteiligt sein können. Der Prozess hat verschiedene Etappen, wobei jede Etappe das kausale Antezedens der ihr nachfolgenden Etappe bildet. Es ergeben sich folgende Kombinationen:

(0) durch Vernunft erkanntes praktikables Gut → (1) Strebung (Wunsch) → (2) vernünftige Überlegung (Deliberation) → (3) Handlung.
(0) durch Vorstellung (perzeptiver Gehalte) erkanntes praktikables Gut → (1) Strebung (Begierde/Mut) → (2) vernünftige Überle-

61 Dass in DA 434a16-21 vom ‚praktischen Syllogismus' die Rede ist, wird gleichfalls verneint von Edel (1982), S. 176. In einer traditionellen (naiven) Lesart kann die Vernunft der Strebung ‚Gebote' erteilen (vgl. etwa Loening, 1903, S. 18f.). Es ist zwar richtig, dass Aristoteles sich gelegentlich auf diese Weise ausdrückt, in naturphilosophischen Zusammenhängen tut er dies jedoch nicht.

gung/Vorstellung (entweder mit oder ohne Deliberation) → (3) Handlung (Bewegung).

Der Ausgangspunkt (*archê*) der animalischen Ortsbewegung (0) besteht in dem Komplex aus Kognition (Wahrnehmung/Vorstellung/Vernunft) mit einer Strebung, die sich auf den durch die Kognition präsentierten Gehalt richtet. Weder Kognition noch Strebung sind jeweils allein dafür hinreichend. Im Anschluss an die Präsentation dieses Erklärungsmodells geht Aristoteles dazu über, die schwierigen Fälle aus dem Problemkatalog zu erklären, die sich im Laufe des Prüfungsverfahrens zur Ermittlung des Bewegers angesammelt haben. Hierbei scheint er vor allem an der Selbstbewegung in Abwesenheit des erstrebten Gegenstandes interessiert. Für diese Fälle ist Vorstellung (*phantasia*) eine notwendige Bedingung. Vorstellungen sind im Körper remanierende kausale Folgen aus perzeptiven Vorgängen, die die Gehalte und kausalen Vermögen ihrer kausalen Anlässe bewahren und durch Assoziationsmechanismen wieder hervorgeholt werden können. Für die verschiedenen Möglichkeiten der Motivation gilt, dass sowohl für die Etappe der Konstitution der Strebung, dem Übergang zwischen (0) und (1), als auch für die Etappe der Konkretisierung des Strebeziels zwischen (1) und (2) Vorstellung erforderlich und wichtig ist. Für die Repräsentation rationaler Gehalte bedarf es darüber hinaus der Fähigkeit, aus mehreren Vorstellungsgehalten einen einzigen zu machen. Mit dieser Fähigkeit, die Aristoteles als eine Art anthropologische Grundannahme einführt, lassen sich alle Repräsentationen von Denkgehalten auf die angegebene Weise als Kombinationsformen mehrerer Vorstellungsgehalte erklären. Auf dieser Grundlage können die übrigen schwierigen Fälle angegangen werden: Akrasie lässt sich mithilfe des kausalen Modells der Bewegungsgenese als ein Komplex miteinander konkurrierender Strebungen verstehen. Die Handlungsrelevanz epistemischer Gehalte lässt sich dadurch erklären, dass ansonsten motivational irrelevante allgemeine Sätze, dann, wenn sie in Form von Einzelsätzen auf die eigene Person des Strebenden bezogen werden, in indirekter Weise Einfluss auf die Bewegungsgenese nehmen können.

Eine gemeinsame Theorie der Ortsbewegung für Tiere und Menschen

Insgesamt lässt sich sagen, dass Aristoteles' Theorie der animalischen Ortsbewegung in DA Wert darauf legt, Motivation durch von Vernunft mitbestimmten Gehalten nicht auf andere Weise zu erklären als die durch perzeptive Gehalte. Die Gehalte des Denkens werden auf dieselbe Weise wie perzeptive Gehalte zu Gegenständen der Strebung, indem sie durch Vorstellungen (*phantasia logistikê*) repräsentiert werden. Gleiches gilt für die Beteiligung der Vernunft an der Konkretisierung eines bereits feststehenden Strebegehalts im Rahmen der Deliberation (*phantasia bouleutikê*). Es gibt keine direkte motivationale Relevanz genuin rationaler Gehalte, sondern sie alle bedürfen, um zu bewegen, der vorstellungsmäßigen Repräsentation. Dabei unterliegen die Gehalte starken Einschränkungen: Sie müssen praktikable Gegenstände betreffen, d.h. Einzeldinge, deren Realisation in den Möglichkeiten des Strebenden liegt. Für genuin epistemische Gehalte gilt, dass sie nur dann motivational relevant werden, wenn sie als Einzelsätze auf die eigene Person bezogen werden. Aristoteles kann die Motivation durch vernünftige Gehalte so ohne eigene Bewegungsressourcen der Vernunft erklären. Möglich wird dies dadurch, dass die handlungsrelevanten Einzeldinge gleichzeitig auch mögliche Objekte arationaler Strebungen darstellen (extensionale Identität der Objekte von rationaler und arationaler Strebung). Die mit Lust/Leid-Empfindungen einhergehenden thermischen Veränderungen sind für Aristoteles auf physischer Ebene notwendige Antezedenzien *aller* animalischen Ortsbewegung, d.h. auch der mit vernünftigen Motiven (MA 701b33-702a1). Für die Bewegungsrelevanz rationaler Gehalte kommt daher alles darauf an, ob die sie repräsentierenden Vorstellungsgehalte im Menschen hinreichend Lust und Leid auslösen können. Wenn dies Aristoteles' Erklärung für die Bewegungsrelevanz vernünftiger Gehalte einigermaßen trifft, dann ist die gemeinsame Behandlung von tierischer und menschlicher Motivation nicht nur eine aus Systemzwang erfolgte Unbequemlichkeit des Aristotelischen Wissenschaftssystems, sondern eine der Sache angemessene und wissenschaftsökonomisch sinnvolle Zusammenlegung: *Qua* Motivation unterscheidet sich die menschliche Ortsbewegung bei Aristoteles in nichts von der tierischen. Sie unterscheidet sich nur insofern, als bei ihr die Möglichkeit gegeben ist, auf indirekte Weise über Vorstellungen auch vernünftige Gehalte in den Prozess der Bewegungsgenese einzuspeisen. Bei diesem Unterscheid handelt es sich aber nur um eine *Ergänzung* zur allgemeinen Motivationstheorie, die an der Theorie als solcher nichts verändert. Als *kausale*

Theorie ist die Erklärung der Ortsbewegung für Aristoteles bei allen Lebewesen die gleiche.[62]

62 Metaph. 1047b31-1048a24 liefert dafür den theoretischen Hintergrund: Aristoteles unterscheidet dort zwischen solchen Vermögen, die nur eine Verwirklichungsmöglichkeit aufweisen (*dynameis aneu logou*) und solchen, in denen die gleichzeitige Möglichkeit zu entgegengesetzten Verwirklichungen angelegt ist (*dynameis meta logou*). Damit sind die Vermögen vernunftbegabter Lebewesen gemeint, aufgrund ihrer Wissensgehalte *theoretisch* in der Lage zu sein, gleichzeitig sowohl eine ihrem Wissen entsprechende Handlung aufzuführen als auch deren Gegenteil. Aus kausaler Perspektive ist eine solche Gleichzeitigkeit entgegengesetzter Verwirklichungsmöglichkeiten für Aristoteles jedoch ausgeschlossen. Aus der Perspektive der Naturphilosophie kann es für ihn zu einem gegebenen Zeitpunkt immer nur das Vermögen zur Verwirklichung *einer* der entgegengesetzten Möglichkeiten geben. Was nach Aristoteles' Ansicht darüber den Ausschlag gibt, welche der entgegengesetzten Möglichkeiten zu einem gegebenen Zeitpunkt die kausal relevante und reale Möglichkeit ist, ist die *Strebung* bzw. die Entscheidung (*prohairesis*). Das Resultat ist also dasselbe wie in DA 434a16-21, nämlich dass auch die Bewegungen, die sich aufgrund von vernünftigen Vermögen ergeben, mit derselben kausalen Notwendigkeit erfolgen, wie die unvernünftigen Bewegungen (Metaph. 1048a10ff.). Sie können also durch ein- und dieselbe kausale Theorie erklärt werden (hier weiche ich ab von Labarrière, 2004b, S. 143-145, der meint, die *dynameis meta logou* seien die Vermögen *aller* mit der Fähigkeit zur Ortsbewegung begabten Lebewesen, da diese nämlich auch die Fähigkeit zum Stillstehen implizierten. Aristoteles wird aber nicht gemeint haben, die Lebewesen hätten das Vermögen, sich *gleichzeitig* sowohl zu bewegen als auch stillzustehen; vgl. ferner Metaph. 1045b36ff.).

3. Interpretation MA 6-10

Überblick

In MA beantwortet Aristoteles, wie bereits gesagt, im Wesentlichen folgende zwei Fragen:

> (1) Welches ist der Ausgangspunkt animalischer Ortsbewegungen wie Fliegen, Schwimmen, Laufen, Kriechen im Sinne der *causa efficiens*?
> (2) Auf welche Weise bewegt die Seele den Körper?[1]

Im Zentrum der Beantwortung der ersten Frage steht die Figur des sogenannten ‚praktischen Syllogismus' im siebten Kapitel der Schrift.[2] Die zweite Frage wird ab der zweiten Hälfte von Kapitel 7 bis einschließlich Kapitel 10 beantwortet. Aristoteles beschreibt darin den an den ‚praktischen Syllogismus' anschließenden physiologischen Hergang der Bewegungsgenese. Diese für die Theorie der animalischen Ortsbewegung spezifischen Fragen behandelt er allerdings erst ab dem sechsten Kapitel des insgesamt elf Kapitel umfassenden Traktats. In den vorherigen Kapiteln befasst er sich mit zwei notwendigen Bedingungen von Selbstbewegung *überhaupt*. Es handelt sich um das Erfordernis, dass jeder Selbstbeweger, wenn er sich in Bewegung setzen will, sowohl über einen internen als auch über einen externen Stützpunkt verfügen muss (im Folgenden ‚Stützpunktlehre'). Die Stützpunktlehre wird in den Kapiteln 1 bis 2 eingeführt. Daran schließt sich die Diskussion von Fragen und Problemen an, die sich aus einigen kosmologischen Anwendungen der Stützpunktlehre ergeben. Sie betreffen *alle* im Kosmos stattfindenden Ortsbewegungen, also sowohl die sublunaren animalischen Ortsbewegungen als auch die Bewegungen der Himmelskörper. Ich werde die ersten fünf Kapitel von *De motu* aufgrund ihrer allgemein kosmologischen Ausrichtung hier nicht diskutieren[3] und mich gleich dem sechsten Kapitel zuwenden, wo Aristoteles die für die

1 Vgl. relativ am Anfang des sechsten Kapitels von MA (700b9-11) „ (...) eine Betrachtung darüber, auf welche Weise die Seele den Körper bewegt (a) und was der Ausgangspunkt der Bewegung des Lebewesens ist (b), steht noch aus."

2 Wie oben gesagt, halte ich die Passage in DA 434a16-21 für eine Diskussion der Frage, wie noetische Gehalte bewegungsrelevant werden können, und nicht für eine Diskussion des ‚praktischen Syllogismus'. In *De anima* wird der ‚praktische Syllogismus' m.E. nicht erwähnt.

3 Dies beabsichtige ich an anderer Stelle zu tun. Die Stützpunktlehre wird uns unten bei der Bestimmung der Selbstbewegung der Lebewesen wiederbegegnen.

animalische Ortsbewegung spezifischen Fragestellungen (a) und (b) wieder aufnimmt (ab 700b4).

1. Welches ist der Ausgangspunkt animalischer Ortsbewegung?

Voraussetzungen

Aristoteles beginnt im sechsten Kapitel mit einer kurzen Einordnung der Fragestellung in den größeren Kontext seiner Naturphilosophie. Er verweist auf die thematisch relevanten Anschlüsse in *De anima* und der *Physik* und sagt, dass in diesem Rahmen die Untersuchung der Fragen, wie die Seele den Körper bewegt und was der Ausgangspunkt der Bewegung des Lebewesens ist, noch aussteht. Er greift dann seine vorher in DA 432b15f. und 433a13ff. gemachte Behauptung auf, der zufolge alle animalische Ortsbewegung um eines bestimmten Zweckes willen stattfindet, MA 700b13-16:

> Deswegen haben alle ihre [die der unbeseelten Dinge] Bewegungen auch eine Grenze. Und zwar auch die der beseelten Wesen (*empsycha*). Denn alle Lebewesen bewegen und werden bewegt um eines bestimmten Zweckes willen, so dass dies für sie die Grenze (*peras*) jeder Bewegung ist, das Worumwillen.

Die übrigen Ausführungen in Kapitel 6 dienen zu einem großen Teil der Explikation des hier formulierten praktisch relevanten Zweckbegriffes. Das Kapitel beginnt jedoch mit einer kurzen Untersuchung der Frage, welche Vermögen im Lebewesen für die Bewegung des Lebewesens verantwortlich sind (§ 1). Die Untersuchung erinnert an das dialektische Prüfverfahren zur Ermittlung des bewegenden Seelenvermögens, das uns aus DA III 9 und 10 bekannt ist. Ich werde den Abschnitt diskutieren und auf die Unterschiede zum ‚Original' in DA eingehen, bevor ich in (§ 2) zur Explikation des bewegungsrelevanten Zweckbegriffs komme. Beides sind Präliminarien für das, was ich für das Kernelement in Aristoteles' Erklärung der animalischen Ortsbewegung halte. Dies ist seine Antwort auf die Frage nach dem Ausgangspunkt der Ortsbewegung in Kapitel 7 von *De motu* (§ 3).

> (i) Wir sehen aber, dass Denken, Wahrnehmung und Vorstellung, Entscheidung, Wunsch und Mut und Begierde das Lebewesen bewegen.[4] Dies alles führt sich zu-

4 Nussbaum (1985) athetiert mit den meisten Herausgebern ‚Wahrnehmung' und ‚Mut' in 700b17f; vgl. aber Barnes (1980), S. 224f.

rück auf Vernunft und Strebung. Denn auch die Vorstellung und die Wahrnehmung nehmen denselben Platz ein wie die Vernunft. Sie sind nämlich alle fähig, Unterschiede zu erfassen, unterscheiden sich aber entsprechend der anderswo besprochenen Unterschiede voneinander. Wunsch, Mut und Begierde fallen alle unter Strebung, während die Entscheidung etwas Gemeinsames aus Denken und Strebung ist. Folglich bewegt zuerst der Gegenstand des Strebens und der[5] Gegenstand des Denkens. (ii) Nicht aber alles, was Gegenstand des Denkens ist, sondern (nur) der Zweck von solchem, was möglicher Gegenstand von Handlungen ist. Deswegen ist es unter den Gütern (nur) das derartige, das bewegt, und nicht jedes Gute: Nämlich (nur) insofern um seinetwillen ein anderes da ist und insofern es Zweck solcher Dinge ist, die um eines anderen willen sind, (nur) auf diese Weise bewegt es. Man muss aber auch das, was das Gute zu sein scheint, an den Platz des Guten setzen und das Lustvolle, es scheint nämlich ein Gut zu sein. (MA 700b17-29)

§ 1 Reduktion der bewegenden Vermögen (i)

Aristoteles nennt hier eine Reihe von Seelenvermögen, von denen er meint, dass wir beobachten können, dass sie Lebewesen in Bewegung setzen. Er führt sie, so wie in DA III 9-10, auf die beiden Komponenten (‚inklusive') Vernunft und Strebung zurück. Dabei unterscheidet sich die Liste von der Liste der Kandidaten für das bewegende Seelenvermögen in DA 432b14-433a8. Die Unterschiede lassen sich jedoch leicht auf die gegenüber DA veränderte Ausgangssituation zurückführen: Hier in MA ist sozusagen die ‚Grundgesamtheit' des Erhebungsverfahrens eine andere: Während in DA die Kandidaten für das gesuchte Vermögen die bis dahin behandelten Seelenvermögen waren (bis auf die Vorstellung *alle* bisher in der Schrift behandelten Seelenfunktionen, i.e. Nährvermögen, Wahrnehmung, Vernunft, Strebung[6]), scheint MA eher ‚endoxastisch' vorzugehen und ohne speziellen Anschluss an den Argumentationsstand aus DA alle Vermögen zu nennen, von denen man sinnvoll sagen kann, dass sie das Lebewesen in Bewegung setzen. Dies sind Denken, Wahrnehmung, Vorstellung, Entscheidung,

---

5 Nussbaums Athetese des *to* in 700b24 übernehme ich nicht: „*hôste kinei prôton to orekton kai to dianoêton.*" Sie streicht es mit Kodex P gegen die übrigen mss. und Wilhelm v. Moerbekes Übersetzung, weil sie mit DA III 10 den sachlich richtigen Einwand hat, dass beide *zusammen* für die Ortsbewegung verantwortlich sind. Da wir hier aber noch nicht vor der fertigen Theorie der Ortsbewegung stehen, sondern diese im Gegenteil ja erst entwickelt wird, ist es m.E. gerechtfertigt, das desiderative und kognitive Element noch nebeneinander anzuführen.

6 *Phantasia* taucht aus gutem Grund in der Kandidatenliste nicht auf: Vorstellung ist für Aristoteles kein eigenständiger Bewegungsursprung, sondern selbst eine *kinêsis*, d.h. ein *bewegtes* Derivat einer aus Wahrnehmungen hervorgehenden Bewegung (DA 428b10ff.).

Wunsch, Mut und Begierde. Im Resultat geschieht hier aber nichts anderes als in DA III 9 und 10: Aristoteles reduziert eine relativ große Liste verschiedener Seelenfunktionen auf die beiden für die Ortsbewegung zentralen Komponenten Vernunft und Strebung. Die Vernunft wird hier ebenso wie in DA 433a9-12 ‚inklusiv', d.h. im Sinne eines umfassenden diakritischen Vermögens verstanden. Analog dazu werden die drei Funktionen ‚Wunsch, Mut und Begierde' auf ihre gemeinsame Gattung ‚Strebung' reduziert. Sie wurden in loser Folge auch schon in DA III 9-11 und vorher genannt. Die Nennung von ‚Entscheidung' (*prohairesis*) ist ohne Parallele in DA III 9-11. Diese Abweichung lässt sich gleichfalls durch die verschiedenen argumentativen Ausgangspunkte der Schriften erklären: Während DA III 9-11 auf den Ergebnissen der bisherigen Untersuchung zur Seelen aufbauen kann, scheint MA, wie gesagt, mit eher ‚endoxastischen' Auswahlkriterien zu arbeiten. Die Entscheidung (*prohairesis*) wird so zwar unter den bewegenden Vermögen aufgeführt, dann aber sofort auf ihre Bestandteile Strebung und Vernunft reduziert.[7] Im Ergebnis stimmen die Auswahlverfahren in beiden Schriften überein: Sie reduzieren eine größere Anzahl von Bewegern auf zwei relativ allgemeine Faktoren, nämlich (‚inklusive') Vernunft und Strebung. Die Tatsache, dass MA, im Unterschied zum Auswahlverfahren in DA, nicht eliminativ verfährt und außerdem eine abweichende Liste von bewegenden Vermögen anführt, fällt demgegenüber m.E. nicht ins Gewicht.

§ 3 Die formale Bestimmung bewegungsrelevanter Zwecke (ii)

Die Bestimmung der bewegungsrelevanten Zwecke weist gegenüber dem Vorläufer in DA jedoch erhebliche Zusätze auf. Für das Vorgehen in MA ist besonders charakteristisch, dass Aristoteles dort die Zweckstruktur der Bewegung sublunarer Lebewesen, anders als in DA, mit denen von Bewegungen oberhalb des Mondes vergleicht. Die Einschränkung der bewegungsrelevanten Güter auf solche, die in der Macht des Strebenden stehen (*praktôn telos*), läuft in MA noch parallel zu DA, ebenso, dass es sich bei diesem Gut entweder um ein Gut oder ein so scheinendes Gut handelt.[8] Doch dann folgt etwas, dass in DA 433a15 m.E. lediglich angedeutet wur-

7 DA III 9-11 scheint den Begriff der Entscheidung aufgrund ihres komplexen Charakters wohlweislich zu meiden. DA 406b24f. nennt sie zwar als Ursache der Ortsbewegung, doch diese Bemerkung fällt im Zuge der Auseinandersetzung mit den Ansichten des Demokrit, ohne dass der Begriff der Entscheidung Eingang in Aristoteles' allgemeine Seelentheorie fände.

8 MA übergeht den Gedankenschritt aus DA 433a27-30, demzufolge Gegenstände von Strebungen *Güter* sind.

de: Aristoteles hatte dort sinngemäß angeführt, dass sich die (inklusive) praktische Vernunft von der theoretischen durch ihren *Zweck* unterscheidet, und dass dieser Zweck, wenn er das Lebewesen bewegen soll, immer in konkreten *Einzeldingen* bestehen muss (*to endechomenon kai allôs echein*; 433a29f.). Mit der Aussage, dass sich die praktische Vernunft von der theoretischen durch ihren Zweck unterscheidet, meint Aristoteles weder hier noch in DA, theoretisches Denken habe *keinen* Zweck, sondern nur, dass praktische Zwecke Zwecke von anderer Art sind: Es sind *bewegungsrelevante* Zwecke. Dies sind nicht alle Zwecke, sondern nur solche Güter (*kalon*[9]), bei denen die Bedingung erfüllt ist, dass:

> (…) um seinetwillen ein anderes da ist und insofern es Zweck solcher Dinge ist, die um eines anderen willen sind, (nur) auf diese Weise bewegt es. (MA 700b26-28)

Ein ‚Gut' im *bewegungsrelevanten* Sinn (im Sinne von Schwimmen, Laufen und Fliegen) ist, wie es hier heißt, nur ein solches Gut, um dessentwillen noch etwas *anderes* getan wird. Dieses andere hat gleichfalls dieses Gut zu seinem Zweck und besteht damit „um seinetwillen". Dies soll vermutlich heißen, dass die durch Lebewesen vollzogenen Bewegungen in dem Sinne von ihrem Zweck *verschieden* sind, dass Lebewesen, um die von ihnen erstrebten Güter zu erlangen, erst noch etwas anderes, im Sinne einer Zustandsveränderung in der Welt, *herbeiführen* müssen, das der Realisation des erstrebten Gutes dient. Bewegungsrelevante Güter sind demnach nur solche Güter, deren Erreichung die Herbeiführung einer Zustandsveränderung in der Welt involviert. Die Struktur, die sich ergibt, ist *komplex*: Eine Bewegung von Lebewesen ergibt sich nur dann, wenn sie der Verrichtung mindestens eines durch eine Zustandsveränderung in der Welt erreichbaren *Unterzweckes* dient:

(i) (0) Zweck bzw. Gut → (1) Unterzweck → (2) Ortsbewegung.

Animalische Ortsbewegungen beziehen sich demnach *unmittelbar* immer auf Zwecke, deren Realisierung sowohl von ihnen (den Bewegungen) als auch von ihren Endzwecken verschieden ist.[10] Letztere werden nur in dem

9 Ich gehe davon aus, dass die Begriffe ‚*agathon*' und ‚*kalon*', was die *Motivations*theorie betrifft, äquivalent sind, gegeben, dass Aristoteles in dieser Hinsicht auch nicht zwischen *phainomenon agathon* und *agathon* unterscheidet, vgl. MA 700b28f; DA 433a27-29; Phys. 195a25f; Metaph. 1013b27f; vgl. Top. 146b36-147a4.

10 Dies ist bis zu einem gewissen Grad trivial, da es sich bei Ortsbewegungen ja um zielgerichtete *Bewegungen* handelt, was ja eine Nicht-Identität von Prozess, der

Sinne erreicht, dass etwas anderes als sie selbst verrichtet wird, das jedoch selbst in einer *unmittelbaren* Zweck/Mittel-Relation zu den Endzwecken steht. Für Gewöhnlich ist der Zweck erst mit dem Ende der Verrichtung erreicht, d.h. dann, wenn die Zustandsveränderung, die der Herbeiführung des übergeordneten Zweckes dient, verrichtet und damit die Bewegung an ihr Ende gekommen ist. Der Zweck der Ortsbewegung ist der Ortsbewegung in dieser Weise *extern*.[11] In der anschließenden Passage wird Aristo-

---

zum Ziel führt, und dem Ziel selbst impliziert (vgl. Metaph. 1075b8-10). Die Explizierung des hierfür einschlägigen Zweckbegriffs scheint mir jedoch keineswegs trivial.

11 Die Unterscheidung zwischen bewegungsrelevanten und nicht (sublunar) bewegungsrelevanten Gütern korrespondiert also mit einer Unterscheidung zwischen solchen Handlungen, deren Zweck extern ist, und solchen, denen er intern ist. Während es sich bei ersteren immer um Bewegungen (*kinêsis*, im Sinne von Ortsbewegung) handelt, können letztere sowohl in Bewegungen als auch nicht in Bewegungen bestehen. Wichtig ist, dass das Kriterium des Enthaltenseins des Zweckes auch für solche Handlungen erfüllbar ist, die eine Verrichtung involvieren; vgl. Metaph. 1048b18ff. (*enhyparchei*; in diesem Sinne verstehe ich auch Metaph. 1050a23ff.). Die Abgrenzung von *poiêsis* und *praxis*, an die man hier vielleicht denken mag, wäre dem obigen Kriterium gemäß *innerhalb* von Zweckverrichtungen im Dienste von übergeordneten Zwecken zu ziehen. Beides, die *praxis* (in Verbindung mit Ortsbewegung!) und die *poiêsis*, sind Verrichtungen von untergeordneten Zwecken (Unterzwecken); sie lassen sich neben den aus EN VI bekannten Unterscheidungen aber noch so voneinander unterscheiden, dass bei der *poiêsis* noch eine zusätzliche Distanz zum Zweck besteht: Artefakte als die Resultate von Herstellungsprozessen sind zwar die Unterzwecke der sie herstellenden Verrichtungen, sie (die Artefakte) selbst sind jedoch auf ihren *Gebrauch* als Zweck ausgerichtet. Bei nicht herstellenden Handlungen unterscheiden sich dagegen zwar die Verrichtungen von ihrem Zweck, es liegt aber in dem Sinne eine *unmittelbare* Zweck/Mittel-Relation vor, dass es nicht noch eine andere *Verrichtung* gibt, die zwischen der Verrichtung und ihrem Zweck liegt. Genau dies scheint aber bei der *poiêsis* der Fall zu sein, da der Gebrauch des Artefakts außerhalb des Herstellungsprozesses liegt. Dies scheint auch der Sinn der Formulierung zu sein, die Aristoteles zur Unterscheidung von *praxis* und *poiêsis* in EN 1139b1-4 gebraucht: „Denn jeder, der hervorbringt, tut dies um einer bestimmten Sache willen, und der Gegenstand des Hervorbringens ist kein Zweck ohne weitere Qualifikation, sondern relativ zu etwas und zu einer bestimmten Person gehörig, der Gegenstand des Handelns aber [ist ein Zweck ohne weitere Qualifikation]; denn das gute Handeln ist ein Zweck und die Strebung richtet sich darauf". Mit ‚ohne weitere Qualifikation' muss nicht (wie vielfach angenommen) notwendig die Struktur von Verrichtung im Dienste eines davon verschiedenen Zweckes, wie Aristoteles sie für *alle* Ortsbewegungen geltend macht, negiert werden; wahrscheinlicher ist, dass damit nur der Unterschied zur *poiêsis* angezeigt werden soll, der, wie gesagt, darin besteht, dass *praxeis* in dem Sinne in einem unmittelbaren Verhältnis zu ihren Zwecken stehen, dass keine *weitere* Verrichtung zwischen ihnen und ihren Zwecken steht. *Praxeis* können in diesem Sinne ihre Zwecke tatsächlich erreichen, was für die *poiêsis* qua *poiêsis* nicht gilt: Ein Artefakt ist kein Zweck, sondern ein Mittel

teles diese Zweckstruktur der sublunaren animalischen Ortsbewegung mit der Struktur solcher Zwecke vergleichen, die (zumindest für sublunare Lebewesen) nicht im Sinne der Ortsbewegung relevant sind. Bei diesen Zwecken besteht seiner Auffassung nach kein Unterschied zwischen dem unmittelbaren Zweck ihrer Verrichtung und dem Zweck selbst (also dem Zweck, zu dessen Realisierung die Verrichtung dient). Zwar finden in beiden Fällen Verrichtungen statt, bei der Fortbewegung sublunarer Lebewesen besteht aber keine *unmittelbare* Zweck/Mittel-Relation (d.h., es gibt immer einen Unterzweck). Bei den Verrichtungen hingegen, die andere als (sublunar) *bewegungsrelevante* Güter zum Zwecke haben, nimmt Aristoteles genau eine solche unmittelbare Relation zwischen dem zu erreichenden Zweck und der seiner Realisierung dienenden Verrichtung an. Dieselbe Unterscheidung spielt auch bei der Diskussion von *praxis* und *energeia* eine Rolle (vor allem Metaph. 1048b18-35[12]). Dort ist das Beispiel Denken (*noein*): Wer (theoretisch) denkt, vollführt keine Verrichtung, deren Zweck noch im Dienst eines übergeordneten Zweckes steht, sondern die ‚Verrichtung' (Tätigkeit) führt *direkt* zur Erreichung des Zwecks. Da das Denken von etwas Bestimmtem sich nicht von der Verrichtung dieses Denkvorgangs unterscheidet, stimmt die Verrichtung nach den Worten des Aristoteles weitgehend mit ihrem Zweck überein.[13] Hier haben wir es gegenüber (i) also mit einer relativ *einfachen* Struktur zu tun:

(ii) (0) Zweck bzw. Gut → (1) Verrichtung (Tätigkeit).

Bei bewegungsrelevanten Zwecken liegt demgegenüber immer eine Nicht-Übereinstimmung von Handlungszweck und dem Zweck der seiner Realisierungen dienenden Verrichtung (dem Unterzweck) vor. Wenn Lebewesen sich fortbewegen, so geschieht dies nach Aristoteles also stets um eines bestimmten erreichbaren und abschließbaren Zweckes willen. Dieser Zweck ist deswegen auch erst dann erreicht, wenn die Bewegung an ihr Ende gekommen ist.[14] Die für die Ortsbewegung sublunarer Lebewesen

---

zur Verrichtung eines Zweckes, *praxeis* dagegen sind unmittelbar Verrichtungen von Zwecken. Da aber auch die *poiêsis* über einen Zweck verfügt, der mit seiner Verrichtung nicht identisch ist, scheint der Versuch, die *poiêsis* als Summe der in ihr involvierten Prozesse (*kinêsis*, vgl. Natali, 2004, S. 153-57) zu verstehen, nicht ganz auszureichen.

12 Vgl. EN 1173b15-20; 1174a13ff.

13 Vgl. Metaph. 1048b18f.: „Von den Handlungen (*praxis*), die eine Grenze haben, ist keine Zweck, sondern sie gehören zu dem, was den Zweck betrifft (*tôn peri to telos*)."

14 DA 407a23f.: „Nun gibt es für die praktischen Gedanken Grenzen (*perata*), sie sind nämlich alle um eines anderen Willen." Vgl. EN 1112b33; EE 1217a35-39.

relevanten Güter sind für Aristoteles damit gegenüber solchen Gütern, die unmittelbar verrichtet werden können, *defizient*. Nur solche, unmittelbar zu verrichtenden Zwecke betrachtet er als Zwecke *supralunarer* Bewegungen:[15]

> Folglich ist klar, dass das, was von dem, was immer bewegt, immer bewegt wird und die einzelnen Lebewesen auf gewisse Weise zwar ähnlich bewegt werden, auf gewisse Weise aber anders. Deswegen wird Ersteres[16] auch immer bewegt, während die Bewegung der Lebewesen eine Grenze (*peras*) hat; aber das ewige Schöne, d.h. das wahrhaft und auf primäre Weise Gute, das nicht mal (gut ist) und mal nicht, ist zu göttlich und würdig, als dass es Früheres gibt. (MA 700b29-35)

Die für die Ortsbewegung der Lebewesen (Fliegen, Schwimmen, Laufen etc.) relevanten Güter sind gegenüber den direkt verrichtbaren Gütern zwar defizient, aber dennoch vergleichbar: Es ist aufgrund der Unterschiedlichkeit der verfolgten Zwecke (Güter), dass sich die ewigen Bewegungen (die der Himmelssphären[17]) von denen der sublunaren Lebewesen unterscheiden. Beide verfolgen einen Zweck, doch die Zwecke, auf die sich die sublunaren Lebewesen bei ihren Ortsbewegungen beziehen, sind gegenüber dem ewigen Zweck der Himmelssphären begrenzt (*echei peras*[18]). Der

---

Mir scheint, Aristoteles bezeichnet mit der Formulierung ,um anderer Dinge willen' genau die Nicht-Identität vom Zweck der Bewegung insgesamt (der Handlung) und dem der Verrichtung.

15 Im Übrigen hat Aristoteles eine Tendenz, sowohl die indirekten als auch die direkten Zweckverrichtungen als Handlungen (*praxeis*) zu bezeichnen, vgl. DC 292b6f.: „Die Handlung besteht aber immer in zwei Faktoren, wenn sowohl das Worum-Willen da ist und das um dessen willen." In Metaph. 1048b21f. äußert er sich differenzierter und sagt von den indirekten: „dies sind keine Handlungen, oder jedenfalls keine vollkommenen; sie sind nämlich kein Zweck".

16 Ich übernehme hier (MA 700b32) mit Nussbaum die Konjektur von Farquharson, der statt mss: *ta to* bringt. Der Plural *ta* ist vielleicht aber richtig, vgl. Kollesch ad loc.

17 Siehe DC 292b10-25, wo auch noch innerhalb stellarer und planetarischer Bewegungen differenziert wird.

18 *peras* (Grenze) bedeutet hier in MA 700b32 dasselbe, was es in Zeile b13 und 16 bedeutet, nämlich ,Grenze' im Sinne von ,Abschluss' und nicht, wie Nussbaum ad loc (1985), S. 332, meint, in b32 ,Abschluss' und in b13 und 16 ,Worum-Willen'. Nussbaum denkt, Aristoteles spreche in MA 700b7ff. dann, wenn er ,Beseelte' (*empsycha*) sagt, von den sublunaren Lebewesen *und* den Sphärenbewegungen, dagegen dann, wenn er ,Lebewesen' (*zôia*) sagt, nur von den sublunaren Lebewesen. Zur Unterstützung dieser Annahme führt sie MA 700a17f. sowie 703a6 und 9 an. Folgende Gründe sprechen gegen ihre Annahme:
(i) In DA 407a23f. wird in einem ganz ähnlichen Kontext ,Grenze' (*peras*) im Sinne von Abschluss verwendet: „Nun gibt es für die praktischen Gedanken Grenzen,

sie sind nämlich alle um eines anderen Willen (*heterou charin*).“ Ganz ähnlich Metaph. 1048b18-36; 994b13-16.

(ii) In 700b14f. („Deswegen haben alle ihre Bewegungen auch eine Grenze. Und zwar auch die der beseelten Wesen (*empsycha*). Denn alle Lebewesen bewegen und werden bewegt um eines bestimmten Zweckes willen, so dass dies für sie die Grenze jeder Bewegung ist, das Worumwillen.“) spricht das begründende ‚denn' (*gar*) stark dafür, dass ‚beseelte' und ‚Lebewesen' hier jeweils auf dasselbe wie ‚Lebewesen' (*zôia*) eine Zeile darunter in b17 referieren, wo die auf der Erde stattfindenden Ortsbewegungen gemeint sein müssen.

(iii) In 700a17f. ist der aufgemachte Gegensatz nicht, so wie von Nussbaum angenommen, der zwischen ‚Unbeseelt' auf der einen und ‚Beseelt' auf der anderen Seite, sondern der zwischen ‚Unbeseelt' und ‚Selbstbewegt'. ‚Selbstbeweger' ist zumindest in diesem Zusammenhang ein allgemeinerer Begriff als ‚beseelt': So verhält es sich auch in Ph. 259b1-3, wo ‚beseelt' die Himmelskörper und deren Bewegungen geradezu ausschließt. (Man beachte, dass in DC 292a15ff. die Beseeltheit der Gestirne lediglich als eine Hypothese eingeführt wird, man sollte daher nicht ohne Weiteres davon ausgehen, dass Aristoteles sein Argument in Ph. VIII oder hier in MA auf dieser Hypothese aufbaut).

(iv) in 703a4-10 ist es keinesfalls klar (und in der Tat sogar eher unwahrscheinlich), dass Aristoteles nach der langen Behandlung der sublunaren Ortsbewegung nun auf einmal wieder von der sub- und der supralunaren Bewegung gemeinsam spricht, so wie Nussbaum dies annimmt. Er spricht an dieser Stelle davon, dass die ‚angeborene Luft' (*symphyton pneuma*) notwendig *in* dem beseelten Körper vorhanden sein muss. Dies könnte aber dann, wenn hier von den Himmelskörpern die Rede ist, problematisch werden, da Himmelskörper sich für Aristoteles nicht durch innere Organe selbst bewegen, sondern durch die Bewegung der Sphären, *in* denen sie sich befinden (vgl. DC II 8, speziell 289b30ff.).

(v) Aristoteles hatte am Anfang von MA gesagt, dass er die gemeinsame Ursache für alle animalischen Ortsbewegungen (Schwimmen, Fliegen, Laufen etc.) untersuchen will, und es ist wahrscheinlich, dass er nach der Erledigung allgemeiner Fragen zur Ortsbewegung mit dem sechsten Kapitel seine Ankündigung einlösen will, vgl. MA 700b4-13: „Über die Seele, ob sie bewegt wird oder ob sie nicht bewegt wird, und wenn sie bewegt wird, wie sie bewegt wird, ist bereits vorher in der ihr gewidmeten Abhandlung gesprochen worden. Da aber alles Unbeseelte von einem anderen bewegt wird und vorher über das erste Bewegte und ewig Bewegte in den Diskussionen zur ersten Philosophie gesprochen worden ist, nämlich auf welche Weise es bewegt wird und wie das erste Bewegende bewegt, steht eine Betrachtung darüber, wie die Seele den Körper bewegt und was der Ausgangspunkt der Bewegung des Lebewesens ist, noch aus. Denn neben der Bewegung des Alls sind die beseelten Wesen Ursache für die Bewegung aller anderen Dinge, soweit sie nicht dadurch voneinander bewegt werden, dass sie einander anstoßen.“ Die Bewegungen der Himmelssphären gehören zum ‚*ewig Bewegten*'. Sie sind damit Teil von dem, dessen Behandlung Aristoteles hier als abgeschlossen bezeichnet.

(vi) Nussbaum führt als Beleg für ihre Auffassung, ‚*peras*' sei hier im Sinne von ‚*hou heneka*' zu verstehen, Metaph. 1022a6-8 an (1985, S. 332). Die Stelle belegt aber das Gegenteil: „(Als Grenze wird bezeichnet …) auch der Zweck einer jeden Sache – von dieser Art ist aber das, wohin die Bewegung und die Handlung geht und nicht das, wovon sie ausgeht; wenn aber beides, dann sowohl, von wo sie aus-

Grund dafür ist, dass sie Verrichtungen involvieren, die der Herbeiführung eines Zustandes dienen, der erst dadurch, dass er herbeigeführt worden (und also abgeschlossen) ist, den eigentlichen Handlungszweck erreicht. Die sublunare Ortsbewegung der Lebewesen gelangt deswegen erst dann an ihren Zweck, wenn sie vorüber ist. Der Zweck der animalischen Ortsbewegung bleibt der Ortsbewegung damit extern, während die supralunare Ortsbewegung ihren Zweck auf die besagte Weise in sich enthält.

Folgerungen für die Bewegungs-/Handlungserklärung

Wir wissen nun, dass es sich für Aristoteles bei den praktisch relevanten Zwecken um verricht- und abschließbare Weltzustände im Sinne von Einzelgegenständen handelt, für deren Erkennen, erstens, die Wahrnehmung zuständig ist und die daher, zweitens, je nach Zustand und Situation des Lebewesens mit variablen Lust- und Nutzenwerten belegt sein können.[19] Es kann demnach keinen von Menschen hervorbringbaren Zustand geben, der invariabel und unter allen Umständen entweder immer ein Gut oder ein Übel ist. Diese *evaluative Variabilität* handlungsrelevanter Güter schließt es nach Aristotelischen Standards aber aus, dass es sich bei ihnen um explanatorisch *hinreichende* Zwecke der animalischen Ortsbewegung handelt. Die komplexe oder auch indirekte Zweck/Mittel-Struktur der animalischen Ortsbewegung, wie sie in (i) abgebildet ist (Zweck bzw. Gut → Unterzweck → Ortsbewegung), kann daher nicht einfach zu (ii) (Zweck bzw. Gut → Verrichtung) *heruntergekürzt* werden, indem man den oder die untergeordneten Zwecke der Verrichtung einfach als den übergeordneten Zweck der Ortsbewegung behandelt. Dies geht deswegen nicht, weil ein variabler Zweck nach Aristotelischen Standards *allein* nicht die explanatorische Funktion erfüllen kann, die Aristoteles durch den Zweck erfüllt

---

geht, als auch, wohin sie geht –; auch (wird als Grenze bezeichnet) das Worum-Willen und die Substanz einer jeden Sache und das, was es für jede Sache heißt zu sein; denn dieses ist die Grenze des Erkennens.“ (Metaph. 1022a6-10). Aristoteles sagt hier, dass ‚Grenze' bei Bewegungen und Handlungen im Sinne eines End- und Abschlusspunktes ausgesagt wird, und *kontrastiert* dies mit der von Nussbaum angenommenen erkenntnistheoretischen Aussageweise des Wortes im Sinne von ‚Worum-Willen'. Der Punkt, um den es Aristoteles in MA 700b11-35 geht, ist, die Bewegungsziele sublunarer Lebewesen und damit auch deren Bewegungen gegenüber den Bewegungen und Zielen der Himmelssphären als äußerlich begrenzt aufzuweisen. Diese Pointe geht bei Nussbaums Deutung verloren.

19 Dies hat Aristoteles mit der Einschränkung der bewegungsrelevanten Güter auf solche, deren Ausführung in den Möglichkeiten des Lebewesens liegt, bereits klargestellt (MA 700b24f; vgl. auch DA 433a29f., wo er das praktikable Gut mit kontingenten Einzelgegenständen identifiziert).

sehen möchte: Ein Zweck muss *erklären* können, aus welchem Grund er gewählt bzw. erstrebt wird. Dies scheint jedenfalls das gewesen zu sein, was Aristoteles aus wissenschaftstheoretischer Perspektive unter einem Bewegungszweck verstanden hat: nämlich das, worum willen *anderes* getan wird.[20] Wenn nun die konkrete Verrichtung eines im obigen Schema (i) untergeordneten Bewegungszieles im Sinne einer abgeschlossenen Zustandsveränderung in der Welt die *direkte* Verrichtung eines genuinen Zweckes wäre, so wäre der herbeigeführte Zustand der Welt ein genuines Gut und also *unmittelbar* das, worum willen die Verrichtung stattfinden würde. Da herbeiführbare Zustände der Welt aber je nach Situation und Zustand des Lebewesens unterschiedlich bewertet werden, kann die Erklärung für die Zweckhaftigkeit dieses herbeiführbaren Weltzustandes nicht in dem Weltzustand selbst liegen; offenbar liegt es nicht an den objektiven Qualitäten des erstrebten Unterzweckes, dass er erstrebt wird oder nicht, da genau dieselben Qualitäten in einer anderen Situation im Lebewesen auch eine Fluchtbewegung auslösen könnten. Die Frage, worum willen der Weltzustand herbeigeführt wurde, ist damit also nicht hinreichend beantwortet. Aristoteles meint, dass untergeordnete Zwecke, wenn man sie für sich betrachtet, d.h. ohne entsprechenden Kontext im Rahmen eines übergeordneten Zweckzusammenhangs, nicht erklären können, *weshalb* sie entweder erstrebt oder gemieden werden. Er sieht sie deswegen nicht als die eigentlichen Zwecke der Ortsbewegung, sondern nur als deren Mittel an. Ein durch eine Verrichtung bezweckter Zustand der Welt ist für ihn nur aufgrund der Tatsache ein Zweck (d.h. ein Unterzweck), dass er *in einem bestimmten variablen Kontext* der Herbeiführung eines eigentlichen (inva-

---

20 Vgl. Bonitz, Ind. Arist. s.v. *telos* 3, 753 Sp.2, 12ff. Der Zweck (*telos*, *hou heneka*) ist für Aristoteles in dem Sinne ein explanatorischer Regressstopper, dass er auf *befriedigende* Weise auf die Frage ‚warum?' Antwort geben können muss; d.h., dass es nach der Nennung des Zweckes nicht noch einen anderen Grund geben darf, aufgrund dessen der Zweck verfolgt wird (APo. 85b27-86a3). Damit ist aber nicht *ein* inhaltlich bestimmter Endzweck gemeint, zu dem *alle* Unterzwecke in einem instrumentellen Verhältnis stehen (etwa die *eudaimonia*, vgl. dazu Roche, 1992), sondern der Endzweck *relativ* zu jeder verrichteten Handlung bzw. Ortsbewegung, vgl. das Beispiel in Ph. 194b29-195a3: „Ferner (wird Ursache ausgesagt) als Zweck (*telos*): ‚Warum geht er spazieren?' Wir sagen, ‚damit er gesund wird' und indem wir dies sagen, glauben wir die Ursache angegeben zu haben. Und von daher (wird als Ursache) auch alles (ausgesagt) das, indem es etwas anderes in Bewegung setzt, zwischen (dem von ihm in Bewegung Gesetzten) und dem Zweck kommt, z.B. bei der Gesundheit die Schlankheit bzw. die Entleerung bzw. die Arznei bzw. die (medizinischen) Werkzeuge, denn diese sind alle um des Zweckes willen (…)." Endzwecke sind alle diejenigen Zwecke, die nicht nur deswegen ausgeführt werden, weil sie einem übergeordneten Zweck dienen, sondern auch um ihrer selbst willen gewählt werden. Weitere Beispiele sind: Ehre, Lust, Vernunft, die Tugenden (EN 1097b2f.) und Reichtum (EE 1227a13-15).

riablen) Zweckes dient. Er selbst ist ein variabel evaluierbarer Gegenstand, der nur deswegen Zweck ist, weil er in dem entsprechenden Bezug auf einen invariabel evaluierten letzten Zweck steht. Die invariablen Zwecke sublunarer animalischer Ortsbewegung sind für Aristoteles aber keine konkreten und wahrnehmbaren Einzeldinge oder Weltzustände mehr, sondern *allgemeiner* Natur.[21] Demnach bedürfen allgemeine Endzwecke stets der konkreten Unterzwecke, um in bestimmten Kontexten realisiert werden zu können, während umgekehrt die konkreten Unterzwecke stets allgemeiner Endzwecke bedürfen, um Gegenstände von Strebungen zu werden. Gegenüber dieser komplexen Zweckstruktur der sublunaren Ortsbewegung sind die Zwecke der Bewegungen von Himmelssphären nach Aristoteles' Ansicht *unmittelbar* invariable Güter ohne Unterzwecke. Es liegt also die simple Struktur aus (ii) vor; vgl. noch einmal MA 700b32-35:

> aber das ewige Schöne, d.h. das wahrhaft und auf primäre Weise Gute, das nicht mal (gut ist) und mal nicht, ist zu göttlich und würdig, als dass es Früheres gibt.

Die Abwesenheit eines Früheren (*proteron*)[22] bezeichnet hier m.E. die Abwesenheit eines dem Zwecke der Tätigkeit der Himmelssphären *zeitlich* vorgeordneten anderen Zweckes (nämlich eines oder mehrerer Unterzwe-

---

21 APo. 86a3 (*katholou*).

22 Nussbaum, Kollesch und Preuss (aus Konformitätsgründen mit Michael von Ephesos' Kommentar nicht in der Übersetzung, dafür aber in seinem Kommentar) lesen hier statt ‚*proteron*' (mss.) ‚*pros heteron*' (‚in Bezug auf etwas anderes', mit Kodex P und der Übersetzung Moerbeckes). Nussbaum sieht in der Passage in MA 700b32-35 – m.E. zu Unrecht – einen Vergleich der *beiden* Ortsbewegungen (supra- und sublunare) einerseits mit dem vollständig unbewegten Beweger andererseits. Dazu passt die von ihr angenommene Lesart von P ‚*pros heteron*', da dadurch der unbewegte Beweger gegenüber der externen Zweckorientierung der bewegten Bewegung als absolut (also nicht ‚in Bezug auf anderes') herausgestellt wird (1985, S. 338f.). Der überlieferte Text macht hier aber guten Sinn: Es geht, dem Kontext der Passage nach zu urteilen, nicht um einen Vergleich zwischen bewegten Bewegern einerseits und dem unbewegten Beweger andererseits; vielmehr geht es, wie gesagt, um den Vergleich der verschiedenartigen Zwecke von supralunaren und sublunaren Ortsbewegungen: Erstere haben keinen ihnen noch übergeordneten Zweck, während die Zwecke animalischer Ortsbewegung stets Einzeldinge betreffen, denen noch von ihnen verschiedene Zwecke übergeordnet sind. Für diesen Sinn von ‚*proteron*', vgl. in Ph. 199a8f; PA 645b29-32; Metaph. 994a11-14. Werner Jaeger konjiziert in seiner Edition *proteron* <*ti*>, um das ansonsten frei schwebende *proteron* nicht ohne grammatisches Subjekt zu lassen. Der einzige Grund, den ich habe, ihm in seiner grammatisch richtigen Korrektur nicht zu folgen, ist, dass EE 1227a13 *proteron* in inhaltlich identischer Weise verwendet (als das, was zum Ziel führt) und dort gleichfalls ohne erkennbares grammatisches Subjekt ist.

cke im Sinne einer Zustandsveränderung der Welt), durch dessen Verrichtung jener erst erlangt werden müsste. Aristoteles glaubt offenbar, dass das *ewige* Schöne unmittelbar Zweck der Verrichtungen der Himmelssphären ist. Da das ewige Schöne unveränderlich ist, ergibt sich, dass die daran ausgerichteten Bewegungen gleichfalls zeitlich unbegrenzt sind.[23]
Die von Aristoteles dagegen geltend gemachte indirekte Zweckstruktur (i) möchte ich als *formale Grundstruktur* der animalischen Ortsbewegung bezeichnen. Sie muss in jedem Fall, in dem es zur Bewegung eines Lebewesens unterhalb des Mondes kommen soll, gegeben sein:

> (0) Zweck bzw. Gut oder so scheinendes Gut → (1) Unterzweck → (2) Ortsbewegung.

Dabei ist (0) der eigentliche Zweck. Er besteht in einem invariablen Gut, der für das Lebewesen um seiner selbst willen erstrebt wird. Der Unterzweck (1) muss dagegen immer ein wahrnehmbarer und daher je nach Umständen variabel mit Lust/Leid besetzter Einzelgegenstand sein, dessen Realisation in den Möglichkeiten des Lebewesens liegt. Die Verrichtung von (1) hat Prozesscharakter, insofern die Erreichung von (1) am zeitlichen Ende seiner Verrichtung steht. (1) wird vom Lebewesen ferner nicht aufgrund seiner eigenen Qualitäten bezweckt, sondern aufgrund der Tatsache, dass (1) unter diesen spezifischen Umständen und in dieser bestimmten Situation der Herbeiführung von (0) dient. Nur wenn diese *indirekte* Zweck/Mittel-Relation besteht, kann es laut Aristoteles zur animalischen Ortsbewegung kommen.[24]
Wir erhalten so genau genommen *zwei* Gegenstände der (sublunaren) bewegungsrelevanten Strebung, nämlich den allgemeinen übergeordneten Zweck (0) und den seiner Herbeiführung dienenden Unterzweck (1). Dabei erklärt (0), warum das Lebewesen in einem konkreten Kontext (1) erstrebt, und (1) erklärt, auf welche Weise es zur Herbeiführung von (0) kommt.

---

23 DC 292b1ff.

24 Vgl. etwa EE 1227a5-15: „Da wer mit sich zu Rate geht, immer um eines bestimmten Zweckes mit sich zu Rate geht, und es für den, der mit sich zu Rate geht, immer ein Ziel (*skopos*) gibt, in Hinsicht auf das er das Zuträgliche betrachtet, und niemand mit sich über den Zweck zu Rate geht, sondern dieser ist Ausgangspunkt und Voraussetzung (…), betrifft die Betrachtung (*skepsis*) das, was zum Ziel führt (…), z.B. ob man Krieg führen soll oder nicht Krieg führen soll (…). Und das ‚Aufgrund-Wovon' (*to di' ho*), dies ist das Worum-Willen, wird eher (*mallon*) aus einem Früheren (*ek proterou*) entstehen, z.B. Reichtum oder Lust oder was sonst gerade das Worum-Willen ist." Hier liegt die indirekte Struktur von (i) vor: Der Zweck der Beratschlagung besteht letztlich in einem der genannten *allgemeinen* Relata der Strebung, welches dadurch realisiert wird, dass etwas *Anderes* und Früheres (*proteron*) verrichtet wird.

Beide müssen vorliegen, sonst kommt es nicht zur Bewegung. Wie dem Leser vielleicht schon aufgefallen ist, habe ich versucht, für den Unterzweck die Bezeichnung ‚Mittel' möglichst zu vermeiden. Aus folgendem Grund: Für die hier skizzierte Zweckstruktur animalischer Ortsbewegung ist es wichtig, dass (0) nicht nur um seiner selbst willen erstrebt wird, sondern auch mit keinem bestimmten Weltzustand korrespondiert. Dies liegt daran, dass, wie wir im ersten Teil gesehen haben, die Relata der Strebearten in allgemeinen Bereichen subjektiver Gütererfahrung bestehen. Bei diesen ‚äußersten' Zwecken handelt sich nicht um empirische Gegenstände. Eben deswegen bedarf es des Unterzweckes in Gestalt eines herbeiführbaren Weltzustandes. Diese formale Struktur bewegungsrelevanter Zwecke als Verhältnis eines allgemeinen Strebezweckes zu einer konkreten Verrichtung wird durch die ‚Zweck-Mittel'–Struktur möglicherweise in missverständlicher Weise zum Ausdruck gebracht, da der Begriff ‚Mittel' eher ein Verhältnis von Unterzwecken zu weiteren, *deren* Herbeiführung dienenden Verrichtungen zu bezeichnen scheint. Eine wichtige Qualifikation der hier so genannten formalen Grundstruktur der Bewegungen von Lebewesen unterhalb des Mondes besteht darin, dass es sich dabei nur um die *minimale* Zweckstruktur solcher Bewegungen handelt. Nichts hindert, dass noch weitere Zwischenschritte erfolgen:

(0) Zweck bzw. Gut oder so scheinendes Gut → (1) Unterzweck → (1') Unterzweck → (1'') Unterzweck usw. → (2) Ortsbewegung.

Aristoteles kommt es dabei nur darauf an, sublunare Bewegungen von der simplen Struktur der Bewegungen oberhalb des Mondes abzugrenzen. Der möglichen Komplexität in der Zweckstruktur sublunarer Bewegungen sind damit keine Grenzen gesetzt. Wichtig ist nur, dass sie einen ‚äußersten' allgemeinen Zweck zu ihrem Ausgangspunkt haben, und dass dessen Realisierung durch *mindestens* einen Unterzweck vermittelt wird.[25]

§ 3 Die kausale Theorie der animalischen Ortsbewegung

Nach der Explizierung des für die Ortsbewegung relevanten Zweckbegriffs und den damit verbundenen (starken) Beschränkungen für (sublunar) bewegungsrelevante Güter, wendet sich Aristoteles im folgenden Abschnitt wieder seinem Plan zu, die *effizient-kausale* Erklärung der animalischen Ortsbewegung zu geben. Auf welche Weise kommt es zur Bewegung,

25 Wie wir in Teil I, Abschnitt 2, gesehen haben, ist für Aristoteles der allgemeine Strebezweck in den konkreten Strebungen der Lebewesen enthalten

wenn ein konkretes Bewegungsziel (ein Unterzweck) vorliegt?[26] Die erste Antwort, die Aristoteles auf diese Frage gibt, ist denkbar einfach und zudem nicht mehr als nur ein allererster Schritt zu einer vollständigen Erklärung. Allerdings, wie wir gleich sehen werden, ein wichtiger Schritt:

> Jedenfalls bewegt das Erste, ohne bewegt zu werden, die Strebung dagegen, d.h. die Strebefähigkeit, bewegt als bewegte. Für das letzte (Glied in einer Kette) bewegter Dinge ist es aber nicht notwendig, irgendetwas zu bewegen. Hieraus ist aber auch klar, dass die Ortsbewegung sich unter den Gegenständen, die entstehen, mit gutem Grund als letzte (Bewegungsart bzw. Betätigung eines Seelenvermögens) ausbildet: Das Lebewesen wird nämlich durch Strebung bzw. Entscheidung bewegt, bzw. es bewegt sich (dadurch) fort, und zwar dann, wenn gemäß der Wahrnehmung bzw. der Vorstellung eine qualitative Veränderung stattgefunden hat. (MA 700b35-701a6)

Aristoteles sagt jetzt konkret und in der Sprache effizienter Kausalität, wie er sich den Hergang der Ortsbewegung vorstellt. Er tut dies, indem er das relativ abstrakte Bewegungsschema animalischer Ortsbewegung aus DA 433b13-27 zur Anwendung bringt. Er hatte dort die aus der *Physik* bekannte Dreierkette von unbewegtem Beweger (i), dem, womit es bewegt (ii) und Bewegtem (iii)[27] durch Differenzierung von (i) zu folgender Viererkette erweitert: (i') = Gegenstand der Handlung (*prakton agathon*), (i'') bewegtes Bewegendes = Strebefähigkeit, (ii) das, womit es bewegt = körperliches Organ und (iii) das Bewegte = das Lebewesen. Hier, in MA, erfahren wir nun, dass (i''), die Strebung, durch eine qualitative Veränderung (*alloiôsis*) zustande kommt.[28] Das heißt vermutlich, dass bewegungs-

---

26 Die Frage, auf welche Weise sich die Strebung konstituiert, wurde bereits in DA behandelt.

27 Ph. 256b14ff. und 258a5ff.

28 Die spätestens seit (Pseudo-) Simplikios 302.36ff. (vgl. Michael v. Ephesos, 114.18-20) verbreitete Sicht, dass die Strebung nicht wirklich bewegt wird, sondern nur vom potentiellen in den energetischen Zustand überwechselt, führt sich auf die Intuition zurück, dass die Seele nicht bewegt sein kann. Dies ist aber nicht haltbar: Energetisches Sein ist ja auch schon für das erste und gänzlich unbewegte Element in der Bewegungskette vorauszusetzen. Was wäre für die Erklärung gewonnen, wenn noch eine weitere Seelenfakultät in den energetischen Zustand überwechselte? Aristoteles nennt die *orexis* bzw. das *orektikon* außerdem an mindestens drei Stellen einen *bewegten* Beweger (DA 433b15-18; MA 700b35f; 703a4f.). Dass die Strebung als Teil oder Aspekt der Seele zwar Bewegung verursacht, selber aber nicht bewegt ist, sagt auch Alexander von Aphrodisias in seinem Buch über die Seele. Das von ihm dort vorgeschlagene Modell, die Bewegtheit auch der strebenden Seele nach dem Vorbild einer *technê* zu verstehen, die zwar die der *technê* entsprechenden Handlungen in Bewegung setzt, dabei aber unbe-

relevant nur solche Gegenstände sind, die in der Lage sind, durch eine qualitative Veränderung im Lebewesen eine Strebung nach ihnen auszulösen, also Einzeldinge, wenn sie wahrgenommen bzw. durch Vorstellung repräsentiert werden. Dies bringt uns gegenüber dem Wissensstand in DA einen bedeutenden Schritt weiter: In DA wurde gesagt, dass der Gegenstand der Strebung als unbewegter Beweger bewegt, indem er gedacht bzw. vorgestellt wird (DA 433b11f.). Hier, in MA, wird demgegenüber auch die effiziente Ursache für das Vorliegen eines konkreten Bewegungsziels angegeben, nämlich die qualitative Veränderung, durch die die Wahrnehmung bzw. die Vorstellung eines äußeren Sinnesgegenstandes zustande kommt (vgl. auch De somn. 456a20f.). Wie wir sehen werden, ermöglicht dies Aristoteles eine Erklärung von Vorkommnissen von animalischer Ortsbewegung, die den effizient-kausalen Zusammenhang zwischen den selbstbewegten Lebewesen und ihrer Außenwelt nicht unterbricht: Es gibt immer eine externe, physikalisch detektierbare Bewegungsursache für die Selbstbewegungen der Lebewesen, nämlich die qualitative Veränderung, die mit der Wahrnehmung/Repräsentation eines bewegungsrelevanten Einzelgegenstandes einhergeht.[29]

In den folgenden vier Kapiteln (MA 7-10) wird Aristoteles eine solche effizient-kausale Erklärung der animalischen Ortsbewegung geben, die die kausale Geschlossenheit in der Verursachung natürlicher Prozesse wahrt. Sein Argumentationsziel ist die möglichst lückenlose Schilderung des kausalen Hergangs der Ortsbewegung. Er orientiert sich dabei, wie gesagt, an den zwei am Eingang von Kapitel 6 genannten Fragen, nämlich: 1. Was ist der Ausgangspunkt der animalischen Ortsbewegung, und: 2. Wie bewegt die Seele den Körper?

Zu 1.: Die effizient-kausale Erklärung der unmittelbaren Ursache der Ortsbewegung erfolgt durch die Figur des ‚praktischen Syllogismus' (MA 701a7-701b1). Sie enthält die Antwort auf die Frage: Wann, d.h. unter welchen Bedingungen, erfolgt die Selbstbewegung eines Lebewesens *notwendig*?

Zu 2.: Direkt im Anschluss an die Beantwortung von 1. beschreibt Aristoteles den akteursinternen (notwendigen) kausalen Ablauf von dem Augenblick an, in dem die bei 1. genannten Bedingungen gegeben sind. Dabei lässt sich sein Verfahren als eine zunehmende Präzisierung seines

wegt bleibt, scheint von (Pseudo-) Simplikios übernommen (Alex.De an. 78, 24ff.).

29 Die in DA beschriebene Abfolge von sich kumulierenden akteursinternen Etappen der Bewegungsgenese wird in MA also auch in einen effizient-kausalen Kontext mit der *Umgebung* des Lebewesens gestellt.

Planes einer lückenlosen kausalen Erklärung verstehen. Die Präzisierung geht in fünf Schritten vor sich:[30]

Als erstes führt er durch eine Analogie der Selbstbewegung bei aufgezogenen Automaten mit der bei Lebewesen sein Erklärungsmodell einer akteursinternen sowie kontinuierlich verlaufenden Ereigniskette ein, macht aber gleichzeitig auch auf die Unterschiede zwischen den Vergleichsbereichen aufmerksam (MA 701b2-16).

Dann skizziert er den Ablauf der Ereigniskette, die sich an die in 1. genannten Bedingungen anschließt, in vorläufiger Weise. Hier scheint es ihm vor allem darauf anzukommen, zu zeigen, dass so geringfügige Veränderungen wie sie durch Wahrnehmungen verursacht werden, in der Tat für die kausale Erklärung so großer Veränderungen aufkommen können, wie sie die Ortsbewegung des ganzen Lebewesens darstellt (MA 701b16-b32).

In einem weiteren Schritt beschreibt er den Ablauf genauer. Dabei betont er die Schnelligkeit, mit der die von ihm beschriebene Ereigniskette abläuft[31] (701b33-702a32).

Dann (702a21-703a3) kommt die Frage nach dem Sitz des seelischen Bewegungsprinzips im Körper, von dem aus die akteursinterne Ereigniskette ihren Ausgang nimmt. Aristoteles ist hier bemüht, die Frage in den Zusammenhang der sukzessiv ablaufenden Ereigniskette einzuordnen (vgl.702b20-25).

Es folgt der Abschnitt über die angeborene Luft (*symphyton pneuma*), d.h. den Körper bzw. das Organ, mit dem das Lebewesen die mechanische Kraft für die Bewegung des gesamten Körpers aufbringt (703a4-28).

Hieran schließen sich generelle Überlegungen zur Ortsbewegung an, in denen Aristoteles wichtige Ergänzungen zu seiner kausalen Bewegungstheorie macht: In dem berühmten Vergleich des zur Ortsbewegung fähigen beseelten Körpers mit einer mit guten Gesetzen versehenen Stadt (703a28-b2) thematisiert er die Frage des Zusammenwirkens der Teile des gesamten Körpers bei der Ortsbewegung.

Als letztes behandelt er die Frage der Extension der Theorie der animalischen Ortsbewegung, d.h. er grenzt die Explananda seiner Theorie von anderen Bewegungen des Lebewesens ab, die durch seine Theorie nicht erklärt werden. Auch hierbei kommt es zu wichtigen Qualifizierungen seiner Theorie. Der letzte Abschnitt ist für die Fragestellung der vorliegenden Arbeit daher von besonderer Wichtigkeit. Ich werde ihn daher in Abschnitt 4 separat diskutieren.

---

30 Die folgende Einteilung unterscheidet sich von der tradierten Einteilung der Kapitel.

31 Vgl. den wörtlichen Anklang an den praktischen Syllogismus in 702a15f.

Im Folgenden werde ich die Themenabschnitte in der angegebenen Reihenfolge durchgehen.

3.1. Der ‚praktische Syllogismus'

In diesem Abschnitt geht es um die vermutlich am häufigsten diskutierte Passage aus *De motu animalium*. Es handelt sich um MA 701a7-b1, wo Aristoteles den in der Auslegungstradition so genannten ‚praktischen Syllogismus' einführt. Das außerordentliche Interesse, das dieser Passage in der Forschung zuteil wurde, galt zunächst allerdings weniger Aristoteles' Theorie der animalischen Ortsbewegung als seiner *Ethik*. In EN VII 3 macht Aristoteles nämlich Gebrauch vom praktischen Syllogismus (PS), um damit willensschwach-akratische Handlungen zu erklären. In zahlreichen Ethikkommentaren interessierte man sich für die Passage in MA 701a7-b1 daher hauptsächlich als Quelle für Hintergrundinformationen zum Verständnis der Aristotelischen Ethik. Ab der zweiten Hälfte des 20. Jhdts, setzte mit Anscombe's ‚Intention' dann eine betont handlungstheoretisch ausgerichtete Diskussion dieser Passage ein. Hier ging es den Interpreten in den meisten Fällen jedoch auch nicht um Aristoteles' für Tier und Mensch gemeinsame Theorie der animalischen Ortsbewegung, sondern um Fragen in Verbindung mit modernen Konzeptionen ‚praktischen Denkens'. Ein Zugang zu Aristoteles' eigenem theoretischen Anliegen in *De motu animalium* wurde durch diese selektive Kommentierungstradition m.E. eher behindert als gefördert. Hier ist nicht der Raum, um gebührend auf die Fragen, die im Rahmen dieser Kommentierungstraditionen aufgeworfen wurden, einzugehen. Ich habe dies zum Teil an anderer Stelle versucht.[32] Ich werde in der Darstellung von Aristoteles' Theorie der animalischen Ortsbewegung daher weiterhin dem Kontext von *De motu animalium* folgen. Durch die hier vorzulegende Deutung des PS werden allerdings einige von den in der handlungstheoretischen Diskussion vertretenen Interpretationen ausgeschlossen. Eine Positionierung zu den Fragen im Zusammenhang mit ‚praktischem Denken' bei Aristoteles wird sich daher nicht ganz vermeiden lassen.[33]

---

32 Für eine Auslegung von EN VII 3, vgl. Corcilius (2008), für einen Überblick über die wichtigsten handlungstheoretischen Diskussionen des Aristotelischen PS in der zweiten Hälfte des 20. Jhdts., vgl. Corcilius (2008c), für eine Diskussion aller für den PS relevanten Stellen, vgl. Corcilius (2008a).

33 Die grundlegenden Fragen des ‚praktischen Syllogismus' im Sinne der Theorie des ‚praktischen Denkens' scheinen mir folgende zu sein: Illustriert der PS deliberative Vorgänge, oder soll damit auch eine kausale Erklärung gegeben werden? Handelt es sich dabei um eine genuin eigenständige Form des Denkens? Handelt es sich bei

Vorweg möchte ich noch einmal daran erinnern, aus welcher Perspektive ich den PS hier zu interpretieren gedenke. M.E. ergibt sich aus dem Kontext der bisherigen Diskussion der animalischen Ortsbewegung in *De motu*, dass Aristoteles den PS als eine Figur zur Beantwortung der Frage einführt, wann, d.h. unter welchen Bedingungen, die Ortsbewegung nicht nur von Menschen, sondern von Lebewesen überhaupt erfolgt. Dementsprechend sind Deutungen, die unter dem PS ausschließlich von Menschen vorzunehmende, inferentielle und propositional strukturierte Denkvorgänge verstehen, mit der hier vertretenen Interpretation nicht vereinbar. Entsprechend werde ich versuchen zu zeigen, dass der PS einen kausalen und keinen inferentiellen Sachverhalt illustriert ((a) und (b)) und dass dieser Vorgang in der unmittelbaren Auslösung der animalischen Ortsbewegung besteht (c). Ferner möchte ich zeigen, dass der kausale PS sich in Aristoteles' generelle Methodologie der Erklärung von Prozessen fügt (d). Da Aristoteles mit dem PS die Frage nach den notwendigen und hinreichenden Bedingungen für das Auslösen animalischer Ortsbewegung bei Tier *und* Mensch beantwortet, möchte ich schließlich auf seine kausale Erklärung auch derjenigen Ortsbewegungen eingehen, die unter Beteiligung des Intellekts zustande kommen (e). Ich gehe also in folgenden Schritten vor:

(a) Die Fragestellung des PS
(b) Antwort 1: Der Vergleich mit theoretischem Schließen
(c) Antwort 2: Die Beispiele
(d) Methodologie des PS
(e) Der PS und Deliberation

(a) Fragestellung des PS

Im Rahmen von *De motu* antwortet der PS auf folgende Frage:

---

den Aristotelischen Beispielen um gültige Schlüsse? Diskutiert wird auch die Frage, ob Aristoteles mit dem PS eine neue Form des Schließens, also eine praktische oder gar normative Logik, im Ansatz entwickelt oder wenigstens erahnt hat. Die systematische Diskussion dieser Fragen hat sich aus Konsistenzgründen nur sehr oberflächlich an die Aristotelischen Vorgaben gehalten und ist von Anfang an eigene Wege gegangen; für einen sehr kurzen Überblick über diesen Zweig der Interpretationsgeschichte des PS, vgl. Gourinat (2004). Für eine Kritik an den modernen Konzeptionen praktischen Denkens, vgl. Price (2004).

> Wie kommt es, dass man[34] (dasselbe[35]) denkt, aber mal handelt, mal nicht handelt und sich (mal) bewegt, sich mal aber nicht bewegt? (MA 701a7f.)

Mit ‚Denken' (*noein*) ist, wie ich jetzt zeigen möchte, der uns aus DA 433a9ff. und MA 700b18f. bekannte inklusive Vernunftbegriff gemeint, der sich umfassend auf alle diakritischen Vermögen bezieht. An diesen beiden Stellen ging es um die Erklärung der letzten Etappe der Bewegungsgenese, die der Bewegung des ganzen Lebewesens unmittelbar vorausgeht. Bei den Passagen in DA, die sich der *Konstitution* der Strebung widmen, wurde der inklusive Vernunftbegriff dagegen wieder fallen gelassen, weil es dort gerade auf die *Unterscheidung* zwischen den unterschiedlichen kognitiven Vermögen und den unterschiedlichen Bedingungen für ihre motivationale Relevanz ankam. Da es an dieser Stelle in MA, so wie überhaupt in dieser Schrift, jedoch nicht um Fragen der Konstitution von Strebungen geht und da ferner davon auszugehen ist, dass Aristoteles hier etwas sagen will, was für *alle* zur Ortsbewegung fähigen Lebewesen gilt,[36] ist also eigentlich davon auszugehen, dass er hier wiederum mit dem inklusiven Vernunftbegriff arbeitet. Dass Aristoteles sich mit obiger Frage keineswegs nur auf menschliches Denken, sondern, wie gesagt, auf die kognitiven Leistungen aller Lebewesen bezieht, zeigt auch das Resumée am Schluss der Passage zum PS (MA 701a33-b1). Er bezieht sich dort eindeutig auf *alle* zur Ortsbewegung fähigen Lebewesen und erklärt die Frage nach der unmittelbaren Ursache der animalischen Ortsbewegung für beantwortet:

> Auf diese Weise also setzen sich die Lebewesen in Bewegung und kommen zum Handeln (MA 701a33f.)

Nach dem bisherigen Stand der Diskussion in MA können wir wissen, dass sich die bewegenden Seelenvermögen auf (inklusive) Vernunft und Stre-

---

34 Als implizites Subjekt des maskulinen ‚denkt' (νοῶν) ergänze ich hier nicht etwa ‚der Mensch', sondern das indefinite Personalpronomen ‚man' (τις).

35 Mir scheint die Einfügung von *‚dasselbe'* legitim und von klärender Natur zu sein: Die Frage, wie es kommt, dass man mal handelt und mal nicht handelt, während der Denkende bei beiden Gelegenheiten jeweils etwas *Anderes* denkt, halte ich für die Belange einer Theorie der animalischen Ortsbewegung ungeeignet (im diesem Sinne versteht auch Michael von Ephesus die Frage, vgl. 116.17ff.: *„toiautê noêsis"*).

36 Vgl. auch den Schluss des Abschnitts zum ‚praktischen Syllogismus, in dem Aristoteles das bisher Gesagte sowohl auf (menschliches) Handeln (*prattein*) als auch auf das keine Vernunft erfordernde Sich-Bewegen (*kineisthai*) bezieht und ausdrücklich von Lebewesen und nicht von Menschen spricht; MA 701a33-b1.

bung reduzieren lassen (700b17-24) und dass der effektiven Ortsbewegung *aller Lebewesen* eine qualitative Veränderung vorausgehen muss, die der Wahrnehmung oder der Vorstellung ‚gemäß' (*kata*) ist (701a4-6). Vor diesem Hintergrund macht die obige Frage guten Sinn und verspricht, die Untersuchung voranzubringen: Inklusives Denken, d.h. jede Form von Kognition, *allein* kann offensichtlich nicht erklären, warum sich Lebewesen fortbewegen, weil sie sich bei gleichem kognitiven Gehalt nämlich mal in Bewegung setzen und mal nicht. Die oben gestellte Frage, wie es kommt, dass bei gleichem kognitiven Gehalt (und der damit verbundenen qualitativen Veränderung) die Bewegung mal folgt und mal nicht, zielt damit also auf *hinreichende* Bedingungen der animalischen Ortsbewegung.[37]

(b) Antwort 1: Der Vergleich

Zur Beantwortung der Frage nimmt Aristoteles folgenden Vergleich vor:

> Dies scheint sich auf ganz ähnliche Weise zuzutragen wie bei denen, die sich über Unbewegliches Gedanken machen und deduzieren. Aber dort ist das Ergebnis eine theoretische Betrachtung – denn wenn man die beiden Prämissen denkt, denkt man die Konklusion und setzt sie zusammen –, hier aber wird die Konklusion aus den beiden Prämissen die Handlung. (MA 701a8-13)

Diejenigen, die sich über unbewegte Gegenstände Gedanken machen (*dianooumenois*) und deduzieren (*syllogizomenois*), setzen zwei Prämissen zusammen, aus denen sich eine Konklusion ergibt. Dieses Ergebnis (*telos*) besteht in einer theoretischen Betrachtung (*theôrêma*).[38] Hierin ähneln sie, findet Aristoteles, den Lebewesen, wenn sie sich in Bewegung setzen. Bei den Lebewesen besteht das Ergebnis des Vorgangs jedoch nicht in einer theoretischen Betrachtung, sondern in einer Handlung oder auch Verrich-

37 Kollesch meint dagegen, diese Frage träfe nicht ganz das Anliegen, um das es Aristoteles hier in Wirklichkeit geht: „Denn wie die folgenden Ausführungen zeigen (a8-33), gilt sein Interesse nicht so sehr dem Problem, warum eine Überlegung einmal in die Tat umgesetzt wird und ein anderes mal nicht (…), sondern vielmehr dem Nachweis, dass Handlung und Bewegung unmittelbar aus dem Streben und der Überlegung hervorgehen." (Kollesch, 1985, S.48).

38 *theôrêma* wird in den gängigen Übersetzungen als ‚wissenschaftlicher Satz' (Kollesch), ‚theoretical proposition' (Preuss) oder ‚speculative proposition' (Nussbaum) übersetzt. Bei Bonitz, Ind. Arist. s.v. finden sich jedoch nur psychologische Bedeutungen. Richtig dagegen Forster: *‚speculation'*.

tung (*praxis*).[39] Die sprachliche Wendung, die Aristoteles benutzt, um anzuzeigen, dass die verglichenen Vorgänge einander ähnlich sind, lautet ‚auf ganz ähnliche Weise zutragen wie' (*paraplêsiôs symbainein*). So weit ich sehe, handelt es sich bei den anderen Vorkommnissen dieser Wendung im *Corpus* immer um *Analogien.*[40] Das heißt, in allen diesen Passagen werden nicht gleiche oder ähnliche Individuen bzw. Individuengruppen miteinander verglichen, sondern ähnliche *Strukturen*, die sich in zwei heterogenen Individuengruppen finden. So wird etwa in *De Divinatione per Somnum*, 464b8-15, mit dieser Wendung die analoge Weise verglichen, in der sich die Diffundierung gespeicherter Wahrnehmungsbewegungen (*phantasmata*) im Körper zu der Diffundierung von Spiegelbildern im Wasser verhält. Bei den anderen Parallelstellen bietet sich ein ähnliches Bild. Wenn wir dies nun auch für den hiesigen Vergleich in Anschlag bringen, lässt sich der Ausdruck ‚*auf ganz ähnliche Weise zutragen*' mehr oder weniger wörtlich verstehen: Verglichen werden demnach nicht zwei Arten der gemeinsamen Gattung ‚Denken und Deduzieren', die beide propositional verfasst sind, sondern zwei heterogene Individuengruppen, bei denen sich etwas auf ähnliche Weise *zuträgt*, d.h. bei denen eine Ähnlichkeit lediglich in der *Art und Weise* vorliegt, in der sich die verglichenen Vorgänge ereignen. Wir erhalten so folgende Analogie: So wie die theoretische Betrachtung das Resultat eines inferentiellen Vorgangs ist, bei dem der Denkende eine Konklusion aus zwei Prämissen schließt, so ergibt sich daraus, dass zwei ‚praktische Prämissen' zusammengesetzt werden, als Resultat eine Bewegung/Handlung. Die Strukturanalogie besteht also nur darin, dass aus zwei Komponenten etwas Drittes *folgt*. Die verglichenen Komponenten entstammen jeweils verschiedenen (heterogenen) Bereichen: Bei den echten Syllogismen sind es die Propositionen, aus denen sich die Konklusion ergibt, beim PS sind es, wie wir gleich sehen werden, eine Strebung gegebenen Gehalts und eine kognitive Komponente (eine Wahrnehmung), deren Vorhandensein in der Ortsbewegung des Lebewesens resultiert. Die Deutung des PS als *Strukturanalogie* hat den Vorteil, dass in ihr, und nur in ihr, erklärlich wird, wie es sein kann, dass Aristoteles die Konklusion wiederholt für mit der Handlung *identisch* erklärt (701a12f., 22f.[41]). Ferner ergibt sich, wie wir auch gleich sehen werden, so eine pas-

39 Für den transitiven Gebrauch von *gignomai* (werden zu etwas) in 701a12 , vgl. EN 1146a23f.

40 DA 414a2; Div. 464b8; GA 760b21, 783a10; HA 539a11; Resp. 475a11, 476a27.

41 Vgl. auch EN 1147a25-b3: „Die eine (Art von) Meinung ist nämlich allgemein, die andere betrifft dagegen die Einzeldinge, für die bereits Wahrnehmung zuständig ist; wenn nun eine aus ihnen wird, ist notwendig, dass dort die Seele die Konklusion bejaht, während sie hier bei den praktischen (Meinungen?) sofort handelt: Z.B. wenn man alles Süße kosten soll und dies hier als eines von den Einzeldingen süß

sende Antwort auf die eingangs gestellte Frage nach der gemeinsamen unmittelbaren Bewegungsursache *aller* Lebewesen.[42]

(c) Antwort 2: Die Beispiele

Hier die Beispiele, die Aristoteles für den oben beschriebenen Vorgang der Bewegungsauslösung gibt:

> (1) Wenn man z.B. denkt, dass jeder Mensch gehen soll, und man selbst Mensch ist, geht man sofort; (2) wenn aber, dass kein Mensch jetzt gehen soll, und man selbst Mensch ist, steht man sofort still. Und dieses beides tut man, wenn nicht irgendetwas hindert oder zwingt:
>
> (3) ‚Ich soll ein Gut vollbringen. Ein Haus ist ein Gut'. Sofort baut er ein Haus.
>
> (4) ‚Ich brauche Kleidung. Ein Mantel ist Kleidung. Ich brauche einen Mantel. Das, was ich brauche, soll ich herstellen. Ich brauche einen Mantel. Ich soll einen Mantel herstellen.' Und die Konklusion ‚Ich soll einen Mantel herstellen' ist eine Handlung.
>
> (5) Man beginnt die Handlung aber vom Ausgangspunkt: ‚Wenn es einen Mantel geben soll, so ist dies hier zuerst notwendig, und wenn dies hier, dann das hier.' Und dies macht man sofort.
>
> Dass nun die Handlung die Konklusion ist, ist offenkundig: Die Prämissen, die zum Handeln fähig sind, entstehen aber durch zwei Formen, durch das Gute und durch das Mögliche. (MA 701a13-25)

Die Beispiele (1) und (2) formulieren in ihren ‚Obersätzen' eine generelle Handlungs- (jeder soll Gehen) bzw. Unterlassungsaufforderung (keiner soll gehen), während der in beiden Fällen identisch lautende ‚Untersatz' (ich bin ein Mensch), dann, wenn er mit den jeweiligen ‚Obersätzen' zusammengeschlossen wird, *sofort* (*eutheôs*) in einer Ortsbewegung resultiert. Beispiel (3) unterscheidet sich insofern davon, als dass der ‚Obersatz' nicht

---

ist, ist notwendig, dass wer dazu fähig ist und nicht daran gehindert wird, dies gleichzeitig auch tut." Die Formulierungen ‚notwendig (*anankê*)' und ‚gleichzeitig (*hama*)' machen die Identität von Konklusion und Bewegung noch unmissverständlicher als dies in der in MA gewählten Formulierung der Fall ist.

42 Man könnte es als eine gewisse Härte dieser Deutung ansehen, dass Aristoteles in den anschließenden Beispielen ziemlich lange den Eindruck erweckt, als handele es sich bei den ‚praktischen Prämissen' tatsächlich um propositional strukturierte Prämissen. Diesen Eindruck ist er zwar ab 701a26 bemüht, wieder zu korrigieren, doch es bleibt ein für Aristotelische Verhältnisse merkwürdig lang durchgeführter Vergleich, zumal er in EN 1147a25-b3 wieder auftaucht.

eine unbestimmte Handlungsaufforderung enthält, sondern sich in der ersten Person Singular an den Akteur selbst wendet. Bei (1), (2) und (3) werden durch den Untersatz also entweder die handelnde Person oder der konkrete Handlungszweck bestimmt. Allen Beispielen von (1) bis (3) ist dabei gemeinsam, dass sie in ihrer Form der basalen Zweckstruktur animalischer Ortsbewegungen aus MA 700b25-28 entsprechen:

(i) Zweck bzw. Gut oder so scheinendes Gut → Unterzweck → Ortsbewegung.

Daraus lässt sich ersehen, dass die Unterschiede der ‚Syllogismen' (1), (2) einerseits und (3) andererseits, was deren *Struktur* betrifft, keine Rolle spielen: Die ‚Obersätze' können sich entweder auf die zu verrichtenden Gegenstände (d.i. die Unterzwecke) oder auf den Akteur richten, solange die ‚Untersätze' sich in beiden Fällen auf handlungsrelevante Einzeldinge beziehen, und die ‚Obersätze' Güter bzw. Handlungsanweisungen formulieren.[43] Die Unterschiede in der Formulierung müssen keineswegs (wie häufig geschehen) auf Unterschiede in der logischen Form verschiedenartiger PS verweisen, sondern lassen sich (trivialerweise) durch die Relationalität der Streberelata erklären: Der PS besteht zum Teil aus relationalen Termen, da Zwecke (Güter) oder Akteure (zumindest in handlungstheoretischer Perspektive) stets Zwecke *von jemandem* oder Akteure *von etwas* (einer Handlungsweise) sind. Die ‚Prämissen' des PS können sich entsprechend entweder auf die Objekt- oder auf die Subjektseite dieser Relationen beziehen, ohne dass dies für die Erklärung der resultierenden *Bewegung* einen Unterschied macht.[44] Dass Aristoteles sich gegenüber den verschiedenen Formulierungsmöglichkeiten in der Tat *indifferent* verhält, zeigt sich etwas später (MA 701a26-28), wo er in deutlicher Anspielung auf den obigen PS (1) dessen erste Prämisse (‚dass jeder Mensch gehen soll') bei gleichem Ergebnis (einer Bewegung) umformuliert zu ‚wenn das Gehen für einen Menschen ein Gut ist'. Worauf es ihm ankommt, sind also nicht die Nuancierungen in der Formulierung, sondern der Umstand, dass immer dann Bewegung erfolgt, wenn ein Akteur entweder einen konkreten Einzelgegenstand oder sich selbst (ein Einzelding) als in der entsprechenden Relation zu seiner Strebung befindlich ‚erkennt'. Dabei muss der Akteur bzw. das Lebewesen, um sich in Bewegung zu setzen, nicht die Relation *als diese Relation* erkennen; es reicht, wenn es durch die Wahrnehmung oder Vorstellung des Einzelgegenstandes in diese Relation *versetzt* wird,

43 Wie wir in Teil I, Abschnitt 2 gesehen haben, sind die allgemeinen Strebezwecke in den Vorkommnissen von Strebungen enthalten.

44 Es wären dann zwei unterschiedlich gewählte Perspektiven der *Beschreibung*.

wie Aristoteles später auch selbst sagen wird (MA 701a29ff.). Das heißt nun aber nichts anderes, als dass es den Einzelgegenstand *erstrebt*.[45] Aus diesem Grund ist es unproblematisch, dass Aristoteles am Schluss der gerade zitierten Passage in 701a24f. die Prämissen des ‚Guten' und des ‚Möglichen' als die beiden Formen von Prämissen *aller* PS unterscheidet, die Beispiele andererseits aber nicht in allen Fällen Formulierungen von entweder Gütern oder konkret möglichen Handlungen zu enthalten scheinen:[46] Aus bewegungstheoretischer Perspektive *beinhaltet* die Nennung von Gütern nämlich eine entsprechende Relation zum strebenden Akteur (wenn ein Gegenstand für ein Lebewesen ein Gut ist, erstrebt es ihn auch), und für Handlungsaufforderungen gilt mit umgekehrten Vorzeichen das gleiche: Handlungsaufforderungen, die ‚Obersätze' von PS sind, enthalten einen Zweck und damit auch ein Gut, weil sie, wie Aristoteles an mehreren Stellen sagt, mit Strebungen korrespondieren. Für ‚Untersätze', in denen Handlungsaufforderungen auf die eigene Person des Akteurs bezogen werden, gilt ebenso, dass in ihnen die reale Möglichkeit ihrer Realisierung vorausgesetzt werden kann. Dies ist deswegen der Fall, weil Aristoteles von vorneherein nur solche Güter als bewegungsrelevant einstuft, deren Realisierung in den Möglichkeiten des Lebewesens liegt (MA 700b24f., DA 433a27-30).[47] Die ‚Subsumption' entweder eines Einzelgegenstandes unter einen Zweck bzw. die der eigenen Person unter eine relativ unbestimmte Handlungsaufforderung sind aus diesen Gründen nicht als logische Operation, sondern als Illustration des kausalen Vorgangs der Auslösung animalischer Ortsbewegung zu verstehen. Dieser Vorgang besteht darin, dass eine Strebung (‚Obersatz') dann, wenn ein Gegenstand, wahrgenommen wird, der hier und jetzt zur Realisierung der Strebung führen kann (‚Untersatz'), zur Bewegung in Richtung auf diesen Gegenstand führt. Ein solcher Vorgang kann (und wird in den sehr vielen, wenn nicht sogar den meisten Fällen) auch ohne expliziten Deliberationsprozess stattfinden.

Es passt zu diesem Bild, dass Aristoteles für (1), (2) und (3) die ‚Konklusionen' nicht ausformuliert, sondern die beiden Prämissen direkt in Orts-

45 Höhere Formen der Einsicht in die Relation, vor allem Zweck/Mittel-Relationen, sind dadurch natürlich nicht ausgeschlossen.

46 Die Unterscheidung zweier Arten von Prämissen brachte Grant (1874) und dann D.J. Allan (1955), S. 336 dazu, zwei verschiedene Typen von PS anzunehmen, von denen der eine im ‚Obersatz' eine Regel und der andere einen Zweck enthält. Es ist hier aber nur von zwei Typen von *Prämissen* die Rede. Zur Kritik an Allen, vgl. Hardie (1980), S. 240ff.

47 PS (3), bei dem der ‚Untersatz' (‚ein Haus ist ein Gut') im Gegensatz zu (1) und (2) keine Referenz auf einen Einzelgegenstand enthält, zählt vielleicht zur folgenden Gruppe (4) und (5) (oder leitet dazu über), die die deliberative Eruierung von handlungsrelevanten Einzeldingen thematisiert.

bewegungen resultieren lässt (so auch in 700a32f.).[48] Nur wenn der PS in dieser Weise als *Strukturanalogie* von theoretischem Schließen und dem unmittelbaren Auslösen animalischer Ortsbewegung verstanden wird, lässt sich der wichtigste Unterschied zwischen echten und ‚praktischen' Syllogismen erklären. Er besteht darin, dass die Prämissen theoretischer Schlüsse Propositionen sind, aus denen nichts anderes folgen kann als wiederum Propositionen,[49] während die ‚Prämissen' des PS, wenn sie in einer Bewegung resultieren sollen, in *kausalen* Relationen stehen müssen: Wenn wir für einen Augenblick von dem durch die Analogie nahegelegten Bild absehen, handelt es sich bei dem durch den PS beschriebenen Vorgang um einen Ereignisverlauf, bei dem eine Strebung und die Wahrnehmung eines der Strebung entsprechenden, unmittelbar zur Verfügung stehenden Gegenstandes zusammentreffen, so dass es zur Auslösung des in der Strebung enthaltenen Bewegungspotentials kommt. Dabei ist die mit der Wahrnehmung einhergehende qualitative Veränderung der kausale Auslöser der Aktivität der Strebung, die dann in der Bewegung des Lebewesens in Richtung auf den Gegenstand resultiert.[50] Vor dem Hintergrund der Fragestellung, wie es kommt, dass sich Lebewesen bei gleichem kognitiven Gehalt mal in Bewegung setzen und mal nicht, lässt sich das Bild von Prämissen und Konklusion gut als Illustration für die *beiden* kausalen Faktoren ver-

---

48 An der einzigen Stelle in (4), wo Aristoteles die ‚Konklusion' ausformuliert (‚Ich soll einen Mantel herstellen'), fügt er sofort hinzu, dass sie mit der Handlung identisch ist.

49 Dieser Umstand brachte eine Reihe von Interpreten dazu, die ‚Konklusion' des PS – trotz des entgegenlautenden Textes – nicht als Handlung, sondern als Proposition zu deuten, die eine Handlungs*anweisung* zum Gehalt hat. Genau an diesem Punkt liegt m.E. ein Hauptproblem für die propositionale Interpretationen des PS: In ihr kann der PS nicht das leisten, was für Aristoteles ganz offensichtlich der Grund gewesen ist, diese Erklärungsfigur einzuführen, nämlich Handlungen kausal zu *erklären*. Ortsbewegung und Handlungen können durch Propositionen, auch wenn sie Handlungssaufforderungen zum Gehalt haben, kausal nicht erklärt werden. Zur Behebung dieses Mangels, den die besseren Autoren dieser Interpretationslinie durchaus sehen, wurde auf textexterne Zusatzannahmen zurückgegriffen, vgl. etwa Charles (1984, S. 89): „if an action is preceded by a practical syllogism, the agent possesses a desire which accepts the major premise. These propositions support a further proposition, which is the conclusion of the syllogism. If the agent appropriately accepts this conclusion, he desires to do the action which is the subject matter of the conclusion and acts accordingly." (vgl. ebda. S. 90). In den Texten ist jedoch von einem ‚Akzeptieren' der Prämisse oder der Konklusion durch die Strebung nicht die Rede. Das gleiche gilt für die Annahme, der zufolge der Akteur nach Ablauf des PS der von der Strebung akzeptierten Konklusion ‚entsprechend' handelt.

50 Vgl. MA 701a33-35: „Auf diese Weise also setzen sich die Lebewesen in Bewegung und kommen zum Handeln, indem die unmittelbare Ursache der Bewegung eine Strebung ist."

stehen, die es für die Auslösung von animalischen Ortsbewegungen erfordert. Darüber hinaus dient es dem Aufzeigen der Notwendigkeit, mit der sich die Bewegung aus ihren notwendigen und hinreichenden Bedingungen ergibt. Die Formulierungen der Beispiele (1) bis (3) entsprechen diesem Bild.

(c) Methodologie des PS

Aristoteles möchte mit dem PS keine inferentiellen Vorgänge, sondern einen kausalen Sachverhalt illustrieren, der für seine Theorie der animalischen Ortsbewegung von zentraler Bedeutung ist. Die Figur des Syllogismus dient ihm als Modell, das verstehen hilft, wie sich Vorkommnisse von animalischen Ortsbewegungen aus gegebenen Antezedenzien mit Notwendigkeit ergeben.[51] Dieses Vorgehen bei der kausalen Erklärung von Ortsbewegungen fügt sich nun genau in das generelle Modell zur Erklärung natürlicher Prozesse, von dem Aristoteles in Metaph. 1048a8-16 spricht. Er unterschiedet dort Prozessvermögen (*dynameis*), die Vernunft involvieren (*meta logou*), von solchen, die dies nicht tun, und gibt an, auf welche Weise die aus diesen Vermögen jeweils resultierenden Prozesse zu erklären sind:

> Denn diese [d.h. die Vermögen ohne Vernunft] sind alle jeweils ein einziges Vermögen, dass fähig ist, (nur) ein einziges hervorzubringen, jene aber [die mit Vernunft] (haben die Fähigkeit zum Hervorbringen) von jeweils Entgegengesetztem, so dass sie gleichzeitig das Entgegengesetzte hervorbringen werden. Dies ist aber unmöglich. Es muss also etwas anderes dasjenige sein, das den Ausschlag (*kyrion*) gibt. Damit meine ich aber Strebung bzw. Entscheidung (*prohairesis*). Denn welches von beiden man immer auf ausschlaggebende Weise erstrebt, dies wird man tun, wenn es auf die Weise, in der man das Vermögen hat (es hervorzubringen), vorhanden ist und sich dem Leidenden nähert (*plêsiazei*). Folglich ist notwendig, dass alles das, was der Vernunft gemäß vermögend ist, immer dann, wenn es das, wozu es das Vermögen hat, und zwar auf die Weise, in der es es hat, erstrebt, dies auch tut. Es hat (das Vermögen) aber dann, wenn das Leidende gegenwärtig ist und zwar auf diese bestimmte Weise. Falls aber nicht, wird es nicht das Vermögen haben hervorzubringen.

Die Stelle zeigt, erstens, dass Aristoteles in der Tat der Meinung war, dass die Ortsbewegungen aller Lebewesen mit ein- und derselben effizient-

51 Vgl. EN 1147a24-25, wo Aristoteles den ‚praktischen Syllogismus' als Analysefigur vorstellt: „Ferner kann man auch folgendermaßen auf naturphilosophische Weise (*physikôs*) die Ursache in den Blick nehmen." Es geht ihm um naturphilosophische Ursachen (*aitia*), d.h. um solche Ursachen für Prozesse.

kausalen Erklärungsfigur zu erklären sind: Er behauptet, dass für die Prozesse, die unter Beteiligung von Vernunft (*prohairesis*) zustande kommen, *dieselbe* Erklärung in Anschlag zu bringen ist, wie für die Bewegungen, bei denen nur eine einzige Reaktionsmöglichkeit gegeben ist, obwohl dem rationalen Agenten *theoretisch* simultan mehrere Handlungsmöglichkeiten offenstehen. Der Umstand, dass Aristoteles sowohl in DA als auch in MA mit dem Anspruch auftritt, eine Bewegungstheorie für alle ortsbewegten Lebewesen zu liefern, findet in Metaph. 1048a7-17 also einen methodologischen Rahmen: Aristoteles gibt auf genereller Ebene Gründe dafür, dass alle Prozesse, sowohl die von vernunftbegabten als auch die von unvernünftigen Vermögen, auf ein- und dieselbe Weise zu erklären sind. *Qua* kausale Prozesserklärung gibt es zwischen ihnen keinen Unterschied.[52] Zweitens sagt Aristoteles, dass diese Erklärung mit einem wirkenden und einem leidenden Faktor als Relata der Kausalrelation arbeitet und den zu erklärenden Prozess als das *notwendige* Resultat ihres Zusammentreffens aufweist. Und er wendet dieses gesetzesartige Schema auf die Vermögen mit Vernunft an. Hier treten die Parallelen zum PS klar zu Tage: Der Text besagt, dass dann, wenn eine gegebene vernünftige Strebung auf etwas trifft, was dieser Strebung entspricht,[53] der Eintritt dessen, wozu das Vermögen mit Vernunft sein Vermögen hat, notwendig ist.[54] Dies liest sich wie die allgemeine Regel, unter die das speziellere Erklärungsmodell des PS fällt. Die beiden im Text geltend gemachten Bedingungen (Strebung und das, was der Strebung entspricht) sind durch die zwei ‚Formen' (*eidê*) exakt wiedergegeben, von denen Aristoteles in MA 701a23-25 sagt, sie seien die beiden ‚Prämissen' des PS, nämlich die des Guten und die des Möglichen. Mit dem PS gibt uns Aristoteles also eine Art von *Bewegungsgesetz* der animalischen Ortsbewegung.

52 Dies wurde für den PS bestritten von Charles (1984, S. 95f.), der ihn als Erklärung speziell für die menschliche Ortsbewegung interpretiert. Folglich sei nicht notwendig, dass „all intentional agents act on a practical syllogism" (S. 95). Dies ist auf Grundlage seiner Annahme, dass der PS in buchstäblicher Weise einen inferentiellen Prozess beschreibt, dessen ‚Konklusion' und ‚Prämissen' Propositionen sind, folgerichtig, spricht angesichts der Tatsache, dass Aristoteles eine für Tiere und Menschen gemeinsame Theorie der animalischen Ortsbewegungen vorlegen will, m.E. aber gegen seine Interpretation.

53 Und in den Möglichkeiten des Strebenden liegt, vgl. a15: und zwar auf die Weise, in der es es [d.i. das Vermögen] hat.

54 Die Notwendigkeit ist für Aristoteles (wie bei allen Naturprozessen) vermutlich eine Notwendigkeit *hôs epi to poly*, vgl. auch Rhet. 1392b19-24.

(e) Der PS und Deliberation

Der Umstand, dass der durch den PS formulierte gesetzesartige Zusammenhang nicht nur auf Menschen, sondern auf alle selbstbewegten Lebewesen zutrifft, legt es nicht nahe, in ihm gleichzeitig eine Figur zur Erklärung von Deliberationsprozessen zu sehen, zumal durch die hier vorgebrachten Argumente gegen die propositionale Deutung des PS eine deliberative Deutung *a fortiori* ausgeschlossen wird. Noch unwahrscheinlicher wird dies dadurch, dass es methodisch gesehen verfehlt wirken muss, eine Theorie der Deliberation im Rahmen einer *allgemein* animalischen Theorie der Ortsbewegung zu platzieren:[55] Da nur vernünftige Lebewesen in der Lage sind, sich über ihre Handlungen zu beratschlagen, ist es von vorneherein unwahrscheinlich, dass das Kernstück der Theorie der animalischen Ortsbewegung sich nur auf die Erklärung eines Spezialfalles bezieht. Allerdings sollte man von einer naturphilosophischen Theorie der animalischen Ortsbewegung erwarten, dass sie für die naturphilosophischen Grundlagen der Möglichkeit auch von Deliberationsprozessen aufkommen kann. Genau dies scheint mir Aristoteles nun im folgenden Beispiel eines ‚praktischen Syllogismus' und der daran anschließenden Passage MA, 701a26-701b1, zu tun. Vgl. noch einmal MA 701a17-22:

> (4) ‚Ich brauche Kleidung. Ein Mantel ist Kleidung. Ich brauche einen Mantel. Das, was ich brauche, soll ich herstellen. Ich brauche einen Mantel. Ich soll einen Mantel herstellen.' Und die Konklusion ‚Ich soll einen Mantel herstellen' ist eine Handlung.
>
> (4') Man beginnt die Handlung aber vom Ausgangspunkt: ‚Wenn es einen Mantel geben soll, so ist dies hier zuerst notwendig, und wenn dies hier, dann das hier.' Und dies macht man sofort.[56]

---

55 Wir finden bei Aristoteles die relevanten Passagen zu einer *Theorie* der Deliberation nicht in den naturphilosophischen Schriften DA oder MA, sondern in den Werken, in denen er sich mit den spezifisch menschlichen Formen der Ortsbewegung sowie mit deren Tugenden auseinandersetzt, d.h. hauptsächlich in den ethisch-politischen Schriften.

56 Aristoteles fügt bei vier von den fünf Beispielen für PS in MA hinzu, dass die Bewegung sich *‚sofort'* ergibt, sobald die ‚Prämissen' des PS gegeben sind. Der Ausdruck, den er dafür wählt, ist *‚eutheôs'*. Damit betont er die Unverzüglichkeit, mit der sich der physiologische Mechanismus der Bewegungskette an das Vorliegen der beiden ‚Prämissen' (den kausal hinreichenden Bedingungen für das Eintreten der Bewegungskette) anschließt. Nicht wahrscheinlich ist, dass durch diesen Ausdruck eine zeitliche Distanz zwischen den ‚Prämissen' und der erfolgenden Bewegung markiert wird, wie manche Interpreten meinen, die in der Konklusion keine Handlung, sondern eine Handlungsanweisung sehen wollen. Das genaue Gegenteil ist der Fall: Bis auf MA 699a16, wo die Abwesenheit einer indirekten Be-

Zunächst zu (4): Wir finden hier eine gegenüber den vorherigen Beispielen komplexere Struktur vor. Es gibt zwei Syllogismen, die zu einem Kettenschluss verbunden sind. Beim ersten lautet die Konklusion ‚Ich brauche einen Mantel'. Und der ‚Obersatz' des anschließenden Syllogismus (‚das, was ich brauche, soll ich herstellen') steht in einer anderen logischen Beziehung zur Konklusion des ersten Syllogismus als die deduktive Struktur der ‚Syllogismen' in (1) bis (3). Sie lässt sich als induktive Beziehung beschreiben: Der Satz ‚das, was ich brauche, soll ich herstellen' enthält eine relativ allgemeine Handlungsregel, die sich auf die Konklusion des vorherigen ‚Syllogismus' als ein Fallbeispiel beziehen lässt. Von den logischen Operationen sowohl von Kettenschlüssen als auch von Induktionsschlüssen her gesehen, scheint also klar, dass es sich hier nun in der Tat um inferenzielle Vorgänge handelt, die von Tieren unmöglich zu leisten wären. Auch scheint die Vorstellung abwegig, dass die unmittelbaren kausalen Antezedenzien der Ortsbewegung durch Ketten- und Induktionsschlüsse illustriert werden sollen. Das relativ einfache Modell der analogen ‚Syllogismen' (1) bis (3) wird hier also *erweitert*: Wir haben es jetzt nicht mehr nur mit gegebenen Strebungen und Wahrnehmungen konkreter Einzelgegenstände zu tun, sondern buchstäblich mit Inferenzen. Das Beispiel in (4) macht m.E. klar, dass es hier um die *Planung* von Handlungen und damit um aus der Sicht der Theorie der animalischen Ortsbewegung *komplexe Fälle* ihrer Auslösung geht.

Ich möchte im Folgenden argumentieren, dass Aristoteles im Rahmen von *De motu animalium* nicht an der Planung oder Deliberation als solcher, sondern genau an dem kausalen Aspekt derjenigen Ortsbewegungen interessiert ist, die unter der Beteiligung von Vernunft zustande kommen. Ich möchte zeigen, dass die Frage, um die es in (4) und (4') geht, die ist, wie Deliberation und praktische Überlegung in den Prozess der Bewegungsgenese einfließen.[57] Gegenüber den einfachen Fällen in (1) bis (3) liegen zunächst folgende Unterschiede vor: Die der Bewegung vorausliegende

ziehung zwischen Beweger und Bewegtem gemeint ist, sind die übrigen neun Vorkommnisse von ‚*euthys*' bzw. ‚*eutheôs*' in MA stets im Sinne von ‚unverzüglich' zu verstehen. ‚Notwendig' (*anankaion*) in Verbindung mit ‚*euthys*' findet sich in EN 1147a27f.

57 Die Beispiele (4) und (4') diskutieren Herstellungsprozesse. Es ist jedoch wenig wahrscheinlich, dass es Aristoteles hier um Herstellung als solche geht. Er benutzt vielmehr auf Herstellungen bezogene praktische Überlegungen, um damit das generelle Verhältnis von praktischer Überlegung und kausaler Bewegungserklärung zu diskutieren. Aristoteles nimmt an, dass alle Herstellungsprozesse in praktische Kontexte eingebettet sind, vgl. EN 1139a35-b3. Für eine instruktive Übersicht über den Wortgebrauch von ‚*praxis*' und ‚*poiêsis*' bei Aristoteles, vgl. Natali (2004), S. 143-148.

Ereigniskette ist länger und enthält auch buchstäbliche Denkvorgänge. Die kausale Erklärungsfunktion des gesamten Gebildes ist dadurch jedoch nicht in Frage gestellt.[58] Dies scheint mir ein wichtiger Punkt bei den miteinander zusammenhängenden Schlussketten in (4) und (4') zu sein: Aristoteles ist hier bemüht, auch die komplexen Fälle animalischer Ortsbewegung *innerhalb* seines allgemeinen Kausalschemas des analogen PS zu situieren. Er tut dies, indem er die deliberativen Prozesse, die zu Handlungen führen, in solcher Weise in sein allgemeines Schema integriert, dass exakt dieselben kausalen Bedingungen erfüllt sind wie bei (1) bis (3): Bei allen Arten der animalischen Ortsbewegung muss eine Strebung gegebenen Gehalts samt einer Wahrnehmung eines entsprechenden Einzelgegenstandes vorliegen. Ferner muss der Gehalt der Strebung die Bedingung erfüllen, in den Möglichkeiten des Lebewesens zu liegen, usw. Gegeben Aristoteles' kontinuistische Auffassungen in Bezug auf Bewegungen, steht jedoch nichts im Wege, dass die Prozesskette des einfachen Modells ((i) Strebung → (ii) Kognition → (iii) Bewegung) sich intern in eine Vielzahl von Zwischenschritten aufteilt, und eben dies scheint mir bei (4) und (4') der Fall zu sein. Bei dem Ensemble von (4) und (4') handelt es sich demnach einerseits so wie bei (1) bis (3) um eine normale Kausalerklärung, jedoch so, dass Phase (ii) (die Kognition eines geeigneten Einzelgegenstandes) nun auch um Schlussketten und Zweck/Mittel-Erwägungen erweitert wird. Deswegen kann Aristoteles die Konklusion des gesamten Vorgangs wiederum ohne Einschränkung als mit einer Handlung identisch bezeichnen.[59] Die praktischen Überlegungen in (4) und (4') sind also nicht

58 Vgl. MA 701a20f.: „Und die Konklusion ‚Ich soll einen Mantel herstellen, ist eine Handlung" und a22f.: „Dass nun die Handlung die Konklusion ist, ist offenkundig".

59 Vgl. die Formulierung der Konklusion aus (4) ‚*ich soll einen Mantel herstellen*' in 701a20. Dies ist die einzige Stelle in MA, wo Aristoteles die ‚Konklusion' als eine Proposition formuliert, er fügt jedoch sofort hinzu, dass sie mit der Handlung identisch ist: „Und die Konklusion ‚Ich soll einen Mantel herstellen' ist eine Handlung." (vgl. auch a22f.: Dass nun die Handlung die Konklusion ist, ist offenkundig."). Diese beiden Stellen lassen m.E. klar erkennen, dass Aristoteles hier ein analoges Erklärungsmodell benutzt. Mir ist kein möglicher Sinn von ‚Identität' oder ‚Gleichheit' bei Aristoteles bekannt, mit dessen Hilfe man diese Gleichsetzung von Konklusion und Handlung erklären könnte, außer dem analogen. Ob man der Tatsache, dass Aristoteles in (4) im Unterschied zu vorher die ‚Konklusion' als eine Proposition formuliert, besonders zu bewerten hat, ist mir nicht klar. Dies mag damit zu tun haben, dass er mit (5) noch einen zusätzlichen Gedankenschritt einführen will. Übrigens wird auch in (3) die Konklusion nicht ausformuliert: 'Ich soll ein Gut vollbringen. Ein Haus ist ein Gut'. Sofort baut er ein Haus.' Aristoteles wechselt hier bei der ‚Konklusion' von der dritten auf die erste Person. Bei (1) und (2) hatte er demgegenüber sowohl die ‚Prämissen' als auch die ‚Konklusion' in der dritten Person formuliert.

als *eigenständige* PS zu verstehen, sondern als Teile und interne Differenzierungen zwischen ‚Ober-' und ‚Untersatz' eines einzigen PS. Die äußeren ‚Prämissen' dieses PS sind wiederum die analogen Prämissen, die wir aus (1) bis (3) kennen, d.h. eine Strebung im ‚Obersatz' (‚ich brauche Kleidung') und die Kognition eines handlungsrelevanten Einzeldings im ‚Untersatz' (‚das hier'). Dies erklärt, warum auch die Konklusion dieses PS in einer Handlung besteht. In (4) und (4') wird dem bisherigen simplen Schema aus (1) bis (3) dadurch, dass das Denken sich in die Bewegungsgenese schaltet, folgende Möglichkeiten hinzugefügt:

1. praktisch relevante Schlussketten zu bilden (4) und
2. die Möglichkeit, kausale Zusammenhänge, d.h. Wissen von Kausalrelationen, bewusst in die Handlungsgenese zu integrieren (4') (vgl. EE 1226b25-29).

Die logische Form von (4') unterscheidet sich von (4): Es liegt darin die konditionale Struktur der hypothetischen Notwendigkeit vor, bei der durch entsprechendes Faktenwissen, ausgehend von der Existenz eines Gegenstandes, die zur Herbeiführung dieses Gegenstandes notwendigen Bedingungen ermittelt werden. Auch hierbei handelt es sich um einen ausschließlich durch vernünftige Lebewesen zu bewerkstelligenden Vorgang. An dem Umstand, dass Aristoteles keine eigenständige Kausalerklärung für vernünftige Handlungen vorlegt, sondern (4) und (4') als *Zwischenschritte* in die Prämissen eines konventionellen (analogen) PS einfügt, zeigt sich m.E., dass er sich an seine oben diskutierten methodologischen Überzeugungen aus der *Metaphysik* hält und bei der Erklärung der Bewegungsgenese von vernünftigen und unvernünftigen Lebewesen keine prinzipiellen Unterschiede macht: Was in (4) und (4') über die konventionellen zwei ‚Prämissen' des analogen PS hinausgeht, ist eine *Ergänzung* der Kausalerklärung durch die Integration von Denkprozessen in das kausale Modell. Es ist keine eigenständige Bewegungserklärung. Entscheidend ist m.E., dass Deliberation und die in ihrem Verlauf vorgenommenen Schlüsse von Aristoteles nicht selbst als PS angesehen werden: Sie sind für sich genommen nicht hinreichend für die Erklärung von entsprechenden Bewegungen, sondern können nur im *Rahmen* von PS, deren Erweiterungen sie darstellen, praktisch wirksam werden.[60]

60 Aristoteles sagt an keiner Stelle, dass Deliberation in irgendeinem starken Sinn zu Handlungen/Bewegungen führt. Vom Denken streitet er dies sogar ausdrücklich ab (vgl. EN 1139a35; DA 432b26-433a6, a23, 433a14f, a23; MA 700b24-28 und vor allem PA 641b4-10). Vom PS sagt er dagegen, er führe ‚sofort' zur Bewegung.

Bis jetzt haben wir gesehen, wie Aristoteles das einfache Schema des PS um die komplexeren Phänomene der praktischen Überlegung und Zweck/Mittel-Erwägungen erweitert. Wie aber kommt es dazu, dass das Denken sich in die Bewegungsgenese einschalten kann? Wie ist es aus der Perspektive der Theorie der animalischen Ortsbewegung möglich, dass der analoge PS um die besagten Vorgänge des praktischen Denkens erweitert wird? Dies geht m.E. aus dem direkt an (4) und (4‘) anschließenden Passus hervor. Aristoteles argumentiert in zwei Schritten. Da er unmittelbar vorher die um das praktische Denken erweiterte Variante des PS vorgestellt hat, formuliert er seinen Punkt hier aus umgekehrter Perspektive: Er sagt also nicht, auf welche Weise praktisches Denken in den physikalischen Ablauf der Bewegungsgenese einfließt, sondern er fragt umgekehrt, auf welche Weise der Prozess *ohne* praktisches Denken abläuft.

> (i) So wie manche von denen, die dialektische Fragen stellen, so erwägt das Denken die eine der beiden Prämissen, nämlich die offenkundige, überhaupt nicht, wenn es sie nicht zum Stehen bringt, z.B. wenn das Gehen für einen Menschen ein Gut ist, so hält er sich nicht dabei auf, dass er selbst ein Mensch ist. Deswegen tun wir auch alles das, was wir tun, ohne zu überlegen, schnell. Denn wenn man entweder mit der Wahrnehmung in Relation auf das Worum-Willen aktiv ist, oder mit der Vorstellung oder der Vernunft, dann tut man das, wonach man strebt, sofort. An die Stelle einer Frage oder eines Gedankens tritt dann die Aktivität der Strebung: ‚Ich soll trinken‘, sagt die Begierde. ‚Dies ist trinkbar‘, sagt die Wahrnehmung oder die Vorstellung oder die Vernunft. Sofort trinkt man. (MA 701a26-33)

Das Beispiel der dialektischen Disputanten macht deutlich, dass Aristoteles hier nicht meint, ‚praktische Syllogismen’ könnten nur mit einer einzigen Prämisse auskommen. Dies behauptet er hier genauso wenig, wie er im analogen Fall des Auslassens einer Prämisse bei dialektischen Disputen behaupten würde, dass die dort vorgenommenen Konklusionen aus nur einer einzigen Prämisse geschlossen werden könnten. Die Diskutanten dialektischer Dispute verzichten nicht auf Prämissen ihrer Syllogismen, sondern sie verzichten nur darauf, sie explizit zu erwähnen, und dies auch nur unter der Bedingung, dass *klar* ist, um welche Prämisse es sich dabei handelt, so dass es nicht nötig ist, sie extra noch auszusprechen (vgl. APo. 76b16-22). Es ist hier also nicht von einem vollständigen Auslassen einer der beiden ‚Prämissen’ die Rede, sondern davon, ob man sich in jedem Fall immer *beide* Prämissen im Geiste vergegenwärtigen (*dianoia*) und sie bewusst erwägen (*skopein*) muss. Die Antwort lautet ‚nein’. Überlegung (*logisamenoi*) muss der Handlung keinesfalls vorausgehen, sondern wir

Zum deliberativen Denken bei Aristoteles und dem Verhältnis von praktischem Denken und PS, vgl. Corcilius (2008b).

können sehr wohl handeln, ohne vorher Überlegungen und Betrachtungen über unsere Handlung angestellt zu haben, und dies ist sogar der natürliche, spontane Ablauf der Dinge. Aristoteles sagt, dass wir dann unverzüglich (*euthys*) handeln und die unter diesen Umständen eintretenden Handlungen schnell (*tachy*) vonstatten gehen. Die anderen Lebewesen setzen sich immer auf diese Weise in Bewegung und die Menschen häufig. Deliberiertes Handeln ist also auch bei Menschen nicht der Standardfall der Ortsbewegung. Deliberation findet nur dann statt, wenn uns im Verlauf der Handlungsgenese irgendetwas als fragwürdig oder problematisch aufstößt. Sollte dies nicht der Fall sein, handeln wir – so wie die anderen Lebewesen – ohne zu überlegen, d.h. so, dass wir uns bewegen, wenn wir eine Strebung bestimmten Gehaltes akut empfinden und einen ihr entsprechenden Einzelgegenstand wahrnehmen, dessen Realisation in unseren Möglichkeiten liegt. Vor dem Hintergrund dieses spontanen ‚Normalfalles' des PS, wie er in (1) bis (3) illustriert wurde, bedarf es einer gesonderten Erklärung dafür, dass der Handlungsablauf *nicht* in der üblichen, schnellen Weise abläuft:

> (ii) (...) so erwägt das Denken die eine der beiden Prämissen, nämlich die offenkundige, überhaupt nicht, wenn es sie nicht zum Stehen bringt. (MA 701a26f.)

Die Erklärung ist denkbar einfach: Deliberatives Denken kann deswegen in die Handlung einfließen, weil der normale, natürliche Verlauf des Prozesses der Bewegungsgenese *zum Stehen gebracht* wird. Die Formulierung ‚wenn es sie (die Prämisse) nicht zum Stehen bringt (*dianoia ephistasa*)'[61] im Partizip Präsens ist, wenn nicht kausal aufzufassen, so doch wenigstens in dem Sinne konditional, dass das Zum-Stehen-Bringen die Bedingung für die Erwägung (*skopein*) ist, die für die gesamte Dauer des Erwägens gegeben sein muss. Bei den Gedanken (*noêsis*) und Fragen (*erôtêsis*), aus denen der Deliberationsprozess besteht, handelt es sich aus der Perspektive der Theorie der animalischen Ortsbewegung somit um eine *Verzögerung* oder temporäre *Suspension* des normalen, spontanen Ablaufs der Bewegungsgenese. Dabei ist zu vermuten, dass es wiederum eine Strebung ist, die kausal für diese Verzögerung der Bewegungsgenese verantwortlich ist. Aristoteles vertritt damit ein ‚Interventionsmodell' der Deliberation, bei dem der Akteur den spontanen Ablauf der Bewegungsgenese für eine gewisse Zeit suspendiert, so dass das Denken sich einbringen kann. Soweit die bewegungstheoretische Erklärung für die Möglichkeit des Stattfindens von deliberativem Denken. Es folgt erneut ein Beispiel für den herkömmlichen, unreflektierten Ablauf:

---

61 Zu Verwendung von *ephistêmi* in diesem Sinne, vgl. Metaph. 987b3f; 1090a2f.

(5) ‚Ich soll trinken', sagt die Begierde. ‚Dies ist trinkbar', sagt die Wahrnehmung oder die Vorstellung oder die Vernunft. Sofort trinkt man. (MA 701a32f.)

Hieran fällt nun Folgendes auf: Dieser ‚Syllogismus' unterscheidet sich in nichts von den PS (1) bis (3) bis auf den Zusatz, dass Aristoteles jetzt die ‚Prämissen' mit imaginären Sprechern versieht, nämlich ‚die Begierde' und ‚die Wahrnehmung'. Hieraus sollte man nun nicht folgern, dass die vorherigen Beispiele (1) bis (3) etwa *nicht* die Gehalte von Begierden und Wahrnehmungen bezeichnen, sondern im Gegenteil: *Alle* Beispiele von (1) bis (5) (mit Ausnahme von (4) und (4')) sind Beispiele, bei denen Strebe- und Wahrnehmungsvorgänge in analoger Weise durch ‚Prämissen' illustriert werden. Für das, worauf es bei dem PS ankommt, spielt es keine Rolle, ob Wahrnehmung, Vorstellung oder Vernunft den für die Initiierung der Bewegung entscheidenden letzten Schritt bereitstellen. Denn der PS illustriert nicht die epistemische Qualität der letzten ‚Prämisse', sondern den *kausalen* Sachverhalt, dass die Bewegung genau dann erfolgt, wenn eine gegebene Strebung durch einen geeigneten Wahrnehmungsgehalt ausgelöst wird. Dabei gilt sowohl für die Vorstellung als auch für die Vernunft, dass sich ihre Bewegungsrelevanz auf die *perzeptiven* Komponenten der Repräsentation ihrer Gehalte zurückführt: Ortsbewegung erfolgt nur dann, wenn im Lebewesen eine qualitative Veränderung stattgefunden hat, die *aufgrund* von entweder Wahrnehmung oder einem ihrer kausalen Stellvertreter (*phantasia*) erfolgt (MA 701a5f; 701a33-36). D.h., dass auch dann, wenn eine überlegte Handlung durch einen Menschen ausgeführt wird, dies, soweit die Erklärung der *Bewegung* davon betroffen ist, durch exakt dieselben Mechanismen erfolgt wie bei den vernunftlosen Tieren. (4) und (4') zeigen nur, dass die Kausalerklärung auch Raum für deliberative Prozesse zulässt. Für die Sicht, Aristoteles habe mit dem PS *Denk*vorgänge als solche illustrieren wollen, scheint (5) zudem ein echtes Problem, weil die Analogizität des Erklärungsmodells spätestens hier nicht mehr bestritten werden kann.[62] Bei PS (5) ist offensichtlich, dass Aristoteles keine Hemmungen hat, Strebungen und Wahrnehmungen zu Sprechern von ‚Prämissen' zu machen und gerade dadurch die *arationale* Weise der Fortbewegung von Lebewesen zu erklären. Gleiches gilt m.E. auch für die ‚Syllogismen' (1) bis (3), über deren banale Aussagengehalte man sich in der Literatur manches Mal gewundert hat.

---

62 Nussbaum ad loc. wählt den verzweifelten Ausweg, (5) gar nicht als ein Beispiel eines Syllogismus zu interpretieren, bei dem eine der beiden Prämissen nicht explizit gemacht wird („is not obviously an appropriate introduction of the following ‚drink' example, where all the parts are fully explicit", S. 345), sondern als einen weiteren Fall, bei dem zwar alle Prämissen vorhanden und explizit sind, aber trotzdem keine Überlegung (!) involviert sein soll.

Dass Aristoteles in der Tat Vertreter des hier ‚Interventionsmodell' genannten Erklärungstyps für das Stattfinden von Deliberation ist, zeigt sich m.E. an einem von ihm in anderem Zusammenhang gebrachten Beispielfall. Er findet sich in der Diskussion des von ihm als ‚impulsiv' (*propetês*) bezeichneten Typ des Akratikers. Dabei handelt es sich um jemanden, der einen langfristigen (guten) Vorsatz hat, Handlungen des Typs X nicht zu begehen, den er jedoch angesichts eines von ihm heftig begehrten Gegenstands des Typs X gar nicht erst erwägt, sondern sich von seiner Begierde mitreißen lässt, ohne mit sich zu Rate zu gehen und seinen Vorsatz zu bedenken:

> Denn die einen (die willensschwachen Akratiker) bleiben, obwohl sie mit sich zu Rate gegangen sind (*bouleusamenoi*), nicht bei dem, zu was sie vorher beabsichtigt haben (*hois ebouleusanto*), die anderen (die impulsiven Akratiker) dagegen werden aufgrund der Tatsache, dass sie nicht mit sich zu Rate gegangen sind (*dia to mê bouleusasthai*), von dem Affekt mitgerissen. (EN 1150b19ff.)

Aristoteles macht hier das *Ausbleiben* der Deliberation zur Ursache der impulsiven Akrasie. Und als Grund dafür, weshalb die impulsiven Akratiker nicht dazu kommen, ihr so heftig begehrtes Handlungsziel in einem Deliberationsprozess zu prüfen, gibt Aristoteles zwei *physiologische* Gründe an: Die Schnelligkeit (*tachytês*) und die Heftigkeit (*sphodrotês*), mit der sie ihren Vorstellungen folgen (1150b27). Im Umkehrschluss heißt dies, dass, wenn Deliberation stattfindet, der natürliche Ablauf der Bewegungsgenese irgendwie *verzögert* bzw. suspendiert werden muss.

Mit dem an die obige MA-Stelle anschließenden Satz beschließt Aristoteles die Diskussion der unmittelbaren *causa efficiens* der Ortsbewegung:

> Auf diese Weise also setzen sich die Lebewesen in Bewegung und kommen zum Handeln, indem die unmittelbare Ursache der Bewegung eine Strebung ist und diese entweder durch Wahrnehmung oder durch Vorstellung und Denken zustande kommt. (MA 701a33-36)

Hier wird deutlich, dass er die Frage nach der unmittelbaren Bewegungsursache aller Lebewesen für beantwortet hält. Ferner bezeichnet er die unmittelbare Ursache (*eschatê aitia*) – also das, was als letzte Etappe der Bewegungsgenese der Ortsbewegung unmittelbar vorausgeht –, als eine Strebung. Und diese Strebung bezeichnet er als das Resultat der Wirkung von einem der drei kognitiven Vermögen ‚Wahrnehmung', ‚Vorstellung' und ‚Denken'. Höherstufige kognitive Vorgänge, wie die zeitlich versetzte Repräsentation von Wahrnehmungsgehalten durch deren kausale Stellvertreter (Vorstellungen) und (ebenfalls durch Vorstellungen repräsentierte) Denkgehalte, können also in die Bewegungsgenese einfließen. Dass sie hier im gleichen Atemzug mit der Wahrnehmung genannt werden, macht aber klar, dass sie in die einheitliche kausale Erklärung der Ortsbewegung *integriert* sind. Das heißt, dass alle kognitiven Vorgänge, zu denen ein Lebewesen fähig ist, in dessen Ortsbewegungen einfließen können, sie dies aber zu den kausalen Bedingungen tun müssen, die durch den PS formuliert wurden. Und diese gelten für alle Lebewesen, vgl. MA 701a36-b1:

> Von denjenigen, die danach streben zu handeln, machen oder handeln die einen aufgrund von Begierde oder Mut und die anderen aufgrund von Strebung oder Wunsch.

Es werden hier anhand der verschiedenen Strebearten alle möglichen Fälle abgedeckt: Einerseits gibt es solche Lebewesen, die über Begierde oder Mut als arationale Handlungsantriebe verfügen, und andererseits die, bei denen es neben den arationalen auch rationale Strebungen gibt. ‚Strebung' (*orexis*) ist hier wieder im Sinne von ‚arationalen Strebungen' zu verstehen, da sie mit der rationalen Strebung ‚Wunsch' kontrastiert wird.[63] In diesem Sinne bekräftigt dieser Satz ein weiteres Mal Aristoteles' Anspruch, durch das Modell des PS die unmittelbare Ursache für die Ortsbewegung *aller* Lebewesen gegeben zu haben.

Fassen wir zusammen. Mit dem PS führt Aristoteles eine Erklärungsfigur ein, die Antwort auf die Frage gibt, unter welchen Bedingungen Ortsbewegungen bei Tieren und Handlungen notwendig erfolgen. Er bedient sich dabei einer Analogie zu theoretischen Syllogismen,[64] um die Zwangsläufigkeit aufzuzeigen, mit der sich die Bewegung aus ihren Antezedenzien

---

63 Vgl. Loening (1903), S. 36, Anm. 4, Hicks (1907), S. 555, 560; Ross (1924), S. 376. Nussbaums' Tilgung von [Strebung oder] in 701b1 (von Kollesch übernommen) scheint mir nicht erforderlich.

64 Labarrières neuere Studie (2004b), S. 195-214, kommt zu einem mit dem grundsätzlichen Ergebnis der vorliegenden Untersuchung übereinstimmenden Ergebnis, nämlich dass es sich beim PS um eine Analogie mit inferentiellen Vorgängen handelt, die der kausalen Erklärung allgemein animalischer Ortsbewegungen dient. Vgl. aber auch Cooper (1975), der dies im Kern schon vor über dreißig Jahren behauptet hat: "(...) Aristotle seems to have thought that to draw an analogy between such an argument and a syllogism would help to explain fully and in a satisfying way how such things as hunger, taken together with certain acts of perception, could lead to action" (S. 55). Bemerkenswert ist, dass Bénatouïl (2004), S. 112-114 durch ganz andere Erwägungen (nämlich durch Vergleich mit den anderen Analogien in MA) zu gleichen Resultaten kommt.

ergibt.[65] Bei den ‚Prämissen' handelt es sich nicht um Propositionen, sondern um zwei Phasen ein- und desselben Prozesses der Bewegungsgenese, die einmal in einer relativ unbestimmten Strebung (‚Obersatz') und das andere mal in der Wahrnehmung eines Einzelgegenstandes besteht, der ein geeignetes und praktikables Mittel zur Realisierung der Strebung stellt (‚Untersatz'). Liegen sowohl ‚Ober-' als auch ‚Untersatz' vor, wird durch die mit der Wahrnehmung einhergehende qualitativen Veränderung das Potential der im ‚Obersatz' formulierten Strebung aktualisiert und es kommt zur Ortsbewegung des Lebewesens. Aristoteles liefert mit diesem Modell ein anschauliches Bild für die notwendigen und hinreichenden Bedingungen der Auslösung von animalischer Ortsbewegung, wobei ‚Ober-' und ‚Untersatz' zueinander in der Relation vom wirkenden und leidenden Faktor der Kausalrelation stehen. Mit diesem Analogiemodell wird die Beteiligung des Denkens an der Bewegungsgenese jedoch keineswegs ausgeschlossen. Mit dem PS in (4) und (4') illustriert Aristoteles einen Fall, in dem der herkömmliche und spontane Ablauf der Bewegungsgenese für eine Weile suspendiert wird, und so ein Deliberationsprozess einsetzen kann, der der Realisierung des erstrebten Zieles dient. In diesen Fällen bleibt dieselbe ‚Unter'- und ‚Obersatz'- Struktur wie bei den einfachen PS erhalten, es kommt aber zur Einfügung von Zwischenschritten. Der PS liefert so zwar keine Theorie der Deliberation, erklärt aber auf bewegungstheoretischem Niveau die *Möglichkeit* des Stattfindens von Deliberationsprozessen: Aus der Perspektive der Theorie der animalischen Ortsbewegung sind es Verzögerungen des natürlichen Ablaufs der Bewegungsgenese.[66]

---

65 Die Notwendigkeit bezieht sich auf das Eintreten der ‚Konklusion' (der Ortsbewegung), wenn die beiden Antezedenzien gegeben sind. Aristoteles hat zur Illustration von notwendigen Bedingungen in Zusammenhängen der Naturerklärung gerne vom Syllogismus Gebrauch gemacht, vgl. z.B. in Ph. 200a15ff. die Illustration der hypothetischen Notwendigkeit durch einen Syllogismus. Der PS hat aber recht wenig mit der hypothetischen Notwendigkeit zu tun: Er gibt an, welche *kausalen* Bedingungen für das Eintreten der Ortsbewegung notwendig und *hinreichend* sind und kommt daher ohne Zweckhypothese aus. Seine ‚Konklusion' entspricht einer Bewegung (MA 701a10-13). Man könnte daher sagen, sie ergibt sich mit einer *faktischen* Notwendigkeit. Zum parallelen Fall einer gleichfalls etwas ‚gepressten' Verwendung des Syllogismus als Erklärungsfigur für die ‚hypothetische Notwendigkeit', vgl. Sorabji (1980), S. 56f.

66 Deliberation kann sogar zu einem Abbruch der Handlungsgenese führen; vgl. EN 1112b24-26.

2. Auf welche Weise bewegt die Seele den Körper?

Von nun an wendet sich Aristoteles der zweiten der eingangs gestellten Fragen zu, nämlich auf welche Weise (*pôs*) die Seele den Körper bewegt. Bei der Beantwortung scheint er vor allem an dreierlei interessiert: Er möchte zeigen, dass 1. die Prozesskette, die zur Bewegung des gesamten Körpers des Lebewesens führt, von ihrem Beginn bis zur effektiven Fortbewegung des Lebewesens in kontinuierlicher und gleichsam automatischer Weise abläuft; dass 2., obwohl dabei eine ganze Reihe verschiedenartiger Prozesse durchgemacht werden, der Gesamtprozess dennoch *schnell* abläuft; und dass 3. ein vergleichsweise sehr geringfügiger kausaler Anlass (nämlich eine qualitative Veränderung) dafür hinreicht, die gesamte Prozesskette auszulösen.

Ausgangspunkt für die ab jetzt thematisierte Bewegung des gesamten Körpers durch die Seele ist der durch den ‚praktischen Syllogismus' markierte Punkt der Bewegungsgenese: Aristoteles versucht jetzt den akteursinternen Teil der Prozesskette nachzuzeichnen, die sich notwendig einstellt, wenn dieser Ausgangspunkt der Ortsbewegung vorliegt (d.h., wenn eine Strebung und die Wahrnehmung eines konkreten Einzelgegen-standes vorliegen, dessen Realisierung unmittelbar in der Macht des Lebewesens liegt). Zu diesem Zweck unterscheidet er mehrere kausale Ebenen, die in seiner Erklärung mit verschiedenen Phasen einer kontinuierlichen Prozesskette korrespondieren. Bevor er die Details seiner kausalen Theorie vorstellt, präsentiert Aristoteles uns aber noch ein Modell, das dazu dient, die Komplexität seines Erklärungsansatzes in ein leichter verständliches Bild zu fassen:

> So aber wie sich die Automaten bewegen, wenn eine (nur) kleine Bewegung stattgefunden hat, durch die die Federn gelöst werden und gegeneinander schlagen, und (so wie) der Spielzeugwagen, den das auf ihm fahrende (Kind) in gerader Richtung bewegt, dadurch wieder im Kreis bewegt wird, dass er verschieden große Räder hat – das kleinere wird nämlich wie zu einem Mittelpunkt, so wie bei den Zylindern[67] –, auf solche Weise bewegen sich auch die Lebewesen. Denn sie haben solche Werkzeuge in dem Wuchs ihrer Sehnen und dem ihrer Knochen: Letztere sind so wie dort die Hölzer und das Eisen, und die Sehnen sind wie die Federn. Wenn diese gelöst und losgelassen werden, bewegen sie (die Lebewesen) sich. Nun gibt es bei den Automaten und den Spielzeugwagen keine Veränderung, da auch dann, wenn die inneren Räder kleiner würden und wieder größer, er (der Spielwagen) sich im Kreis bewegen würde. Im Lebewesen dagegen kann dasselbe sowohl kleiner als auch größer werden und die Gestalt wechseln, wenn sich die Körperteile

67 Gemeint sind wohl zylindrisch geformte ‚Murmeln', die als Spielzeug benutzt wurden; vgl. Kollesch (1960).

durch Hitze ausdehnen und sich durch Erkaltung wieder zusammenziehen und sich qualitativ verändern. (MA 701b2-16)[68]

Aristoteles schildert den Hergang der Bewegungsgenese in Analogie[69] zur Auslösung der Bewegung bei Spielzeugautomaten. Auch dort wird durch eine vergleichsweise geringe Bewegungsursache, die von außen kommt und sich der Art nach von der von ihr ausgelösten Bewegung unterscheidet, eine Kettenreaktion ausgelöst, die weitaus größere Kräfte freisetzen kann, als die, mit der sie selbst ausgelöst wurde. Ferner ist die in den Automaten ausgelöste Bewegung ein Komplex mehrerer verschiedenartiger Bewegungen, der (mindestens) aus den Bewegungen der Federn und denen der Hölzer besteht. Bei den Lebewesen wird Aristoteles später von einer größeren Anzahl verschiedenartiger Bewegungen ausgehen. Hier, bei der Einführung seines explanatorischen Modells, beschränkt er sich darauf zu zeigen, dass die Funktionen, welche die Federn und Hölzer beim Spielzeugautomaten ausüben, bei den Lebewesen durch Sehnen und Knochen ausgeübt werden. Die weitere Ausführung der Analogie durch die ungleich großen Räder bei Automaten und Spielzeugwagen dient umgekehrt der Kontrastierung der beiden verglichenen internen Kettenreaktionen und der aus ihnen resultierenden Ortsbewegungen. Hier kommt es Aristoteles offenbar darauf an zu zeigen, dass die Bewegung der Spielzeugautomaten gegenüber der animalischen Ortsbewegung einen relativ einförmigen Verlauf nimmt.[70] Ihre Bewegung ist immer kreisförmig, selbst dann, wenn die Größe der Räder variieren würde (was sie nicht tut). Hier kommt die Analogie der Ortsbewegung mit den Automaten an ihr Ende. Bei den Lebewesen liegen nämlich nicht nur veränderliche Größen vor, sondern ‚dasselbe' kann sein Volumen und seine Gestalt (*schêma*) verändern. Wie sich später zeigen wird, ist mit ‚dasselbe', das sein Volumen und seine Gestalt ändern

---

68 Ohne Änderungen scheint der Text unverständlich, ich übernehme deswegen mit Kollesch Forsters Streichung von ‚die Federn (*tas streblas*)' in b3; gegen Nussbaum, die hier keine Analogie zu einem Spielzeugautomaten, sondern zu Marionetten sieht. Zu Nussbaums Text vgl. Kollesch (1985) ad loc. Zur Grammatik und zum Verständnis der Stelle 701b2-9, vgl. Kollesch (1960). Ich habe hier der Verständlichkeit halber ‚*streblas*', das üblicherweise mit ‚cables' oder ‚Schnüre' wiedergegeben wird, mit ‚Federn' übersetzt.

69 Zu dieser Analogie, vgl. Bénatouïl (2004), S. 104f.

70 ‚Veränderung' (*alloiôsis*) in MA 701b11 fasse ich hier in einem unterminologischen Sinn nicht als qualitative Veränderung, sondern als einfache Veränderung bzw. als eine Veränderung in der Qualität der Bewegung auf, um den Sinn der Passage nicht zu verdunkeln: Der nachfolgende Halbsatz begründet nicht die Tatsache, dass es bei den Automaten keine qualitative Veränderung gibt, sondern dass ihre Bewegung immer gleichförmig, nämlich kreisförmig und deshalb unveränderlich ist.

kann, die ‚von Natur anhaftende Luft' (*symphyton pneuma*) gemeint. Solange von den Bewegungen der Sehnen, Knochen und der Veränderung des Volumens des *symphyton pneuma* die Rede ist, bewegt sich der Vergleich auf beiden Seiten noch im grobmechanischen Bereich. Die Analogie zu den Automaten wird aber verlassen, sobald Aristoteles andeutet, aus welchen Ursachen der Prozess bei den Lebewesen zustande kommt. Es sind qualitative Veränderungen (*alloiôsis*), genauer: thermische Prozesse. Und diese werden ihrerseits durch andere qualitative Veränderungen ausgelöst, nämlich durch die, die mit den Wahrnehmungen des Lebewesens einhergehen:[71]

> Es bewirken aber qualitative Veränderung die Vorstellungen und die Wahrnehmungen und die Gedanken: Wahrnehmungen sind nämlich unmittelbar (*euthys*) gewisse qualitative Veränderungen, und die Vorstellungen und das Denken verfügen über die Kraft (*dynamis*) der (realen) Dinge; auf gewisse Weise hat die gedachte Form von dem, was warm ist oder kalt bzw. lustvoll oder furchterregend, dieselbe Beschaffenheit wie jedes von den (realen) Dingen, weswegen man auch schaudert und Furcht empfindet, wenn man nur (an etwas) denkt. Dies sind alles Affizierungen und qualitative Veränderungen. Dadurch aber, dass sich im Körper qualitative Veränderungen zutragen, werden die einen (Teile) größer und die anderen kleiner. Und dass eine kleine Veränderung, die am Bewegungsursprung stattfindet, im Weiteren viele und große Unterschiede bewirkt, ist offensichtlich: Wenn z.B. das Ruder um eine Haaresbreite umgelenkt wird, wird daraus eine erhebliche Umstellung des Schiffsbugs. Überdies macht, infolge von Wärme oder Erkaltung oder irgendeiner anderen derartigen Affizierung, dann, wenn eine qualitative Veränderung in der Herzgegend eintritt, und sei diese auch in einem darin größenmäßig nicht wahrnehmbaren Teil, dies durch Erröten und Erbleichen, Schaudern und Zittern und deren Gegenteile für den Körper einen großen Unterschied. (701b16-32)

71 Bemerkenswert ist, zu welchen Zwecken Aristoteles an anderen Stellen Gebrauch von Analogien mit Automaten macht. Er hat dabei neben dem automatischen Ablauf offensichtlich auch die Kontinuität des Bewegungsablaufs durch unterschiedliche Stadien hindurch im Blick, vgl. GA 734b9-13: „Und es ist möglich, dass dieses dieses in Bewegung setzt, und dieses (wiederum) dieses und dass es so ist wie die Schausteller-Automaten. Denn deren Teile verfügen dann, wenn sie im Ruhezustand sind, auf gewisse Weise über ein Vermögen; von ihnen wird, wenn etwas von den Außendingen das erste in Bewegung setzt, sofort (*euthys*) das anschließende in Wirklichkeit versetzt." Und GA 741b8f.: „Wenn ein Bewegungsursprung auftritt, so wie bei den Schausteller-Automaten, ergibt sich das Anschließende ohne Unterbrechung." Wenn er es an dieser Stelle in MA auch nicht ausdrücklich sagt (vgl. aber 702a10ff.), so scheint die Kontinuität des gesamten Bewegungsablaufs doch eine Implikation des Vergleichs zu sein.

Hier wird der kausale Aspekt von Wahrnehmungen herausgestellt. Wahrnehmungen sind für Aristoteles unmittelbar (*euthys*) qualitative Veränderungen. Damit ist nicht gesagt, sie seien nichts weiter als qualitative Veränderungen, doch für unsere Zwecke reicht es, dass Aristoteles sie sich in jedem Fall als unmittelbar mit solchen verbunden dachte. Die übrigen kognitiven Leistungen der Lebewesen (Vorstellung, Denken) kann Aristoteles durch das, was wir oben ‚kausale Stellvertreterrolle' der *phantasia* genannt haben, mit den gleichen kausalen Kräften ausstatten wie die Wahrnehmung aktual präsenter Wahrnehmungsgegenstände.[72] Die durch die kognitiven Fähigkeiten ausgelösten qualitativen Veränderungen können zu thermischen Veränderungen führen, die wiederum in der Lage sind, Änderungen im Volumen von Körperteilen im Lebewesen zu bewirken. Aristoteles hat nun gezeigt, auf welche Weise er sich den Hergang der Ereignisse vorstellt, nämlich als eine komplexe Reihe natürlicher Prozesse, die auf unterschiedlichen kausalen Ebenen ablaufen und Wahrnehmungen, qualitative Veränderungen sowie mechanische Abläufe umfasst. Im anschließenden Abschnitt folgt eine differenzierte Darstellung der Ebene qualitativer Veränderung, der Aristoteles außerdem eine Ebene wechselnder Aggregatzustände hinzufügt:

> Der Ausgangspunkt der Bewegung ist also, wie gesagt, das im Bereich möglicher Gegenstände des Handelns Erstrebte und Gemiedene: Denn dem Denken und der Vorstellung von diesen folgt aus Notwendigkeit Erwärmung und Erkaltung; das Schmerzvolle wird nämlich gemieden und das Lustvolle erstrebt, jedoch bleibt es verborgen, wenn sich dies mit geringer Intensität ereignet, und so gut wie alles Schmerz- und Lustvolle ist mit einer gewissen Erkaltung und Erhitzung verbunden. Dies wird klar aus den Affektionen/Emotionen: Denn Gefühle der Kühnheit sowie Angstzustände und sexuelle Erregung sowie die anderen körperlichen Lust- und Leidzustände sind teils mit Erwärmung und Erkaltung eines Körperteils verbunden, teils durchziehen sie den ganzen Körper. Erinnerungen aber und Erwartungen sind dadurch, dass sie die derartigen (Affizierungen) wie Bilder gebrauchen, mal mehr und mal weniger Ursachen für dieselben (Effekte). Folglich werden die inneren (Körperteile) und das, was im Bereich der Bewegungsursprünge der werkzeughaften Körperteile liegt, einleuchtenderweise dadurch augenblicklich (entsprechend) zurechtgemacht, dass sie aus festen zu flüssigen und aus flüssigen zu festen sowie jeweils auseinander hart und weich werden. Wenn sich dies aber auf diese Weise ereignet und ferner das Affizierte und das Bewirkende ihrer Natur nach so beschaffen sind, wie wir es häufig gesagt haben, und immer wenn es sich zuträgt, dass das eine zur Wirkung und das andere zum Leiden fähig ist und bei jedem Einzelnen von ihnen nichts von dem fehlt, was in seiner Definition vorkommt, dann wirkt das eine sofort und das andere leidet. (MA 701b33-702a15)

72 Vgl. unten, S. 331. Nussbaums Tilgung von ‚von dem, was warm ist oder kalt' in MA 701b20 ist nicht nötig, vgl. Kollesch ad loc.

Ausgangspunkt (*archê*) ist der Punkt der Handlungsgenese, der oben durch den ,praktischen Syllogismus' markiert wurde, also die Wahrnehmung bzw. Vorstellung eines akut erstrebten Einzeldinges, dessen Realisierung unmittelbar in der Macht des Lebewesens steht. Von dort aus ergibt sich folgende Prozesskette (die Pfeile zeigen die Richtung der Kausalrelation an):

> Wahrnehmung (Vorstellung/Denken) / qualitative Veränderung → Lust/Leid-Empfindung, Strebung (Emotionen) / thermische Veränderung → Veränderungen der Aggregatzustände (fest/flüssig, hart/weich) im ,Bereich der Bewegungsursprünge der werkzeughaften Körperteile'.

Mit den ,werkzeughaften Körperteilen (*organika merê*)' sind die ,Werkzeuge (*organa*)' aus 701b7-10 gemeint, nämlich die Knochen und die Sehnen, die in der Analogie zu den automatischen Puppen die Rolle der Federn und Hölzer übernehmen. Nicht sie, sondern der ,Bereich', in dem sie sich befinden (*ta peri tas archas*), werden durch die mit Lust/Leid-Empfindungen verbundenen thermischen Veränderungen in die für die übrigen mechanischen Abläufe erforderlichen Aggregatzustände versetzt. Die Verbindung der Prozesskette zu den mechanischen Prozessen der Ortsbewegung ist damit noch nicht hergestellt: Mit dieser Aufgabe (die Sehnen und Knochen in mechanische Bewegungen zu versetzen) betraut Aristoteles später, im zehnten Kapitel, das *symphyton pneuma*.

Betrachten wir uns die skizzierte Prozesskette etwas genauer. Aristoteles untersucht die Frage, was passiert, wenn ein Lebewesen, das eine Strebung empfindet, mit einem konkreten Gegenstand konfrontiert wird, der diesen Strebegehalt zu realisieren verspricht. Wir wissen, dass die Wahrnehmung dieser Gegenstände für Aristoteles mit qualitativen Veränderungen verbunden ist. Um aber die gesamte Prozesskette loszutreten, muss es über die qualitativen Veränderungen hinaus auch zu thermischen Veränderungen kommen. Nun ist es interessant zu sehen, dass Aristoteles für die thermischen Veränderungen nicht die Strebung *direkt* verantwortlich macht, sondern die Lust/Leid-Empfindung. Erwärmung und Erkaltung sind laut Text nicht die Konsequenzen von Strebungen, sondern die Konsequenzen von Lust/Leid-Empfindungen. Dies macht vielleicht keinen allzu großen Unterschied, da Lust/Leid-Empfindung und Strebung ja laut DA 431a8-14 sehr eng miteinander zusammenhängen, und man daher sagen könnte, dass auch die Gegenstände des Verfolgens und Meidens immer mit Schmerz oder Lust, und so auch mit thermischen Veränderungen verbunden sind. Ich möchte dies hier nicht bestreiten. Aus der oben zitierten Stelle wird aber klar, dass nicht nur Strebungen, sondern eben auch Lust/Leid-

Empfindungen notwendige Antezedenzien für alle animalischen Ortsbewegungen und damit auch für menschliche Handlungen sind.[73]

Bei allen bisher genannten Etappen handelt es sich um Prozesse (*kinêsis*). Sie stehen in folgender Relation zueinander:

- Die jeweils vorausgehende Etappe ist in einem effizient-kausalen Sinn der Ausgangspunkt (*archê*) der anschließenden Etappe, d.h. sie kann für ihre Auslösung hinreichend sein.
- Dadurch, dass die anschließende Etappe ausgelöst wird, setzt die sie auslösende Bewegung nicht aus, sondern die Etappen kumulieren sich teilweise.[74]
- Nicht jede Etappe führt zwangläufig zum erfolgreichen Erreichen der nächsten, sondern sie muss dafür einen gewissen Schwellenwert überschreiten.

Anschließend geht Aristoteles die Prozessfolge noch einmal in umgekehrter Reihenfolge durch; vgl. MA 702a15-21:

> Und aus diesem Grund denkt man sozusagen gleichzeitig, dass man gehen soll und geht, wenn etwas anderes es nicht verhindert: Denn die Affizierungen/Emotionen machen die werkzeughaften (Körper-) Teile passend zurecht, die Strebung die Affizierungen/Emotionen und die Vorstellung die Strebung, diese aber entsteht durch Denken oder durch Wahrnehmung. Und dadurch, dass der wirkende und leidende Teil ihrer Natur nach aufeinander ausgerichtet sind, (passiert dies alles) auf einmal bzw. schnell.

Hier erscheint derselbe Vorgang noch einmal in verkürzter Form und in umgekehrter Reihenfolge:

> Aggregatzustände um die Sehnen und Knochen (vi) ← Affizierungen/Emotionen (iii) ← Strebung (ii) ← Vorstellung (i).

Hieran ist interessant, dass (i) Aristoteles (offenbar in Anlehnung an DA 433b27-30) die übrigen kognitiven und ‚diakritischen' Fähigkeiten summarisch unter dem Titel ‚Vorstellung' zusammenfasst und dass (ii) die Lust/Leid–Empfindung als separate Etappe nicht mehr erwähnt wird. (i)

---

73 Für eine andere Auffassung der Stelle, vgl. Charles (1984), S. 175, der hier eine Handlungs*aufforderung* sieht: „(…) what is painful is to be avoided" (701b35-36). Nussbaum (1985), S. 155f. sieht einen Bruch in der Ereigniskette, weil sie fälschlicherweise die thermischen Veränderungen nicht auf die Lust/Leid-Empfindungen, sondern auf die Strebung zurückführt und nun eine Ursache für die ‚Aktivierung der Strebung' vermisst.

74 Wie genau, werden wir später sehen.

deutet darauf hin, dass hier ebenso wie in DA 433b27-30 auf einem ‚technischen' Niveau von den kausal wirksamen Trägern der repräsentationalen Gehalte gesprochen wird. Das Fehlen der Lust/Leid-Empfindungen in (ii) erklärt sich dabei leicht durch Aristoteles' oben erläuterte Thesen hinsichtlich des Zusammenhangs von thermischer Veränderungen, Lust/Leid-Empfindungen und Strebungen.

§ 2 *symphyton pneuma*

In der anschließenden zweiten Hälfte des achten, sowie im ganzen neunten Kapitel beschäftigt sich Aristoteles mit der Frage nach dem Sitz des den animalischen Körper bewegenden Prinzips (der Seele). Bekanntlich lokalisiert er es im Zentrum des Körpers, im Herzen.[75] So wichtig der Gedankengang und seine Argumente für Aristoteles' Naturphilosophie sind,[76] so möchte ich ihn hier doch übergehen und gleich zum zehnten Kapitel kommen, das der ‚von Natur anhaftenden Luft' (*symphyton pneuma*) gewidmet ist. Aristoteles' Äußerungen zum *symphyton pneuma* sind spärlich und zudem schwer unter einen Hut zu bringen. Ich werde mich hier allein auf die Darstellung der Rolle beschränken, die Aristoteles dem *symphyton pneuma* in der Bewegungsgenese der Lebewesen in MA ausdrücklich zuspricht.[77] Diese besteht m.E. hauptsächlich darin, innerhalb der Ereigniskette, die zur animalischen Ortsbewegung führt, die Verbindung zwischen der Ebene der thermischen Veränderung (qualitativ) auf der einen und den mechanischen Prozessen auf der Ebene der Bewegung von Sehnen und Knochen auf der anderen Seite herzustellen.[78] Auf diese Weise wurde die Funktion, die das *symphyton pneuma* in der Bewegungsgenese zu spielen hat, bereits zu Beginn des physiologischen Teils von MA eingeführt, ohne dass der Name explizit genannt wurde: Dort wurde gesagt, dass es bei

75 Vgl. dort MA 702b20-25: „Wir behaupten nämlich, dass auch die Wahrnehmungsfähigkeit dort ihren Sitz hat, so dass, wenn sich die Gegend um den Ausgangspunkt aufgrund der Wahrnehmung qualitativ verändert und (von einem Zustand in den anderen) umschlägt, die sich daran anschließenden Körperteile durch Expansion und Kontraktion mit umschlagen. Folglich findet aus Notwendigkeit aufgrund dieser Ursachen die Bewegung bei den Lebewesen statt."

76 Vgl. jedoch oben, S. 112ff. sowie unten S. 362ff. Zu Aristoteles' Kardiozentrismus, vgl. Morel (2007), 35-51.

77 Zum *symphyton pneuma* generell, vgl. Freudenthal (1995).

78 Für diese Rolle des *symphyton pneuma* in der Bewegungsgenese argumentiert auch Berryman (2002), S. 93ff. Ich schließe mich ihrer Auffassung in dieser Hinsicht an. Nicht folgen kann ich ihr darin, dass die besondere Funktion, die das *symphyton pneuma* innerhalb der Kausalkette einnimmt, die Antwort auf die Frage nach dem *Ursprung* der Selbstbewegung der Lebewesen darstellen soll.

den Lebewesen etwas gibt, das sein Volumen und seine Gestalt ändern kann, wenn sich die Körperteile durch thermische Veränderungen ausdehnen und zusammenziehen und sich qualitativ verändern (701b13-16). Dies wurde einige Zeilen später in 701b23f. spezifiziert, wo es hieß, dass dann, wenn sich durch Wahrnehmungen und Affekte qualitative Veränderungen zutragen, manche Teile im Körper größer und manche kleiner werden.[79] MA 702b21-25 wiederholte dies in ähnlichen Worten, ohne dass der Name des *symphyton pneuma* fiel. Im zehnten Kapitel ändert sich dies, und Aristoteles besetzt diese Rolle ausdrücklich mit dem *symphyton pneuma*:[80]

> Nun ist zwar auf der Ebene der Definition, die die Ursache der Bewegung angibt, die Strebung das Mittlere, welches bewegt und (gleichzeitig) bewegt wird, in den beseelten Körpern muss es jedoch einen Körper geben, der von dieser Beschaffenheit ist. (MA 703a4-6)

Aristoteles sucht hier nach einer *funktionalen Entsprechung* für das Strebevermögen im Bereich der körperlichen Organe. Er schließt damit an DA 433b15-27 an[81], wo er im Rahmen seines dreiteiligen Bewegungsschemas

---

79 *alloioumenôn d' en tôi sômati ta men meizô ta d'elattô ginetai.* („Dadurch, dass sich qualitative Veränderungen (der vorher genannten Wahrnehmungen und Affekte) zutragen, werden im Körper manche Teile größer und manche kleiner.") Der Genetiv fordert dann, wenn er als genetivus absolutus interpretiert wird, wie Nussbaum und Kollesch dies richtigerweise tun, einen Subjektwechsel, den beide durch ihre Übersetzungen aber nicht erkennen lassen („and when bodily parts are altered some become larger, some smaller.", „Wenn aber im Körper Veränderungen stattfinden, sind die einen bedeutsamer, andere aber geringfügiger." Richtig, wenn auch anders interpretierend, wiederum Forster: „and when an alteration takes place in the body some parts become larger others smaller."

80 Das *symphyton pneuma* spielt bei Aristoteles auch noch andere Rollen (zur Multifunktionalität des *symphyton pneuma*, vgl. GA 789b10-12), insbesondere bei der Entstehung der Lebewesen und den mit der Wahrnehmung verbundenen physiologischen Prozessen. Dieser ganze Bereich wird in MA (und der ebenfalls der Ortsbewegungen gewidmeten Stelle in De Somn. 455b34-456a21) m.E. nicht berührt. Ich werde daher nicht darauf eingehen.

81 Hier nochmal der Text: „ (…) aber das Unbewegte ist das Gute als Gegenstand der Handlung (*prakton agathon* 1') und das Bewegende und Bewegte die Strebefähigkeit (1'') – denn das Bewegte wird bewegt, insofern es strebt, und die wirkliche Strebung ist eine Art von Bewegung, – aber das Bewegte (ist) das Lebewesen (3). Und das Organ, mit dem die Strebung bewegt (2), dies ist bereits körperlich, weswegen man bei den (Untersuchungen) der für Körper und Seele gemeinsamen Leistungen darüber Betrachtungen anstellen muss. Um es für jetzt aber der Hauptsache nach zu sagen: Das organisch Bewegende findet sich dort, wo Ausgangspunkt (*archê*) und Ende dasselbe sind, z.B. das Knochengelenk: Denn dort sind das Konvexe und Konkave einmal Ende und einmal Ausgangspunkt – deswegen ruht das eine und das andere bewegt sich – und sie sind der Definition nach verschie-

aus der *Physik* das Strebevermögen (*to orektikon*) mit der Rolle des bewegten Bewegers identifiziert hat. Gesucht ist ein körperliches Organ, welches in der Lage ist, ähnlich wie die Strebung nicht nur passiv vom erstrebten Gegenstand affiziert zu werden, sondern auch aktiv darauf zu reagieren.

> Das nun, was zwar bewegt wird, seiner Natur nach aber nicht bewegt, hat (nur) das Vermögen, von einer fremden Kraft affiziert zu werden; dagegen ist es notwendig, dass das Bewegende eine gewisse Kraft und Stärke hat. (MA 703a6-9)

Was Aristoteles sich von dieser funktionalen Entsprechung zur Strebung erwartet, ist nicht nur die Fähigkeit, sich von etwas anderem affizieren zu lassen und dann diesen Impuls weiterzugeben, – dies trifft auf alle vorher genannten Etappen der Bewegungsgenese zu –, sondern sich so affizieren zu lassen, dass es dabei zur Erzeugung von mechanischer Kraft kommt (*ischys*).[82]

2.1. Die Relation des *symphyton pneuma* zur Strebung

Wie bereits gesagt, halte ich die Relation, in der die Strebung und das *symphyton pneuma* zueinander stehen, für eine Relation der *funktionalen Entsprechung*: Beide sind bewegte Beweger in dem Sinne, dass sie nicht nur Impulse empfangen und weitergeben, sondern über die auf sie wirkenden Bewegungen in dem Sinne hinausgehen, dass sie aufgrund ihrer besonderen Beschaffenheit dem Bewegungsablauf *eigene* Impulse hinzufügen: So wie die Strebung Initiator des gesamten aktiv nach außen gerichteten akteursinternen Bewegungsablaufs ist, so erklärt das *symphyton pneuma* den Umschlag der Kette qualitativer Veränderungen (von der Wahrnehmung eines Gegenstandes bis hin zu thermischen Veränderungen) in mechanische Kraft. Es besteht demnach eine funktionale Entsprechung, insofern es sich bei beiden, Strebung und *symphyton pneuma*, in dem genannten Sinn nicht um rein passive Impulsempfänger, sondern auch um genuine Motoren handelt. Über diese funktionale Entsprechung hinaus besteht aber keine unmittelbare (etwa Form/Materie-) Relation, in der das *symphyton pneuma* zur Strebung steht. Beide sind Glieder innerhalb der zur Ortsbewegung führenden Bewegungskette, sie befinden sich jedoch auf unterschiedlichen und voneinander durch Zwischenglieder getrennten Positionen in dieser

---

den, jedoch der Größe nach untrennbar. Es bewegt sich nämlich alles durch Stoß und Zug, weswegen – so wie beim Rad – etwas feststehen muss, und von dort aus nimmt die Bewegung ihren Ausgang (*archesthai*)."

82 Vgl. Bonitz, Ind. Arist. s.v. 350a30ff., '*vis motrix*'.

Kette: Direktes Antezedens der Bewegungen des *symphyton pneuma* sind nicht Regungen des Strebevermögens, sondern die thermischen Veränderungen, die mit Lust/Leid-Empfindungen einhergehen:

> Der Ausgangspunkt der Bewegung ist also, wie gesagt, das im Bereich möglicher Gegenstände des Handelns Erstrebte und Gemiedene: Denn dem Denken und der Vorstellung von diesen folgt aus Notwendigkeit Erwärmung und Erkaltung; das Schmerzvolle wird nämlich gemieden und das Lustvolle erstrebt, jedoch bleibt es verborgen, wenn sich dies mit geringer Intensität ereignet, und so gut wie alles Schmerz- und Lustvolle ist mit einer gewissen Erkaltung und Erhitzung verbunden. (MA 701b33-702a1)

> Im Lebewesen dagegen kann dasselbe sowohl kleiner als auch größer werden und die Gestalt wechseln, wenn sich die Körperteile durch Hitze ausdehnen und sich durch Erkaltung wieder zusammenziehen und sich qualitativ verändern. (MA 701b13-16)

Größer und kleiner wird das *symphyton pneuma* aufgrund der thermischen Veränderungen, die sich in Folge von Lust/Leid–Empfindungen ergeben, nicht aufgrund einer unmittelbaren Relation zur Strebung: Aristoteles bringt die Strebung kein einziges Mal in einen *direkten* Zusammenhang mit Änderungen des Volumens, sondern assoziiert sie (über die Lust/Leid–Empfindung) ausschließlich mit qualitativen Veränderungen (Erhitzung und Erkaltung). Die Bewegungen des *symphyton pneuma* sind deswegen *Konsequenzen*, nicht aber unmittelbare materielle Entsprechungen der Strebung. An der einzigen Stelle, an der Aristoteles ausdrücklich auf die Relation von *symphyton pneuma* und Strebung einzugehen scheint, ist ebenfalls nicht von einer direkten und unvermittelten Relation die Rede:

> Sie (die von Natur anhaftende Luft) scheint sich aber auf ähnliche Weise zu dem seelischen Ausgangspunkt zu verhalten (*homoiôs echein*) wie (*hôsper*) der Punkt in den Gelenken, der sowohl bewegt als auch (gleichzeitig) bewegt wird, sich zu dem unbewegten (Punkt) verhält. (703a11-14)

Zunächst ist zu sagen, dass es sich bei diesem Vergleich um eine Analogie handelt, d.h. das, was hier verglichen wird, ist die *Relation*, in der zwei verschiedene Individuengruppen zueinander stehen.[83] Es ist die *Relation* des unbewegten geometrischen Punktes zu dem Angelpunkt im Gelenk,

83 Die Analogie ist durch die Ausdrücke '*homoiôs echein*' und ,*hôsper*' klar angezeigt.

der Beweger ist und gleichzeitig bewegt wird, die Aristoteles hier mit der Relation des *symphyton pneuma* zum ‚seelischen Ausgangspunkt' vergleicht. Was er nicht vergleicht, sind die spezifischen Eigenschaften der miteinander ins Verhältnis gesetzten Individuen. Der Vergleich besagt also nicht, der ‚seelische Ausgangspunkt' sei so wie der geometrische Punkt unbewegt, während das Pneuma so wie der Punkt in den Gelenken sowohl bewegt als auch bewegt wird. Dies kann, falls mit ‚seelischer Ausgangspunkt' die Strebung gemeint sein sollte, auch nicht zutreffen, da die Strebung ja die Funktion des *bewegten* Bewegers einnimmt (vgl. unmittelbar zuvor in MA 703a3f; DA 433b16f.). Es kann hier somit nicht um die Relation unbewegter Beweger/bewegter Beweger gehen. Wahrscheinlich ist, dass es um die Relation geht, in der der geometrische Punkt, der unbewegt ist, zu dem Gelenk steht, das bewegt und unbewegt ist. Welche Relation ist dies? Hierfür ist eine funktionale Entsprechung m.E. der beste Kandidat: Auf dieselbe Weise, in der die Lebewesen die Angelpunkte ihrer Gelenke so wie einen geometrischen Punkt, der zugleich End- und Ausgangspunkt verschiedener Linien sein kann, benutzen (*hôsper gar kentrôi chrôntai tais kampais*; MA 698a18f.), indem derselbe Teil der Gelenke sowohl gerade als auch gebeugt ist, so verhält sich das *symphyton pneuma* zur Strebung:[84] D.h., *beide* sind bewegte Beweger, die zugleich Endpunkt der einen und Ausgangspunkt der anderen Bewegung sind. Aber während das *symphyton pneuma* als ein ausgedehnter Körper eine thermische Veränderung erfährt, die es in Stoß und Zug umsetzt, ist die Strebung ein aus einer mit Lust/Leid verbundenen Wahrnehmung/qualitativer Veränderung resultierender Bewegungsimpuls.

Mit dieser Deutung befinde ich mich in einem Gegensatz zu den neueren Kommentatoren und Interpreten. Üblicherweise wird nämlich die Ansicht vertreten, Aristoteles habe in DA 433b19f. („Und das Organ, mit dem die Strebung bewegt, dies ist bereits körperlich, weswegen man bei den Untersuchungen der für Körper und Seele gemeinsamen Leistungen darüber Betrachtungen anstellen muss") einen exakten Hinweis auf die oben zitierte Stelle in MA 703a11-14 gegeben, wo er seine Ankündigung einlöst und konkret angibt, mit welchem Organ die Strebung den Körper bewegt. Dabei wird häufig angenommen, das *symphyton pneuma* sei ‚das' Organ des Strebevermögens. Nussbaum und Charles etwa sind der Auffassung, das *symphyton pneuma* stehe in einer unmittelbar hylemorphen Relation

84 Eine funktionale Entsprechung ist auch schon das, worum es bei dem Vergleich von geometrischem Punkt und Gelenk in MA 698a14-b4 geht.

zur Strebung. Beide sprechen vom *symphyton pneuma* als der *‚material realization'* des Strebevermögens.[85]

Obwohl es in einem gewissen Sinne sicherlich zutrifft, dass das *symphyton pneuma* Teil der materiellen Realisierung des Bewegungsvermögens ist, sprechen m.E. hauptsächlich folgende Gründe gegen diese Auffassung:

1. Die Aristotelische Einteilung von Seelenvermögen orientiert sich in keinem einzigen Fall an einzelnen Organen. Sowohl bei der Ernährungs- und Fortpflanzungsfunktion als auch bei der Wahrnehmung insgesamt sowie den Einzelsinnen werden stets einheitliche Funktionen durch *Komplexe* verschiedener und teilweise über den ganzen Körper verteilter Organe ausgeübt.[86]

2. Aristoteles verbindet die Strebung an keiner Stelle direkt mit mechanischen Bewegungen im Sinne von Stoß und Zug, sondern nur (über die Lust/Leid–Empfindung) mit thermischen Veränderungen.

3. In unmittelbarem Anschluss an DA 433b17-21, wo Aristoteles nach Ansicht der Kommentatoren die in MA erfolgende Diskussion des *symphyton pneuma* ankündigt,[87] äußert er sich in einer Weise über das ‚auf organische Weise Bewegende', die mir mit dem Gedanken des *symphyton pneuma* als ‚des' Organs der Strebung nur schwer vereinbar scheint:

> Um es für jetzt aber der Hauptsache nach zu sagen: Das organisch Bewegende findet sich dort, wo Ausgangspunkt und Ende dasselbe sind, z.B. die Türangel: Denn dort sind das Konvexe und Konkave einmal Ende und einmal Ausgangspunkt – deswegen ruht das eine und das andere bewegt sich – und sie sind der Definition nach verschieden, jedoch der Größe nach untrennbar. Es bewegt sich nämlich alles

---

85 Nussbaum (1985), S. 148, 156, 160; Charles (1984), S. 216: „The bodily substance (703a7) which stands to desire as potentiality to actuality." Vgl. auch Peck (1942), S. 579f. Ähnlich auch Kollesch, S. 58, die sich damit an Verbecke anschließt (1979), S. 202: „le mouvement du corps sera déclenché à partir du coeur par l'intermédiaire du pneuma congénital." In einem ähnlichen Sinne auch Labarrière (2004a), S. 158 : „Organe corporel du désir, cet instrument meut parce qu'il possède de lui-même une certaine force et il se trouve vis-à-vis de ce moteur qu'est l'âme (…)". Derselbe Wortlaut findet sich in (2004b), S. 222.

86 Vgl. etwa Lloyd (1992). Nussbaum (1985), S. 154, tadelt Aristoteles dafür, dass er von der funktionalen Einheitlichkeit der Strebung auf die Einheit des entsprechenden Organs schließt. Aristoteles' Ausführungen müssen aber nicht zwangsläufig in dieser Weise interpretiert werden.

87 „(…) denn das Bewegte wird bewegt, insofern es strebt, und die aktuale (*hê energeia*) Strebung ist eine Art von Bewegung, – aber das Bewegte (ist) das Lebewesen. Und das Organ, mit dem die Strebung bewegt, dies ist bereits körperlich, weswegen man bei den (Untersuchungen) der für Körper und Seele gemeinsamen Leistungen darüber Betrachtungen anstellen muss."

> durch Stoß und Zug, weswegen – so wie beim Rad – etwas feststehen muss, und von dort aus nimmt die Bewegung ihren Ausgang. (DA 433b21-27)

Hier scheint es nicht um das *symphyton pneuma* zu gehen, sondern um die Andeutung, dass sich für Aristoteles der Sitz der bewegenden Seelenfunktionen bei blutführenden Lebewesen im Herzen als dem Mittelpunkt des Körpers befindet und von dort aus mittels Stoß und Zug die Glieder in Bewegung setzt. Dabei wird der Umstand, dass es Feststehendes geben muss, um die Bewegung zu initiieren, besonders betont. Vom *symphyton pneuma* heißt es aber nirgends, es sei feststehend. Im Gegenteil: Dadurch, dass es festgehalten *wird*, schöpfen die Lebewesen ihre Kraft (De Somn. 456a15f.). Dies alles vermittelt den starken Anschein, dass hier nicht in spezieller Weise vom *symphyton pneuma* als ‚dem' Organ der Strebung im Sinne seines materiellen Substrats die Rede ist, sondern vom Prozess der Bewegungsgenese *insgesamt*.[88]

2.2. Die Rolle des *symphyton pneuma* in der Bewegungsgenese

Im folgenden Abschnitt nennt Aristoteles die besonderen Eigenschaften des *symphyton pneuma*, die es in Stand setzen, die von der Theorie geforderte Übertragung der thermischen qualitativen Veränderungen in die mechanischen Kräfte von Stoß und Zug zu bewerkstelligen:

> Es ist aber offensichtlich, dass alle Lebewesen sowohl über die ihnen von Natur anhaftende Luft verfügen als auch, dass sie damit ihre Kraft schöpfen. – Worin nun die Erhaltung der von Natur anhaftenden Luft besteht, ist anderswo gesagt worden. – Sie scheint sich aber auf ähnliche Weise zu dem seelischen Ausgangspunkt zu verhalten wie der Punkt in den Gelenken, der sowohl bewegt als auch (gleichzeitig) bewegt wird, sich zu dem unbewegten (Punkt) verhält. Weil aber der Ausgangspunkt sich bei den einen (Lebewesen) im Herz befindet und bei anderen in dem entsprechenden Organ, deswegen leuchtet ein, dass auch die von Natur anhaftende Luft dort ihren Sitz hat. – Ob nun diese Luft immer dieselbe ist oder immer anders wird, soll woanders erklärt werden, denn dies ist eine Frage, die auch die anderen Körperteile betrifft. – Offenbar eignet sie sich aber von Natur dazu, in Bewegung zu setzen und Kraft zu verleihen. Die Leistungen der (Orts-)Bewegung sind Stoßen und Ziehen, so dass das entsprechende Organ sowohl fähig sein muss zu expandieren als auch zu kontrahieren. Ihrer Natur nach ist aber diese Luft von solcher Beschaffenheit, denn sie ist sowohl fähig, ohne Einwirkung von Gewalt zu

88 Es mag sein, dass dem *symphyton pneuma* bei Aristoteles eine sehr eng mit den Seelenfunktionen verknüpfte Funktion, bzw. mehrere davon, zukommen. Ich bestreite dies hier nicht. Was ich hier bestreite, ist, dass Aristoteles für die *Strebung* eine unmittelbare Nähe zum *symphyton pneuma* im Sinne einer Form/Substrat – Beziehung angenommen hat.

kontrahieren, als sie auch aus demselben Grund zur Kraftausübung und Stoßen fähig ist.[89] Auch hat sie Schwere in Relation zu den feuerartigen und Leichtigkeit in Relation zu den entgegengesetzten (natürlichen Körpern). Das, was bewegen soll, darf aber nicht durch qualitative Veränderung von solcher Beschaffenheit sein, denn je nachdem, welcher gerade den anderen übertrifft, überwältigen die natürlichen Körper einander, und das Leichte wird dann, wenn es von dem Schweren besiegt worden ist, nach unten, und das Schwere, wenn es von dem Leichteren (übertroffen worden ist) nach oben (gestoßen). Mit der Bewegung welchen (Körper-) Teils also die Seele bewegt und aus welchem Grund, ist gesagt worden. (MA 703a9-28)

Das *symphyton pneuma* leistet die Transformation von qualitativer Veränderung in Stoß und Zug. Bei Stoß und Zug handelt es sich für Aristoteles um die Grundkräfte, auf die sich alle Ortsbewegungen unterhalb des Mondes zurückführen (im Folgenden: ‚mechanische Kraftübertragung', vgl. DA 433b25; IA 704b22; Ph. 243b15ff.). Alles das, was nicht durch qualitative Veränderung in Bewegung setzt (*kinein mê alloiôsei*), sagt Aristoteles, muss dies durch mechanische Kraftübertragung tun.[90] Damit die Glieder bewegt werden können, muss also eine gewisse Gewalt ausgeübt werden, und das *symphyton pneuma* ist aufgrund seiner besonderen Eigenschaften der geeignete Körper dafür. Es ist in der Lage, zu expandieren und zu kontrahieren und dadurch die erforderliche mechanische Gewalt auf die Sehnen und Knochen auszuüben, um die Körperglieder in Bewegung setzen. Das Besondere an diesem Stoff ist dabei, dass er gewaltsame Bewegungen

89 Nussbaum und Kollesch übernehmen Farquharsons Konjektur: *abiastos systellomenê <te kai ekteinomenê>, kai [biastikê] <helktikê> kai ôstikê*: 'denn sie ist sowohl fähig, ohne Einwirkung von Gewalt zu kontrahieren als auch sich auszudehnen, und ist aus demselben Grund auch zum Ziehen und Stoßen fähig.' (MA 703a22f.). In dieser Gestalt ist der Text zweifelsohne klarer, unbedingt erforderlich scheint die Konjektur jedoch nicht.

90 Er sagt dies im obigen Text in 703a24f.: „Das, was bewegen soll, darf aber nicht durch qualitative Veränderung von solcher Beschaffenheit sein". Die anschließende Begründung (*gar*, 703a25) macht klar, dass mit der qualitativen Veränderung nicht die Bedingung für die Fähigkeit zur mechanischen Kraftausübung, sondern die mechanische Kraftausübung selbst gemeint sein muss. Nussbaum und Kollesch konstruieren den Satz in einer Weise, die dies nicht berücksichtigt („Whatever is going to impart motion without undergoing alteration must be of this kind.", „Das, was bewegen soll, darf nicht aufgrund von Veränderung eine solche Beschaffenheit haben." Richtig dagegen Forster: „Now that which is to create movement without causing alteration must be of this kind". In dem hier vertretenen Sinne fasst auch Berryman (2002), S. 95 die Stelle auf. Freudenthal (1995) vertritt einmal die These, das Pneuma werde durch thermische Veränderungen affiziert (S. 135), sagt jedoch an anderer Stelle, dass es keine qualitative Veränderung erfährt (S. 167). Affizierungen durch thermische Veränderungen (Erhitzung und Erkaltung) sind für Aristoteles aber qualitative Veränderungen.

ausüben kann, ohne selber vorher mechanische bzw. gewaltsame Einwirkungen zu erfahren (*abiastos*, 703a22). Unter ‚gewaltsam' ist m.E. die mechanische Kraftausübung von Stoß und Zug zu verstehen, die Aristoteles in 703a25-28 als das ‚Überwältigen' und ‚Übertreffen' der einen Bewegung durch die andere charakterisiert hat.[91] Dass das *symphyton pneuma* mechanische Gewalt aufgrund nicht-*gewaltsamer* Ursachen seine entfalten kann, bedeutet selbstverständlich nicht, dass es keine hinreichende Ursache dafür gibt. Das Besondere an diesem Stoff ist nicht die Akausalität, mit der sich seine Wirkungen einstellen, sondern die bestimmte Art und Weise, in der er qualitative Veränderungen (die thermischen Veränderungen aufgrund von Lust/Leid und Strebungen) in mechanische Gewaltausübung transformiert. Ich denke, dass durch den Text gut zu belegen ist, dass die Veränderungen im Volumen, von denen Aristoteles in MA spricht, grundsätzlich auf das *symphyton pneuma* und nicht auf andere Körperteile zu beziehen sind.[92]

Nussbaum ist der Meinung, Aristoteles habe mit dem *symphyton pneuma* einen ‚*non empirical stuff*' (1985, S. 163) postuliert.[93] Sie wird darin von Berryman, die die hier vertretene Ansicht zur kausalen Rolle des *pneuma* innerhalb der Bewegungsgenese teilt, unterstützt (2002, S. 93: „[symphyton pneuma] *is introduced to perform a specific task that the four elements cannot perform.*"). Es kann sein, dass diese Annahme zutrifft. Soweit die animalische Ortsbewegung davon betroffen ist, scheint mir jedoch der Gedanke, dass gewöhnliche Luft für die durch das *pneuma* zu erbringenden Leistungen ausreicht, nicht von vorneherein auszuschließen zu sein. Wieso sollte nicht Luft, die vielleicht mit anderen Elementen zu einer kohärenten Masse vermischt ist und eine gewisse Eigentemperatur aufweist, durch Veränderungen der Temperatur in der Umgegend ihr Volumen ändern können?[94] Aristoteles' Standardfall einer solchen Veränderung des Volu-

91 Vgl. DC 301b17-30; wo es sogar heißt, dass, wenn es keinen Körper gäbe, der so beschaffen ist wie Luft (*aêr*), es auch keine gewaltsame Bewegung (*biai kinêsis*) geben würde. An dieser Stelle ist *nicht* die physiologische Ursache für den Zusammenhalt der Elementarbestandteile des Körpers zu einem kohärenten Ganzen gemeint, *pace* Freudenthal (1995), S. 16, 137, 194: Diese Funktion des *symphyton pneuma* betrifft die Funktionen der Ernährung und des Selbsterhaltes der Lebewesen. Sie ist im Kontext der animalischen Ortsbewegung m.E. nicht relevant.

92 Die Stellen sind: 701b13-16, 23-24 und 702b21-25.

93 Allerdings wird sie durch ihre Auffassung, die Veränderungen seines Volumens würden ohne vorherige qualitative Veränderung stattfinden (ebda S. 161) darin bestärkt. Wie oben schon bemerkt, ist dies auf eine inhaltlich falsche Übersetzung von MA 703a24f. zurückzuführen.

94 Die Kohäsion des *symphyton pneuma* in der Herzgegend, die für die Veränderungen seines Volumens vorauszusetzen sind, wird von Freudenthal (1995) nicht erwähnt.

mens aufgrund von qualitativer Veränderung ist die durch Hitzeeinwirkung verursache Freisetzung von der potentiell im Wasser befindlichen Luft (Ph. 214b1-3). Da Aristoteles der Ansicht ist, dass die einfachen Körper Erde, Wasser, Luft und Feuer, empirisch nie in unvermischter Form vorkommen (GC 330b21-30), und da er zudem der Auffassung ist, dass Veränderungen des Volumens in einem Körper durch Wärmeeinwirkung ohne Zufuhr von diesem Körper fremden Volumina erfolgen können (Ph. 217a26ff.), scheinen die Anforderungen, die in MA an den *Stoff* des *symphyton pneuma* gestellt werden, durchaus auch von gewöhnlicher Luft erbringbar zu sein: Das Unempirische der Aristotelischen Pneuma-These bestünde daher, was die Ortsbewegung betrifft, nicht in der Postulierung eines in Wirklichkeit nicht nachweisbaren Stoffes, sondern darin, dass keine Evidenz für die *Kohäsion* eines solchen Gebildes im Körper der Lebewesen vorliegt.[95] Angesichts dieser Schwierigkeit ist es bemerkenswert, dass Aristoteles am Anfang der oben zitierten Stelle das *symphyton pneuma* so einführt, als handele es sich bei dem Umstand, dass alle Lebewesen über einen solchen Stoff in ihrem Körper verfügen und dass er in der Herzgegend zu lokalisieren sei, um eine offensichtliche Tatsache (*phainetai echonta*, MA 703a9; *phainetetai on*, 703a15f.). Dies deutet nicht darauf hin, dass er einen nicht-empirischen Stoff zur Lösung eines theoretischen Problems einführen will. Andererseits kann die Atemluft nicht gemeint sein. De Somn. 456a15ff. spricht zwar von der Atemluft als einer notwendigen Bedingung für die zur Ortsbewegung erforderliche Kraftentfaltung, doch da Aristoteles das *symphyton pneuma* in der Herzgegend und nicht in der Lunge lokalisiert, kann der Atemluft bei der Ortsbewegung nur eine unterstützende Funktion zukommen.[96] Wie sich dies auch verhalten mag, es fällt auf, dass die materialen Eigenschaften, die Aristoteles in MA 703a21-24 als Erklärung für die kausale Funktion des *symphyton pneuma* in der Bewegungsgenese anführt, sich bis auf eine Ausnahme auf Eigenschaften beschränken, die es mit gewöhnlicher Luft gemeinsam hat: Beide sind geeignet, gewaltsame Bewegungen auszuführen, weil sie in Relation zum Feuer schwer und in Relation zu den übrigen natürlichen Körpern leicht sind (vgl. DC 301b23-26). Beide sind nicht Erstursache von gewaltsamen Bewegungsimpulsen, son-

95 Vielleicht zielt der Hinweis, den Aristoteles gleich im Anschluss daran gibt („Worin nun die Erhaltung der von Natur anhaftenden Luft besteht, ist anderswo gesagt worden“; MA 703a10f.) auf die Angabe eines Arguments dafür, dass es sich bei dem Pneuma um ein zusammenhängendes Gebilde handelt. Unter den uns erhaltenen Schriften findet sich keine, der dieser Verweis zuzuordnen wäre, vgl. Kollesch ad loc.

96 Aristoteles scheint vielmehr umgekehrt der Ansicht gewesen zu sein, dass das *symphyton pneuma* von der Herzgegend aus die Atembewegungen initiiert (auch den Puls), vgl. GA 781a24-26.

dern Zwischenglieder, die ‚wie Organe' äußerliche Bewegungsimpulse transformieren und weitergeben (MA 703a20 bzw. bei der Luft ‚*wie mit einem Organ*', DC 301b21), und beide können ihr Volumen aufgrund von thermischen Einwirkungen verändern. Die Unterschiede scheinen lediglich in der Kohäsion und der besonderen *Sensibilität* zu liegen, mit der das *symphyton pneuma* im Gegensatz zur gewöhnlichen Luft auf thermische Veränderungen in der Herzgegend reagiert.[97]

Eine weitergehende Auffassung vertritt Freudenthal (1995), der die Funktion des *symphyton pneuma* bei der Ortsbewegung vor allem in der Übermittlung der Bewegung von der Herzgegend in die Extremitäten sieht. Er begründet dies damit, dass Aristoteles die Sehnen (*neura*) nicht als ein zusammenhängendes System angesehen hat (HA 515a33f.). Um daher die Bewegungen vom Zentrum in die Extremitäten weiterzuleiten, so vermutet er, erfordere es die Stoß- und Zugbewegungen des Pneuma (S. 135). Es ist in der Tat nicht unwahrscheinlich, dass dem *symphyton pneuma* bei Aristoteles eine wichtige Rolle bei der Übermittlung von Bewegungsimpulsen in die Extremitäten zukommt, allerdings spricht er im Zusammenhang der animalischen Ortsbewegung nicht von einer solchen Funktion.[98] In MA beschränkt er sich auf die Zug- und Stoßbewegungen, die von einem in der Herzgegend lokalisierten kohärenten Gebilde ausgehen, das in der Lage ist, aufgrund von thermischen Veränderungen sein Volumen zu verändern und dadurch Sehnen und Knochen in Bewegung zu setzen, die ihrerseits vorher in die für diese Bewegungen geeigneten Aggregatzustände gebracht (‚*zurechgemacht'* 702a7-10) worden sind.

Hierbei möchte ich es, was das *symphyton pneuma* angeht, belassen: Ich denke nicht, dass an dieser Stelle ein Bruch in der Prozesskette, die zur Ortsbewegung führt, vorliegt. Aristoteles scheint mir diesen Körper in die Bewegungsgenese einzuführen, um den Wechsel von qualitativen Veränderungen (thermischer Veränderung in der Herzgegend aufgrund von Lust/Leid-Empfindung und Strebung) zur mechanischen Bewegung der Körperglieder (Sehnen und Knochen) so zu bewerkstelligen, dass sich gerade *keine* kausale Lücke ergibt. Nur die Veränderungen des Volumens und die damit geleisteten Stoß- und Ziehbewegungen können nach Aristoteles' Auffassung die sichtbare Bewegung des Lebewesens erklären.[99] So

97 Dass das *symphyton pneuma* generell (und nicht nur im Zusammenhang der Erklärung animalischer Ortsbewegung) im Wesentlichen heiße Luft ist, sagt auch Balme 1987, 279.

98 Zu beachten ist auch, dass Aristoteles die Sehnen, Bänder und sehnenartiges Gewebe als über die Adern miteinander zusammenhängend angesehen hat, vgl. HA 515b27-30 und PA 668b.

99 In diesem Sinne ist m.E. die Rede vom ‚Teil (*moriôi*), mit dem die Seele bewegt' in MA 703a28 zu verstehen: nämlich als Antwort auf die Frage, ‚mit welchem

gesehen, würde ohne das *symphyton pneuma* also gerade eine empfindliche kausale Lücke in der Bewegungsgenese klaffen.

§ 3 Der Vergleich von der Bewegungsgenese und der Stadt mit guten Gesetzen

Aristoteles beendet die Präsentation seiner Theorie der animalischen Ortsbewegung mit einem Vergleich:

> Es ist aber anzunehmen, dass das Lebewesen so zusammengesetzt ist wie ein Gemeinwesen mit guten Gesetzen. Denn auch im Gemeinwesen, wenn die Ordnung einmal aufgestellt ist, bedarf es nicht mehr eines davon verschiedenen Monarchen, der bei allen Vorgängen anwesend sein muss, sondern jeder (Bürger) tut das Seinige so, wie es angeordnet ist, und das eine wird nach dem anderen getan aufgrund von Gewohnheit; und bei den Lebewesen geschieht eben dasselbe aufgrund ihrer Natur und dadurch, dass jeder einzelne Teil, da die Dinge so gefügt sind, von Natur seine eigene Leistung erbringt, so dass es nicht in jedem einzelnen (Teil) eine Seele geben muss, sondern während diese sich in einem bestimmten Ausgangspunkt des Körpers befindet, leben die anderen (Teile) dadurch, dass sie daran hängen, und sie erbringen ihre jeweils eigenen Leistungen aufgrund ihrer Natur. (MA 703a28-b2)

Bei diesem Gleichnis scheint es Aristoteles vor allem darauf anzukommen, die Schnelligkeit und Reibungslosigkeit zu unterstreichen, mit der die komplexe akteursinterne Bewegungsgenese abläuft: Es ist nicht nötig, für jeden Körperteil, der in der Bewegungsgenese involviert ist, eine eigene Seelenfunktion anzunehmen; es reicht, dass von einem einzigen zentralen Ausgangspunkt (dem Herzen) aus die sukzessive Reihe der Bewegungen in Richtung auf die peripheren Bewegungsorgane initiiert wird, weil die peri-

Körperteil leistet die Seele die Bewegung des ganzen Lebewesens von Ort zu Ort?' Ein Verständnis im Sinne von ‚welches ist der Körperteil, der der Seele am nächsten steht und mit dessen Bewegungen sie in den natürlichen Ereigniskreislauf eingreift?', halte ich für unzutreffend. Das primäre Explanandum einer Theorie der animalischen Ortsbewegung besteht nicht im Vorliegen innerer Bewegungen, sondern in der Dislozierung des gesamten Lebewesens, vgl. Ph. 253a7-21, 259b1-20. Die Rede vom körperlichen Organ der Ortsbewegung bezieht sich m.E. daher auf den Körperteil (das Organ), mit dem unmittelbar die mechanische Selbstbewegung des gesamten Lebewesens zu erklären ist (vgl. DA 433b19; MA 703a20, 28). Berryman, die die hier vertretene Auffassung von der kausalen Rolle des *symphyton pneuma* in etwa teilt, aber leider annimmt, dass sich Aristoteles' Theorie der Selbstbewegung bereits in der Behauptung dieses Umstandes erschöpft, kommt zu dem Schluss, dass es sich dabei um eine ‚*pre-theoretical characterization of the capacity of animals for self-motion*' handelt (2002, S. 97).

pheren Körperteile durch ihre Natur und dadurch, dass sie an das Herz angewachsen sind (*tôi prospephykenai*, 703b1), ihre jeweiligen Aufgaben innerhalb der Bewegungsgenese ausführen können. Die Funktionen, die im engeren Sinne durch die Seele zu erklären sind, finden ausschließlich in diesem Ausgangspunkt statt. Entscheidend für den hier verfolgten Zusammenhang ist, dass Aristoteles hier eine Bewegung beschreibt, die von dem Ausgangspunkt in Richtung auf die peripheren Körperteile verläuft. Er bleibt hier also bei dem Erklärungsmodell introverser und extroverser Bewegungen für die dem Körper und der Seele gemeinsamen Leistungen, wie er es schon in DA 408b13-18, DS 436b1-8 und Ph. 244b11f. beschrieben hatte (vgl. auch unten MA 703b26-36, insbesondere b26-29). Dafür, dass hier in besonderer Weise die Funktion des *symphyton pneuma* herausgestellt wird, gibt es keinerlei Anzeichen. Das Gleichnis dient zur Illustration der Bewegungsgenese als ganzer.[100]

Fassen wir das Bisherige zusammen! Aristoteles hat als Antwort auf die Frage, wie die Seele den Körper bewegt, bisher ein komplexes Bild einer Bewegungsgenese entworfen. Es lassen sich darin vier bzw. fünf kausale Ebenen unterscheiden:

(1) repräsentationale Ebene (Wahrnehmungen, Vorstellung)
(2) Ebene qualitativer (‚chemischer‘) Veränderungen (die mit Lust/Leid-Empfindungen und Strebungen einhergehenden thermischen Veränderungen)
(3) Aggregatzustände – feucht/trocken, hart/weich – der inneren Körperteile (in der Gegend der ‚werkzeughaften Körperteile’)[101]
(4) Ebene des Volumens (*symphyton pneuma*)
(5) sonstige mechanische Ebene (Sehnen und Gelenke)

Bei (1), der repräsentationalen Ebene, liegt eine unmittelbare hylemorphe Relation zwischen Wahrnehmungen und qualitativen Veränderungen vor. Von den Wahrnehmungen und deren kausalen Stellvertretern heißt es in MA 701a17ff., sie seien ‚unmittelbar’ (*euthys*) qualitative Veränderungen.

100 Interessant ist, dass die Funktionsweise der Muskeln für den Bewegungsapparat von Aristoteles in MA (und auch in IA) nicht erwähnt wird. Nicht zu bezweifeln ist, dass zu seinen Lebzeiten umfassendes Wissen über die Funktionsweise der Muskeln vorhanden war (vgl. Hippokrates, *de fracturis*, *de articulis*, den Hinweis verdanke ich Chr. Brockmann). Zum Verhältnis des *Corpus Hippocraticum* zu Aristoteles, vgl. Oser-Grote (2004).

101 Man kann die Ebenen auch anders einteilen. Vor allem bei der Veränderung der Aggregatzustände handelt es sich für Aristoteles um qualitative Veränderungen, so dass (4) auch als Teil von (3) aufgefasst werden kann.

Bei (2) liegt eine enge Verbindung vor, die vielleicht auch am besten als unmittelbare hylemorphe Relation zu verstehen ist: Von den Lust/Leid-Empfindungen und den Strebungen heißt es etwas später, in 702a1 und a4, sie seien mit thermischen Veränderungen (Erkaltung und Erhitzung) ‚verbunden' (*meta*). Die Verbindung von (2) und (3) ist weniger klar, es scheint aber, dass Aristoteles in diesem Fall von einer notwendigen Folgebeziehung ausgegangen ist (*hôste*, 702a7-10 und *ex anankês* in 702b25). Bei (4) scheint der kausale Nexus direkt mit (2) und nicht mit (3) zu bestehen, d.h. das *symphyton pneuma* ändert sein Volumen aufgrund von thermischen Veränderungen und nicht aufgrund von Veränderungen der Aggregatzustände in der Herzgegend. Wie wir gesehen haben, bringt Aristoteles hierbei die Änderungen des Volumens nur mit der Lust/Leid-Empfindung, nicht aber mit der Strebung in einen direkten Zusammenhang.[102] Die Veränderungen des Volumens wiederum führen durch Stoß und Zug zu den Bewegungen der Sehnen und Knochen in (4) und (5).[103]
Bei allen Ebenen bis auf (1) handelt es sich um Bewegungen oder Prozesse (*kinêseis*). Die Prozesse bilden Etappen innerhalb des gesamten Prozesses der Bewegungsgenese. Die jeweils vorausgehenden Etappen stehen in einer doppelten Relation zu den jeweils folgenden: Einmal in einer effizient-kausalen Relation, mit Ausnahme von (1) und (2), wo zumindest bei der Wahrnehmung und der Lust/Leid-Empfindung von einer Form/Materie–Einheit auszugehen ist, und einmal so, dass über den Verlauf der gesamten Bewegungsgenese hinweg manche der vorherigen Etappen nicht verloren gehen, sondern in die folgenden Etappen übergehen: Der Gehalt der Wahrnehmung bleibt als Gehalt der folgenden Lust/Leid-Empfindung und Strebung während des gesamten Verlaufs der Bewegungsgenese bestimmend (wenn vielleicht auch in modifizierter Form).

Aristoteles beschreibt den Verlauf der Bewegungsgenese als kontinuierlichen und automatisch ablaufenden Prozess, der seinen Ausgang von einer Affizierung der Wahrnehmung in der Herzgegend nimmt, mit Lust oder Leid konnotiert wird, dann mit der Strebung die Bewegungsrichtung

102 Die betreffenden Passagen sind keineswegs in unmissverständlicher Weise formuliert (vor allem 702a7-10). Sie ließen sich vielleicht auch so deuten, dass die Veränderungen der Aggregatzustände das *symphyton pneuma* betreffen. Ich halte dies jedoch für unwahrscheinlich, da das *‚peri tas archas* (Plural!) *tôn organikôn merôn'* in 702a8 sich m.E. klar auf die Umgebung der *organa* (Sehnen und Knochen) bezieht, die in 701b7f. bereits erwähnt wurden. Für das hier verfolgte Argumentationsziel sind diese Details letzten Endes nicht besonders wichtig. Wichtiger ist, dass der grundsätzliche Charakter des von Aristoteles vertretenen Theorie*typs* sichtbar wird.

103 Damit ist das Feld der ‚gewaltsamen' Bewegungen erreicht. Diese hatte Aristoteles schon in den (hier nicht besprochenen) vorherigen Kapiteln von MA diskutiert.

nach außen umkehrt und schließlich mit der Bewegung des gesamten Lebewesens enden kann.[104]

104 Aber nicht muss. Unter Voraussetzung die ‚Schwellenthese', wird die folgende Etappe nur bei hinreichender Stärke der vorherigen Etappe erreicht.

4. Interpretation von MA 11

Im letzten Kapitel von *De motu* nimmt Aristoteles eine Abgrenzung des Explanandums seiner Theorie vor. Er hat eine Theorie der lokalen Selbstbewegung der Lebewesen vorgelegt und möchte diese nun von verwandten Phänomenen abgrenzen. Es sind dies Bewegungen von Lebewesen, bei denen es zwar zu Bewegungen von Körperteilen kommt, gleichwohl aber keine *Selbst*bewegung im Sinne der Theorie vorliegt:

> Wie also die Lebewesen die willkürlichen Bewegungen bewegen und aus welchen Ursachen, ist gesagt worden. Manche von den (Körper-) Teilen bewegen sich aber auch in bestimmten unwillkürlichen Bewegungen, die meisten jedoch in nicht-willkürlichen (Bewegungen). Unter (den) unwillkürlichen verstehe ich z.B. die (Bewegung) des Herzens und auch die des Geschlechtsteils – denn sie werden häufig beim Anblick eines bestimmten Gegenstandes bewegt, jedoch werden sie bewegt, ohne dass die Vernunft den Befehl dazu gegeben hat –, unter den nicht-willkürlichen aber (verstehe ich) z.B. Schlaf und Wachen und Atmung und alles, was noch von dieser Art ist. Denn über keine von diesen (Bewegungen) haben die Vorstellung und die Strebung schlechthin Gewalt, sondern, da die Lebewesen notwendig natürliche qualitative Veränderung erleiden, in deren Verlauf sich die Teile qualitativ verändern und einerseits wachsen, andererseits schwinden, und sie so bereits Bewegungen und Wechselprozesse durchmachen, die von Natur aufeinander folgen – Ursachen dieser Bewegungen sind aber natürliche Erhitzungen und Erkaltungen, die teils von außen (kommen) und teils innen stattfinden –, so ereignen sich also auch die neben der Vernunft stattfindenden Bewegungen der erwähnten (Körper-) Teile, wenn sich eine qualitative Veränderung zugetragen hat. (MA 703b3-18)

Aristoteles unterscheidet zwischen willkürlichen, nicht-willkürlichen und unwillkürlichen Bewegungen. Die Behandlung der willkürlichen Bewegungen erklärt er mit den vorherigen Kapiteln aus MA für abgeschlossen und wendet sich nun der Bestimmung der nicht-willkürlichen und unwillkürlichen Bewegungen zu. Da er dies in Abgrenzung von den willkürlichen Bewegungen der Lebewesen tut, erlaubt uns die Passage gleichsam einen Test für die hier vorgebrachte Interpretation vorzunehmen und durch Kontrast mit den anderen Bewegungsarten festzustellen, woran genau Aristoteles die Willkürlichkeit der willkürlichen Bewegungen festmacht. Wir beginnen mit den nicht-willkürlichen Bewegungen, da Aristoteles im Weiteren die unwillkürlichen Bewegungen mithilfe der nicht-willkürlichen Bewegungen erklärt.

1. Nicht-willkürliche Bewegungen

Die nicht-willkürlichen Bewegungen (*ouch hekousios*) sind alle die Bewegungen, die nicht die Lebewesen als Ganze, sondern nur deren Teile betreffen. Sie finden statt, ohne dass Vorstellung oder Strebung in irgendeiner Weise daran beteiligt sind (*oudenos gar toutôn kypia haplôs*; 703b9-11). Die Beispiele sind Schlafen und Wachen, Atmen und Ähnliches. Aus einer ähnlichen Stelle in der *Physik*, wo auch Schlaf und Wachen sowie Atmen als Beispiele vorkommen, wissen wir, dass Aristoteles außerdem noch Wachsen und Schwinden und die mit der Verdauung verbundenen Prozesse zu den nicht-willkürlichen Bewegungen zählt (Ph. 253a11-21, 259b6-20). Die nicht-willkürlichen Bewegungen ergeben sich aufgrund der natürlichen Veränderungsprozesse, die die Lebewesen unabhängig von ihren Wahrnehmungsfunktionen durchmachen. Ihre Ursachen liegen in den inneren Zuständen der Lebewesen, ihren im weitesten Sinne vegetativen Prozessen, den äußeren Faktoren wie Temperatur, Nahrungszufuhr (Ph. 259b12) usw. sowie deren Zusammenwirken. Diese Faktoren bewirken qualitative Veränderungen im Lebewesen, in deren Folge es zu weiteren Veränderungen, bis hin zu Veränderungen des Volumens[1], und weiteren Bewegungen und Wechselprozessen im Lebewesen kommt (*kineisthai kai metaballein*, 703b13). Mit Letzteren dürften die nicht-willkürlichen Bewegungen selbst, also Atmen, Schlafen, Wachen usw., gemeint sein (703b8f.).

Im Grunde geht es hier um eine ganz ähnliche Abfolge kausaler Prozesse wie auch bei den willkürlichen Bewegungen, jedoch mit dem Unterschied, dass die qualitativen Veränderungen am Beginn der Ereigniskette durch die genannten nicht-kognitiven äußeren und inneren Faktoren zustande kommen. Demgegenüber steht am Anfang der mit den willkürlichen Bewegungen einhergehenden Ereigniskette eine qualitative Veränderung *infolge von Strebung und Vorstellung*. Genau hierin liegt für Aristoteles offenbar der entscheidende Punkt: Es ist der Umstand, dass die qualitativen Veränderungen am Beginn der Prozesskette Veränderungen *infolge von Strebung und Vorstellung* sind, der erklärt, weshalb die willkürlichen Bewegungen Bewegungen des ganzen Lebewesens sind. Bei den nicht-willkürlichen Bewegungen handelt es sich demgegenüber um Prozesse, die die Lebewesen nicht aufgrund ihrer spezifischen, ihnen *als Lebewesen*

1 So deute ich das ‚*ta men auxesthai, ta de phthinein*' in 703b12f., mit dem vermutlich auch die Atembewegungen erklärt werden sollen, die ja ebenfalls die Bewegungen des *symphyton pneuma* involvieren, vgl. GA 781a24-26.

zukommenden Eigenschaften durchmachen,[2] sondern um Widerfahrnisse, die ihnen aufgrund der physischen Beschaffenheit ihrer Körperteile und deren eigenen Prozesse mehr oder weniger von außen *zustoßen*, ohne dass sie darauf dauerhaft Einfluss nehmen könnten.

2. Unwillkürliche Bewegungen

2.1. Unwillkürliche Bewegungen im Vergleich mit nicht-willkürlichen Bewegungen

> So ereignen sich also auch die neben der Vernunft stattfindenden Bewegungen der erwähnten (Körper-) Teile, wenn sich eine qualitative Veränderung zugetragen hat: Denn das Denken und die Vorstellung, wie vorher gesagt wurde, bringen das heran, was die Affektionen herstellen kann, weil sie die Formen von dem, was sie herstellen kann, heranbringen. Die (besagten Körper-) Teile vollziehen diese Bewegungen deswegen auf besonders auffällige Weise, weil jeder von beiden so wie ein selbstständiges Lebewesen ist. [Die Ursache hierfür ist, dass sie vitale Feuchtigkeit haben.] Beim Herzen ist aber klar, aus welchem Grund: Es enthält nämlich die Ausgangspunkte der Wahrnehmungsarten. Und dafür, dass das Zeugungsorgan von dieser Beschaffenheit ist, gibt es folgendes Indiz: Die Kraft des Samens tritt nämlich so wie eine Art Lebewesen aus ihm heraus. (MA 703b16-26)

Bei den unwillkürlichen Bewegungen macht Aristoteles physiologisch weitgehend dieselbe Erklärung geltend wie bei den nicht-willkürlichen:[3] Auch bei ihnen geht es nicht um Bewegungen des ganzen Lebewesens, sondern um Bewegungen von Körperteilen (Aristoteles führt hier als besonders deutliche Beispiele Herzklopfen und die Erektion des Geschlechtsteils an). Ferner involvieren sie dieselben Prozesstypen, die auch bei den nicht-willkürlichen Bewegungen involviert sind. Dies reicht von qualitativen Veränderungen (thermischen Veränderungen) über Kontraktionen und Expansionen bis hin zu Bewegungen von Körperteilen.[4] Jedoch liegt bei

2 Die definitorische Bestimmung der Lebewesen enthält an erster Stelle die Wahrnehmungsfähigkeit, vgl. z.B. DS 436b10-12; Iuv. 469b3 f.

3 Vgl. das Folgernde „so also auch (*kai ... dê*) die neben der Vernunft stattfindenden Bewegungen der erwähnten (Körper-) Teile (...)" in 703b16f. Gemeint sind die Bewegungen des Geschlechtsteils und des Herzens. Sie werden hier ausdrücklich auf die gleichen Ursachen zurückgeführt wie die nicht-willkürlichen Bewegungen.

4 Bewegungen von Körperteilen im Sinne von Gliedmaßen werden bei der Diskussion nicht-willkürlicher Bewegungen nicht erwähnt. Das heißt jedoch nicht, dass solche Bewegungen (z.B. Krämpfe usw.) nicht mitgemeint sind. Aristoteles bringt hier nur Beispiele. Er scheint sich hier nur insoweit für derartige Bewegungen zu

den unwillkürlichen Bewegungen im Unterschied zu den nicht-willkürlichen der *Ursprung* der Ereigniskette nicht *in dem Sinne* außerhalb des Lebewesens: Die am Anfang der Kette stehende qualitative Veränderung, die dann zur thermischen Veränderung führt, wird nämlich nicht durch entweder die Außentemperatur der Umgebung oder durch innere Temperaturschwankungen der Körperbestandteile (etwa durch Verdauung), also durch im weitesten Sinne vegetative Prozesse, bewirkt, sondern durch die Ausübung einer Funktion, die den Lebewesen qua Lebewesen zukommt, nämlich durch die *Vorstellung* bestimmter perzeptiver Gehalte (*phanentos tinos*):

> (...) denn sie werden häufig beim Anblick eines bestimmten Gegenstandes (*phanentos tinos*) bewegt, jedoch werden sie bewegt, ohne dass die Vernunft den Befehl dazu gegeben hat (MA 703b7f.).

Hier geht es um Bewegungen, die im Unterschied zu nicht-willkürlichen Bewegungen dadurch charakterisiert sind, dass sie Vorstellung (*phantasia*) involvieren und zwar, wie ich zeigen möchte, solche Vorstellungen, die im Verlauf von Denkoperationen (*noêsis*) stattfinden. Dies zeigt sich an dem direkt an diese Stelle anschließenden Passus in MA 703b18-20, der sich m.E. gleichfalls auf die unwillkürlichen Bewegungen beziehen muss:

> Denn das Denken, d.h. die Vorstellung, wie vorher gesagt wurde, bringen das heran, was die Affektionen herstellen kann, weil sie die Formen dessen, was sie herstellen kann, heranbringen.

Das erläuternde ‚*gar*' in Zeile b18 und anschließende Behandlung des Herzklopfens und der Erektion in b20-26 machen klar, dass Aristoteles hier immer noch mit der Erklärung der unwillkürlichen Bewegungen beschäftigt ist.[5] Er präzisiert hier seine Aussage vom Beginn der Passage (b5f.), in der er gesagt hat, dass sich die unwillkürlichen Bewegungen der Körperteile beim Anblick (d.h. bei der Vorstellung) eines bestimmten Gegenstandes (*phanentos tinos*) ergeben, dahingehend, dass es sich um solche Repräsentationen von Gegenständen handelt, die sich während der Ausübung der Denktätigkeit ergeben. Das ‚*kai*' in Zeile b18 ist daher am besten als epexegetisches ‚*kai*' aufzufassen. D.h., es werden hier nicht zwei kognitive Vermögen koordiniert, die beide jeweils für sich in der Lage sind, die ent-

---

interessieren, wie er sie zur Abgrenzung der willkürlichen Bewegungen gebrauchen kann.

5 So auch Nussbaum. In der Interpungierung und sonstigen Interpretation des Satzes weiche ich jedoch von ihrer Interpretation ab (1985), S. 383f.

sprechenden Auslöser von Affektionen ‚heranzubringen', sondern die Vernunft ist deswegen in der Lage, Affektionen auszulösen, weil ihre Gehalte durch perzeptive Vorstellungsgehalte repräsentiert werden.[6] Die unwillkürlichen Bewegungen sind demnach solche Bewegungen von Körperteilen, die sich im Gegensatz zu nicht-willkürlichen Bewegungen aufgrund von Vorstellungen ergeben, wobei es sich um Vorstellungen handelt, die im Zuge von Denkaktivitäten auftreten. Durch die Formulierung in 703b7f. „ohne dass die Vernunft den Befehl dazu gegeben hat" wird allerdings eine Einschränkung vorgenommen: Nicht bei allen Denkgehalten kann es zu unwillkürlichen Bewegungen kommen, sondern (normalerweise) nur bei solchen, die nicht im Dienste eines Handlungszweckes stehen, zu dem die resultierende unwillkürliche Körperbewegung ein Mittel darstellt. Dies können theoretische ebenso wie praktische Denkgehalte sein, solange die Bedingung erfüllt ist, dass die resultierende Körperbewegung nicht der Realisierung des *vernünftigen* Gehaltes dient. Damit es zu unwillkürlichen Bewegungen kommen kann, muss der Akteur also etwas anderes beabsichtigen als das, wozu seine unwillkürliche Bewegung ein Mittel darstellen könnte.[7] Daraus lässt sich schließen, dass bei den unwillkürlichen Bewegungen ein perzeptiver Gehalt vorliegt, der der Repräsentation eines von diesem perzeptiven Gehalt verschiedenen Denkgehaltes dient (der perzep-

---

6 Aristoteles hatte vorher in 701b17-22 schon diese Wirkungsweise von *phantasia* allein und im Verbund mit Vernunft erläutert. Auch hier (MA 701b16-23) ist dadurch, dass Aristoteles die kausale Kraft der anderen Vermögen auf deren *perzeptive* Gehalte reduziert, klar, dass Denkgehalte nur deswegen affektiv wirken können, weil sie durch perzeptive Vorstellungen repräsentiert werden. Die Wendung „ohne dass die Vernunft den Befehl dazu gegeben hat *(ou mentoi keleusantos tou nou)*" in 703b7f. fasse ich so auf, dass dadurch die Tätigkeit der Vernunft, und zwar auch ein möglicher praktischer Bezug, nicht etwa generell ausgeschlossen wird, sondern nur ein solcher praktischer Bezug, der sich auf den die unwillkürliche Körperteilbewegung auslösenden perzeptiven Gehalt als einen *Zweck* richtet. Ausgeschlossen wird also nur eine Strebung nach dem perzeptiven Gehalt als solchem sowie eine Denktätigkeit im Sinne von Zweck/Mittel-Erwägungen, die der Herbeiführung dieses perzeptiven Gehaltes dienen. Ob *überhaupt* eine (latente) Strebung vorliegt, diskutiere ich weiter unten. Willkürliche Bewegungen diskutiert Aristoteles an dieser Stelle nicht, *pace* Morel, der dies als eine Interpretationsmöglichkeit anführt (2004), S. 182.

7 In der jüngeren handlungstheoretischen Diskussion sind gerade solche Fälle einer unwillkürlichen Auslösung von Handlungen, die gleichwohl den Absichten des Akteurs zur Realisierung verhelfen, auf besonderes Interesse gestoßen (vgl. Thalberg 1984, Keil 2000, S. 72-111). Grund dafür war, dass sie der Präzisierung der Davidsonschen These zur Verursachung von Handlungen dienen (vgl. Stoecker 2001, S. 122ff.). Für Aristoteles handelt es sich bei derartigen Vorkommnissen nur um *Zufall* (*tychê*), der als solcher für die Theorie zu vernachlässigen ist (vgl. Ph. 197a5-21).

tive Gehalt ist nicht der Zweck der Denkoperation). Die kausale Eigendynamik des perzeptiven Gehaltes kann so zur Bewegung der Körperteile führen, ohne dass diese Bewegung in einem direkten Zusammenhang mit dem noetischen Gehalt der Denkoperation steht: Die Relation von Denkgehalt und der durch ihre vorstellungsmäßige Repräsentation bewirkte Körperbewegung muss also, wenn eine unwillkürliche Bewegung der Körperteile vorliegen soll, *kontingent* sein. Bis auf den Auslöser der ersten Etappe – dem Vorstellungsgehalt – liegt hier *physiologisch* also dieselbe Bewegungsabfolge vor wie bei den nicht-willkürlichen Bewegungen (vgl. das ‚*dê*' in 703b16), nämlich: 1. qualitative Veränderung, 2. thermische Veränderung, 3. Veränderungen des Volumens, 4. Aktivierung des Bewegungsapparates. Um ein Beispiel zu geben: Ein Akteur, etwa ein Journalist, betrachtet im Zuge von Recherchen über einen Bankenskandal Bilder, deren perzeptiver Gehalt Elemente aufweist, die in ihm allein aufgrund seiner körperlichen Verfassung zu unwillkürlichem Herzklopfen oder einer Erektion führen. Er empfindet zu diesem Zeitpunkt *keine* entsprechende Strebung und er betrachtet die Bilder auch nicht unter dem *Aspekt*, der seinen Körper zu diesen Reaktionen führt. Er denkt in diesem Moment nur an den Erfolg seiner Recherche, für den ihm die Bilder ein geeignetes Mittel scheinen. Das Herzklopfen oder die Erektion ‚passieren' ihm, ohne dass er in einer *intentionalen* Relation zu den Gehalten steht, die diese körperliche Reaktion in ihm auslösen. Obwohl sein Sinnesapparat von den entsprechenden Einwirkungen affiziert wurde, hat er bei seinen Recherchen nicht auf deren Gehalte *geachtet*.

2.2. Unwillkürliche Bewegungen im Vergleich zu willkürlichen Bewegungen

Der Unterschied der unwillkürlichen zu den willkürlichen Bewegungen besteht darin, dass die unwillkürlichen Bewegungen nicht die Konsequenzen einer vorherigen *Strebung* sind, sondern sich ganz ohne Strebung aus der Kombination einer durch eine Vorstellung bewirkten qualitativen Veränderung mit einer für die Bewegung des betreffenden Körperteils besonders günstigen physiologischen Verfassung des Lebewesens *ergeben* (*alloiôseôs sympesousês*; 703b17f.). Die thermischen Veränderungen, die normalerweise (d.h. im Fall der willkürlichen Bewegung) durch Lust/Leid-Empfindung und Strebung ausgelöst werden, werden bei den unwillkürlichen Bewegungen durch perzeptive Gehalte bewirkt, die *nicht* erstrebt werden, sondern nur zufällig auf eine für ihre Bewegung geeignete materiale Beschaffenheit der Körperteile treffen (*pathêtikê hylê*; 704a1). Die Stelle in der Prozesskette, die normalerweise (d.h. im Falle willkürlicher

Bewegungen) von Lust/Leid-Empfindung und Strebung eingenommen wird, wird jetzt durch den physiologischen Zustand des Lebewesens eingenommen. Es kommt daher (zumindest im Fall des Herzklopfens und der Erektion) zu derselben Körperteilbewegung, wie *als ob* eine entsprechende Strebung vorläge. Lust/Leid-Empfindung und Strebung werden damit bei den unwillkürlichen Bewegungen als Etappen der Bewegungsgenese sozusagen *übersprungen*. Möglich wird dies dadurch, dass der Körper des Lebewesens sich in einer für die Auslösung der unwillkürlichen Bewegungen besonders günstigen materialen Verfassung befindet:

> Ursache dafür, dass man dasselbe denkt (*t'auta noêsantôn*) und manchmal die Bewegung neben[8] der Vernunft (die unwillkürlichen Bewegungen, vgl. 703b7f.) in den Teilen stattfindet und manchmal nicht, ist, dass manchmal die affizierbare Materie (im Körper) vorhanden ist und manchmal nicht in genügender Quantität oder Qualität. (MA 703b36-704a2)

D.h., die unwillkürlichen Bewegungen heißen deswegen ‚unwillkürlich', weil ein Schritt in der Bewegungsgenese *fehlt* und trotzdem physiologisch hinreichende Bedingungen für die Bewegung der Teile gegeben sind: Was fehlt, ist eine entsprechende Lust/Leid-Empfindung bzw. Strebung, die ihrem Gehalt nach mit den unwillkürlichen Bewegungen korrespondiert. Die unwillkürliche Erektion und das Herzklopfen[9] finden ohne entsprechende Strebung statt. Es ist nicht aufgrund einer Lust/Leid-Empfindung und einer daraus resultierenden Strebung, dass sie sich ereignen, sondern aufgrund eines perzeptiven Gehalts, der zwar nicht identisch mit dem durch ihn repräsentierten Gehalt ist, jedoch auf eine solche körperliche Verfassung trifft, *als ob* eine entsprechende Strebung bestehen würde.[10]

8 Zur Übersetzung: „neben der Vernunft" scheint mir hier die einzig zulässige Übersetzung von *‚para ton logon'*. Eine Übersetzung im Sinne von ‚wider die Vernunft' oder ‚irrational', wie sie üblich ist, fängt das Spezifische der unwillkürlichen Bewegungen nicht ein und rückt sie in die Nähe von akratischen Handlungen, d.h. solchen Handlungen, die in Anbetracht einer *gegenteiligen* vernünftigen Strebung ausgeführt werden. Die einzige mir zugängliche Ausnahme von dieser Übersetzungspraxis ist Preus (‚nonrational').

9 Mit den oben erwähnten Bewegungen des Herzens sind nicht die normalen Bewegungen des Herzens, sondern das Herzklopfen gemeint, De Vit. 479b17-26, vgl. Kollesch, S. 62, Morel (2004), S. 170f; Nussbaum (1985), S. 383.

10 Dies steht deswegen nicht im Widerspruch zur der in Abschnitt I gegebenen Bestimmung der Strebung und Lust/Leid-Empfindung als Relationen, in denen die im weitesten Sinne körperliche Verfasstheit von Individuen zu ihren natürlichen Ausgangszuständen steht, weil diese Relationen immer auf solche Weise durch Wahrnehmungen ausgelöst werden müssen, dass der *intentionale* Gehalt der Wahrnehmung Auslöser der Bewegungsgenese ist. Dies trifft für die hier relevanten

Von solchen Ereignissen, die nur körperliche *Analoga* zu echten Seelenäußerungen der Lebewesen sind, spricht Aristoteles auch an anderen Stellen, vgl. DA 403a16-24:

> Es scheinen auch alle Affekte der Seele mit dem Körper verbunden zu sein, Zorn, Sanftmut, Furcht, Mitleid, Zuversicht, ferner Freude und das Lieben und Hassen: denn gleichzeitig mit diesen erleidet der Körper etwas. Dies zeigt sich dadurch, dass sich zuweilen schlimme Erlebnisse deutlich sichtbar zutragen und man sich nicht erzürnt oder in Furcht gerät (1), und man andererseits manchmal von kleinen und unbedeutenden (Erlebnissen) bewegt wird, wenn der Körper in Aufregung und in der Verfassung ist, wie wenn man zürnt (2). Und noch deutlicher ist dies: Wenn sich nämlich gar nichts Furchterregendes ereignet, geraten sie manchmal in die Affektionen desjenigen, der sich fürchtet (3).

Der Fall (3) trifft m.E. auf den hier beschriebenen Fall unwillkürlicher Bewegungen der Teile zu. Das unwillkürliche Herzklopfen ohne korrespondierende Strebung ist ein Beispiel für eine Bewegung, die sich trotz eines fehlenden Anlasses einstellt: Die Bewegung, die sich einstellt, erfolgt ohne den durch die Strebung vorgegebenen Zweck.[11] Gleichwohl muss eine physikalische Ursache für das Vorliegen der körperlichen Affektionen

Wahrnehmungsgehalte im Dienste der Repräsentation noetischer Gehalte nicht zu: Der intentionale Gehalt des durch Vorstellungen repräsentierten Denkgehaltes ist von dem perzeptiven Gehalt der Vorstellungen verschieden. Entscheidend für das Auslösen einer Strebung ist, ob man den Gegenstand auch *bemerkt*, d.h. durch eine entsprechende Wahrnehmung von einem Gegenstand (nicht von der Relation zu ihm!) in Kenntnis gesetzt wird und *dadurch* in die entsprechende Relation zu ihm versetzt wird.

11 Aristoteles möchte in der DA–Stelle zeigen, dass die Affektionen der Seele weder durch die körperliche Reaktion alleine, noch allein durch die Kognition eines entsprechenden Anlasses, sondern nur durch beide zusammen zu bestimmen sind: Bei (1) fehlt die körperliche Reaktion, es liegt also keine Affektion der Seele vor. Bei (2) liegen beide Kriterien und also eine Affektion der Seele vor, der Anlass allein kann jedoch die Heftigkeit der körperlichen Reaktion nicht rechtfertigen, sondern diese führt sich auf den körperlichen Ausgangszustand des Lebewesens zurück. Bei (3) fehlt der strebensmäßige Anlass ganz; es liegt also nur eine der Affektion der Seele analoge körperliche Affektion vor, die sich allein physiologisch, d.h. ohne Rekurs auf eine entsprechende Kognition/Strebung, erklärt. Jedoch wird auch hier eine entsprechende Ursache für die Affektionen des Fürchtenden vorliegen. Unwahrscheinlich ist, dass Aristoteles in (3) von einer aufgrund eines kausalen Stellvertreters eines entsprechenden Ereignisses zustande gekommenen Affektion spricht (etwa eines Vorstellungsgehaltes, der vom Lebewesen erstrebt wird). Dies würde an dieser Stelle wenig Sinn machen, da dann ja beide Kriterien, die er für vollgültige Affektionen der Seele geltend macht, erfüllt wären. Es würde sich bei (3) dann nicht mehr um ein Argument für die Definition der Affektionen der Seele durch *beide* Komponenten handeln.

des Fürchtenden vorliegen. Es ist daher anzunehmen, dass sie durch einen Sinnesreiz ausgelöst werden, der nicht zu einem der Gegenstände gehört, die von dem Lebewesen in diesem Moment erstrebt werden, und dass sich die körperlichen Affektionen daher aus rein physiologischen Gründen einstellen. Würde in diesem Fall die Repräsentation eines erstrebten Gegenstandes vorliegen, so würde Aristoteles hier nur die Fallibilität der für die kognitive Bestimmung der Strebung zuständigen Vermögen thematisieren. Er würde dann sagen, dass Menschen manchmal in die Affektionen desjenigen geraten, der sich fürchtet, weil sie eine nur subjektive Repräsentation eines für sie als fliehenswert erachteten Gegenstandes haben, an die sie zwar glauben, die aber tatsächlich nicht vorliegt. Auf diese Unterscheidung kann es an dieser Stelle aber schwerlich ankommen. Aristoteles betont häufig, dass der subjektive Eindruck, den ein Lebewesen hat, für die Erklärung der daraus resultierenden Bewegung hinreichend ist und dass insbesondere die Frage, ob es sich dabei auch in Wahrheit um ein Gut handelt oder nicht, für die Erklärung der stattfindenden Bewegung irrelevant ist.[12] Die Frage, ob der subjektive Eindruck, der zur Furcht führt, also mit den Tatsachen übereinstimmt oder nicht, ist für die Frage, ob eine Affektion der Seele vorliegt oder nicht, irrelevant. In (3) liegt daher aller Wahrscheinlichkeit nach nicht nur objektiv nichts Fürchterliches vor, sondern auch subjektiv nicht. D.h., die Affektionen stellen sich ohne entsprechenden intentionalen Gehalt und Strebung rein aufgrund des Zusammenspiels physischer Gegebenheiten ein.

Dasselbe Bild findet sich in der hier schon besprochenen Passage aus DA III 9:

> Allerdings ist auch nicht der vernünftige (Seelenteil) und das, was man die Vernunft (*nous*) nennt, der Beweger: (1) Denn die theoretische Vernunft betrachtet nicht den Gegenstand einer Handlung und sie sagt auch nichts über den Gegenstand des Meidens und Erstrebens, die Bewegung dagegen gehört stets entweder zu einem Meidenden oder Erstrebenden. (2) Aber nicht einmal dann, wenn sie etwas Derartiges betrachtet, befiehlt sie schon, es zu meiden oder zu erstreben. Z.B. denkt sie häufig etwas Fürchterliches oder Lustvolles und befiehlt nicht, in Furcht zu geraten, das Herz bewegt sich aber, und, wenn es etwas Lustvolles ist, ein anderer (Körper-) Teil. (3) Ferner, selbst wenn die Vernunft (*nous*) etwas anordnet und das Denken sagt, etwas zu meiden oder zu erstreben, kommt keine Bewegung zustande, sondern man handelt gemäß seiner Begierde, wie der Willensschwache. (DA 432b26-433a3)

(2) behandelt genau die Fälle, die wir in MA 11 finden, nämlich das Herzklopfen und – obwohl es hier nicht ausdrücklich ausgesprochen wird – die

12 MA 700b28f; 195a25f; Metaph. 1013b27f; vgl. Top. 146b36-147a4.

Erektion des Geschlechtsteils. Auszuschließen ist m.E., dass die Vernunft in (2) einen bestimmten Gegenstand betrachtet, nach dem das Lebewesen zufällig gerade eine arationale Strebung (Furcht oder sexuelle Begierde) empfindet. Dies würde nämlich bedeuten, dass sich alle Antezedenzien der Handlung in genau der Weise abspielen, wie sie dies im Normalfall der willkürlichen tierischen Selbstbewegung tun: Es läge dann sowohl die Kognition eines Gehaltes als auch eine Strebung gleichen Gehaltes vor. Dies wäre aber dann nicht nur eine willkürliche Bewegung (was an dieser Stelle in DA allerdings noch nicht das zentrale Anliegen ist), sondern auch für den an dieser Stelle diskutierten Sachverhalt nicht zweckdienlich: Aristoteles möchte an dieser Stelle zeigen, aus welchen Gründen die Vernunft als das eine bewegende Seelenvermögen nicht in Frage kommt. Zu diesem Zweck bringt er eine sich steigernde Reihe von Beispielen, die zeigen sollen, dass die Vernunft für die Bewegung nicht ausschlaggebend sein kann: (1) leistet dies, indem es die kausale Irrelevanz des *theoretischen* Denkens anführt, das sich nicht mit handlungsrelevanten Gegenständen befasst, (2) steigert dies, indem es den Fall konstruiert, dass die Vernunft tatsächlich an etwas denkt, was für die Bewegungen des Lebewesens relevant ist, nämlich solche Denkgehalte, die mögliche Gegenstände der Furcht und der Lust (und damit auch sexueller Erregung) sind (*phoberon ti ê hêdy*). Hier lautet das Argument, dass der Umstand, dass die Vernunft solche Gehalte betrachtet, noch keineswegs auch eine *Handlungsanweisung* (*ou keleuei*) in diesem Sinne impliziert. Es scheint hier also um die *theoretische* Betrachtung von potentiell bewegungsrelevanten Gegenständen zu gehen.[13] Wenn es nun hierbei zum Herzklopfen oder zur Erektion kommt, kommen noch zwei Möglichkeiten der Begründung in Betracht: Entweder die Bewegungen erfolgen aufgrund von arationaler Strebung oder aufgrund von physiologischen Stimuli, die sich auf den perzeptiven Gehalt der die Vernunftgehalte repräsentierenden Vorstellungen zurückführen und so unabhängig von dem Denkgehalt zur Bewegung führen. Die Begründung mithilfe arationaler Strebungen scheint mir hier nicht zweckdienlich: Erstens ist es unwahrscheinlich, dass Aristoteles hier von dem komplizierten Fall der Existenz latenter Strebungen ausgegangen ist, die gleichzeitig mit der Ausübung theoretischen Denkens im Lebewesen vorhanden sind, und zweitens werden arationale Strebungen (Begierde) ja erst im nachfolgenden dritten Beispiel (3) ins Spiel gebracht. Wenn er aber hätte sagen wollen, (2) käme aufgrund von *Begierde* zustande, so hätte ihm – außer dem Umstand, dass kein relevanter Unterschied mehr zwischen (2) und (3) bestehen würde –

13 Unter der Bedingung, dass sie sich nicht auf die Auslöser der unwillkürlichen Bewegungen als ihre *Zwecke* beziehen, kommen in anderen Zusammenhängen, wie gesagt, auch potentiell praktisch relevante Denkgehalte in Frage.

nichts im Wege gestanden, dies auch so zum Ausdruck zu bringen. Eine Erklärung von (3) durch die indirekte und zufällige Wirkung der Vernunft mittels perzeptiver Anteile in der Repräsentation von Denkgehalten wie in MA 11 wird daher am besten der Intention des Gesamtarguments gerecht, auf dreierlei verschiedene und sich steigernde Weisen die Unabhängigkeit des Bewegungsapparates von der Vernunft aufzuzeigen.

M.E. sind unwillkürliche Bewegungen in MA solche Bewegungen von Körperteilen (typischerweise dem Herzen und dem Geschlechtsteil, vgl. Probl. 882a29-31), die sich einem physiologischen Stimulus verdanken, der sich auf die kausale Eigendynamik perzeptiver Gehalte zurückführt, die nicht erstrebt werden. Zu der für das Vorkommen unwillkürlicher Bewegungen erforderlichen Konstellation kann es nur im Zuge der vorstellungsmäßigen Repräsentation von Denkgehalten kommen, weil nur hier der intentionale Gehalt von Vorstellungen von seinem perzeptiven Gehalt abweichen kann. Der Zusammenhang zwischen dem repräsentierten Denkgehalt und dem perzeptiven Eigengehalt der ihn repräsentierenden Vorstellung muss kontigent sein.[14] Aus der Perspektive des vernünftigen Gehaltes, im Zuge dessen ein bestimmter perzeptiver Gehalt vorgestellt wird, ist es m.a.W. *zufällig*, dass die kausale Wirkkraft dieses perzeptiven Gehaltes auf eine solche materielle Zusammensetzung der Körperteile stößt; vgl. erneut MA 703b36-704a2:

> Ursache dafür, dass man dasselbe denkt (*t'auta noêsantôn*) und manchmal die Bewegung neben der Vernunft in den Teilen stattfindet und manchmal nicht, ist, dass manchmal die affizierbare Materie (im Körper) vorhanden ist und manchmal nicht in genügender Quantität oder Qualität.[15]

Es fällt auf, dass Aristoteles von unwillkürlichen Bewegungen nur in Verbindung mit der Vernunft spricht. Der Grund dafür ist m.E., dass nur in dieser Konstellation ein kontingenter Zusammenhang zwischen perzeptiven, d.h. intellektuell nicht konnotierten Vorstellungen und den durch sie repräsentierten Denkgehalten bestehen kann. Es fällt jedenfalls schwer, zu verstehen, was im Rahmen des Aristotelischen Modells ein Abweichen des intentionalen Gehaltes einer perzeptiven Vorstellung von ihrem perzeptiven Gehalt bedeuten soll: Wie wir im Kapitel zur *phantasia* gesehen ha-

---

14 Dies wäre bei unterschwelligen oder latenten Strebungen nicht der Fall. Aristoteles hätte in diesen Fällen keine Handhabe, von ‚unwillkürlichen' Bewegungen zu sprechen, da ja eine entsprechende Strebung vorläge.

15 Wenn Aristoteles tatsächlich Strebungen als relevante Faktoren für die unwillkürlichen Bewegungen der Körperteile angenommen hätte, hätte er sie spätestens hier nennen müssen.

ben, besteht bei perzeptiven Repräsentationen immer eine natürliche Abbildbeziehung, bei der der perzeptive auch der intentionale Gehalt ist, d.h., bei dem eine weitgehende Übereinstimmung zwischen dem präsentierten und dem semantischen Gehalt der Vorstellung besteht. Dies bringt es mit sich, dass bei Tieren unwillkürliche Bewegungen entweder gar nicht oder wenigstens nicht in der Weise vorkommen können wie bei Menschen. Denn für den Fall, dass Tiere Vorstellungen haben, die möglicher kausaler Auslöser von Furcht (Herzklopfen) oder sexueller Erregung sind, repräsentieren diese Vorstellungen gleichzeitig auch die Objekte, die die Auslöser dieser Zustände sind. Aufgrund ihrer Fähigkeit, nicht-wahrnehmbare Gehalte durch symbolische Beziehungen zu perzeptiven Vorstellungsgehalten zu repräsentieren, scheint die Möglichkeit eines Abweichens von perzeptivem und semantischem Gehalt von Vorstellungen nur bei vernünftigen Lebewesen gegeben zu sein.

Fassen wir, bevor wir zu den willkürlichen Bewegungen kommen, das Bisherige zusammen. Die drei Arten der animalischen Bewegung sind aus physiologischer Perspektive nicht *grundsätzlich* verschieden. Die Ähnlichkeit besteht allerdings nur bei dem Ablauf der akteursinternen Prozesskette *vor* der effektiven Bewegung und betrifft keineswegs die Bewegung als ganze: Die nicht-willkürlichen und unwillkürlichen Bewegungen sind Bewegungen von Körperteilen. Es sind weder Bewegungen des ganzen Körpers noch sind es zielgerichtete Bewegungen. Sie involvieren keine Strebung und lassen daher keine, außer vielleicht eine zufällige, intentionale Beschreibung zu. Speziell bei den unwillkürlichen Bewegungen handelt es sich daher um Analoga von willkürlichen Bewegungen. Wenn man davon absieht und sich auf die interne Prozesskette beschränkt, besteht ihr Unterschied hauptsächlich *in der Weise, in der es zur Auslösung eines ansonsten relativ weitgehend identischen Prozesses* kommt. Hier können unterschiedliche Faktoren zum selben Ergebnis führen, und je nachdem, welche Faktoren dies sind, scheint Aristoteles von willkürlichen, unwillkürlichen oder nicht willkürlichen Bewegungen zu sprechen, vgl. die folgende Übersicht:

	nicht - willkürlich	willkürlich	unwillkürlich
Vorstellung	—	X	X
Strebung	—	X	—
‚natürliche' innere u. äußere thermische Veränderungen	X	—	X

Hier ist hinzuzufügen, dass bei allen erfolgenden Bewegungen die physiologisch dafür hinreichenden Bedingungen gegeben sein müssen. Die unterste horizontale Spalte verzeichnet also nur solche thermischen Veränderungen, die stark genug sind, um eine Bewegungsauslösung durch Strebung *ersetzen* zu können. Die Übersicht betrifft ausschließlich die die Bewegung initiierenden Faktoren. Das Übrige der Prozesskette, die zur Bewegung entweder der Teile oder des ganzen Lebewesens führt, unterscheidet sich für die drei Bewegungsarten im Grundsatz nicht: In allen drei Fällen wird durch die jeweils verschiedenen initiierenden Faktoren eine qualitative bzw. thermische Veränderung im Lebewesen ausgelöst, die im Weiteren zur Veränderung des Volumens und dann zur Bewegung entweder eines Teiles oder des ganzen Lebewesens führt. Der Unterschied liegt also vor allem im Ausgangspunkt der Prozesskette: Bei der willkürlichen Bewegung liegt *beides* vor, sowohl Vorstellung als auch Strebung. Bei den unwillkürlichen Bewegungen nur die Vorstellung (vgl. *phanentos tinos* in 703b7), die aber auf für die Bewegung der Teile besonders geeignete materiale Bedingungen des Körpers trifft, so dass es auch ohne entsprechende Lust/Leid-Empfindung und Strebung zur hinreichenden thermischen Veränderung kommt. Bei den nicht-willkürlichen Bewegungen schließlich gibt es weder Vorstellung noch Strebung (703b9f.), dafür aber die materialen Bedingungen, die für die Initiierung der Prozesskette hinreichend sind (nämlich nur thermische Veränderungen, ohne auslösenden perzeptiven Gehalt). Die drei Bewegungsarten sind also dadurch voneinander verschieden, dass sie jeweils unterschiedliche Weisen darstellen, thermische Veränderungen zu bewirken, die im Weiteren eine weitgehend ähnliche, automatisch ablaufende Prozesskette nach sich ziehen: Die willkürlichen Bewegungen erzeugen Hitze bzw. Kälte dadurch, dass Gehalte von entweder zu Lust- oder Leid führenden Vorstellungen *erstrebt* werden. Die thermischen Veränderungen, die in nicht-willkürlichen Bewegungen resultieren, führen sich entweder auf die Eigenbewegungen der materialen Bestandteile der Lebewesen (etwa durch den Verdauungsprozess) oder auf äußerliche Umwelteinflüsse, bzw. auf beides zurück, kommen aber in ohne Mitwirkung von Strebung oder Vernunft zustande. Die unwillkürlichen Bewegungen schließlich ergeben sich aus thermischen Veränderungen, die sich auf die zufällige Verbindung der kausalen Eigenwirkung perzeptiver Repräsentationsgehalte mit dem körperlichen Zustand des Lebewesens zurückführen, ohne dass entsprechende Gedanken und Strebungen vorliegen.

3. Willkürliche Bewegungen

Die obigen Ausführungen machen m.E. klar, dass Aristoteles das Vorliegen der *beiden* kausalen Faktoren, Strebung und Vorstellung, als entscheidendes Kriterium für willkürliche Selbstbewegungen von Lebewesen ansieht. Er vertritt also auch in MA einen klaren und eindeutigen Begriff der willkürlichen Selbstbewegung.[16] Man kann sagen, dass dieser Begriff auf dem einfachen Gedanken einer Bewegung des Lebewesens aufgrund seiner ihm *als Lebewesen* eigenen Fähigkeiten basiert. Für Aristoteles bedeutet dies, dass am Beginn der zur Bewegung des Lebewesens führenden Prozesskette eine Wahrnehmung (bzw. Vorstellung) und eine durch den Gehalt dieser Wahrnehmung ausgelöste Strebung stehen müssen. Am Anfang der nicht- und unwillkürlichen Bewegungen stehen demgegenüber entweder nicht-kognitive Prozesse (nicht-willkürlich) oder qualitative Verände-

16 Hierin unterscheidet sich die vorliegende Deutung von der von Nussbaum, Charles und Morel. Nussbaum spricht (an unterschiedlichen Stellen) Aristoteles in dieser Beziehung zwei verschiedene Positionen zu. In ihrem Kommentar zu MA (1978 bzw. 1985) geht sie davon aus, dass auch die unwillkürlichen Bewegungen für Aristoteles ‚some sort of low-level pervasive desire' zur Voraussetzung haben (S. 382), während sie für DA III 9 meint, Aristoteles sei für diese Fälle von der Abwesenheit einer entsprechenden Strebung ausgegangen (1983, S. 146f.). Charles (1984), S. 104, und Morel (2004), S. 172, gehen dagegen beide davon aus, dass bei den unwillkürlichen Bewegungen des Herzens und des Geschlechtsteils sowohl Vorstellung als auch Strebung in Bezug auf denselben Einzelgegenstand vorliegen. Obwohl Aristoteles im Text Strebungen nicht erwähnt, scheinen beide eine (m.E. physiologisch unplausible) selbstverständliche Verknüpfung von Erektion und Strebung anzunehmen, vgl. Morel: „(…) l'on imagine mal qu'Aristote puisse dissocier l'érection du désir (...)" (2004, S. 172 und 182). Es ist klar, dass sich aus dieser Deutung Schwierigkeiten für die Formulierung einer klaren These zu den willkürlichen Bewegungen der Lebewesen ergeben (vgl. Morel, ebda. S. 182). Da für Morel und Charles bei willkürlichen und unwillkürlichen Bewegungen sowohl Vorstellung als auch Strebung vorliegen, begeben sie sich auf die Suche nach einem anderen Kriterium. Dies vermuten sie in einem Ausdruck, den Aristoteles zur Kennzeichnung der unwillkürlichen Bewegungen in MA 703b7f. wählt: „jedoch werden sie bewegt, ohne dass die Vernunft den Befehl dazu gegeben hat (*ou mentoi keleusantos tou nou*)", und meinen, ihm komme besondere Bedeutung im Sinne einer zusätzlich handlungsbestimmenden Instanz neben der Strebung zu. Dies ist m.E. aber schon deswegen unwahrscheinlich, weil Aristoteles dann ein Kriterium einführen würde, dass er in der bisherigen Exposition seiner Theorie der animalischen Ortsbewegung mit keinem Wort erwähnt hat, während er sich sonst sowohl in DA als auch in MA stets auf Strebung und Wahrnehmung/Vorstellung als die relevanten Faktoren der animalischen Selbstbewegung berufen hat. Auch würde es dann schwierig, zwischen unwillkürlichen und willensschwach-akratischen Handlungen zu unterscheiden, vgl. auch die m.E. wenig überzeugenden Lösungen, die Charles (1984), S. 104, und Morel (2004), S. 182, für die Erklärung unwillkürlicher Handlungen vorschlagen.

rungen aufgrund von Wahrnehmungsgehalten, die zwar im Zuge von Denktätigkeiten auftreten, jedoch vom Akteur nicht intendiert sind (unwillkürlich). Aristoteles scheint mir in diesem Sinne ein klarer Vertreter einer Verursachungstheorie der willkürlichen Selbstbewegung zu sein. Voraussetzung für diese Theorie ist es allerdings, dass dieselben physiologischen Prozesse (hier: die thermischen Veränderungen, die im Weiteren zur Bewegung führen) sowohl durch Lust/Leid-Empfindungen bzw. Strebungen als auch ohne diese, d.h. rein durch entweder interne z.B. Verdauungsprozesse oder externe z.B. Temperaturveränderungen ausgelöst werden können. Von dieser Möglichkeit scheint Aristoteles jedoch ausgegangen zu sein (vgl. MA 701b13-702a7; 703b11-704a2, besonders 703b36-704a2). Auch ist die Annahme einer multiplen Verursachung derselben physiologischen Prozesse für Aristoteles keineswegs ungewöhnlich. Ein Beispiel, das auch perzeptive Prozesse involviert, ist die Wiedererinnerung, von der es in De Mem. 451b22-24 heißt, dass sie zuweilen mit, zuweilen aber auch ohne vorherige absichtliche Suche eintritt:[17]

> Auf diese Weise also suchen sie (nach dem, dessen Gehalt wiedererinnert werden soll), aber auch, wenn sie nicht suchen, erinnern sie sich auf diese Weise wieder, wenn nach einer anderen Bewegung jene Bewegung eintritt.

Wir haben es hier mit zwei unterschiedlichen Weisen der Verursachung derselben Bewegungsabfolge zu tun, von denen die eine ein Suchen (*zêtountes*) und daher subjektiv-teleologisch zu erklären ist, während die andere sich aufgrund der materialen Eigengesetzlichkeit der Vorstellungen (*phantasia*) ergibt, die ganz ohne entsprechende Strebung zur Gruppierung in bestimmte Sequenzen führt.[18] Für die willkürlichen Bewegungen heißt dies, dass bei ihnen das Spezifikum ihrer Verursachung nicht in dem perzeptiven Gehalt der involvierten *Vorstellung* liegt, sondern in dem Umstand, dass der Gehalt der Vorstellung Gegenstand der *Strebung* ist, weil erst durch die Strebung der subjektiv-teleologisch beschreibbare Zusammenhang zwischen perzeptivem Gehalt und der resultierenden Körperbe-

---

17 Ein weiteres Beispiel von unabsichtlichen Vorstellungssequenzen, die allein aufgrund der materialen Verfasstheiten der Lebewesen ablaufen, sind Träume, vgl. De Insomn. 460b28ff.

18 Vgl. hierzu auch Morel (2002), S. 81f. Dadurch ist eine teleologische Erklärung im Prinzip natürlich nicht ausgeschlossen. So lassen sich etwa die Verdauungs- und Stoffwechselprozesse, um die es bei den nicht-willkürlichen Bewegungen geht, selbstverständlich auch teleologisch erklären (der Begriff ‚Verdauung' beinhaltet dies sogar). Es geht dabei jedoch stets um Zwecke der Bewegung, die sich für den Betrachter, nicht aber für die ‚Akteure' dieser Prozesse ergeben. Bei willkürlichen Bewegungen geht es dagegen um subjektiv vom Akteur repräsentierte Zwecke.

wegung gegeben ist. Da dies ohne den entsprechenden repräsentierten Gehalt nicht möglich ist, sind (bei den gegebenen physiologischen Voraussetzungen) *beide zusammen*, Vorstellung und Strebung, notwendige und hinreichende Bedingungen für willkürlichen Bewegungen von Lebewesen.[19]

4. Was heißt es für Aristoteles, ein selbstbewegtes Lebewesen zu sein?

Wir haben gesehen, dass bei den drei Bewegungsarten jeweils weitgehend gleiche Prozessketten vorliegen, die sich in ihrem *Ausgangspunkt* unterscheiden. Dieser Ausgangspunkt muss im Fall der willkürlichen Bewegungen in der Strebung nach einem Vorstellungsgehalt (entweder rein perzeptiv oder ein perzeptiv repräsentierter noetischer Gehalt) bestehen, in dessen Folge sich die für die Ortsbewegung erforderlichen thermischen Veränderungen ergeben. Im Folgenden möchte ich zeigen, dass diese Art der Verursachung der Bewegungsgenese das von Aristoteles am Anfang der Schrift *De motu animalium* (vor allem in den Kapiteln 1 bis 4) geltend gemachte Kriterium eines dem Lebewesen *internen* unbewegten Abstützungspunktes erfüllt, den es zusätzlich zu einem externen Abstützungspunkt erfordert, damit Selbstbewegung vorliegt. Als Korrelar dazu möchte ich zeigen, dass Aristoteles sowohl für die unwillkürlichen als auch für die nicht-willkürlichen Bewegungen einen solchen internen Abstützungspunkt bestreitet:

In dem an das oben zitierte MA 703b16-26 anschließenden Passus gibt Aristoteles ein Modell für die verschiedenen Weisen, in denen Bewegungen im Organismus stattfinden bzw. von ihm ausgehen können:

> Es leuchtet aber ein, dass die Bewegungen sowohl von den Teilen zum Ausgangspunkt als auch von dem Ausgangspunkt zu den Teilen verlaufen und auf diese Weise gegenseitig zueinander kommen: A soll der Ausgangspunkt sein. Nun kommen die Bewegungen, entsprechend der jeweils aufgemalten Buchstaben, zu dem Ausgangspunkt, und (gehen) von dem Ausgangspunkt (aus), der in Bewegung ist und sich verändert, da er potentiell viele ist: Der Ausgangspunkt der (Bewe-

19 Aus diesem Grund mag ich mich nicht recht der von Morel (2004), S. 180, zutreffend eingeführten Unterscheidung zwischen ‚agent intentionel' und ‚agent organique' anschließen, die ihm der Kennzeichnung zwischen willkürlichen und nicht-willkürlichen bzw. unwillkürlichen Bewegungen dient, da der Begriff ‚intentional' sowohl in einem starken Sinne (die Absichtlichkeit einer Bewegung bezeichnend und eine entsprechende Strebung voraussetzend) als auch in einem schwachen Sinne aufgefasst werden kann (nur die Präsenz eines intern repräsentierten Einzelgegenstandes beinhaltend).

gung) B geht zu B, der von C zu C, der von beiden aber geht zu beiden. Und von B zu C kommt er dadurch, dass er von B zu A wie zu einem Ausgangspunkt und von A wie von einem Ausgangspunkt zu C kommt. (MA 703b26-36) [20]

Unter ‚Ausgangspunkt' (*archê*) ist hier die Region um das Herz des Lebewesens zu verstehen.[21] Aristoteles sagt, dass die Bewegungsrichtung des akteursinternen Teils der Prozesskette teilweise umkehrbar ist und darüber hinaus seinen Ausgangspunkt von verschiedenen Stellen aus nehmen kann: Die Bewegungen können sowohl von der Peripherie des Körpers bis zum Herzen als auch vom Herzen bis zur Peripherie verlaufen.[22] Ferner können die Bewegungen, die ihren Ausgangspunkt in der Peripherie haben, auch durch das Herz hindurch verlaufen, ohne dass dieses dabei als Ausgangspunkt der gesamten Bewegung fungiert. Das Herz ist in diesen Fällen nicht Ausgangspunkt der gesamten Bewegung, sondern nur *eines Teils* des gesamten akteursinternen Bewegungsverlaufs. Bei den nicht-willkürlichen und unwillkürlichen Bewegungen handelt es sich für Aristoteles nun offenbar um solche Bewegungen, bei denen das Herz nur *Durchgangsstation* innerhalb eines gesamten Bewegungsverlaufs ist, der seinen Ausgangspunkt *außerhalb* des Lebewesens hat; die willkürlichen Bewegungen dagegen haben ihren Ausgangspunkt in der Herzgegend des Lebewesens; vgl. die folgende Skizze, die Nussbaum zu MA 702b28 abdruckt:[23]

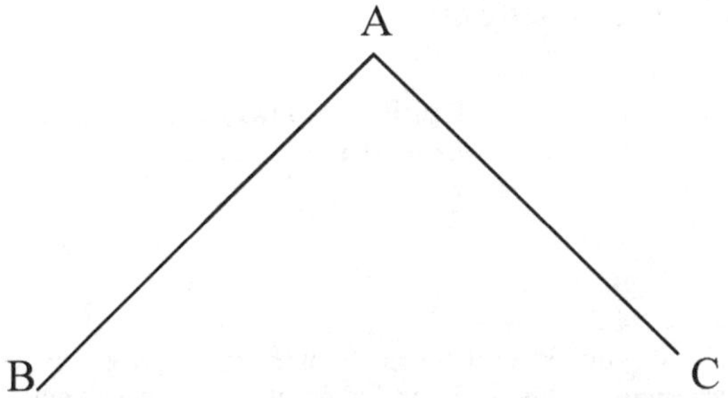

Die willkürlichen Bewegungen gehen vom Ausgangspunkt zu den Extremitäten, also von A entweder zu B oder zu C oder zu sowohl B und C. Die

20 Dass diese Stelle auch der Erklärung der unwillkürlichen Bewegungen dient, wird aus dem Folgenden Absatz in MA 703b36ff. klar.

21 Vgl. Kap. 9 von MA, insbesondere 702b20-703a3.

22 Morel (2004), S. 179 nennt dies „causalité transitive".

23 Zu den Diagrammen in MA, vgl. Kollesch (1985), S. 38f.

unwillkürlichen und nicht-willkürlichen Bewegungen gehen dagegen von den Extremitäten zum Ausgangspunkt und von dort aus weiter zu dem jeweils anderen Extrem. Was ist der Unterschied zwischen diesen beiden Gruppen? Rein vom Schema her betrachtet, ist die Sache einfach, da wir im Falle der nicht-willkürlichen und unwillkürlichen Bewegungen folgende, von derjenigen der willkürlichen Bewegungen verschiedene Bewegungskette erhalten: B → A → C oder C → A → B. Bei den willkürlichen Bewegungen dagegen erhalten wir A → B, A → C oder A → BC. D.h., bei den willkürlichen Bewegungen ist stets A der Ausgangspunkt der Bewegung, bei den anderen Bewegungsarten ist A dagegen nie Ausgangspunkt, da die Bewegung entweder von einem der beiden Extreme zum Ausgangspunkt oder von einem der Extreme über den Ausgangspunkt zum jeweils anderen Extrem verläuft (inwiefern dies auch für die unwillkürlichen Bewegungen zutrifft, dazu später).[24] Von diesen nicht- und unwillkürlichen Bewegungen heißt es in 703b35f. nun, sie nähmen ihren Ausgang von B zu C zunächst *wie zu einem Ausgangspunkt* (*hôs ep'archên*) von B zu A und von dort aus *wie von einem Ausgangspunkt* (*hôs ap'archês*) von A zu C. Die *wirklichen* Ausgangspunkte dieser Bewegungen liegen demnach außerhalb des Schemas und somit außerhalb des Lebewesens. Aus diesem Grund handelt es sich bei ihnen nicht um genuine (d.i. willkürliche) Selbstbewegungen. Was aber macht den Ausgangspunkt der Bewegung des Lebewesens zu einem genuinen Ausgangspunkt? Dies scheint für Aristoteles zu diesem Zeitpunkt bereits festzustehen. Vgl. den Anfang der zu Beginn dieses Kapitels zitierten Passage:

> Wie also die Lebewesen die willkürlichen Bewegungen bewegen und aus welchen Ursachen, ist gesagt worden. (MA 703b3f.)

---

24 Willkürliche Bewegungen ergeben sich, wie wir gesehen haben, für Aristoteles keineswegs aus dem Nichts, sondern haben ebenso wie alle anderen Prozesse kausale Antezedenzien. Im Falle der animalischen Ortsbewegung sind dies Affektionen durch Wahrnehmungsgehalte, die im Lebewesen qualitative Veränderungen hervorrufen. Wenn wir dies für das obige Schema berücksichtigen wollen (was Aristoteles offenbar nicht wollte), erhalten wir folgende sechs Möglichkeiten für willkürliche Bewegungen: B → A → B oder B → A → C oder B → A → BC oder C → A → B oder C → A → C oder C → A → BC. Man sieht leicht, dass bei dieser Darstellung auch die Schemata der nicht-willkürlichen und unwillkürlichen Bewegungen unter die willkürlichen Bewegungen fallen. Daraus ergibt sich, dass Aristoteles hier nicht an der vollständigen Darstellung des Bewegungsverlaufs interessiert ist. Es geht ihm hier also nur um die Darstellung des Bewegungsverlaufs der willkürlichen Bewegungen *im Gegensatz* zu den unwillkürlichen und nicht-willkürlichen Bewegungen; vgl. in diesem Sinne auch Morel (2004), S. 180.

Aus den Kapiteln 1 bis 4 von MA wissen wir, dass es zur Selbstbewegung der Lebewesen neben einem unbewegten externen Abstützungspunkt (z.B. dem Erdboden) auch noch einen internen Ausgangspunkt erfordert, der selbst *unbewegt* ist (Stützpunktlehre).[25] Bei den nicht- und unwillkürlichen Bewegungen kann man also davon ausgehen, dass ihr Ausgangspunkt dem Lebewesen nicht intern ist. Angezeigt wird dies dadurch, dass diese Bewegungen im obigen Schema von den Extremitäten zum Ausgangspunkt verlaufen und daher von außen kommen.[26] Inwiefern kann nun von der Herzgegend als von einem internen und *unbewegten* Ausgangspunkt die Rede sein? Bei den nicht- und unwillkürlichen Bewegungen verlaufen die Bewegungen nämlich auch durch die Herzgegend, so dass die *physiologischen* Eigenschaften der Herzgegend allein nicht zu erklären vermögen, weshalb es sich dabei im Falle der willkürlichen Bewegungen um den Ausgangspunkt der Selbstbewegung handelt, bei den anderen Bewegungen dagegen nicht.[27] Aber auch die Repräsentationen (Vorstellungen), die für Aristoteles ja in der Herzgegend stattfinden, können für sich genommen nicht dafür aufkommen, da ja auch die unwillkürlichen Bewegungen Vorstellungen involvieren und es sich bei ihnen gleichwohl nur um Durchgangsstationen für Bewegungen handelt. Erinnern wir uns daran, was dazu aus prinzipieller Perspektive in *De anima* gesagt wurde. Dort wurde das bewegende Seelenvermögen in einen Komplex aus zwei Komponenten aufgelöst, von denen die eine in der Repräsentation des Gegen-stands der Handlung (das Gute bzw. der Gehalt der Strebung) und die andere in der durch sie in Bewegung gesetzten Strebung bestand:

> und (da) das Bewegende zweierlei meint, – teils das Unbewegte, teils das Bewegende und Bewegte – (deswegen) ist das Unbewegte das Gute als Gegenstand der Handlung (*prakton agathon*) und das Bewegende und Bewegte die Strebefähigkeit

---

25 Relativ zum Bewegten. Für Aristoteles handelt es sich dabei nicht um *schlechthin* unbewegte Punkte, sondern nur *relativ* zu den bewegten Faktoren.

26 Ausdrücklich sagt Aristoteles dies für die nicht-willkürlichen Bewegungen in Ph. 259b7-14: " (…) sondern in den Lebewesen befinden sich andere natürliche Bewegungen, in denen sie nicht durch sich selbst bewegt werden, z.B. Wachstum, Schwinden, Atmung, in denen jedes einzelne der Lebewesen im Ruhezustand bewegt wird, ohne in der Bewegung durch sich selbst bewegt zu werden. Ursache dafür ist die Umgebung und vieles von dem, was hineinkommt, z.B. für einige die Nahrung: Denn wenn sie verdaut wird, schlafen sie, und wenn (die Nahrung) aufgeteilt ist, wachen sie auf und sie bewegen sich selbst, indem der erste Bewegungsursprung von außen kommt."

27 Die Zeile 703b31f. („[die Bewegungen gehen] von dem Ausgangspunkt (aus), der in Bewegung ist und sich verändert, da er potentiell viele ist") verweist m.E. auf die unterschiedlichen Rollen, die die Herzgegend in der Bewegungserklärung spielen kann, vgl. dazu Nussbaums Kommentar ad loc.

> – denn das Bewegte wird bewegt, insofern es strebt, und die wirkliche (*hê energeia*) Strebung ist eine Art von Bewegung. (DA 433b13-18)

Für unseren Zusammenhang heißt dies, dass Vorstellung und Strebung desselben Gehalts *zusammengenommen*, und *nur* zusammengenommen, den Ausgangspunkt der Selbstbewegung ausmachen. Ähnlich wie sich bei der Suche nach dem bewegenden Seelenvermögen in DA III 9-11 dessen Auflösung in zwei kausal relevante Faktoren deswegen ergab, weil sich sowohl für die Repräsentation (Wahrnehmung und Vernunft) als auch für die Strebung Beispiele fanden, in denen sie für die Bewegung nicht hinreichend waren, so scheint auch hier die bloße Vorstellung nicht hinreichend für die relative Unbewegtheit, die Aristoteles' Stützpunktlehre fordert. Nun bestand auch in DA die Lösung der Frage nach dem bewegenden Seelenvermögen nicht einfach in einer ‚Zwei-Komponenten-Theorie' im Sinne zweier voneinander unabhängiger Faktoren, sondern beide Faktoren standen innerhalb ein- und desselben Prozesses der Bewegungsgenese in dem kausalen Verhältnis von Beweger und Bewegtem. Damit ein Vorstellungsgehalt zum unbewegten Beweger des Bewegungsprozesses werden kann, muss er also noch zusätzlich eine Strebung in Gang setzen, d.h. er muss *erstrebt* werden, vgl. DA 433b11f.:

> Das erste von allen ist aber der Gegenstand der Strebung, denn dieser bewegt dadurch als Unbewegter, dass er gedacht oder vorgestellt wird.

Der Gegenstand der Strebung (*to orekton*) ist relativ zum Lebewesen deswegen ein unbewegter Beweger, *weil* er gedacht bzw. vorstellt wird. So verhält es sich auch in MA (vgl. 700b15-23f. und 701a4-6; 701b33). Was den kausalen Ursprung der animalischen Ortsbewegung betrifft, kann man Aristoteles also auch in MA weder als Externalisten noch als Internalisten bezeichnen, weil er in gewisser Weise *beides* ist: Weder die interne Strebung noch der externe Gegenstand können für sich alleine genommen zur Selbstbewegung führen, sondern erst die *Relation*, in der das Lebewesen zu einem von ihm repräsentierten Gehalt steht. Durch diese Relation wird der Gehalt zu einem Gegenstand der Strebung und damit zum unbewegten Beweger und potentiellen Ausgangspunkt der Selbstbewegung des Lebewesens. Die Strebung nach einem bestimmten Gut initiiert den Prozess der Bewegungsgenese sowohl als Bewegungsursprung als auch dadurch, dass sie ihn mit einem Zweck versieht. Soweit der Ausgangspunkt (Prinzip) der animalischen Ortsbewegung wie er schon in *De anima* diskutiert wurde. Damit daraus eine *Ortsbewegung* wird, bedarf es darüber hinaus aber noch des durch den ‚praktischen Syllogismus' illustrierten kausalen Vorgangs, nämlich der Wahrnehmung eines konkreten Einzelgegenstandes, der in der

Lage ist, dem Lebewesen den erstrebten Gehalt zu verschaffen. Dadurch, dass die Strebung über den gesamten Zeitraum der Bewegungsgenese hinweg bestehen bleibt, ist die Möglichkeit der Redirigierbarkeit der Bewegung auf eine gute Grundlage gestellt: Die Strebung nach einem Zweck setzt in der Regel erst dann aus, wenn der Zweck erreicht wurde. Das wiederum bedeutet, dass die Strebung als zwecksetzende und bewegende Instanz den gesamten Prozess der Bewegungsgenese *kontrolliert*: Sollte die Strebung nachlassen oder der Gehalt der Strebung sich ändern, hat dies sofortige Konsequenzen für die aus ihr resultierende Ortsbewegung. Sofern nicht schon irreversible Prozesse in Gang gesetzt worden sind, kann die Bewegungsgenese also zu jedem Zeitpunkt ihres Bestehens vom Lebewesen beeinflusst und gegebenenfalls zum Stehen gebracht werden.

Was den Selbstbeweger-Status der Lebewesen betrifft, lässt sich sagen, dass ein Lebewesen für Aristoteles insofern ein Selbstbeweger ist, als es

1. mit seiner *definitorischen* ‚Natur', nämlich durch seine Wahrnehmungen und seine Fähigkeit zu Lust/Leid-Empfindungen und Strebungen auf artspezifische Weise auf kognitive Gehalte reagiert (Ziel ist die Wiederherstellung oder Betätigung des natürlichen Zustands),
2. durch seine erworbenen Dispositionen und Präferenzen auch in *individuellen* Relationen zu den von ihm wahrgenommenen oder gedachten Gehalten steht (Ziel ist die Wiederherstellung oder Betätigung der erworbenen ‚zweiten' Natur).[28]

28 Die Frage, ab welchem Stadium bzw. Zeitpunkt der Bewegungsgenese tatsächlich eine Ortsbewegung/Handlung vorliegt, ist aufgrund der Kontinuität der Bewegung (und Aristoteles' kontinuistischer Auffassung von Bewegung) nur schwer zu beantworten: Ob es sich etwa bei bloßem Herzklopfen aufgrund eines bevorstehenden Rendezvous bereits um eine Ortsbewegung handelt, ist vom Herzklopfen allein her nicht zu beantworten. Vermutlich dürfte aber wohl erst dann eine Ortsbewegung gegeben sein, wenn noch eine Reihe weiterer Nachfolgebewegungen auf das Herzklopfen folgen. Aristoteles würde in solchen Fällen wahrscheinlich nicht von Ortsbewegung sprechen, sondern von dem Erreichen einer für das Stattfinden von Ortsbewegung zwar notwendigen, aber nicht hinreichenden Bedingung. So kann etwa eine Person mit Neigung zu akratischen Handlungen zwar durchaus Herzklopfen aufgrund eines bevorstehenden Rendezvous haben, aber dennoch von einem plötzlichen Angebot, anderwärtig eine Begierde zu befriedigen, davon abgehalten werden, diesem Rendezvous tatsächlich nachzukommen. In einem solchen Fall würden wir (und wohl auch Aristoteles) aber von einem Nicht-Zustandekommen des Rendezvous und damit auch der entsprechenden Handlung sprechen. Zur Relation von Strebezweck und der Serie körperlicher Bewegungen, die seiner Realisierung dienen, vgl. ansonsten Morel (2002), S. 82.

Zusammenfassung

1. Aristoteles Theorie der animalischen Ortsbewegung ist eine *kausale Theorie*. Sie ist dies deswegen, weil die Willkürlichkeit der Selbstbewegung in der beschriebenen Weise von ihrer *kausalen* Geschichte abhängt. Seine Theorie beschreibt die Entstehung der Ortsbewegung als einen kontinuierlichen Prozess mit mehreren Etappen, der auf eine Affizierung des Lebewesens durch einen Wahrnehmungsgegenstand (bzw. dessen kausalen Stellvertreter in Form einer Vorstellung) folgt. Es ergibt sich folgende Reihe:

Konstitution der Strebung
Wahrnehmung/qualitative Veränderung (bzw. kausaler Stellvertreter) → Lust/Leid–Empfindung (→) Strebung/thermische Veränderung.

Phase der unmittelbaren Ursache der Bewegung des Körpers
Wahrnehmung/qualitative Veränderung (bzw. kausaler Stellvertreter) → Lust/Leid–Empfindung (→) Strebung → thermische Veränderung → Veränderung der Aggregatzustände in den bewegungsrelevanten Körperteilen → Änderungen des Volumens des *symphyton pneuma* (Hebelwirkung) → Bewegung des ganzen Körpers.

Bei allen Stationen des Prozesses handelt es sich um *Prozesse* (*kinêsis*), bei denen die jeweils vorherigen in einem effizient-kausalen Verhältnis zu den jeweils nachfolgenden stehen. Ferner *kumulieren* sich die Etappen des Prozesses teilweise. Dies gilt speziell für die ersten drei Etappen: Die durch die Wahrnehmung bzw. dessen kausalen Stellvertreter aufgenommene Information (der Gehalt der Wahrnehmung/Vorstellung) geht dadurch, dass die nächste Etappe erreicht wird, nicht verloren, sondern persistiert als Gehalt der Lust/Leid-Empfindung und Strebung, die beide *per definitionem* den Gehalt der ihnen vorausgehenden Wahrnehmung in sich enthalten. Von einem beginnenden Prozess einer Handlungsgenese kann in diesem Schema erst dann gesprochen werden, wenn eine Strebung vorliegt. Die Strebung wiederum setzt dadurch, dass die ihr nachfolgenden Etappen der Bewegungsgenese erreicht werden, nicht aus, sondern persistiert bis zur Beendigung des *gesamten* Bewegungsprozesses. Es besteht daher kein Informationsverlust über die verschiedenen Etappen der Bewegungsgenese hinweg. Weitere wichtige Qualifikationen sind, dass nicht jede Etappe zwangsläufig zum Erreichen der nächsten führt. Es gelten für jede Etappe *Schwellenwerte*.[29] Darüber hinaus können die Etappen auch nur dann aufeinander folgen, wenn alle übrigen erforderlichen Bedingungen dafür gegeben sind (etwa materielle Konstitution des Lebewesens, seine physiologische Disposition, Präferenzen, die Abwesenheit äußerer Hinderungsgründe usw.).[30]

2. Aristoteles' Theorie gilt für *alle* Lebewesen, die zur Ortsbewegung fähig sind, also sowohl für Menschen als auch für Tiere. Die kausale Relevanz von Denkgehalten erklärt er mithilfe der Vorstellungen. In der Theorie der animalischen Ortsbewegung kann es an zwei Stellen innerhalb des Bewegungskontinuums zur Beteiligung noetischer Gehalte kommen: Am Anfang der Prozesskette bei der Bestimmung des übergeordneten Bewegungszwecks und bei der Deliberation anlässlich der Bestimmung des konkreten Bewegungszwecks. Speziell ersteres unterliegt starken Einschränkungen: Es können nicht alle noetischen Gehalte bewegungsrelevant werden, sondern nur die, die der Strebende auf sein eigenes Handeln beziehen kann. Die kausale Möglichkeit des Stattfindens deliberativer Tätigkeit erklärt Aristoteles als ein Anhalten bzw. zeitweiliges Suspendieren des Prozesses der Bewegungsgenese, das es erlaubt, die für die Realisation des gegebenen Handlungszwecks geeigneten Mittel zu eruieren. Bei den vernunftlosen Lebewesen ist die Möglichkeit einer solchen Suspension der Bewegungsgenese nicht gegeben.

3. Animalische Bewegungen sind nur dann *willkürlich*, wenn sie die oben genannten Etappen der Bewegungsgenese durchmachen. Den Ausgangspunkt (*archê*) willkürlicher Ortsbewegungen setzt Aristoteles in den Komplex des strebensmäßigen Bezugs des Lebewesens zu einem wahrgenommenen Gehalt bzw. zu einem kausalem Stellvertreter (Vorstellungsgehalt). Hierin sieht er das Kriterium eines *internen* unbewegten Ausgangspunktes der Bewegung gegeben.[31] Die Unbewegtheit des Ausgangspunktes

---

29 Der die Kausalbeziehung bezeichnende Pfeil in der obigen Skizze der Bewegungsgenese wurde von mir im Falle der Lust/Leid-Empfindung und Strebung in Klammern gesetzt, da es sich dabei nicht um zwei distinkte Prozesse handelt. Es kann, wie oben gesagt wurde, für Aristoteles keine Lust/Leid–Empfindung ohne entsprechende Strebung geben und umgekehrt. Es handelt sich um zwei nur logisch voneinander zu trennende Etappen der Bewegungsgenese.

30 Es gilt also so etwas wie eine *ceteris paribus*–Klausel; vgl. MA 702a10-15 und zwar nicht nur für die animalische Ortsbewegung, sondern für die Kausalerklärung von Naturprozessen überhaupt, vgl. Metaph. 1048a16-21.

31 Die teils gravierenden Unterschiede zwischen der Einteilung in willkürliche, unwillkürliche und nicht-willkürliche Bewegungen in MA und der analogen Einteilung in den Ethiken führen sich darauf zurück, dass MA damit nur die Willkürlichkeit bzw. Unwillkürlichkeit der *Bewegungen des Körpers* einteilt, während es in den Ethiken (mit Ausnahme der Handlungen aus Gewalt) nicht darum geht, ob die Bewegung als *physikalisches Ereignis* einem Lebewesen zuzuschreiben ist, son-

erklärt sich dadurch, dass der erstrebte Gehalt in dieser Theorie über die gesamte zeitliche Ausdehnung der Bewegungsgenese hindurch persistiert und insofern *relativ zur Bewegung des Lebewesens* deren unbewegten Fixpunkt bildet. Er stellt den *Zweck* und die Bewegungsursache der Ortsbewegung, der dem gesamten Prozess Struktur, Kraft und Einheitlichkeit verleiht.[32] Für die Objekte, die dafür in Frage kommen, macht Aristoteles folgende Einschränkung geltend: Es muss sich um einen möglichen Gegenstand einer Handlung (*prakton*) handeln, d.h. es muss sich um einen Einzelgegenstand handeln, dessen Realisation in den Möglichkeiten des Lebewesens liegt.[33] Damit der erstrebte Zweck seine Funktion als Ausgangspunkt der Bewegung erfüllt, ist es nicht erforderlich, dass das strebende Lebewesen ihn *als* einen Zweck erkennt, d.h., selbstbewegte Lebewesen brauchen weder *Einsicht* in Zweck/Mittel-Relationen noch ein Bewusstsein der Erstrebenswertheit der von ihnen erstrebten Gegenstände, um Selbstbeweger zu sein. Entscheidend ist vielmehr, auf welche Weise die akteursinterne Prozesskette, die zur Bewegung führt, *ausgelöst* wird: Die Strebung muss *durch* den intentionalen Gehalt einer Wahrnehmung oder Vorstellung zustande kommen. Zwar besteht bei den nicht- und unwillkürlichen Bewegungen die Möglichkeit, die Prozesskette auch ohne Strebung auszulösen, dies führt jedoch nur zu ziellosen Bewegungen von Körperteilen und nicht zu Selbstbewegungen des Lebewesens als Ganzem.

4. Die Erklärung einzelner Vorkommnisse von animalischer Ortsbewegung bewerkstelligt Aristoteles durch die Figur des sogenannten ‚praktischen Syllogismus'. Der PS nennt (sonstige Bedingungen gegeben) die unmittelbaren kausalen Antezedenzien, die es für die ‚richtige' Verursachung der Ortsbewegung bedarf, nämlich einen (überschwelligen) Strebegehalt und die Repräsentation eines Gehaltes, der die Realisierung dieses Gehaltes hier und jetzt herbeiführen kann. Dies geschieht in Analogie zum Vorgang des Schließens einer Konklusion aus Prämissen. Von dem Moment an, an dem die beiden ‚Prämissen' des PS vorliegen, d.h. eine Strebung und die Wahrnehmung eines der Strebung entsprechenden, und in der Macht des

---

dern darum, ob die näheren Beschreibungen des subjektiven Zwecks einer ohnehin als willkürlich vorausgesetzten Körperbewegung die für freiwillige *Handlungen* erforderlichen Kriterien erfüllen.

32 Hierbei ist allerdings zu bedenken, was oben hinsichtlich der Persistenz des Strebegehaltes gesagt wurde, nämlich dass dieser bei allen teleologisch nicht-atomaren Bewegungen durchaus in dem Sinne variieren kann, dass ein konstanter, aber relativ unbestimmter Endzweck eine Reihe verschiedener wohlkonturierter äußerer Gegenstände als Unterzwecke unter sich fassen kann.

33 Dies ist eine Bedingung, die, was Strebungen angeht, wohl nur im Falle von Menschen auch mal *nicht* erfüllt sein kann, weil sich unter den Arten der Strebung nur Wünsche (*boulêsis*) auch auf Unmögliches richten können (vgl. EN 1111b22).

Lebewesens stehenden Einzelgegenstandes, laufen die übrigen Etappen der Bewegungsgenese in automatischer Folge ab.

Literatur

Ausgaben, Übersetzungen und Kommentare

Aristotelis opera, vol. I-II, recens. I. Bekker, ed. Academia Regia Borussica, Berlin 1831.

Aristotelis Categoriae et Liber de Interpretatione, recogn. breviq. adn. instr. L. Minio-Paluello, Oxford, 1949.

Aristotelis Analytica Priora et Posteriora, W.D. Ross, L. Minio-Paluello, Oxford 1964 (ND 1991).

Aristote, Topiques II, texte établi et traduit par J. Brunschwig 2007, Paris, 'les belles lettres'.

Aristotelis De Anima libri III, recens. A. Torstrik, Berlin, 1862.

Aristotelis De Anima libri tres, recogn. F. Trendelenburg, Berlin, 1877.

Aristotle. De Anima. Edited, with Introduction and Commentary by W.D. Ross, Oxford 1961.

Aristotelis Tractatus De Anima, ed. versione latina auxit, commentario illustravit, P. Siwek S.J., Rom, 1964.

Aristote De l'Ame. Texte etabli par A. Jannone, Paris 1966, edition 'les belles lettres'.

Aristotle. De Anima. With Translation, Introduction and Notes, R.D. Hicks, Cambridge, 1907.

Aristoteles, Über die Seele, übersetzt und erläutert von W. Theiler. In: Aristoteles Werke in deutscher Übersetzung, Hrsg. H. Flashar, Bd. 13, Berlin 1983.

Aristotle De Anima. Books II and III, translated with Introduction and Notes by D.W. Hamlyn with a Report On recent Work and a Revised Bibliography by Chr. Shields, Oxford 1993.

Aristotle, Parva Naturalia, a revised Text with Introduction and Commentary by W.D. Ross, Oxford 1955.

Aristotelis Parva Naturalia, ed. versione auxit, notis illustravit P. Siwek, Rom 1963.

Aristoteles. Kleine naturwissenschaftliche Schriften. Übersetzt und hrsg. von Eugen Dönt, Stuttgart, 1997.

Aristoteles. De Insomniis. De Divinatione per Somnum. Übersetzung und Erläuterun gen von Ph. van der Eijk, in: Aristoteles. Werke in deutscher Übersetzung, Bd. 14, Parva Naturalia, Teil III, Berlin, 1997.

Aristoteles. De Memoria et Reminiscentia. Übersetzt und erläutert von R.A.H. King, in: Aristoteles. Werke in deutscher Übersetzung, Bd. 14, Parva Naturalia, Teil II, Berlin, 2004.

Aristotle. De Motu Animalium. Text with Translation, Commentary, and Interpretive

Essays by M.C. Nussbaum, 2. verbesserte Aufl. der Erstausgabe von 1978, Princeton, 1985.

Aristotle. Movement of Animals. Farquaharson, A.S.L., in: The complete Works of Aristotle. The revised Oxford Translation, hrsg. J. Barnes, Princeton 1984.

Aristoteles. Über die Bewegung der Lebewesen. Über die Fortbewegung der Lebewesen, übersetzt und erläutert von J. Kollesch. In: Aristoteles. Werke in deutscher Übersetzung, Hrsg. H. Flashar, Bd. 17, Berlin, 1985.

Aristotle. Parts of Animals. Movement of Animals. Progression of Animals. Trans. A.L. Peck, E.S. Forster, Loeb Classical Library, Cambridge, Massachusetts, 1937 (ND 1998).

Aristote. Marche des animaux. Mouvement des animaux, ed. P. Louis, Paris 1973, edition 'les belles lettres'.

Aristotelis Metaphysica, ed. W. Jaeger, Oxford, 1957.

Aristotle. Metaphysics, ed. with Introduction and Commentary by W.D. Ross, Oxford, 1924.

Aristotle's Physics, A revised Text with Introduction and Commentary by W. D. Ross, Oxford, 1936.

Aristote. Du Ciel. Texte etabli et trad. par P. Moraux, Paris 1966, edition 'les belles lettres'.

Aristotle. De Generatione et Corruptione, a revised Text with Introduction and Commentary by H.H. Joachim, Oxford, 1922.

Aristotelis De Generatione Animalium, ed. H. J. Drosaart Lulolfs, Oxford, 1965.

Aristotelis Historia Animalium, Vol.I, Books I-X, ed. D.M. Balme, Text prepared for Publication by A. Gotthelf, Cambridge 2002.

Aristotelis Ethica Nicomachea, recogn. breviq. adn. instr. I. Bywater, Oxford, 1894.

Aristotelis quae fertur Magna Moralia, recogn. F. Susemihl, Leipzig, 1883.

Aristotelis Ethica Eudemia, recens. R.R. Walzer, J.M. Mingay, Oxford 1991.

Aristotle, the Nicomachean Ethics, a commentary by H.H. Joachim, ed. D.A. Reeds, Oxford, 1951.

Aristoteles. Kategorien, übersetzt und erläutert von K. Oehler. In: Aristoteles Werke in deutscher Übersetzung, Hrsg. H. Flashar, Bd. 1, Berlin 1984.

Aristotle, Nicomachean Ethics, transl. Ch. Rowe, comment. by S. Broadie, Oxford 2002.

Aristotelis Politica, recogn. breviq. adn. crit. instr. W.D. Ross, Oxford, 1957.

Aristotelis Ars Rhetorica, ed. R. Kassel, Berlin/New York, 1976.

Aristotelis Topica et Sophistici Elenchi, recens. breviq. adn. instr. W.D. Ross, Oxford, 1958.

Aristoteles, Topik. Übersetzt und kommentiert von T. Wagner und Ch. Rapp, Reclam, Stuttgart, 2004.

Aristotle and Michael of Ephesus, On the Movement and Progression of Animals, translated, With Introduction and Notes by A. Preus, Hildesheim, New York 1981.

Iohannis Philoponi in Aristotelis De Anima libros Commentaria, ed. Hayduck, Berlin 1897.

Michael Ephesius. In Libros de Partibus Animalium, De Animalium Motione, De Ani malium Incessu Commentaria, ed. M. Hayduck. CAG XXII.ii. Berlin 1904.

Simplicii in libros Aristotelis De Anima Commentaria, ed. M. Hayduck, Berlin, 1882 (ND 1955).

Platonis Opera, edd. J. Burnet, Oxford, 1900f.

Weitere Literatur

Allan, D.J. 1955: The Practical Syllogism, in: Autur d'Aristote, Recueil d'Études offert à Mgr. A. Mansion, Louvain, S. 325-340.
Anscombe, G.E.M. 1963: Intention, Oxford.
1965: Thought and Action in Aristotle (What is Practical Truth?), in: New Essays on Plato and Aristotle, ed. R. Bambrough, London, S. 143-158.
Balme, D.M. 1972: Aristotle's De Partibus animalium I and De Generatione Animal ium I. Oxford.
Balme, D.M. 1987: Teleology and Necessity, in Gotthelf/Lennox 1987, S. 275-285.
Barnes, J. 1977: Aristote dans la philosophie anglo-saxonne, in: Revue philosophique de Louvain 75, S. 204-218.
1980: Rezension von Nussbaum 1978, in: Classical Review XXX 2.
1995: The Cambridge Companion to Aristotle, Cambidge.
Bénatouïl, T. 2004: L'usage des analogies dans le De motu animalium, in: Laks, A./Rashed, M. (Hrsg.) 2004, S .81-114.
Bernard, W. 1988: Rezeptivität und Spontaneität der Wahrnehmung bei Aristoteles, Baden Baden.
Berryman, S. 2002: Aristotle on Pneuma and Animal Self-Motion, in: Oxford Studies in Ancient Philosophy XXIII, S. 85-97.
Bodnár, I.M. 2004: The mechanical Principles of animal Motion, in: Laks, A./Rashed, M. (Hrsg.), S.137-147.
Bonitz, H. 1969: Über *pathos* und *pathêma* im aristotelischen Sprachgebrauche, in: Sitzungsberichte der philosophisch-historischen Classe der kaiserlichen Akademie der Wissenschaften LV 1, 1867, S.13-55. In: H. Bonitz: Aristotelische Studien, Hildesheim, S. 317-59.
1871: Index Aristotelicus (Ind. Arist.), Berlin.
Broadie, S. 1991: Ethics with Aristotle, Oxford.
Buchheim, T. 2002: Wie Vernunft uns handeln macht, in: T. Buchheim, R. Schönberger, W. Schweidler (Hrsg.): Die Normativität des Wirklichen, S. 381-413.
Buddensiek, F. 2008: Was sind Aristoteles zufolge Handlungen? In: Corcilius/Rapp (2008), S. 29-52.
Burnyeat, M.F. 1980: Aristotle on Learning to be Good, in: Essays on Aristotle's Eth ics, ed. A. Oksenberg Rorty, Berkeley, S. 69-92.
1992: Is an Aristotelian Philosophy of Mind still credible? In: Nussbaum / Rorty 1992, S. 15-26.
2001: A Map of Metaphysics Zeta, Pittsburgh.
2002: De Anima II 5, in: Phronesis XXXXVII/1, S. 28-90.
Busche, H. 2001: Die Seele als System. Aristoteles Wissenschaft von der Seele, Ham burg.
1997: Hat Phantasia nach Aristoteles eine interpretierende Funktion in der Wahrnehmung? In: Zeitschrift für philosophische Forschung 51, 4, S. 565-589.
Canto-Sperber, M. 1996: Le rôle de l'imagination dans la philosophie Aristotélicienne de l'action, in: Corps et Âme. Sur le De Anima d'Aristote, ed. G. Romeyer

Dherbey, Paris, S. 441-462.
1997: Mouvement des animaux et motivation humaine dans le livre III du *De Anima* de Aristote, in: Les Études philosophiques 1997/1, S. 59-96.

Charles, D. 1984: Aristotle's Theory of Action, Oxford.
1986: Aristotle: Ontology and Moral Reasoning, in: Oxford Studies in An cient Philosophy IV, Festschrift J.L. Ackrill. Oxford, S. 119-144.
2006: Aristotle's Desire. In: Mind and Modality. Studies in the History of Philosophy in Honour of Simo Knuuttila, (Hrsgg.) V. Hirvonen, T.L. Holo painen, M. Tuominen, Leiden, Boston, S. 19-40.

Caston, V.1996: Why Aristotle needs the Problem of Intentionality, in: Philosophy and Phenomenological Research Imagination, in: Phronesis XLI, 1, S. 20-55.
1998: Aristotle and LVIII, 2, S. 249-298.
2005: The Spirit and the Letter, in: Metaphysics, Soul, and Ethics in Ancient Thought. Themes from the work of Richards Sorabji, ed. R. Salles, Oxford, S. 245-320.

Cessi, V. 1987: Erkennen und Handeln in der Theorie des Tragischen bei Aristoteles, Beiträge zur klassischen Philologie Bd. 180, Frankfurt.

Code, A: 1984: The aporematic Approach to primary Being in Metaphysics Z, in: New Essays on Aristotle (Canadian Journal of Philosophy, Supplementary Volume X), ed. F.J. Pelletier, J. King-Farlow, Ontario.

Cooper, J. 1975: Reason and Human Good in Aristotle, Cambridge, Massachusetts.
1999: Reason and Emotion: Essays on Ancient Moral Psychology and Ethical Theory, Princeton.

Corcilius, K. 2008: Die erste Aporie zur Akrasie in EN VII, in: Corcilius/Rapp (2008), S. 136-172.
2008a: Praktische Syllogismen bei Aristoteles, Archiv für Geschichte der Philosophie 2008 / 3, S. 1-59.
2008b: Two Jobs for Aristotle's Practical Syllogism? In: Logical Analysis and History of Philosophy 11, S. 164-184.
2008c: Aristoteles' praktische Syllogismen in der zweiten Hälfte des zwanzigsten Jahrhunderts, in Logical Analysis and History of Philosophy 11, S. 101-132.
2009: How are Episodes of Thought Initiated According to Aristotle? In: Soul and Mind, Proceedings of

Corcilius, K./Rapp, C. 2008: Handlung–Wille–Willensschwäche. Beiträge zur Aristotelischen Handlungstheorie, Stuttgart, Steiner Verlag 2008.

Denniston, J.D. 1954: The Greek Particles (2. Aufl.), Oxford.

Dugré, F. 1990: Le rôle de l'imagination dans le mouvement animal et l'action humaine chez Aristote, in: Dialogue XXIX, No.1, S. 65-78.

Edel, A. 1982: Aristotle and his Philosophy, Chapel Hill.

Etheridge, S. 1968: Aristotle's Practical Syllogism and Necessity, in: Philologus 112, S. 20-42.

Everson, S. 1997: Aristotle on Perception, Oxford.

Fiedler, W. 1978: Analogiemodelle bei Aristoteles, Amsterdam.

Fortenbaugh, W.W. 1970: Aristotle's Rhetoric on Emotions, in: Archiv für Geschichte der Philosophie 52, S. 40-70.

Fragstein, A.v. 1967: Die Diairesis bei Aristoteles, Amsterdam.

Frede, D. 1992: The cognitive Role of Phantasia in Aristotle, in: Nussbaum/Rorty 1992, S. 279-295.

1997: Platon. Philebos, Übersetzung und Kommentar, Göttingen.
1995: Mixed Feelings in Aristotle's Rhetoric, in: Essays in Aristotle's Rhetoric, Hrsg. A.O. Rorty, S. 258-285.
Freudenthal, G. 1995: Aristotle's Theory of Material Substance: Heat and Pneuma, Form and Soul, Oxford.
Furley, D.: Self-movers, in: Aristotle on the Mind and the Senses, in: Lloyd/Owen 1978, S. 165-179.
Gill, M.L./Lennox, J.G. (Hrsg.) 1994: Self-Motion from Aristotle to Newton, Princeton.
Gosling, J.C.B. 1969: Pleasure and Desire. Oxford.
Gotthelf, J.G./Lennox, J.G. (Hrsg.) 1987. Philosophical Issues in Aristotle's Biology, Cambridge 1987.
Gottlieb, P. 1993: Aristotle versus Protagoras on Relatives and the Objects of Percep tion, in: Oxford Studies in Ancient Philosophy XI, Oxford, S. 101-119.
Gourinat, J.B. 2004: Syllogisme practique et logique déontique, in: Laks 2004, S.27-66.
Graham, D.W. 1999: Aristotle, Physics, Book VIII, Oxford.
Grant, A. 1885: The Ethics of Aristotle, London.
Gregoric, P. 2007: Aristotle on the Common-Sense, Oxford.
Hankinson, R.J. 1990: Perception and Evaluation: Aristotle on the Moral Evaluation, in: Dialogue XXIX, No.1, 41-63.
Hardie, W.F.R. 1980^2: Aristotle's Ethical Theory, Oxford.
Heinaman, R. 1987: Aristotle and the Identity of Actions. In: History of Philosophy Quarterly 4, S. 307-328.
Hudson, S. 1981: Reason and Motivation in Aristotle, in: Canadian Journal of Philosophy XI 1, S.111-135.
Hunt, M.I. 1979: Aristotle on Pleasure: A Study of the Consistency of the Accounts in the Nicomachean Ethics. Diss. Princeton.
Hutchison, D.S. 1987: Restoring the Order of Aristotle's De Anima, in: Classical Quarterly 37, 373-381.
1990: Aristotle and the Spheres of Motivation: De Anima III.11, in: Dialogue XXIX, No.1, 7-20.
Irwin, T. 1975: Aristotle on Reason, Desire and Virtue, in: The Journal of Philosophy LXXII, 17, October 2.
1980: The Metaphysical and Psychological Basis of Aristotle's Ethics, in: Essays on Aristotle's Ethics, A. Oksenberg-Rorty (Hrsg.), Berkeley, S.35-53.
1986: Aristotelian Actions (Rezension von D.Charles, Aristotle's Theory of Action), in: Phronesis XXXI, S.68-89.
1988: Aristotle's First Principles, Oxford
Jaeger, W. 1913: Das Pneuma im Lykeion, in: Hermes XLVIII, S.29-74.
Jedan, C. 2000: Willensfreiheit bei Aristoteles? In: Neue Studien zur Philosophie XV, Göttingen.
Johansen, T.K. 1998: Aristotle on the Sense-Organs, Cambridge.
2006: What's new in De Sensu? In: King 2006,
Kahn, C. 1987: Plato's Theory of Desire, in: Review of Metaphysics 41/1, S.77-103.
1966: Sensation and Consciousness in Aristotle's Psychology, in: Archiv für Geschichte der Philosophie 48, S. 43-81.
Keil, G. 2000: Handeln und Verursachen, Frankfurt.
Kenny, A. 1979: Aristotle's Theory of the Will, Oxford.
King, R.A.H. 2001: Aristotle on Life and Death, London, Ducksworth.

2006: (Hrsg.) Common to Body and Soul. Philosophical Approaches to Explaining Living Behaviour in Greco-Roman Antiquity, Berlin/New York.
Kollesch, J. 1960: Aristoteles, De Motu Anim.701b2-9, in: Philologus 104, S.143f.
Kung, J. 1982: Aristotle's De Motu Animalium and the Separability of Science, in: Journal of the History of Philosophy XX, 65-76.
Labarrière, J.L. 1984: Imagination humaine et imagination animale chez Aristote. Phronesis 29, S.17-49.
1997: Désir, phantasia et intellect dans le De Anima, in: Les Études philosophiques, S. 97-125.
2004a: Désir, sensation et altération, in : Laks/Rashed (2004), S.149-165.
2004b: Langage, vie politique et mouvement des animaux, Paris.
Laks, A. 2000: Metaphysics Λ 7, in: M. Frede, D. Charles: Aristotle's Metaphysics Lambda. Symposium Aristotelicum, Oxford.
Laks, A./Rashed, M. (Hrsg.) 2004: Aristote et le mouvement des animaux. Dix études sur le de Motu Animalium. Septembrion, Villeneuve d'Ascq Cédex.
Lennox, J.G. 1999: The Place of Mankind in Aristotle's Zoology. In: Philosophical Topics 27, 1-16.
2001: Aristotle. On the Parts of Animals, Oxford.
Liske, M-T. 2005: Unter welchen Bedingungen sind wir für unsere Handlungen verantwortlich? In: Corcilius/Rapp (2008), S.83-104.
Lloyd, G.E.R: 1992: Aspects of the Relationship between Aristotle's Psychology and his Zoology, in: Nussbaum/Rorty 1992, S.147-167.
Lloyd, G.E.R./Owen, G.E.L. (Hrsg.) 1978: Aristotle on the Mind and the Senses. Proceedings of the 7. Symposium Aristotelicum, Cambridge 1975, Cambridge.
Loening, R. 1903: Die Zurechnungslehre des Aristoteles, Jena.
Lorenz, H. 2006: The Brute Within, Oxford.
2008: Zur Bewegung der Lebewesen bei Aristoteles, in: Corcilius/Rapp (2008), S.53-64.
Mele, A.R. 1981: The Practical Syllogism and Deliberation in Aristotle's Causal The ory of Action, in: The new Scholasticism, 281-316.
1984a: Aristotle's Wish, in: Journal of the History of Philosophy XXII/2.
1984b: Aristotle on the proximate efficient Cause of Action, in: New Essays on Aristotle (Canadian Journal of Philosophy, Supplementary Volume X), ed. F.J. Pelletier, J. King-Farlow Ontario, S.133-155.
Milo, R.D. 1966: Aristotle on practical Knowledge and Weakness of the Will, The Hague/Paris.
Modrak, D.K.W. 1987: Aristotle. The Power of Perception, Chicago.
Moraux, P. 1959: Rezension 'Aristotele De Motu Animalium a cura di Luigi Torraca', in: L'Antiquité classique 28, 363-66.
Morel, P.M. 1997: L'habitude: une seconde nature? In: P.M. Morel (Hrsg.) Aristote et la notion de la nature, Paris, S.131-148.
2002: Les Parva Naturalia d'Aristote et le mouvement animal, in: Revue de Philosophie ancienne XX, 1, S.61-88.
2004: Volontaire, involontaire et non-volontaire dans le chapitre 11 du DMA d'Aristote, in: Laks, A./Rashed, M. (Hrsg.) 2004, S.167-183.
2006 : Common to Body and Soul in the Parva Naturalia, in King (2006), S. 121- 139.
2007: De la matière á l'action. Aristote et le probleme du vivant, Paris.

Morison, B. 2004: Self-Motion in Physics VIII, in : Laks/Rashed 2004, S.67-79.
Müller, A.W. 1982: Praktisches Folgern und Selbstgestaltung nach Aristoteles, Freiburg/München.
Natali, C. 2004: L'action efficace. Études sur la philosophie de l'action d'Aristote, Louvain-La-Neuve.
Nussbaum, M.C. 1976 : The Text of Aristotle's De Motu Animalium. In: Harvard Studies in Classical Philology 80. Cambridge, Massachuses.
1983: ‚The Common Explanation' of Animal Motion, in: Zweifelhaftes im Corpus Aristotelicum, Akten des 9. Symposium Aristotelicum, ed. P. Moraux, J. Wiesner, Berlin, S.116-156.
1994: The Therapy of Desire, Princeton.
2001: Upheavals of Thought: The Intelligence of Emotions, Cambridge.
Nussbaum, M.C., Rorty, A.O. (Hrsg.) 1992: Essays on Aristotle's De Anima, Oxford.
Oser-Grote, C.M. 2004: Aristoteles und das Corpus Hippocraticum. Stuttgart.
Perler, D. 1996: War Aristoteles ein Funktionalist? In: Zeitschrift für philosophische Forschung 50, S.341-363.
2001: (Hrsg.) Ancient and Medieval Theories of Intentionality, Leiden, Boston, Köln.
2001b: Humes Theorie der Motivation, in: Allgemeine Zeitschrift für Philosophie 26, S.3-21.
Rapp, C. 1992: Ähnlichkeit, Analogie und Homonymie bei Aristoteles, in: Zeitschrift für Philosophische Forschung 46, 4, S.526-544.
1995: Identität, Persistenz und Substantialität, Freiburg/München.
2001: Intentionalität und Phantasia bei Aristoteles, in: Perler 2001, S.63-96.
2002: Aristoteles. Rhetorik, in: Aristoteles. Werke in deutscher Übersetzung, Hrsg. H. Flashar, Bd. 4, Berlin.
Rashed, M. 2004 : Agrégat de parties ou vinculum substantiale? In: Laks/Rashed 2004, S.185-202.
Richardson, H. 1992.: Desire and the Good in De Anima, in: Essays on Aristotle's De Anima, ed. M.C. Nussbaum, A. Oksenberg Rorty, Oxford, 381-399.
Ricken, F. 1975: Der Lustbegriff in der Nikomachischen Ethik des Aristoteles, Hypomnemata 46, Göttingen.
1995: Wert und Wesen der Lust (VII 12-15 und X 1-5), in: Höffe (Hrsg.): Aristoteles, Die ‚Nikomachische Ethik', Berlin, S. 206-228.
Roche, T.D. 1992: Defense of an Alternative View of the Foundation of Aristotle's Moral Theory, in: Phronesis XXXVII/1, S.46-84.
Ross, W.D. 1949: Aristotle, London/New York ([1]1923)
Sauvé Meyer, S. 1987: Unmoved Movers, Form, and Matter, in: Philosophical Topics XV 2, S.171-195.
1993: Aristotle on Moral Responsibility, Oxford.
1994: Self-Movement and external Causation, in: Gill/Lennox 1994.
1999: Moral responsibility: Aristotle and after, in: Everson, S. (Hrsg.): Companion to Ancient Thought 4, Ethics, Cambridge, S.221-240.
Seidl, H. 2000: Zur Interpretation von Aristoteles, De Anima III 9-10, über die Seele als Ursache der Bewegung und Handlung, in: Philosophisches Jahrbuch 107, S.222-24.
Sherman, N. 1989: The Fabric of Character, Oxford.
Shields, C. 1994: Mind and Motion in Aristotle, in: Gill/Lennox 1994, S. 117-133.
Siwek, P. 1930: La Psychophysique Humaine d'après Aristote, Paris.

Skemp, J.B. 1979: orexis in De anima III 10, in: Lloyd/Owen 1979, S.181-189.
Solmsen, F. 1971: The eighth Book of Aristotle's "Physics", in: Philomates, Studies And Essays in the Memory of Philip Merlan, Hrsg. R.B. Palmer, R. Hamerton-Kelly, Den Haag, S.171-182.
Sorabji, R. 1974: Body and Soul in Aristotle, in: Philosophy 49, S.63-89.
1980: Necessity, Cause, and Blame, New York.
1992: Intentionality and physiological Process, in: Nussbaum/Rorty 1992, S.195-225.
1993: Animal Minds and Human Morals, London.
2001: Aristotle on Sensory Processes and Intentionality, in: Perler 2001, S.49-61.
Stoecker, R. 2001: Neuere Bücher zur Handlungstheorie, in: Zeitschrift für philosophische Forschung 55, 118-139.
Strobach, N. 2008: Was heißt es, eine APXH in sich zu haben? In: Corcilius/Rapp (2008), 65-82.
Thalberg, I. 1984: Do our Intentions cause our intentional Actions? In: American Philosophical Quarterly 21, 249-260.
Todd, R.B.1980. Rezension von Aristotle's De Motu Animalium, M.C. Nussbaum, in: Phoenix XXXIV, 4, S.352-55.
Tuozzo, T.M. 1994: Conceptualized and unconceptualized Desire in Aristotle, in: Journal of the History of Philosophy 32, S. 525-549.
1997: Aristotle as Modern Moral Philosopher, in: Phronesis XLII, S.335-344 (Rezension von Sauvé-Meyer 1993).
Van der Eijk 1997: The matter of mind: Aristotle on the biology of "psychic" processes and the bodily aspects of thinking, in Kullmann, W./Föllinger, S. (Hrsg.) Aristotelische Biologie. Intentionen, Methoden, Ergebnisse. (Philosophie der Antike, Band 6), Stuttgart: Steiner Verlag, pp. 221–258.
Vander Waerdt, P.A. 1987: Aristotle's Criticism of Soul Division, in: American Journal of Philology 108, S.627-643.
Verbeke, G. 1979: Doctrine du pneuma et entéléchisme chez Aristote, in: Lloyd/Owen 1979, S.191-214.
Wardy, R. 1990: The Chain of Change, Cambridge
Wedin, M.V. 1986: Critical Study: David Charles, 'Aristotle's Philosophy of Action', in: Ancient Philosophy 6, S. 161-167.
1988: Mind and Imagination in Aristotle, New Haven und London.
1994: Aristotle on the Mind's Self-Motion, in: Gill/Lennox 1994, S.81-116.
1996: Aristotle on How to Define a Psychological State, in: Topics 15, S. 11-24.
Weidemann, H. 2008: Bei Anruf Mord – oder: War Aristoteles ein Kompatibilist? In: Corcilius/Rapp (2008), S. 173-184.
Welsch, W. 1987: Aisthesis. Grundzüge und Perspektiven der Aristotelischen Sinneslehre, Stuttgart.
Whiting, J.E. 2002: Locomotive Soul: The Parts of the Soul in Aristotle's Scientific Works, in: Oxford Studies in Ancient Philosophy XXII, S.141-200.
Wilson, M. 2000: Aristotle's Theory of the Unity of Science, Toronto.
Wright, G.H.v. 1963: Varieties of Goodness, London.

Indizes

Stellen

Aristoteles

Namen

(enthält nicht die Namen der Literaturverweise)

Kolibri 360 GmbH
Ferdinand-Jühlke-Straße 7
99095 Erfurt, Deutschland
produktsicherheit@kolibri360.de